실내건축
기능사 필기

시대에듀

합격에 **윙크[Win-Q]**하다!

Win-Q

Win Qualification

Always with you

사람이 길에서 우연하게 만나거나 함께 살아가는 것만이 인연은 아니라고 생각합니다.
책을 펴내는 출판사와 그 책을 읽는 독자의 만남도 소중한 인연입니다.
시대에듀는 항상 독자의 마음을 헤아리기 위해 노력하고 있습니다.
늘 독자와 함께하겠습니다.

 끝까지 책임진다! 시대에듀!
QR코드를 통해 도서 출간 이후 발견된 오류나 개정법령, 변경된 시험 정보, 최신기출문제, 도서 업데이트 자료 등이 있는지 확인해 보세요! **시대에듀 합격 스마트 앱**을 통해서도 알려 드리고 있으니 구글 플레이나 앱 스토어에서 다운받아 사용하세요.
또한, 파본 도서인 경우에는 구입하신 곳에서 교환해 드립니다.

편집진행 윤진영 · 김달해 · 권기윤 | **표지디자인** 권은경 · 길전홍선 | **본문디자인** 정경일

PREFACE

실내건축 분야의 전문가를 향한 첫 발걸음!

현대사회에서 인테리어는 실생활에 중요한 요소로 자리잡고 있다. 오래된 집이나 상가 등을 리모델링하여 새로운 공간으로 재창조하는 경우가 많아지면서 인테리어에 대한 관심과 수요가 크게 늘고 있다.

실내 공간은 기능적 조건뿐만 아니라 인간의 예술적·정서적 욕구의 만족까지 추구해야 하므로, 실내 공간을 계획할 때 환경에 대한 이해와 건축적 이해를 바탕으로 기능적·합리적인 시공 등의 업무를 수행할 수 있는 지식과 기술이 요구된다. 또한, 실내건축은 창의적인 능력과 경험을 토대로 하는 지식산업으로 부가가치를 창출할 수 있으며, 실내 공간의 용도가 전문적이고 특별한 기능이 요구되는 상업 공간, 주거 공간, 전시 공간, 사무 공간, 의료 공간, 예식 공간, 교육 공간, 스포츠·레저 공간, 호텔, 테마파크 등 업무영역이 확대되고 있어 실내건축기능사의 인력 수요는 증가할 전망이다.

윙크(Win-Q) 실내건축기능사는 PART 01 핵심이론, PART 02 과년도 + 최근 기출복원문제로 구성하였다. PART 01은 과거에 치러 왔던 기출문제의 keyword를 철저하게 분석하여 자주 출제되고 중요한 이론 관련 빈출문제를 수록하였다. PART 02에서는 과년도 기출문제와 최근 기출복원문제를 수록하여 상세한 해설을 통해 핵심이론만으로는 아쉬운 내용을 보충 학습하고, 최근에 출제되고 있는 새로운 유형의 문제에 대비할 수 있게 하였다.

자격증 시험의 목적은 높은 점수를 받아 합격하는 것이라기보다는 합격 그 자체에 있다. 평균 60점만 넘으면 되므로, 효과적인 자격증 대비서로서 기존의 부담스러웠던 수험서에서 과감하게 군살을 제거하고 꼭 필요한 공부만 할 수 있도록 구성한 윙크(Win-Q) 시리즈가 수험 준비생들에게 '합격비법노트'로서 함께하는 수험서로 자리 잡길 바란다. 수험생 여러분들의 건승을 기원한다.

편저자 씀

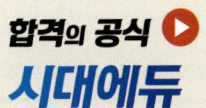

자격증·공무원·금융/보험·면허증·언어/외국어·검정고시/독학사·기업체/취업
이 시대의 모든 합격! 시대에듀에서 합격하세요!
www.youtube.com → 시대에듀 → 구독

개요

실내 공간은 기능적 조건뿐만 아니라, 인간의 예술적·정서적 욕구의 만족까지 추구해야 하는 것으로, 실내 공간을 계획하는 의장 분야는 환경에 대한 이해와 건축적 이해를 바탕으로 기능적이고, 합리적인 시공 등의 업무를 수행할 수 있는 지식과 기술이 요구된다. 이에 따라 건축 의장 분야에서 필요로 하는 인력을 양성하고자 한다.

진로 및 전망

건축설계사무실, 건설회사, 인테리어사업부, 인테리어전문업체, 백화점, 방송국, 모델 하우스 전문시공업체, 디스플레이전문업체 등에 취업할 수 있으며, 본인이 직접 개업하거나 프리랜서로도 활동이 가능하다. 실내건축은 창의적인 능력과 경험을 토대로 하는 지식산업의 하나로 상당한 부가가치를 창출할 수 있으며, 실내공간의 용도가 전문적이고 특별한 기능이 요구되는 상업 공간, 주거 공간, 전시 공간, 사무 공간, 의료 공간, 예식 공간, 교육 공간, 스포츠·레저 공간, 호텔, 테마파크 등 업무 영역의 확대로 실내건축기능사의 인력수요는 증가할 전망이다.

시험일정

구분	필기원서접수 (인터넷)	필기시험	필기합격 (예정자)발표	실기원서접수	실기시험	최종 합격자 발표일
제1회	1월 초순	1월 하순	2월 초순	2월 초순	3월 중순	4월 중순
제2회	3월 중순	4월 초순	4월 중순	4월 하순	5월 하순	7월 초순
제3회	6월 초순	6월 하순	7월 중순	7월 하순	8월 하순	9월 하순
제4회	8월 하순	9월 중순	10월 중순	10월 중순	11월 하순	12월 하순

※ 상기 시험일정은 시행처의 사정에 따라 변경될 수 있으니, www.q-net.or.kr에서 확인하시기 바랍니다.

시험요강

❶ 시행처 : 한국산업인력공단
❷ 시험과목
  ㉠ 필기 : 실내디자인, 실내환경, 실내건축재료, 건축일반
  ㉡ 실기 : 실내건축 작업
❸ 검정방법
  ㉠ 필기 : 객관식 4지 택일형 60문항(60분)
  ㉡ 실기 : 작업형(5시간 정도)
❹ 합격기준(필기+실기) : 100점 만점에 60점 이상 득점자

검정현황

필기시험

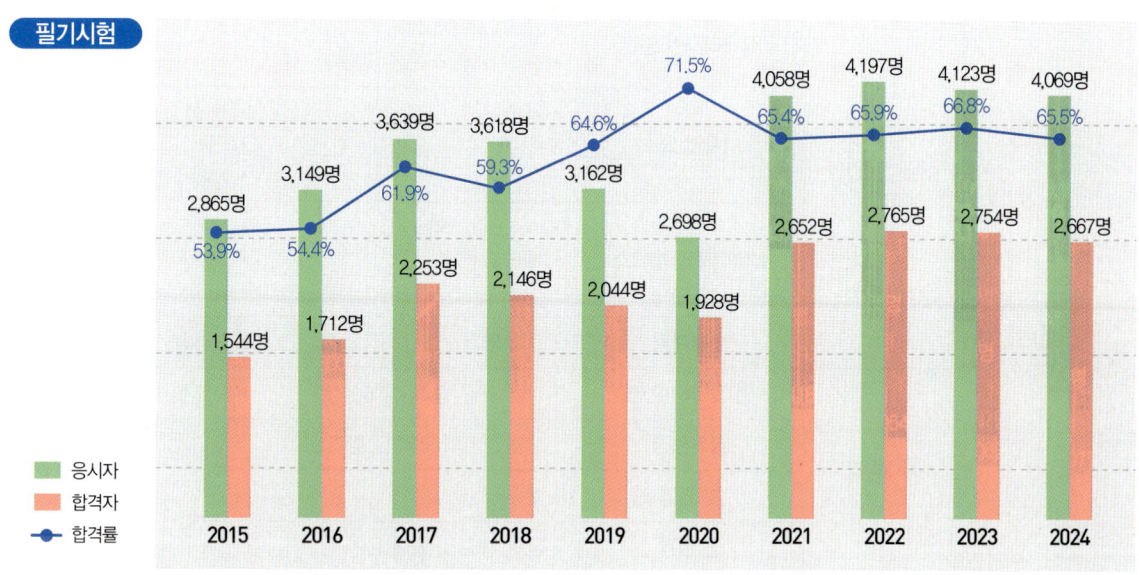

실기시험

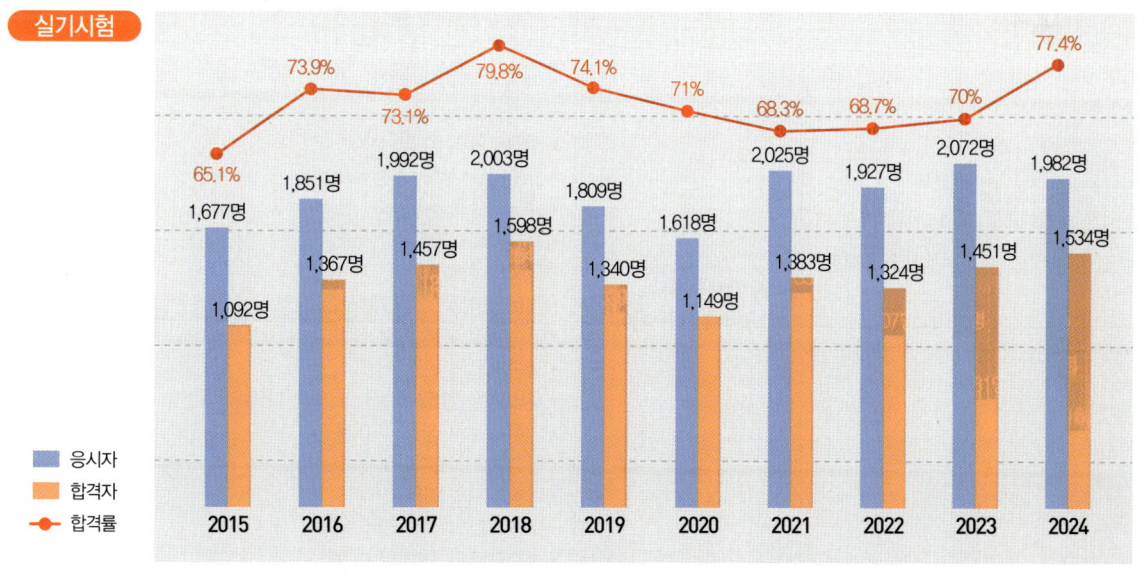

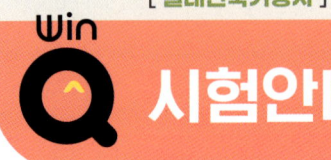

[실내건축기능사] 필기

시험안내

출제기준(필기)

필기과목명	주요항목	세부항목	세세항목	
실내디자인, 실내환경, 실내건축재료, 건축일반	실내디자인의 이해	실내디자인 일반	• 실내디자인의 개념 • 실내디자인의 분류 및 특성	
		디자인 요소	• 점, 선 • 균형 • 강조	• 면, 형 • 리듬 • 조화와 통일
		실내디자인의 요소	• 바닥, 천장, 벽 • 개구부, 통로 • 가구	• 기둥, 보 • 조명
		실내계획	• 주거 공간	• 상업 공간
	실내환경	열 및 습기환경	• 건물 과열, 습기, 실내환경	• 복사 및 습기와 결로
		공기환경	• 실내 공기의 오염 및 환기	
		빛 환경	• 빛 환경	
		음 환경	• 음의 기초 및 실내 음향	
	실내건축재료	건축재료의 개요	• 재료의 발달 및 분류 • 구조별 사용재료의 특성	
		각종 재료의 특성, 용도, 규격에 관한 지식	• 목재의 분류 및 성질 • 목재의 이용 • 석재의 분류 및 성질 • 석재의 이용 • 시멘트의 분류 및 성질 • 콘크리트 골재 및 혼화재료 • 콘크리트의 성질 • 콘크리트의 이용 • 점토의 성질 • 점토의 이용 • 금속재료의 분류 및 성질 • 금속재료의 이용 • 유리의 성질 및 이용 • 미장재료의 성질 및 이용 • 합성수지의 분류 및 성질 • 합성수지의 이용 • 도장재료의 성질 및 이용 • 방수재료의 성질 및 이용 • 기타 수장재료의 성질 및 이용	

필기과목명	주요항목	세부항목	세세항목
실내디자인, 실내환경, 실내건축재료, 건축일반	실내건축제도	건축제도 용구 및 재료	• 건축제도 용구 • 건축제도 재료
		각종 제도 규약	• 건축제도통칙(일반사항 : 도면의 크기, 척도, 표제란 등) • 건축제도통칙(선, 글자, 치수) • 도면의 표시방법
		건축물의 묘사와 표현	• 건축물의 묘사 • 건축물의 표현
		건축설계 도면	• 설계 도면의 종류 • 설계 도면의 작도법 • 도면의 구성요소
	일반구조	건축구조의 일반사항	• 목구조 • 조적구조 • 철근콘크리트구조 • 철골구조 • 조립식 구조 • 기타 구조

[실내건축기능사] 필기

CBT 응시 요령

기능사 종목 전면 CBT 시행에 따른
CBT 완전 정복!

"CBT 가상 체험 서비스 제공"
한국산업인력공단
(http://www.q-net.or.kr) 참고

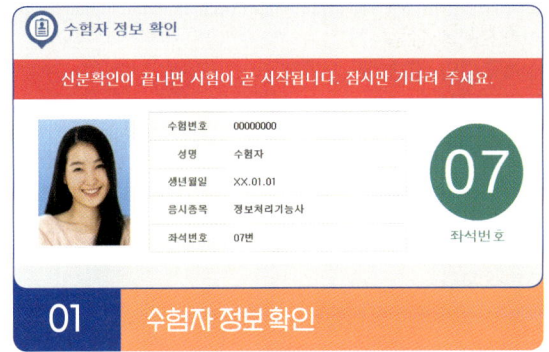

01 수험자 정보 확인

시험장 감독위원이 컴퓨터에 나온 수험자 정보와 신분증이 일치하는지를 확인하는 단계입니다. 수험번호, 성명, 생년월일, 응시종목, 좌석번호를 확인합니다.

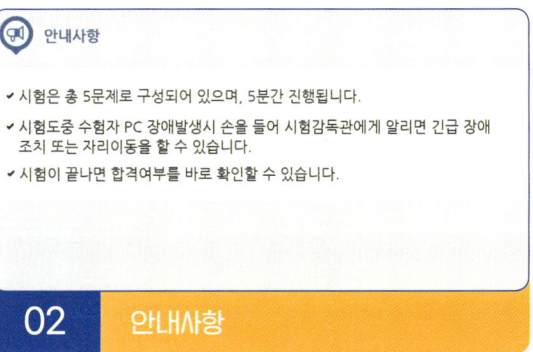

02 안내사항

시험에 관한 안내사항을 확인합니다.

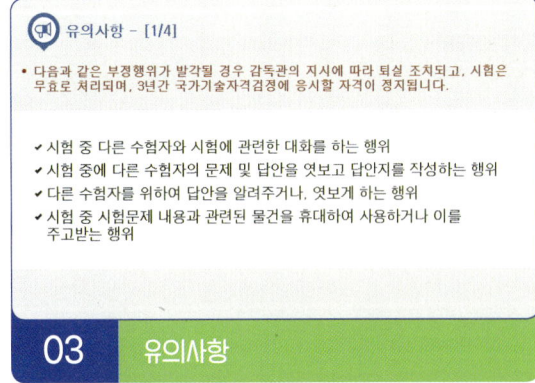

03 유의사항

부정행위에 관한 유의사항이므로 꼼꼼히 확인합니다.

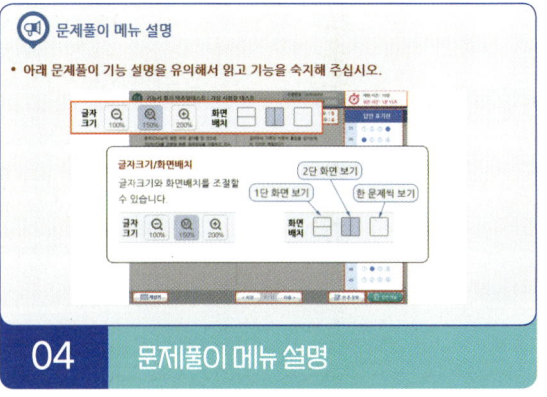

04 문제풀이 메뉴 설명

문제풀이 메뉴의 기능에 관한 설명을 유의해서 읽고 기능을 숙지해 주세요.

CBT GUIDE

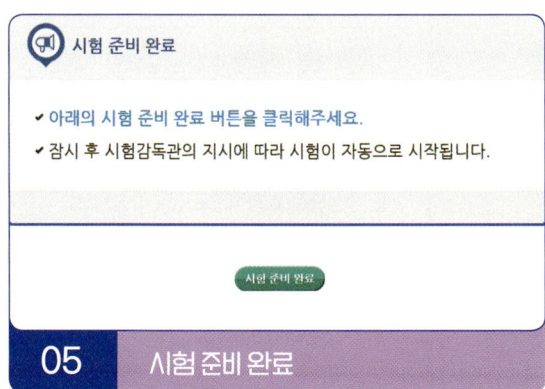

시험 안내사항 및 문제풀이 연습까지 모두 마친 수험자는 시험 준비 완료 버튼을 클릭한 후 잠시 대기합니다.

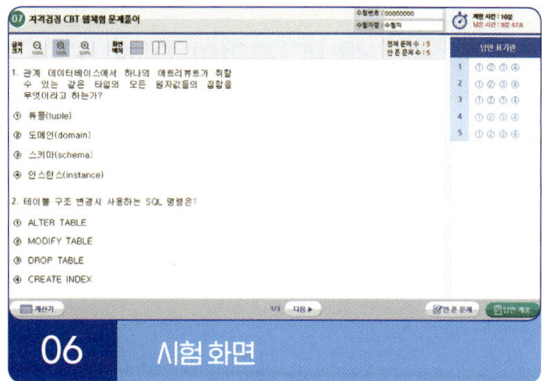

시험 화면이 뜨면 수험번호와 수험자명을 확인하고, 글자크기 및 화면배치를 조절한 후 시험을 시작합니다.

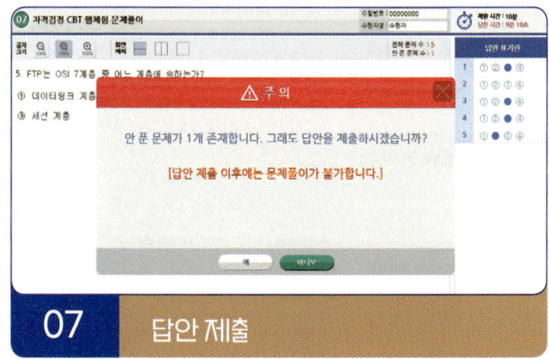

[답안 제출] 버튼을 클릭하면 답안 제출 승인 알림창이 나옵니다. 시험을 마치려면 [예] 버튼을 클릭하고 시험을 계속 진행하려면 [아니오] 버튼을 클릭하면 됩니다. 답안 제출은 실수 방지를 위해 두 번의 확인 과정을 거칩니다. [예] 버튼을 누르면 답안 제출이 완료되며 득점 및 합격여부 등을 확인할 수 있습니다.

CBT 완전 정복 Tip

내 시험에만 집중할 것
CBT 시험은 같은 고사장이라도 각기 다른 시험이 진행되고 있으니 자신의 시험에만 집중하면 됩니다.

이상이 있을 경우 조용히 손을 들 것
컴퓨터로 진행되는 시험이기 때문에 프로그램상의 문제가 있을 수 있습니다. 이때 조용히 손을 들어 감독관에게 문제점을 알리며, 큰 소리를 내는 등 다른 사람에게 피해를 주는 일이 없도록 합니다.

연습 용지를 요청할 것
응시자의 요청에 한해 연습 용지를 제공하고 있습니다. 필요시 연습 용지를 요청하며 미리 시험에 관련된 내용을 적어놓지 않도록 합니다. 연습 용지는 시험이 종료되면 회수되므로 들고 나가지 않도록 유의합니다.

답안 제출은 신중하게 할 것
답안은 제한 시간 내에 언제든 제출할 수 있지만 한 번 제출하게 되면 더 이상의 문제풀이가 불가합니다. 안 푼 문제가 있는지 또는 맞게 표기하였는지 다시 한 번 확인합니다.

[실내건축기능사] 필기
구성 및 특징

핵심이론

필수적으로 학습해야 하는 중요한 이론들을 각 과목별로 분류하여 수록하였습니다. 시험과 관계없는 두꺼운 기본서의 복잡한 이론은 이제 그만! 시험에 꼭 나오는 이론을 중심으로 효과적으로 공부하십시오.

10년간 자주 출제된 문제

출제기준을 중심으로 출제 빈도가 높은 기출문제와 필수적으로 풀어보아야 할 문제를 핵심이론당 1~2문제씩 선정했습니다. 각 문제마다 핵심을 찌르는 명쾌한 해설이 수록되어 있습니다.

과년도 기출문제

지금까지 출제된 과년도 기출문제를 수록하였습니다. 각 문제에는 자세한 해설이 추가되어 핵심이론만으로는 아쉬운 내용을 보충 학습하고 출제경향의 변화를 확인할 수 있습니다.

최근 기출복원문제

최근에 출제된 기출문제를 복원하여 가장 최신의 출제경향을 파악하고 새롭게 출제된 문제의 유형을 익혀 처음 보는 문제들도 모두 맞힐 수 있도록 하였습니다.

이 책의 목차

[실내건축기능사] 필기

빨리보는 간단한 키워드

PART 01 | 핵심이론

CHAPTER 01	실내디자인의 이해	002
CHAPTER 02	실내환경	063
CHAPTER 03	실내건축재료	080
CHAPTER 04	실내건축제도	139
CHAPTER 05	일반구조	160

PART 02 | 과년도 + 최근 기출복원문제

2015년	과년도 기출문제	188
2016년	과년도 기출문제	240
2017년	과년도 기출복원문제	279
2018년	과년도 기출복원문제	306
2019년	과년도 기출복원문제	332
2020년	과년도 기출복원문제	358
2021년	과년도 기출복원문제	383
2022년	과년도 기출복원문제	409
2023년	과년도 기출복원문제	435
2024년	과년도 기출복원문제	461
2025년	최근 기출복원문제	473

빨간키

빨리보는 간단한 키워드

실내디자인의 이해

▌ 실내디자인의 개념

실내디자인은 회화, 조각 등의 순수예술과는 다르게 건축과 더불어 인간이 생활하는 공간을 사용자가 필요로 하는 기능에 맞추어 적합하게 구성하는 예술의 한 분야이다. 개성과 독창성도 중요하지만 사용하는 사용자의 공감대를 전제로 사용목적에 따라 그 기능을 우선으로 하여 아름답고 쾌적한 실내 공간을 조성하는 것이 중요하다.

▌ 실내디자인의 목표

실내디자인의 목표는 인간생활의 쾌적성을 추구하며, 인간의 기능적·심리적·미적 요구를 해결하는 것이다.

▌ 실내디자인을 평가하는 기준

합목적성(기능성 또는 실용성을 의미), 심미성, 경제성, 독창성

▌ 실내디자인의 진행과정

기획 → 기본계획 → 기본설계 → 실시설계 → 감리 → 평가

▌ 실내디자이너의 역할

- 독자적인 개성을 표현한다.
- 생활 공간의 쾌적성을 추구한다.
- 기능 확대, 감성적 욕구의 충족을 통한 건축의 질을 향상시킨다.
- 인간의 예술적·정서적 요구의 만족을 해결한다.

▌ 실내디자인의 영역

실내디자인의 영역은 주거 공간, 상업 공간, 업무 공간, 특수 공간 등으로 나눌 수 있다.

▌ 실내디자인의 범위

주거 공간의 내부뿐만 아니라 건축과 환경, 설치와 디스플레이까지 확대되고 있다. 연출범위는 인테리어, 익스테리어, 리노베이션, 생활소품 디자인 및 디스플레이, 식공간 연출, 전시 이벤트 연출에 이르기까지 광범위하다.

실내디자인의 조건
- 기능적 조건 : 인간공학, 공간 규모, 배치 및 동선 등 제반사항을 고려한다.
- 정서적·심미적 조건 : 인간의 심리적·미적·정서적 측면을 고려한다.
- 경제적 조건 : 최소의 자원 투입하여 최대의 효과를 얻는다.
- 물리적·환경적 조건 : 공기, 열, 소음, 일광 등의 자연적 요소를 고려한다.

점
- 기하학적으로 점은 크기가 없고, 위치나 장소만 존재한다.
- 하나의 점 : 배경의 중심에 있는 하나의 점은 점에 시선을 집중시키고, 정지의 효과를 느끼게 한다.
- 두 개의 점 : 두 개의 점 사이에는 서로 잡아당기는 인장력이 지각된다.
- 다수의 점 : 나란히 있는 점의 간격에 따라 집합·분리의 효과를 얻는다.

선의 종류별 조형효과
- 수직선 : 존엄성, 위엄, 권위
- 수평선 : 안정, 평화
- 사선 : 약동감, 생동감
- 곡선 : 유연함, 우아함, 풍요로움, 여성스러운 느낌

면
면은 길이, 폭, 형(型), 표면, 방위, 위치 등의 특징을 가지며, 선이 이동한 궤적이다.

도형의 느낌
- 사각형 : 가장 안정감 있는 형태로, 신뢰와 안전을 의미한다.
- 직사각형 : 간단함, 균형 잡힌, 단단함, 안전함을 느낀다.
- 정삼각형 : 안정과 균형의 느낌을 준다.
- 역삼각형 : 불안정, 위험, 긴장감을 느낀다.
- 원형 : 선이 끝나지 않고 계속된다고 느껴서 움직임과 완성의 의미를 나타낸다.
- 타원 : 여성적이면서 부드러운 느낌을 준다.

▌형태(form)

- 이념적 형태(순수 형태, 상징적 형태) : 인간의 지각, 즉 시각과 촉각 등으로 직접 느낄 수 없고, 개념적으로만 제시될 수 있는 형태로 순수 형태, 상징적 형태라고도 한다. 점, 선, 면, 입체 등 추상적 기하학적 형태가 이에 해당한다.

  ※ 추상적 형태 : 구체적 형태를 생략 또는 과장의 과정을 거쳐 재구성된 형태이다.

- 현실적 형태 : 우리가 직접 지각하여 얻는 형태이다.
  - 자연적 형태 : 자연의 법칙에 생성된 유기적 형태이다.
  - 인위적 형태 : 인간의 필요에 의해 만들어진 기능적 형태이다.

  ※ 유기적 형태는 우아하고 아늑한 느낌을 주는 시각적 특징이 있다.

▌형태의 지각심리 - 게슈탈트(gestalt)의 법칙

- 근접성(접근성) : 두 개 또는 그 이상의 유사한 시각요소들이 서로 가까이 있으면 하나의 그룹으로 보이는 경향이다.
- 연속성 : 유사한 배열로 구성된 형들이 방향성을 지니고 연속되어 보이는 하나의 그룹으로 지각되는 법칙으로, 공동 운명의 법칙이라고도 한다.
- 유사성 : 비슷한 형태, 규모, 색채, 질감, 명암, 패턴의 그룹을 하나의 그룹으로 지각하는 경향이다.
- 폐쇄성 : 시각요소들이 어떤 형성을 지각하는 데 있어서 폐쇄된 느낌을 주는 법칙으로, 사람들에게 불완전한 형을 순간적으로 보여줄 때 이를 완전한 형으로 지각하는 경향이다.

▌형과 배경의 법칙 - 다의 도형의 착시(반전 착시)

- 같은 도형이지만 음영 변화에 따라 다른 도형으로 보이는 착시현상이다.
- 루빈의 항아리라고도 한다.

■ 역리 도형의 착시
- 모순 도형, 불가능 도형을 이용한 착시현상이다.
- 펜로즈의 삼각형이 대표적이다. 부분적으로는 삼각형으로 보이지만, 전체적으로는 삼각형이 되는 것은 불가능하다. 즉, 3차원의 세계를 2차원 평면에 그린 것이지만 실제로 존재할 수 없는 도형이다.

■ 균형
- 인간의 주의력에 의해 감지되는 시각적 무게의 평형 상태를 의미하는 디자인 원리이다.
- 실내 공간에 침착함과 평형감을 주기 위해 사용되는 디자인 원리이다.
- 불규칙적인 형태가 기하학적 형태보다 시각적 중량감이 크다.
- 비대칭적 균형은 대칭적 균형보다 자유분방하며, 풍부한 개성을 표현할 수 있다.

■ 황금비례
- 황금비례는 1 : 1.618이다.
- 한 선분을 길이가 다른 두 선분으로 분할했을 때, 긴 선분에 대한 짧은 선분의 길이의 비가 전체 선분에 대한 긴 선분의 길이의 비와 같을 때 이루어지는 비례이다.
- 르 코르뷔지에(Le Corbusier)가 제시한 모듈러와 가장 관계가 깊은 디자인 원리이다.

■ 리듬
규칙적인 요소들의 반복으로 디자인에 시각적인 질서를 부여하는 통제된 운동감각을 의미하는 디자인 원리이다.

■ 리듬의 요소
- 반복 : 색채, 문양, 질감, 선이나 형태가 되풀이됨으로써 이루어지는 리듬이다.
- 점이 : 형태의 크기, 방향 및 색의 점차적인 변화로 생기는 리듬이다.
- 대립 : 사각 창문틀의 모서리처럼 직각 부위에서 연속적이면서 규칙적인 상이(相異)한 선에서 볼 수 있는 리듬이다.
- 변이 : 삼각형에서 사각형으로, 검은색이 빨간색 등으로 변화하는 현상으로, 상반된 분위기를 배치하는 것이다.
- 방사 : 디자인의 모든 요소가 중심점으로부터 중심 주변으로 퍼져 나가는 양상을 구성하며 리듬을 이루는 것이다 (예 잔잔한 물에 돌을 던지면 생기는 물결현상).

강조
시각적인 힘의 강약에 단계를 주어 디자인의 일부분에 초점이나 흥미를 부여하는 디자인 원리이다.

조화
서로 성질이 다른 두 가지 이상의 요소(선, 면, 형태, 공간, 재질, 색채 등)가 한 공간 내에서 결합될 때 발생하는 상호관계에 대한 미적 현상으로, 전체적인 조립방법이 모순 없이 질서를 잡는다.

유사조화와 대비조화
- 유사조화
  - 형식적·외형적·시각적으로 동일한 요소의 조합을 통하여 성립한다.
  - 동일감, 친근감, 부드러움을 줄 수 있으나 단조로워질 수 있으므로, 적절한 통일과 변화를 주고 반복에 의한 리듬감을 이끌어 낸다.
  - 동일하지 않더라도 서로 닮은 형태의 모양, 종류, 의미, 기능끼리 연합하여 한 조를 만들 수 있다.
  - 통일에 조금 더 가깝다.
- 대비조화
  - 성격이 서로 다른 요소들의 조합으로 얻어지는 조화이다.
  - 대비를 너무 많이 사용하면 통일성을 잃을 수 있다.
  - 강력하고, 화려하고, 남성적인 이미지를 준다.

통일
이질적인 각 구성요소들이 전체적으로 동일한 이미지를 갖게 하는 디자인 원리이다.

대비
서로 다른 특성을 가진 요소를 같은 공간에 배열할 때 서로의 특성이 더욱 돋보이는 현상으로, 질적·양적으로 서로 다른 요소들이 대립되도록 하는 디자인 원리이다.

척도(스케일)
물체의 크기와 인간과의 관계 및 물체 상호 간의 관계를 표시하는 디자인 원리이다.

질감
- 촉각 또는 시각으로 지각할 수 있는 어떤 물체 표면상의 특징이다.
- 질감 선택 시 스케일, 빛의 반사와 흡수, 촉감 등의 요소를 고려해야 한다.
- 좁은 실내 공간을 넓게 느껴지도록 하기 위해서는 밝은색을 사용하고, 표면이 곱고 매끄러운 재료를 사용한다.

실내 공간의 요소
- 1차적 요소(고정적 요소) : 천장, 벽, 바닥, 기둥, 보, 개구부(창과 문), 실내환경 시스템, 통로
- 2차적 요소(가동적 요소) : 가구, 장식물(액세서리), 디스플레이, 조명
- 3차적 요소(심리적 요소) : 색채, 질감, 직물, 문양, 형태, 전시

바닥
- 천장과 함께 실내 공간을 구성하는 수평적 요소로 인간의 감각 중 시각적·촉각적 요소와 밀접한 관계가 있다.
- 실내 공간을 형성하는 기본 구성요소 중 다른 요소들에 비해 시대와 양식에 의한 변화가 거의 없다.
- 바닥의 고저차가 없는 경우에는 바닥의 색, 질감, 마감재료로 변화를 주거나 다른 면보다 강조하여 공간의 영역을 조정한다.
- 단차를 통한 공간 분할은 주로 바닥면이 넓을 때 사용된다.

천장
- 바닥과 함께 공간을 형성하는 수평적 요소로서, 바닥과 천장 사이에 있는 내부 공간을 규정한다.
- 바닥에 비해 시대와 양식에 의한 변화가 뚜렷하다.
- 다른 실내 기본요소보다도 조형적으로 가장 자유롭다.
- 천장의 일부를 높이거나 낮추는 것을 통해 공간의 영역을 한정할 수 있다.

벽
- 외부로부터의 방어와 프라이버시를 확보하고, 공간의 형태와 크기를 결정하며 공간과 공간을 구분하는 수직적 요소이다.
- 상부의 고정하중을 지지하는 내력벽과 벽 자체의 하중만 지지하는 비내력벽으로 구분한다.
- 벽의 높이가 가슴 정도이면 주변 공간에 시각적 연속성을 주면서도 특정 공간을 감싸는 느낌을 준다.
- 벽은 가구, 조명 등 실내에 놓이는 설치물에 대한 배경적 요소이다.

기둥
- 건축물의 높이를 결정하는 데 중요한 역할을 한다.
- 실내에서의 기둥은 공간영역을 규정하며 공간의 흐름과 동선에 영향을 미친다.
- 샛기둥 : 목구조에서 본기둥 사이에 벽을 이루는 것으로, 가새의 옆휨을 막는 데 유효하다.
- 통재기둥 : 2층 이상의 기둥 전체를 하나의 단일재료를 사용하는 기둥으로, 상하를 일체화시켜 수평력에 견디게 한다.

보
- 지지재상 옆으로 작용하여 하중을 받치고 있는 구조재로, 조형계획에 있어 제한적 요소로 작용한다.
- 공조의 설비 및 조명의 설치를 위해 수반되는 제반장치와 더불어 천장에 감춰지는 것이 일반적이다.
- 천장 구성 시 천장 자체에 리듬을 주어 개성을 강조한다.

공간의 분할
- 차단적 구획(칸막이) : 고정벽, 이동벽, 커튼, 블라인드, 유리창, 열주 등
- 상징적(심리·도덕적) 구획 : 이동 가구, 기둥, 벽난로, 식물, 물, 조각, 바닥의 변화 등
- 지각적 분할(심리적 분할) : 조명, 색채, 패턴, 마감재의 변화 등

창
- 채광, 조망, 환기, 통풍의 역할을 한다.
- 개폐의 용이 및 단열을 위해 가능한 한 작게 만드는 것이 좋다.
- 고정창 : 크기와 형태에 제약 없이 가장 자유롭게 디자인할 수 있다.
- 베이 윈도 : 밖으로 창과 함께 평면이 돌출된 형태로 아늑한 구석 공간을 형성할 수 있는 창이다.
- 여닫이창 : 안으로나 밖으로 열리는데 특히 안으로 열릴 때는 열릴 수 있는 면적이 필요하므로 가구 배치 시 이를 고려해야 한다.

여닫이용 창호철물
래버터리 힌지, 플로어 힌지, 피봇 힌지, 도어 클로저, 도어 스톱, 도어 체크

플로어 힌지
무거운 자재문에 사용하는 스프링 유압밸브장치로 문을 자동적으로 닫히게 하는 창호철물이다.

문
- 사람과 물건이 실내외로 통행·출입하기 위한 개구부로, 실내디자인에 있어 평면적인 요소로 취급된다.
- 여닫이문 : 가장 일반적인 형태로서 문틀에 경첩 또는 상하 모서리에 플로어 힌지를 사용하여 문짝의 회전을 통하여 개폐가 가능한 문이다.
- 자재문 : 기능이 여닫이문과 비슷하지만, 자유 경첩의 스프링에 의해 내·외부로 모두 개폐되는 문이다.
- 플러시문 : 울거미를 짜고 합판으로 양면을 덮은 목재문이다.
- 회전문 : 방풍 및 열손실을 최소로 줄여 주고, 동선의 흐름을 원활하게 해 주는 출입문의 형태이다.

▍문의 위치를 결정할 때 고려해야 할 사항
출입 동선, 통행을 위한 공간, 가구를 배치할 공간 등

▍일광조절장치
커튼, 블라인드, 루버

▍새시 커튼
창문 전체를 커튼으로 처리하지 않고 반 정도만 친 형태이다.

▍베니션 블라인드
수평형 블라인드로 날개의 각도, 승강의 일광, 조망, 시각의 차단 정도를 조절할 수 있지만 먼지가 쌓이면 제거하기 어려운 단점이 있다.

▍조명의 4요소
명도, 대비, 노출시간, 물체의 크기

▍직접조명방식
광원의 90~100%를 어떤 물체에 직접 비추어 투사시키는 방식으로, 조명률이 좋고 경제적이다.

▍간접조명방식
천장이나 벽면 등에 빛을 반사시켜 그 반사광으로 조명하는 방식으로, 직접조명보다 조명의 효율이 낮다.

▍TAL 조명방식
작업구역에는 전용의 국부조명방식으로 조명하고, 기타 주변 환경에 대하여는 간접조명과 같은 낮은 조도 레벨로 조명하는 방식이다.

▍건축화 조명
건축 구조체(천장, 벽, 기둥 등)의 일부분이나 구조적인 요소를 이용하여 조명하는 방식이다.

▍건축화 조명의 종류
- 벽면 조명 : 광창조명, 코니스 조명, 밸런스 조명, 코너조명
- 천장 전면 조명 : 매입 형광등, 라인 라이트, 다운 라이트, 핀홀 라이트, 코퍼 라이트, 코브조명, 광천장조명, 루버천장조명

▌ 광창조명
광원을 넓은 면적의 벽면에 매입하여 비스타(vista)적인 효과를 낼 수 있으며 시선에 안락한 배경으로 작용한다.

▌ 코니스 조명
벽면의 상부에 설치하여 모든 빛이 아래로 향한다.

▌ 코브조명
천장, 벽의 구조체에 의해 광원의 빛이 천장 또는 벽면으로 가려지게 하여 반사광으로 간접 조명하는 방식이다.

▌ 눈부심(glare)의 방지대책
- 광원의 휘도를 줄이고, 광원의 수를 늘린다.
- 광원을 시선에서 멀리 위치시킨다.
- 광원 주위를 밝게 한다.
- 가리개(shield), 갓(hood) 혹은 차양(visor), 발(blind)을 사용한다.
- 창문을 높이 설치한다.
- 옥외 창 위에 오버행(overhang)을 설치한다.
- 휘도가 낮은 형광램프를 사용한다.
- 간접조명방식을 채택한다.
- 시선을 중심으로 해서 30° 범위 내의 글레어 존(glare zone)에는 광원을 설치하지 않는다.
- 플라스틱 커버가 설치되어 있는 조명기구를 선정한다.

▌ 인체 공학적 입장에 따른 가구의 분류
- 인체 지지용 가구(인체계 가구, 휴식용 가구) : 소파, 의자, 스툴, 침대 등
- 작업용 가구(준인체계 가구) : 테이블, 받침대, 주방 작업대, 식탁, 책상, 화장대 등
- 정리 수납용 가구(건축계 가구) : 벽장, 옷장, 선반, 서랍장, 붙박이장 등

▌ 모듈러 코디네이션(modular coordination)
- 재료 부품부터 설계·시공에 이르는 전 건축 생산에 있어 치수상의 유기적 연계성을 만드는 것이다.
- 설계작업이 단순·용이하여 공기를 단축할 수 있다.
- 생산의 합리화와 시공비 절감효과를 유도할 수 있다.
- 창의성이 결여될 수 있다.

■ 붙박이 가구(built in furniture)
특정한 사용목적이나 많은 물품을 수납하기 위해 건축화된 가구이다.

■ 시스템 가구
가구와 인간과의 관계, 가구와 건축 구체의 관계, 가구와 가구의 관계 등을 종합적으로 고려하여 적합한 치수를 산출한 후, 이를 모듈화시킨 각 유닛이 모여 전체 가구를 형성한 것이다.

■ 유닛 가구(unit furniture)
단일 가구를 원하는 형태로 조합하여 사용할 수 있으며, 다목적으로 사용 가능하다.

■ 의자의 유형
- 라운지 체어 : 비교적 큰 크기의 안락의자로, 누워서 쉴 수 있는 긴 의자이다.
- 세티 : 동일한 2개의 의자를 나란히 합해 2인이 앉을 수 있는 의자이다.
- 스툴 : 등받이와 팔걸이가 없는 형태의 보조의자로, 가벼운 작업이나 잠시 걸터앉아 휴식을 취할 때 사용한다.
- 오토만 : 스툴의 일종으로, 더 편안한 휴식을 위해 발을 올려놓는 데 사용한다.
- 체스터필드 : 솜, 스펀지 등을 채워서 쿠션이 좋게 만든 의자이다.
- 카우치 : 고대 로마시대에 음식을 먹거나 취침을 위해 사용했던 긴 의자에서 유래된 것으로, 몸을 기대거나 침대로도 사용할 수 있도록 좌판 한쪽을 올린 형태이다.
- 풀업 체어 : 필요에 따라 이동시켜 사용할 수 있는 간이의자이다.
- 바실리 체어 : 마르셀 브로이어가 디자인한 의자로, 강철 파이프를 휘어 기본 골조를 만들고 가죽을 접합하여 만든 의자이다.
- 세스카 체어 : 마르셀 브로이어가 디자인한 의자로, 강철 파이프를 구부려서 지지대 없이 만든 캔틸레버식 의자이다.

■ 침대의 크기
(단위 : mm)

명칭	크기
싱글(single)	1,000 × 2,000
슈퍼싱글(supersingle)	1,100 × 2,000
더블(double)	1,350 × 2,000
퀸(queen)	1,500 × 2,000
킹(king)	1,600 이상 × 2,000

장식물의 분류
- 실용적 장식물 : 조명기구, 가전제품류, 스크린, 꽃꽂이 용구 등
- 감상용(장식적) 장식품 : 수족관, 완구류, 수석, 분재, 모형, 화초류, 관상수 등
- 기념적 장식품 : 메달, 트로피, 상패, 펜던트, 박제류 등

조선시대의 주택구조
- 사랑채, 안채, 행랑채의 3개의 공간으로 구분되었다.
- 사랑방 : 주로 남자가 거처하던 방으로, 서재와 접객 공간으로 사용된 공간이다.

공포
주심포식과 다포식으로 나누어지며, 목구조 건축물에서 처마 끝의 하중을 받치기 위해 설치하는 것이다.

주행동에 따른 주거 공간의 구분
- 개인 공간 : 침실, 서재, 공부방, 욕실, 화장실, 세면실 등
- 작업 공간 : 부엌, 세탁실, 작업실, 창고, 다용도실 등
- 사회적 공간 : 거실, 응접실, 식당, 현관 등 가족이 공동으로 사용하는 공간

주택의 평면계획
- 부엌, 식당, 욕실, 화장실은 집중배치(core system)한다.
- 공간의 조닝방법 : 단위공간 사용자의 특성(주행동), 사용목적, 사용시간, 사용 빈도 등을 고려한다.
- 거실은 실내의 다른 공간과 유기적으로 연결될 수 있도록 하되 거실이 통로화되지 않도록 주의한다.
- 거실의 가구 배치에 영향을 주는 요인 : 거실의 규모와 형태, 개구부의 위치와 크기, 거주자의 취향 등

원룸 주택 설계 시 고려해야 할 사항
- 내부 공간을 효과적으로 활용한다.
- 환기를 고려하여 설계한다.
- 사용자에 대한 특성을 충분히 파악한다.
- 활동 공간과 취침 공간을 구분한다.
- 소규모 주거 공간계획 시 접객 공간은 고려하지 않아도 된다.

동선
- 동선의 3요소 : 빈도, 속도, 하중
- 동선은 짧고, 가능한 한 직선적으로 계획하는 것이 바람직하다.

■ 주택 거실의 가구 배치 유형
- 대면형 : 중앙의 테이블을 중심으로 좌석이 마주 보도록 배치하는 유형이다.
- ㄱ자형(코너형) : 가구를 두 벽면에 연결시켜 배치하는 유형으로, 시선이 마주치지 않아 안정감이 있다.
- U자형(ㄷ자형) : 단란한 분위기를 주며 여러 사람과의 대화 시에 적합하다.
- 一자형(직선형) : 의자를 일렬로 배치하는 유형으로, 대화에는 부자연스러운 배치이다.

■ 거실과 식당의 구성 형태
- LD(Living Dining)형 : 거실 + 식당 겸용
- DK(Dining Kitchen)형 : 식당 + 부엌 겸용
- LDK(Living Dining Kitchen)형 : 거실 + 식당 + 부엌 겸용

■ 부엌의 실내계획
- 부엌과 식당계획 시 주부의 작업 동선을 우선적으로 고려해야 한다.
- 부엌의 크기를 결정하는 요소 : 가족 수, 주택 연면적, 작업대의 면적 등
- 부엌 작업대의 배치 순서 : 준비대 – 개수대 – 조리대 – 가열대 – 배선대
- 부엌의 작업삼각형(work triangle) 구성요소 : 냉장고, 개수대, 가열대

■ 부엌 가구의 배치 유형
- 일렬형 : 좁은 면적 이용에 가장 효과적이어서 주로 소규모 부엌에 사용한다.
- ㄷ자형 : 부엌 내의 벽면을 이용하여 작업대를 배치한 유형으로, 작업면이 넓어 작업효율이 가장 좋다.
- 병렬형 : 양쪽 벽면에 작업대가 마주 보도록 배치한 유형으로, 부엌의 폭이 길이에 비해 넓은 부엌의 형태에 적합하다.
- 아일랜드형 : 별장 주택에서 볼 수 있는 유형으로, 취사용 작업대가 하나의 섬처럼 실내에 설치되어 독특한 분위기를 형성한다.

■ 상점의 공간 구성
- 판매 공간 : 도입 공간, 통로 공간, 상품 전시 공간, 서비스 공간
- 부대 공간 : 상품관리 공간, 판매원의 후생 공간, 시설관리 부분, 영업관리 부분, 주차장
- 파사드(facade) : 쇼윈도, 출입구 및 홀의 입구 부분을 포함한 평면적인 구성요소와 아케이드, 광고판, 사인, 외부장치를 포함한 입체적인 구성요소의 총체를 의미한다.

상점계획에 요구되는 5가지 광고 요소(AIDCA, AIDMA 법칙)
- Attention(주의)
- Interest(흥미)
- Desire(욕망)
- Confidence(확신)·Memory(기억)
- Action(행동)

상품 진열계획
- 골든 스페이스는 바닥에서 높이 850~1,250mm의 범위이다.
- 디스플레이의 목적 : 교육적 목적, 선전효과의 기능, 이미지 차별화, 새로운 유행 유도, 지역의 문화 공간 조성
- 상업 공간의 동선계획 : 종업원의 동선은 짧게, 고객의 동선은 길게 한다.
- 직렬형 : 상품의 전달 및 고객의 동선상 흐름이 가장 빠른 형식으로 협소한 매장에 적합하다.

대면 판매와 측면 판매

대면 판매	측면 판매
• 상품에 대해 설명하기 편리하다. • 종업원의 위치 선정이 편리하다. • 포장작업이 수월하다. • 진열 면적이 줄어든다.	• 상품에 대해 설명하기 불편하다. • 고객이 직접 진열된 상품을 접촉할 수 있는 관계로 충동구매와 선택이 용이하다. • 종업원의 위치 선정이 어렵다. • 포장작업이 불편하다. • 진열 면적이 증가한다.

매장의 배치 유형
- 직각배치형 : 판매장의 유효 면적을 최대로 할 수 있다.
- 사행배치법 : 수직 동선으로 많은 고객이 매장 공간의 코너까지 접근하기 쉬운 배치로, 이형(모양이 다른)의 진열대가 많이 필요하다.
- 자유곡선배치법 : 고객의 유동 방향에 따라 자유로운 곡선으로 배치하는 유형으로, 특수형태의 유리 케이스가 필요하므로 비용이 증가한다.
- 방사배치법 : 통로를 방사형으로 배치하는 방법으로, 일반적으로 적용하기 곤란한 방식이다.

백화점의 외벽에 창을 설치하지 않는 이유 및 효과
- 조도를 균일하게 할 수 있다.
- 실내 면적의 이용도가 높아진다.
- 외측에 광고물의 부착효과가 있다.

CHAPTER 02 실내환경

■ **인체의 열 쾌적에 영향을 주는 물리적 온열요소**
  기온, 습도, 기류, 복사열

■ **인체의 열이 빠져나가는 4가지 형태**
  복사, 대류, 증발, 전도

■ **온열요소의 측정단위**
  - 주관적 온열요소 중 착의 상태의 단위 : clo(cloths)
  - 주관적 온열요소 중 인체활동 상태의 단위 : met(metabolic equivalent of task)
  - 인체의 신진대사에서 휴식 상태에 가장 근접한 met 수 : 1.0met

■ **혼합공기의 온도계산**

  혼합공기 온도(℃) = $\dfrac{(Q_1 \times t_1) + (Q_2 \times t_2)}{Q_1 + Q_2}$

  여기서, Q_1, Q_2 : 혼합 전 공기의 양
  t_1, t_2 : 혼합 전 공기의 온도

■ **유효온도(실효온도 : Effective Temperature)**
  기온, 습도, 기류의 3요소의 조합에 의한 실내 온열감각을 기온의 척도로 나타낸 온열지표이다.

■ **노점온도**
  공기가 포화상태(습도 100%)가 될 때의 온도이다.

■ **불쾌지수(DI ; Discomfort Index)**
  기온과 습도에 의한 온열감을 나타낸 온열지표이다.

■ **열전도율**
  두께 1m 판의 양면에 1℃의 온도차가 있을 때 단위시간 동안에 흐르는 열량으로, 단위는 W/m·K이다.

열관류

벽과 같은 고체를 통하여 유체(공기)에서 유체로 열이 전해지는 현상이다.

단열재가 갖추어야 할 요건

- 경제적이고, 시공이 용이할 것
- 가볍고, 기계적 강도가 우수할 것
- 열전도율, 흡수율, 수증기 투과율이 낮을 것
- 내구성, 내열성, 내식성이 우수하고 냄새가 없을 것

벽체의 단열효과를 높이기 위한 방법

- 벽체 내부에 공기층을 설치한다.
- 반사형 단열재는 중공벽 중간에 설치한다.
- 단열재는 되도록 건조한 상태로 유지한다.
- 저항형 단열재는 재료 내 기포가 많이 포함된 것을 사용한다.

복사

어떤 물체에 발생하는 열에너지가 전달 매개체 없이 직접 다른 물체에 도달하는 전열현상이다.

겨울철 벽체에 표면결로가 발생하는 원인

- 실내외 온도차가 클수록 많이 생긴다.
- 실내에 습기가 많이 발생할 경우에 생긴다.
- 건물의 사용 패턴 변화에 의해 환기가 부족할 때 생긴다.
- 단열 시공이 불완전(건물 외벽의 단열 상태 불량)할 때 생긴다.
- 시공이 불량할 경우에 생긴다.
- 시공 직후 미건조 상태일 때 생긴다.

표면결로의 방지방법

- 단열 강화에 의해 표면온도를 상승시킨다.
- 직접가열이나 기류 촉진에 의해 표면온도를 상승시킨다.
- 수증기 발생이 많은 부엌이나 화장실에 배기구나 배기팬을 설치한다.
- 실내에서 발생하는 수증기를 억제한다.
- 환기에 의해 실내 절대습도를 저하한다.
- 실내온도를 노점온도 이상으로 유지시킨다.

- 구조체의 열관류저항을 크게 한다.
- 내부결로를 방지하기 위해 방습층은 온도가 높은 단열재의 실내측에 위치하도록 한다.
- 주방 벽 근처의 공기를 순환시킨다.
- 낮은 온도의 난방을 오래 하는 것이 높은 온도의 난방을 짧게 하는 것보다 결로 방지에 유리하다.

실내 공기의 오염원인
- 직접적인 원인 : 호흡, 기온 상승, 습도의 증가, 각종 병균 등
- 간접적인 원인 : 의복의 먼지, 흡연 등
- 실내 공기오염의 종합적 지표로 사용되는 오염물질 : 이산화탄소(CO_2)

실내 공기오염의 예방
- 실내 공기오염의 발생원을 제거한다.
- 환기시킨다.
- 천연 자재를 사용한다(PVC 벽지, 장판, 가구, 의복 등의 제품).
- 공기정화기를 사용한다.
- 식물에 의한 실내 공기 정화 : 산세비에리아, 벤자민 등의 식물을 키워서 공기를 정화시킨다.
- 베이크 아웃(bake-out) : 신축 건물에 입주하기 전 실내온도를 상승시켜 건축 자재나 마감재에서 방출되는 휘발성 유기 화합물이나 폼알데하이드를 일시적으로 촉진시키고 환기를 통해 제거한다.

자연환기
- 중력환기 : 실내외의 온도차에 의한 공기의 밀도차가 원동력이 되는 환기방식이다.
- 풍력환기 : 건물의 외벽면에 가해지는 풍압이 원동력이 되는 환기방식이다.

기계환기
- 제1종 환기방식(급기팬과 배기팬의 조합, 압입흡출병용방식) : 급기측과 배기측에 송풍기를 설치하여 환기시킨다.
- 제2종 환기방식(급기팬과 자연배기의 조합, 압입식)
  - 송풍기로 실내에 급기를 실시하고, 배기구를 통하여 자연적으로 유출시키는 방식이다.
  - 병원의 수술실과 같이 외부의 오염된 공기의 침입을 피해야 하는 실에 이용된다.
- 제3종 환기방식(자연급기와 배기팬의 조합, 흡출식)
  - 급기는 자연급기가 되도록 하고, 배기는 배풍기로 한다.
  - 화장실, 욕실, 주방 등에 설치하여 냄새가 다른 실로 전달되는 것을 방지한다.

전체환기

열기나 유해물질이 실내에 산재되어 있거나 이동되는 경우에 급기로 실내의 전체 공기를 희석하여 배출시키는 방법이다.

환기 횟수(회/h)

$$\frac{\text{환기량}(m^3/h)}{\text{실용적}(m^3)}$$

단위

- 광속 : 광원으로부터 발산되는 빛의 양으로, 단위는 루멘(lm)이다.
- 조도 : 면에 도달하는 광속의 밀도로, 단위는 럭스(lx)이다.
- 광도 : 발광체의 표면 밝기를 나타내는 것으로, 광원에서 발하는 광속이 단위 입체각당 1lm일 때의 광도를 candle이라 한다. 단위는 칸델라(cd)이다.
- 휘도 : 어떤 물체의 표면 밝기의 정도, 즉 광원이 빛나는 정도로 단위는 cd/m^2이다.

일조의 직접적 효과

광효과, 열효과, 보건·위생적 효과

일조 조절의 목적

- 작업면의 과대 조도를 방지하기 위해
- 실내 조도의 현저한 불균일을 방지하기 위해
- 실내 휘도의 현저한 불균일을 방지하기 위해
- 동계의 적극적인 수열을 위해

일조의 확보와 관련하여 공동주택의 인동 간격 결정기준

동지

천창 채광

- 같은 면적의 측창 채광에 비해 채광량이 많다.
- 측창 채광에 비해 통풍, 비막이에 불리하다.
- 측창 채광에 비해 조도분포의 균일화에 유리하다.
- 측창 채광에 비해 근린의 상황에 따라 채광을 방해받는 경우가 적다.

■ 측창 채광
- 비막이에 유리하다.
- 시공·보수가 용이하다.
- 편측 채광의 경우 조도분포가 균일하지 못하다.
- 근린의 상황에 의한 채광 방해의 우려가 있다.

■ 우리나라 기후조건에 맞는 자연형 설계방법
- 겨울철 일사 획득을 높이기 위해 평지붕보다 경사지붕이 유리하다.
- 건물의 형태는 정방형보다 동서축으로 약간 긴 장방형이 유리하다.
- 여름철에 증발냉각효과를 얻기 위해 건물 주변에 연못을 설치하면 유리하다.
- 여름에는 일사를 차단하고 겨울에는 일사를 획득하기 위한 차양설계가 필요하다.

■ 음의 단위
- 음의 크기의 단위 : sone
- 음의 세기 레벨(소리 강도)을 나타낼 때 사용하는 단위 : dB
- 주파수 단위 : Hz(1초 동안의 진동수)
- 음의 세기의 단위 : W/m^2

■ 실내 음향의 상태를 표현하는 표준(요소)
명료도, 잔향시간, 음압분포, 소음 레벨

■ 명료도
- 통화 이해도를 측정하는 지표이며, 사람이 말을 할 때 어느 정도 정확하게 청취할 수 있는가를 표시하는 기준이다.
- 음의 명료도에 직접적인 영향을 주는 요인 : 소음, 잔향시간, 음의 세기

■ 잔향
실내에서는 음(소리)을 갑자기 중지시켜도 소리는 그 순간에 바로 없어지는 것이 아니라 점차 감쇠되다가 안 들리게 된다. 이와 같이 음 발생이 중지된 후에도 소리가 실내에 남는 현상을 잔향이라고 한다.

■ 잔향시간에 영향을 주는 요소
- 실내 마감재료, 실의 용적에 비례한다.
- 흡음력, 실의 표면적에 반비례한다.
- 음원의 종류나 위치, 측정 위치, 실의 형태나 청중 수와는 무관하다.

■ 마스킹 효과

귀로 2가지 음이 동시에 들어와서 한쪽의 음 때문에 다른 쪽의 음이 작게 들리는 현상이다.
㉠ 배경음악에 실내 소음이 묻히는 경우, 사무실의 자판 소리 때문에 말소리가 묻히는 경우

■ 실내 음향계획

- 음이 실내에 골고루 분산되도록 한다.
- 반사음이 한곳으로 집중되지 않도록 한다.
- 실내 잔향시간은 실용적이 크면 클수록 길다.
- 음악을 연주할 때는 강연 때보다 잔향시간이 다소 긴 편이 좋다.

CHAPTER 03 실내건축재료

■ **현대 건축재료의 발달사항**
- 고성능화 : 건물 종류의 다양화, 대형화, 고층화
- 생산성 향상 및 합리화 : 건축 수요 증대 등
- 공업화 : 기계화, 선조립(prefab)화, 표준화, 국제화
  ※ 선조립화 : 미리 부품을 공장에서 생산하여 현장에서 조립하는 것
- 환경친화적 재료 : 에너지 절약, 재활용 등

■ **생산방법(제조)에 따른 분류**
- 천연재료(자연재료) : 흙, 목재, 석재 등
- 인공재료(가공재료) : 콘크리트, 강재, 타일, 합판, 시멘트 등

■ **사용목적에 따른 분류**
- 구조재료
  - 건축물의 골조를 구성하는 재료
  - 목재, 석재, 벽돌, 철강재, 콘크리트, 금속 등
- 마감재료
  - 건축물의 마감과 장식을 하는 재료
  - 유리, 점토, 벽돌, 석재, 목재, 석고, 플라스틱, 도료, 타일, 접착제, 비닐시트, 플로어링 보드, 파티클 보드 등
- 차단재료
  - 방수, 방습, 단열, 차단 등을 목적으로 하는 재료
  - 암면, 실링재, 아스팔트, 글라스 울
- 방화 및 내화재료
  - 화재 연소 방지 및 내화성 향상을 목적으로 하는 재료
  - 석고보드, 방화 셔터, 방화 실런트

화학 조성에 따른 분류

- 무기재료
  - 금속재료 : 철강, 알루미늄, 구리, 아연, 합금류 등
  - 비금속재료 : 석재, 콘크리트, 시멘트, 유리, 벽돌 등
- 유기재료
  - 천연재료 : 목재, 아스팔트, 섬유류 등
  - 합성수지 : 플라스틱제, 도료, 접착제, 실링제 등

건축재료의 요구성능

구분	역학적 성능	물리적 성능	내구성능	화학적 성능	방화·내화성능	감각적 성능	생산성능
구조재료	강도, 강성, 내피로성	비수축성	냉해, 변질, 내후성	발청, 부식, 중성화	불연성, 내열성	-	가공성, 시공성
마감재료	-	열, 음, 빛의 투과, 반사			비발열성, 비유독가스	색채, 촉감	
차단재료	-	열, 음, 빛, 수분의 차단	-	-		-	
내화재료	고온강도, 고온변형	고융점	-	화학적 안정	불연성	-	

건축재료의 역학적 성질

- 탄성 : 물체에 외력을 가하면 변형이 생기지만, 외력을 제거하면 순간적으로 원래의 형태로 회복되는 성질이다.
- 소성 : 외력을 제거하여도 재료가 원상으로 돌아가지 않고 변형된 상태 그대로 남아 있는 성질이다.
- 인성 : 외력에 의해 파괴되기 어려운 질기고 강한 충격에 잘 견디는 재료의 성질이다.
- 점성 : 외력이 작용했을 때 변형이 하중속도에 따라 영향을 받는 성질이다.
- 강성 : 재료가 외력을 받으면서 발생하는 변형에 저항하는 정도이다.
- 취성 : 재료에 외력을 가했을 때 작은 변형에도 바로 파괴되는 성질이다.
- 연성 : 타격 또는 압연에 의해 물체가 파괴되지 않고 금속재료가 길게 늘어나는 성질이다.
- 전성 : 타격 또는 압연에 의해 물체가 파괴되지 않고 얇고 넓게 퍼지는(평면으로) 성질이다.

성장 상태에 의한 분류

- 침엽수 : 건축이나 토목시설의 구조재용으로 사용한다(소나무, 해송, 삼송나무, 전나무, 솔송나무, 낙엽송, 가문비나무, 잣나무).
- 활엽수 : 가구 제작과 실내장식을 위한 건축 내장용으로 사용한다(너도밤나무, 느티나무, 오동나무, 단풍나무, 참나무, 박달나무, 벚나무, 은행나무).

재질에 의한 분류
- 연재 : 침엽수류
- 경재 : 활엽수류

용도별 분류
- 구조용재 : 건물의 뼈대에 쓰이는 부재로, 강도 및 내구성이 큰 것이 좋다.
- 장식용재 : 실내장식을 위하여 쓰이는 부재로, 무늿결이 좋고 뒤틀림이 적은 것이 좋다.

목재의 장단점

대면 판매	측면 판매
• 비강도가 크다. • 가공성이 좋다. • 단열성, 차음성, 흡습성이 좋다. • 마감면이 수려하다.	• 화재에 취약하다. • 옹이, 반점 등 결점이 있다. • 부패하기 쉽다. • 변형이 일어난다.

목재의 강도 크기
- 섬유 방향의 강도 > 직각 방향의 강도
- 인장강도 > 휨강도 > 압축강도 > 전단강도

목재의 부패
- 목재 부패균이 생물활동을 하기 위해서는 양분, 수분, 산소, 온도가 적절하게 충족되어야 한다.
- 부패균이 번식하기 위한 적당한 온도는 20~35℃ 정도이다.
- 균류는 습도가 20% 이하에서는 일반적으로 사멸한다.

목재 방부제의 종류
- 수용성 : CCA 방부제, 황산구리용액, 염화아연용액, 염화제2수은용액, 플루오린화나트륨용액, 페놀류(도장 가능, 독성 있음)
- 유용성 : 펜타클로로페놀(PCP), 유기주석 화합물, 나프텐산 금속염 등
- 유성(상) : 크레오소트유, 콜타르, 아스팔트, 목타르, 유성페인트 등

크레오소트유
악취가 나고, 흑갈색으로 외관이 불미하므로 눈에 보이지 않는 토대, 기둥, 도리 등에 이용되는 목재의 유성 방부제이다.

목재건조의 목적
- 균류에 의한 부식과 벌레의 피해를 예방한다.
- 사용 후의 수축 및 균열을 방지한다.
- 강도 및 내구성을 증진시킨다.
- 중량 경감과 그로 인한 취급 및 운반비를 절약한다.
- 방부제 등의 약제 주입을 용이하게 한다.
- 도장이 용이하고, 접착제의 효과가 증대된다.
- 전기절연성이 증가한다.

목재건조의 방법
- 자연건조법 : 공기건조법, 침수법
- 인공건조법 : 증기(훈연)건조, 열기건조, 진공건조, 약품건조, 고주파건조 등

합판
목재를 얇은 판으로 만들어 이들을 섬유 방향이 서로 직교되도록 홀수로 적층하면서 접착제로 접착시킨 판이다.

파티클 보드
목재 또는 식물질을 절삭, 파쇄 등을 거쳐 작은 조각으로 만들어 건조시킨 후 합성수지 접착제를 섞어 고온·고압으로 성형한 가공재이다.

섬유판의 종류
- 저밀도 섬유판(LDF)
  - 밀도가 $0.35g/cm^3$ 미만이다.
  - 주로 건물의 내장 및 흡음, 단열, 보온을 목적으로 성형한 비중 0.4 미만의 보드이다.
  - 가장 알갱이가 굵은 파이버 보드로, 파티클 보드라고도 한다.
- 중밀도(반경질) 섬유판(MDF)
  - 밀도가 $0.35~0.85g/cm^3$이다.
  - 목재펄프만을 압축하여 만든 것으로, 비중이 0.8 이상이다.
- 고밀도 섬유판(HDF)
  - 밀도가 $0.85g/cm^3$ 이상이다.
  - 하드보드(hardboard)라고도 하는데, 내장재·가구재·창호재·선박·차량재·합판의 대용재 및 복합판재로 활용된다.

코펜하겐 리브
목재의 가공품 중 강당, 집회장 등의 천장 또는 내벽에 붙여 음향조절용으로 사용된다.

듀벨
목재의 접합철물로, 주로 전단력에 저항하는 철물이다.

석재의 성인에 의한 분류
- 화성암 : 화강암, 안산암, 감람석, 현무암
- 수성암 : 사암, 점판암, 응회암, 석회석
- 변성암 : 대리석, 트래버틴, 사문암, 석면

화강암
내화도가 낮아 고열을 받는 곳에는 적당하지 않지만, 견고하고 대형재의 생산이 가능하며 바탕색과 반점이 미려하여 구조재, 내·외장재로 많이 사용된다.

점판암
수성암의 일종으로 석질이 치밀하고 박판으로 채취할 수 있으므로 슬레이트로서 지붕 등에 사용된다.

대리석
석회석이 변화되어 결정화된 것이다. 주성분은 탄산석회이며 이 밖에 탄소질, 산화철, 휘석, 각섬석, 녹니석 등이 함유되어 있다. 강도는 높지만 내산성 및 내알칼리성과 내화성이 낮고 풍화되기 쉽다.

트래버틴
변성암의 일종으로, 석질이 불균일하고 다공질이다. 암갈색 무늬를 띠며, 주로 특수 실내장식재로 사용된다.

내화도 크기 순서
응회암, 부석 > 안산암, 점판암 > 사암 > 대리석 > 화강암

석재의 장단점

장점	단점
• 불연성이고, 압축강도가 크다. • 내수성, 내구성, 내화학성, 내마모성이 크다. • 외관이 장중하고 갈면 광택이 난다. • 매장량이 풍부하고 구입하기 쉽다.	• 인장강도가 약하다. • 길고, 큰 재료를 얻기 힘들다. • 비중이 커서 가공이 어렵다. • 불에 손상된다.

석재의 강도
- 일반적으로 압축강도가 가장 크다.
- 인장강도는 압축강도의 1/30~1/10 정도이다.
- 압축강도의 크기 : 화강암 > 대리석 > 안산암 > 사문암 > 점판암 > 사암 > 응회암

석재의 가공 순서와 도구
혹두기(쇠메나 망치) → 정다듬(정) → 도드락다듬(도드락 망치) → 잔다듬(날망치) → 물갈기

테라초
시멘트 콘크리트 제품 중 대리석의 쇄석을 종석으로 하여 대리석과 같이 미려한 광택을 갖도록 마감한 것이다.

한국산업표준(KS L 5201)에 따른 포틀랜드 시멘트의 종류
- 보통 포틀랜드 시멘트(1종) : 일반적으로 가장 많이 사용되며, 일반 건축토목공사에 사용한다.
- 중용열 포틀랜드 시멘트(2종) : 수화열이 낮고, 장기강도가 우수하여 댐, 터널, 교량공사에 사용한다.
- 조강 포틀랜드 시멘트(3종) : 보통 포틀랜드 시멘트보다 규산삼석회(C_3S)나 석고가 많고, 분말도를 크게 하여 초기에 고강도를 발생시킨다.
- 저열 포틀랜드 시멘트(4종) : 수화열이 가장 낮고, 내구성이 우수하여 특수공사에 사용한다.
- 내황산염 포틀랜드 시멘트(5종) : 황산염에 대한 저항성 크다. 수화열이 낮고, 장기강도의 발현에 우수하여 댐, 터널, 도로포장 및 교량공사에 사용한다.

시멘트의 분말도가 클수록(미세)
- 수화작용이 촉진된다.
- 초기강도가 증진된다.
- 발열량이 증대된다.
- 응결속도가 증진된다.
- 시공연도(workability)가 양호하다.

- 분말도 측정은 블레인법 또는 표준체법에 의한다.

시멘트의 응결시간

응결속도가 빨라지는 경우	응결속도가 느려지는 경우
• 분말도가 높을수록 • 온도가 높을수록 • 슬럼프나 습도가 낮을수록 • 물-시멘트비가 작을수록 • 골재나 물에 염분이 포함될수록 • 알칼리가 많을수록 • 알루민산3석회가 많을수록	• 첨가된 석고량이 많거나 물-시멘트비가 클수록 • 수(水)량이 많은 경우

- 시멘트의 안정성 측정에 사용되는 시험법은 오토클레이브 팽창도시험이다.

풍화

시멘트가 습기를 흡수하여 경미한 수화반응을 일으켜 생성된 수산화칼슘과 공기 중의 탄산가스가 반응하여 탄산칼슘을 생성하는 작용이다.

골재의 성인에 의한 분류

- 천연골재 : 강모래, 강자갈, 바닷모래, 바닷자갈, 육상모래, 육상자갈, 산모래, 산자갈
- 인공골재 : 부순 돌, 부순 모래, 인공 경량골재

콘크리트용 골재로서 요구되는 일반적인 성질

- 골재에는 먼지, 흙, 유기 불순물 등을 포함하지 않을 것
- 입도는 조립에서 세립까지 연속적으로 균등하게 혼합되어 있을 것
- 골재의 모양은 둥글고 구형에 가까울 것
- 골재의 강도는 콘크리트 중의 경화 시멘트 페이스트의 강도 이상일 것(양질 골재 $2,000kg/cm^2$, 일반 골재 $800kg/cm^2$)
- 내구성과 내화성이 있을 것
- 콘크리트 강도를 확보하는 강성을 지닐 것
- 잔골재는 씻기시험 손실량이 3.0% 이하일 것
- 잔골재의 염분(NaCl) 허용한도는 0.04% 이하일 것
- 공극률이 작아 시멘트를 절약할 수 있는 것

조립률(골재)

75mm, 40mm, 20mm, 10mm, 5mm, 2.5mm, 1.2mm, 0.6mm, 0.3mm, 0.15mm 체 등 10개의 체를 1조로 하여 체가름시험을 하였을 때, 각 체에 남은 누계량의 전체 시료에 대한 질량 백분율의 합을 100으로 나눈 값으로 나타낸다.

혼화재료의 종류

- 혼화제 : 감수제, AE제, 유동화제, 방수제, 기포제, 촉진제, 지연제, 급결제, 증점제
- 혼화재 : 플라이애시, 고로 슬래그, 실리카 퓸, 규산백토 미분말, 팽창재

AE제

콘크리트 내부에 미세한 독립된 기포를 발생시켜 콘크리트의 작업성 및 동결융해 저항성능을 향상시키기 위해 사용되는 화학 혼화제이다.

방청제

염화물의 작용에 의한 철근의 부식을 방지하기 위해 사용된다.

플라이애시

- 콘크리트의 워커빌리티를 좋게 하고, 사용 수량을 감소시킨다.
- 초기 재령의 강도는 다소 작지만, 장기 재령의 강도는 매우 크다.
- 콘크리트의 수밀성을 향상시킨다.
- 시멘트 수화열에 의한 콘크리트 발열이 감소된다.

포졸란의 효과

- 블리딩이 감소한다.
- 초기강도는 작지만 장기강도, 수밀성 및 화학저항성이 크다.
- 발열량이 적고, 시공연도가 좋아진다.

콘크리트의 일반적인 성질

- 내구성, 내화성, 차음성, 내진성 등이 양호하다.
- 크기나 모양 등 성형상 자유성이 높다.
- 인장강도에 비해 압축강도가 크다.
- 성분상 강알칼리성이 있어 철강재의 방청상 유효하다.

- 시공 시 특별한 숙련을 요하지 않는다.
- 비교적 값이 저렴하고, 유지비가 거의 들지 않는다.

굳지 않은 콘크리트에 요구되는 성질
- 다지기 및 마무리가 용이해야 한다.
- 시공 시 및 그 전후에 재료분리가 적어야 한다.
- 거푸집 구석구석까지 잘 채워질 수 있어야 한다.
- 거푸집에 부어 넣은 후 블리딩이 적게 발생해야 한다.

굳지 않은 콘크리트의 성질
- 워커빌리티(workability, 시공성) : 부어 넣기의 난이도 정도 및 재료분리에 저항하는 정도를 나타낸다.
- 컨시스턴시(consistency, 반죽질기) : 주로 수량에 의해서 변화되는 유동성으로, 물의 양이 많고 적음에 따라 반죽이 되거나 진 정도이다.
- 플라스티시티(plasticity, 가소성, 성형성) : 거푸집 등의 형상에 순응하여 채우기 쉽고, 분리가 일어나지 않는 성질이다.
- 펌퍼빌리티(pumpability, 펌프압송성) : 펌프압송작업의 용이한 정도이다.
- 피니셔빌리티(finishability, 마감성) : 굵은 골재의 최대 치수, 잔골재율, 잔골재의 입도, 반죽질기 등에 따르는 마무리하기 쉬운 정도를 나타낸다.

■ 콘크리트의 강도는 표준양생을 한 재령 28일의 압축강도를 기준으로 한다.

크리프
하중이 지속하여 재하될 경우 변형이 시간과 더불어 증대하는 현상이다.

블리딩
콘크리트 타설 후 시멘트 입자, 골재가 가라앉으면서 물이 올라와 콘크리트 표면에 미립물이 떠오르는 현상이다.

콘크리트의 중성화
시일이 경과함에 따라 공기 중의 탄산가스 작용을 받아 콘크리트가 알칼리성을 잃어가는 현상이다.

▌ 콘크리트의 중성화를 억제하기 위한 방법

- 물-시멘트비를 작게 한다.
- 단위 수량을 최소화한다.
- 환경적으로 오염되지 않게 한다.
- 혼합 시멘트보다 보통 포틀랜드 시멘트를 사용한다.
- 적당량의 공기량을 도입한다.
- 혼화제(감수제, 공기연행감수제, 유동화제)를 사용한다.
- 플라이애시, 실리카 품, 고로 슬래그 미분말을 혼합하여 사용한다.
- 충분한 다짐으로 밀실한 콘크리트를 시공한다.
- 양생 후 외부로부터 습기나 물의 침입을 방지한다.

▌ 콘크리트 제품

- ALC(경량 기포 콘크리트) : 오토클레이브에 포화증기로 양생한 경량 기포 콘크리트이다.
- 프리스트레스트 콘크리트 : 고강도 강선을 사용하여 인장응력을 미리 부여하여 단면을 작게 하면서 큰 응력을 받을 수 있는 콘크리트이다.
- 제물치장 콘크리트 : 콘크리트 표면을 시공한 그대로 마감한 것이다.
- 레디믹스트 콘크리트 : 공장에서 생산하여 트럭이나 혼합기로 현장에 공급하는 콘크리트이다.

▌ 속 빈 콘크리트 블록 치수

(단위 : mm)

모양	치수			허용값
	길이	높이	두께	
기본 블록	390	190	190	±2
			150	
			100	

▌ 점토

- 주성분은 실리카와 알루미나이다.
- 비중은 일반적으로 2.5~2.6 정도이다.
- 점토에 산화철이 많으면 적색을 띤다.

호칭 및 소지의 질에 의한 구분

호칭	소지의 질
내장 타일	자기질, 석기질, 도기질
외장 타일	자기질, 석기질
바닥 타일	자기질, 석기질
모자이크 타일	자기질
클링커 타일	석기질

※ 소지 : 타일의 주체를 이루는 부분으로, 시유 타일의 경우에는 표면의 유약을 제거한 부분이다.

점토제품

- 점토제품의 색상은 철산화물 또는 석회물질에 의해 나타난다.
- 점토제품의 흡수율이 큰 순서 : 토기 > 도기 > 석기 > 자기(3.0% 이하)
- 점토제품의 소성온도 : 자기 > 석기 > 도기 > 토기
- 제조 공정 : 원료 조합 → 반죽 → 숙성 → 성형 → 건조 → 소성 → 시유
- 경량벽돌에는 중공벽돌(구멍벽돌, 속빈벽돌, 공동벽돌)과 다공질벽돌 등이 있다.
- 자기질 타일은 유약처리방법에 따라 시유 타일과 무유 타일로 나뉜다.
- 테라코타 : 자토(磁土)를 반죽하여 조각의 형틀로 찍어내어 소성한 속이 빈 대형의 점토제품

금속재료의 분류

- 철강재료 : 탄소 함유량에 따라 순철, 강, 주철 크게 3가지로 구분된다.
  - 순철(탄소량 0.02% 이하) : 연질이고, 가단성(可鍛性)이 크다.
  - 강(탄소강, 합금강) : 가단성, 주조성, 담금질 효과가 있다.
  - 주철(보통주철, 특수주철) : 경질이며 주조성이 좋고, 취성(脆性)이 크다.
- 비철금속 : 구리(Cu), 알루미늄(Al), 마그네슘(Mg), 타이타늄(Ti), 니켈(Ni), 아연(Zn), 납(Pb), 주석(Sn), 수은(Hg), 귀금속(금(Au), 은(Ag), 백금(Pt)) 등이 있다.

탄소량이 증가할수록 탄소강의 열전도도, 열팽창계수, 비중 등은 작아지고, 탄소강의 비열, 전기저항, 항자력은 증가한다.

강재의 열처리 방법

- 풀림 : 강을 연화하거나 내부응력을 제거할 목적으로 실시한다.
- 뜨임 : 경도를 감소시키고 내부응력을 제거하며, 연성과 인성을 크게 하기 위해 실시한다.
- 불림 : 조직을 개선하고, 결정을 미세화하기 위해 800~1,000℃로 가열하여 소정의 시간까지 유지한 후에 대기 중에서 냉각시킨다.
- 담금질 : 가열된 강을 물이나 기름 속에서 급히 냉각시키는 것으로, 탄소 함유량이 클수록 담금질 효과가 크다.

구리 합금

- 청동 : 구리(Cu)와 주석(Sn)을 주성분으로 한 합금으로, 건축장식 철물 또는 미술공예 재료로 사용된다.
- 황동 : 구리와 아연(Zn)의 합금으로 놋쇠라고도 한다.
- 양은 : 구리 + 아연 + 니켈의 합금이다.
- 포금 : 청동의 하나로 구리 + 주석의 합금이다.
- ※ 함석판 : 박강판에 주석 도금을 한 판재

알루미늄의 성질

- 비중이 철의 1/3 정도로 경량이다.
- 열, 전기전도성이 크고, 열반사율이 높다.
- 전성과 연성이 풍부하고, 내식성이 우수하다.
- 압연, 인발 등의 가공성이 좋다.
- 내화성이 작고, 연질이기 때문에 손상되기 쉽다.
- 산, 알칼리 및 해수에 약하다.

납(Pb)의 성질

- 융점이 낮고 가공이 쉽다.
- 비중(11.4)이 크고 연질이며, 전·연성이 크다.
- 방사선의 투과도가 낮아 방사선 차폐재료로 사용된다.
- 대기 중에서 보호막을 형성하여 부식되지 않는다.
- 내산성은 크지만, 알칼리(콘크리트)에 침식된다.

금속의 부식 방지방법

- 다른 종류의 금속은 인접·접촉시켜 사용하지 않는다.
- 표면을 깨끗하게 하고 물기나 습기가 없도록 한다.
- 균질한 것을 선택하고 사용할 때 큰 변형을 주지 않는다.
- 큰 변형을 준 것은 가능한 한 풀림(annealing)하여 사용한다.
- 강재의 경우, 모르타르나 콘크리트로 피복한다.
- 부분적으로 녹이 나면 즉시 제거한다.
- 도료를 이용하여 수밀성 보호피막처리를 한다.

금속제품

- 메탈 라스 : 얇은 철판에 절목을 많이 넣어 이를 옆으로 늘여서 만든 것으로, 도벽 바탕에 쓰인다.
- 와이어 메시 : 비교적 굵은 철선을 격자형으로 용접한 것으로, 콘크리트 보강용으로 사용한다.
- 조이너 : 천장·벽 등에 보드류를 붙이고, 그 이음새를 감추고 누르는 데 사용한다.
- 코너비드 : 기둥 및 벽 등의 모서리에 대어 미장바름을 보호하기 위해 사용하는 철물이다.
- 펀칭메탈 : 금속판에 무늬 구멍을 낸 것으로 환기구, 방열기 덮개, 각종 커버 등에 사용한다.

유리의 성질

- 열전도율(콘크리트의 1/2) 및 열팽창률은 작고, 비열은 크다.
- 철분이 적을수록 자외선 투과율이 높아진다.
- 굴절률은 보통 1.5~1.9이고, 납을 함유하면 높아진다.
- 투과율은 유리의 맑은 정도, 착색, 표면 상태에 따라 달라진다.

강화유리

- 유리를 가열한 후 급랭하여 강도를 증가시킨 것이다.
- 열처리한 판유리로 보통유리보다 강도가 크다.
- 파손 시 작은 알갱이로 분쇄되어 부상의 위험이 작다.
- 열처리 후에는 제품의 현장가공 및 절단이 어렵다.

망입유리

유리 내부에 금속망을 삽입하고, 압착성형한 판유리로서 방화 및 방도용으로 사용된다.

복층유리

2장 또는 3장의 판유리를 일정한 간격을 두고 겹치고 그 주변을 금속테로 감싸 붙여 만든 유리로, 단열성과 차음성이 좋고 결로방지용으로 우수한 유리제품이다.

소다석회유리

- 풍화·용융되기 쉽다.
- 산에는 강하지만 알칼리에 약하다.
- 주로 건축공사의 일반 창호유리, 병유리에 사용한다.

열선흡수유리

단열유리라고도 하며 Fe, Ni, Cr 등이 들어 있는 유리로서, 서향일광을 받는 창 등에 사용된다.

저방사(low-e) 유리
- 단열성이 뛰어난 고기능성 유리이다.
- 동절기에는 실내의 난방기구에서 발생되는 열을 반사하여 실내로 되돌려 보내고, 하절기에는 실외의 태양열이 실내로 들어오는 것을 차단한다.
- 발코니 확장을 하는 공동 주택이나 창호 면적이 큰 건물에서 단열을 통한 에너지 절약을 위해 권장되는 유리이다.

미장재료의 분류
- 기경성 : 진흙, 회반죽, 회사벽(석회죽 + 모래), 돌로마이트 플라스터(마그네시아석회)
- 수경성 : 석고 플라스터, 킨즈 시멘트(경석고 플라스터), 시멘트 모르타르, 테라초바름, 인조석바름
- 특수재료 : 리신바름, 라프코트, 모조석, 섬유벽, 아스팔트 모르타르, 마그네시아 시멘트

재료의 구성에 따른 분류
- 결합재료 : 시멘트, 소석회, 돌로마이트 플라스터, 점토, 합성수지 등
- 보강재료 : 여물, 수염, 풀, 종려잎 등
- 부착재료 : 못, 스테이플러, 커터 침 등
- 혼화재료 : 방수제, 촉진제, 급결제, 응결조정제, 안료, 착색제, 방수제, 방동제 등

미장재료
- 회반죽 : 소석회에 모래, 해초물, 여물 등을 혼합하여 바르는 미장재료로서, 건조수축이 커서 해초풀은 접착력을 증대시키기 위해, 여물은 균열을 방지하고 수축을 분산시키기 위해 첨가한다.
- 돌로마이트 플라스터 : 건조수축이 크기 때문에 수축균열이 발생한다.
- 석고 플라스터 : 주성분인 소석고는 응결시간이 매우 짧아 건축재료로 적합하지 않아 응결조절제를 첨가한다.
  ※ 수축성 크기 : 회반죽 > 돌로마이트 플라스터 > 석고 플라스터
- 킨즈 시멘트 : 고온소성의 무수석고를 특별한 화학처리한 것으로, 경화 후 매우 단단하다.

합성수지의 종류
- 열가소성 수지 : 폴리에틸렌수지, 폴리프로필렌수지, 폴리스티렌수지, 염화비닐수지, 아크릴수지, 불소수지, 폴리아마이드수지(나일론, 아라미드), 아세틸수지 등
- 열경화성 수지 : 페놀수지, 멜라민수지, 폴리우레탄수지, 폴리에스테르수지, 에폭시수지, 요소수지, 실리콘수지, 폴리카보네이트 등

■ **합성수지와 용도**
- 폴리에틸렌수지 : 건축용 방수재료, 내화학성의 파이프
- 폴리스티렌수지 : 단열재
- 염화비닐수지 : PVC 파이프, 접착제, 도료
- 아크릴수지 : 채광판, 도어판, 칸막이 벽
- 페놀수지 : 덕트, 파이프, 도료, 접착제
- 멜라민수지 : 가구 마감재, 접착제
- 폴리우레탄수지 : 도막 방수재, 실링재
- 폴리에스테르수지 : 강화된 평판 또는 판상제품
- 요소수지 : 도료, 마감재, 장식재
- 실리콘수지 : 도료, 접착제 등

■ **폴리카보네이트**
합성수지 재료 중 우수한 투명성, 내후성을 활용하여 톱 라이트, 온수 풀의 옥상, 아케이드 통에 유리 대용품으로 사용된다.

■ **도료**
- 도막 형성의 요소 : 도막 형성의 주요소(유지, 수지), 도막 형성의 부요소(건조제, 가소제), 안료, 전색제
- 도막 형성의 조요소
  - 용제 : 도막 주요소를 용해시키고 적당한 점도로 조절 또는 쉽게 도장하기 위해 사용한다.
  - 희석제 : 휘발유, 테라핀유, 벤젠, 알코올, 아세톤 등을 희석하여 솔질이 잘되게(시공성 증대) 하는 것이 주목적이다.

■ **페인트의 종류**
- 유성 페인트(안료 + 보일유 + 희석제)는 알칼리에 약하므로 콘크리트, 모르타르, 플라스터면에는 적당하지 않다.
- 수성 페인트(안료 + 아교 또는 전분 + 물)는 물을 희석해서 사용하는 페인트로 건조시간이 빠르다.
- 에나멜 페인트(안료 + 유성 바니시 + 건조제)에는 유성 에나멜과 합성수지 에나멜(래커 에나멜)이 있다.
- 에멀션 페인트(수성 페인트 + 합성수지 + 유화제)는 내·외부 도장용으로 사용된다.

■ **유성 바니시**
유성 페인트보다 내후성이 작아서 옥외에는 사용하지 않고, 목재 내부용으로 사용한다.

▌ 클리어 래커

주로 목재면의 투명 도장에 쓰이는 것으로, 외부용으로 사용하기에 적당하지 않아 일반적으로 내부용으로 사용된다.

▌ 유성 페인트와 비교한 합성수지 도료의 특징

- 건조시간이 빠르고, 도막이 단단하다.
- 도막은 인화할 염려가 적어 방화성이 우수하다.
- 내산성, 내알칼리성이 있어 콘크리트나 플라스터면에 바를 수 있다.
- 투명한 합성수지를 사용하면 매우 선명한 색을 낼 수 있다.

▌ 방청 도료의 종류

광명단 도료, 규산염 도료, 징크로메이트, 방청산화철 도료, 알루미늄 도료, 역청질 도료, 워시 프라이머(에칭 프라이머), 광명단 조합 페인트, 아연분말 프라이머 등

▌ 아스팔트 종류

- 천연 아스팔트 : 록 아스팔트, 레이크 아스팔트, 아스팔타이트, 샌드 아스팔트
- 석유 아스팔트 : 스트레이트 아스팔트, 블론 아스팔트, 아스팔트 콤파운드

▌ 멤브레인 방수

아스팔트, 시트 등을 방수 바탕의 전면 또는 부분적으로 접착하거나 기계적으로 고정시키고, 루핑(roofing)류가 서로 만나는 부분을 접착시켜 연속된 얇은 막상의 방수층을 형성하는 공법이다. 방수공법으로 아스팔트 방수, 시트 방수, 도막 방수, 개량질 아스팔트 방수, 침투성 방수, 시멘트 모르타르계 방수 등이 있다.

▌ 아스팔트 제품

- 아스팔트 루핑 : 아스팔트 제품 중 펠트의 양면에 블론 아스팔트를 피복하고 활석분말 등을 부착하여 만든 제품이다.
- 아스팔트 싱글 : 아스팔트 루핑을 절단하여 만든 것으로, 주로 지붕재료로 사용되는 역청제품이다.
- 아스팔트 콤파운드 : 블론 아스팔트의 성능을 개량하기 위해 동식물성 유지와 광물질분말을 혼입한 것으로, 일반 지붕의 방수공사에 사용된다.
- 아스팔트 타일 : 아스팔트에 석면·탄산칼슘·안료를 가하고, 가열·혼련하여 시트상으로 압연한 것으로, 내수성·내습성이 우수한 바닥재료이다.
- 아스팔트 펠트 : 천연 유기섬유를 원료로 한 원지에 스트레이트 아스팔트를 함침시켜 만든 아스팔트 방수시트재이다.

- 아스팔트 프라이머 : 블론 아스팔트를 휘발성 용제에 녹인 저점도의 흑갈색 액체로, 아스팔트 방수의 바탕처리재로 사용된다.

■ 아스팔트의 품질을 나타내는 척도
- 침입도 : 아스팔트의 양부 판별에 중요한 아스팔트의 경도를 나타낸다.
- 신도(연신율) : 아스팔트의 연성을 나타내는 수치로, 온도 변화와 함께 변화한다.
- 연화점 : 가열하면 녹는 온도이다.

■ 실내 마감재료
- 바닥 마감재 : 목재(강마루, 강화마루), 카펫, PVC(장판), 대리석 타일, 폴리싱 타일, 석재 등이 사용된다.
- 벽면 마감재 : 벽지, 몰딩, 페인트(도장), 타일, 목재패널, 유리 등이 사용된다.
- 천장 마감재 : 벽지를 이용한 천장지, 페인트(도장) 등이 사용된다.

■ 인조석판
쇄석을 종석으로 하여 시멘트에 안료를 섞어 진동기로 다진 후 판상으로 성형한 것으로, 자연석과 유사하게 만든 수장재료이다.

■ 건축용 접착제로서 요구되는 성능
- 진동, 충격의 반복에 잘 견뎌야 한다.
- 충분한 접착성과 유동성을 가져야 한다.
- 내수성, 내열성, 내산성이 있어야 한다.
- 고화(경화) 시 체적수축 등의 변형이 없어야 한다.
- 장기하중에 의한 크리프가 없어야 한다.
- 취급이 용이하고, 가격이 저렴해야 한다.

■ 접착제의 종류
- 합성수지계 접착제 : 에폭시 접착제, 비닐수지 접착제, 멜라민수지 접착제, 요소수지 접착제, 페놀수지 접착제 등
- 동물성 단백질계 접착제 : 카세인 접착제, 아교 접착제, 알부민 접착제
- 식물성계 접착제 : 대두교, 소맥 단백질, 녹말풀

▍에폭시수지 접착제

- 기본 점성이 크며 내수성, 내약품성, 전기절연성이 우수한 만능형 접착제이다.
- 급경성으로 내알칼리성 등의 내화학성이나 접착력이 크고, 내수성이 우수하다.
- 가열하면 접착 시 효과가 좋다.
- 금속, 석재, 도자기, 글라스, 콘크리트, 플라스틱재 등의 접착에 사용한다.

▍단열재의 선정조건

- 열전도율, 흡수율, 투기성이 낮을 것
- 비중이 작으며, 기계적 강도가 우수할 것
- 내구성, 내열성, 내식성이 우수하여 냄새가 없을 것
- 경제적이고 시공이 용이할 것
- 품질의 편차가 작을 것
- 사용 연한에 따른 변질이 없을 것
- 유독성 가스가 발생하지 않을 것

▍세라믹파이버

1,000℃ 이상의 고온에도 견디는 섬유로, 가장 높은 온도에서 사용할 수 있다. 본래는 공업용 가열로의 내화단열재로 사용되었으나 최근에는 건축용, 특히 철골의 내화피복재로 많이 사용된다.

CHAPTER 04 실내건축제도

■ 제도기
- 디바이더 : 치수를 자 또는 삼각자의 눈금으로 잰 후 제도지에 같은 길이로 분할할 때 사용한다.
- 빔 컴퍼스 : 대형 컴퍼스로 그릴 수 없는 큰 원을 그릴 때 삼각자나 긴 막대에 끼워서 사용한다.

■ 제도용 자
- T자 : 제도판 위에서 수평선을 긋거나 삼각자와 함께 수직선이나 빗금을 그을 때 안내역할을 한다.
- 삼각자 : 45° 등변삼각형과 30°, 60° 직각삼각형 2가지가 한 쌍이며, 45° 자의 빗변의 길이와 60° 자의 밑변의 길이가 같다.
- 자유 삼각자 : 하나의 자로 각도를 조절하여 지붕의 물매나 30°, 45°, 60° 이외에 각을 그리는 데 사용한다.
- 운형자 : 원호 이외의 곡선을 그을 때 사용한다.
- 자유 곡선자 : 원호 이외의 곡선을 자유자재로 그릴 때 사용한다.

■ 제도 연필의 경도(무른 것부터 단단한 순서)
B – HB – F – H – 2H

■ 제도용지
- 방안지
  - 종이에 일정한 크기의 격자형 무늬가 인쇄되어 있어 계획 도면을 작성하거나 평면을 계획할 때 사용하기 편리한 제도지이다.
  - 건물의 구상 시에 사용한다.
- 트레이싱지
  - 실시 도면을 작성할 때 사용하는 원도지로, 연필을 이용하여 그린다.
  - 경질의 반투명한 제도용지로, 습기에 약하다.
  - 청사진 작업이 가능하고, 오래 보존할 수 있다.
  - 수정이 용이한 종이로 건축제도에 많이 쓰인다.

▌도면의 크기

(단위 : mm)

A0	A1	A2	A3	A4	A5	A6
841×1,189	594×841	420×594	297×420	210×297	148×210	105×148

※ 접은 도면의 크기는 A4의 크기를 원칙으로 한다.

▌척도의 종류

- 실척 : 실물과 같은 비율로 그리는 것(1/1)
- 배척 : 실물을 일정한 비율로 확대하는 것(1/2, 1/5)
- 축척
  - 실물을 일정한 비율로 축소하는 것
  - 1/2, 1/3, 1/4, 1/5, 1/10, 1/20, 1/25, 1/30, 1/40, 1/50, 1/100, 1/200, 1/250, 1/300, 1/500, 1/600, 1/1000, 1/1200, 1/2000, 1/2500, 1/3000, 1/5000, 1/6000

※ 한 도면에 서로 다른 척도를 사용하였을 때는 각 도면마다 또는 표제란의 일부에 척도를 기입하여야 한다.

▌표제란

- 도면의 아래 끝에 표제란을 설정하고 기관 정보, 개정관리 정보, 프로젝트 정보, 도면 정보, 도면번호 등을 기입하는 것을 원칙으로 한다.
- 보기, 그 밖의 주의사항은 표제란 부근에 기입하는 것을 원칙으로 한다.

▌선의 종류 및 사용방법

선의 종류		사용방법
굵은 실선	————	• 단면의 윤곽을 표시한다.
가는 실선	————	• 보이는 부분의 윤곽 또는 좁거나 작은 면의 단면 부분의 윤곽을 표시한다. • 치수선, 치수보조선, 인출선, 격자선 등을 표시한다.
파선 또는 점선	- - - - - - -	• 보이지 않는 부분이나 절단면보다 양면 또는 윗면에 있는 부분을 표시한다.
1점쇄선	—— - —— - ——	• 중심선, 절단선, 기준선, 경계선, 참고선 등을 표시한다.
2점쇄선	—— -- —— -- ——	• 상상선 또는 1점쇄선과 구별할 필요가 있을 때 사용한다.

▍글자

- 글자는 명백하게 쓴다.
- 문장은 왼쪽에서부터 가로쓰기를 원칙으로 한다. 다만, 가로쓰기가 곤란한 경우에는 세로쓰기도 할 수 있다. 여러 줄일 때는 가로쓰기로 한다.
- 숫자는 아라비아숫자를 원칙으로 한다.
- 글자체는 수직 또는 15° 경사의 고딕체로 쓰는 것을 원칙으로 한다.
- 글자의 크기는 각 도면의 상황에 맞추어 알아보기 쉬운 크기로 한다.
- 4자리 이상의 수는 3자리마다 휴지부를 찍거나 간격을 둠을 원칙으로 한다. 다만, 4자리의 수는 이에 따르지 않아도 좋다. 소수점은 밑에 찍는다.

▍치수

- 치수는 특별히 명시하지 않는 한 마무리 치수로 표시한다.
- 치수 기입은 치수선 중앙 윗부분에 기입하는 것이 원칙이다. 다만, 치수선을 중단하고 선의 중앙에 기입할 수도 있다.
- 치수 기입은 치수선에 평행하게 도면의 왼쪽에서 오른쪽으로, 아래로부터 위로 읽을 수 있도록 기입한다.
- 협소한 간격이 연속될 때는 인출선을 사용하여 치수를 쓴다.
- 치수선의 양 끝 표시는 화살 또는 점으로 표시할 수 있다. 같은 도면에서 2종을 혼용하지 않는다.
- 치수의 단위는 mm를 원칙으로 하고, 이때 단위 기호는 쓰지 않는다. 치수 단위가 밀리미터가 아닌 때에는 단위 기호를 쓰거나 그 밖의 방법으로 그 단위를 명시한다.

▍도면 표시기호

표시사항	기호	표시사항	기호	표시사항	기호
길이	L	두께	THK	용적	V
높이	H	무게	Wt	지름	D, ∅
너비	W	면적	A	반지름	R

▌ 평면 표시기호

문		창	
미서기문	두 짝 미서기문 네 짝 미서기문	붙박이창	
붙박이문		셔터 달린 창	
쌍미닫이문		여닫이창	외여닫이창 쌍여닫이창
접이문		회전창	
회전문			

▌ 재료구조 표시기호(단면용)

표시사항 구분	원칙으로 사용	표시사항 구분		원칙으로 사용
지반		벽돌		
잡석다짐				
자갈, 모래	자갈 모래	블록		
석재				
인조석		목재	치장재	
콘크리트			구조재	보조 구조재

▌ 묘사도구

- 연필 : 질감의 표현이 매우 다양하고, 틀린 부분을 즉시 수정할 수 있지만 번짐과 지저분한 것이 단점이다.
- 물감 : 채색할 때 불투명 표현은 주로 포스터물감을 사용한다.
- 잉크 : 농도를 명확하게 나타낼 수 있고, 선명하게 보여 도면이 깨끗하다.

■ 묘사기법
- 단선에 의한 묘사 : 윤곽선을 보다 굵은 선으로 진하고 강하게 나타내어 입체를 돋보이게 하는 방법이다.
- 명암처리에 의한 묘사 : 명암의 농도 차이로 면과 입체를 나타내는 방법이다.
- 여러 선에 의한 묘사 : 선의 간격에 변화(같게 또는 다르게)를 주어 면과 입체를 표현하는 묘사방법이다.
- 단선과 명암에 의한 묘사 : 선으로 공간을 한정시키고 명암으로 음영을 넣는 방법이다.
- 점에 의한 묘사 : 점의 밀도를 점점 증가 또는 감소시켜가면서 나타내는 기법이다.

■ 배경의 표현
- 각종 배경은 건물의 주변 환경(대지의 성격 등), 스케일, 용도를 나타내기 위해서 그린다.
- 건물 앞쪽의 배경은 사실적으로, 뒤쪽의 배경은 단순하게 표현한다.
- 사람의 크기나 위치를 통해 건축물의 크기 및 공간의 높이를 느끼게 한다.
- 건물의 크기 및 용도 등을 위해 차량 및 가구를 표현한다.

■ 투상법은 제3각법에 따르는 것을 원칙으로 한다.

■ 3각법으로 그린 투상도의 투상면 명칭

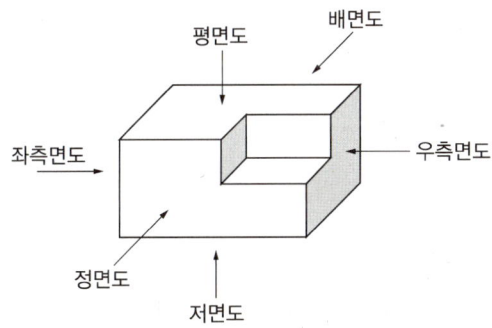

■ 투시도의 종류
- 시점 위치에 의한 분류 : 일반 투시도, 조감도
- 소점에 의한 분류 : 1소점 투시도(평행 투시도), 2소점 투시도(유각, 성각 투시도), 3소점 투시도(경사, 사각 투시도)

■ 투시도법에 쓰이는 용어

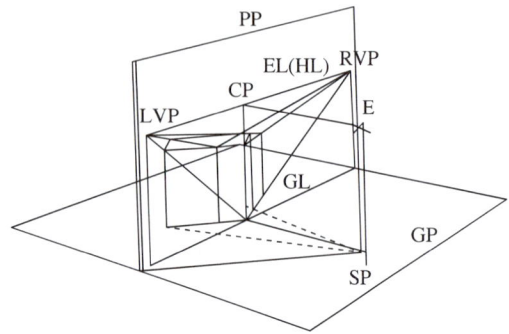

- PP(Picture Plane, 화면) : 물체와 시점 사이에 기면과 수직한 직립 평면
- LVP / RVP : 왼쪽 소실점, 오른쪽 소실점
- CP(Central Point, 중심점) : 중심 시선이 화면을 통과하는 점
- EL(Eye Level, 눈높이) : 보는 사람의 눈높이와 HL이 일치한다.
- HL(Horizontal Line, 수평선) : 수평면(눈높이)과 화면의 교차선
- EP(Eye Point, 시점) : 물체를 보는 사람의 눈 위치
- GL(Ground Line, 기선, 지반선) : 화면과 지반면과의 교선
- SP(Standing Point, 입점, 정점) : 입점, 관찰자가 서 있는 평면의 위치
- GP(Ground Plane, 기면) : 사람이 서 있는 면
- HP(Horizontal Plane, 수평면) : 눈의 높이와 수평한 면
- CV(Central of Vision, 시중심) : 시점의 화면상의 위치
- FL(Foot Line, 족선) : 지면에서 물체와 입점 간의 연결선
- VP(Vanishing Point, 소점) : 물체의 각 점이 수평선상에 모이는 지점

■ 실내건축 투시도 그리기에서 가장 마지막으로 하여야 할 작업은 질감의 표현이다.

■ 설계 도면이 갖추어야 할 요건
- 객관적으로 이해되어야 한다.
- 일정한 규칙과 도법에 따라야 한다.
- 정확하고 명료하게 합리적으로 표현되어야 한다.
- 도면의 축척은 용도에 따라 맞게 한다.
- 얼룩이나 선의 번짐, 더러워짐 없이 깨끗해야 한다.
- 선이 어긋나거나 불필요한 선 등 또는 지우다가 남은 선이 없어야 한다.
- 도면의 배치 시 균형 있고, 선이나 문자, 치수 기입은 명확해야 한다.
- 꼭 필요한 부분이 누락되거나 중복되지 않아야 한다.

▌ 계획설계도
- 구상도 : 기초설계에 대한 기본개념으로 배치도, 입면도, 평면도가 포함되며 모눈종이 등에 프리핸드로 손쉽게 그린다.
- 조직도 : 초기 평면계획 시 구상하기 전 각 실내의 용도 등의 관련성을 조사·정리·조직화한 것이다.
- 동선도 : 사람이나 차, 물건 등이 움직이는 흐름을 도식화한 도면이다.

▌ 기본 설계도
- 계획도 : 기본설계도란 도식화한 기본 도면을 건축주나 제3자에게 제출하기 위한 것으로 계획설계도를 근거로 한다.
- 스케치도 : 스케치북이나 모눈종이 등에 프리핸드로 손쉽게 그리는 것이다.

▌ 실시설계도
- 일반도 : 배치도, 평면도, 입면도, 단면도, 전개도, 단면 상세도, 각부 상세도, 지붕 평면도, 투시도 등
- 구조도 : 기초 평면도, 바닥틀 평면도, 지붕틀 평면도, 골조도 등
- 설비도 : 전기설비도, 기계설비도, 급배수위생설비도 등

▌ 배치도
- 부대시설의 배치(위치, 간격, 방위, 경계선 등)를 나타내는 도면이다.
- 대지 내 건물과 방위, 주변의 담장, 대문 등의 위치를 표시한다.
- 정화조, 맨홀, 배수구 등의 설치 위치나 크기를 그린다.

▌ 평면도
- 일반적으로 바닥면으로부터 1.2m 높이에서 절단한 수평 투상도이다.
- 건축물의 각 실내의 크기와 배치, 개구부의 위치나 크기 등을 나타내는 가장 기본적인 도면이다.

▌ 입면도
- 건축물의 외형을 한눈에 알아볼 수 있도록 한 도면이다.
- 건축물의 높이 및 처마 높이, 지붕의 경사 및 형상과 창호의 형상, 마감재료명, 주요구조부의 높이 등을 표시한다.

▌ 단면도
- 건축물을 수직으로 절단하여 수평 방향에서 본 도면이다.
- 지반과 기초, 건물 높이, 바닥 높이, 처마 높이, 천장 높이, 층 높이, 지붕 물매, 처마의 내민 길이 정도 등을 표현한다.

전개도

- 건물 내부의 입면을 정면에서 바라보고 그리는 내부 입면도이다.
- 각 실의 내부 의장을 명시하기 위해 작성하는 도면이다.
- 각 실에 대하여 벽이나 문의 모양을 그린다.
- 벽면의 마감재료 및 치수, 창호의 종류와 치수를 기입한다.
- 바닥면에서의 천장 높이, 표준 바닥의 높이 등을 기입한다.

창호기호의 표시방법

창호번호를 표시할 경우		창호의 모듈 호칭 치수를 표시할 경우	
보기	해설	보기	해설
① / PW	창호번호 / 합성수지제 창	11×22 / SD	창호의 모듈 호칭 치수 / 강철제 문
② / AS	창호번호 / 알루미늄 합금제 셔터	4.5×6 / WG	창호의 모듈 호칭 치수 / 목제 그릴

창호 유형별 기호

재질별 기호 \ 용도별 기호		창 W	문 D	방화문 FD	셔터 S	방화 셔터 FS	그릴 G	공틀 F
알루미늄 합금	A	AW	AD		AS		AG	AF
합성수지	P	PW	PD					PF
강철	S	SW	SD	FSD	SS	FSS	SG	SF
스테인리스 스틸	SS	SSW	SSD	FSSD	SSS		SSG	SSF
목재	W	WW	WD				WG	WF

CHAPTER 05 일반구조

■ 건축구조의 분류
- 구조재료에 의한 분류 : 목구조, 벽돌구조, 블록구조, 철근콘크리트구조, 철골구조, 철골철근콘크리트구조
- 시공상에 의한 분류
  - 습식구조 : 벽돌구조, 블록구조, 콘크리트 충전강관구조, 철근콘크리트구조 등
  - 건식구조 : 목구조, 철골구조
  - 조립구조
- 구성 양식에 의한 분류
  - 가구식 구조 : 목구조, 철골구조
  - 조적식 구조 : 벽돌구조, 석구조, 블록구조
  - 일체식 구조 : 철근콘크리트구조, 철골철근콘크리트구조
- 구조의 형식에 의한 분류
  - 평면구조 : 라멘구조, 트러스구조, 아치구조, 벽식구조 등
  - 입체적인 구조 : 돔구조, 막구조, 셸구조, 절판구조, 현수구조 등

■ 건축물은 거주성, 내구성, 경제성, 안전성, 친환경성 등의 조건을 갖추어야 한다.

■ 목구조의 장단점

장점	단점
• 다른 구조에 비하여 무게가 가볍다. • 중량에 비하여 허용강도가 일반적으로 크며, 특히 휨에 대하여 강하다. • 가공 및 보수가 용이하다. • 못을 잘 박을 수 있어 구조 접합이 쉽고, 이축·개축이 용이하다. • 전도율이 작고, 전기에 대하여 절연성이 높다. • 아름답고 감촉이 좋다.	• 가연성이다. • 옹이, 엇결 등의 결점이 있다. • 자유롭게 성형하기 어렵다. • 재료의 강도, 강성에 대한 편차가 크고, 그 균일성이 다른 재료에 비하여 낮기 때문에 안전율을 크게 해야 한다. • 해충으로 인한 피해를 받기 쉬워 내구성이 작다. • 타 구조에 비하여 접합부의 구성이 복잡하다. • 건조, 함수율의 변화에 따른 재료의 길이와 부피의 변동으로 틈새가 생긴다.

■ 목구조에서 주요 구조부의 하부 순서

기둥 → 깔도리 → 평보 → 처마도리 → 서까래

동바리 마루

마루 밑에 동바릿돌을 놓고 그 위에 짧은 기둥인 동바리를 세워 멍에를 건너지르고 장선을 걸친 뒤 마룻널을 깐다.

반자틀의 구성 순서

위에서부터 달대받이 → 달대 → 반자틀받이 → 반자틀 → 반자돌림대

목재의 접합

- 이음 : 목재 접합 중 2개 이상의 목재를 길이 방향으로 붙여 1개의 부재로 만드는 것이다.
- 맞춤 : 두 가지의 목재가 일정한 각도로 접합하는 방법이다.
- 쪽매 : 목재의 접합에서 널판재의 면적을 넓히기 위해 두 부재를 나란히 옆으로 대는 것이다.

촉

목재의 접합면에 사각 구멍을 파고 한편에 작은 나무토막을 반 정도 박아 넣고 포개어 접합재의 이동을 방지하는 나무 보강재이다.

목구조에 사용되는 철물

- ㄱ자쇠 : 목구조에서 가로재와 세로재가 직교하는 모서리 부분에 직각이 변하지 않도록 보강하는 철물이다.
- 감잡이쇠 : 목구조의 맞춤에 사용하는 ㄷ자 모양의 보강철물이다.
- 듀벨 : 목재 접합부에 볼트의 파고들기를 막기 위해 사용하는 보강철물이며, 전단 보강으로 목재 상호 간의 변위를 방지한다.
- 안장쇠 : 안장 모양으로 한 부재에 걸쳐놓고 다른 부재를 받게 하는 이음으로, 맞춤의 보강철물이다.

목구조에 사용되는 철물의 용도

- ㄱ자쇠 : 모서리 기둥과 층도리의 맞춤
- 감잡이쇠 : 왕대공과 평보의 연결
- 띠쇠 : 왕대공과 ㅅ자 보의 맞춤
- 안장쇠 : 큰 보에 걸쳐 작은 보를 받게 함
- 주걱볼트 : 깔도리와 기둥의 맞춤

벽돌구조

지진, 바람과 같은 횡력에 약하고 균열이 생기기 쉬운 구조이다.

▌ 기초

- 온통기초 : 건축물의 밑바닥 전부를 일체화하여 두꺼운 기초판으로 구축한 기초이다.
- 줄기초 : 연속기초라고도 하며, 조적조의 벽기초 또는 철근콘크리트조 연결기초로 사용한다.

▌ 벽돌의 크기(길이×너비×두께, 단위 : mm)

- 표준형 : 190×90×57
- 재래형 : 210×100×60
- 내화벽돌 : 230×114×65

▌ 벽 두께

(단위 : mm)

구분	0.5B	1B	1.5B	2B	2.5B
일반형	90	190	290	390	490
재래형	100	210	320	420	540

▌ 자른벽돌의 명칭

명칭	그림	설명
온장		자르지 않은 벽돌
칠오토막		길이 방향으로 3/4 남김
반오토막		길이 방향으로 1/2 남김
이오토막		길이 방향으로 1/4 남김
반절		마구리 방향으로 1/2 남김
반반절		길이 방향으로 1/2, 마구리 방향으로 1/2 남김

벽돌의 종류

- 보통벽돌 : 검은벽돌, 붉은벽돌이 있다.
- 특수벽돌 : 경량벽돌, 이형벽돌, 내화벽돌, 포도(바닥)벽돌, 광재벽돌(고로벽돌 또는 슬래그 벽돌) 등이 있다.
  - 경량벽돌 : 저급점토, 목탄가루, 톱밥 등을 혼합·성형한 것으로 중공벽돌(구멍벽돌, 속빈벽돌, 공동벽돌)과 다공질벽돌 등이 있다.
  - 이형벽돌 : 보통벽돌보다 형상, 치수가 규격에 정한 바와 다른 특이한 벽돌로서 특수한 형태의 구조체에 쓸 목적으로 만든 벽돌이다.
  - 포도용 벽돌 : 도로 포장용 벽돌로서 주로 인도에 많이 쓰인다.

벽돌쌓기법

- 영국식 : 길이쌓기 켜와 마구리쌓기 켜를 반복하여 쌓는 방법으로, 가장 견고한 쌓기법이다.
- 프랑스식 : 한 켜 안에 길이쌓기와 마구리쌓기를 병행하며 쌓는 방법으로, 아름답지만 부분적으로 통줄눈이 생겨 내력벽으로 부적합하다.
- 네덜란드식 : 한 켜는 길이쌓기로 하고 다음은 마구리쌓기로 하는 방법으로, 모서리가 튼튼하고 우리나라에서 가장 많이 사용한다.
- 미국식 : 5켜는 길이쌓기로 하고, 다음 한 켜는 마구리쌓기로 한다.
- 영롱쌓기 : 벽돌면에 구멍을 내어 쌓는 방식으로, 장막벽이며 장식적인 효과가 우수하다.
- 엇모쌓기 : 담 또는 처마 부분에 내쌓기를 할 때 벽돌을 45°로 모서리가 면에 돌출되도록 쌓는 방식이다.

블록쌓기의 원칙

- 블록은 살 두께가 두꺼운 쪽이 위로 향하게 한다.
- 인방 보는 좌우 지지벽에 20cm 이상 물리게 한다.
- 블록의 하루 쌓기의 높이는 1.2~1.5m로 한다.
- 막힌줄눈을 원칙으로 한다(통줄눈 안 됨).

보강블록구조에서 테두리 보를 설치하는 목적

- 분산된 내력벽을 일체로 연결하여 하중을 균등하게 분포시킨다.
- 횡력에 대한 벽면의 직각 방향 이동으로 인해 발생하는 수직 균열을 막는다.
- 보강블록조의 세로 철근을 테두리 보에 정착하기 위함이다.
- 하중을 직접 받는 블록을 보강한다.

벽량

바닥 면적과 내력벽의 길이에 대한 비

치장줄눈

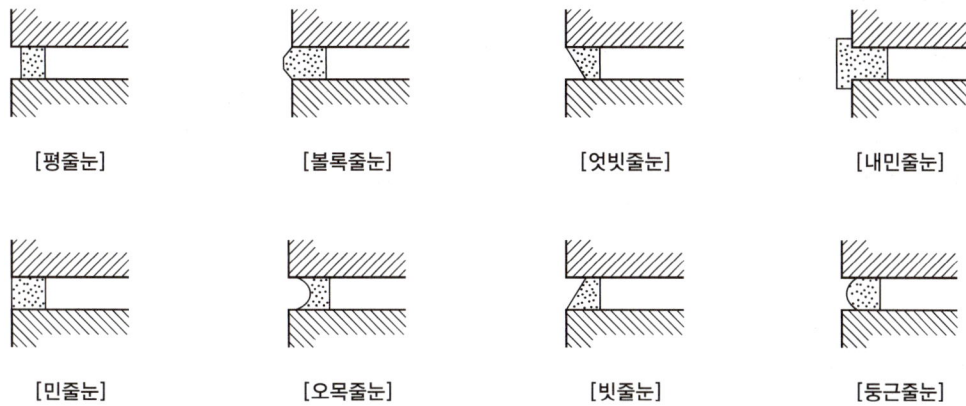

[평줄눈] [볼록줄눈] [엇빗줄눈] [내민줄눈]

[민줄눈] [오목줄눈] [빗줄눈] [둥근줄눈]

철근콘크리트구조

내구성, 내화성, 내진성이 우수하고 거주성이 뛰어나지만, 자중이 무겁고 시공과정이 복잡하며, 공사기간이 길다.
※ 콘크리트는 압축력에 강하고 휨, 인장력에 취약하므로 인장력에 강한 철근을 배근하여 철근이 인장력에 저항하도록 한다.

철근콘크리트구조의 내화성 강화방법

- 피복 두께를 두껍게 한다.
- 내화성이 높은 골재를 사용한다.
- 콘크리트 표면을 회반죽 등의 단열재로 보호한다.
- 익스팬디드 메탈 등을 사용하여 피복콘크리트가 박리되는 것을 방지한다.

스팬

기둥과 기둥 사이의 간격이다.

띠철근

철근콘크리트구조 기둥에서 주근의 좌굴과 콘크리트가 수평으로 터져나가는 것을 구속하는 철근이다.

늑근

철근콘크리트 보에서 전단력을 보강하기 위해 보의 주근 주위에 둘러 배치한 철근이다.

슬래브의 종류

- 1방향 슬래브 : 장변 길이 / 단변 길이 > 2, 슬래브 최소 두께 10cm
- 2방향 슬래브 : 장변 길이 / 단변 길이 ≤ 2, 슬래브 최소 두께 8cm
- 플랫 슬래브 : 건물의 외부 보를 제외하고 내부는 보 없이 바닥판으로 구성하여 그 하중을 직접 기둥에 전달하는 슬래브(최소 두께 15cm)이다.
- 워플 슬래브 : 장선 슬래브의 장선을 직교시켜 구성한 우물반자 형태로 된 2방향 장선 슬래브 구조이다.

철근과 콘크리트의 부착에 영향을 주는 요인

- 철근의 표면 상태와 단면 모양에 따라 부착력이 좌우된다.
- 콘크리트의 부착력은 철근의 주장에 비례한다.
- 이형철근이 원형철근보다 부착력이 크다.
- 부착강도를 제대로 발휘시키기 위해서는 충분한 피복 두께가 필요하다.
- 부착강도는 콘크리트의 압축강도나 인장강도가 클수록 커진다.
- 콘크리트의 다짐이 불충분하면 부착강도가 저하된다.

철근콘크리트구조에서 적정한 피복 두께를 유지해야 하는 이유

- 내화성을 유지하기 위해
- 철근의 부착강도를 확보하기 위해
- 철근의 녹 발생을 방지하기 위해

철골구조의 장단점

장점	단점
• 장스팬, 고층 건물 등 대규모 건축물에 적합하다. • 내진성이 우수하며, 불연성이고 수평력에 강하다. • 적절한 피복으로 내화적·내구적이다. • 강재는 다른 재료에 비해 균질도가 높고 강도가 크다. • 철근콘크리트구조보다 건물의 중량을 가볍게 할 수 있다. • 현장 상태, 기상조건, 시공기술에 관계없이 정밀도가 높은 구조물을 구축할 수 있다.	• 고열에 약하다. • 비교적 고가이다. • 단면에 비하여 부재 길이가 길고, 두께가 얇아 좌굴되기 쉽다. • 일반강재는 녹슬기 쉽다. • 용접방법 외에는 일체화가 어렵다.

철골구조의 보
- 플레이트 보에서 웨브의 국부 좌굴을 방지하기 위해 스티프너를 사용한다.
- 휨강도를 높이기 위해 커버 플레이트를 사용한다.
- 하이브리드 거더는 다른 성질의 재질을 혼성하여 만든 조립 보이다.
- 플랜지는 H형강, 플레이트 보 또는 래티스 보 등에서 보의 단면의 상하에 날개처럼 내민 부분이다.
- 허니 콤보 : I형강의 웨브를 톱니 모양으로 절단한 후 구멍이 생기도록 맞추고 용접하여 구멍을 각 층의 배관에 이용하도록 한 보이다.

철골구조 주각부의 구성재
베이스 플레이트, 리브 플레이트, 윙 플레이트, 클립 앵글, 사이드 앵글, 앵커 볼트 등

철골공사의 가공작업 순서
원척도 → 본뜨기 → 금긋기 → 절단 → 구멍 뚫기 → 가조립

철골구조의 접합방법
- 고력 볼트 접합 : 부재 간의 마찰력에 의하여 응력을 전달하는 접합방법이다.
- 용접 : 다른 접합보다 단면 결손이 거의 없는 접합방법이다.
- 핀 접합 : 아치의 지점이나 트러스의 단부, 주각 또는 인장재의 접합부에 사용되며, 회전 자유의 절점으로 구성되어 있다.

고력 볼트 접합의 특성
- 시공이 간편하다.
- 접합부의 강성이 크다.
- 피로강도가 크다.
- 노동력 절약과 공기 단축효과가 있다.

맞댐용접
접합하려는 2개의 부재를 한쪽 또는 양쪽 면을 절단, 개선하여 용접하는 방법으로 모재와 같은 허용응력도를 가진다.

용접결함

- 언더컷(under cut) : 철골공사 용접결함 중에서 용접 끝부분에 모재가 녹아 용착금속이 채워지지 않고 홈으로 남게 된 부분이다.
- 오버랩(over lap) : 용착금속이 끝부분에서 모재와 융합하지 않고 덮인 부분이 있는 용접결함이다.
- 크랙(crack) : 용접 후 냉각 시에 생기는 갈라짐이다.

강구조의 용접 부위에 대한 비파괴검사방법 : 방사선투과법, 초음파탐상법, 자기탐상법 등

조립식 구조의 장단점

장점	단점
• 기계화 시공으로 공기가 단축된다. • 재료가 절약되어 공사비가 적게 든다. • 품질 향상과 감독관리가 용이하다. • 공장 생산으로 대량 생산이 가능하다. • 현장 거푸집공사가 절약된다. • 정밀도가 높고 강도가 큰 부재를 쓸 수 있다. • 건식 접합을 하므로 해체나 이전이 용이하다.	• 표준화된 부재의 사용으로 계획에 제약을 받을 수 있다. • 접합부가 일체화되기 어렵다. • 획일적이어서 다양한 외형을 추구하기 어렵다. • 풍압력, 지진력에 약하고, 화재 시 위험도가 높다. • 기초는 공업화가 어려워 현장 시공을 해야 한다. • PS 강재가 철근콘크리트에 비해 강성이 약해 진동하기 쉽다. • 초기 투자비가 많이 든다.

프리스트레스트 콘크리트구조

인장재에 대한 저항력이 작은 콘크리트에 미리 긴장재에 의한 압축력을 가하여 만든 구조이다.

프리캐스트(PC) 콘크리트구조

공장에서 철근콘크리트구조의 기둥, 보, 벽 등을 미리 만들어 운반하여 현장에서 조립하는 구조로, 접속 부위의 누수 및 소음 등의 하자 발생을 고려하여 정밀 시공을 요하는 구조이다.

프리캐스트 콘크리트의 공사과정

1. PC 설계 : PC의 구조 계산, 접합부 설계
2. 제작 : 몰드, PC 부재 제작
3. 운송 : 운송계획, 현장 반입검사
4. 조립 : 부재 현장 조립
5. 접합 : 부재 접합 및 검사
6. 철근 배근 및 콘크리트 타설

PART 01

핵심이론

CHAPTER 01	실내디자인의 이해
CHAPTER 02	실내환경
CHAPTER 03	실내건축재료
CHAPTER 04	실내건축제도
CHAPTER 05	일반구조

CHAPTER 01 실내디자인의 이해

제1절 실내디자인의 일반

1-1. 실내디자인의 개념

핵심이론 01 실내디자인의 특징

① 실내디자인의 의미
- ㉠ 실내디자인은 대상 공간의 장식보다 기능을 가장 우선시한다.
- ㉡ 인간생활의 쾌적성을 추구하는 디자인 활동이다.
- ㉢ 건축과 인간의 관계를 이어 주는 대화의 영역을 창출하는 작업이다.
- ㉣ 인간이 보다 적합한 환경에서 생활할 수 있도록 한다.
- ㉤ 인간생활에 유용한 공간을 만들거나 환경을 조성하는 과정이다.
- ㉥ 실내디자인은 목적을 위한 행위로 그 자체가 목적이 아니라 특정한 효과를 얻기 위한 수단이다.
- ㉦ 실내디자인은 과학적 기술과 예술이 종합된 분야로서, 주어진 공간을 목적에 맞게 창조하는 작업이다(순수예술이 아니다).
- ㉧ 실내디자인의 평가기준은 누구나 공감할 수 있는 객관성이 있어야 한다.
  ※ 실내디자인을 평가하는 기준 : 합목적성(기능성 또는 실용성을 의미), 심미성, 경제성, 독창성
- ㉨ 실내디자인의 영역은 주거 공간, 상업 공간, 업무 공간, 특수 공간 등으로 나뉜다.

② 실내디자인의 목적
- ㉠ 미적인 공간을 구성한다.
- ㉡ 쾌적한 환경을 조성한다.
- ㉢ 기능적인 조건을 최적화한다.
- ㉣ 예술적, 서정적 욕구를 해결한다.
- ㉤ 물리적, 환경적 조건을 해결한다.

10년간 자주 출제된 문제

1-1. 실내디자인에 관한 설명으로 옳지 않은 것은?
① 미적인 문제가 중요시되는 순수예술이다.
② 인간생활의 쾌적성을 추구하는 디자인 활동이다.
③ 가장 우선시되어야 하는 것은 기능적인 면의 해결이다.
④ 실내디자인의 평가기준은 누구나 공감할 수 있는 객관성이 있어야 한다.

1-2. 실내디자인의 목적이 아닌 것은?
① 생산성을 최대화한다.
② 미적인 공간을 구성한다.
③ 쾌적한 환경을 조성한다.
④ 기능적인 조건을 최적화한다.

1-3. 실내디자인을 평가하는 기준이 아닌 것은?
① 경제성　　② 기능성
③ 주관성　　④ 심미성

|해설|
1-1
실내디자인은 순수예술이 아닌 실용예술에 가깝다.

1-3
실내디자인을 평가하는 기준
- 합목적성(기능성 또는 실용성을 의미)
- 심미성
- 경제성
- 독창성

정답 1-1 ①　1-2 ①　1-3 ③

핵심이론 02 실내디자인의 진행과정

① 실내디자인의 진행(프로세스) 개념
  ㉠ 디자인의 문제해결과정이다.
  ㉡ 디자인의 결과는 디자인 프로세스에 의해 영향을 받으므로 반드시 필요하다.
  ㉢ 창조적인 사고, 기술적인 해결능력, 경제 및 인간가치 등의 종합적이고 학제적인 접근이 필요하다.
  ㉣ 실내디자인의 진행과정 중 선행되는 작업은 조건파악이다.
  ㉤ 조건 중에서도 기능적 조건이 우선되어야 한다.
    ※ 기능적 조건 : 공간 배치 및 동선의 편리성 등

② 실내디자인의 진행과정

  기획→기본계획→기본설계→실시설계→감리→평가

  ㉠ 기획
    • 공간의 사용목적, 예산 등을 종합하여 디자인의 방향을 결정하는 작업이다.
    • 건축주의 의사가 가장 많이 반영되는 단계이다.
  ㉡ 기본계획
    • 개념적인 과정으로 디자인의 목적을 명확히 하는 단계이다.
    • 계획안 전체의 기본이 되는 형태, 기능 등을 스케치나 다이어그램 등으로 표현한다.
  ㉢ 기본설계
    • 구체적이고 세부적인 계획의 전개로서 요구사항에 대한 기본 구상이다.
    • 결정안에 대해 도면화 작업이 이루어져 평면도, 천장도, 입면도, 단면도, 실내전개도, 가구배치도, 재료마감표 등의 기본설계도를 작성한다.
  ㉣ 실시설계
    • 기본설계에서 나온 최종안으로 제작 및 시공을 설계하는 단계이다.
    • 견적, 입찰, 시공 등 설계 이후의 후속작업과 시공을 위한 제반 도서를 제작하는 단계이다.
  ㉤ 공사 감리 : 실제 시공이 되는 부분을 검토 및 확인하는 단계이다.

③ 실내디자이너의 역할
  ㉠ 독자적인 개성을 표현한다.
  ㉡ 생활 공간의 쾌적성을 추구한다.
  ㉢ 기능 확대, 감성적 욕구의 충족을 통한 건축의 질을 향상시킨다.
  ㉣ 인간의 예술적, 정서적 요구의 만족을 해결한다.
  ※ 색채계획 : 실내디자인 등 다양한 디자인 활동에서 디자인의 적응상황 등을 연구하여 색채를 선정하는 과정

10년간 자주 출제된 문제

2-1. 실내디자인의 진행과정 중 선행되는 작업은?
① 조건 파악   ② 기본계획
③ 기본설계   ④ 실시설계

2-2. 실내디자이너의 역할로 옳지 않은 것은?
① 독자적인 개성을 표현한다.
② 생활 공간의 쾌적성을 추구한다.
③ 전체 매스(mass)의 구조설비를 계획한다.
④ 인간의 예술적, 정서적 요구의 만족을 해결한다.

2-3. 실내디자인 진행과정에서 일반적으로 건축주의 의사가 가장 많이 반영되는 단계는?
① 기획단계   ② 시공단계
③ 기본설계단계   ④ 실시설계단계

|해설|

2-1
실내디자인 진행과정 : 기획→기본계획→기본설계→실시설계→감리→평가

2-2
실내디자이너의 역할
• 독자적인 개성을 표현한다.
• 생활 공간의 쾌적성을 추구한다.
• 기능 확대, 감성적 욕구의 충족을 통한 건축의 질을 향상시킨다.
• 인간의 예술적, 정서적 요구의 만족을 해결한다.

정답 2-1 ① 2-2 ③ 2-3 ①

1-2. 실내디자인의 분류 및 특성

핵심이론 01 실내디자인의 분류

① 실내디자인의 분류(대상영역)
  ㉠ 영리성의 유무에 따라 영리 공간과 비영리 공간으로 구분한다.
  ㉡ 대상 공간의 생활목적에 따라 주거 공간, 상업 공간, 업무 공간, 전시 공간, 특수 공간 등으로 나눈다.
    • 주거 공간 : 의식주를 해결하는 주생활 공간으로 취침, 식사 등의 생활행위를 공간에 대응하는 것이다.
    • 상업 공간 : 실내 공간을 창조적으로 계획하여 판매 신장을 높이는 공간으로 백화점, 식당 등이 이에 해당한다.
    • 업무 공간 : 사무실, 공장, 은행, 도서관 등이 있다.
    • 전시 공간 : 기업의 홍보, 판매 촉진을 위한 영리 전시 공간과 교육, 문화적 사고 개발을 위한 비영리 전시 공간으로 나뉜다.
    • 특수 공간 : 자동차, 선박, 비행기 등의 실내를 디자인하는 영역이다.

② 실내디자인의 범위
  ㉠ 인간에 의해 점유되는 공간을 대상으로 한다.
  ㉡ 휴게소나 이벤트 공간 등의 임시적 공간도 포함된다.
  ㉢ 항공기나 선박 등의 교통수단의 실내디자인도 포함된다.
  ㉣ 순수한 내부 공간뿐만 아니라 외부로의 통로 공간 그리고 내부 공간의 연장으로서의 외부 공간 및 건물 전면까지도 포함한다.
  ㉤ 건축물의 실내 공간을 주대상으로 하며, 도시환경이나 가로 공간도 포함된다.
  ㉥ 가구디자인도 실내디자인의 영역에 포함되지만 독립적으로 이루어질 수도 있다.
  ㉦ 주거 건축, 상업 건축, 공공 건축에 있어서 실내환경을 구체적으로 창조해 내는 실행계획과 과정의 완성이다.
  ※ 공간의 레이아웃 작업 : 동선계획, 가구 배치계획, 공간의 배분계획

10년간 자주 출제된 문제

1-1. 실내디자인의 범위에 관한 설명으로 옳지 않은 것은?
① 인간에 의해 점유되는 공간을 대상으로 한다.
② 휴게소나 이벤트 공간 등의 임시적 공간도 포함된다.
③ 항공기나 선박 등의 교통수단의 실내디자인도 포함된다.
④ 바닥, 벽, 천장 중 2개 이상의 구성요소가 존재하는 공간이어야 한다.

1-2. 실내디자인의 대상영역에 속하지 않는 것은?
① 주택의 거실디자인
② 호텔의 객실디자인
③ 아파트의 외벽디자인
④ 항공기의 객석디자인

|해설|

1-1
실내디자인은 순수한 내부 공간뿐만 아니라 외부로의 통로 공간 그리고 내부 공간의 연장으로서의 외부 공간 및 건물 전면까지도 포함한다.

1-2
실내디자인의 영역은 주거 건축, 상업 건축, 공공 건축에 있어서 실내환경을 구체적으로 창조해 내는 실행계획과 과정의 완성이다.

정답 1-1 ④ 1-2 ③

핵심이론 02 실내디자인의 조건

① 기능적 조건
　㉠ 인간이 생활하는 데 필요한 공간의 활용도를 제공하는 것으로 규모, 배치구조, 동선의 설계 등 제반사항을 충분히 고려하여 디자인해야 한다.
　㉡ 기능적 조건이 가장 먼저 고려되어야 한다.
　㉢ 합목적성, 기능성, 실용성, 효율성 등이 제고되어야 한다.
　㉣ 전체 공간의 구성이 합리적이고, 각 공간의 기능이 최대로 발휘되어야 한다.
　㉤ 공간의 사용목적에 적합하도록 인간공학, 공간 규모, 배치 및 동선 등 제반사항을 고려해야 한다.

② 정서적·심미적 조건
　㉠ 인간의 심리적·미적·정서적 측면을 고려해야 한다.
　㉡ 성격, 습관, 취미 등 구매자의 욕구를 충족시켜야 한다.

③ 경제적 조건
　㉠ 최소의 자원을 투입하여 공간의 사용자가 최대로 만족할 수 있는 효과를 이루어야 한다.
　㉡ 기본적으로 파악되어야 할 내부적 조건에 해당한다.

④ 물리적·환경적 조건
　쾌적한 환경을 이룰 수 있는 요소 중 외형적이며, 장식적인 측면이 아닌 공기, 열, 소음, 일광 등의 자연적 요소를 고려하여 설계해야 한다.
　※ 리모델링 : 건축물의 노후화를 억제하거나 기능 향상을 위하여 대수선 또는 일부 증축하는 행위
　※ 키치(kitsch) : 디자인에 있어 대중적이거나 저속하다는 의미

10년간 자주 출제된 문제

2-1. 실내디자인의 조건으로 옳지 않은 것은?
① 기능적 조건　② 경험적 조건
③ 정서적 조건　④ 환경적 조건

2-2. 실내디자인의 기본조건 중 가장 우선시되어야 하는 것은?
① 기능적 조건　② 정서적 조건
③ 환경적 조건　④ 경제적 조건

2-3. 공간 배치 및 동선의 편리성과 가장 관련이 있는 실내디자인의 기본조건은?
① 경제적 조건　② 환경적 조건
③ 기능적 조건　④ 정서적 조건

2-4. 다음 보기의 설명에 가장 알맞은 실내디자인의 조건은?

|보기|
최소의 자원을 투입하여 공간의 사용자가 최대로 만족할 수 있는 효과를 이루어야 한다.

① 기능적 조건　② 심미적 조건
③ 경제적 조건　④ 물리적·환경적 조건

|해설|
2-1
실내디자인의 조건
• 기능적 조건
• 정서적·심미적 조건
• 경제적 조건
• 물리적·환경적 조건

정답 2-1 ②　2-2 ①　2-3 ③　2-4 ③

제2절 디자인의 요소

2-1. 점, 선

핵심이론 01 점

① 점의 특성
  ㉠ 기하학적으로 점은 크기가 없고, 위치나 장소만 존재한다.
  ㉡ 점은 정적이며 방향이 없고, 자기중심적이다.
  ㉢ 점은 선의 양 끝, 선의 교차, 굴절 및 면과 선의 교차 등에서 나타난다.
  ㉣ 동일한 크기의 점이라도 밝은 점은 크고 넓게, 어두운 점은 작고 좁게 보인다.
  ㉤ 점의 연속이 점진적으로 축소 또는 팽창되어 나열되면 원근감이 생긴다.
  ㉥ 선과 마찬가지로 형태의 외곽을 시각적으로 설명하는 데 사용할 수 있다.

② 점의 표현
  ㉠ 하나의 점
   • 배경의 중심에 있는 하나의 점은 시선을 집중시키고, 정지의 효과를 느끼게 한다.
   • 하나의 점은 관찰자의 시선을 화면 안의 특정한 위치로 이끈다.
   • 면 또는 공간에 하나의 점이 놓이면 주의력이 집중되는 효과가 있다.
  ㉡ 두 개의 점
   • 두 개의 점 사이에는 서로 잡아당기는 인장력이 지각된다.
   • 두 점의 크기가 같을 때 주의력은 균등하게 작용한다.
   • 공간 속의 두 점 중 큰 쪽으로 주의력이 쏠린다.
  ㉢ 다수의 점
   • 나란히 있는 점의 간격에 따라 집합·분리의 효과를 얻는다.
   • 가까운 거리에 있는 점은 도형(삼각형, 사각형)으로 인지된다.
   • 많은 점이 같은 조건으로 집결되면 평면감을 준다.
   • 점이 많으면 선이나 면으로 지각된다.
   • 배경의 중심에서 벗어난 하나의 점은 점을 둘러싼 영역 사이에 시각적 긴장감을 생성한다.

10년간 자주 출제된 문제

1-1. 기하하적인 정의로 크기가 없고, 위치만 존재하는 디자인 요소는?
① 점
② 선
③ 면
④ 입체

1-2. 디자인 요소 중 점에 관한 설명으로 옳지 않은 것은?
① 화면상에 있는 두 점의 크기가 같을 때 주의력은 균등하게 작용한다.
② 선과 마찬가지로 형태의 외곽을 시각적으로 설명하는 데 사용할 수 있다.
③ 화면상에 있는 하나의 점은 관찰자의 시선을 화면 안의 특정한 위치로 이끈다.
④ 다수의 점은 2차원에서 면이나 형태로 지각될 수 있지만, 운동을 표현하는 시각적 조형효과는 만들 수 없다.

정답 1-1 ① 1-2 ④

핵심이론 02 선

① 선의 특성
  ㉠ 선은 위치, 길이, 방향의 개념은 있지만 폭과 깊이의 개념은 없다.
  ㉡ 점이 이동한 궤적이며 면의 한계, 교차에서 나타난다.
  ㉢ 여러 개의 선을 이용하여 움직임, 속도감 등을 시각적으로 표현할 수 있다.
  ㉣ 선의 외관은 명암, 색채, 질감 등의 특성을 가질 수 있다.
  ㉤ 반복되는 선의 굵기와 간격, 방향을 변화시키면 2차원에서 부피와 깊이를 느끼게 표현할 수 있다.

② 선의 종류별 조형효과
  ㉠ 수평선 : 안정, 평화
    • 평화롭고 정지된 모습으로 안정감을 느끼게 한다.
    • 영원, 평화, 평등, 침착, 고요, 편안함 등 주로 정적인 느낌을 준다.
  ㉡ 수직선 : 존엄성, 위엄, 권위
    • 공간을 실제보다 더 높아 보이게 한다.
    • 공식적이고 위엄 있는 분위기를 만드는 데 효과적이다.
    • 심리적으로 존엄성, 엄숙함, 상승감, 절대, 위엄, 권위 및 강한 의지의 느낌을 준다.
  ㉢ 사선 : 약동감, 생동감
    • 역동적인 이미지를 갖고 있어 동적인 실내 분위기를 연출한다.
    • 약동감, 생동감 넘치는 에너지와 운동감, 속도감을 준다.
    • 위험, 긴장, 변화 등의 느낌을 받게 되어 너무 많으면 불안정한 느낌을 준다.
  ㉣ 곡선 : 유연, 경쾌
    • 우아하며 풍부한 분위기를 연출한다.
    • 경직된 분위기를 부드럽고, 유연하고, 경쾌하고, 여성적으로 느끼게 한다.

10년간 자주 출제된 문제

2-1. 평화롭고 정지된 모습으로 안정감을 느끼게 하는 선은?
① 수직선 ② 수평선
③ 기하곡선 ④ 자유곡선

2-2. 공간을 실제보다 더 높아 보이게 하며, 엄숙함과 위엄 등의 효과를 주기 위해 일반적으로 사용하는 디자인 요소는?
① 사선 ② 곡선
③ 수직선 ④ 수평선

2-3. 디자인 요소 중 선에 관한 설명으로 옳지 않은 것은?
① 곡선은 우아하며 풍부한 분위기를 연출한다.
② 수평선은 안정감, 차분함, 편안한 느낌을 준다.
③ 수직선은 심리적 엄숙함과 상승감의 효과를 준다.
④ 사선은 경직된 분위기를 부드럽고 유연하게 한다.

[해설]

2-1
수평선은 평화, 평등, 침착, 고요 등 주로 정적인 느낌을 준다.

2-2
① 사선 : 역동적인 이미지를 갖고 있어 동적인 실내 분위기를 연출하며 약동감, 생동감 넘치는 에너지와 운동감, 속도감을 준다.
② 곡선 : 우아하고 풍부한 분위기를 연출하며, 경직된 분위기를 부드럽고, 유연하고, 경쾌하고, 여성적으로 느끼게 한다.
④ 수평선 : 평화롭고 정지된 모습으로 안정감을 느끼게 하며 영원, 평화, 평등, 침착, 고요, 편안함 등 주로 정적인 느낌을 준다.

2-3
사선은 약동감, 생동감, 운동감, 속도감을 준다.

정답 2-1 ② 2-2 ③ 2-3 ④

2-2. 면, 형

핵심이론 01 면, 형

① 면의 특성
- ㉠ 면은 길이와 폭, 위치, 방향을 가지지만 두께는 없다.
- ㉡ 면의 종류는 선의 궤적에 따라 수없이 만들어진다.
- ㉢ 면은 선을 조밀하게 함으로써 느낄 수 있다.
- ㉣ 평면은 단순하고 직접적이어서, 현대 조형의 간결성을 표현하는 데 적당하다.
- ㉤ 평면은 형태와 공간의 볼륨(volume)을 한정한다.
- ㉥ 곡면은 온화하고, 유연하며 동적이다.
- ㉦ 곡면과 평면의 결합으로 대비효과를 얻을 수 있다.
- ㉧ 면 자체의 절단에 의해 새로운 면을 얻을 수 있다.
- ㉨ 면의 구성방법에는 지배적 구성, 분리 구성, 일렬 구성, 자유 구성 등이 있다.
- ㉩ 면의 심리적 인상은 그 면이 놓인 위치, 질감, 색, 패턴 또는 다른 면과의 관계 등에 따라 차이를 나타낸다.

② 형(型, 모양)의 특성
- ㉠ 형은 배경과 구분되는 윤곽이나 경계선을 의미한다.
- ㉡ 형을 통해 점, 선, 면 등의 개념요소를 시각화할 수 있다.
- ㉢ 기본적인 모양은 세모, 네모, 원이다.
  - 사각형 : 가장 안정감 있는 형태로, 신뢰와 안전을 의미한다.
  - 직사각형 : 심리적으로 간단함, 균형 잡힘, 단단함, 안전함을 느낀다.
  - 정삼각형 : 안정과 균형의 느낌을 준다.
  - 역삼각형 : 불안정, 위험, 긴장감을 느낀다.
  - 원형 : 선이 끝나지 않고 계속된다고 느껴서 움직임과 완성의 의미를 나타낸다.
  - 타원 : 여성적이면서 부드러운 느낌을 준다.

10년간 자주 출제된 문제

1-1. 면에 대한 설명으로 옳은 것은?
① 면은 선의 절단에 의해서 형성된다.
② 면은 선이 이동한 궤적이다.
③ 면은 양감과 부피를 갖는다.
④ 면의 종류에는 수직면과 수평면만이 있다.

1-2. 여러 도형 중 여성적이면서 부드러운 느낌을 주는 것은?
① 삼각형
② 오각형
③ 마름모
④ 타원

|해설|

1-1
면은 길이, 폭, 형, 표면, 방위, 위치 등의 특징을 가지며, 선이 이동한 궤적이다.

정답 1-1 ② 1-2 ④

핵심이론 02 형태(form)

① 이념적(상징적) 형태
  ㉠ 인간의 지각, 즉 시각과 촉각 등으로 직접 느낄 수 없고 개념적으로만 제시될 수 있는 형태로 순수 형태, 상징적 형태라고도 한다.
  ㉡ 점, 선, 면, 입체 등 추상적 기하학적 형태가 이에 해당한다.
  ※ 추상적 형태
    - 구체적 형태를 생략 또는 과장의 과정을 거쳐 재구성된 형태이다.
    - 대부분의 경우 재구성된 원래의 형태를 알아보기 어렵다.

② 현실적 형태
  우리가 직접 지각하여 얻는 것으로, 자연적 형태와 인위적 형태가 있다.
  ㉠ 자연적 형태
    - 자연계에 존재하는 모든 것으로부터 보이는 형태이다.
    - 자연현상에 따라 끊임없이 변화하며 새로운 형태를 창출한다.
    - 조형의 원형으로서 작용하며, 기능과 구조의 모델이 되기도 한다.
    - 단순한 부정형의 형태를 취하지만, 경우에 따라서는 체계적인 기하학적인 특징을 갖는다.
    ※ 유기적 형태
      - 면의 형태적 특징 중 자연적으로 생긴 형태로, 우아하고 아늑한 느낌을 주는 시각적 특징이 있다.
      - 자연현상이나 생물의 성장에 따라 형성된 형태이다.
      - 자연계에서 찾아볼 수 있는 매끄러운 곡선이나 곡면의 형태이며, 기하학적 형태와 다른 특징을 보인다.
  ㉡ 인위적 형태
    - 인간에 의해 만들어진 사물이나 환경에서 보이는 형태이다.
    - 3차원적인 모양, 부피, 구조를 가진다.
    - 물리적으로나 감정적으로 커다란 영향을 끼친다.
    - 인위적 형태는 휴먼 스케일을 기준으로 해야 좋은 디자인이 된다.

┤참고 자료├
미츠이 히데키에 의한 형태 분류
① 형태의 개념에 의한 분류
  ㉠ 추상적 형태(abstract form) : 이념적인 형이나 기하학적인 형태
  ㉡ 구상적 형태(concrete form) : 인물, 생물이나 자연의 풍경 등 실제적으로 눈에 보이는 구체적인 형태
② 형태의 정량화에 의한 분류
  ㉠ 정형(regular form) : 기하학적 형태 등 수리적으로 정량화가 가능한 형태, 재현이 가능한 형태
  ㉡ 비정형(irregular form) : 유기적 형태, 우연적 형태, 오토매틱 패턴(automatic pattern) 등 수리적으로 정량화할 수 없는 형태, 재현이 불가능한 형태
③ 형태의 이념과 실체에 의한 분류
  ㉠ 이념적 형태(ideal form)
    - 정형
      – 기하학 형태(geometric form) : 수리성이 있는 형태로 순수 형태
    - 비정형
      – 유기적 형태(organic form)
      – 우연적 형태(accidental form)
      – 불규칙 형태(irregular form) : 의식적으로 만들어진 비정형 형태
  ㉡ 현실적 형태(real form)
    - 자연적 형태
      – 유기적 형태 : 동물이나 식물의 형태
      – 무기적 형태(inorganic form) : 무생물의 형태
      – 우연적 형태 : 자연계에서 볼 수 있는 우연적인 형태나 무의식적으로 만들어진 형태
    - 인공적 형태
      – 인간이 만들어 내는 여러 가지 이념적 형태
      – 현실적인 형태(일반적인 조형활동)

10년간 자주 출제된 문제

2-1. 형태의 의미구조에 의한 분류에서 인간의 지각, 즉 시각과 촉각 등으로 직접 느낄 수 없고 개념적으로만 제시될 수 있는 형태는?

① 현실적 형태　② 인위적 형태
③ 상징적 형태　④ 자연적 형태

2-2. 다음 보기의 설명에 알맞은 형태는?

|보기|
- 구체적 형태를 생략 또는 과장의 과정을 거쳐 재구성된 형태이다.
- 대부분의 경우 재구성된 원래의 형태를 알아보기 어렵다.

① 자연 형태　② 인위 형태
③ 추상적 형태　④ 이념적 형태

2-3. 면의 형태적 특징 중 자연적으로 생긴 형태로, 우아하고 아늑한 느낌을 주는 것은?

① 기하학적 형태　② 우연적 형태
③ 유기적 형태　④ 불규칙 형태

|해설|

2-1
① 현실적 형태 : 우리가 직접 지각하여 얻는 것이다.
② 인위적 형태 : 인간에 의해 만들어진 사물이나 환경에서 보이는 형태로 3차원적인 모양, 부피, 구조를 가진다.
④ 자연적 형태 : 자연계에 존재하는 모든 것으로부터 보이는 형태로, 자연현상에 따라 끊임없이 변화하며 새로운 형태를 창출한다.

2-3
유기적 형태
- 면의 형태적 특징 중 자연적으로 생긴 형태로, 우아하고 아늑한 느낌을 주는 시각적 특징이 있다.
- 자연현상이나 생물의 성장에 따라 형성된 형태이다.
- 자연계에서 찾아볼 수 있는 매끄러운 곡선이나 곡면의 형태이며, 기하학적 형태와 다른 특징을 보인다.

정답 2-1 ③　2-2 ③　2-3 ③

핵심이론 03 형태의 지각

① 형태 지각의 특징
　㉠ 대상을 가능한 한 단순한 구조로 지각한다.
　㉡ 형태를 있는 그대로가 아니라 수정된 이미지로 지각한다.
　㉢ 이미지를 파악하기 위하여 몇 개의 부분으로 나누어 지각한다.
　㉣ 가까이 있는 유사한 시각적 요소들은 하나의 그룹으로 지각한다.
　㉤ 시각적으로 동일한 기본단위들은 다른 여러 가지가 무리를 이루고 있어도 한꺼번에 눈에 들어온다.
　㉥ 각 부분은 그 가까이 있는 정도에 따라 함께 지각된다.
　㉦ 폐쇄된 형태는 폐쇄되지 않은 형태보다 시각적으로 더 안정감이 있다.

② 형태의 지각심리[게슈탈트(gestalt) 법칙]
　㉠ 접근성(근접성)
　　• 두 개 또는 그 이상의 유사한 시각요소들이 서로 가까이 있으면 하나의 그룹으로 보이는 경향이다.
　　• 한 종류의 형들이 동등한 간격으로 반복되어 이를 그룹화하면 평면처럼 지각되고, 상하와 좌우의 간격이 다를 경우 수평, 수직으로 지각된다.
　㉡ 유사성
　　• 비슷한 형태, 규모, 색채, 질감, 명암, 패턴의 그룹을 하나의 그룹으로 지각하는 경향이다.
　　• 여러 종류의 형이 모두 일정한 규모, 색채, 질감, 명암, 윤곽선을 갖고 모양만 다르면 모양에 따라 그룹화되어 지각된다.
　㉢ 연속성 : 유사한 배열로 구성된 형들이 방향성을 지니고 연속되어 보이는 하나의 그룹으로 지각되는 법칙으로, 공동 운명의 법칙이라고도 한다.

② 폐쇄성
  - 시각요소들이 어떤 형상을 지각하는 데 있어서 폐쇄된 느낌을 주는 법칙이다.
  - 사람들에게 불완전한 형을 순간적으로 보여줄 때 이를 완전한 형으로 지각하는 경향이다.

③ 형과 배경의 법칙
  ⊙ 형과 배경이 교체하는 것을 모호한 형(ambiguous figure) 또는 반전 도형이라고 한다.
  ⊙ 형과 배경이 순간적으로 번갈아 보이면서 다른 형태로 지각되는 심리의 대표적인 예로 '루빈의 항아리'가 있다.
  ⊙ 형은 가깝게 느껴지고 배경은 멀게 느껴진다.
  ⊙ 명도가 높은 것보다는 낮은 것이 배경으로 쉽게 인식된다.
  ⊙ 일반적으로 면적이 작은 부분은 형이 되고, 큰 부분은 배경이 된다.

10년간 자주 출제된 문제

3-1. 두 개 또는 그 이상의 유사한 시각요소들을 서로 가까이 이으면 하나의 그룹으로 보이는 경향과 관련된 형태 지각심리는?
① 유사성　　② 연속성
③ 폐쇄성　　④ 근접성

3-2. 다음 보기의 설명에 알맞은 형태의 지각심리는?

|보기|
유사한 배열로 구성된 형들이 방향성을 지니고 연속되어 보이는 하나의 그룹으로 지각되는 법칙으로, 공동 운명의 법칙이라고도 한다.

① 근접성　　② 유사성
③ 연속성　　④ 폐쇄성

3-3. 비슷한 형태, 규모, 색채, 질감, 명암, 패턴의 그룹을 하나의 그룹으로 지각하려는 경향의 형태 지각심리는?
① 근접성　　② 연속성
③ 폐쇄성　　④ 유사성

3-4. '루빈의 항아리'와 관련된 형태의 지각심리는?
① 그룹핑 법칙
② 폐쇄성의 법칙
③ 형과 배경의 법칙
④ 프래그난츠의 법칙

|해설|

3-1
접근성
- 두 개 또는 그 이상의 유사한 시각요소들이 서로 가까이 있으면 하나의 그룹으로 보이는 경향이다.
- 한 종류의 형들이 동등한 간격으로 반복되어 이를 그룹화하면 평면처럼 지각되고, 상하와 좌우의 간격이 다를 경우 수평, 수직으로 지각된다.

3-3
유사성
- 비슷한 형태, 규모, 색채, 질감, 명암, 패턴의 그룹을 하나의 그룹으로 지각하는 경향이다.
- 여러 종류의 형이 모두 일정한 규모, 색채, 질감, 명암, 윤곽선을 갖고 모양만 다르면 모양에 따라 그룹화되어 지각된다.

3-4
형과 배경의 법칙
- 형과 배경이 교체하는 것을 모호한 형 또는 반전 도형이라고 한다.
- 형과 배경이 순간적으로 번갈아 보이면서 다른 형태로 지각되는 심리의 대표적인 예로 '루빈의 항아리'가 있다.
- 형은 가깝게 느껴지고, 배경은 멀게 느껴진다.
- 명도가 높은 것보다는 낮은 것이 배경으로 쉽게 인식된다.
- 일반적으로 면적이 작은 부분은 형이 되고, 큰 부분은 배경이 된다.

정답 3-1 ④　3-2 ③　3-3 ④　3-4 ③

핵심이론 04 형태의 착시

① 기하학적 착시

도형의 길이·면적·각도·방향 등의 기하학적 관계가 객관적 관계와 다르게 보이는 시각적 착각이다.

㉠ 길이의 착시
- 두 선분은 길이가 같지만, 화살표가 밖으로 향한 선분이 안으로 향한 선분보다 길어 보인다.

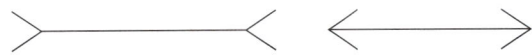

- 두 개의 선분은 길이가 같지만, 수직선이 수평선보다 더 길어 보인다.

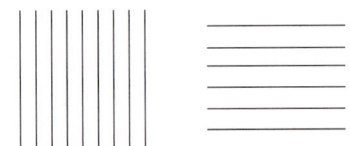

㉡ 면적의 착시 : 밝은 것은 크게, 어두운 것은 작게 느껴진다.

㉢ 방향의 착시 : 같은 각도이지만 조건에 따라 한쪽 방향으로 치우쳐 보이는 현상으로, 둘 다 직선이지만 사선을 그음에 따라 방향이 틀어진 것처럼 보인다.

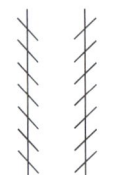

㉣ 대소(에빙하우스)의 착시 : 같은 크기이지만 주변에 큰 것이 있으면 작은 것이 있을 경우보다 작게 보인다.

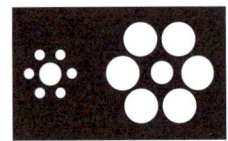

㉤ 위치(포겐도르프) 착시 : 사선이 2개 이상의 평행선으로 인해 중단되면 서로 어긋나 보인다. 다음 그림에서 실제로는 a와 c가 일직선상에 있으나 b와 c가 일직선으로 보인다.

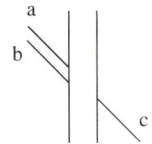

㉥ 분할의 착시 : 분할된 선은 분할되지 않은 선보다 길게 보인다.

㉦ 만곡의 착시 : 분트 도형에서 2개의 평행선이 만곡하여 오목렌즈 모양으로 보인다.

㉧ 헤링(hering) 착시 : 실제로 두 직선은 평행이지만 주변에 있는 사선의 영향 때문에 바깥쪽으로 휘어진 것처럼 보인다.

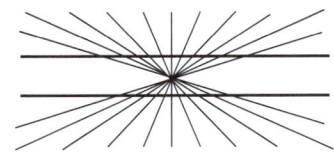

② 역리 도형의 착시

㉠ 모순 도형, 불가능 도형을 이용한 착시현상이다.
㉡ 펜로즈의 삼각형이 대표적이다. 부분적으로는 삼각형으로 보이지만, 전체적으로는 삼각형이 되는 것은 불가능하다. 즉, 3차원의 세계를 2차원 평면에 그린 것이지만 실제로 존재할 수 없는 도형이다.

③ 다의 도형의 착시(반전 착시)
  ㉠ 같은 도형이지만 음영 변화에 따라 다른 도형으로 보이는 착시현상이다.
  ㉡ 루빈의 항아리라고도 한다.
  ㉢ 가운데 검은색 부분은 항아리처럼 보이지만 흰색 부분은 두 사람이 얼굴을 맞대고 있는 것처럼 보인다.

10년간 자주 출제된 문제

4-1. 다음 보기의 설명에 알맞은 착시 유형은?

|보기|
• 모순 도형 또는 불가능한 도형이라고도 한다.
• 펜로즈의 삼각형에서 볼 수 있다.

① 운동의 착시
② 길이의 착시
③ 역리 도형의 착시
④ 다의 도형의 착시

4-2. 다음 보기의 설명에 알맞은 착시 유형은?

|보기|
• 같은 길이의 수직선이 수평선보다 길어 보인다.
• 사선이 2개 이상의 평행선으로 인해 중단되면 서로 어긋나 보인다.

① 운동의 착시
② 다의 도형의 착시
③ 역리 도형의 착시
④ 기하학적 착시

정답 4-1 ③ 4-2 ④

2-3. 균형, 비례

핵심이론 01 균형

① 균형의 개념(원리)
  ㉠ 인간의 주의력에 의해 감지되는 시각적 무게의 평형 상태를 의미한다.
  ㉡ 일반적으로 실내 공간에 침착함과 평형감을 주기 위해 사용한다.
  ㉢ 크기가 큰 것이 작은 것보다 시각적 중량감이 크다.
  ㉣ 색의 중량감은 색의 속성 중 특히 명도, 채도에 따라 크게 작용한다.
  ㉤ 복잡하고 거친 질감이 단순하고 부드러운 것보다 시각적 중량감이 크다.
  ㉥ 불규칙적인 형태가 기하학적 형태보다 시각적 중량감이 크다.
  ㉦ 어두운 색상이 밝은 색상보다 시각적 중량감이 크다.

② 대칭적 균형(정형적 균형)
  ㉠ 가장 완전한 균형의 상태로 공간에 질서를 주기 용이하다.
  ㉡ 안정감, 엄숙함, 완고함, 단순함 등의 느낌을 준다.
  ㉢ 좌우 대칭, 방사 대칭 등이 대칭적 균형에 속한다.
  ㉣ 방사형 균형은 한 점에서 분산되거나 중심점에서부터 원형으로 분산되어 표현된다.

③ 비대칭적 균형(비정형 균형)
  ㉠ 물리적으로는 불균형이지만 시각적으로는 균형을 이룬다.
  ㉡ 자유분방하고, 율동감 등의 생명감을 느끼는 효과가 크고, 풍부한 개성을 표현할 수 있다.
  ㉢ 진취적이고 긴장된 생명 감각을 느끼게 한다.
  ㉣ 능동적이며 비형식적인 느낌을 준다.

※ 균형의 종류와 예
- 방사형 균형 : 판테온의 돔, 회전계단, 눈의 결정체
- 대칭적 균형 : 타지마할 궁, 다빈치의 인간의 비율
- 비대칭적 균형 : 고흐의 별이 빛나는 밤에, 한국의 전통 건축
- 결정학적 균형 : 반복되는 패턴의 카펫

10년간 자주 출제된 문제

1-1. 인간의 주의력에 의해 감지되는 시각적 무게의 평형 상태를 의미하며, 실내 공간에 침착함과 평형감을 주기 위해 사용되는 디자인 원리는?

① 리듬
② 통일
③ 균형
④ 강조

1-2. 균형의 원리에 관한 설명으로 옳지 않은 것은?

① 크기가 큰 것이 작은 것보다 시각적 중량감이 크다.
② 기하학적 형태가 불규칙적인 형태보다 시각적 중량감이 크다.
③ 색의 중량감은 색의 속성 중 특히 명도, 채도에 따라 크게 작용한다.
④ 복잡하고 거친 질감이 단순하고 부드러운 것보다 시각적 중량감이 크다.

1-3. 균형의 종류와 그 예의 연결이 옳지 않은 것은?

① 방사형 균형 – 판테온의 돔
② 대칭적 균형 – 타지마할 궁
③ 비대칭적 균형 – 눈의 결정체
④ 결정학적 균형 – 반복되는 패턴의 카펫

[해설]

1-2
불규칙적인 형태가 기하학적 형태보다 시각적 중량감이 크다.

1-3
- 비대칭적 균형 – 고흐의 별이 빛나는 밤에, 한국의 전통 건축
- 방사형 균형 – 판테온의 돔, 회전계단, 눈의 결정체

정답 1-1 ③ 1-2 ② 1-3 ③

핵심이론 02 비례

① 비례의 특징
- ㉠ 비례(proportion)는 디자인에서 형태의 부분과 부분, 부분과 전체 사이의 크기, 모양 등의 시각적 질서, 균형을 결정하는 데 사용된다.
- ㉡ 비례는 물리적 크기를 선으로 측정하는 기하학적 개념이다.
- ㉢ 비례는 대소의 분량, 장단의 차이, 부분과 부분 또는 부분과 전체의 수량적 관계를 비율로 표현 가능한 것이다.
- ㉣ 공간 내의 비례관계는 평면, 입면, 단면에 있어서 입체적으로 평가되어야 한다.
- ㉤ 실내 공간에는 항상 비례가 존재하며, 스케일과 밀접한 관계가 있다.
- ㉥ 르 코르뷔지에(Le Corbusier)가 제시한 모듈러와 가장 관계 깊은 디자인 원리이다.
- ※ 스케일은 인간과 물체의 관계이며, 비례는 물체와 물체 상호 간의 관계를 갖는다.

② 황금비 또는 황금분할(ϕ)
- ㉠ 황금비례는 1 : 1.618이다.
- ㉡ 르 코르뷔지에는 생활에 적합한 건축을 위해 인체와 관련된 모듈의 사용에 있어 단순한 길이의 배수보다는 황금비례를 이용하는 것이 타당하다고 주장하였다.
- ㉢ 황금비례는 고대 그리스인들이 창안한 기하학적 분할방식이다.
- ㉣ 건축물과 조각 등에 이용된 기하학적 분할방식이다.
- ㉤ 황금비의 예 : 파르테논 신전, 이집트의 피라미드 등

10년간 자주 출제된 문제

2-1. 황금분할과 가장 관계가 깊은 디자인 요소는?
① 비례   ② 강조
③ 리듬   ④ 질감

2-2. 르 코르뷔지에(Le Corbusier)가 제시한 모듈러와 가장 관계가 깊은 디자인 원리는?
① 리듬   ② 대칭
③ 통일   ④ 비례

[해설]
2-2
비례 : 물체의 크기와 인간의 관계 및 물체 상호 간의 관계를 표시하는 디자인 원리

정답 2-1 ①   2-2 ④

2-4. 리듬, 강조

핵심이론 01 리듬

① 리듬의 개념
  ㉠ 리듬(rhythm)은 규칙적인 요소들의 반복으로 나타나는 통제된 운동감이다.
  ㉡ 리듬은 실내에 있어서 공간이나 형태의 구성을 조직하고 반영하여 시각적으로 디자인에 질서를 부여한다.
  ㉢ 리듬은 실내 공간의 디자인에서 시각적 질서, 율동감 및 생동감을 연출하는 데 사용된다.
  ㉣ 리듬의 효과는 음악적 감각이나 조형화된 것으로 청각의 원리가 시각적으로 표현된 것이다.

② 리듬의 요소
  ㉠ 반복 : 색채, 문양, 질감, 선이나 형태가 되풀이됨으로써 이루어지는 리듬이다.
  ㉡ 점이 : 형태의 크기, 방향 및 색의 점차적인 변화로 생기는 리듬이다.
  ㉢ 대립 : 사각 창문틀의 모서리처럼 직각 부위에서 연속적이면서 규칙적인 상이(相異)한 선에서 볼 수 있는 리듬이다.
  ㉣ 변이 : 삼각형이 사각형으로, 검은색이 빨간색 등으로 변화하는 현상으로, 상반된 분위기를 배치하는 것이다.
  ㉤ 방사 : 디자인의 모든 요소가 중심점으로부터 중심 주변으로 퍼져 나가는 양상을 구성하며 리듬을 이루는 것이다(예 잔잔한 물에 돌을 던지면 생기는 물결현상).

10년간 자주 출제된 문제

1-1. 규칙적인 요소들의 반복으로 디자인에 시각적인 질서를 부여하는 통제된 운동감각을 의미하는 디자인 원리는?
① 리듬 ② 균형
③ 조화 ④ 비례

1-2. 실내디자인에서 리듬감을 주기 위한 방법이 아닌 것은?
① 방사 ② 반복
③ 조화 ④ 점이

1-3. 다음 보기의 설명에 알맞은 디자인 원리는?

| 보기 |
| 디자인의 모든 요소가 중심점으로부터 중심 주변으로 퍼져 나가는 양상을 구성하여 리듬을 이루는 것 |

① 강조 ② 조화
③ 방사 ④ 통일

|해설|
1-2
리듬의 요소: 반복, 점이, 변이, 대립, 방사 등

정답 1-1 ① 1-2 ③ 1-3 ③

핵심이론 02 강조

① 강조(emphasis)는 시각적인 힘의 강약에 단계를 주어 디자인의 일부분에 초점이나 흥미를 부여하는 디자인 원리이다.
② 균형과 리듬의 기초가 된다.
③ 디자인에서 강조는 주위를 환기시키거나 규칙성이 갖는 단조로움을 극복하기 위해 사용한다. 또한, 관심의 초점을 조성하거나 흥분을 유도할 때 사용하기도 한다.
④ 도시의 랜드마크에서 가장 중요한 디자인 원리이다.
⑤ 최소한의 표현으로 최대의 가치를 표현하고 미의 상승 효과를 가져온다.
⑥ 평범하고 단순한 실내를 흥미롭게 만드는 데 가장 효과적이다.
⑦ 구성의 구조 안에서 각 요소들의 시각적 계층관계를 기본으로 한다.
⑧ 강조의 원리가 적용되는 시각적 초점은 주위가 대칭적 균형일 때 더욱 효과적이다.
⑨ 실내디자인에서 충분한 필요성과 한정된 목적을 가질 때 적용한다.

10년간 자주 출제된 문제

2-1. 평범하고 단순한 실내를 흥미롭게 만드는 데 가장 적합한 디자인 원리는?
① 조화 ② 강조
③ 통일 ④ 균형

2-2. 디자인의 원리 중 시각적으로 초점이나 흥미의 중심이 되는 것을 의미하며, 실내디자인에서 충분한 필요성과 한정된 목적을 가질 때 적용하는 것은?
① 리듬 ② 조화
③ 강조 ④ 통일

2-3. 디자인 원리 중 강조에 관한 설명으로 옳지 않은 것은?
① 균형과 리듬의 기초가 된다.
② 힘의 조절로서 전체 조화를 파괴하는 역할을 한다.
③ 구성의 구조 안에서 각 요소들의 시각적 계층관계를 기본으로 한다.
④ 강조의 원리가 적용되는 시각적 초점은 주위가 대칭적 균형일 때 더욱 효과적이다.

[해설]

2-3
디자인 원리 중 강조는 시각적인 힘의 강약에 단계를 주어 디자인의 일부분에 초점이나 흥미를 부여하여 변화, 변칙, 불규칙성을 의도적으로 조성하는 것이다.

정답 2-1 ② 2-2 ③ 2-3 ②

2-5. 조화, 통일

핵심이론 01 조화

① 조화의 개념
  ㉠ 조화(harmony)란 서로 성질이 다른 두 가지 이상의 요소(선, 면, 형태, 공간, 재질, 색채 등)가 한 공간 내에서 결합될 때 발생하는 상호관계에 대한 미적 현상으로, 전체적인 조립방법이 모순 없이 질서를 잡는다.
  ㉡ 실내 건축의 요소들이 한 공간에서 표현될 때 상호관계에 대한 미적 판단이 된다.
  ㉢ 전통 한옥의 경우는 자연감과의 일체성에 의한 조화이다.
  ㉣ 동일성이 높은 요소들의 결합은 조화를 이루기 쉽지만 무미건조하고, 지루할 수 있다.
  ㉤ 성질이 다른 요소들의 결합에 의한 조화는 구성이 어렵고 질서를 잃기 쉽지만, 생동감이 있다.

② 유사조화와 대비조화
  ㉠ 유사조화
    • 형식적·외형적·시각적으로 동일한 요소의 조합을 통하여 성립한다.
    • 동일감, 친근감, 부드러움을 줄 수 있으나 단조로워질 수 있으므로, 적절한 통일과 변화를 주고 반복에 의한 리듬감을 이끌어 낸다.
    • 동일하지 않더라도 서로 닮은 형태의 모양, 종류, 의미, 기능끼리 연합하여 한 조를 만들 수 있다.
    • 통일에 조금 더 가깝다.
  ㉡ 대비조화
    • 성격이 서로 다른 요소들의 조합으로 얻어지는 조화이다.
    • 대비를 너무 많이 사용하면 통일성을 잃을 수 있다.
    • 강력하고, 화려하고, 남성적인 이미지를 준다.

10년간 자주 출제된 문제

1-1. 두 가지 이상의 요소가 서로 배척하지 않고 통일되어 전체적으로 미적·감각적인 효과를 발휘하는 디자인 형식의 원리는?

① 강조　　　　② 조화
③ 대칭　　　　④ 율동

1-2. 유사조화에 관한 설명으로 옳은 것은?

① 강력하고, 화려하고, 남성적인 이미지를 준다.
② 다양한 주제와 이미지들이 요구될 때 주로 사용된다.
③ 통일에 조금 더 치우쳐 있다고 할 수 있다.
④ 질적·양적으로 전혀 상반된 두 개의 요소가 조화를 이루는 경우에 주로 나타난다.

[해설]

1-1
조화란 성질이 다른 두 가지 이상의 요소(선, 면, 형태, 공간, 재질, 색채 등)가 한 공간 내에서 결합될 때 발생하는 상호관계에 대한 미적 현상이다.

1-2
유사조화
- 형식적·외형적·시각적으로 동일한 요소의 조합을 통하여 성립한다.
- 동일감, 친근감, 부드러움을 줄 수 있으나 단조로워질 수 있으므로, 적절한 통일과 변화를 주고 반복에 의한 리듬감을 이끌어낸다.
- 동일하지 않더라도 서로 닮은 형태의 모양, 종류, 의미, 기능끼리 연합하여 한 조를 만들 수 있다.
- 통일에 조금 더 가깝다.

정답 1-1 ② 1-2 ③

핵심이론 02 통일

① 통일의 개념
　㉠ 이질적인 각 구성요소들을 전체적으로 동일한 이미지를 갖게 한다.
　㉡ 변화와 함께 모든 조형에 대한 미의 근원이 된다.
　㉢ 디자인 대상의 전체에 미적 질서를 주는 기본원리로 모든 형식의 출발점이다.

② 통일과 변화
　㉠ 변화는 단순히 무질서한 변화가 아니라 통일 속의 변화이다.
　㉡ 통일과 변화는 서로 대립되는 관계가 아니라 상호 유기적인 관계 속에서 성립한다.

10년간 자주 출제된 문제

2-1. 실내디자인의 구성원리 중 이질적인 각 구성요소들이 전체적으로 동일한 이미지를 갖게 하는 것은?

① 통일　　　　② 변화
③ 율동　　　　④ 균제

2-2. 다음 보기에서 설명하는 디자인의 원리는?

|보기|
- 변화와 함께 모든 조형에 대한 미의 근원이 된다.
- 디자인 대상의 전체에 미적 질서를 주는 기본원리로 모든 형식의 출발점이다.

① 반복　　　　② 통일
③ 강조　　　　④ 대비

정답 2-1 ① 2-2 ②

2-6. 대비, 척도, 질감

핵심이론 01 대비, 척도

① 대비의 개념
  ㉠ 대비(대조)는 서로 다른 특성을 가진 요소를 같은 공간에 배열할 때 서로의 특성이 더욱 돋보이는 현상이다.
  ㉡ 대비는 모든 시각적 요소에 대하여 극적인 분위기를 주는 상반된 성격이 결합하면서 이루어지므로, 극적인 분위기를 연출하는 데 효과적이다.
  ㉢ 질적·양적으로 전혀 다른 둘 이상의 요소가 동시 또는 계속적으로 배열될 때 상호의 특질이 한층 강하게 느껴지는 통일적 현상이다.
  ㉣ 동일한 색상이라도 주변 색의 영향으로 실제와 다르게 느껴지는 현상이다.
  ㉤ 상반된 요소의 거리가 멀수록 대비효과는 감소된다.
  ㉥ 대비를 지나치게 많이 사용하면 통일성을 방해할 우려가 있다.
  ㉦ 모든 시각적 요소에 대하여 상반된 성격의 결합에서 이루어진다.

② 척도(스케일)의 개념
  ㉠ 물체의 크기와 인간의 관계 및 물체 상호 간의 관계를 표시하는 디자인 원리이다.
  ㉡ 디자인이 적용되는 공간에서 인간 및 공간 내에 사물과의 종합적인 연관을 고려하는 공간관계 형성의 측정기준이다.

10년간 자주 출제된 문제

1-1. 다음 보기의 설명에 가장 알맞은 디자인 원리는?

|보기|
질적·양적으로 전혀 다른 둘 이상의 요소가 동시 또는 계속적으로 배열될 때 상호의 특질이 한층 강하게 느껴지는 현상이다.

① 리듬 ② 대비
③ 대칭 ④ 균형

1-2. 물체의 크기와 인간의 관계 및 물체 상호 간의 관계를 표시하는 디자인 원리는?

① 척도 ② 비례
③ 균형 ④ 조화

|해설|

1-2
척도(스케일)
- 물체의 크기와 인간의 관계 및 물체 상호 간의 관계를 표시하는 디자인 원리이다.
- 디자인이 적용되는 공간에서 인간 및 공간 내에 사물과의 종합적인 연관을 고려하는 공간관계 형성의 측정기준이다.

정답 1-1 ② 1-2 ①

핵심이론 02 질감

① 질감(texture)은 촉각 또는 시각적으로 지각할 수 있는 어떤 물체 표면상의 특징이다.
② 질감은 시각적 환경에서 여러 종류의 물체를 구분하는 데 큰 도움을 주는 중요한 특성이다.
③ 촉각에 의한 질감과 시각에 의한 질감으로 구분한다.
④ 질감은 공간에 있어서 형태나 위치를 강조한다.
⑤ 질감은 실내디자인을 통일시키거나 파괴할 수 있는 중요한 디자인 요소이다.
⑥ 효과적인 질감을 표현하기 위해서는 색채와 조명을 동시에 고려해야 한다.
⑦ 실내 공간에서 재료의 질감 대비를 통하여 변화와 다양성, 드라마틱한 분위기를 연출할 수 있다.
⑧ 재료가 지닌 질감은 실제의 생활에 편리함과 불편함을 준다.
⑨ 질감 선택 시 고려해야 할 사항은 촉감, 스케일, 빛의 반사와 흡수 등이다.
⑩ 좁은 실내 공간을 넓게 느껴지도록 하기 위해서는 색이 밝고, 표면이 곱고, 매끄러운 재료를 사용한다.
⑪ 나무, 돌, 흙 등의 자연재료는 인공재료에 비해 따뜻함과 친근함을 준다.
⑫ 거친 목재나 콘크리트를 그대로 사용하면 질감효과를 얻을 수 있다.
⑬ 질감이 거칠수록 빛을 흡수하기 때문에 무겁고 안정된 시각적 느낌을 준다.
⑭ 매끄러운 재료는 반사율 때문에 거울과 같은 효과가 있다.
⑮ 유리, 거울과 같은 재료는 높은 반사율을 나타내며 차갑게 느껴진다.
⑯ 반짝이는 질감의 재료는 청소는 쉽지만, 더러움이 눈에 쉽게 띈다.

10년간 자주 출제된 문제

2-1. 질감에 관한 설명으로 옳지 않은 것은?
① 광선은 질감효과에 거의 영향을 끼치지 않는다.
② 실내 공간은 시각적 질감에 의해 그 윤곽과 인상이 형성된다.
③ 유리, 거울과 같은 재료는 높은 반사율을 나타내며 차갑게 느껴진다.
④ 재료의 질감 대비를 이용하여 공간의 다양한 분위기를 연출할 수 있다.

2-2. 촉각 또는 시각적으로 지각할 수 있는 어떤 물체 표면상의 특징을 의미하는 것은?
① 명암
② 착시
③ 질감
④ 패턴

2-3. 좁은 공간을 시각적으로 넓어 보이게 하려면 어떤 질감의 재료를 선택해야 하는가?
① 털이 긴 카펫
② 굴곡이 많은 석재
③ 거친 표면의 목재
④ 매끈한 질감의 유리

해설

2-1
효과적인 질감을 표현하기 위해서는 색채와 조명을 동시에 고려해야 한다.

2-2
질감이란 어떤 물체가 갖고 있는 독특한 표면상의 특징으로서, 만져 보거나 눈으로만 보아도 알 수 있는 촉각적·시각적으로 지각되는 재질감이다.

2-3
좁은 실내 공간을 넓게 느껴지도록 하기 위해서는 색이 밝고, 표면이 곱고, 매끄러운 재료를 사용한다.

정답 2-1 ① 2-2 ③ 2-3 ④

제3절 실내디자인의 요소

3-1. 바닥, 천장, 벽

핵심이론 01 바닥

① 개념
  ㉠ 바닥은 천장과 함께 실내 공간을 구성하는 수평적 요소로서, 생활을 지탱하는 역할을 한다.
  ㉡ 인간의 감각 중 시각적·촉각적 요소와 밀접한 관계가 있다.

② 기능 및 특징
  ㉠ 외부로부터 추위와 습기를 차단하고, 사람과 물건을 지지한다.
  ㉡ 신체와 직접 접촉되는 요소로서 촉각적인 만족감을 중요시해야 한다.
  ㉢ 실내 공간을 형성하는 기본 구성요소 중 다른 요소들에 비해 시대와 양식에 의한 변화가 거의 없다.
  ㉣ 바닥의 고저차가 없는 경우에는 바닥의 색, 질감, 마감재료로 변화를 주거나 다른 면보다 강조하여 공간의 영역을 조정한다.
  ㉤ 노인이 거주하는 실내는 바닥의 높이차가 없는 것이 좋다.
  ㉥ 단차를 통한 공간 분할은 주로 바닥면이 넓을 때 사용한다.
  ㉦ 하강된 바닥면은 내향적이며 주변 공간에 대해 아늑한 은신처로 인식된다.
  ㉧ 상승된 바닥면은 공간의 흐름이나 동선을 차단하지만, 주변 공간과는 다른 중요한 공간으로 인식된다.

10년간 자주 출제된 문제

1-1. 천장과 더불어 실내 공간을 구성하는 수평적 요소로 인간의 감각 중 시각적·촉각적 요소와 밀접한 관계가 있는 것은?
① 벽
② 기둥
③ 바닥
④ 개구부

1-2. 실내 공간을 형성하는 기본 구성요소 중 다른 요소들에 비해 시대와 양식에 의한 변화가 거의 없는 것은?
① 벽
② 바닥
③ 천장
④ 지붕

1-3. 실내 기본요소 중 바닥에 관한 설명으로 옳지 않은 것은?
① 생활을 지탱하는 가장 기본적인 요소이다.
② 공간의 영역을 조정할 수 있는 기능은 없다.
③ 촉각적으로 만족할 수 있는 조건을 요구한다.
④ 천장과 함께 공간을 구성하는 수평적 요소이다.

1-4. 동일한 층에서 바닥에 높이차를 둔 경우에 관한 설명으로 옳지 않은 것은?
① 안전에 유념해야 한다.
② 심리적인 구분감과 변화감을 준다.
③ 칸막이 없이 공간을 구분할 수 있다.
④ 연속성을 주어 실내를 더 넓어 보이게 한다.

1-5. 실내 공간의 바닥에 관한 설명으로 옳지 않은 것은?
① 공간을 구성하는 수평적 요소이다.
② 신체와 직접 접촉되는 부분이므로 촉감을 고려한다.
③ 노인이 거주하는 실내는 바닥의 높이차가 없는 것이 좋다.
④ 바닥 면적이 좁을 경우 바닥에 높이차를 주면 공간을 넓게 보이는 데 효과적이다.

[해설]

1-3
바닥의 고저차가 없는 경우에는 바닥의 색, 질감, 마감재료로 변화를 주거나 다른 면보다 강조하여 공간의 영역을 조정할 수 있다.

1-4
동일한 층에서는 바닥에 높이차를 두어도 실내가 더 넓어 보이지 않는다.

1-5
단차를 통한 공간 분할은 주로 바닥면이 넓을 때 사용한다.

정답 1-1 ③ 1-2 ② 1-3 ② 1-4 ④ 1-5 ④

핵심이론 02 천장

① 천장은 바닥과 함께 공간을 형성하는 수평적 요소로서, 바닥과 천장 사이에 있는 내부 공간을 규정한다.
② 천장은 시각적 흐름이 최종적으로 멈추는 곳이므로, 지각의 느낌에 영향을 미친다.
③ 다른 실내 기본요소보다 조형적으로 가장 자유롭다.
④ 내부 공간을 태양, 비, 눈 등 자연으로부터 보호하며 내부 공간을 이중으로 차단한다.
⑤ 천장은 마감방식에 따라 마감 천장과 노출 천장으로 구분한다.
⑥ 바닥에 비해 시대와 양식에 의한 변화가 뚜렷하다.
⑦ 천장의 일부를 높이거나 낮추어 공간의 영역을 한정할 수 있다.
⑧ 천장을 낮추면 친근하고 아늑한 공간이 되고, 높이면 확대감을 줄 수 있다.
⑨ 공간의 개방감과 확장성을 도모하기 위하여 입구는 낮게 하고, 내부 공간은 높게 처리한다.
  ㉠ 천장고 : 해당 층에서 마감된 바닥에서 마감된 천장까지의 순수한 실내부 높이이다.
  ㉡ 층고 : 기준 층 콘크리트 바닥에서 기준 층 바로 위층의 콘크리트 바닥까지의 거리로, 천장고에 층간 두께를 더한 값이다.

10년간 자주 출제된 문제

2-1. 다음 보기의 설명에 알맞은 실내 기본요소는?

|보기|
- 시각적 흐름이 최종적으로 멈추는 곳으로 지각의 느낌에 영향을 미친다.
- 다른 실내 기본요소보다 조형적으로 가장 자유롭다.

① 벽 ② 천장
③ 바닥 ④ 개구부

2-2. 실내 공간을 형성하는 주요 기본 구성요소에 관한 설명으로 옳지 않은 것은?
① 바닥은 촉각적으로 만족할 수 있는 조건을 요구한다.
② 벽은 가구, 조명 등 실내에 놓이는 설치물에 대한 배경적 요소이다.
③ 천장은 시각적 흐름이 최종적으로 멈추는 곳이므로, 지각의 느낌에 영향을 미친다.
④ 다른 요소들이 시대와 양식에 의한 변화가 뚜렷한 데 비해 천장은 매우 고정적이다.

|해설|

2-2
천장은 바닥에 비해 시대와 양식에 의한 변화가 뚜렷하다.

정답 2-1 ② 2-2 ④

핵심이론 03 벽

① 공간의 형태와 크기를 결정하며 공간과 공간을 구분한다.
② 인간의 시선이나 동선을 차단한다.
③ 공기의 움직임, 소리의 전파, 열의 이동을 제어한다.
④ 공간을 에워싸는 수직적 요소로, 수평 방향을 차단시켜 공간을 형성한다.
⑤ 외부로부터의 방어와 프라이버시를 확보한다.
⑥ 공간요소 중 가장 많은 면적을 차지한다.
⑦ 눈높이보다 높은 벽은 공간을 분할하고, 낮은 벽은 영역을 표시하거나 경계를 나타낸다.
⑧ 벽의 높이가 가슴 정도이면 주변 공간에 시각적 연속성을 주면서도 특정 공간을 감싸는 느낌을 준다.
⑨ 낮은 벽은 영역과 영역을 구분하고, 높은 벽은 공간의 폐쇄성이 요구되는 곳에 사용된다.
⑩ 벽면의 형태는 동선을 유도하는 역할을 담당한다.
⑪ 벽체는 공간의 폐쇄성과 개방성을 조절하여 공간감을 형성한다.
⑫ 바닥에 대한 직각적인 벽은 공간요소 중 가장 눈에 띄기 쉽다.
⑬ 가구, 조명 등 실내에 놓는 설치물에 대한 배경적 요소이다.
⑭ 시각적 대상물이 되거나 공간에 초점적 요소가 된다.
⑮ 색, 패턴, 질감, 조명 등에 의해 실내 분위기를 형성·조절한다.
⑯ 벽, 문틀, 문과의 관계에서 색상은 실내 분위기 연출에 영향을 주는 중요한 요소이다.
⑰ 높이 600mm 이하의 벽은 상징적 경계로서 두 공간을 상징적으로 분할한다.
⑱ 높이 1,200mm 정도의 벽은 통행이 어렵지만, 시각적으로 개방된 느낌을 준다.
⑲ 내력벽은 수직압축력을 받고, 비내력벽은 벽 자체의 하중만 받아 스크린이나 칸막이 역할을 한다.

10년간 자주 출제된 문제

3-1. 실내 공간의 구성요소 중 외부로부터의 방어와 프라이버시를 확보하고, 공간의 형태와 크기를 결정하며 공간과 공간을 구분하는 수직적 요소는?
① 보
② 벽
③ 바닥
④ 천장

3-2. 실내디자인 요소에 관한 설명으로 옳은 것은?
① 천장은 바닥과 함께 공간을 형성하는 수직적 요소이다.
② 바닥은 다른 요소들에 비해 시대와 양식에 의한 변화가 뚜렷하다.
③ 기둥은 선형의 수직요소로 벽체를 대신하여 구조적인 요소로만 사용된다.
④ 벽은 공간을 에워싸는 수직적 요소로 수평 방향을 차단하여 공간을 형성하는 기능을 갖는다.

3-3. 실내 공간의 구성요소인 벽에 관한 설명으로 옳지 않은 것은?
① 벽면의 형태는 동선을 유도하는 역할을 담당한다.
② 벽체는 공간의 폐쇄성과 개방성을 조절하여 공간감을 형성한다.
③ 비내력벽은 건물의 하중을 지지하며 공간과 공간을 분리하는 칸막이 역할을 한다.
④ 낮은 벽은 영역과 영역을 구분하고, 높은 벽은 공간의 폐쇄성이 요구되는 곳에 사용된다.

|해설|

3-2
① 천장은 바닥과 함께 공간을 형성하는 수평적 요소이다.
② 바닥은 다른 요소들에 비해 시대와 양식에 의한 변화가 거의 없다.
③ 기둥은 선형의 수직요소이며, 수평적 요소와 대조를 이루어 입면에 아름다움을 준다.

3-3
벽은 상부의 고정하중을 지지하는 내력벽과 벽 자체의 하중만 지지하는 비내력벽으로 구분한다. 내력벽은 수직압축을 받고, 비내력벽은 벽 자체의 하중만 받아 스크린이나 칸막이 역할을 한다.

정답 3-1 ② 3-2 ④ 3-3 ③

3-2. 기둥, 보

핵심이론 01 기둥

① 기둥의 개념
  ㉠ 기둥은 건축물의 높이를 결정하는 데 중요한 역할을 한다.
  ㉡ 선형의 수직요소이며, 수평적 요소와 대조를 이루어 입면에 아름다움을 준다.
  ㉢ 공간을 분할하거나 동선을 유도한다.
  ㉣ 기둥의 위치와 수는 공간의 성격을 다르게 만든다.
  ㉤ 실내에서의 기둥은 공간영역을 규정하며 공간의 흐름과 동선에 영향을 미친다.
  ㉥ 구조적인 역할의 기둥은 건축구조 중 가구식 구조로 목구조, 철골구조와 같이 비교적 가늘고 긴 부재를 조립하여 구축한다.

② 주요 기둥의 특징
  ㉠ 샛기둥 : 목구조에서 본기둥 사이에 벽을 이루는 것으로, 가새의 옆휨을 막는 데 유효하다.
  ㉡ 통재기둥 : 2층 이상의 기둥 전체를 하나의 단일재료를 사용하는 기둥으로, 상하를 일체화시켜 수평력을 견디게 한다.
  ㉢ 열주(줄지어 늘어선 기둥)
    • 한 개의 단일 공간을 시각적·공간적으로 연속성이 유지되도록 공간을 분할하거나 연결한다.
    • 공간의 차단적 구획에 사용되는 것으로, 시각적 연결감을 주면서 프라이버시를 확보할 수 있다.

10년간 자주 출제된 문제

1-1. 실내디자인 요소 중 기둥에 관한 설명으로 옳지 않은 것은?
① 선형의 수직요소이다.
② 공간을 분할하거나 동선을 유도하기도 한다.
③ 소리, 빛, 열 및 습기환경의 중요한 조절매체가 된다.
④ 기둥의 위치와 수는 공간의 성격을 다르게 만들 수 있다.

1-2. 목구조에서 본기둥 사이에 벽을 이루는 것으로, 가새의 옆휨을 막는 데 유효한 기둥은?
① 평기둥
② 샛기둥
③ 동자기둥
④ 통재기둥

1-3. 목재 기둥 중 2층 이상의 높이를 하나의 단일재로 사용하는 것은?
① 평기둥
② 통재기둥
③ 샛기둥
④ 가새

해설

1-2~1-3

주요 기둥의 특징
• 샛기둥 : 목구조에서 본기둥 사이에 벽을 이루는 것으로, 가새의 옆휨을 막는 데 유효하다.
• 통재기둥 : 2층 이상의 기둥 전체를 하나의 단일재료를 사용하는 기둥으로, 상하를 일체화시켜 수평력을 견디게 한다.
• 열주(줄지어 늘어선 기둥)
  – 한 개의 단일 공간을 시각적·공간적으로 연속성이 유지되도록 공간을 분할하거나 연결한다.
  – 공간의 차단적 구획에 사용되는 것으로, 시각적 연결감을 주면서 프라이버시를 확보할 수 있다.

정답 1-1 ③ 1-2 ② 1-3 ②

핵심이론 02 보, 공간

① 보
  ㉠ 보는 지지재상 옆으로 작용하여 하중을 받치고 있는 구조재이다.
  ㉡ 보는 조형계획에 있어 제한적 요소로 작용한다.
  ㉢ 보는 공조의 설비 및 조명의 설치를 위해 수반되는 제반장치와 더불어 천장에 감춰지는 것이 일반적이다.
  ㉣ 천장 구성 시 천장 자체에 리듬을 주어 개성을 강조한다.

② 공간(space)
  ㉠ 모든 사물을 담고 있는 무한한 영역을 의미한다.
  ㉡ 실내디자인의 가장 기본적인 요소이다.
  ㉢ 실내 공간은 건축의 구조물에 의해 영역이 한정된다.

③ 실내 공간의 구성기법
  ㉠ 개방형 공간 구성의 특징
    • 불필요한 공간 손실을 제거함으로써 공간 사용을 극대화시키고, 융통성이 있다.
    • 시선 차단과 소음 조절이 어려워 프라이버시가 결여된다.
    • 냉난방으로 인한 에너지 손실이 많다.
  ㉡ 폐쇄형 공간 구성의 특징
    • 프라이버시 확보에 유리하지만 융통성이 부족하다.
    • 조직화를 통한 시각적 모호함이 제거된다.
    • 독립적인 공간이 확보되고, 에너지가 절약된다.
  ㉢ 다목적 공간 구성의 특징
    • 내부 공간 구획을 파티션으로 자유롭게 구획하여 사용할 수 있다.
    • 공간의 융통성이 극대화된 공간이다.

④ 공간의 분할
  ㉠ 차단적 구획(칸막이) : 고정벽, 이동벽, 커튼, 블라인드, 유리창, 열주 등
  ㉡ 상징적(심리·도덕적) 구획 : 이동 가구, 기둥, 벽난로, 식물, 물, 조각, 바닥의 변화 등
  ㉢ 지각적 분할(심리적 분할) : 조명, 색채, 패턴, 마감재의 변화 등

실내 공간의 요소
• 1차적 요소(고정적 요소) : 천장, 벽, 바닥, 기둥, 보, 개구부(창과 문), 실내환경 시스템, 통로
• 2차적 요소(가동적 요소) : 가구, 장식물(액세서리), 디스플레이, 조명
• 3차적 요소(심리적 요소) : 색채, 질감, 직물, 문양, 형태, 전시

실내 공간을 실제 크기보다 넓어 보이게 하는 방법
• 창이나 문 등의 개구부를 크게 하여 시선이 연결되도록 한다.
• 큰 가구는 벽에 부착시켜 배치한다.
• 마감은 질감이 거친 것보다 고운 것을 사용한다.
• 크기가 작은 가구를 이용한다.
• 벽지는 무늬가 작은 것을 선택한다.
• 벽이나 바닥면에 빈 공간을 남겨 둔다.

10년간 자주 출제된 문제

2-1. 실내 공간의 요소 중 지지재상 옆으로 작용하여 하중을 받치는 구조재는?
① 기둥 ② 보
③ 벽 ④ 천장

2-2. 개방형 공간 구성의 특징으로 옳은 것은?
① 공간 사용을 극대화시키고, 융통성이 있다.
② 프라이버시가 보장되고, 에너지가 절약된다.
③ 조직화를 통한 시각적 모호함이 제거된다.
④ 복수 구성요소의 독립적인 공간이 확보된다.

2-3. 공간의 차단적 분할을 위해 사용되는 재료가 아닌 것은?
① 커튼 ② 조명
③ 이동벽 ④ 고정벽

2-4. 실내 공간을 실제 크기보다 넓어 보이게 하는 방법으로 옳지 않은 것은?
① 크기가 작은 가구를 이용한다.
② 큰 가구는 벽에서 떨어뜨려 배치한다.
③ 마감은 질감이 거친 것보다 고운 것을 사용한다.
④ 창이나 문 등의 개구부를 크게 하여 시선이 연결되도록 계획한다.

[해설]

2-2
개방형 공간 구성의 특징
• 불필요한 공간 손실을 제거함으로써 공간 사용을 극대화시키고, 융통성이 있다.
• 시선 차단과 소음 조절이 어려워 프라이버시가 결여된다.
• 냉난방으로 인한 에너지 손실이 많다.

2-3
공간의 분할
• 차단적 구획(칸막이) : 고정벽, 이동벽, 커튼, 블라인드, 유리창, 열주 등
• 상징적(심리·도덕적) 구획 : 이동 가구, 기둥, 벽난로, 식물, 물, 조각, 바닥의 변화 등
• 지각적 분할(심리적 분할) : 조명, 색채, 패턴, 마감재의 변화 등

2-4
실내 공간을 실제 크기보다 넓어 보이게 하려면 큰 가구는 벽에 부착시켜 배치한다.

정답 2-1 ② 2-2 ① 2-3 ② 2-4 ②

3-3. 개구부, 통로

핵심이론 01 개구부

① 개구부의 개념
 ㉠ 문, 창문과 같이 벽의 일부분이 오픈된 부분을 총칭한다.
 ㉡ 건축물의 표정과 실내 공간의 성격을 규정하는 요소이다.
 ㉢ 프라이버시 확보의 역할을 한다.
 ㉣ 동선이나 가구 배치에 결정적인 영향을 미친다.
 ㉤ 공기와 빛을 통과시켜 통풍과 채광이 가능하도록 한다.
 ㉥ 한 공간과 인접된 공간을 연결시킨다.
 ※ 석재는 휨모멘트에 약하기 때문에 개구부의 너비가 크거나 상부의 하중이 크면 인방돌의 뒷면을 강재로 보강한다.

② 창의 역할 및 특징
 ㉠ 창은 조망을 가능하게 한다.
 ㉡ 창은 통풍과 채광을 가능하게 한다.
 ㉢ 창의 크기와 위치, 형태는 창에서 보이는 시야의 특징을 결정한다.
 ㉣ 창은 시야, 조망을 위해서 크게 만드는 것이 좋지만, 개폐의 용이 및 단열을 위해서는 가능한 한 작게 만들어야 한다.
 ㉤ 창의 높낮이는 가구의 높이와 사람이 앉거나 섰을 때의 시선 높이에 영향을 받는다.

③ 문의 역할 및 특징
 ㉠ 공간과 다른 공간을 연결시킨다.
 ㉡ 문의 위치는 가구 배치와 동선에 영향을 준다.
 ㉢ 실내에서 문의 위치는 내부 공간에서의 동선을 결정한다.
 ㉣ 문의 치수는 기본적으로 사람의 출입을 기준으로 결정한다.

ⓜ 사람이 출입하는 문의 폭은 일반적으로 900mm 정도이다.

ⓗ 문은 사람과 물건이 실내외로 통행과 출입을 하기 위한 개구부로, 실내디자인에 있어 평면적인 요소로 취급된다.

10년간 자주 출제된 문제

1-1. 개구부(창과 문)의 역할에 관한 설명으로 옳지 않은 것은?
① 창은 조망을 가능하게 한다.
② 창은 통풍과 채광을 가능하게 한다.
③ 문은 공간과 다른 공간을 연결시킨다.
④ 창은 가구, 조명 등 실내에 놓이는 설치물에 대한 배경이 된다.

1-2. 개구부에 관한 설명으로 옳지 않은 것은?
① 건축물의 표정과 실내 공간의 성격을 규정하는 중요한 요소이다.
② 창은 개폐의 용이 및 단열을 위해 가능한 한 크게 만드는 것이 좋다.
③ 창의 높낮이는 가구의 높이와 사람이 앉거나 섰을 때의 시선 높이에 영향을 받는다.
④ 문은 사람과 물건이 실내외로 통행과 출입을 하기 위한 개구부로, 실내디자인에 있어 평면적인 요소로 취급된다.

1-3. 창의 설치목적으로 옳지 않은 것은?
① 채광 ② 단열
③ 조망 ④ 환기

1-4. 개구부의 너비가 크거나 상부의 하중이 클 때 인방돌의 뒷면을 강재로 보강하는 이유는?
① 석재는 휨모멘트에 약하므로
② 석재는 전단력이 약하므로
③ 석재는 압축력이 약하므로
④ 석재는 수직력이 약하므로

[해설]

1-1
벽은 가구, 조명 등 실내에 놓는 설치물에 대한 배경적 요소이다.

1-2
창은 개폐의 용이 및 단열을 위해서 가능한 한 작게 만들어야 한다.

1-4
인방돌 : 창문 등의 문꼴 위에 걸쳐 대어 상부의 하중을 받는 수평재로, 하중이 크거나 문꼴의 너비가 1.8m 이상일 때는 강재를 보강하거나 철근콘크리트 보를 설치한다.

정답 1-1 ④ 1-2 ② 1-3 ② 1-4 ①

핵심이론 02 창의 종류

① 고정창

　개폐가 불가능한 창으로, 붙박이창이라고도 한다. 채광이나 조망은 가능하지만 환기나 온도 조절이 어렵다. 크기와 형태에 제약이 없어 자유롭게 디자인할 수 있지만, 유리와 같이 투명한 재료일 경우 창이 있는 것을 알지 못해 부딪힐 위험이 있다.

　㉠ 베이 윈도(bay window) : 창과 함께 평면이 밖으로 돌출된 형태로, 아늑한 구석 공간을 형성한다.

　㉡ 픽처 윈도(picture window) : 바닥부터 거의 천장까지 닿는 커다란 창문이다.

　㉢ 윈도 월(window wall) : 벽면 전체를 창으로 처리하는 것으로, 어떤 창보다도 조망이 좋고 더 많은 투과 광량을 얻는다.

　㉣ 고창(clerestory window)
　　• 천장 가까이에 있는 벽에 위치한 좁고 긴 창문으로, 채광을 얻고 환기를 시킬 수 있다.
　　• 욕실, 화장실 등과 같이 프라이버시가 중요한 실이나 부엌과 같이 환기가 필요한 실에 적합하다.

② 이동창

　상하, 좌우로 개폐가 가능한 창으로 환기, 채광, 조망이 가능하다.

　㉠ 오르내리기창 : 위아래의 두 짝 창문이 개폐되는 창이다. 창문이 완전히 열리지 않고 반만 열리지만, 위아래를 동시에 열 수 있어 환기가 잘된다.

　㉡ 미닫이 창호 : 창을 옆벽으로 밀어 넣어 열고 닫을 때 실내의 유효 면적을 감소시키지 않는다.

　㉢ 여닫이창
　　• 열리는 범위를 조절할 수 있다.
　　• 안이나 밖으로 열리는데, 안으로 여는 경우 열릴 수 있는 면적이 필요하므로 가구 배치 시 이를 고려해야 한다.

③ 천창

　㉠ 건축의 지붕이나 천장면을 따라 채광·환기의 목적으로 수평면이나 약간 경사진 면에 낸 창으로 상부에서 채광하는 방식이다.

　㉡ 벽면의 다양한 활용이 가능하다.

　㉢ 같은 면적의 측창보다 광량이 많다.

　㉣ 채광효과가 가장 좋다.

　㉤ 밀집된 건물에 둘러싸여도 일정량의 채광이 가능하다.

　㉥ 실내 조도분포의 균일화에 유리하다.

　㉦ 통풍과 차열에 불리하고, 개방감이 작다.

④ 측창(편측창, 양측창, 고창 등)

　㉠ 벽체에 수직으로 설치되는 가장 일반적인 창의 형태이다.

　㉡ 반사로 인한 눈부심이 적고, 입체감이 우수하다.

　㉢ 편측창은 실 전체의 조도분포가 비교적 균일하지 않다.

　㉣ 투명 부분을 설치하면 해방감이 있다.

　㉤ 근린의 상황에 의해 채광을 방해할 우려가 있다.

　㉥ 시공과 개폐가 용이하다.

　㉦ 천창에 비해 비막이에 유리하다.

10년간 자주 출제된 문제

2-1. 크기와 형태에 제약 없이 가장 자유롭게 디자인할 수 있는 창은?
① 고정창 ② 미닫이창
③ 여닫이창 ④ 미서기창

2-2. 창을 옆벽으로 밀어 넣어 열고 닫을 때 실내의 유효 면적을 감소시키지 않은 창호는?
① 미닫이 창호 ② 회전 창호
③ 여닫이 창호 ④ 붙박이 창호

2-3. 천창에 관한 설명으로 옳지 않은 것은?
① 통풍, 차열에 유리하다.
② 벽면을 다양하게 활용할 수 있다.
③ 실내 조도분포의 균일화에 유리하다.
④ 밀집된 건물에 둘러싸여도 일정량의 채광을 확보할 수 있다.

2-4. 밖으로 창과 함께 평면이 돌출된 형태로, 아늑한 구석 공간을 형성할 수 있는 창은?
① 고창 ② 윈도 월
③ 베이 윈도 ④ 픽처 윈도

해설

2-1
고정창 : 개폐가 불가능한 창으로, 붙박이창이라고도 한다. 채광이나 조망은 가능하지만 환기나 온도 조절이 어렵다. 크기와 형태에 제약이 없어 자유롭게 디자인할 수 있지만, 유리와 같이 투명한 재료일 경우 창이 있는 것을 알지 못해 부딪힐 위험이 있다.

2-3
천창은 차열, 전망, 통풍에 불리하고 개방감이 작다.

2-4
① 고창 : 천장 가까이에 있는 벽에 위치한 좁고 긴 창문으로, 채광을 얻고 환기를 시킬 수 있다. 욕실, 화장실 등과 같이 프라이버시가 중요한 실이나 부엌과 같이 환기가 필요한 실에 적합하다.
② 윈도 월 : 벽면 전체를 창으로 처리하는 것으로, 어떤 창보다도 조망이 좋고 더 많은 투과 광량을 얻는다.
④ 픽처 윈도 : 바닥부터 거의 천장까지 닿는 커다란 창문이다.

정답 2-1 ① 2-2 ① 2-3 ① 2-4 ③

핵심이론 03 창호철물

① 창호철물
  ㉠ 아코디언 도어 : 철제 뼈대에 천을 붙이고, 상부는 홈 대형의 행거 레일에 달바퀴로 매달아 접어 여닫을 수 있는 문이다.
  ㉡ 플로어 힌지 : 금속제 용수철과 완충유의 조합작용으로, 열린 문이 자동으로 닫히는 철물이다. 바닥에 설치하며, 일반적으로 무거운 중량 창호에 사용한다.
  ㉢ 도어 스톱 : 여닫음 조정기 중 하나로 여닫이문이나 장지를 고정시키는 철물이다. 문을 열어 제자리에 머물러 있게 하거나 벽 하부에 대어 문짝이 벽에 부딪치지 않게 하며, 갈고리로 걸어 제자리에 머무르게 한다.
  ㉣ 래버터리 힌지 : 공중전화의 출입문, 화장실 등 열린 여닫이문이 자동으로 10~15cm 정도 열려 있게 하는 경첩이다.

② 창호철물과 사용되는 창호
  ㉠ 레일 – 미닫이문(창)
  ㉡ 크레센트 – 오르내리창
  ㉢ 래버터리 힌지, 플로어 힌지, 피벗 힌지, 도어 클로저, 도어 스톱, 도어 체크 – 여닫이문

10년간 자주 출제된 문제

3-1. 창호철물과 사용되는 창호의 연결이 옳지 않은 것은?
① 레일 – 미닫이문
② 크레센트 – 오르내리창
③ 플로어 힌지 – 여닫이문
④ 래버터리 힌지 – 쌍여닫이창

3-2. 무거운 자재문에 사용하는 스프링 유압밸브장치로, 문을 자동으로 닫히게 하는 창호철물은?
① 레일
② 도어 스톱
③ 플로어 힌지
④ 래버토리 힌지

3-3. 여닫이용 창호철물에 해당하지 않는 것은?
① 도어 스톱
② 크레센트
③ 도어 클로저
④ 플로어 힌지

|해설|

3-1
래버터리 힌지, 플로어 힌지, 피벗 힌지, 도어 클로저, 도어 스톱, 도어 체크는 여닫이문에 사용한다.

3-2
플로어 힌지 : 금속제 용수철과 완충유의 조합작용으로, 열린 문이 자동으로 닫히는 철물이다. 바닥에 설치하며, 일반적으로 무거운 중량 창호에 사용한다.

3-3
크레센트는 오르내리창 또는 미서기창에 사용한다.

정답 3-1 ④ 3-2 ③ 3-3 ②

핵심이론 04 문의 종류

① 여닫이문
  ㉠ 가장 일반적인 형태로서 문틀에 경첩 또는 상하 모서리에 플로어 힌지를 사용하여 문짝의 회전을 통해 개폐가 가능한 문이다.
  ㉡ 문의 개폐를 위한 여분의 공간이 필요하다.

② 미서기문
  ㉠ 문틀의 홈으로 2~4개의 문이 미끄러져 닫히는 문으로, 슬라이딩 도어라고 한다.
  ㉡ 원활하게 미끄러지도록 호차나 행거 레일을 설치한다.

③ 자재문(자유문)
  ㉠ 기능이 여닫이문과 비슷하며, 스윙 도어(swing door)라고도 한다.
  ㉡ 자유 경첩의 스프링에 의해 내·외부로 모두 개폐되는 문이다.

④ 회전문
  ㉠ 방풍 및 열손실을 최소로 줄여 주고, 동선의 흐름을 원활하게 한다.
  ㉡ 실내외의 공기 유출 방지효과와 아울러 출입 인원을 조절할 목적으로 설치한다.

⑤ 미닫이문
  ㉠ 미서기문과 같이 서로 겹치지 않고 문이 벽체의 내부로 들어가도록 처리하거나 좌우 옆벽으로 밀어서 개폐되도록 처리한 문이다.
  ㉡ 경첩을 사용하지 않고, 개폐를 위한 면적이 필요 없다.

⑥ 플러시문
  울거미를 짜고 합판으로 양면을 덮은 목재문이다.

※ 문의 위치를 결정할 때 고려해야 할 사항 : 출입 동선, 통행을 위한 공간, 가구를 배치할 공간 등

10년간 자주 출제된 문제

4-1. 여닫이문과 기능은 비슷하지만, 자유 경첩의 스프링에 의해 내·외부로 모두 개폐되는 문은?
① 자재문
② 주름문
③ 미닫이문
④ 미서기문

4-2. 울거미를 짜고 합판으로 양면을 덮은 목재문은?
① 널문
② 플러시문
③ 비늘살문
④ 시스템도어

4-3. 방풍 및 열손실을 최소로 줄여 주고, 동선의 흐름을 원활하게 해 주는 문은?
① 접문
② 회전문
③ 미닫이문
④ 여닫이문

4-4. 문의 위치를 결정할 때 고려해야 할 사항으로 옳지 않은 것은?
① 출입 동선
② 재료 및 문의 종류
③ 통행을 위한 공간
④ 가구를 배치할 공간

[해설]

4-1
자재문(자유문)
- 기능이 여닫이문과 비슷하며, 스윙 도어(swing door)라고도 한다.
- 자유 경첩의 스프링에 의해 내·외부로 모두 개폐되는 문이다.

4-4
문의 위치를 결정할 때 고려해야 할 사항 : 출입 동선, 통행을 위한 공간, 가구를 배치할 공간 등

정답 4-1 ① 4-2 ② 4-3 ② 4-4 ②

핵심이론 05 일광조절장치

① **커튼(curtain)**
공간의 차단적 구획에 사용하며, 필요에 따라 공간을 구획할 수 있어 공간 사용에 융통성을 준다.
㉠ 새시 커튼 : 창문 전체를 커튼으로 처리하지 않고 반 정도만 친 형태이다.
㉡ 글라스 커튼 : 투시성이 있는 얇은 커튼의 총칭으로, 창문의 유리면 바로 앞에 얇은 직물로 설치하기 때문에 실내에 유입되는 빛을 부드럽게 한다.
㉢ 드로우 커튼 : 창문 위의 수평 가로대에 설치하는 커튼으로, 글라스 커튼보다 무거운 재질의 직물로 만든다.
㉣ 드레이퍼리(drapery) 커튼 : 레이온, 스판 레이온, 견사, 면사 등을 교직한 두꺼운 커튼으로, 느슨하게 걸어두며 단열 및 방음효과가 있다.

② **블라인드(blind)**
날개의 각도를 조절하여 일광, 조망 및 시각의 차단 정도를 조절하는 창 가리개이다.
㉠ 롤 블라인드
- 천을 감아올려 높이 조절이 가능하며, 칸막이나 스크린의 효과를 얻을 수 있다.
- 단순하고 깔끔한 느낌을 주며, 셰이드(shade) 블라인드라고도 한다.
㉡ 베니션 블라인드
- 수평형 블라인드이다.
- 날개의 각도와 승강으로 일광, 조망, 시각의 차단 정도를 조절한다.
- 날개 사이에 먼지가 쌓이면 제거하기 어렵다.
㉢ 로만 블라인드 : 블라인드 중간 부분에 가로봉 등을 삽입해 넓은 주름을 형성한 블라인드이다.
㉣ 버티컬 블라인드 : 세로 방향으로 블라인드 조각이 연결되어 있어 끈으로 각도를 조절하여 실내로 비치는 햇빛의 양을 조절한다.

③ 루버(louver)

창 외부에 덧문으로 날개형 루버를 설치하여 일조를 차단하는 장치이다. 수평형, 수직형, 격자형 등이 있으며 주로 수평형이 사용된다.

- ⓐ 수평형 루버 : 여름에는 일광을 차단하고, 겨울에는 실내 깊숙이 일광을 유입한다.
- ⓑ 수직형 루버 : 일출·일몰 시, 이른 아침이나 늦은 오후에 실내에 입사하는 강한 빛을 조절하는 데 효과적이다.
- ⓒ 격자형 루버 : 광선을 내부로 유입하고, 외부 시선을 차단한다.

10년간 자주 출제된 문제

5-1. 빛의 환경을 조절하는 일광조절장치가 아닌 것은?

① 픽처 윈도
② 글라스 커튼
③ 로만 블라인드
④ 드레이퍼리 커튼

5-2. 창문 전체를 커튼으로 처리하지 않고 반 정도만 친 형태의 커튼은?

① 새시 커튼
② 글라스 커튼
③ 드로우 커튼
④ 드레이퍼리 커튼

5-3. 수평 블라인드로 날개의 각도와 승강으로 일광, 조망, 시각의 차단 정도를 조절하는 것은?

① 롤 블라인드
② 로만 블라인드
③ 베니션 블라인드
④ 버티컬 블라인드

|해설|

5-1

픽처 윈도 : 바닥부터 거의 천장까지 닿는 커다란 창문이다.

5-2

② 글라스 커튼 : 투시성이 있는 얇은 커튼의 총칭으로, 창문의 유리면 바로 앞에 얇은 직물로 설치하기 때문에 실내에 유입되는 빛을 부드럽게 한다.
③ 드로우 커튼 : 창문 위의 수평 가로대에 설치하는 커튼으로, 글라스 커튼보다 무거운 재질의 직물로 만든다.
④ 드레이퍼리(drapery) 커튼 : 레이온, 스판 레이온, 견사, 면사 등을 교직한 두꺼운 커튼으로, 느슨하게 걸어두며 단열 및 방음효과가 있다.

5-3

① 롤 블라인드 : 단순하고 깔끔한 느낌을 준다. 천을 감아올려 높이 조절이 가능하며, 칸막이나 스크린의 효과를 얻을 수 있다.
② 로만 블라인드 : 블라인드 중간 부분에 가로봉 등을 삽입해 넓은 주름을 형성한 블라인드이다.
④ 버티컬 블라인드 : 세로 방향으로 블라인드 조각이 연결되어 있어 끈으로 각도를 조절하여 실내로 비치는 햇빛의 양을 조절한다.

정답 5-1 ① 5-2 ① 5-3 ③

핵심이론 06 통로 공간

① 출입구
성격이 다른 외부 공간과 내부 공간을 연결시켜 통과, 이동, 왕래가 가능한 개구부이다.

② 복도, 통로, 홀
㉠ 복도 : 수평적으로 독립된 공간과 공간을 연결하는 통로 공간이다.
㉡ 통로 : 공간 고유의 형태를 유지하면서 최소한의 통행이 가능한 동선적인 공간이다.
㉢ 홀(hall) : 동선이 집중·분산되는 곳으로 다목적 공간이 되도록 계획한다.

③ 계단, 경사로
㉠ 계단과 경사로는 각 공간을 수직으로 연결하는 통행 공간이다.
㉡ 계단의 경사도는 30~35° 정도가 일반적이다.
㉢ 계단의 난간 높이는 850mm 정도가 일반적이다.
㉣ 계단은 수직 방향으로 공간을 연결하는 상하 통행의 공간이다.
㉤ 계단은 통행자의 밀도, 빈도, 연령 등에 따라 사용상의 고려가 필요하다.
㉥ 계단참 : 계단 구성 시 보행에 피로가 생길 우려가 있어 중간에 3~4단을 하나의 넓은 단으로 만들거나 꺾여 돌아가는 곳에 넓게 만든 공간이다.

④ 계단이 주는 심리효과
㉠ 많이 내려가는 계단은 불안정한 느낌을 줄 수 있다.
㉡ 약간 내려가는 계단은 아늑한 곳으로 인도하는 느낌을 준다.
㉢ 계단 위를 볼 수 있는 범위 내에서 계단이 많을수록 기대감은 상승한다.
㉣ 수평면과 같은 경우에는 어떤 기대나 느낌을 주지 않는다.
㉤ 단수가 적은 계단은 특별한 공간으로 진입하는 듯한 기대감을 준다.
㉥ 계단 위를 볼 수 없을 정도가 되면 불안감을 줄 가능성이 높다.

10년간 자주 출제된 문제

6-1. 통로 공간에 대한 설명으로 옳지 않은 것은?
① 실내 공간의 성격과 활동 유형에 따라 복도와 통로의 형태, 크기 등이 달라진다.
② 계단과 경사로는 수직 방향으로 공간을 연결하는 상하 통행의 공간이다.
③ 복도는 기능이 같은 공간만 이어 주는 연결 공간이다.
④ 홀은 동선이 집중되었다가 분산되는 곳이다.

6-2. 계단의 구성에서 보행에 피로가 생길 우려가 있어 중간에 3~4단을 하나의 넓은 단으로 만들거나 꺾여 돌아가는 곳에 넓게 만든 것은?
① 계단실　　　　　　② 디딤단
③ 계단중정　　　　　④ 계단참

6-3. 실내 공간의 계단에 대한 설명으로 옳지 않은 것은?
① 계단의 경사도는 30~35° 정도가 일반적이다.
② 계단의 난간 높이는 500~650mm 정도가 일반적이다.
③ 계단은 수직 방향으로 공간을 연결하는 상하 통행의 공간이다.
④ 계단은 통행자의 밀도, 빈도, 연령 등에 따라 사용상의 고려가 필요하다.

[해설]

6-1
복도는 수평적으로 독립된 공간과 공간을 연결하는 통로 공간이다.

6-3
계단의 난간 높이는 850mm 정도가 일반적이다.

정답 6-1 ③　6-2 ④　6-3 ②

3-4. 조명

핵심이론 01 조명방식

① 직접조명방식
  ㉠ 광원의 90~100%를 어떤 물체에 직접 비추어 투사시키는 방식이다.
  ㉡ 조명률이 좋고, 경제적이다.
  ㉢ 실내 반사율의 영향이 작다.
  ㉣ 국부적으로 고조도를 얻기 편리하다.
  ㉤ 천장이 어두워지기 쉬우며, 진한 그림자가 쉽게 형성된다.
  ㉥ 눈에 대한 피로가 크다.

② 간접조명방식
  ㉠ 천장이나 벽면 등에 빛을 반사시켜 그 반사광으로 조명하는 방식이다.
  ㉡ 직접조명보다 조명의 효율이 낮다.
  ㉢ 균일한 조도를 얻을 수 있다.
  ㉣ 실내 반사율의 영향이 크다.
  ㉤ 국부적으로 고조도를 얻기 어렵다.
  ㉥ 경제성보다는 분위기 조성을 목표로 하는 장소에 적합하다.
  ㉦ 작업장에서의 조명에 의한 그림자와 눈부심을 감소시킨다.
  ㉧ 직접조명보다 부드러운 분위기 조성에 용이하다.
  ㉨ 직접조명보다 뚜렷한 입체효과를 얻을 수 없다.
  ㉩ 눈에 대한 피로가 적다.

③ 기타 주요사항
  ㉠ 조명의 4요소 : 명도, 대비, 노출시간, 물체의 크기
  ㉡ 연색성 : 태양광(주광)을 기준으로 하여 어느 정도 주광과 비슷한 색상을 연출할 수 있는지를 나타내는 지표이다.
  ㉢ 브래킷(bracket) : 조명기구의 설치방법에 따른 분류 중 조명기구를 벽체에 부착하는 구조재로, 실내 벽면에 부착하는 조명의 총칭이다.
  ㉣ 펜던트 조명 : 천장에 매달려 조명하는 방식으로, 조명기구 자체가 빛을 발하는 액세서리 역할을 한다.
  ㉤ TAL 조명방식 : 작업구역에는 전용의 국부조명방식으로 조명하고, 기타 주변 환경에 대해서는 간접조명과 같은 낮은 조도 레벨로 조명하는 방식이다.

10년간 자주 출제된 문제

1-1. 광원의 90~100%를 어떤 물체에 직접 비추어 투사시키는 방식으로, 조명률이 좋고 경제적인 조명방식은?

① 직접조명
② 반간접조명
③ 전반확산조명
④ 간접조명

1-2. 간접조명에 관한 설명으로 옳지 않은 것은?

① 균질한 조도를 얻을 수 있다.
② 직접조명보다 조명의 효율이 낮다.
③ 직접조명보다 뚜렷한 입체효과를 얻을 수 있다.
④ 직접조명보다 부드러운 분위기 조성에 용이하다.

1-3. 조명기구의 설치방법에 따른 분류 중 조명기구를 벽체에 부착하는 구조재는?

① 펜던트
② 매입형
③ 브래킷
④ 직부형

[해설]

1-1
직접조명방식
- 광원의 90~100%를 어떤 물체에 직접 비추어 투사시키는 방식이다.
- 조명률이 좋고, 경제적이다.
- 실내 반사율의 영향이 작다.
- 국부적으로 고조도를 얻기 편리하다.
- 천장이 어두워지기 쉬우며, 진한 그림자가 쉽게 형성된다.
- 눈에 대한 피로가 크다.

1-2
간접조명은 부드러운 분위기 조성에 용이하지만, 직접조명보다 뚜렷한 입체효과를 얻을 수 없다.

1-3
브래킷(bracket) : 조명기구의 설치방법에 따른 분류 중 조명기구를 벽체에 부착하는 구조재로, 실내 벽면에 부착하는 조명의 총칭이다.

정답 1-1 ① 1-2 ③ 1-3 ③

핵심이론 02 건축화 조명

① 건축화 조명의 개념
  ㉠ 건축 구조체(천장, 벽, 기둥 등)의 일부분이나 구조적인 요소를 이용하여 조명하는 방식이다.
  ㉡ 건축물의 천장이나 벽을 조명기구 겸용으로 마무리하는 것이다.

② 건축화 조명의 종류 및 특징
  ㉠ 광창조명
    • 광원을 넓은 벽면에 매입하여 비스타(vista)적인 효과를 낼 수 있으며, 시선에 안락한 배경으로 작용한다.
    • 벽면의 전체 또는 일부분을 광원화하는 조명방식이다.
  ㉡ 코니스 조명
    • 벽면의 상부에 설치하여 모든 빛이 아래로 향한다.
    • 벽면에 부착한 그림, 커튼, 벽지 등에 입체감을 준다.
  ㉢ 밸런스 조명
    • 창이나 벽의 커튼 상부에 부설된 조명이다.
    • 하향 조명은 벽이나 커튼을 강조하는 역할을 한다.
    • 상향 조명은 천장에 반사하는 간접조명으로 전체 조명 역할을 한다.
  ㉣ 코브조명
    • 천장, 벽의 구조체에 의해 광원을 천장 또는 벽면으로 가려지게 하여 반사광으로 간접조명하는 방식이다.
    • 천장고가 높거나 천장 높이가 변화하는 실내에 적합하다.
  ㉤ 캐노피 조명
    • 사용자의 얼굴에 적당한 조도를 분배하기 위해 벽면이나 천장면의 일부를 돌출시켜 조명을 설치한다.

- 주로 카운터 상부, 욕실의 세면대 상부, 드레스룸에 설치한다.

※ 건축화 조명의 종류
- 벽면 조명 : 광창조명, 코니스 조명, 밸런스 조명, 코너조명, 커튼조명
- 천장 전면 조명 : 매입 형광등, 라인 라이트, 다운라이트, 핀홀 라이트, 코퍼조명, 코브조명, 광천장조명, 루버천장조명

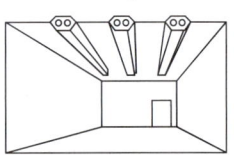
[광량조명]

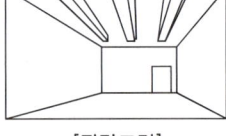
[광천장조명]

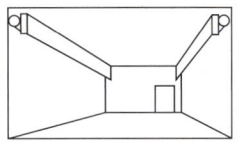
[코니스 조명]

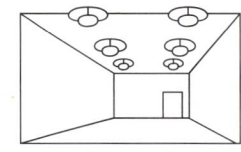
[코퍼조명]

[루버조명]

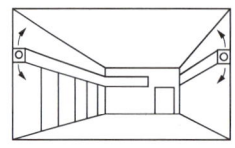
[밸런스 조명]

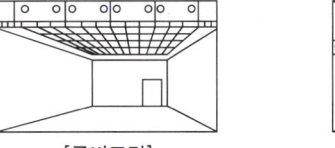

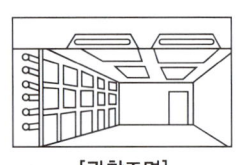
[광창조명]

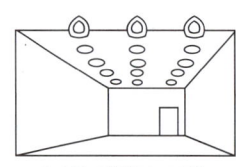
[다운 라이트 조명]

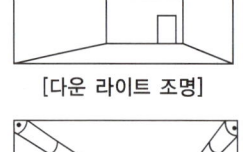

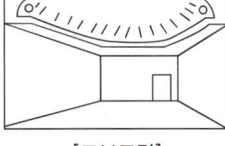
[코브조명]

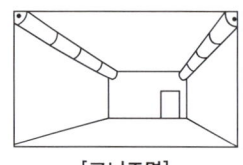
[코너조명]

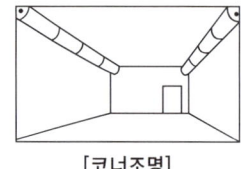

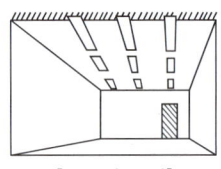
[트로퍼 조명]

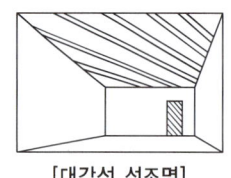
[대각선 선조명]

10년간 자주 출제된 문제

2-1. 건축화 조명방식에 해당하지 않는 것은?
① 코니스 조명
② 코브조명
③ 캐노피 조명
④ 펜던트 조명

2-2. 건축화 조명방식 중 벽면조명에 해당하지 않는 것은?
① 커튼조명
② 코퍼조명
③ 코니스 조명
④ 밸런스 조명

2-3. 광원을 넓은 벽면에 매입하여 비스타(vista)적인 효과를 낼 수 있으며, 시선에 안락한 배경으로 작용하는 건축화 조명방식은?
① 코브조명
② 코퍼조명
③ 광창조명
④ 광천장조명

2-4. 벽면의 상부에 설치하여 모든 빛이 아래로 향하도록 한 건축화 조명방식은?
① 코브조명
② 광창조명
③ 광천장조명
④ 코니스 조명

2-5. 천장, 벽의 구조체에 의해 광원을 천장 또는 벽면으로 가려지게 하여 반사광으로 간접조명하는 방식은?
① 광창조명
② 코브조명
③ 코니스 조명
④ 광천장조명

[해설]

2-1
펜던트 조명 : 조명기구 설치방법에 따른 분류 중 천장에 매달려 조명하는 방식으로, 조명기구 자체가 빛을 발하는 액세서리 역할을 한다.

2-2
벽면조명 : 벽면의 일부를 광원화하는 것으로 생동감 있고 극적인 효과를 갖는다. 커튼 조명, 밸런스 조명, 코니스 조명 등이 있다.

2-3
광창조명
- 광원을 넓은 벽면에 매입하여 비스타(vista)적인 효과를 낼 수 있으며 시선에 안락한 배경으로 작용한다.
- 벽면의 전체 또는 일부분을 광원화하는 조명방식이다.

2-4
코니스 조명
- 벽면의 상부에 설치하여 모든 빛이 아래로 향한다.
- 벽면에 부착한 그림, 커튼, 벽지 등에 입체감을 준다.

2-5
코브조명
- 천장, 벽의 구조체에 의해 광원을 천장 또는 벽면으로 가려지게 하여 반사광으로 간접조명하는 방식이다.
- 천장고가 높거나 천장 높이가 변화하는 실내에 적합하다.

정답 2-1 ④ 2-2 ② 2-3 ③ 2-4 ④ 2-5 ②

핵심이론 03 휘광

① 휘광은 눈부심을 뜻하며, 성가신 느낌이 들고 시성능 저하 등을 초래한다.
② 휘광은 광원이 관찰자의 시선에서 45° 이내에 있을 때 발생한다.
③ 조명에서 눈부심의 특징
 ㉠ 광원의 휘도가 높을수록 눈부시다.
 ㉡ 광원이 시선에 가까울수록 눈부시다.
 ㉢ 빛나는 면의 크기가 클수록 눈부시다.
 ㉣ 눈에 입사하는 광속이 과다할수록 눈부시다.
 ㉤ 보이는 물체의 주위가 어둡고 시력이 낮아질수록 눈부시다.
 ㉥ 눈이 암순응될수록 눈부시다.
 ㉦ 광원의 크기가 클수록 눈부시다.
④ 눈부심을 방지하기 위한 방법
 ㉠ 광원의 휘도를 줄이고, 광원의 수를 늘린다.
 ㉡ 광원을 시선에서 멀리 위치시킨다.
 ㉢ 광원 주위를 밝게 한다.
 ㉣ 가리개(shield), 갓(hood) 혹은 차양(visor), 발(blind)을 사용한다.
 ㉤ 창문을 높게 설치한다.
 ㉥ 옥외 창의 위에 오버행(overhang)을 설치한다.
 ㉦ 휘도가 낮은 형광램프를 사용한다.
 ㉧ 간접조명방식을 채택한다.
 ㉨ 시선을 중심으로 30° 범위 내의 글레어 존(glare zone)에는 광원을 설치하지 않는다.
 ㉩ 플라스틱 커버가 설치되어 있는 조명기구를 선정한다.

10년간 자주 출제된 문제

눈부심(glare)의 방지대책으로 옳지 않은 것은?

① 광원 주위를 밝게 한다.
② 발광체의 휘도를 높인다.
③ 광원을 시선에서 멀리 처리한다.
④ 시선을 중심으로 해서 30° 범위 내의 글레어 존에는 광원을 설치하지 않는다.

|해설|

눈부심을 방지하기 위해서는 휘도가 낮은 형광램프를 사용한다.

정답 ②

3-5. 가구

핵심이론 01 가구의 기능 및 분류

① 가구의 기능
  ㉠ 대인적 기능 : 휴식, 착석, 수면 등 인간행위의 척도에 맞는 기능이다.
  ㉡ 대환경적 기능 : 생활환경의 질을 높이는 기능이다.
  ㉢ 대공간적 기능 : 수납, 정리, 진열 및 공간 분할의 기능이다.
  ㉣ 대사회적 기능 : 환경적으로 재생에 대처할 수 있는 기능이다.
  ※ 가구와 설치물의 배치 결정 시 가장 우선시되어야 할 사항 : 기능성

② 인체 공학적 입장에 따른 분류
  ㉠ 인체 지지용 가구(인체계 가구)
    • 인체를 직접 지지하는 가구이다.
    • 소파, 의자, 스툴, 침대 등
  ㉡ 작업용 가구(준인체계 가구)
    • 간접적으로 인간과 관계되고, 인간 동작에 보조가 되는 가구이다.
    • 테이블, 받침대, 주방 작업대, 식탁, 책상, 화장대 등
  ㉢ 정리 수납용 가구(건축계 가구)
    • 수납의 크기, 수량, 중량 등과 관계있는 가구이다.
    • 벽장, 옷장, 선반, 서랍장, 붙박이장 등
  ※ 실내 공간계획에서 가장 중요하게 고려해야 하는 사항 : 인체 스케일

10년간 자주 출제된 문제

1-1. 인체계 가구에 해당하는 것은?
① 스툴
② 책상
③ 옷장
④ 테이블

1-2. 작업용 가구(준인체계 가구)에 해당하는 것은?
① 의자
② 침대
③ 테이블
④ 수납장

1-3. 실내 공간계획 시 가장 중요하게 고려해야 하는 것은?
① 조명 스케일
② 가구 스케일
③ 공간 스케일
④ 인체 스케일

[해설]

1-1
인체 지지용 가구(인체계 가구)
• 인체를 직접 지지하는 가구이다.
• 소파, 의자, 스툴, 침대 등

1-2
작업용 가구(준인체계 가구)
• 간접적으로 인간과 관계되고, 인간 동작에 보조가 되는 가구이다.
• 테이블, 받침대, 주방 작업대, 식탁, 책상, 화장대 등

정답 1-1 ① 1-2 ③ 1-3 ④

핵심이론 02 가구의 이동을 중심으로 한 분류

① 모듈러 가구(modular furniture)
  ㉠ 공간에 따라, 사용하는 용도에 따라 자유자재로 모양을 다르게 하고, 다양한 형태로 확장 또는 축소할 수 있는 가구이다.
  ㉡ 규격화된 부품을 사용자가 원하는 대로 조립해서 사용할 수 있다.
  ※ 모듈러 코디네이션(modular coordination)
    • 재료 부품부터 설계·시공에 이르는 전 건축 생산에 있어 치수상의 유기적 연계성을 만드는 것이다.
    • 설계작업이 단순, 용이하여 공기를 단축할 수 있다.
    • 생산의 합리화와 시공비 절감효과를 유도할 수 있다.
    • 창의성이 결여될 수 있다.

② 붙박이 가구
  ㉠ 특정한 사용목적이나 많은 물품을 수납하기 위해 건축화된 가구로, 빌트 인 가구(built in furniture)라고도 한다.
  ㉡ 건축물과 일체화하여 설치한다.
  ㉢ 가구 배치의 혼란을 없애고 공간을 최대한 활용할 수 있다.
  ㉣ 실내 마감재와의 조화 등을 고려해야 한다.
  ㉤ 필요에 따라 설치 장소를 자유롭게 바꿀 수 없다.
  ※ 붙박이 가구의 디자인을 할 경우 고려해야 할 사항 : 크기와 비례의 조화, 기능의 편리성, 실내 마감재로서의 조화

CHAPTER 01 실내디자인의 이해 ■ 39

③ 이동성 가구
　㉠ 유닛 가구(unit furniture)
　　• 필요에 따라 가구의 형태를 변화시킬 수 있다.
　　• 고정적이면서 이동적인 성격을 갖는다.
　　• 공간의 조건에 맞도록 조합시킬 수 있어 공간의 효율을 높여 준다.
　　• 단일 가구를 원하는 형태로 조합하여 사용할 수 있으며, 다목적으로 사용 가능하다.
　㉡ 시스템 가구
　　• 가구와 인간의 관계, 가구와 건축 구체의 관계, 가구와 가구의 관계들을 종합적으로 고려하여 적합한 치수를 산출한 후, 이를 모듈화시킨 각 유닛이 모여 전체 가구를 형성한 것이다.
　　• 시스템 가구의 특징
　　　- 건물, 가구, 인간과의 상호관계를 고려하여 치수를 산출한다.
　　　- 한 가구는 여러 유닛으로 구성되어 모든 치수가 규격화, 모듈화된다.
　　　- 부엌 가구, 사무용 가구, 수납 가구에 적용한다.
　　　- 기능에 따라 여러 형으로 조립 및 해체가 가능하여 공간의 융통성을 꾀할 수 있다.

10년간 자주 출제된 문제

2-1. 모듈러 코디네이션(modular coordination)에 관한 설명으로 옳지 않은 것은?

① 공기를 단축시킬 수 있다.
② 창의성이 결여될 수 있다.
③ 설계작업이 단순하고 용이하다.
④ 건물 외관이 복잡하게 되어 현장작업이 증가한다.

2-2. 특정한 사용목적이나 많은 물품을 수납하기 위해 건축화된 가구는?

① 가동 가구
② 이동 가구
③ 붙박이 가구
④ 모듈러 가구

2-3. 유닛 가구(unit furniture)에 관한 설명으로 옳지 않은 것은?

① 필요에 따라 가구의 형태를 변화시킬 수 있다.
② 건축물과 일체화시켜 설치한다.
③ 공간의 조건에 맞도록 조합시킬 수 있어 공간의 효율을 높여 준다.
④ 단일 가구를 원하는 형태로 조합하여 사용할 수 있으며, 다목적으로 사용 가능하다.

2-4. 다음 보기에서 설명하는 가구는?

| 보기 |
| 가구와 인간의 관계, 가구와 건축 구체의 관계, 가구와 가구의 관계 등을 종합적으로 고려하여 적합한 치수를 산출한 후, 이를 모듈화시킨 각 유닛이 모여 전체 가구를 형성하는 가구 형태

① 인체계 가구
② 수납용 가구
③ 시스템 가구
④ 빌트 인 가구

[해설]

2-1

모듈러 코디네이션(modular coordination)
- 재료 부품에서 설계·시공에 이르는 전 건축 생산에 있어 치수상의 유기적 연계성을 만드는 것이다.
- 설계작업이 단순, 용이하고, 공기를 단축할 수 있다.
- 생산의 합리화와 시공비 절감효과를 유도할 수 있다.
- 창의성이 결여될 수 있다.

2-2

붙박이 가구
- 특정한 사용목적이나 많은 물품을 수납하기 위해 건축화된 가구로 빌트 인 가구(built in furniture)라고도 한다.
- 건축물과 일체화시켜 설치한다.
- 가구 배치의 혼란을 없애고 공간을 최대 활용할 수 있다.
- 실내 마감재와의 조화 등을 고려해야 한다.
- 필요에 따라 설치 장소를 자유롭게 바꿀 수 없다.

2-3

유닛 가구(unit furniture)
- 필요에 따라 가구의 형태를 변화시킬 수 있다.
- 고정적이면서 이동적인 성격을 갖는다.
- 공간의 조건에 맞도록 조합시킬 수 있어 공간의 효율을 높여준다.
- 단일 가구를 원하는 형태로 조합하여 사용할 수 있으며, 다목적으로 사용 가능하다.

정답 2-1 ④ 2-2 ③ 2-3 ② 2-4 ③

핵심이론 03 의자의 유형

① 스툴(stool)
  ㉠ 등받이와 팔걸이가 없는 형태의 보조의자이다.
  ㉡ 가벼운 작업이나 잠시 걸터앉아 휴식을 취할 때 사용한다.

② 라운지 체어(lounge chair)
  ㉠ 비교적 큰 크기의 안락의자로, 누워서 쉴 수 있는 긴 의자이다.
  ㉡ 팔걸이, 발걸이, 머리받침대 등이 추가된다.

③ 풀업 체어(pull-up chair)
  ㉠ 필요에 따라 이동시켜 사용할 수 있는 간이의자로, 크지 않으며 가벼운 느낌의 형태이다.
  ㉡ 이동하기 쉽도록 잡기 편하고 가볍다.

④ 카우치(couch)
  ㉠ 고대 로마시대에 음식물을 먹거나 잠을 자기 위해 사용했던 긴 의자이다.
  ㉡ 몸을 기댈 수 있도록 좌판의 한쪽 끝이 올라간 형태이다.

⑤ 체스터필드(chesterfield)
  ㉠ 솜, 스펀지 등을 채워서 쿠션이 좋은 의자이다.
  ㉡ 사용상 안락성이 매우 좋고, 비교적 크기가 크다.

⑥ 세스카 체어(cesca chair)
  ㉠ 마르셀 브로이어에 의해 디자인된 의자이다.
  ㉡ 강철 파이프를 구부려서 지지대 없이 만든 캔틸레버식 의자이다.

⑦ 바실리 체어(wassily chair)
  ㉠ 마르셀 브로이어가 바우하우스의 칸딘스키 연구실을 위해 디자인한 것으로, 스틸파이프로 된 의자이다.
  ㉡ 강철 파이프를 휘어 기본 골조를 만들고 가죽을 접합하여 좌판, 등받이, 팔걸이를 만든 의자이다.

⑧ 이지 체어(easy chair)
  푹신하게 만든 편안한 의자이다. 가볍게 휴식을 취할 수 있도록 크기는 라운지 체어보다 작고, 심플한 형태의 안락의자이다.

⑨ 오토만(ottoman)

스툴의 일종으로, 좀 더 편안한 휴식을 위해 발을 올려놓는 데 사용한다.

⑩ 세티(settee)

동일한 2개의 의자를 나란히 합해 2인이 앉을 수 있는 의자이다.

※ 바르셀로나 의자 : 미스 반 데어 로에가 디자인한 의자로, X자로 된 강철 파이프 다리 및 가죽으로 된 등받이와 좌석으로 구성되어 있다.

10년간 자주 출제된 문제

3-1. 등받이와 팔걸이가 없는 형태의 보조의자로, 가벼운 작업이나 잠시 걸터앉아 휴식을 취하는 데 사용되는 것은?

① 스툴
② 카우치
③ 이지 체어
④ 라운지 체어

3-2. 고대 로마시대에 음식물을 먹거나 잠을 자기 위해 사용했던 긴 의자로, 몸을 기댈 수 있도록 좌판의 한쪽 끝이 올라간 형태를 가진 것은?

① 세티
② 카우치
③ 체스터필드
④ 라운지 소파

3-3. 다음 보기의 설명에 해당하는 의자는?

|보기|
• 필요에 따라 이동시켜 사용할 수 있는 간이의자로, 크지 않고 가벼운 느낌의 형태이다.
• 이동하기 쉽도록 잡기 편하고, 가볍다.

① 카우치(couch)
② 풀업 체어(pull-up chair)
③ 체스터 필트(chesterfield)
④ 라운지 체어(lounge chair)

3-4. 강철 파이프를 휘어 기본 골조를 만들고, 가죽을 접합하여 만든 의자는?

① 바실리 의자
② 파이미오 의자
③ 레드블루 의자
④ 바르셀로나 의자

정답 3-1 ① 3-2 ② 3-3 ② 3-4 ①

핵심이론 04 소파의 유형

① 카우치(couch)
㉠ 기댈 수 있도록 한쪽 끝이 세워져 있는 긴 형태의 소파이다.
㉡ 고대 로마시대에 음식을 먹거나 취침을 위해 사용한 긴 의자에서 유래된 것으로, 몸을 기대거나 침대로도 사용할 수 있도록 좌판 한쪽을 올린 형태이다.

② 라운지 소파(lounge sofa)
㉠ 길게 늘어져 있는 형태로, 발을 받치고 편안하게 쉴 수 있는 소파이다.
㉡ 팔걸이가 없고, 등받이가 낮아 그곳에 머리를 기대고 누울 수 있다.
㉢ 축 늘어져 푹 쉰다는 의미로, 비교적 크기가 크고 편하게 휴식을 취할 수 있는 소파이다.

③ 체스터필드(chesterfield)
㉠ 팔걸이와 등판의 높이가 동일하고, 등받이와 등판의 끝부분이 안에서 밖으로 말린 형태이다.
㉡ 쿠션성이 좋도록 솜, 스펀지 등의 속을 많이 채워 넣고 천으로 감싼 소파이다.
㉢ 구조, 형태뿐만 아니라 사용상 안락성이 매우 크다.

④ 소파 베드(sofa bed)
침대로도 사용할 수 있도록 등받이나 팔걸이를 접었다 펼 수 있는 소파이다.

⑤ 섹셔널 유닛(sectional unit)
모듈화하여 여러 가지 형태로 조합하거나 분리 또는 조립할 수 있도록 만든 소파이다.

⑥ 세티(settee)
2인용 작은 소파로, 등받이와 팔걸이가 있다.

⑦ 러브 시트(love seat)
2인이 나란히 앉을 수 있는 형태의 소파이다.

⑧ 턱시도 소파(tuxedo sofa)
등받이와 팔걸이의 높이가 같은 소파이다.

10년간 자주 출제된 문제

4-1. 쿠션성이 좋도록 솜, 스펀지 등의 속을 많이 채워 넣고 천으로 감싼 소파는?
① 스툴
② 카우치
③ 풀업 체어
④ 체스터필드

4-2. 소파에 대한 설명으로 옳지 않은 것은?
① 체스터필드는 쿠션성이 좋도록 솜, 스펀지 등의 속을 많이 채워 넣고 천으로 감싼 소파이다.
② 세티는 동일한 두 개의 의자를 나란히 합해 2인이 앉을 수 있는 소파이다.
③ 2인용 소파는 암체어라고 하며, 3인용 이상은 미팅 시트라고 한다.
④ 카우치는 고대 로마시대에 음식물을 먹거나 잠을 자기 위해 사용했던 긴 소파이다.

[해설]
4-2
1인용은 암체어(arm chair), 2인용은 러브 시트(love seat)라고 한다.

정답 4-1 ④ 4-2 ③

핵심이론 05 침실용 가구

① 침대
  ㉠ 침대의 크기

(단위 : mm)

명칭	크기
싱글(single)	1,000 × 2,000
슈퍼싱글(supersingle)	1,100 × 2,000
더블(double)	1,350 × 2,000
퀸(queen)	1,500 × 2,000
킹(king)	1,600 이상 × 2,000

※ 트윈 : 2인용 침대 대신 1인용 침대를 2개 배치한 유형

  ㉡ 침대의 유형
  • 하우스 베드(house bed) : 사용 후 벽체에 수납하여 공간의 활용도를 극대화한 침대로, 좁은 공간에 매우 유리하다.
  • 푸시 백 소파(push back sofa) : 소파 겸용인 침대이다.
  • 하이라이저(high-riser) : 침대 속에 침대를 내장할 수 있어 필요시 꺼내 사용할 수 있는 침대이다.
  • 스튜디오 카우치(studio couch) : 천으로 씌운 윗부분의 매트가 젖혀지며 트윈 베드로 전환되는 침대이다.
  • 데이 베드(day bed) : 낮에는 소파나 낮잠을 자는 용도로 사용하다가 밤에 침대로 사용한다.
  • 캐노피 침대(canopy bed) : 침대에 기둥을 부착하여 천이나 커튼 등을 길게 늘어뜨려 사용하는 침대이다.
  • 리클라이닝 침대(reclining bed) : 사용자가 원하는 자세에 맞추어 매트리스의 각도가 조절되는 침대이다.

② 장롱

옷장, 서랍장, 선반, 이불장 등 다양한 수납을 할 수 있다. 거울과 서랍, 바지걸이, 넥타이걸이 등의 부수적인 기능이 점점 늘어나고, 유닛방식으로 설계되어 수납공간의 재구성과 이동이 편리한 디자인이 늘어나는 추세이다.

※ 농 : 우리나라의 전통 가구 중 장과 더불어 가장 일반적으로 쓰이던 수납용 가구로, 몸통이 2층 또는 3층으로 분리되어 상자 형태로 포개 놓고 사용하였다.

③ 기타

화장대, 서랍장, 협탁 등이 있다.

10년간 자주 출제된 문제

5-1. 침대 종류 중 퀸(queen)의 표준 매트리스 크기는?(단, 단위는 mm이다)

① 900×1,875
② 1,350×1,875
③ 1,500×2,000
④ 1,900×2,100

5-2. 2인용 침대 대신 1인용 침대를 2개 배치한 것은?

① 싱글　　② 더블
③ 트윈　　④ 롱킹

5-3. 우리나라의 전통 가구 중 장과 더불어 가장 일반적으로 쓰이던 수납용 가구로, 몸통이 2층 또는 3층으로 분리되어 상자 형태로 포개 놓고 사용한 것은?

① 농　　② 함
③ 궤　　④ 소반

정답 5-1 ③ 5-2 ③ 5-3 ①

핵심이론 06 장식물

① 장식물(accessory)의 개념
  ㉠ 실내장식 요소 중 시각적인 효과를 강조하는 회화, 목공예품, 조각품, 벽화, 도자기, 금속공예품 등 비교적 작고 이동이 쉬운 물품이다.
  ㉡ 개성을 표현하는 자기표현의 수단이 된다.
  ㉢ 공간을 강조하고 흥미를 높여 주는 효과가 있다.
  ㉣ 장식물도 기능성을 가질 수 있다(화초, 벽시계, 조명기기 등).

② 장식물의 종류
  ㉠ 장식품
    • 실용적 장식품
      – 생활에 있어서 실질적인 기능을 담당하는 물품이다.
      – 가전제품류(에어컨, 냉장고, TV, 벽시계 등), 조명기구(플로어 스탠드, 테이블 램프, 샹들리에, 브래킷, 펜던트 등), 스크린(병풍, 가리개 등), 꽃꽂이 용구(화병, 수반 등)
    • 감상용(장식적) 장식품
      – 실생활보다는 실내 분위기를 북돋아 주는 감상 위주의 물품이다.
      – 골동품, 조각, 수석, 서화류, 모형, 수족관, 인형, 완구류, 분재, 관상수, 화초류 등
    • 기념적 장식품
      – 개개인의 취미활동이나 전문 직종의 활동 실적에 따른 기념적 요소가 강한 물품이다.
      – 상패, 메달, 배지, 펜던트, 박제류, 총포, 악기류 등

ⓛ 예술품
- 예술적 가치를 지닌 물품으로, 실내 공간에서의 강한 주목성과 시각적 효과를 상승시키는 요소로 작용한다.
- 회화, 벽화, 태피스트리(tapestry), 조각, 슈퍼그래픽(super graphic)

※ 기념비적인 스케일에서 일반적으로 느끼는 감정 : 엄숙함

10년간 자주 출제된 문제

6-1. 다음 보기에서 설명하는 장식물은?

|보기|
- 실생활의 사용보다는 실내 분위기를 더욱 북돋아 주는 감상 위주의 물품이다.
- 수석, 모형, 수족관, 화초류 등이 있다.

① 예술품
② 실용적 장식품
③ 장식적 장식품
④ 기념적 장식품

6-2. 실용적 장식품에 해당하지 않는 것은?
① 모형
② 벽시계
③ 스크린
④ 스탠드 램프

6-3. 기념비적인 스케일에서 일반적으로 느끼는 감정은?
① 엄숙함　　② 친밀감
③ 생동감　　④ 안도감

|해설|
6-2
실용적 장식품
- 생활에 있어서 실질적인 기능을 담당하는 물품이다.
- 가전제품류(에어컨, 냉장고, TV, 벽시계 등), 조명기구(플로어 스탠드, 테이블 램프, 샹들리에, 브래킷, 펜던트 등), 스크린(병풍, 가리개 등), 꽃꽂이 용구(화병, 수반 등)

정답 6-1 ③　6-2 ①　6-3 ①

제4절 실내계획

4-1. 주거 공간

핵심이론 01 우리나라의 주거 공간

① 주거 공간
삶의 가장 기본적인 단위인 가정생활을 하는 곳으로, 인간이 일정한 곳에 정주(定住)하여 의식주 생활을 해 나갈 수 있도록 마련된 거처(居處), 즉 가족 단위 또는 개인의 생활권을 형성하는 단위 공간이다.

② 한옥의 구조
㉠ 창과 문은 좌식생활에 따른 인체 치수를 고려하여 만들어졌다.
㉡ 기단을 높여 통풍이 잘되도록 하여 땅의 습기를 제거하였다.
㉢ 미닫이문, 들문 등을 사용하여 내부 공간의 융통성이 높다.
㉣ 전통 한옥의 공간구조는 남성과 여성의 생활 공간이 분리되어 있다.
㉤ 행랑채, 사랑채, 안채, 별당, 사당 등 여러 채의 건물로 구성되어 있다.
㉥ 안채는 살림의 중추적인 역할을 하던 장소이다.
㉦ 사랑채는 남자 손님들의 응접 공간으로 사용되었다.
㉧ 사랑방은 중채 또는 바깥채에 있어 주로 남자가 기거하고, 서재와 손님을 맞이하는 장소이다.
㉨ 평면은 실의 위치별 분화이다.
㉩ 가구는 부수적인 용도이다.
㉪ 각 실의 프라이버시가 약하다.

※ 공포 : 주심포식과 다포식으로 나누어지며, 목구조 건축물에서 처마 끝의 하중을 받치기 위해 설치하는 것이다.

10년간 자주 출제된 문제

1-1. 한옥의 구조에 관한 설명으로 옳지 않은 것은?
① 주택 공간은 성(性)에 의해 구분되었다.
② 안채는 살림의 중추적인 역할을 하던 장소이다.
③ 사랑채는 남자 손님들의 응접 공간으로 사용되었다.
④ 한옥은 크게 사랑채, 안채, 바깥채의 3개의 공간으로 구분되었다.

1-2. 주심포식과 다포식으로 나뉘어지며 목구조 건축물에서 처마 끝의 하중을 받치기 위해 설치하는 것은?
① 공포   ② 부연
③ 너새   ④ 서까래

1-3. 한옥의 특징에 관한 설명으로 옳지 않은 것은?
① 공간의 융통성이 낮다.
② 가구는 부수적인 용도이다.
③ 평면은 실의 위치별 분화이다.
④ 각 실의 프라이버시가 약하다.

|해설|
1-1
한옥은 행랑채, 사랑채, 안채, 별당, 사당 등 여러 채의 건물로 구성되어 있다.
1-3
미닫이문, 들문 등을 사용하여 내부 공간의 융통성이 높다.

정답 1-1 ④ 1-2 ① 1-3 ①

핵심이론 02 주거 공간의 계획

① 주거 공간의 실내계획
  ㉠ 대상 공간과 경제적 조건의 파악을 기본으로 전개한다.
  ㉡ 생활의 쾌적함과 편리함을 추구한다.
  ㉢ 개인의 프라이버시를 확보한다.
  ㉣ 가족 본위의 공간이다.

② 주행동에 따른 주거 공간의 구분
  ㉠ 개인 공간 : 침실, 서재, 공부방, 욕실, 화장실, 세면실 등
  ㉡ 작업 공간 : 부엌, 세탁실, 작업실, 창고, 다용도실
  ㉢ 사회적 공간 : 거실, 응접실, 식당, 현관 등 가족이 공동으로 사용하는 공간

③ 주택의 평면계획
  ㉠ 부엌, 식당, 욕실, 화장실은 집중 배치(core system) 한다.
  ㉡ 침실은 독립성을 확보하고, 다른 실의 통로가 되지 않도록 한다.
  ㉢ 각 실의 방향은 일조, 통풍, 소음, 조망 등을 고려하여 결정한다.
  ㉣ 각 실의 관계가 깊은 것은 인접시키고, 상반되는 것은 격리시킨다.
  ㉤ 거실은 주거 중심에 두고 응접실과 객실은 현관 가까이에 배치한다.
  ㉥ 부엌에서 직접 밖으로 나갈 수 있게 계획한다.
  ㉦ 평면구조 형태는 단순화하고, 통로 면적은 최소화한다.

④ 원룸 주택 설계 시 고려해야 할 사항
   ㉠ 내부 공간을 효과적으로 활용한다.
   ㉡ 환기를 고려하여 설계한다.
   ㉢ 사용자에 대한 특성을 충분히 파악한다.
   ㉣ 활동 공간과 취침 공간을 구분한다.
   ㉤ 소규모 주거 공간계획 시 접객 공간은 고려하지 않아도 된다.

10년간 자주 출제된 문제

2-1. 주거 공간은 주행동에 의해 개인 공간, 작업 공간, 사회적 공간 등으로 구분할 수 있는데, 사회적 공간에 해당하는 것은?
① 식당 ② 침실
③ 천장 ④ 지붕

2-2. 주택의 평면계획에 관한 설명으로 옳지 않은 것은?
① 부엌, 욕실, 화장실은 각각 분산 배치하고 외부와 연결한다.
② 침실은 독립성을 확보하고, 다른 실의 통로가 되지 않게 한다.
③ 각 실의 방향은 일조, 통풍, 소음, 조망 등을 고려하여 결정한다.
④ 각 실의 관계가 깊은 것은 인접시키고, 상반되는 것은 격리시킨다.

2-3. 원룸 주택 설계 시 고려해야 할 사항으로 옳지 않은 것은?
① 내부 공간을 효과적으로 활용한다.
② 접객 공간을 충분히 확보한다.
③ 환기를 고려하여 설계한다.
④ 사용자에 대한 특성을 충분히 파악한다.

|해설|

2-1
사회적 공간 : 거실, 응접실, 식당, 현관 등 가족이 공동으로 사용하는 공간

2-2
부엌, 식당, 욕실, 화장실은 집중 배치한다.

2-3
원룸과 같이 소규모 주거 공간계획 시 활동 공간과 취침 공간을 구분하고, 접객 공간은 구분하지 않는다.

정답 2-1 ① 2-2 ① 2-3 ②

핵심이론 03 동선의 계획

① 동선의 개념
   ㉠ 동선은 일상생활의 움직임을 표시하는 선이다.
   ㉡ 동선의 3요소 : 빈도, 속도, 하중
   ㉢ 동선 3요소의 정도에 따라 거리의 장단, 폭의 대소가 결정된다.
   ㉣ 동선은 짧고, 가능한 한 직선적으로 계획하는 것이 바람직하다.
   ㉤ 동선이 짧으면 효율적이지만, 공간의 성격에 따라 길게 처리할 수도 있다.
   ㉥ 동선이 복잡해질 경우 별도의 통로 공간을 두어 동선을 독립시킨다.
   ㉦ 동선이 교차하는 곳은 공간적 두께를 크게 하는 것이 좋다.
   ㉧ 상호 간에 상이한 유형의 동선은 분리한다.
   ㉨ 동선을 줄이기 위해 다른 공간의 독립성을 저해하면 안 된다.

② 주거 공간의 동선계획
   ㉠ 동선은 사용 빈도를 기준으로 주동선과 부동선으로 분류한다. 주동선은 외부와 직접 연결시키고, 동선은 가능한 한 짧고 직선이 되도록 한다.
   ㉡ 각 실의 동선계획은 가구 배치의 계획에 따라 유동적·가변적이므로 동선계획은 평면계획과 동시에 이루어져야 한다.
   ㉢ 실내 공간 평면계획에서 가장 먼저 고려해야 할 사항은 공간의 동선계획이다.
   ㉣ 주거 공간계획에서 동선처리의 분기점이 되는 곳은 거실이다.
   ㉤ 상호관계가 밀접한 거실과 현관은 근접시킨다.
   ㉥ 주부의 작업 동선은 가능한 한 짧고 직선으로 처리한다.
   ㉦ 가사노동의 동선은 가능한 한 남측에 위치시킨다.

◎ 개인, 사회, 가사노동권 등의 동선은 상호 간 분리한다.
㊂ 주부의 동선을 단축시키는 방법 : 부엌과 식탁을 인접 배치한다.

10년간 자주 출제된 문제

3-1. 주거 공간의 동선에 관한 설명으로 옳지 않은 것은?
① 동선은 일상생활의 움직임을 표시하는 선이다.
② 동선은 길고, 가능한 한 직선으로 계획하는 것이 바람직하다.
③ 하중이 큰 가사노동의 동선은 되도록 남쪽에 오도록 하는 것이 좋다.
④ 개인, 사회, 가사노동권의 3개 동선은 서로 분리되어 간섭이 없도록 한다.

3-2. 주택계획 시 주부의 동선을 단축시키는 방법으로 옳은 것은?
① 부엌과 식탁을 인접 배치한다.
② 침실과 부엌을 인접 배치한다.
③ 다용도실과 침실을 인접 배치한다.
④ 거실을 한쪽으로 치우치게 배치한다.

3-3. 주거 공간의 동선에 관한 설명으로 옳지 않은 것은?
① 주부의 동선은 길수록 좋다.
② 동선은 짧을수록 에너지 소모가 적다.
③ 상호 간에 상이한 유형의 동선은 분리한다.
④ 동선을 줄이기 위해 다른 공간의 독립성을 저해하면 안 된다.

|해설|

3-1
동선은 짧으면 짧을수록 효율적이지만, 공간의 성격에 따라 길게 하여 더 많은 시간 동안 머무르도록 유도하기도 한다.

3-3
주부의 작업 동선은 가능한 한 짧고, 직선으로 처리한다.

정답 3-1 ② 3-2 ① 3-3 ①

핵심이론 04 침실의 실내계획

① 침실의 위치 등
  ㉠ 침실은 정적인 공간으로 거실, 식당, 부엌 등의 동적인 공간과 분리해야 한다.
  ㉡ 침실은 가장 내측에 두어 소음과 동선이 복잡한 실과 멀리 떨어지도록 한다.
  ㉢ 침실은 일조·통풍조건이 가장 좋은 남향 또는 동남향이 유리하다.
  ㉣ 침실의 소음은 40dB(세계보건기구 기준 : 약 35dB) 이하로 하는 것이 바람직하다.
  ㉤ 침실에 붙박이장을 설치하면 수납공간이 확보되어 정리·정돈에 효과적이다.
  ㉥ 침실은 소음원이 없는 정원 등의 공지(空地)에 면하도록 하는 것이 좋다.
  ㉦ 자녀의 침실은 밝은 공간에 배치한다.
  ㉧ 부부의 침실은 조용하고 아늑한 느낌을 갖도록 한다.

노인의 침실계획
- 일조량이 충분하도록 남향에 배치한다.
- 소외감을 갖지 않도록 가족 공동 공간과의 연결성에 주의한다.
- 바닥은 단 차이를 두지 말고, 미끄럽지 않은 재료를 선택한다.
- 식당이나 화장실, 욕실, 출입구 등과 가깝게 배치한다.

② 침실 내의 침대 배치
  ㉠ 침대의 측면은 외벽에 붙이지 않는다.
  ㉡ 침대 배치는 실의 크기와 침대와의 균형, 통로 부분의 확보 등을 고려한다.
  ㉢ 침대의 머리 부분(head)에 조명기구를 둘 경우 빛이 눈에 직접 들어오지 않도록 한다.
  ㉣ 침대 하부(머리 부분의 반대편)는 통행에 불편하지 않도록 여유 공간을 둔다.
  ㉤ 머리 쪽에 창을 두지 않는다.
  ㉥ 침대는 외부에서 출입문을 통해 직접 보이지 않도록 배치한다.

주택 침실의 소음 방지방법
- 도로 등의 소음원으로부터 격리시킨다.
- 창문은 2중창으로 시공하고, 커튼을 설치한다.
- 벽면에 붙박이장을 설치하여 소음을 차단한다.
- 침실 외부에 나무를 심어 소음을 줄인다.

10년간 자주 출제된 문제

4-1. 주택의 침실계획에 관한 설명으로 옳지 않은 것은?
① 침대를 배치할 때 머리 쪽에 창을 두지 않는 것이 좋다.
② 침실의 소음은 120dB 이하로 하는 것이 바람직하다.
③ 침대는 외부에서 출입문을 통해 직접 보이지 않도록 배치한다.
④ 침실에 붙박이장을 설치하면 수납공간이 확보되어 정리·정돈에 효과적이다.

4-2. 침실의 소음 방지방법으로 적당하지 않은 것은?
① 도로 등의 소음원으로부터 격리시킨다.
② 창문은 2중창으로 시공하고 커튼을 설치한다.
③ 벽면에 붙박이장을 설치하여 소음을 차단한다.
④ 침실 외부에 나무를 제거하여 조망을 좋게 한다.

4-3. 침실 공간에 대한 설명으로 옳은 것은?
① 자녀의 침실은 어두운 공간에 배치한다.
② 노인이 거주하는 실은 출입구에서 먼 쪽에 배치한다.
③ 부부의 침실은 조용하고 아늑한 느낌을 가지도록 한다.
④ 거실, 식당, 부엌 등의 동적인 공간과 가깝게 배치한다.

[해설]
4-1
침실의 소음은 40dB 이하로 하는 것이 바람직하다.

4-2
침실 외부에 나무를 심어 소음을 줄인다.

4-3
① 자녀의 침실은 밝은 공간에 배치한다.
② 노인이 거주하는 실은 소외감을 갖지 않도록 가족 공동 공간과의 연결성에 주의한다.
④ 침실은 정적인 공간으로 거실, 식당, 부엌 등의 동적인 공간과 분리해야 한다.

정답 4-1 ② 4-2 ④ 4-3 ③

핵심이론 05 거실의 실내계획

① **거실의 기능**
㉠ 각 실을 연결하는 동선의 분기점이 된다.
㉡ 가족의 휴식, 대화, 단란한 공동생활의 중심이 된다.
㉢ 다목적 기능을 가진 공간이다(손님 접견, 식사, TV 시청, 음악 감상 등).
※ 거실에서 스크린(화면)을 중심으로 텔레비전을 시청하기 적합한 최대 범위 : 60° 이내

② **거실의 계획**
㉠ 거실의 형태는 정방형보다 짧은 변이 너무 좁지 않은 장방형으로 계획한다.
㉡ 식당, 부엌과 가까운 곳에 배치한다.
㉢ 현관에서 가까운 곳에 위치하되 직접 면하는 것은 피한다.
㉣ 정원에 면한 창은 가능한 한 크게 하여 시각적 개방감을 얻도록 한다.
㉤ 거실의 면적은 가족 수와 가족의 구성 형태 및 거주자의 사회적 지위나 손님의 방문 빈도와 수 등을 고려하여 계획한다.
㉥ 평면의 한쪽 끝에 배치할 경우 통로의 면적이 증대될 우려가 있다.
㉦ 평면의 동쪽 끝이나 서쪽 끝에 배치하면 정적인 공간과 동적인 공간의 분리가 비교적 정확히 이루어져 독립적인 안정감 조성에 유리하다.
㉧ 실내의 다른 공간과 유기적으로 연결될 수 있도록 하되, 거실이 통로화되지 않도록 주의해야 한다.
㉨ 일반적으로 정사각형의 거실 형태가 직사각형의 거실 형태보다 가구의 배치나 실의 활용에 불리하다.
㉩ 거실의 위치는 가능한 한 남향으로 하여 일조와 조망, 통풍이 잘되도록 한다.

ⓒ 거실의 가구는 분산 배치하는 것이 좋지만, 거실의 규모나 형태, 개구부의 위치나 크기, 거주자의 취향 등에 따라 결정한다.
ⓒ 거실의 면적은 일반적으로 가족 1인당 4~6m² 정도로 계획하는 것이 바람직하다.

10년간 자주 출제된 문제

거실에 대한 설명으로 틀린 것은?
① 다목적 기능을 가진 공간이다.
② 가족의 휴식, 대화, 단란한 공동생활의 중심이 되는 곳이다.
③ 전체 평면의 중앙에 배치하여 각 실로 통하는 통로로서의 기능을 부여한다.
④ 거실의 면적은 가족 수와 가족의 구성 형태 및 거주자의 사회적 지위나 손님의 방문 빈도와 수 등을 고려하여 계획한다.

|해설|
거실은 실내의 다른 공간과 유기적으로 연결될 수 있도록 하되, 거실이 통로화되지 않도록 주의해야 한다.

정답 ③

핵심이론 06 거실의 가구 배치 유형

① 대면형
  ㉠ 중앙의 테이블을 중심으로 좌석이 마주 보도록 배치하는 유형이다.
  ㉡ 시선이 마주치므로 딱딱한 분위기가 되기 쉽다.
  ㉢ 일자형에 비해 가구 자체가 차지하는 면적이 작다.
② ㄱ자형(코너형)
  ㉠ 가구를 두 벽면에 연결시켜 배치하는 유형이다.
  ㉡ 시선이 마주치지 않아 안정감이 있다.
  ㉢ 부드럽고 단란한 분위기를 준다.
  ㉣ 비교적 면적을 적게 차지하여 공간 활용이 높고 동선이 자연스럽게 이루어진다.
③ U자형(ㄷ자형)
  ㉠ 중앙의 탁자를 중심으로 좌석을 정원, 벽난로, TV 등 한 방향으로 향하게 배치하는 유형이다.
  ㉡ 단란한 분위기를 주며 여러 사람과의 대화 시에 적합하다.
④ ―자형(직선형)
  ㉠ 의자를 일렬로 배치하는 유형으로, 대화 시에는 부자연스럽다.
  ㉡ 주로 거실의 폭이 좁거나 소규모 부엌에 이용되는 유형이다.
⑤ 노퍼니처형(no furniture, 자유형)
  ㉠ 가구를 거의 두지 않는 유형으로, 공간이 넓고 자유로워 보인다.
  ㉡ 가구를 개성 있게 배치할 수 있다.
⑥ ㅁ자형
  ㉠ 테이블을 중심으로 의자를 배치하는 방법이다.
  ㉡ 대화를 많이 하는 장소에 적합하여 식탁형이라고도 한다.
  ※ 거실의 가구 배치에 영향을 주는 요인 : 거실의 규모와 형태, 개구부의 위치와 크기, 거주자의 취향

10년간 자주 출제된 문제

6-1. 가구를 두 벽면에 연결시켜 배치하는 형식으로, 시선이 마주치지 않아 안정감이 있는 유형은?
① 직선형　　　② 대면형
③ ㄱ자형　　　④ ㄷ자형

6-2. 중앙의 테이블을 중심으로 좌석이 마주 보도록 배치하는 거실의 가구 배치 유형은?
① 코너형　　　② 직선형
③ 대면형　　　④ 자유형

6-3. 거실의 가구 배치에 영향을 주는 요인으로 옳지 않은 것은?
① 거실의 규모와 형태
② 개구부의 위치와 크기
③ 거주자의 취향
④ 거실의 벽지 색상

[해설]
6-3
거실의 가구 배치에 영향을 주는 요인 : 거실의 규모와 형태, 개구부의 위치와 크기, 거주자의 취향

정답 6-1 ③　6-2 ③　6-3 ④

핵심이론 07 거실과 식당의 구성 형태

① LD(Living Dining)형 : 거실 + 식당 겸용
　㉠ 거실의 한 부분에 식탁을 설치하여 부엌과 분리한 형식이다.
　㉡ 작은 공간을 잘 활용할 수 있으며 식사실의 분위기 조성에 유리하다.
　㉢ 거실의 가구들을 공동으로 이용할 수 있으나 부엌과의 연결로 작업 동선이 길어질 우려가 있다.
　㉣ 식사 중에는 거실의 고유기능과 분리하기 어렵다.

② DK(Dining Kitchen)형 : 식당 + 부엌 겸용
　㉠ 주부의 동선이 단축된다.
　㉡ 이상적인 식사 공간의 분위기 조성이 비교적 어렵다.

③ LDK(Living Dining Kitchen)형 : 거실 + 식당 + 부엌 겸용
　㉠ 소규모 주택에 적합한 형태로, 거실 내에 부엌과 식당을 설치한 것이다.
　㉡ 동선을 최대한 단축시킬 수 있고, 공간을 효율적으로 활용할 수 있다.
　㉢ 주부의 동선이 짧아 가사노동이 절감된다.
　㉣ 부엌에서 조리하면서 거실이나 식당에 있는 가족과 대화를 할 수 있다.
　㉤ 이상적인 식사 공간의 분위기 조성이 어렵다.

10년간 자주 출제된 문제

7-1. 거실에 식사 공간을 부속시켜 식사 중에는 거실의 고유기능과 분리하기 어려운 형태는?
① 리빙 키친(living kitchen)
② 다이닝 포치(dining porch)
③ 리빙 다이닝(living dining)
④ 다이닝 키친(dining kitchen)

7-2. 소규모 주택에서 많이 사용하는 방법으로, 거실 내에 부엌과 식당을 설치한 것은?
① D형식
② DK형식
③ LD형식
④ LDK형식

7-3. LDK형 단위 주거에서 D가 의미하는 것은?
① 거실
② 식당
③ 부엌
④ 화장실

[해설]

7-1
LD(Living Dining)형 : 거실 + 식당 겸용
- 거실의 한 부분에 식탁을 설치하여 부엌과 분리한 형식이다.
- 작은 공간을 잘 활용할 수 있으며 식사실의 분위기 조성에 유리하다.
- 거실의 가구들을 공동으로 이용할 수 있으나 부엌과의 연결로 작업 동선이 길어질 우려가 있다.
- 식사 중에는 거실의 고유기능과 분리하기 어렵다.

7-2
LDK(Living Dining Kitchen)형 : 거실 + 식당 + 부엌 겸용
- 소규모 주택에 적합한 형태로, 거실 내에 부엌과 식당을 설치한 것이다.
- 동선을 최대한 단축시킬 수 있고, 공간을 효율적으로 활용할 수 있다.
- 주부의 동선이 짧아 가사노동이 절감된다.
- 부엌에서 조리하면서 거실이나 식당에 있는 가족과 대화를 할 수 있다.
- 이상적인 식사 공간의 분위기 조성이 어렵다.

7-3
LDK(Living Dining Kitchen)형 : 거실 + 식당 + 부엌 겸용
- L : 거실
- D : 식당
- K : 주방

정답 7-1 ③ 7-2 ④ 7-3 ②

핵심이론 08 부엌의 실내계획

① 부엌의 실내계획
  ㉠ 부엌과 식당계획 시 주부의 작업 동선을 우선적으로 고려해야 한다.
  ㉡ 소규모 주택은 거실과 한 공간에 배치할 수 있다.
  ㉢ 부엌의 위치는 남쪽 또는 동쪽이 좋다.
  ㉣ 부엌의 크기를 결정하는 요소 : 가족 수, 주택 연면적, 작업대의 면적 등
  ㉤ 부엌 작업대의 배치 순서 : 준비대 - 개수대 - 조리대 - 가열대 - 배선대
  ㉥ 부엌의 작업삼각형(work triangle) 구성요소 : 냉장고, 개수대, 가열대
  ㉦ 부엌에서 작업삼각형의 각 변의 길이의 합계 : 5m
  ㉧ 작업대의 배치 유형 중 'ㄷ'자 형이 가장 효율적이다.
  ㉨ 작업대의 높이를 결정하는 기본 치수는 작업하는 사람의 팔꿈치 높이이다.

② 부엌의 유형
  ㉠ 독립형 부엌 : 부엌이 일실(一室)로 독립된 형태
   - 다른 유형에 비해 부엌의 기능성을 높이고, 청결하게 관리할 수 있다.
   - 음식을 식탁까지 운반해야 하는 불편이 있으며, 주부가 작업할 때 가족 간의 대화가 단절될 수 있다.
  ㉡ 반독립형 부엌 : 리빙 키친(living kitchen), 다이닝 키친(dining kitchen), 리빙 다이닝 키친(living dining kitchen)
  ㉢ 오픈 키친(open kitchen) : 구획하는 시설물 없이 완전히 개방된 형태
  ※ 가시성 : '부엌의 수납장 속에 무엇이 들었는지 쉽게 찾을 수 있게 수납한다.'와 관련된 원칙

10년간 자주 출제된 문제

8-1. 부엌과 식당의 실내계획 시 가장 중요하게 고려해야 할 사항은?
① 조명 배치
② 작업 동선
③ 색채조화
④ 채광계획

8-2. 부엌에 대한 설명으로 옳은 것은?
① 방위는 서쪽이나 북서쪽이 좋다.
② 개수대의 높이는 주부의 키와는 무관하다.
③ 소규모 주택일 경우 거실과 한 공간에 배치할 수 있다.
④ 작업대 배치는 가열대, 개수대, 냉장고, 조리대 순서로 한다.

8-3. 부엌에서 작업삼각형(work triangle)의 각 변의 길이의 합계는?
① 1.5m
② 2.5m
③ 5m
④ 7m

[해설]

8-2
① 부엌의 위치는 남쪽 또는 동쪽이 좋다.
② 작업대의 높이를 결정하는 기본 치수는 작업하는 사람의 팔꿈치 높이이다.
④ 작업대의 배치 순서 : 준비대 - 개수대 - 조리대 - 가열대 - 배선대

정답 8-1 ② 8-2 ③ 8-3 ③

핵심이론 09 부엌 작업대의 배치 유형

① 일렬형
  ㉠ 작업대를 벽면에 한 줄로 붙여 배치하는 유형이다.
  ㉡ 좁은 면적 이용에 가장 효과적이어서 주로 소규모 부엌에 사용한다.
  ㉢ 작업대의 배치 길이가 길면 작업 동선이 길어져 비효율적이다.
  ㉣ 총길이는 3,000mm를 넘지 않도록 한다.

② ㄷ자형
  ㉠ 인접한 세 벽면에 작업대를 배치한 형태이다.
  ㉡ 비교적 규모가 큰 공간에 적합하다.
  ㉢ 작업대의 통로 폭은 1,200~1,500mm가 적당하다.
  ㉣ 작업면이 넓어 작업효율이 가장 좋다.
  ㉤ 벽면을 이용하기 때문에 대규모 수납공간 확보가 가능하다.
  ㉥ 평면계획상 부엌에서 외부로 통하는 출입구를 설치하기 곤란하다.

③ 병렬형
  ㉠ 양쪽 벽면에 작업대를 마주 보도록 배치한 유형이다.
  ㉡ 부엌의 폭이 길이에 비해 넓은 부엌 형태에 적합하다.
  ㉢ 작업 동선은 줄일 수 있지만 몸을 앞뒤로 바꾸기는 불편하다.
  ㉣ 식당과 부엌이 개방되지 않고 외부로 통하는 출입구가 필요한 경우에 사용한다.
  ㉤ 동선이 짧아 가사노동 경감에 효과적이다.

④ ㄱ자형
  작업대를 인접된 양면에 ㄱ자형으로 배치하여 동선의 흐름이 자유롭다.

⑤ 아일랜드형(island kitchen)
  ㉠ 별장 주택에서 볼 수 있는 유형으로, 취사용 작업대가 하나의 섬처럼 실내에 설치되어 독특한 분위기를 형성한다.
  ㉡ 작업대를 중앙에 놓거나 벽면에 직각이 되도록 배치한다.
  ㉢ 주로 개방된 공간의 오픈시스템에서 사용한다.
  ㉣ 가족 구성원이 모두 부엌일에 참여하는 것을 유도할 수 있다.
  ㉤ 부엌 공간이 넓은 단독주택이나 아파트에 제한적으로 도입되고 있다.

10년간 자주 출제된 문제

9-1. 부엌의 가구 배치 유형 중 좁은 면적 이용에 가장 효과적이어서 주로 소규모 부엌에 사용되는 유형은?

① 일렬형　　② L자형
③ 병렬형　　④ U자형

9-2. 다음 보기의 설명에 알맞은 부엌의 작업대 배치방식은?

| 보기 |
| • 인접한 세 벽면에 작업대를 붙여 배치한 형태이다.
• 비교적 규모가 큰 공간에 적합하다.

① 일렬형　　② ㄴ자형
③ ㄷ자형　　④ 병렬형

9-3. 부엌 작업대의 배치 유형 중 양쪽 벽면에 작업대를 마주보도록 배치한 것으로, 부엌의 폭이 길이에 비해 넓은 부엌의 형태에 적합한 유형은?

① 일자형　　② L자형
③ 병렬형　　④ 아일랜드형

9-4. 별장 주택에서 볼 수 있는 유형으로 취사용 작업대가 하나의 섬처럼 실내에 설치되어 독특한 분위기를 형성하는 부엌은?

① 리빙 키친
② 다이닝 키친
③ 키친 네트
④ 아일랜드 키친

해설

9-1
일렬형
• 작업대를 벽면에 한 줄로 붙여 배치하는 유형이다.
• 좁은 면적 이용에 가장 효과적이어서 주로 소규모 부엌에 사용한다.
• 작업대의 배치 길이가 길면 작업 동선이 길어져 비효율적이다.
• 총길이는 3,000mm를 넘지 않도록 한다.

9-2
ㄷ자형
• 인접한 세 벽면에 작업대를 배치한 형태이다.
• 비교적 규모가 큰 공간에 적합하다.
• 작업대의 통로 폭은 1,200~1,500mm가 적당하다.
• 작업면이 넓어 작업효율이 가장 좋다.
• 벽면을 이용하기 때문에 대규모 수납공간 확보가 가능하다.
• 평면계획상 부엌에서 외부로 통하는 출입구를 설치하기 곤란하다.

9-3
병렬형
• 양쪽 벽면에 작업대를 마주 보도록 배치한 유형이다.
• 부엌의 폭이 길이에 비해 넓은 부엌 형태에 적합하다.
• 작업 동선은 줄일 수 있지만 몸을 앞뒤로 바꾸기는 불편하다.
• 식당과 부엌이 개방되지 않고 외부로 통하는 출입구가 필요한 경우에 사용한다.
• 동선이 짧아 가사노동 경감에 효과적이다.

9-4
아일랜드형(island kitchen)
• 별장 주택에서 볼 수 있는 유형으로, 취사용 작업대가 하나의 섬처럼 실내에 설치되어 독특한 분위기를 형성한다.
• 작업대를 중앙에 놓거나 벽면에 직각이 되도록 배치한 형태이다.
• 주로 개방된 공간의 오픈시스템에서 사용한다.
• 가족 구성원이 모두 부엌일에 참여하는 것을 유도할 수 있다.
• 부엌 공간이 넓은 단독주택이나 아파트에 제한적으로 도입되고 있다.

정답 9-1 ①　9-2 ③　9-3 ③　9-4 ④

4-2. 상업 공간

핵심이론 01 상점의 공간 구성

① 판매 공간 : 도입 공간, 통로 공간, 상품 전시 공간, 서비스 공간
② 부대 공간 : 상품관리 공간, 판매원의 후생 공간, 시설관리 부분, 영업관리 부분, 주차장
③ 파사드(facade) : 쇼윈도, 출입구 및 홀의 입구 부분을 포함한 평면적인 구성요소와 아케이드, 광고판, 사인, 외부장치를 포함한 입체적인 구성요소의 총체를 의미한다.

> 파사드와 숍 프런트(shop front)의 설계계획
> - 대중성이 있어야 한다.
> - 취급상품을 인지할 수 있어야 한다(상품 이미지가 반영될 것).
> - 개성적이고 인상적이어야 한다.
> - 간판이 주변 미관과 조화되도록 한다.
> - 상점 내로 유도하는 효과를 고려한다.
> - 영업 종료 후 환경에 대한 고려가 필요하다.

④ 상점계획에 요구되는 5가지 광고요소(AIDCA, AIDMA 법칙)
  ㉠ Attention(주의)
  ㉡ Interest(흥미)
  ㉢ Desire(욕망)
  ㉣ Confidence(확신)·Memory(기억)
  ㉤ Action(행동)

10년간 자주 출제된 문제

1-1. 상점의 공간 구성 중 판매 공간에 해당하는 것은?
① 파사드 공간
② 상품관리 공간
③ 시설관리 공간
④ 상품 전시 공간

1-2. 상업 공간의 정면이나 숍 프런트(shop front)의 설계계획으로 옳지 않은 것은?
① 대중성이 있어야 한다.
② 취급상품을 인지할 수 있어야 한다.
③ 간판이 주변 미관과 조화되도록 해야 한다.
④ 영업 종료 후 환경에 대한 고려는 필요 없다.

1-3. 상점 정면(facade) 구성에 요구되는 5가지 광고요소에 속하지 않는 것은?
① Attention   ② Interest
③ Design   ④ Memory

|해설|

1-1
판매 공간 : 도입 공간, 통로 공간, 상품 전시 공간, 서비스 공간

1-2
파사드와 숍 프런트의 설계계획 시 영업 종료 후 환경에 대한 고려도 해야 한다.

1-3
상점계획에 요구되는 5가지 광고요소(AIDCA, AIDMA 법칙)
- Attention(주의)
- Interest(흥미)
- Desire(욕망)
- Confidence(확신)·Memory(기억)
- Action(행동)

정답 1-1 ④ 1-2 ④ 1-3 ③

핵심이론 02 상점의 상품 진열계획

① 진열계획
  ㉠ 중점상품은 주통로에 접하는 부분에 배치한다.
  ㉡ 전략상품은 상점 내에서 눈에 가장 잘 띄는 곳에 배치한다.
  ㉢ 고객을 위한 휴게시설은 충동구매 상품과 가까이 배치한다.
  ㉣ 진열대가 굴절 또는 곡선으로 처리된 곳에는 소형 상품을 배치한다.
  ㉤ 골든 스페이스는 바닥에서 높이 850~1,250mm의 범위이다.
  ㉥ 운동기구 등 중량이 무거운 물품은 바닥에 가깝게 배치하는 것이 좋다.
  ㉦ 통로측에는 높이 1,200mm 이하에 중점상품을 소량 진열하고, 중간에는 1,200~1,350mm 높이로 상품을 다량으로 진열한다.
  ㉧ 눈높이 1,500mm을 기준으로 상향 10°에서 하향 20° 사이가 고객이 시선을 두기 가장 편한 범위이다.
  ㉨ 진열의 흐름은 사람의 시각적 특징에 따라 좌측에서 우측으로, 작은 상품에서 큰 상품으로 하는 것이 효과적이다.

② 상업 공간에서 디스플레이의 목적
  ㉠ 교육적 목적 : 신상품 소개, 상품의 사용법, 가치 등을 알린다.
  ㉡ 선전효과의 기능 : 신상품을 눈에 띄고, 알기 쉽게 한다.
  ㉢ 이미지 차별화 : 쾌적한 환경 조성으로 타점, 타 브랜드와의 이미지를 차별화한다.
  ㉣ 새로운 유행 유도 : 신상품에 대한 새로운 유행을 창조·주지·유도한다.
  ㉤ 지역의 문화 공간 조성 : 새로운 문화 공간을 조성하여 지역 발전에 기여한다.

10년간 자주 출제된 문제

2-1. 상점의 상품 진열계획에 관한 설명으로 옳지 않은 것은?
① 골든 스페이스는 바닥에서 높이 850~1,250mm의 범위이다.
② 운동기구 등 중량이 무거운 물품은 바닥에 가깝게 배치하는 것이 좋다.
③ 통로측에 상품을 진열하는 경우, 높이 2m 이하로 중점상품을 대량으로 진열한다.
④ 상품의 특징과 성격 등 전시효과를 극대화하여 구매 욕구를 자극하여 판매를 촉진시키는 계획이 되도록 한다.

2-2. 상점의 상품 진열계획에서 골든 스페이스의 범위는?(단, 바닥에서의 높이)
① 650~1,050mm
② 750~1,150mm
③ 850~1,250mm
④ 950~1,350mm

2-3. 상업 공간에서 디스플레이의 목적으로 옳지 않은 것은?
① 교육적 목적
② 이미지 차별화
③ 선전효과의 기능
④ 역사적 의미 접근

해설

2-1
상품 진열 시 통로측에는 높이 1,200mm 이하에 중점상품을 소량 진열하고, 중간에는 1,200~1,350mm 높이로 상품을 다량으로 진열한다.

2-2
유효 진열범위 내에서 고객의 시선이 가장 편하게 머물고 손으로 잡기에 가장 편안한 높이는 850~1,250mm이다. 이 범위를 골든 스페이스(golden space)라고 한다.

2-3
상업 공간에서 디스플레이의 목적
• 교육적 목적 : 신상품 소개, 상품의 사용법, 가치 등을 알린다.
• 선전효과의 기능 : 신상품을 눈에 띄고, 알기 쉽게 한다.
• 이미지 차별화 : 쾌적한 환경 조성으로 타점, 타 브랜드와의 이미지를 차별화한다.
• 새로운 유행 유도 : 신상품에 대한 새로운 유행을 창조·주지·유도한다.
• 지역의 문화 공간 조성 : 새로운 문화 공간을 조성하여 지역 발전에 기여한다.

정답 2-1 ③ 2-2 ③ 2-3 ④

핵심이론 03 상업 공간의 동선계획

① 상업 공간계획 시 우선순위는 고객의 동선을 원활히 처리하는 것이다.
② 동선은 고객 동선, 종업원 동선, 상품 동선으로 분류하며 각각의 동선은 서로 교차되지 않도록 해야 한다.
③ 고객 동선은 행동의 흐름이 막히지 않도록 한다.
④ 고객 동선은 가능한 한 길게 배치하여 상점 내에 오래 머물도록 한다.
⑤ 고객을 위한 통로의 폭은 최소 900mm 이상으로 한다.
⑥ 종업원 동선은 길이를 짧게 한다.
⑦ 관리 동선은 사무실을 중심으로 매장, 창고, 작업장 등이 최단 거리로 연결되는 것이 이상적이다.
⑧ 상품 동선(관리 동선)은 상품의 반·출입, 보관, 포장, 발송 등과 같은 상점 내에서 상품이 이동하는 동선이다.
⑨ 고객 동선과 종업원 동선이 만나는 곳에 카운터나 쇼케이스를 배치하는 것이 좋다.
   ※ 몰(mall) : 쇼핑센터 내의 주요 보행 동선으로 고객을 각 상점으로 고르게 유도하는 동시에 휴식처로서의 기능도 있다.
⑩ 바닥, 벽, 천장은 상품에 대해 배경 역할을 할 수 있도록 한다.
⑪ 상점의 색채계획
   ㉠ 실내 분위기에 보색효과를 사용하면 활발하고 개성적인 분위기를 연출할 수 있다.
   ㉡ 전체 색의 배분에서 분위기를 지배하는 주조색은 약 60% 정도로 적용하는 것이 좋다.

10년간 자주 출제된 문제

3-1. 상업 공간의 동선계획으로 옳지 않은 것은?
① 종업원 동선은 길이를 짧게 한다.
② 고객 동선은 행동의 흐름이 막히지 않도록 한다.
③ 종업원 동선은 고객 동선과 교차되지 않도록 한다.
④ 고객 동선은 가능한 한 길이를 짧게 한다.

3-2. 상업 공간의 동선계획에 대한 설명으로 옳지 않은 것은?
① 고객 동선은 가능한 한 길게 배치하는 것이 좋다.
② 판매 동선은 고객 동선과 일치해야 하며 길고 자연스러워야 한다.
③ 상업 공간계획 시 가장 우선순위는 고객의 동선을 원활히 처리하는 것이다.
④ 관리 동선은 사무실을 중심으로 매장, 창고, 작업장 등이 최단거리로 연결되는 것이 이상적이다.

해설

3-1
상업 공간 동선계획 시 종업원의 동선은 짧게, 고객의 동선은 길게 한다.

3-2
판매 동선은 고객의 동선과 교차되지 않도록 하며, 가능한 한 짧게 하여 피로를 적게 한다.

정답 3-1 ④ 3-2 ②

핵심이론 04 상점 진열장의 배치 유형

① 굴절배열형

진열 케이스 배치와 고객 동선의 굴절 또는 곡선으로 구성된 스타일의 상점으로, 대면 판매방식과 측면 판매방식이 조합된 형식이다(안경점, 양품점, 문방구 등).

② 직렬배열형

㉠ 진열대가 입구에서 안쪽을 향하여 직선으로 배치된 형식이다.
㉡ 대량 판매가 가능한 형식으로 고객이 직접 취사선택할 수 있는 업종에 가장 적합하다. 주로 침구, 의복, 가전제품, 식기, 서점 등에서 사용한다.
㉢ 상품의 전달 및 고객의 동선상 흐름이 가장 빠른 형식으로 협소한 매장에 적합하다.
㉣ 진열대를 설치하기 간단하며 경제적이다.
㉤ 매장이 단조로워지거나 국부적인 혼란을 일으킬 우려가 있다.
㉥ 고객의 통행량에 따라 부분적으로 통로 폭을 조절하기 어렵다.
㉦ 대면 판매방식과 측면 판매방식이 조합된 형식이다.

③ 환상배열형

평면의 중앙에 쇼케이스, 진열 스테이지 등을 직선 또는 곡선에 의한 고리 모양으로 설치하는 형식이다(수예, 민예품점).

④ 복합형

여러 배치의 형태를 평면의 크기, 형태, 상품에 따라 적절히 조합한 형식이다(부인복지점, 피혁제품, 서점 등).

진열장 배치 시 고려사항
- 상품이 고객 쪽에서 효과적으로 보이게 한다.
- 감시한다는 인상을 주지 않도록 한다.
- 들어오는 고객과 종업원의 시선은 직접 마주치지 않게 한다.
- 다수의 고객을 수용하고, 소수의 종업원으로 관리한다.

10년간 자주 출제된 문제

4-1. 상품의 전달 및 고객의 동선상 흐름이 가장 빠른 형식으로, 협소한 매장에 적합한 상점 진열장의 배치 유형은?

① 굴절형
② 환상형
③ 복합형
④ 직렬형

4-2. 다음 보기의 설명에 해당하는 상점의 진열 및 판매대 배치 유형은?

|보기|
- 판매대가 입구에서 내부 방향으로 향하여 직선적인 형태로 배치되는 형식이다.
- 통로가 직선이어서 고객의 흐름이 빠르다.

① 굴절배치형
② 직렬배치형
③ 환상배치형
④ 복합배치형

|해설|

4-1~4-2

직렬배열형
- 진열대가 입구에서 안쪽을 향하여 직선으로 배치된 형식이다.
- 대량 판매가 가능한 형식으로 고객이 직접 취사선택할 수 있는 업종에 가장 적합하다. 주로 침구, 의복, 가전제품, 식기, 서점 등에서 사용한다.
- 상품의 전달 및 고객의 동선상 흐름이 가장 빠른 형식으로 협소한 매장에 적합하다.
- 진열대를 설치하기 간단하며 경제적이다.
- 매장이 단조로워지거나 국부적인 혼란을 일으킬 우려가 있다.
- 고객의 통행량에 따라 부분적으로 통로 폭을 조절하기 어렵다.
- 대면 판매방식과 측면 판매방식이 조합된 형식이다.

정답 4-1 ④ 4-2 ②

핵심이론 05 상점의 판매형식

① 대면 판매
  ㉠ 고객과 종업원이 진열장을 사이에 두고 상담 및 판매하는 형식이다.
  ㉡ 포장대나 계산대를 별도로 둘 필요가 없다.
  ㉢ 포장대를 가릴 수 있고, 포장 등이 편리하다.
  ㉣ 고객과 마주 대하기 때문에 상품 설명이 용이하다.
  ㉤ 종업원의 정위치를 정하기가 용이하다.
  ㉥ 판매원이 통로를 차지하여 진열 면적이 감소된다.
  ㉦ 쇼케이스가 많아지면 상점의 분위기가 부드럽지 않다.
  ㉧ 소형 고가품인 귀금속, 시계, 화장품, 의약품, 카메라 판매점 등에 적합하다.

② 측면 판매
  ㉠ 고객이 직접 상품과 접촉하여 충동구매를 유도하는 방식이다.
  ㉡ 진열상품을 같은 방향으로 보며 판매하는 형식이다.
  ㉢ 판매원이 고정된 자리 및 위치를 설정하기 어렵다.
  ㉣ 고객이 진열된 상품을 직접 접촉할 수 있어 상품 선택이 용이하다.
  ㉤ 대면 판매에 비해 넓은 진열 면적의 확보가 가능하다.
  ㉥ 직원 동선의 이동성이 많다.
  ㉦ 상품의 설명이나 포장 등이 불편하다.
  ㉧ 주로 전기용품, 서적, 침구, 양복, 문방구류 등의 판매에 사용된다.

10년간 자주 출제된 문제

5-1. 상점의 판매형식에 관한 설명으로 옳지 않은 것은?
① 대면 판매는 종업원의 정위치를 정하기가 용이하다.
② 측면 판매는 상품에 대한 설명이나 포장작업이 용이하다.
③ 측면 판매는 고객의 충동적 구매를 유도하는 경우가 많다.
④ 대면 판매를 하는 상품은 일반적으로 시계, 귀금속, 안경 등 소형 고가품이다.

5-2. 측면 판매형식의 적용이 가장 곤란한 상품은?
① 서적
② 침구
③ 서재
④ 귀금속

5-3. 상점의 판매방식 중 대면 판매에 관한 설명으로 옳지 않은 것은?
① 측면방식에 비해 진열 면적이 감소된다.
② 판매원의 고정 위치를 정하기가 용이하다.
③ 상품의 포장대나 계산대를 별도로 둘 필요가 없다.
④ 고객이 진열된 상품을 직접 접촉할 수 있어 충동구매와 선택이 용이하다.

|해설|

5-1
측면 판매는 상품의 설명이나 포장 등이 불편하다.

5-2
측면 판매형식은 주로 전기용품, 서적, 침구, 양복, 문방구류 등의 판매에 사용된다.

5-3
고객이 진열된 상품을 직접 접촉할 수 있어 충동구매와 선택이 용이한 것은 측면 판매이다.

정답 5-1 ② 5-2 ④ 5-3 ④

핵심이론 06 쇼윈도 계획

① 쇼윈도의 평면형식
　㉠ 평형
　　• 가장 일반적인 형식으로 채광이 용이하고, 상점 내부를 넓게 사용할 수 있다.
　　• 상점 전부를 유리로 하여 상점의 내부 전체를 진열장으로 사용할 수 있다.
　　• 가구점, 자동차 판매장, 꽃집 등에 적합하다.
　㉡ 돌출형
　　• 주로 특수용도의 도매상점에 많이 사용된다.
　　• 특정한 전자제품 또는 의류상품 등 강한 이미지를 주기 위해 사용한다.
　㉢ 만입형(灣入型)
　　• 파사드의 일부를 만입시켜 혼잡한 도로에서도 마음 놓고 진열 상품을 볼 수 있다.
　　• 만입형은 점두의 진열면이 크다.
　　• 상점 내부에 들어가지 않아도 상품을 알 수 있다.
　　• 상점의 내부 면적이 감소하고, 자연채광이 감소하는 등의 단점이 있다.
　㉣ 홀(hall)형 : 만입형의 만입부를 더욱 넓게 계획하고, 그 주위에 진열장을 설치하여 홀을 형성하는 형식이다.

② 쇼윈도의 단면형식
　㉠ 단층형 : 건물 1층의 전면에 쇼윈도를 설치한 형식이다.
　㉡ 다층형 : 여러 층의 전면에 쇼윈도를 설치한 형식으로, 도로 폭이 넓어야 멀리서도 다 볼 수 있다.
　㉢ 오픈 스페이스형(투시형) : 1층 이상의 상층부 전면을 개방시켜 큰 공간감을 얻을 수 있고, 자유로운 진열이 가능하다.

③ 쇼윈도의 조명
　㉠ 상품의 주시성(注視性)과 주목성(注目性)을 높여 상점의 인상을 강하게 하고 상품이 갖는 재질감, 입체감, 색채를 효과적으로 나타낸다.
　㉡ 상점 내 전체 조명보다 2~4배 정도 높은 조도로 주시성을 준다.
　㉢ 연색성이 높은 광원을 선택한다.
　㉣ 광원에 의한 눈부심이 생기지 않도록 한다.
　㉤ 상품의 재질감을 강조하고 진열효과를 높일 수 있도록 계획한다.
　㉥ 시계, 귀금속, 보석 등에는 1,000lx의 높은 조도가 필요하며, 스포트라이트로 국부조명한다.
　㉦ 근접한 타점의 조도, 통과하는 보행자의 속도에 상응하여 주목성 있는 조도를 결정한다.
　㉧ 진열상품의 입체감은 밝은 하이라이트 부분과 그림자 부분이 명확히 구분되어 형상의 입체감이 강조되도록 한다.
　※ 물체가 잘 보이도록 하는 조명의 조건, 즉 가시성을 결정하는 요소 : 주변과의 대비, 대상물의 밝기, 대상물의 크기

④ 쇼윈도의 눈부심 방지방법
　㉠ 쇼윈도에 차양을 설치하여 햇빛을 차단한다.
　㉡ 도로면을 어둡게 하고 쇼윈도 내부를 밝게 한다.
　㉢ 가로수를 심어 건물이 비치지 않도록 한다.
　㉣ 곡면 유리를 사용하거나 유리를 경사지게 처리한다.
　※ 현휘(눈부심)현상은 외부 조도가 내부 조도보다 높을 때 나타난다.

10년간 자주 출제된 문제

6-1. 쇼윈도의 평면형식에 해당하지 않는 것은?
① 홀형 ② 만입형
③ 다층형 ④ 돌출형

6-2. 상점 쇼윈도 전면의 눈부심 방지방법으로 옳지 않은 것은?
① 쇼윈도에 차양을 설치하여 햇빛을 차단한다.
② 쇼윈도 내부를 도로면보다 약간 어둡게 한다.
③ 유리를 경사지게 처리하거나 곡면 유리를 사용한다.
④ 쇼윈도 앞에 가로수를 심어 도로 건너편 건물의 반사를 막는다.

해설

6-1
다층형은 쇼윈도의 단면형식이다.
쇼윈도의 평면형식
- 평형
- 돌출형
- 만입형(彎入型)
- 홀형

6-2
쇼윈도 전면의 눈부심을 방지하기 위해서는 도로면을 어둡게 하고 쇼윈도 내부를 밝게 한다.

정답 6-1 ③ 6-2 ②

핵심이론 07 백화점의 매장계획

① 상품 배치
  ㉠ 전략적 상품군과 수익성이 큰 상품은 주동선에 가깝게 배치한다.
  ㉡ 고객을 위한 휴식 공간과 편의시설은 전 층이나 한 층씩 걸러서 고객을 유인할 수 있도록 배치한다.
  ㉢ 각 층의 매장 품목은 품목 특성에 따라 다르게 배치한다.
  ㉣ 상품권은 판매권과 접하지만, 고객권과는 분리된다.
  ㉤ 최소의 인원으로 매장을 관리할 수 있도록 상품을 배치한다.

② 층별 구성
  ㉠ 지하층 : 식품부
  ㉡ 하층 : 전략상품(액세서리, 핸드백, 구두, 화장품)
  ㉢ 중층 : 생활용품(여성 의류, 남성 의류)
  ㉣ 상층 : 식당가, 전시장, 가전제품, 완구, 운동용품

③ 동선계획
  고객의 주통로 폭은 3인 이상 다닐 수 있도록 2,000mm 이상이어야 한다.

④ 매장의 배치 유형
  ㉠ 직각배치형
  - 판매장의 유효 면적을 최대로 할 수 있다.
  - 단조로운 배치가 되기 쉽다.
  - 통행량에 따른 폭 조절이 어렵다.
  ㉡ 사행배치형
  - 주통로를 직각으로 배치하고, 부통로를 45° 경사지게 배치한다.
  - 수직 동선으로 많은 고객이 매장 공간의 코너까지 접근하기 용이하다.
  - 이형(모양이 다른)의 진열대가 많이 필요하다.

ⓒ 자유곡선배치법
- 고객의 유동 방향에 따라 자유로운 곡선으로 배치한다.
- 특수 형태의 유리 케이스가 필요하므로 비용이 증가한다.

ⓔ 방사배치법 : 통로를 방사형으로 배치하는 방법으로, 일반적으로 적용하기 곤란한 방식이다.

백화점의 외벽에 창을 설치하지 않는 이유 및 효과
- 조도를 균일하게 할 수 있다.
- 실내 면적의 이용도가 높아진다.
- 외측에 광고물의 부착효과가 있다.

10년간 자주 출제된 문제

7-1. 백화점의 매장계획에서 공간계획방법으로 옳지 않은 것은?
① 전략적 상품군과 수익성이 큰 상품은 주동선에 가깝게 배치한다.
② 고객을 위한 휴식공간과 편의시설은 한 층이나 한 장소에 집중 배치한다.
③ 최소의 인원으로 매장을 관리할 수 있도록 상품을 배치한다.
④ 각 층의 매장 품목은 품목 특성에 따라 다르게 배치한다.

7-2. 백화점 진열대의 평면 배치 유형 중 많은 고객이 매장 공간의 코너까지 접근하기 용이하지만, 이형의 진열대가 필요한 것은?
① 직렬배치형
② 사행배치형
③ 환상배치형
④ 굴절배치형

해설

7-1
고객을 위한 휴식 공간과 편의시설은 전 층이나 한 층씩 걸러서 고객을 유인할 수 있도록 배치한다.

7-2
사행배치형
- 주통로를 직각 배치하고, 부통로를 45° 경사지게 배치한다.
- 수직 동선으로 많은 고객이 매장 공간의 코너까지 접근하기 용이하다.
- 이형(모양이 다른)의 진열대가 많이 필요하다.

정답 7-1 ② 7-2 ②

CHAPTER 02 실내환경

제1절 열 및 습기환경

1-1. 건물 과열, 습기, 실내환경

핵심이론 01 온열요소

① 인체의 열 쾌적에 영향을 주는 물리적 온열요소
  ㉠ 기온(온도)
    • 지상 1.5m에서의 건구온도로, 인체의 쾌적에 가장 큰 영향을 미친다.
    • 실내 쾌감온도 : 18±2℃
    • 일반적으로 공기의 건구온도를 의미한다.
  ㉡ 습도
    • 쾌적한 습도 : 40~70%
    • 습하면 피부질환, 건조하면 호흡기질환에 걸리기 쉽고 온도와 습도가 높으면 불쾌감을 느낀다.
  ㉢ 기류(공기의 흐름)
    • 쾌적 기류 : 일반적으로 1m/s 전후의 기류가 있는 것
    • 불감 기류 : 주로 0.2~0.5m/s 정도의 피부로 느낄 수 없는 기류
    • 대류에 의한 인체의 열손실 및 열획득을 증가시킨다.
  ㉣ 복사열
    • 발열체로부터 직접 발산되는 열이다.
    • 기온 다음으로 온열감에 영향을 미친다.
    • 평균복사온도는 일반적으로 주변 공간 표면온도의 면적 가중 평균값을 이용한다.

② 개인적(주관적) 온열요소
  ㉠ 주관적이고 정량화할 수 없는 요소이다.
  ㉡ 착의 상태, 활동량, 환경에 대한 적응도, 건강 상태, 음식과 음료, 연령과 성별, 재실시간 등이 있다.
  ㉢ 측정단위
    • 주관적 온열요소 중 착의 상태의 단위 : clo(cloths)
    • 주관적 온열요소 중 인체활동 상태의 단위 : met (metabolic equivalent of task)
    • 인체의 신진대사에서 휴식 상태에 가장 근접한 met 수 : 1.0met
  ㉣ 인체에서 열손실이 이루어지는 요인
    • 피부 표면의 열복사
    • 주변 공기의 복사, 대류, 증발에 의한 열손실
    • 호흡, 땀 등의 수분 증발에 의한 열손실

10년간 자주 출제된 문제

1-1. 실내 온열환경의 물리적 4대 요소는?
① 기온, 기류, 습도, 복사열
② 기온, 기류, 복사열, 착의량
③ 기온, 복사열, 습도, 활동량
④ 기온, 기류, 습도, 활동량

1-2. 주관적 온열요소인 인체활동 상태의 단위는?
① clo   ② met
③ m/s   ④ MRT

1-3. 인체에서 열손실이 이루어지는 요인이 아닌 것은?
① 피부 표면의 열복사   ② 인체 주변 공기의 대류
③ 호흡, 땀 등의 수분 증발   ④ 인체 내 음식물의 산화작용

|해설|
1-3
인체의 열손실이 이루어지는 요인
• 피부 표면의 열복사
• 주변 공기의 복사, 대류, 증발에 의한 열손실
• 호흡, 땀 등의 수분 증발에 의한 열손실

정답 1-1 ① 1-2 ② 1-3 ④

핵심이론 02 온열지수

① 유효온도(실효온도, effective temperature)
   ㉠ 기온·습도·기류의 3요소 조합에 의한 실내 온열감각을 기온의 척도로 나타낸 온열지표이다.
   ㉡ 실제로 감각되는 온도이다(실감온도).
   ㉢ 다수의 피험자의 실제 체감으로 구한 것이며, 계측기에 의한 것이 아니다.
   ㉣ 실효온도의 종류 : Oxford 지수, WBGT 지수(습구 글로브 온도), Botsball 지수

② 노점온도
   ㉠ 공기가 포화상태(습도 100%)가 될 때의 온도이다.
   ㉡ 습공기 냉각으로 이슬, 결로가 맺히기 시작하는 온도이다.

③ 체감온도
   겨울철 연료의 소모량을 예측할 수 있는 지표로 사용되며, 한기에 노출되어 추운 정도를 나타내는 온도이다.

④ 혼합공기의 온도 계산
   온도와 양이 서로 다른 공기를 혼합했을 때의 건구온도를 계산한다. 공기, 물 모두 같은 방법으로 계산한다.
   ※ 건구온도 : 보통 온도계로 측정한 온도

   혼합공기 온도(℃) = $\dfrac{(Q_1 \times t_1) + (Q_2 \times t_2)}{Q_1 + Q_2}$

   여기서, Q_1, Q_2 : 혼합 전 공기의 양
   t_1, t_2 : 혼합 전 공기의 온도

   예제 30℃의 공기 300m³와 10℃의 공기 200m³를 단열 혼합하였을 경우 혼합공기의 온도는?

   풀이 혼합공기 온도(℃)
   = $\dfrac{(300 \times 30) + (200 \times 10)}{300 + 200}$ = 22℃

⑤ 불쾌지수(DI ; Discomfort Index)
   ㉠ 기온과 습도에 의한 온열감을 나타낸 온열지표이다.
   ㉡ 불쾌지수 계산식[온도 단위 (℃)일 때]
      $DI = 0.72 \times (D + W) + 40.6$
      여기서, D : 건구온도(℃)
      W : 습구온도(℃)
   ㉢ 불쾌지수의 범위 : 쾌적함의 척도
      - 68 미만 : 전원이 쾌적함을 느낀다.
      - 68~75 : 불쾌감을 나타내기 시작한다.
      - 80 이상 : 대부분의 사람이 불쾌감을 느낀다.

10년간 자주 출제된 문제

2-1. 유효온도와 관련이 없는 온열요소는?
① 기온 ② 습도
③ 기류 ④ 복사열

2-2. 공기가 포화상태(습도 100%)가 될 때의 온도는?
① 절대온도 ② 습구온도
③ 건구온도 ④ 노점온도

2-3. 건구온도가 28℃인 공기 80kg과 건구온도가 14℃인 공기 20kg을 단열 혼합하였을 때, 혼합공기의 건구온도는?
① 16.8℃ ② 18℃
③ 21℃ ④ 25.2℃

|해설|

2-1
유효온도 : 기온·습도·기류의 3요소 조합에 의한 실내 온열감각을 기온의 척도로 나타낸 온열지표이다.

2-2
노점온도
- 공기가 포화상태(습도 100%)가 될 때의 온도이다.
- 습공기 냉각으로 이슬, 결로가 맺히기 시작하는 온도이다.

2-3
혼합공기의 건구온도(℃) = $\dfrac{(Q_1 \times t_1) + (Q_2 \times t_2)}{Q_1 + Q_2}$
= $\dfrac{(28 \times 80) + (14 \times 20)}{80 + 20}$ = 25.2℃

여기서, Q_1, Q_2 : 혼합 전 공기의 양
t_1, t_2 : 혼합 전 공기의 온도

정답 2-1 ④ 2-2 ④ 2-3 ④

핵심이론 03 열의 전도

① 열의 개념
  ㉠ 열이 이동하는 형식에는 복사, 대류, 전도가 있다.
  ㉡ 대류는 유체의 흐름에 의해서 열이 이동하는 것을 총칭한다.
  ㉢ 열은 온도가 높은 곳에서 낮은 곳으로 이동한다.

② 열전도율
  ㉠ 열전도율이란 두께 1m 판의 양면에 1℃의 온도차가 있을 때 단위시간 동안에 흐르는 열량이다.
  ㉡ 열전도율은 물체의 고유 성질로서 전도에 의한 열의 이동 정도를 표시한다.
  ㉢ 열전도율의 단위는 W/m·K이다.
  ㉣ 기체나 액체는 고체보다 열전도율이 작다.
  ㉤ 철근콘크리트의 열전도율은 강재보다 작다.
  ㉥ 열전도율이 크면 클수록 열전도저항은 작아진다.

③ 열관류
  ㉠ 벽과 같은 고체를 통하여 유체(공기)에서 유체로 열이 전해지는 현상이다.
  ㉡ 열관류율이 큰 벽일수록 단열성이 낮다.
  ㉢ 일반적으로 벽체에서의 열관류현상은 열전달(고온측) – 열전도 – 열전달(저온측)의 과정을 거친다.

10년간 자주 출제된 문제

3-1. 건축물에서 열이 이동하는 방법으로 옳지 않은 것은?
① 호흡
② 복사
③ 전도
④ 대류

3-2. 벽과 같은 고체를 통하여 유체(공기)에서 유체로 열이 전해지는 현상은?
① 복사
② 대류
③ 열관류
④ 열전도

3-3. 열전도율의 단위는?
① W
② W/m
③ W/m·K
④ W/m²·K

3-4. 다음 중 열전도율이 가장 큰 것은?
① 동판
② 목재
③ 대리석
④ 콘크리트

[해설]

3-1
열이 이동하는 형식 : 복사, 대류, 전도

3-2
열관류율
- 벽과 같은 고체를 통하여 유체(공기)에서 유체로 열이 전해지는 현상이다.
- 열관류율이 큰 벽일수록 단열성이 낮다.
- 일반적으로 벽체에서의 열관류현상은 열전달(고온측) – 열전도 – 열전달(저온측)의 과정을 거친다.

정답 3-1 ① 3-2 ③ 3-3 ③ 3-4 ①

핵심이론 04 단열재 등

① 단열재
  ㉠ 일반적으로 단열재의 열전도율은 밀도가 낮을수록 작다.
  ㉡ 충전형 단열재 중 무기질 재료는 열에 강한 반면 흡수성이 크다.
  ㉢ 단열재에 수분이 침투하면 열전도율이 크게 증가하기 때문에 흡습성이 없어야 한다.

② 단열재가 갖추어야 할 요건
  ㉠ 경제적이고, 시공이 용이할 것
  ㉡ 가볍고, 기계적 강도가 우수할 것
  ㉢ 열전도율, 흡수율, 수증기 투과율이 낮을 것
  ㉣ 내구성, 내열성, 내식성이 우수하고 냄새가 없을 것

③ 외단열과 내단열 공법
  ㉠ 내단열은 외단열에 비해 실온 변동이 크다.
  ㉡ 외단열로 하면 건물의 열교현상을 방지할 수 있다.
  ㉢ 내단열로 하면 내부결로의 발생 위험이 크다.
  ㉣ 단시간 간헐 난방을 하는 공간은 외단열보다는 내단열이 유리하다.
  ㉤ 외단열은 건축물의 에너지절약설계기준에 따라 권장되는 외벽 부위의 단열 시공방법이다.

④ 전열 및 단열의 특징
  ㉠ 일반적으로 액체와 기체는 고체보다 열전도율이 작다.
  ㉡ 벽체 내 공기층의 단열효과는 기밀성에 큰 영향을 받는다.
  ㉢ 벽체의 열관류율이 클수록 단열성능이 낮아진다.
  ㉣ 벽체의 열전도저항이 클수록 단열성능이 우수하다.
  ㉤ 벽체의 열전도저항은 그 구성재료가 습기를 함유할 경우 작아진다.

10년간 자주 출제된 문제

4-1. 단열재가 갖추어야 할 일반적인 요건으로 옳지 않은 것은?
① 흡수율이 낮을 것
② 열전도율이 낮을 것
③ 수증기 투과율이 높을 것
④ 기계적 강도가 우수할 것

4-2. 건축물의 에너지절약설계기준에 따라 권장되는 외벽 부위의 단열 시공방법은?
① 외단열
② 내단열
③ 중단열
④ 양측 단열

4-3. 전열 및 단열에 관한 설명으로 옳지 않은 것은?
① 일반적으로 액체는 고체보다 열전도율이 작다.
② 일반적으로 기체는 고체보다 열전도율이 작다.
③ 벽체에서 공기층의 단열효과는 기밀성과는 무관하다.
④ 벽체의 열전도저항이 클수록 단열성능이 우수하다.

|해설|

4-1
단열재가 갖추어야 할 요건
• 경제적이고 시공이 용이할 것
• 가볍고, 기계적 강도가 우수할 것
• 열전도율, 흡수율, 수증기 투과율이 낮을 것
• 내구성, 내열성, 내식성이 우수하고 냄새가 없을 것

4-3
벽체 내 공기층의 단열효과는 기밀성에 큰 영향을 받는다.

정답 4-1 ③　4-2 ①　4-3 ③

핵심이론 05 단열계획

① 건축물의 에너지 절약을 위한 단열계획
  ㉠ 외벽 부위는 외단열로 시공한다.
  ㉡ 건물의 창호는 가능한 한 작게 설계한다.
  ㉢ 건물 옥상에 조경을 하여 최상층 지붕의 열저항을 높인다.
  ㉣ 외피의 모서리 부분은 열교가 발생하지 않도록 단열재를 연속으로 설치한다.
  ㉤ 외벽은 가능한 한 굴곡을 피하고 단순한 형태로 한다.
  ㉥ 단열재는 투습성이 작은 것을 사용한다.
  ㉦ 실의 용도 및 기능에 따라 수평, 수직으로 조닝계획을 한다.
  ㉧ 공동 주택은 인동 간격을 넓게 하여 저층부의 일사 수열량을 증대시킨다.
  ㉨ 거실의 층고 및 반자 높이는 실의 용도와 기능에 지장을 주지 않는 범위 내에서 가능한 한 낮게 한다.
  ㉩ 건축물은 남향 또는 남동향 배치를 한다.

② 벽체의 단열효과를 높이기 위한 방법
  ㉠ 벽체 내부에 공기층을 설치한다.
  ㉡ 반사형 단열재는 중공벽 중간에 설치한다.
  ㉢ 단열재는 되도록 건조한 상태로 유지하는 것이 좋다.
  ㉣ 저항형 단열재는 재료 내 기포가 많이 포함된 것을 사용한다.

10년간 자주 출제된 문제

건축물의 단열을 위한 조치사항으로 옳지 않은 것은?
① 외벽 부위는 외단열로 시공한다.
② 건물의 창호는 가능한 한 크게 설계한다.
③ 건물 옥상에는 조경을 하여 최상층 지붕의 열저항을 높인다.
④ 외피의 모서리 부분은 열교가 발생하지 않도록 단열재를 연속적으로 설치한다.

|해설|
건물의 창호는 가능한 한 작게 설계한다.

정답 ②

1-2. 복사 및 습기와 결로

핵심이론 01 열의 복사

① 복사
  ㉠ 태양으로부터 지구로 전달되는 열은 복사열이다.
  ㉡ 어떤 물체에 발생하는 열에너지가 전달 매개체가 없이 직접 다른 물체에 도달하는 전열현상이다.
  ㉢ 물체에서 복사되는 열량은 그 표면의 절대온도의 4승에 비례한다.
  ㉣ 물질의 표면에 복사열에너지가 닿으면 일부는 물질 내부에 흡수되고, 일부는 반사되고, 나머지는 투과된다.
  ㉤ 알루미늄박과 같은 금속의 연마면은 복사율이 매우 작아 단열판으로 사용 가능하다.
  ㉥ 복사열은 직접 전달되기 때문에 그 주위에 있는 공기의 온도에 영향을 받지 않는다.

② 열교현상
  ㉠ 벽이나 바닥, 지붕 등 건축물의 특정 부위에 연속으로 단열되지 않은 부분이 있어 이 부위를 통한 열의 이동이 많아지는 현상이다.
  ㉡ 열교현상이 발생하면 구조체 전체의 단열성이 저하된다.
  ㉢ 열교현상이 발생하는 부위는 표면온도가 낮아져 표면결로가 발생한다.
  ㉣ 조적조 건물의 경우 내단열보다 외단열이 열교현상 방지에 효과적이다.

③ 대기압 조건에서 현열과 잠열
  ㉠ 0℃ 얼음을 0℃ 물로 바꾸는 데 필요한 열은 잠열이다.
  ㉡ 0℃ 얼음을 100℃ 물로 만들기 위해서는 잠열과 현열이 필요하다.
  ㉢ 0℃ 물을 100℃ 물로 바꾸는 데 필요한 열은 현열이다.

㉣ -10℃ 얼음을 0℃ 얼음으로 만들기 위해서는 현열만 필요하다.

㉤ 100℃ 물을 100℃ 수증기로 만들기 위해서는 잠열만 필요하다.

㉥ 0℃ 물을 100℃ 수증기로 만들기 위해서는 현열과 잠열이 필요하다.

※ 굴뚝효과(stack effect) : 건축물의 내부와 외부의 온도 차이로 인해 공기가 유동하는 효과로, 중력환기의 원리로 연돌효과라고도 한다. 굴뚝효과의 가장 주된 발생원은 온도차이다.

10년간 자주 출제된 문제

1-1. 어떤 물체에 발생하는 열에너지가 전달 매개체가 없이 직접 다른 물체에 도달하는 전열현상은?

① 전도
② 대류
③ 복사
④ 완류

1-2. 복사에 관한 설명으로 옳지 않은 것은?

① 물체에서 복사되는 열량은 그 표면의 절대온도의 4승에 비례한다.
② 복사열은 직접 전달되기 때문에 주위에 있는 벽체의 표면온도에 영향을 받지 않는다.
③ 알루미늄박과 같은 금속의 연마면은 복사율이 매우 작아 단열판으로 사용 가능하다.
④ 물질의 표면에 복사열에너지가 닿으면 그 일부는 물질 내부에 흡수되고, 일부는 반사되고, 나머지는 투과된다.

[해설]

1-2
복사열은 직접 전달되기 때문에 그 주위에 있는 공기의 온도에 영향을 받지 않는다.

정답 1-1 ③ 1-2 ②

핵심이론 02 결로의 발생원인과 예방

① **겨울철 벽체에 표면결로가 발생하는 원인**
   ㉠ 실내외 온도차가 클수록 많이 생긴다.
   ㉡ 실내에 습기가 많이 발생할 경우에 생긴다.
   ㉢ 건물의 사용 패턴 변화에 의해 환기가 부족할 때 생긴다.
   ㉣ 단열 시공이 불완전(건물 외벽의 단열 상태 불량)할 때 생긴다.
   ㉤ 시공이 불량할 경우에 생긴다.
   ㉥ 시공 직후 미건조 상태일 때 생긴다.

② **표면결로의 방지방법**
   ㉠ 단열 강화에 의해 표면온도를 상승시킨다.
   ㉡ 직접가열이나 기류 촉진에 의해 표면온도를 상승시킨다.
   ㉢ 수증기 발생이 많은 부엌이나 화장실에 배기구나 배기팬을 설치한다.
   ㉣ 실내에서 발생하는 수증기를 억제한다.
   ㉤ 환기에 의해 실내 절대습도를 저하시킨다.
   ㉥ 실내온도를 노점온도 이상으로 유지시킨다.
   ㉦ 구조체의 열관류저항을 크게 한다.
   ㉧ 내부결로를 방지하기 위해 방습층은 온도가 높은 단열재의 실내측에 위치하도록 한다.
   ㉨ 주방 벽 근처의 공기를 순환시킨다.
   ㉩ 낮은 온도로 난방을 오래 하는 것이 높은 온도로 난방을 짧게 하는 것보다 결로 방지에 유리하다.

10년간 자주 출제된 문제

2-1. 결로의 발생원인으로 옳지 않은 것은?
① 잦은 환기
② 단열 시공의 불완전
③ 실내외의 큰 온도차
④ 실내 습기의 과다 발생

2-2. 겨울철 실내에서 발생하는 표면결로의 방지방법으로 옳지 않은 것은?
① 실내에서 발생하는 수증기를 억제한다.
② 실내온도를 노점온도 이하로 유지시킨다.
③ 환기에 의해 실내 절대습도를 저하시킨다.
④ 단열 강화에 의해 실내측 표면온도를 상승시킨다.

2-3. 표면결로의 방지대책으로 옳지 않은 것은?
① 가습을 통해 실내 절대습도를 높인다.
② 실내온도를 노점온도 이상으로 유지시킨다.
③ 구조체의 열관류저항을 크게 한다.
④ 직접가열이나 기류 촉진에 의해 표면온도를 상승시킨다.

|해설|

2-1
건물의 사용 패턴 변화에 의해 환기가 부족할 때 결로가 생긴다.

2-2
겨울철 실내에서 발생하는 표면결로를 방지하기 위해서는 실내온도를 노점온도 이상으로 유지시킨다.

2-3
표면결로를 방지하기 위해서는 환기에 의해 실내 절대습도를 저하시킨다.

정답 2-1 ① 2-2 ② 2-3 ①

제2절 공기환경

2-1. 실내 공기의 오염 및 환기

핵심이론 01 실내 공기의 오염

① 실내 공기의 오염물질
  ㉠ 분진, 담배 연기, 악취, 석면 등
  ㉡ 연소가스(일산화탄소, 이산화질소, 이산화황 등)
  ㉢ 휘발성 유기화합물(VOCs) : 주로 페인트나 내장재 등에 포함되어 있다.
  ㉣ 폼알데하이드 : 단열재와 벽, 섬유, 옷감, 접착제에 다량 함유되어 있다.
  ㉤ 오존 : 복사기, 프린터 등 고전압을 사용하는 기기에서 발생한다.
  ㉥ 라돈 : 토양, 지하수에 포함되어 있는 천연 방사성 물질이다.
  ㉦ 미생물 : 불결한 가습기, 냉방장치, 냉장고, 애완동물, 방향제 등에서 발생하며, 레지오넬라, 곰팡이, 세균 등이 원인이다.
  ※ 실내 공기오염의 종합적 지표로 사용되는 오염물질 : 이산화탄소(CO_2)

② 실내 공기의 오염원인
  ㉠ 직접적인 원인 : 호흡, 기온 상승, 습도 증가, 각종 병균 등
  ㉡ 간접적인 원인 : 의복의 먼지, 흡연 등

③ 실내 공기오염의 예방
  ㉠ 실내 공기오염의 발생원을 제거한다.
  ㉡ 환기시킨다.
  ㉢ 천연 자재를 사용한다(PVC 벽지, 장판, 가구, 의복 등의 제품).
  ㉣ 공기정화기를 사용한다.
  ㉤ 식물에 의한 실내 공기 정화 : 산세비에리아, 벤자민 등의 식물을 키워서 공기를 정화시킨다.

ⓗ 베이크 아웃(bake-out) : 신축 건물에 입주하기 전 실내온도를 상승시켜 건축 자재나 마감재에서 방출되는 휘발성 유기 화합물이나 폼알데하이드를 일시적으로 촉진시키고 환기를 통해 제거한다.

10년간 자주 출제된 문제

1-1. 실내 공기오염물질인 폼알데하이드를 발생시키는 발생원이 아닌 것은?

① 벽지　　　　　② 석면
③ 건자재　　　　④ 접착제

1-2. 실내 공기오염을 나타내는 종합적 지표로서의 오염물질은?

① O_2　　　　　② O_3
③ CO　　　　　④ CO_2

1-3. 실내 공기가 오염되는 간접적인 원인은?

① 기온 상승
② 호흡
③ 의복의 먼지
④ 습도의 증가

[해설]

1-1
폼알데하이드는 단열재와 벽, 섬유, 옷감, 접착제에 다량 함유되어 있다.

1-3
실내 공기의 오염원인
- 직접적인 원인 : 호흡, 기온 상승, 습도 증가, 각종 병균 등
- 간접적인 원인 : 의복의 먼지, 흡연 등

정답 1-1 ②　1-2 ④　1-3 ③

핵심이론 02 자연환경

① 자연환기의 개념
　㉠ 자연환기는 중력환기와 풍력환기로 구분된다.
　㉡ 중력환기의 원동력은 실내외의 온도차에 의한 공기의 밀도차이다.
　㉢ 풍력환기의 원동력은 건물의 외벽면에 가해지는 풍압이다.

② 자연환기의 특징
　㉠ 풍력환기량은 풍속에 비례한다.
　㉡ 중력환기량은 실내외의 온도차가 클수록 많아진다.
　㉢ 중력환기량은 개구부 면적에 비례하여 증가한다.
　㉣ 중력환기량은 공기 유입구와 유출구의 높이의 차이가 클수록 많아진다.
　㉤ 개구부의 전후에 압력차가 있으면 고압측에서 저압측으로 공기가 흐른다.
　㉥ 실내외의 압력차가 클수록 많아진다.
　㉦ 정확히 계획된 환기량을 유지하기 곤란하다.
　㉧ 실내온도가 실외온도보다 낮으면 상부에서는 실외 공기가 유입되고, 하부에서는 실내 공기가 유출된다.
　㉨ 바람이 있으면 중력환기와 풍력환기가 경합하므로 양자가 서로 다른 것을 상쇄하지 않도록 개구부의 위치에 주의한다.

10년간 자주 출제된 문제

2-1. 자연환기에 관한 설명 중 ( ) 안에 들어갈 알맞은 용어는?

|보기|
자연환기는 실내외의 온도차에 의한 공기의 밀도차가 원동력이 되는 (㉠)와 건물의 외벽면에 가해지는 풍압이 원동력이 되는 (㉡)로 대별된다.

① ㉠ 중력환기, ㉡ 동력환기
② ㉠ 중력환기, ㉡ 풍력환기
③ ㉠ 동력환기, ㉡ 풍력환기
④ ㉠ 동력환기, ㉡ 중력환기

2-2. 자연환기에 관한 설명으로 옳지 않은 것은?

① 풍력환기량은 풍속에 반비례한다.
② 중력환기와 풍력환기로 구분된다.
③ 중력환기량은 개구부 면적에 비례하여 증가한다.
④ 중력환기는 실내외의 온도차에 의한 공기의 밀도차가 원동력이 된다.

|해설|

2-2
풍력환기량은 풍속에 비례한다.

정답 2-1 ② 2-2 ①

핵심이론 03 기계환기방식

① 개념
  ㉠ 기계환기는 송풍기와 배풍기를 이용하여 환기하는 방식이다.
  ㉡ 제1종 환기법, 제2종 환기법, 제3종 환기법으로 나눈다.
  ㉢ 건물의 환기방식 중 효과가 가장 크다.

② 기계환기의 특징
  ㉠ 제1종 환기방식(급기팬과 배기팬의 조합, 압입흡출병용방식)
    • 급기측과 배기측에 송풍기를 설치하여 환기시킨다.
    • 정확한 환기량과 급기량 변화에 의해 실내압을 정압 또는 부압으로 유지할 수 있다.
    • 필요에 따라 실내압력을 인위적으로 조절할 수 있다.
  ㉡ 제2종 환기방식(급기팬과 자연배기의 조합, 압입식)
    • 송풍기로 실내에 급기를 실시하고, 배기구를 통하여 자연적으로 유출시키는 방식이다.
    • 실내의 압력이 외부보다 높아진다.
    • 공기가 실외에서 유입되는 경우가 적다.
    • 병원의 수술실과 같이 외부의 오염된 공기의 침입을 피해야 하는 실에 이용된다.
  ㉢ 제3종 환기방식(자연급기와 배기팬의 조합, 흡출식)
    • 급기는 자연급기가 되도록 하고, 배기는 배풍기로 한다.
    • 실내는 항상 부압이 걸려 문을 열었을 때 공기가 다른 실로부터 밀려들어온다.
    • 화장실, 욕실, 주방 등에 설치하여 냄새가 다른 실로 전달되는 것을 방지한다.
  ※ 전체환기 : 열기나 유해물질이 실내에 산재되어 있거나 이동되는 경우에 급기로 실내의 전체 공기를 희석하여 배출시키는 방법

10년간 자주 출제된 문제

3-1. 건물의 환기에서 일반적으로 효과가 가장 큰 것은?
① 온도차에 의한 환기
② 극간풍에 의한 환기
③ 풍압차에 의한 환기
④ 기계력에 의한 강제환기

3-2. 급기측과 배기측에 송풍기를 설치하여 정확한 환기량과 급기량 변화에 의해 실내압을 정압 또는 부압으로 유지할 수 있는 환기법은?
① 압입식
② 흡출식
③ 병용식
④ 중력식

3-3. 다음 보기의 설명에 알맞은 환기방식은?

보기
• 실내의 압력이 외부보다 높아진다. • 병원의 수술실과 같이 외부의 오염공기 침입을 피하는 실에 이용된다.

① 자연환기방식
② 제1종 환기방식
③ 제2종 환기방식
④ 제3종 환기방식

3-4. 열기나 유해물질이 실내에 산재되어 있거나 이동되는 경우에 급기로 실내의 전체 공기를 희석하여 배출시키는 방법은?
① 집중환기
② 전체환기
③ 국소환기
④ 고정환기

해설

3-2
제1종 환기방식(급기팬과 배기팬의 조합, 압입흡출병용방식)
• 급기측과 배기측에 송풍기를 설치하여 환기시킨다.
• 정확한 환기량과 급기량 변화에 의해 실내압을 정압 또는 부압으로 유지할 수 있다.
• 필요에 따라 실내압력을 인위적으로 조절할 수 있다.

3-3
제2종 환기방식(급기팬과 자연배기의 조합, 압입식)
• 송풍기로 실내에 급기를 실시하고, 배기구를 통하여 자연적으로 유출시키는 방식이다.
• 실내의 압력이 외부보다 높아진다.
• 공기가 실외에서 유입되는 경우가 적다.
• 병원의 수술실과 같이 외부의 오염된 공기의 침입을 피해야 하는 실에 이용된다.

정답 3-1 ④ 3-2 ③ 3-3 ③ 3-4 ②

핵심이론 04 환기량과 환기 횟수 등

① 필요환기량
  ㉠ 실내환경의 쾌적성을 유지하기 위한 외기량을 필요환기량이라고 한다.
  ㉡ 1인당 차지하는 공간 체적이 클수록 필요환기량은 감소한다.
  ㉢ 1인당 점유하는 면적에서 필요환기량을 구하는 방법
  필요환기량(m^3/h)
  $$= \frac{20(CMH) \times 실의\ 면적(m^2)}{1인당\ 점유하는\ 면적(m^2/h \cdot 인)}$$
  여기서, 20(CMH) : 성인 남자가 조용히 앉아 있을 때 CO_2 배출량을 기준으로 한 필요환기량

※ 건물의 상부와 하부에 개구부가 있을 경우, 실내외의 온도차에 의한 환기량은 두 개구부 수직거리의 제곱근에 비례한다.

② 환기 횟수(회/h) = $\dfrac{환기량(m^3/h)}{실용적(m^3)}$

환기설비 시 주요사항
• 화장실은 독립된 환기계통으로 한다. • 파이프의 샤프트는 환기덕트를 이용하지 않는다. • 욕실환기는 기계환기와 자연환기로 한다. • 전열교환기는 악취나 오염물질을 수반하는 배기에는 사용하지 않는다. • 실험실에는 주로 국소환기가 사용된다. • 수술실, 중환자실, 제약실, 클린 룸은 양압(정압)을 유지한다. • 주방, 화장실, 회의실은 음압을 유지한다. • 실내가 실외에 비해 온도가 높을 경우 실내의 공기밀도는 실외보다 낮다. • 공동 주택의 거실에서 환기를 위하여 설치하는 창문의 면적은 최소 거실 바닥 면적의 1/20 이상이어야 한다(단, 창문으로만 환기하는 경우). • 화장실의 급기는 자연으로 행하고 기계력에 의해 배기하는 환기법인 흡출식 환기법의 적용이 가장 바람직하다.

10년간 자주 출제된 문제

4-1. 정원이 500명이고 실용적 1,000m³인 실내의 환기 횟수는?(1인당 필요환기량 : 18m³)
① 8회
② 9회
③ 10회
④ 11회

4-2. 공동 주택의 거실에서 환기를 위하여 설치하는 창문의 면적은 최소 얼마 이상이어야 하는가?(단, 창문으로만 환기하는 경우)
① 거실 바닥 면적의 1/5 이상
② 거실 바닥 면적의 1/10 이상
③ 거실 바닥 면적의 1/20 이상
④ 거실 바닥 면적의 1/40 이상

4-3. 급기는 자연으로 행하고 기계력에 의해 배기하는 환기법인 흡출식 환기법의 적용이 가장 바람직한 공간은?
① 화장실
② 수술실
③ 영화관
④ 전기실

[해설]

4-1

$$\text{환기 횟수(회/h)} = \frac{\text{환기량(m}^3\text{/h)}}{\text{실용적(m}^3\text{)}}$$

$$= 500 \times \frac{18}{1,000}$$

$$= 9\text{회}$$

정답 4-1 ② 4-2 ③ 4-3 ①

제3절 빛의 환경

3-1. 빛의 환경

핵심이론 01 빛의 단위

① 조도
  ⊙ 조도는 면에 도달하는 광속의 밀도로, 단위는 럭스(lx)이다.
  ⓒ 점광원에서 어떤 물체나 표면에 도달하는 빛의 단위 면적당 밀도로, 빛을 받는 면의 밝기를 나타내는 것이다.
  ⓒ 수조면의 단위 면적에 입사하는 광속이다.
  ※ 실내 조명 설계과정에서 우선적으로 이루어져야 하는 사항 : 조도의 결정
  ※ 균제도 : 조도분포의 정도를 표시하며, 최고 조도에 대한 최저 조도의 비율로 나타낸다.

② 휘도
  어떤 물체의 표면 밝기의 정도, 즉 광원이 빛나는 정도이다. 단위는 cd/m^2이다.

③ 광도
  발광체의 표면 밝기를 나타내는 것으로, 광원에서 발하는 광속이 단위 입체각당 1lm일 때의 광도를 candle이라 한다. 단위는 칸델라(cd)이다.

④ 광속
  광원으로부터 발산되는 빛의 양으로, 단위는 루멘(lm)이다.

10년간 자주 출제된 문제

1-1. 조도의 정의로 옳은 것은?
① 면의 단위 면적에서 발산하는 광속
② 수조면의 단위 면적에 입사하는 광속
③ 복사로서 전파하는 에너지의 시간적 비율
④ 점광원으로부터의 단위 입체각당의 발산 광속

1-2. 실내 조명 설계과정에서 우선적으로 이루어져야 하는 사항은?
① 광원 선정
② 조명방식 결정
③ 소요 조도의 결정
④ 조명기구 결정

1-3. 휘도의 단위는?
① lx
② lm
③ lm/m²
④ cd/m²

정답 1-1 ② 1-2 ③ 1-3 ④

핵심이론 02 일조, 일사

① 일조
  ㉠ 일조의 직접적인 효과
    • 광효과 : 가시광선, 채광효과, 밝음을 유지시켜 주는 효과
    • 열효과 : 적외선, 열환경효과
    • 보건·위생적 효과 : 자외선, 광합성효과
  ㉡ 일조 조절의 목적
    • 작업면의 과대 조도를 방지하기 위해
    • 실내 조도의 현저한 불균일을 방지하기 위해
    • 실내 휘도의 현저한 불균일을 방지하기 위해
    • 동계의 적극적인 수열을 위해

② 일조율
  가조시간에 대한 일조시간의 백분율이다.
  ㉠ 일조시간 : 실제 직사광선이 지표를 조사한 시간
  ㉡ 가조시간 : 장애물이 없는 곳에서 청천(靑天) 시 일출부터 일몰까지의 시간
  ※ 일조의 확보와 관련하여 공동 주택의 인동 간격 결정기준 : 동지

③ 일사
  ㉠ 차폐계수가 낮은 유리일수록 차폐효과가 크다.
  ㉡ 일사에 의한 벽면의 수열량은 방위에 따라 차이가 있다.
  ㉢ 창면에서의 일사 조절방법으로 추녀와 차양 등이 있다.
  ㉣ 벽면의 흡수율이 크면 벽체 내부로 전달되는 일사량이 많아진다.

10년간 자주 출제된 문제

2-1. 일조의 직접적인 효과가 아닌 것은?
① 광효과
② 열효과
③ 조망효과
④ 보건·위생적 효과

2-2. 일조 조절의 목적으로 옳지 않은 것은?
① 하계의 적극적인 수열
② 작업면의 과대 조도 방지
③ 실내 조도의 현저한 불균일 방지
④ 실내 휘도의 현저한 불균일 방지

2-3. 일조의 확보와 관련하여 공동 주택의 인동 간격 결정과 가장 관계가 깊은 것은?
① 춘분
② 하지
③ 추분
④ 동지

【해설】
2-1
일조의 직접적 효과
• 광효과
• 열효과
• 보건·위생적 효과 : 자외선, 광합성효과

2-2
동계의 적극적 수열을 위해 일조를 조절한다.

정답 2-1 ③ 2-2 ① 2-3 ④

핵심이론 03 채광방식

① 천창 채광의 특징
  ㉠ 측창 채광에 비해 채광량이 많다.
  ㉡ 측창 채광에 비해 통풍, 비막이에 불리하다.
  ㉢ 측창 채광에 비해 조도분포의 균일화에 유리하다.
  ㉣ 측창 채광에 비해 근린의 상황에 따라 채광을 방해받는 경우가 적다.

② 측창 채광의 특징
  ㉠ 개폐 등 기타의 조작이 용이하다.
  ㉡ 천창 채광에 비해 구조·시공이 용이하며, 비막이에 유리하다.
  ㉢ 천창 채광에 비해 개방감이 좋고, 통풍과 차열에 유리하다.
  ㉣ 투명 부분을 설치하면 해방감이 있다.
  ㉤ 측창 채광 중 벽의 한 면에만 채광하는 것을 편측창 채광이라고 한다.
  ㉥ 편측창 채광은 조명도가 균일하지 못하다.
  ㉦ 근린의 상황에 의한 채광 방해의 우려가 있다.

③ 우리나라 기후조건에 맞는 자연형 설계방법
  ㉠ 겨울철 일사 획득을 높이기 위해 평지붕보다 경사지붕이 유리하다.
  ㉡ 건물의 형태는 정방형보다 동서축으로 약간 긴 장방형이 유리하다.
  ㉢ 여름철에 증발냉각효과를 얻기 위해 건물 주변에 연못을 설치하면 유리하다.
  ㉣ 여름에는 일사를 차단하고 겨울에는 일사를 획득하기 위한 차양설계가 필요하다.
  ※ 국지기후 : 지형이나 지물의 영향을 받아 매우 좁은 지역 내에 나타나는 특정한 대기 상태

10년간 자주 출제된 문제

3-1. 건축적 채광방식 중 천창 채광에 관한 설명으로 옳지 않은 것은?
① 측창 채광에 비해 채광량이 적다.
② 측창 채광에 비해 비막이에 불리하다.
③ 측창 채광에 비해 조도분포의 균일화에 유리하다.
④ 측창 채광에 비해 근린의 상황에 따라 채광을 방해받는 경우가 적다.

3-2. 측창 채광에 대한 설명으로 옳지 않은 것은?
① 편측창 채광은 조명도가 균일하지 못하다.
② 천창 채광에 비해 시공·관리가 어렵고 빗물이 새기 쉽다.
③ 측창 채광은 천창 채광에 비해 개방감이 좋고, 통풍에 유리하다.
④ 측창 채광 중 벽의 한 면에만 채광하는 것을 편측창 채광이라 한다.

|해설|

3-1
천창 채광은 측창 채광에 비해 채광량이 많다.

3-2
측창 채광은 천창 채광에 비해 구조·시공이 용이하며, 비막이에 유리하다.

정답 3-1 ① 3-2 ②

제4절 음의 환경

4-1. 음의 기초 및 실내 음향

핵심이론 01 음의 기초

① 주파수(진동수, frequency)
  ㉠ 음이 1초 동안에 진동하는 횟수이다.
  ㉡ 진동수가 많으면 음이 높고, 적으면 음이 낮다.
  ㉢ 음의 크기 레벨(phon) 산정에 기준이 되는 순음 주파수는 1,000Hz이다.
  ㉣ 주파수 단위 : Hz(1초 동안의 진동수)
  ㉤ 주파수의 범위
    • 저주파 : 20Hz 이하
    • 가청 주파수 : 20~20,000Hz
    • 고주파 : 4,000~20,000Hz
    • 초음파 : 20,000Hz 이상

② 음의 단위
  ㉠ 음의 대소를 나타내는 감각량을 음의 크기라고 하며, 단위는 sone이다.
  ㉡ 음의 세기 레벨(소리 강도)을 나타낼 때 사용하는 단위는 데시벨(dB)이다.
  ㉢ 어느 점에서 음파의 전파 방향에 직각으로 잡은 단위 단면적을 단위 시간에 통과하는 음의 에너지량을 음의 세기라고 한다. 음 세기의 단위는 W/m²이다.

10년간 자주 출제된 문제

1-1. 음의 대소를 나타내는 감각량을 음의 크기라고 하는데, 음 크기의 단위는?
① pH
② dB
③ sone
④ phon

1-2. 음의 세기 레벨을 나타낼 때 사용하는 단위는?
① ppm
② cycle
③ dB
④ lm

정답 1-1 ③ 1-2 ③

핵심이론 02 실내 음향의 상태를 나타내는 표준(요소)

① 실내 음향의 상태를 표현하는 표준(요소)에는 명료도, 잔향시간, 음압분포, 소음 레벨이 있다.

② 명료도
  ㉠ 통화 이해도를 측정하는 지표이다.
  ㉡ 사람이 말을 할 때 어느 정도 정확하게 청취할 수 있는가를 표시하는 기준이다.
  ㉢ 음의 명료도에 직접적인 영향을 주는 요인 : 소음, 잔향시간, 음의 세기
  ※ 음의 3요소 : 음색, 음의 고저, 음의 크기

③ 잔향시간
  ㉠ 잔향 : 실내에서는 음(소리)을 갑자기 중지시켜도 소리는 그 순간에 바로 없어지는 것이 아니라 점차 감쇠되다가 안 들리게 된다. 이와 같이 음 발생이 중지된 후에도 소리가 실내에 남는 현상을 잔향이라고 한다.
  ㉡ 잔향시간의 특징
    • 잔향시간은 실의 용적에 비례한다.
    • 잔향시간은 벽면의 흡음도에 영향을 받는다.
    • 실내 벽면의 흡음률이 높으면 잔향시간은 짧아진다.
    • 잔향시간은 실의 흡음력에 반비례한다.
    • 잔향시간이 짧을수록 음의 명료도는 좋아진다.
    • 회화 청취를 주로 하는 실에서는 짧은 잔향시간이 요구된다.

④ 연속 소음 노출로 인하여 발생하는 청력 손실
  ㉠ 소음에 대한 청력 손실이 가장 심각하게 노출되는 진동수 : 4,000Hz
  ㉡ 청력 손실의 정도는 노출 소음의 수준에 따라 증가한다.
  ㉢ 청력 손실은 강한 소음에 대해서는 노출기간에 따라 증가하지만, 약한 소음은 관계가 없다.

10년간 자주 출제된 문제

2-1. 집회 공간에서 음의 명료도에 끼치는 영향이 가장 작은 것은?
① 음의 세기
② 실내의 온도
③ 실내의 소음량
④ 실내의 잔향시간

2-2. 음의 발생이 중지된 후에도 소리가 실내에 남는 현상은?
① 확산 ② 잔향
③ 회절 ④ 공명

2-3. 잔향시간에 관한 설명으로 옳지 않은 것은?
① 잔향시간은 실의 용적에 비례한다.
② 잔향시간은 벽면의 흡음도에 영향을 받는다.
③ 실내 벽면의 흡음률이 높으면 잔향시간은 길어진다.
④ 회화 청취를 주로 하는 실에서는 짧은 잔향시간이 요구된다.

[해설]

2-1
음의 명료도에 직접적인 영향을 주는 요인 : 소음, 잔향시간, 음의 세기

2-3
실내 벽면의 흡음률이 높으면 잔향시간은 짧아진다.

정답 2-1 ② 2-2 ② 2-3 ③

핵심이론 03 음의 특징

① 음의 효과
  ㉠ 도플러(doppler) 효과
    • 발음원이 이동할 때 그 진행 방향 쪽에서는 원래 발음원의 음보다 고음으로, 진행 방향 반대쪽에서는 저음으로 되는 현상이다.
    • 음원과 관측자가 서로 상대속도를 가질 때 음원의 소리보다 더 높거나 낮은 소리를 듣게 되는 현상이다.
  ㉡ 마스킹(masking) 효과
    • 귀로 2가지 음이 동시에 들어와서 한쪽의 음 때문에 다른 쪽의 음이 작게 들리는 현상이다.
    • 크고 작은 두 소리를 동시에 들을 때 큰소리만 듣고 작은 소리는 듣지 못하는 현상이다.
    예 배경음악에 실내 소음이 묻히는 경우, 사무실의 자판 소리 때문에 말소리가 묻히는 경우

② 음의 성질
  ㉠ 진음 : 세기와 높이가 일정한 음으로, 확성기나 마이크로폰의 성능실험 등의 음원으로 사용된다.
  ㉡ 정상(소)음 : 소음의 종류 중 음압 레벨의 변동 폭이 좁고, 측정자가 귀로 들었을 때 음의 크기가 변동하고 있다고 생각되지 않는 음이다.
  ㉢ 간섭 : 서로 다른 음원에서 음이 중첩되면 합성되어 음은 쌍방의 상황에 따라 강해지거나 약해진다.
  ㉣ 회절 : 음파는 파동의 하나이기 때문에 물체가 진행 방향을 가로막아도 방향을 바꾸어 그 물체의 후면으로 전달되는 현상이다.
  ㉤ 굴절 : 음파가 한 매질에서 타 매질로 통과할 때 전파속도가 달라져 진행 방향이 변화된다. 예를 들면, 주간에 들리지 않던 소리가 야간에는 잘 들린다.

10년간 자주 출제된 문제

3-1. 귀로 2가지 음이 동시에 들어와서 한쪽의 음 때문에 다른 쪽의 음이 작게 들리는 현상은?

① 공명효과
② 일치효과
③ 마스킹 효과
④ 플러터 에코효과

3-2. 소음의 종류 중 음압 레벨의 변동 폭이 좁고, 측정자가 귀로 들었을 때 음의 크기가 변동하고 있다고 생각되지 않는 음은?

① 정상음　　② 변동음
③ 간헐음　　④ 충격음

정답 3-1 ③　3-2 ①

핵심이론 04 실내 음향계획

① 흡음재료의 특성
  ㉠ 다공질재료는 연질 섬유판, 흡음텍스가 있다.
  ㉡ 판상재료는 뒷면의 공기층에 강제 진동으로 흡음 효과를 발휘한다.
  ㉢ 다공질재료는 재료 내부의 공기 진동으로 고음역의 흡음효과를 발휘한다.
  ㉣ 유공판재료는 적당한 크기나 모양의 관통 구멍을 일정한 간격으로 설치하여 흡음효과를 발휘한다.

② 실내 음향계획의 특징
  ㉠ 반사음이 한곳으로 집중되지 않도록 한다.
  ㉡ 음악을 연주할 때는 강연 때보다 잔향시간이 다소 긴 편이 좋다.
  ㉢ 유해한 소음 및 진동이 없도록 한다.
  ㉣ 실내 전체에 음압이 고르게 분포되도록 한다.
  ㉤ 반향, 음의 집중, 공명 등의 음향 장애가 없도록 한다.
  ㉥ 실내 잔향시간은 실용적이 크면 클수록 길다.
  ㉦ 실내 벽면은 음의 초점이 생기지 않도록 볼록한 부분을 만들거나 돌출 형태를 많이 만든다.

10년간 자주 출제된 문제

실내 음향계획에 대한 설명 중 옳지 않은 것은?
① 유해한 소음 및 진동이 없도록 한다.
② 실내 전체에 음압이 고르게 분포되도록 한다.
③ 반향, 음의 집중, 공명 등의 음향 장애가 없도록 한다.
④ 실내 벽면은 음의 초점이 생기기 쉽도록 원형, 타원형, 오목면 등을 많이 만든다.

해설

실내 음향계획 시 초점이 생기지 않도록 해야 한다. 즉, 뒷벽이 둥글 경우 확산체를 사용해서 음을 확산시켜야 하는데, 여러 개의 작은 볼록 부분을 만들거나 돌출 형태를 여러 개 조합하여 음을 확산시킨다.

정답 ④

CHAPTER 03 실내건축재료

제1절 건축재료의 개요

1-1. 재료의 발달 및 분류

핵심이론 01 건축재료의 발달

① 동양
  ㉠ 고대 서아시아 : 주재료는 석재였고, 벽돌도 사용하였다.
  ㉡ 인도나 중국 등 대륙지방 : 석재, 목재, 벽돌 등을 사용하였다.
  ㉢ 우리나라 : 목재, 석재, 기와 및 벽돌, 진흙, 석회 등을 사용하였다.

② 서양
  ㉠ 이집트는 석재, 그리스는 대리석과 석회석을 사용하였다.
  ㉡ 비잔틴 건축은 벽돌과 대리석을 사용하였다.
  ㉢ 고딕 건축과 르네상스 건축은 석재를 위주로 사용하였다.

③ 18세기 후반 이후
  ㉠ 산업혁명과 함께 시멘트·유리·철 등 인공재료를 대량으로 사용하였다.
  ㉡ 철재는 18~19세기에 주철이 건설재료로 등장하였다.
  ㉢ 새로운 건축재료로서 강재의 대량 생산이 가능해졌다.
  ㉣ 유리는 20세기에 신재료로 등장하였다.
  ㉤ 자연산 목재가 합판, 집성재 등으로 가공이 가능해졌다.

④ 현대 건축재료의 발달사항
  ㉠ 고성능화 : 건물 종류의 다양화, 대형화, 고층화
  ㉡ 생산성 향상 및 합리화 : 건축 수요 증대 등
  ㉢ 공업화 : 기계화, 선조립(prefab)화, 표준화, 국제화
    ※ 선조립화 : 미리 부품을 공장에서 생산하여 현장에서 조립하는 것
  ㉣ 환경친화적 재료 : 에너지 절약, 재활용 등

10년간 자주 출제된 문제

현대 건축재료의 발달사항으로 옳지 않은 것은?
① 고성능
② 생산성
③ 중량화
④ 공업화

해설

현대 건축재료의 발달사항
- 고성능화 : 건물 종류의 다양화, 대형화, 고층화
- 생산성 향상 및 합리화 : 건축 수요 증대 등
- 공업화 : 기계화, 선조립(prefab)화, 표준화, 국제화
- 환경친화적 재료 : 에너지 절약, 재활용 등

정답 ③

핵심이론 02 건축재료의 분류

① 생산방법(제조)에 따른 분류
  ㉠ 천연재료(자연재료) : 흙, 목재, 석재 등
  ㉡ 인공재료(가공재료) : 콘크리트, 강재, 타일, 합판, 시멘트 등

② 사용목적에 따른 분류
  ㉠ 구조재료
   • 건축물의 골조를 구성하는 재료
   • 목재, 석재, 벽돌, 철강재, 콘크리트, 금속 등
   • 요구되는 성능 : 역학적·물리적·화학적 성능 등
  ㉡ 마감재료
   • 건축물의 마감과 장식을 하는 재료
   • 유리, 점토, 벽돌, 석재, 목재, 석고, 플라스틱, 도료, 타일, 접착제, 비닐시트, 플로어링 보드, 파티클 보드 등
   • 특히 감각적 성능이 요구된다.
  ㉢ 차단재료
   • 방수, 방습, 단열, 차단 등을 목적으로 하는 재료
   • 암면, 실링재, 아스팔트, 글라스 울
  ㉣ 방화 및 내화재료
   • 화재 연소 방지 및 내화성 향상을 목적으로 하는 재료
   • 석고보드, 방화 셔터, 방화 실런트

③ 화학 조성에 따른 분류
  ㉠ 무기재료
   • 금속재료 : 철강, 알루미늄, 구리, 아연, 합금류 등
   • 비금속재료 : 석재, 콘크리트, 시멘트, 유리, 벽돌 등
  ㉡ 유기재료
   • 천연재료 : 목재, 아스팔트, 섬유류 등
   • 합성수지 : 플라스틱제, 도료, 접착제, 실링제 등

10년간 자주 출제된 문제

2-1. 건축재료의 사용목적에 의한 분류에 해당하지 않는 것은?
① 무기재료
② 구조재료
③ 마감재료
④ 차단재료

2-2. 건축재료를 사용목적에 따라 분류할 때, 구조재료에 해당하는 것은?
① 유리
② 타일
③ 목재
④ 실링재

2-3. 건축재료를 생산방법에 따라 분류할 때, 인공재료에 해당하지 않는 것은?
① 석재
② 강재
③ 콘크리트
④ 합판

2-4. 건축재료의 화학 조성에 의한 분류 중 무기재료에 해당하지 않는 것은?
① 석재
② 시멘트
③ 알루미늄
④ 목재

|해설|

2-1
건축재료의 사용목적에 따른 분류
• 구조재료
• 마감재료
• 차단재료
• 방화 및 내화재료

2-2
구조재료
• 건축물의 골조를 구성하는 재료
• 목재, 석재, 벽돌, 철강재, 콘크리트, 금속 등
• 요구되는 성능 : 역학적·물리적·화학적 성능 등

2-3
생산방법(제조)에 따른 분류
• 천연재료(자연재료) : 흙, 목재, 석재 등
• 인공재료(가공재료) : 콘크리트, 강재, 타일, 합판, 시멘트 등

2-4
화학 조성에 따른 분류
• 무기재료
  – 금속재료 : 철강, 알루미늄, 구리, 아연, 합금류 등
  – 비금속재료 : 석재, 콘크리트, 시멘트, 유리, 벽돌 등
• 유기재료
  – 천연재료 : 목재, 아스팔트, 섬유류 등
  – 합성수지 : 플라스틱제, 도료, 접착제, 실링제 등

정답 2-1 ① 2-2 ③ 2-3 ① 2-4 ④

1-2. 구조별 사용재료의 특성

핵심이론 01 건축재료의 요구 성능

① 건축구조 재료에 요구되는 성질
  ㉠ 운반, 취급 및 가공이 용이해야 한다.
  ㉡ 내화성, 내구성, 보존성이 커야 한다.
  ㉢ 열전도율이 작아야 한다.
  ㉣ 가볍고 큰 재료를 쉽게 얻을 수 있어야 한다.
  ㉤ 재질이 균일하고 강도가 커야 한다.
  ㉥ 가격이 저렴해야 한다.

② 마감재(벽 및 천장)로서 요구되는 성질
  ㉠ 열전도율이 작아야 한다.
  ㉡ 흡음이 잘되고, 내화성과 내구성이 커야 한다.
  ㉢ 외관이 좋아야 한다.
  ㉣ 시공이 용이해야 한다.
  ㉤ 특히 감각적 성능이 요구된다.
  ※ 마감재료로 합성수지 제품을 많이 사용한다. 합성수지는 강도, 비중, 가공성, 내구성 등 물리적인 성질이 우수하지만 화재 시 인체에 해로운 유독가스를 발생시킨다.

③ 바닥재료에 요구되는 성질
  ㉠ 미감, 보행감, 촉감이 좋아야 한다.
  ㉡ 청소가 용이해야 한다.
  ㉢ 내구성과 내화성이 커야 한다.
  ㉣ 탄력이 있고, 마모·패임·흠집이 적어야 한다.
  ※ 내긁힘성 : 바닥재료에 요구되는 성능 중 물체의 이동 등에 따른 자극에 견디는 성능

10년간 자주 출제된 문제

1-1. 건축구조 재료에 요구되는 성질이 아닌 것은?
① 외관이 좋아야 한다.
② 가공이 용이해야 한다.
③ 내화성과 내구성이 커야 한다.
④ 재질이 균일하고 강도가 커야 한다.

1-2. 건축재료의 요구성능 중 특히 감각적 성능이 요구되는 건축재료는?
① 구조재료
② 마감재료
③ 차단재료
④ 내화재료

1-3. 바닥재료에 요구되는 성질이 아닌 것은?
① 열전도율이 커야 한다.
② 청소가 용이해야 한다.
③ 내구성과 내화성이 커야 한다.
④ 탄력이 있고, 마모가 적어야 한다.

해설

1-1
외관이 좋아야 하는 건 마감재(벽 및 천장)에 요구되는 성질이다.

정답 1-1 ① 1-2 ② 1-3 ①

핵심이론 02 건축재료의 역학적 성질

① 탄성

물체에 외력을 가하면 변형이 생기지만, 외력을 제거하면 순간적으로 원래의 형태로 회복되는 성질이다.

② 소성
  ㉠ 외력을 제거하여도 재료가 원상으로 돌아가지 않고 변형된 상태 그대로 남아 있는 성질이다.
  ㉡ 예를 들어, 점토를 손으로 늘리면 변형된 모습 그대로 있다.

③ 인성
  ㉠ 외력에 의해 파괴되기 어려운 질기고 강한 충격에 잘 견디는 재료의 성질이다.
  ㉡ 압연강, 고무와 같이 파괴에 이르기까지 고강도의 응력에 견딜 수 있고 동시에 큰 변형을 나타내는 성질이다.

④ 점성
  ㉠ 외력이 작용했을 때 변형이 하중속도에 따라 영향을 받는 성질이다.
  ㉡ 엿 또는 아라비아고무와 같이 유동하려고 할 때 각부에 서로 저항이 생기는 성질이다.

⑤ 강성
  ㉠ 재료가 외력을 받으면서 발생하는 변형에 저항하는 정도이다.
  ㉡ 탄성계수와 밀접한 관계가 있지만, 강도와는 무관하다.

⑥ 취성
  ㉠ 재료에 외력을 가했을 때 작은 변형에도 바로 파괴되는 성질이다.
  ㉡ 예를 들어, 유리가 외력을 받으면 극히 작은 변형을 수반하고, 파괴된다.

⑦ 연성과 전성
  ㉠ 연성과 전성은 타격 또는 압연에 의해 물체가 파괴되지 않고 늘어나는 성질이다.
  ㉡ 연성은 금속재료가 길게 늘어나는 성질이다.
  ㉢ 전성은 얇고 넓게 퍼지는(평면으로) 성질이다.

10년간 자주 출제된 문제

2-1. 물체에 외력을 가하면 변형이 생기지만 외력을 제거하면 순간적으로 원래의 형태로 회복되는 성질은?
① 탄성   ② 소성
③ 강도   ④ 응력도

2-2. 다음 중 취성이 가장 큰 재료는?
① 유리   ② 플라스틱
③ 납   ④ 압연강

2-3. 재료의 역학적 성질 중 압력이나 타격에 의해서 파괴됨이 없이 판상으로 되는 성질은?
① 전성   ② 강성
③ 탄성   ④ 소성

해설

2-2
취성 : 재료에 외력을 가했을 때 작은 변형에도 바로 파괴되는 성질이다.

정답 2-1 ① 2-2 ① 2-3 ①

제2절 각종 재료의 특성, 용도, 규격

2-1. 목재의 분류 및 성질

핵심이론 01 목재의 분류

① 성장 상태에 의한 분류
  ㉠ 침엽수
    - 가볍고 목질이 연하며 탄력 있고 질겨 건축이나 토목시설의 구조재용으로 많이 쓰인다.
    - 소나무, 해송, 삼송나무, 전나무, 솔송나무, 낙엽송, 가문비나무, 잣나무 등
  ㉡ 활엽수
    - 무늬가 아름답고 단단하며 재질이 치밀하여 가구 제작과 실내장식을 위한 건축 내장용으로 많이 쓰인다.
    - 너도밤나무, 느티나무, 오동나무, 단풍나무, 참나무, 박달나무, 벚나무, 은행나무

② 재질에 의한 분류
  ㉠ 연재(soft wood) : 소나무, 해송, 삼나무, 전나무, 낙엽송
  ㉡ 경재(hard wood) : 너도밤나무, 느티나무, 참나무, 박달나무

③ 용도에 의한 분류
  ㉠ 구조용재 : 건물의 뼈대에 쓰이는 부재로, 강도 및 내구성이 큰 것이 좋다.
    예 소나무, 낙엽송, 잣나무, 전나무, 해송
  ㉡ 장식용재 : 실내장식을 위하여 쓰이는 부재로, 무늬결이 좋고 뒤틀림이 작은 것이 좋다.
    예 적송, 홍송, 낙엽송(침엽수), 느티나무, 단풍나무, 참나무, 오동나무(활엽수)

10년간 자주 출제된 문제

국내산 수종으로 변형이 작아 장식용재로 적당한 나무는?
① 회양목
② 화살나무
③ 단풍나무
④ 쥐똥나무

해설

장식용재로 사용되는 활엽수로 단풍나무, 느티나무, 참나무, 오동나무 등이 있다.

정답 ③

핵심이론 02 목재의 특징

① 목재의 장점
  ㉠ 아름다운 색채와 무늬로 장식효과가 우수하다.
  ㉡ 재질이 부드럽고, 촉감이 좋다.
  ㉢ 생산량이 많고, 가격이 비교적 저렴하여 입수가 용이하다.
  ㉣ 무게가 가벼워서 운반하거나 다루기가 쉽다.
  ㉤ 가볍고 비중이 작은 데 비해 압축 및 인장강도가 크다.
  ㉥ 열, 소리, 전기 등의 전도성과 열팽창률이 작다.
  ㉦ 음의 흡수와 차단성이 크고, 충격과 진동 등에 대한 흡수성도 크다.
  ㉧ 온도에 따른 신축이 작다.
  ㉨ 석재나 금속에 비하여 가공하기 쉽다.

② 목재의 단점
  ㉠ 부패 및 충해가 있어 비내구적이다.
  ㉡ 자연소재이므로 내화성이 없고, 부패하기 쉽다.
  ㉢ 함수량의 증감에 따라 팽창·수축하여 변형되기 쉽다.
  ㉣ 강도가 균일하지 못하고, 크기에 제한을 받는다.
  ㉤ 목재 자체의 부분적 조직 결함(옹이, 썩음, 껍질박이, 송진 구멍 등)이 있다.

③ 기타 특징
  ㉠ 섬유 방향에 따라 강도와 전기전도율의 차이가 있다.
  ㉡ 전기저항은 심재보다 변재가 크고, 섬유 방향보다 섬유의 직각 방향이 크다.
  ㉢ 비중이 작은 것이 비중이 큰 것보다 산 및 알칼리에 대한 저항력이 크다.
  ㉣ 흡음률은 일반적으로 비중이 작은 것이 크다.
  ㉤ 기건 상태의 함수율은 일반적으로 12~18% 정도이다.
  ㉥ 변재는 함수율이 높아 심재보다 쉽게 썩는다.

10년간 자주 출제된 문제

목재의 재료적 특성으로 옳지 않은 것은?
① 열전도율과 열팽창률이 작다.
② 음의 흡수 및 차단성이 크다.
③ 가연성이 크고 내구성이 부족하다.
④ 풍화, 마멸에 잘 견디며 마모성이 작다.

해설
석재는 다른 재료에 비해 풍화나 마멸에 잘 견디며 내화성과 내구성이 탁월하다.

정답 ④

핵심이론 03 목재의 구조

① 목재는 수심, 목질부, 수피부, 부름켜 등으로 구성되어 있다.
② 춘재와 추재
　㉠ 춘재(春材) : 봄과 여름에 자란 부분으로, 성장속도가 빨라 세포가 크고 세포막이 얇다. 색이 연하고 유연한 목질부이다.
　㉡ 추재(秋材) : 가을과 겨울에 자란 부분으로, 성장속도가 느려 세포가 작고 세포막이 두껍다. 색이 진하고 단단한 목질부이다.
③ 목재의 연륜(나이테)
　㉠ 연륜은 1년 동안 성장하여 형성된 층, 즉 나이테를 의미한다.
　㉡ 온대지방에서 자란 목본식물에서 나타난다(열대식물에는 나이테가 없다).
　㉢ 춘재부와 추재부가 수간의 횡단면상에 나타나는 동심원형의 조직이다.
　㉣ 수목이 경사지에서 성장하면 한쪽의 연륜이 다른 쪽보다 넓어지는데, 이를 연륜 간격 차이라고 한다.
　㉤ 추재율은 목재의 횡단면에서 추재부가 차지하는 비율이다.
　㉥ 추재율과 연륜밀도가 큰 목재일수록 강도가 크다. 즉, 연륜 간격 차이가 클수록 비중이 크며, 압축에 강하고 인장에 약하다. 흔히 침엽수에서 볼 수 있다.
④ 심재와 변재
　㉠ 심재(心材) : 나무줄기를 잘랐을 때 한복판에 짙게 착색된 부분이다. 생식기능이 줄어든 세포로 이루어져 있어 성장이 거의 멈춘 부분으로, 목질이 단단하다.
　㉡ 변재(邊材) : 심재 바깥쪽의 비교적 옅은 색을 가진 부분으로, 수액의 통로이자 양분 저장소이다. 성장을 계속하는 부분으로, 목질이 연하다.

목재구조의 특징
- 심재는 목질부 중 수심 부근에 위치한다.
- 심재는 수액의 통로이며 양분 저장소이다.
- 심재의 색깔은 짙고, 변재의 색깔은 비교적 옅다.
- 심재가 변재보다 내후성, 내구성, 비중, 강도가 크다.
- 변재는 심재 외측과 수피 내측 사이에 있는 생활세포의 집합이다.
- 변재는 심재보다 수축률 및 팽창률이 크다.
- 목재의 방향에서 수목의 생장 방향을 섬유 방향이라고 한다.
- 평균 연륜 폭(mm)은 나이테가 포함되는 길이를 나이테 수로 나눈 값이다.

10년간 자주 출제된 문제

3-1. 목재의 연륜에 관한 설명으로 옳지 않은 것은?
① 추재율과 연륜밀도가 큰 목재일수록 강도가 작다.
② 연륜의 조밀은 목재의 비중이나 강도가 관계가 있다.
③ 추재율은 목재의 횡단면에서 추재부가 차지하는 비율이다.
④ 춘재부와 추재부가 수간의 횡단면상에 나타나는 동심원형의 조직이다.

3-2. 목재의 심재 부분이 변재 부분보다 작은 것은?
① 비중　　　　　　② 강도
③ 신축성　　　　　④ 내구성

|해설|

3-1
추재율과 연륜밀도가 큰 목재일수록 강도가 크다. 즉, 연륜 간격 차이가 클수록 비중이 크며, 압축에 강하고 인장에 약하다. 흔히 침엽수에서 볼 수 있다.

3-2
목재의 심재는 변재보다 건조에 의한 수축이 작다. 즉, 변재는 심재보다 수축률이 크다.

정답 3-1 ①　3-2 ③

핵심이론 04 목재의 비중과 함수율

① 목재의 비중
  ㉠ 기건비중 : 목재성분 중 수분을 공기 중에서 제외한 상태의 비중이다.
  ㉡ 진비중 : 목재가 공극을 포함하지 않은 실제 부분의 비중이다(일반적으로 1.56 정도).
  ㉢ 절대건조비중 : 온도 100~110℃에서 목재의 수분을 완전히 제거했을 때의 비중이다.

② 목재 함수율의 특징
  ㉠ 함수율이 30% 이상이면 함수율의 증감에 따라 강도의 변화가 거의 없다.
  ㉡ 기건 상태에서 목재의 함수율은 15% 정도이다.
  ㉢ 기건 상태는 목재가 대기의 온도, 습도와 평형된 수분을 함유한 상태이다.
  ㉣ 섬유포화점이란 흡착 수분만 최대 한도로 존재하는 상태로, 그때의 함수율은 약 30%이다.
  ㉤ 섬유포화점 이하에서는 함수율이 감소할수록 강도는 증가하고, 인성은 감소한다.
  ㉥ 섬유포화점 이하에서는 함수율이 증가해도 목재강도는 변화가 없다.
  ㉦ 섬유포화점 이상에서는 함수율의 증감에 따라 수축 및 팽창이 발생하지 않는다.
  ㉧ 섬유포화점 이상에서는 함수율이 증가하더라도 압축강도는 일정하다.
  ㉨ 완전 흡수로 공기를 전부 배제한 목재는 부패하지 않는다.
  ㉩ 구조용재는 함수율 15% 이하, 마감 및 가구재는 10% 이하가 좋다.
  ㉪ 수축률은 침엽수보다 활엽수가 더 크다.
  ㉫ 수축이 과도하거나 고르지 못하면 할열, 비틀림 등이 생긴다.

10년간 자주 출제된 문제

4-1. 목재가 대기의 온도, 습도와 평형된 수분을 함유한 상태를 의미하는 것은?
① 전건 상태
② 기건 상태
③ 생재 상태
④ 섬유포화 상태

4-2. 목재에 관한 설명으로 옳지 않은 것은?
① 섬유포화점 이하에서는 함수율이 감소할수록 목재강도는 증가한다.
② 섬유포화점 이상에서는 함수율이 증가할수록 압축강도는 증가한다.
③ 구조용재는 함수율 15% 이하, 마감 및 가구재는 10% 이하가 좋다.
④ 심재는 변재보다 강도가 크다.

4-3. 목재의 함수율과 역학적 성질의 관계에 관한 설명으로 옳은 것은?
① 함수율이 크면 클수록 압축강도는 커진다.
② 함수율이 크면 클수록 압축강도는 작아진다.
③ 섬유포화점 이상에서는 함수율이 증가하더라도 압축강도는 일정하다.
④ 섬유포화점 이하에서는 함수율의 증가에 따라 압축강도는 커지나, 섬유포화점 이상에서는 함수율의 증가에 따라 압축강도는 감소한다.

|해설|

4-2
섬유포화점 이상에서는 함수율이 증가하더라도 압축강도는 일정하다.

4-3
①, ② 함수율이 30% 이상이면 함수율의 증감에 따라 강도의 변화가 거의 없다.
④ 섬유포화점 이하에서는 함수율이 증가해도 목재강도는 변화가 없고, 섬유포화점 이상에서는 함수율이 증가하더라도 압축강도는 일정하다.

정답 4-1 ② 4-2 ② 4-3 ③

핵심이론 05 목재의 역학적 성질

① 인장강도와 압축강도
  ㉠ 목재의 인장강도는 목재를 양쪽에서 잡아당기는 외력에 대한 내부저항이다.
  ㉡ 목재의 압축강도는 목재를 양쪽에서 내부로 미는 힘에 대한 저항이다.
  ㉢ 목재의 기건비중을 측정하면 목재의 강도 상태를 추정할 수 있다.
  ㉣ 기건비중이 클수록 압축강도는 증가한다.
  ㉤ 응력 방향이 섬유 방향에 평행한 경우 인장강도가 가장 크고, 섬유 방향의 직각인 경우 가장 작다.
  ㉥ 응력 방향이 섬유 방향에 평행한 경우 전단강도가 가장 작다.
  ㉦ 옹이가 있으면 압축강도는 저하되고, 옹이 지름이 클수록 더욱 감소한다.
  ㉧ 동일한 건조 상태이면 비중이 클수록 강도와 탄성계수도 크다.
  ㉨ 목재는 건조할수록, 심재가 변재보다, 추재가 춘재보다 강도가 크다.
  ㉩ 목재를 휨부재로 사용하여 외력에 저항할 때는 압축, 인장, 전단력이 동시에 일어난다.
  ㉪ 목재를 기둥으로 사용할 때 일반적으로 목재는 섬유의 평행 방향으로 압축력을 받는다.

② 휨강도
  ㉠ 휨강도는 압축, 인장 및 전단 등의 응력이 복합되어 작용한다.
  ㉡ 휨강도는 옹이의 위치와 크기에 따라 다르고, 옹이가 클수록 또는 보의 하단에 가까울수록 강도의 감소가 크다.
  ㉢ 목재의 휨하중에 저항하는 목재강도의 크기는 압축강도의 약 1.75배이다.
  ㉣ 목재의 휨강도는 전단강도보다 크다.
  ㉤ 섬유 평행 방향의 휨강도는 전단강도의 약 10배 정도이다.

③ 전단강도
  ㉠ 목재의 전단강도는 섬유 간의 부착력, 섬유의 곧음, 수선의 유무 등에 영향을 받으며, 그 크기는 세로 방향 인장강도의 1/10 정도이다.
  ㉡ 목재의 전단력은 섬유의 직각 방향이 평행 방향보다 강하다.

목재의 강도

응력의 종류 가력 방향	섬유 방향에 평행	섬유 방향에 직각
압축강도	100	10~20
인장강도	190~260	7~20
휨강도	150~230	10~20
전단강도	침엽수 16, 활엽수 19	-

강도 크기
- 섬유 방향의 강도 > 직각 방향의 강도
- 인장강도 > 휨강도 > 압축강도 > 전단강도

10년간 자주 출제된 문제

5-1. 목재의 강도에 관한 설명으로 옳은 것은?
① 일반적으로 변재가 심재보다 강도가 크다.
② 목재의 휨강도는 전단강도보다 작다.
③ 목재의 강도는 힘을 가하는 방향에 따라 다르다.
④ 섬유포화점 이상의 함수 상태에서는 함수율이 작을수록 압축강도가 커진다.

5-2. 다음 중 목재의 강도가 가장 큰 것은?
① 응력 방향이 섬유 방향에 평행한 경우의 인장강도
② 응력 방향이 섬유 방향에 평행한 경우의 압축강도
③ 응력 방향이 섬유 방향에 수직한 경우의 인장강도
④ 응력 방향이 섬유 방향에 수직한 경우의 압축강도

5-3. 목재의 강도 중 응력 방향이 섬유 방향에 평행한 경우 일반적으로 가장 작은 값을 갖는 것은?
① 휨강도
② 압축강도
③ 인장강도
④ 전단강도

|해설|

5-1
① 일반적으로 심재가 변재보다 강도가 크다.
② 목재의 휨강도는 전단강도보다 크다.
④ 섬유포화점 이상에서는 함수율이 증가하더라도 압축강도는 일정하다.

5-3
목재의 강도 : 비중이 클수록 강도가 크다.
• 섬유 방향의 강도 > 직각 방향의 강도
• 인장강도 > 휨강도 > 압축강도 > 전단강도

정답 5-1 ③ 5-2 ① 5-3 ④

핵심이론 06 목재의 부패

① 목재의 부패 개념
　㉠ 목재 부패균이 생물활동을 하기 위해서는 양분, 수분, 산소, 온도가 적절하게 충족되어야 한다.
　㉡ 부패균이 번식하기 적당한 온도는 20~35℃ 정도이다.
　㉢ 균류는 습도가 20% 이하이면 일반적으로 사멸한다.
　㉣ 부패균은 습기가 없으면 번식할 수 없다.
　㉤ 부패 발생 시 목재의 내구성이 감소한다.
　㉥ 부패 초기에는 단순히 변색되는 정도이지만, 진행됨에 따라 재질이 현저히 저하된다.
　㉦ 부패균의 작용에 의해 생재의 변재부가 청색으로 변하는 것을 청부(靑腐)라고 한다.
　㉧ 적부와 백부는 목재의 강도에 영향을 크게 미치지만, 청부는 목재의 강도에 거의 영향을 미치지 않는다.
　㉨ 수중에 완전 침수시킨 목재는 쉽게 부패되지 않는다.

② 목재 방부제의 종류
　㉠ 수용성 : CCA 방부제, 황산구리용액, 염화아연용액, 염화제2수은용액, 플루오린화나트륨용액, 페놀류(도장 가능, 독성 있음)
　㉡ 유용성 : 펜타클로로페놀(PCP), 유기주석 화합물, 나프텐산 금속염 등
　　※ 펜타클로로페놀(PCP)
　　　• 유용성 방부제로, 도장이 가능하고 독성이 있다.
　　　• 무색이며, 성능이 가장 우수하다.
　　　• 자극적인 냄새가 나고, 고가이며, 방부·방충처리에 이용된다.

ⓒ 유성(상) : 크레오소트유, 콜타르, 아스팔트, 모르타르, 유성 페인트 등

　※ 크레오소트유
　　• 유성 방부제로, 독성이 적고 흑갈색이며 가격이 저렴하다.
　　• 도장이 불가능하며, 악취가 나고 외관이 아름답지 않아 눈에 보이지 않는 토대, 기둥, 도리 등에 이용한다.
　　• 방부성이 우수하고, 침투성이 좋아 목재에 깊게 주입된다.
　　• 철류의 부식이 적고, 처리재의 강도가 감소하지 않는 조건을 구비하고 있다.
　　• 석탄을 235~315℃에서 고온건조시켜 얻은 타르제품이다.

　※ 콜타르(coal tar), 아스팔트 : 방부성은 좋으나 목재를 흑갈색으로 착색하고, 페인트칠도 불가능하여 보이지 않는 곳이나 가설재 등에 이용한다.

10년간 자주 출제된 문제

6-1. 목재의 부패조건에 해당하지 않는 것은?
① 강도　　② 온도
③ 습도　　④ 공기

6-2. 목재의 부패에 관한 설명으로 옳지 않은 것은?
① 부패 발생 시 목재의 내구성이 감소된다.
② 목재의 함수율이 15%일 때 부패균 번식이 가장 왕성하다.
③ 부패균의 작용에 의해 생재의 변재부가 청색으로 변하는 것을 청부(靑腐)라고 한다.
④ 부패 초기에는 단순히 변색되는 정도이지만 진행됨에 따라 재질이 현저히 저하된다.

6-3. 악취가 나고, 흑갈색으로 외관이 아름답지 않아 눈에 보이지 않는 토대, 기둥, 도리 등에 이용되는 목재의 유성 방부제는?
① PCP
② 페인트
③ 황산동 1% 용액
④ 크레오소트 오일

|해설|

6-1
목재 부패균이 생물활동을 하기 위해서는 양분, 수분, 산소, 온도가 적절하게 충족되어야 한다.

6-2
균류는 습도가 20% 이하이면 일반적으로 사멸한다.

정답 6-1 ①　6-2 ②　6-3 ④

핵심이론 07 목재의 건조

① 목재건조의 목적
  ㉠ 균류에 의한 부식과 벌레의 피해를 예방한다.
  ㉡ 사용 후의 수축 및 균열을 방지한다.
  ㉢ 강도 및 내구성을 증진시킨다.
  ㉣ 중량 경감과 그로 인한 취급 및 운반비를 절약한다.
  ㉤ 방부제 등의 약제 주입을 용이하게 한다.
  ㉥ 도장이 용이하고, 접착제의 효과가 증대된다.
  ㉦ 전기절연성이 증가한다.

② 목재건조의 방법
  ㉠ 자연건조법 : 공기건조법, 침수법
    • 목재는 비교적 균일한 건조가 가능하다.
    • 시설 투자비용 및 작업비용이 적다.
    • 다른 건조방식에 비해 건조에 의한 결함이 적은 편이다.
    • 목재의 건조시간이 길고, 변형이 생기기 쉽다.
  ㉡ 인공건조법 : 증기(훈연)건조, 열기건조, 진공건조, 약품건조, 고주파건조 등
    • 인공건조법은 단시간 내에 사용목적에 따른 함수율까지 건조시킬 수 있다.
    • 훈연건조는 실내온도를 조절하기 어렵다.
    • 열기건조는 건조실에 목재를 쌓고, 온도·습도·풍속 등을 인위적으로 조절하면서 건조시키는 방법이다.
    • 고주파건조법은 고주파 에너지를 열에너지로 변화시켜 나타나는 발열현상을 이용하여 건조시키는 방법이다.
  ※ 목재건조 시 생재를 수중에 일정기간 침수시키는 주된 이유 : 건조기간을 단축시키기 위해

10년간 자주 출제된 문제

7-1. 목재건조의 목적으로 옳지 않은 것은?
① 옹이의 제거
② 목재강도의 증가
③ 전기절연성의 증가
④ 목재 수축에 의한 손상 방지

7-2. 목재의 자연건조방법에 해당하는 것은?
① 침수건조   ② 열기건조
③ 진공건조   ④ 약품건조

7-3. 목재의 인공건조법에 관한 설명으로 옳지 않은 것은?
① 균류에 의한 부식과 충해 방지에는 효과가 없다.
② 훈연건조는 실내온도를 조절하기 어렵다.
③ 단시간에 사용목적에 따라 함수율까지 건조시킬 수 있다.
④ 열기건조는 건조실에 목재를 쌓고 온도·습도 등을 인위적으로 조절하면서 건조하는 방법이다.

[해설]

7-1
목재건조의 목적
• 균류에 의한 부식과 벌레의 피해를 예방한다.
• 사용 후의 수축 및 균열을 방지한다.
• 강도 및 내구성을 증진시킨다.
• 중량 경감과 그로 인한 취급 및 운반비를 절약한다.
• 방부제 등의 약제 주입을 용이하게 한다.
• 도장이 용이하고, 접착제의 효과가 증대된다.
• 전기절연성이 증가한다.

7-2
• 자연건조법 : 공기건조법, 침수법
• 인공건조법 : 증기(훈연)건조, 열기건조, 진공건조, 약품건조, 고주파건조 등

7-3
목재를 건조시키면 균류에 의한 부식과 충해를 예방한다.

정답 7-1 ① 7-2 ① 7-3 ①

2-2. 목재의 이용

핵심이론 01 합판

① 합판의 특성
  ㉠ 목재를 얇은 판으로 만들어 이들을 섬유 방향이 서로 직교되도록 홀수로 적층하여 접착시킨 판이다.
  ㉡ 함수율 변화에 의한 신축 변형이 작고, 방향성이 없다.
  ㉢ 뒤틀림이나 변형이 작은 비교적 큰 면적의 평면재료를 얻을 수 있다.
  ㉣ 교착이 잘된 합판의 강도는 원목보다 강하다.
  ㉤ 곡면가공을 해도 균열이 생기지 않을 뿐만 아니라 무늬도 일정하다.
  ㉥ 표면가공법으로 흡음효과를 낼 수 있다.
  ㉦ 품이 규격화되어 있어 능률적으로 사용 가능하다.
  ㉧ 목재의 장식적 가치를 증가시킬 수 있다.
  ㉨ 균일한 강도를 유지하며, 넓은 면적을 이용할 수 있다.
  ㉩ 내구성과 내습성이 크다.
  ㉪ 주로 내장용으로서 천장, 칸막이 벽, 내벽의 바탕으로 쓰인다.
  ㉫ 합판을 구성하는 단판을 베니어라고 한다.
  ㉬ 내수합판 제조 시 페놀수지 접착제를 사용한다.

② 합판의 제조방법
  ㉠ 로터리 베니어
    • 원목을 회전시켜 넓은 대팻날로 두루마리처럼 연속적으로 벗기는 방법으로, 가장 널리 사용된다.
    • 생산능률이 가장 높고 목재의 낭비가 적으며 작은 나무로 넓은 단판(veneer)을 만들 수 있다.
  ㉡ 슬라이스트 베니어 : 상하, 수평으로 이동하면서 얇게 절단하는 방법이다.
  ㉢ 소드 베니어 : 띠톱으로 얇게 쪼개어 단면을 만드는 방법이다.

10년간 자주 출제된 문제

1-1. 목재제품 중 목재를 얇은 판, 즉 단판으로 만들어 이들을 섬유 방향이 서로 직교되도록 홀수로 적층하면서 접착제로 접착시켜 합친 것은?

① 합판
② 집성재
③ 섬유판
④ 파티클 보드

1-2. 합판에 관한 설명으로 옳지 않은 것은?

① 함수율 변화에 따른 팽창이 작고, 수축의 방향성이 없다.
② 뒤틀림이나 변형이 작은 비교적 큰 면적의 평면재료를 얻을 수 있다.
③ 표면가공법으로 흡음효과를 낼 수 있으며, 외장적 효과도 높일 수 있다.
④ 목재를 얇은 판으로 만들어 이들을 섬유 방향이 서로 직교되도록 짝수로 적층하여 접착시킨 판이다.

[해설]

1-2
합판은 단판을 섬유 방향이 서로 직교하도록 홀수로 적층하여 만든 것이다.

정답 1-1 ① 1-2 ④

핵심이론 02 파티클 보드

① 파티클 보드(particle board)는 목재 또는 식물질을 절삭, 파쇄 등을 거쳐 작은 조각으로 만들어 건조시킨 후 합성수지 접착제를 섞어 고온, 고압으로 성형한 가공재이다.
② 특징
　㉠ 폐재, 부산물 등 저가의 재료를 이용하여 넓은 면적의 판상체를 만들 수 있다.
　㉡ 합판에 비해 휨강도가 약하다.
　㉢ 합판에 비하여 면 내 강성, 음 및 열의 차단성이 우수하고, 변형이 작다.
　㉣ 목재의 결함인 휨, 갈라짐, 옹이, 썩음 등이 제거되고, 강도의 방향성이 없다.
　㉤ 고습도의 조건에서 사용하기 위해서는 방습 및 방수처리가 필요하다.
　㉥ 경량이며 못질, 구멍 뚫기 등 가공이 용이하다.
　㉦ 상판, 칸막이 벽, 가구 등에 이용된다.

10년간 자주 출제된 문제

2-1. 목재를 절삭 또는 파쇄하여 작은 조각으로 만들어 접착제를 섞어 고온, 고압으로 성형한 판재는?
① 합판
② 섬유판
③ 집성목재
④ 파티클 보드

2-2. 파티클 보드에 관한 설명으로 옳지 않은 것은?
① 합판에 비하여 면 내 강성은 떨어지나 휨강도는 우수하다.
② 폐재, 부산물 등 저가의 재료를 이용하여 넓은 면적의 판상체를 만들 수 있다.
③ 목재 및 기타 식물의 섬유질소편에 합성수지 접착제를 도포하여 가열압착성형한 판상제품이다.
④ 수분이나 높은 습도에 약해 이와 같은 조건에서 사용하는 경우에는 방습 및 방수처리가 필요하다.

|해설|

2-2
파티클 보드는 합판에 비하여 면 내 강성, 음 및 열의 차단성이 우수하다.

정답 2-1 ④　2-2 ①

핵심이론 03 섬유판

① 섬유판의 개념
  ㉠ 목재 또는 식물섬유질(볏짚, 톱밥, 목펄프, 파지, 파목 등)을 주원료로 하여 이를 섬유화·펄프화 하여 합성수지와 접착제를 섞어 판상으로 만든 것이다.
  ㉡ 섬유판은 밀도에 따라 저밀도 섬유판(LDF), 중밀도 섬유판(MDF), 고밀도 섬유판(HDF)으로 구분한다.

② 섬유판의 종류
  ㉠ 연질 섬유판
    • 저밀도 섬유판(LDF) : 밀도가 $0.35g/cm^3$ 미만이다.
    • 주로 건물의 내장 및 흡음·단열·보온을 목적으로 성형한 비중 0.4 미만의 보드이다.
    • 가장 알갱이가 굵은 파이버 보드로, 파티클 보드라고도 한다.
  ㉡ 중밀도(반경질) 섬유판
    • 중밀도 섬유판(MDF) : 밀도가 $0.35~0.85g/cm^3$ 이다.
    • 목재펄프만을 압축하여 만든 것으로, 비중이 0.8 이상이다.
    • 구멍 뚫기, 본뜨기, 구부림 등의 2차 가공도 용이하다.
    • 가공목재로 두께나 크기를 자유롭게 조절할 수 있다.
    • 표면에 원목 문양의 필름지나 무늬목을 붙여 마감한다.
    • 밀도가 균일하고, 측면의 가공성이 좋다.
    • 가구제조용 판상재료로 사용된다.
    • 내수성이 작고 팽창이 크며, 재질이 약할 뿐만 아니라 습도에 의한 신축이 큰 단점이다.
  ㉢ 경질 섬유판
    • 고밀도 섬유판(HDF) : 밀도가 $0.85g/cm^3$ 이상이다.
    • 하드보드(hardboard)라고도 하는데, 내장재·가구재·창호재·선박·차량재·합판의 대용재 및 복합판재로 활용된다.

10년간 자주 출제된 문제

3-1. 연질 섬유판과 경질 섬유판을 구분하는 기준은?
① 밀도 ② 두께
③ 강도 ④ 접착제

3-2. 기호는 MDF이며, 밀도가 $0.35g/cm^3$ 이상 $0.85g/cm^3$ 미만인 섬유판은?
① 파티클보드 ② 경질 섬유판
③ 연질 섬유판 ④ 중밀도 섬유판

3-3. 중밀도 섬유판(MDF)에 대한 설명으로 옳지 않은 것은?
① 밀도가 균일하다.
② 측면의 가공성이 좋다.
③ 표면에 무늬 인쇄가 불가능하다.
④ 가구제조용 판상재료로 사용된다.

|해설|

3-2
섬유판의 밀도
• 연질 섬유판(파티클 보드)
  - 저밀도 섬유판(LDF) : $0.35g/cm^3$ 미만
• 중밀도(반경질) 섬유판
  - 중밀도 섬유판(MDF) : $0.35~0.85g/cm^3$
• 경질 섬유판
  - 고밀도 섬유판(HDF) : $0.85g/cm^3$ 이상

3-3
MDF는 일반적으로 표면에 원목 문양의 필름지나 무늬목을 붙여 마감한다.

정답 3-1 ① 3-2 ④ 3-3 ③

핵심이론 04 집성목재

① 두께 1.5~3cm의 여러 단판을 우수한 접착제로 섬유 방향이 평행하게 겹쳐 붙여서 만든 목재이다.
② 목구조의 보, 기둥, 아치, 트러스 등의 구조재료로는 물론 계단, 디딤판, 노출된 서까래 등 장식용으로도 사용한다.
③ 특징
　㉠ 제재 판재 또는 소각재 등의 부재를 섬유 방향이 평행하게 집성·접착시킨 것이다.
　㉡ 충분히 건조된 건조재를 사용하므로 비틀림, 변형 등이 생기지 않는다.
　㉢ 대단면, 만곡재 등 임의의 단면 형상을 갖는 인공목재를 비교적 용이하게 제작할 수 있다.
　㉣ 제재품이 가진 옹이, 할열 등의 결점을 제거·분산시키므로 강도의 편차가 작다.
　㉤ 요구된 치수, 형태로 재료를 비교적 용이하게 제조할 수 있다.
　㉥ 목재의 강도를 인위적으로 자유롭게 조절할 수 있다.
　㉦ 집성목재를 보에 사용할 경우 응력 크기에 따라 변단면재를 만들 수 있다.

10년간 자주 출제된 문제

집성목재에 관한 설명으로 옳지 않은 것은?
① 톱밥, 대패밥, 나무 부스러기를 이용하므로 경제적이다.
② 요구된 치수, 형태로 재료를 비교적 용이하게 제조할 수 있다.
③ 강도상 요구에 따라 단면과 치수를 변화시킨 구조재료를 설계·제작할 수 있다.
④ 제재품이 갖는 옹이, 할열 등의 결함을 제거·분산시킬 수 있어 강도의 편차가 작다.

[해설]
집성목재는 제재 판재 또는 소각재 등의 부재를 섬유 방향이 평행하게 집성·접착시킨 것이다.

정답 ①

핵심이론 05 코펜하겐 리브판, 코르크판

① 코펜하겐 리브판
　㉠ 두께 50mm, 너비 100mm 정도의 긴 판에 표면을 리브로 가공한 것이다.
　㉡ 음향조절효과가 있어 집회장, 강당, 영화관, 극장 등의 천장 또는 내벽에 사용한다.
　㉢ 일반 건물의 벽 수장재로 사용된다.
② 코르크판
　㉠ 코르크나무 수피의 탄력성 있는 부분을 원료로 하여 그 분말로 가열·성형·접착하여 판형으로 만든 것이다.
　㉡ 탄성·단열성·흡음성 등이 있어 음악감상실, 방송실 등의 천장 또는 안벽의 흡음판으로 사용한다.
※ 듀벨
　• 목재의 접합철물로, 주로 전단력에 저항하는 철물이다.
　• 목재 접합에서 전단저항을 증가시키기 위해 두 부재 사이에 끼워 넣는 것으로, 처넣는 방식과 파넣는 방식이 있다.

10년간 자주 출제된 문제

5-1. 목재 가공품 중 강당, 집회장 등의 천장 또는 내벽에 붙여 음향조절용으로 사용되는 것은?
① 플로어링 보드
② 코펜하겐 리브
③ 파키트리 블록
④ 플로어링 블록

5-2. 목재의 접합철물로, 주로 전단력에 저항하는 철물은?
① 듀벨
② 볼트
③ 인서트
④ 클램프

[해설]
5-2
듀벨
• 목재의 접합철물로, 주로 전단력에 저항하는 철물이다.
• 목재 접합에서 전단저항을 증가시키기 위해 두 부재 사이에 끼워 넣는 것으로, 처넣는 방식과 파넣는 방식이 있다.

정답 5-1 ② 5-2 ①

2-3. 석재의 분류 및 성질

핵심이론 01 석재의 분류 (1)

① 석재의 성인에 의한 분류
  ㉠ 화성암계 : 화강암, 안산암, 감람석, 현무암
  ㉡ 수성암계 : 사암, 점판암, 응회암, 석회석
  ㉢ 변성암계 : 대리석, 트래버틴, 사문암, 석면
  ※ 수성암(aqueous rock) : 광물질, 유기물 등이 쌓이고 겹쳐져 고화되어 침상으로 된 석재
  ※ 변성암(metamorphic rock) : 화성암, 수성암이 지반 변동의 압력과 열에 의해 조직 또는 광물성분이 변화한 것

② 석재의 특성
  ㉠ 화강암(granite)
    • 화성암의 일종으로, 마그마가 냉각되면서 굳은 것이다.
    • 내구성 및 강도가 크고, 외관이 수려하다.
    • 단단하고 내산성이 우수하다.
    • 함유 광물의 열팽창계수가 달라 내화성이 약하다.
    • 절리의 거리가 비교적 커서 대재(大才)를 얻을 수 있다.
    • 비중은 응회암, 사암보다 크다.
    • 구조재 및 내·외장재, 도로 포장재, 콘크리트 골재 등에 사용된다.
  ㉡ 안산암(andesite)
    • 종류가 매우 다양하고, 가공이 용이하다.
    • 강도, 경도, 비중이 크며 내화력도 우수하다.
    • 석질이 매우 치밀하여 구조용 석재 또는 장식재로 널리 쓰인다.
  ㉢ 현무암
    • 용암가스 때문에 슬래그 모양의 다공질 구조이다.
    • 기둥 모양의 주상절리가 발달되어 있다.
  ㉣ 점판암(clay slate)
    • 수성암의 일종으로, 석질이 치밀하고 박판(얇은 판)으로 채취할 수 있다.
    • 청회색 또는 흑색이며, 흡수율이 작고 대기 중에서 변색·변질되지 않는다.
    • 천연 슬레이트라고 하며, 치밀한 방수성이 있어 지붕, 외벽, 마루 등에 사용된다.
  ㉤ 응회암
    • 주로 화산재나 사암 조각 등의 화산 분출물이 오랜 기간 동안 수중이나 육상에서 퇴적·응고되어 이루어진 암석이다.
    • 다공질, 내화성, 흡수율, 외관이 좋아 내화재와 장식재로 쓰인다.
    • 강도가 약해 구조재로 사용하기 적당하지 않다.
  ※ 내화도의 크기
    응회암, 부석 > 안산암, 점판암 > 사암 > 대리석 > 화강암

10년간 자주 출제된 문제

1-1. 다음 중 화성암에 해당하지 않는 석재는?
① 화강암 ② 안산암
③ 현무암 ④ 점판암

1-2. 화강암에 대한 설명으로 옳지 않은 것은?
① 내화성이 크다.
② 내구성이 우수하다.
③ 구조재 및 내·외장재로 사용 가능하다.
④ 절리의 거리가 비교적 커서 대재(大才)를 얻을 수 있다.

1-3. 수성암의 일종으로, 석질이 치밀하고 박판으로 채취할 수 있으므로 슬레이트로서 지붕 등에 사용되는 것은?
① 트래버틴 ② 점판암
③ 화강암   ④ 안산암

[해설]

1-1
석재의 분류
- 화성암계 : 화강암, 현무암, 안산암
- 수성암(퇴적암)계 : 점판암, 사암, 응회암, 석회암
- 변성암계 : 사문암, 대리석, 석면

1-2
화강암은 함유 광물의 열팽창계수가 달라 내화성이 약하다.

1-3
점판암
- 수성암의 일종으로, 석질이 치밀하고 박판(얇은 판)으로 채취할 수 있다.
- 청회색 또는 흑색이며 흡수율이 작고, 대기 중에서 변색·변질되지 않는다.
- 천연 슬레이트라고 하며, 치밀한 방수성이 있어 지붕, 외벽, 마루 등에 사용된다.

정답 1-1 ④ 1-2 ① 1-3 ②

핵심이론 02 석재의 분류 (2)

① 사암(sand stone)
  ㉠ 석영질의 모래가 수중이나 육상에서 퇴적하여 형성된 암석이다.
  ㉡ 내화성 및 흡수성이 크고, 가공이 용이하다.
  ㉢ 사암의 흡수율은 20%로 화강암보다 높다.
  ㉣ 규산질 사암의 강도는 석회질 사암보다 높다.

② 대리석
  ㉠ 석회암이 변화하여 결정화된 변성암의 일종이다.
  ㉡ 주성분은 탄산석회이고 탄소질, 산화철, 휘석, 각섬석, 녹니석 등이 함유되어 있다.
  ㉢ 석질이 치밀·견고하고, 색채와 무늬가 다양하다.
  ㉣ 연마하면 아름다운 광택이 나서 조각이나 실내장식에 사용된다.
  ㉤ 풍화되기 쉬워 실외용으로 적합하지 않다.
  ㉥ 강도는 높으나 내산성과 내화성이 약하다.
  ㉦ 주로 테라초판(terrazzo tile)의 종석으로 활용된다.

③ 트래버틴(travertine)
  ㉠ 탄산석회가 함유된 물에서 침전·생성된 것이다.
  ㉡ 변성암의 일종으로, 석질이 불균일하고 다공질이다.
  ㉢ 암갈색 무늬이며, 주로 특수 실내장식재로 사용된다.
  ㉣ 석판으로 만들어 물갈기를 하면 광택이 난다.

각종 석재의 용도
- 안산암 : 구조용 석재 또는 장식재
- 점판암 : 지붕재, 외벽, 마루
- 응회암 : 내화재와 장식재(구조재로 부적합)
- 대리석 : 실내장식재
- 트래버틴 : 실내장식재
- 사문암 : 대리석 대용 실내장식용(구조재로 부적합)

호박돌 : 지름 20~30cm 정도의 둥글고 넓적한 돌로, 기초 잡석다짐이나 바닥 콘크리트 지정에 사용한다.

10년간 자주 출제된 문제

2-1. 석회암이 변화하여 결정화된 것으로, 주성분은 탄산석회이며 연마하면 광택이 나는 석재는?

① 응회암 ② 화강암
③ 대리석 ④ 점판암

2-2. 변성암의 일종으로 석질이 불균일하고 다공질이며, 주로 특수 실내장식재로 사용하는 석재는?

① 현무암 ② 화강암
③ 응회암 ④ 트래버틴

[해설]

2-1
대리석은 석회석이 변화하여 결정화된 변성암의 일종으로, 석질이 치밀하고 견고할 뿐 아니라 외관이 미려해서 실내장식재 또는 조각재로 사용된다.

2-2
트래버틴
- 탄산석회가 함유된 물에서 침전·생성된 것이다.
- 변성암의 일종으로, 석질이 불균일하고 다공질이다.
- 암갈색 무늬이며, 주로 특수 실내장식재로 사용된다.
- 석판으로 만들어 물갈기를 하면 광택이 난다.

정답 2-1 ③ **2-2** ④

핵심이론 03 석재의 성질

① 석재의 일반적인 성질
  ㉠ 가공 후에 별도의 처리나 보수작업이 거의 필요 없고, 영구적으로 활용할 수 있다.
  ㉡ 압력에 잘 견디고 부패나 부식이 없다.
  ㉢ 불연성이며 내구성, 내수성, 내화학성이 우수하다.
  ㉣ 외관이 장중하고 치밀하며, 연마하면 광택이 난다.
  ㉤ 대부분의 석재는 비중이 크고, 가공성이 좋지 않다.
  ㉥ 석재 중 석회암, 대리석 등은 풍화에 약하다.
  ㉦ 석재의 공극률이 크면 동결융해의 반복으로 동해되기 쉽다.
  ㉧ 석재는 공기 중의 탄산가스나 약한 염산 또는 황산류에 의해 침식된다.
  ㉨ 가격이 고가이며, 성질이 차가워 보온에 약하다.
  ㉩ 석회분이 포함된 것은 내산성이 작다.

② 석재의 내화성
  ㉠ 내화성은 조성결정형이 작고, 공극률이 클수록 커진다.
  ㉡ 화강암은 화열에 닿으면 균열이 생기며 파괴된다.
  ㉢ 안산암, 사암, 응회암, 화강암에 비해 내화성이 우수하다.

10년간 자주 출제된 문제

석재의 일반적인 성질에 관한 설명으로 옳지 않은 것은?

① 불연성이다.
② 내구성, 내수성이 우수하다.
③ 비중이 크고 가공성이 좋지 않다.
④ 석재 중 석회암, 대리석 등은 풍화에 강하다.

[해설]
석재 중 석회암, 대리석 등은 풍화에 약하다.

정답 ④

핵심이론 04 석재의 강도

① 압축강도
  ㉠ 석재의 강도는 일반적으로 압축강도를 의미한다.
  ㉡ 석재의 강도 중 압축강도가 가장 크다.
  ㉢ 대체로 석재의 강도가 크면 경도도 크다.
  ㉣ 압축강도에 비해 인장강도가 작다.
  ㉤ 석재의 강도는 비중에 비례한다. 즉, 비중이 클수록 강도가 크고, 내부 공극이 작다.
  ㉥ 단위 용적 중량이 클수록, 공극률과 구성입자가 작을수록, 결정도와 결합 상태가 좋을수록 강도가 크다.
  ㉦ 압축강도는 함수율이 높을수록 강도가 저하된다.
  ㉧ 압축강도의 크기 : 화강암 > 대리석 > 안산암 > 사문암 > 점판암 > 사암 > 응회암

② 인장강도
  ㉠ 인장강도는 압축강도의 1/30~1/10 정도이다.
  ㉡ 압축강도에 비해 인장 및 휨강도는 매우 작다.

③ 석재의 내구성
  ㉠ 석재의 내구성은 조직, 조암광물의 종류 등에 따라 달라진다.
  ㉡ 조암광물 중 황화물, 철분 함유 광물, 탄산마그네시아, 탄산칼슘 등은 풍화되기 쉽다.
  ㉢ 흡수율은 동결과 융해에 대한 내구성의 지표가 된다.
  ㉣ 흡수율이 큰 다공질일수록 동해를 받기 쉽다.
  ㉤ 화강암, 안산암 등 화성암계의 석재는 내마모성이 크다.
  ㉥ 규산분이 많이 포함된 석재는 내구성이 크다.
  ㉦ 외벽, 특히 콘크리트 표면에 부착되는 석재는 연석을 피한다.

10년간 자주 출제된 문제

4-1. 석재의 강도 중 가장 큰 것은?
① 압축강도　　② 휨강도
③ 인장강도　　④ 전단강도

4-2. 석재의 내구성에 대한 설명으로 옳지 않은 것은?
① 흡수율은 동결과 융해에 대한 내구성의 지표가 된다.
② 규산분을 많이 포함한 석재는 내구성이 크다.
③ 석재의 내구성은 조직, 조암광물의 종류 등과 상관없이 동일하다.
④ 콘크리트 표면에 부착되는 석재는 연석을 피한다.

|해설|

4-1
석재의 압축강도는 인장강도의 10~30배 정도이다.

4-2
석재의 내구성은 조직, 조암광물의 종류 등에 따라 달라진다.

정답 4-1 ①　4-2 ③

2-4. 석재의 이용

핵심이론 01 석재의 가공

① 돌쌓기 방법
  ㉠ 찰쌓기 : 콘크리트가 앞면 접촉부까지 채워지도록 다지는 돌쌓기 방식
  ㉡ 메쌓기 : 모르타르를 쓰지 않고 돌을 쌓는 방식
  ㉢ 막돌쌓기 : 가공되지 않은 자연 그대로의 돌 또는 거칠게 마감한 돌을 겹쳐 쌓는 방식
  ㉣ 건쌓기 : 돌의 뿌리가 서로 물리게 속을 채우는 석회물을 쓰지 않고 돌만 이용한 쌓기 방식

② 석재 다듬기 순서(표면이 가장 거친 것부터 고운 순)

순서	내용
혹두기	• 마름돌 돌출부를 쇠메로 쳐서 평탄하게 메다듬는 것
정다듬	• 혹두기면을 정으로 쪼아 평평하게 다듬는 것
도드락 다듬	• 정다듬면을 도드락 망치로 평탄하게 다듬는 것
잔다듬	• 도드락다듬면을 날망치로 평탄하게 마무리하는 것 • 가장 곱게 다듬질하는 것
물갈기	• 잔다듬면을 숫돌, 금강사로 갈아서 광택을 내는 것(거친 갈기 → 물갈기 → 본갈기 → 정갈기)

③ 석공구
  ㉠ 쇠메 : 석재가공 시 마름돌 거친 면의 돌출부를 보기 좋게 다듬을 때 사용한다.
  ㉡ 날망치 : 석면 표면가공 중 주로 잔다듬에 사용한다.

10년간 자주 출제된 문제

1-1. 석재의 표면가공 순서로 옳은 것은?
① 혹두기 → 정다듬 → 도드락다듬 → 잔다듬 → 물갈기
② 혹두기 → 도드락다듬 → 정다듬 → 잔다듬 → 물갈기
③ 혹두기 → 잔다듬 → 정다듬 → 도드락다듬 → 물갈기
④ 혹두기 → 정다듬 → 잔다듬 → 도드락다듬 → 물갈기

1-2. 석재를 가장 곱게 다듬질하는 방법은?
① 혹두기 ② 정다듬
③ 잔다듬 ④ 도드락다듬

1-3. 석재가공 시 마름돌 거친 면의 돌출부를 보기 좋게 다듬을 때 사용하는 공구는?
① 도드락 망치 ② 날망치
③ 쇠메 ④ 정

1-4. 석면 표면가공 중 주로 잔다듬에 사용되는 공구는?
① 정 ② 쇠메
③ 도드락 망치 ④ 날망치

|해설|

1-2
잔다듬
• 도드락다듬면을 날망치로 평탄하게 마무리하는 것
• 가장 곱게 다듬질하는 것

정답 1-1 ① 1-2 ③ 1-3 ③ 1-4 ④

핵심이론 02 석재제품

① 암면
  ㉠ 암면은 현무암, 안산암, 사문암 등을 응용시켜 세공으로 분출시키면서 고압공기로 불어 날려 섬유화시킨 후 냉각시켜 면상으로 만든 것이다.
  ㉡ 내화성, 흡음, 단열, 보온성 등이 우수하다.
  ㉢ 불연재, 단열재, 흡음재로 사용한다.

② 질석
  ㉠ 질석은 운모계 광석을 1,000℃ 정도로 가열팽창시킨 다공질 경석이다.
  ㉡ 경량, 단열, 흡음, 보온, 방화, 내화성 등이 좋다.
  ㉢ 내열재료 및 방음재로 사용된다.

③ 펄라이트
  ㉠ 진주암, 흑요석, 송지석 등을 분쇄하여 입상으로 된 것을 소성팽창시켜 제조한다.
  ㉡ 화산석으로 된 진주석을 분쇄하여 800~1,200℃ 정도로 가열팽창시킨 경량골재이다.
  ㉢ 다공질 경석으로 주로 단열, 보온, 흡음 등의 목적으로 사용된다.

④ 인조대리석(terrazzo)
  ㉠ 대리석, 석회암의 세밀한 쇄석을 골재로 하여 시멘트로 혼합해서 평평히 발라서 굳히고 표면을 갈아서 광택을 낸 것이다.
  ㉡ 색조나 성질이 천연 석재와 비슷하며, 내·외장재로 사용된다.

10년간 자주 출제된 문제

시멘트 콘크리트 제품 중 대리석의 쇄석을 종석으로 하여 대리석과 같이 미려한 광택을 갖도록 마감한 것은?
① 석면
② 테라초
③ 질석
④ 고압벽돌

[해설]

인조대리석(terrazzo)
• 대리석, 석회암의 세밀한 쇄석을 골재로 하여 시멘트로 혼합해서 평평히 발라서 굳히고 표면을 갈아서 광택을 낸 것이다.
• 색조나 성질이 천연 석재와 비슷하며, 내·외장재로 사용된다.

정답 ②

2-5. 시멘트의 분류 및 성질

핵심이론 01 시멘트의 분류

① 한국산업표준(KS L 5201)에 따른 포틀랜드 시멘트의 종류

보통 포틀랜드 시멘트, 중용열 포틀랜드 시멘트, 조강 포틀랜드 시멘트, 저열 포틀랜드 시멘트, 내황산염 포틀랜드 시멘트

㉠ 조강 포틀랜드 시멘트
- 도로 및 수중공사 등 긴급공사나 공기 단축이 필요한 경우에 사용한다.
- 분말도를 크게 하여 초기에 고강도를 발생시킨다.
- 보통 포틀랜드 시멘트보다 규산삼석회(C_3S)나 석고가 많다.
- 수밀성이 높고 경화에 따른 수화열이 크고 강도 발현성이 크다.

㉡ 중용열 포틀랜드 시멘트
- 시멘트의 발열량을 저감시킬 목적으로 제조한 시멘트이다.
- 건조수축이 작고 화학저항성이 크며, 초기강도와 내구성이 우수하다.
- 수화속도를 지연시켜 수화열을 작게 한 시멘트이다.
- 수화열이 낮아 댐과 같은 매스 콘크리트 구조물에 사용한다.
  ※ 매스 콘크리트 : 콘크리트 부재 또는 구조물의 치수가 커서 시멘트의 수화열에 의한 온도 상승을 고려하여 시공해야 하는 콘크리트

② 혼합 포틀랜드 시멘트
㉠ 고로 시멘트 : 용광로 슬래그 혼합하고, 석고를 가해 만든 시멘트이다.
㉡ 플라이애시 시멘트 : 포틀랜드 시멘트에 플라이애시(fly-ash)를 혼합한 시멘트이다.
㉢ 포틀랜드 포졸란 시멘트 : 포틀랜드 시멘트 클링커에 포졸란을 혼합하고, 석고를 가해 만든 시멘트이다.

③ 특수 시멘트
알루미나 시멘트, 팽창 시멘트, 마그네시아 시멘트 등

10년간 자주 출제된 문제

1-1. 한국산업표준에 따른 포틀랜드 시멘트에 해당하지 않는 것은?
① AE 포틀랜드 시멘트
② 조강 포틀랜드 시멘트
③ 보통 포틀랜드 시멘트
④ 중용열 포틀랜드 시멘트

1-2. 보통 포틀랜드 시멘트보다 C_3S나 석고가 많고, 분말도를 크게 하여 초기에 고강도를 발생시키는 시멘트는?
① 저열 포틀랜드 시멘트
② 조강 포틀랜드 시멘트
③ 백색 포틀랜드 시멘트
④ 중용열 포틀랜드 시멘트

1-3. 수화열이 낮아 댐과 같은 매스 콘크리트 구조물에 사용하는 시멘트는?
① 보통 포틀랜드 시멘트
② 조강 포틀랜드 시멘트
③ 중용열 포틀랜드 시멘트
④ 내황산염 포틀랜드 시멘트

해설

1-1
한국산업표준(KS L 5201)에 따른 포틀랜드 시멘트의 종류
- 보통 포틀랜드 시멘트
- 중용열 포틀랜드 시멘트
- 조강 포틀랜드 시멘트
- 저열 포틀랜드 시멘트
- 내황산염 포틀랜드 시멘트

1-3
중용열 포틀랜드 시멘트는 수화속도를 지연시켜 수화열을 작게 한 시멘트로 댐공사나 건축용 매스 콘크리트에 사용된다.

정답 1-1 ① 1-2 ② 1-3 ③

핵심이론 02 시멘트의 성질

① 시멘트의 분말도
  ㉠ 분말도는 단위 중량에 대한 표면적으로 표시한다.
  ㉡ 분말도가 클수록 수화반응이 촉진되고, 강도의 발현속도가 빠르다.
  ㉢ 시멘트의 분말도는 블레인 투과장치에 의한 방법 또는 표준체에 의한 방법으로 측정한다.
  ㉣ 시멘트의 분말도가 클수록(미세)
    • 수화작용이 촉진된다.
    • 초기강도가 증진된다.
    • 발열량이 증대된다.
    • 응결속도가 증진된다.
    • 시공연도(workability)가 양호하다.

② 시멘트의 응결시간
  ㉠ 응결속도가 빨라지는 경우
    • 분말도가 높을수록
    • 온도가 높을수록
    • 슬럼프나 습도가 낮을수록
    • 물-시멘트비가 작을수록
    • 골재나 물에 염분이 포함될수록
    • 알칼리가 많을수록, 알루민산3석회가 많을수록
  ㉡ 응결속도가 늦어지는 경우
    • 첨가된 석고량이 많거나 물-시멘트비가 클수록
    • 수(水)량이 많은 경우

③ 안정성
  ㉠ 시멘트의 경화 중 체적팽창으로 팽창균열이 생기는 정도를 나타낸 것이다.
  ㉡ 시멘트의 안정성 측정에는 오토클레이브 팽창도 시험법을 사용한다.

④ 풍화
  ㉠ 시멘트가 습기를 흡수하여 경미한 수화반응을 일으켜 생성된 수산화칼슘과 공기 중의 탄산가스가 반응하여 탄산칼슘을 생성하는 작용이다.
  ㉡ 풍화의 특징
    • 시멘트가 풍화되면 수화열과 강도가 감소되어 응결이 늦어지며, 비중이 작아지고, 밀도가 떨어진다.
    • 풍화는 고온다습한 경우 급속도로 진행된다.

> **시멘트의 저장**
> • 시멘트는 방습적인 구조로 된 사일로나 창고에 저장한다.
> • 창고의 바닥 높이는 지면에서 30cm 이상으로 한다.
> • 저장 중에 약간이라도 굳은 시멘트는 공사에 사용하지 않는다.
> • 출입구, 채광창 이외의 환기창은 두지 않는다.
> • 반입구와 반출구를 따로 두어 먼저 쌓는 것부터 사용한다.
> • 시멘트 쌓기의 높이는 13포(1.5m) 이내로 한다. 장기간은 7포 이내로 한다.
> • 1m²당 30~35포대 정도 보관하고, 통로를 고려하지 않는 경우에는 1m²당 50포대 정도 보관한다.

10년간 자주 출제된 문제

2-1. 시멘트의 분말도에 관한 설명으로 옳지 않은 것은?
① 분말도가 클수록 응결이 느려진다.
② 분말도가 너무 크면 풍화되기 쉽다.
③ 단위 중량에 대한 표면적으로 표시한다.
④ 블레인법 또는 표준체법에 의해 측정한다.

2-2. 시멘트의 응결시간에 관한 설명으로 옳은 것은?
① 온도가 높으면 응결시간이 늦다.
② 수(水)량이 많을수록 응결시간이 빠르다.
③ 첨가된 석고량이 많으면 응결시간이 빠르다.
④ 일반적으로 분말도가 높으면 응결시간이 빠르다.

2-3. 시멘트가 습기를 흡수하여 경미한 수화반응을 일으켜 생성된 수산화칼슘과 작용하여 시멘트의 풍화를 발생시키는 것은?
① 분진
② 아황산가스
③ 일산화탄소
④ 이산화탄소

[해설]

2-1
시멘트는 분말도가 클수록 수화반응이 촉진되고, 강도의 발현속도가 빠르다.

2-2
① 온도가 높으면 응결시간이 빨라진다.
② 수(水)량이 많을수록 응결시간이 늦어진다.
③ 첨가된 석고량이 많으면 응결시간이 늦어진다.

정답 2-1 ① 2-2 ④ 2-3 ④

2-6. 콘크리트 골재 및 혼화재료

핵심이론 01 콘크리트 골재

① 골재의 성인에 의한 분류
  ㉠ 천연 골재 : 강모래, 강자갈, 바닷모래, 바닷자갈, 육상모래, 육상자갈, 산모래, 산자갈
  ㉡ 인공 골재 : 부순 돌, 부순 모래, 인공 경량골재

② 콘크리트용 골재로서 요구되는 일반적인 성질
  ㉠ 골재에는 먼지, 흙, 유기 불순물 등이 포함되지 않을 것
  ㉡ 입도는 조립에서 세립까지 연속적으로 균등하게 혼합되어 있을 것
  ㉢ 골재의 모양은 둥글고 구형에 가까울 것
  ㉣ 골재의 강도는 콘크리트 중의 경화 시멘트 페이스트의 강도 이상일 것(양질 골재 2,000kg/cm^2, 일반 골재 800kg/cm^2)
  ㉤ 내구성과 내화성이 있을 것
  ㉥ 콘크리트 강도를 확보하는 강성을 지닐 것
  ㉦ 공극률이 작아 시멘트를 절약할 수 있는 것
  ㉧ 잔골재는 씻기시험 손실량이 3.0% 이하일 것
  ㉨ 잔골재의 염분(NaCl) 허용한도는 0.04% 이하일 것

③ 조립률
  ㉠ 콘크리트용 골재의 입도를 수치로 나타내는 지표로 이용한다.
  ㉡ 조립률(골재) : 75mm, 40mm, 20mm, 10mm, 5mm, 2.5mm, 1.2mm, 0.6mm, 0.3mm, 0.15mm 체 등 10개의 체를 1조로 하여 체가름시험을 하였을 때, 각 체에 남은 누계량의 전체 시료에 대한 질량 백분율의 합을 100으로 나눈 값으로 나타낸다.

10년간 자주 출제된 문제

1-1. 콘크리트에 사용되는 골재에 요구되는 성질에 관한 설명으로 옳지 않은 것은?
① 골재의 크기는 동일해야 한다.
② 골재에는 불순물이 포함되어 있지 않아야 한다.
③ 골재의 모양은 둥글고 구형에 가까운 것이 좋다.
④ 골재의 강도는 콘크리트 중의 경화 시멘트 페이스트의 강도 이상이어야 한다.

1-2. 콘크리트용 골재의 조립률 산정에 사용되는 체에 해당하지 않는 것은?
① 0.3mm　　② 5mm
③ 20mm　　④ 50mm

1-3. 천연 골재에 해당하지 않는 것은?
① 깬 자갈　　② 강자갈
③ 산모래　　④ 바닷자갈

[해설]

1-1
콘크리트용 골재의 입도는 조립에서 세립까지 연속적으로 균등하게 혼합되어 있어야 한다.

1-2
조립률(골재) : 75mm, 40mm, 20mm, 10mm, 5mm, 2.5mm, 1.2mm, 0.6mm, 0.3mm, 0.15mm 체 등 10개의 체를 1조로 하여 체가름시험을 하였을 때, 각 체에 남은 누계량의 전체 시료에 대한 질량 백분율의 합을 100으로 나눈 값으로 나타낸다.

1-3
천연 골재 : 강모래, 강자갈, 바닷모래, 바닷자갈, 육상모래, 육상자갈, 산모래, 산자갈

정답 1-1 ①　1-2 ④　1-3 ①

핵심이론 02 혼화재료 (1)

① **혼화재료의 종류**
　㉠ 혼화제 : 감수제, AE제, 유동화제, 방수제, 기포제, 촉진제, 지연제, 급결제, 증점제
　㉡ 혼화재 : 플라이애시, 고로 슬래그, 실리카 퓸, 규산백토 미분말, 팽창재

② **AE제(공기연행제)**
　㉠ 콘크리트 내부에 미세한 독립된 기포를 발생시킨다.
　㉡ AE제의 사용효과
　　• 콘크리트의 작업성을 향상시킨다.
　　• 콘크리트의 동결융해 저항성능을 향상시킨다.
　　• 블리딩과 단위 수량이 감소된다.
　　• 굳지 않은 콘크리트의 워커빌리티를 개선시킨다.
　　• 플레인 콘크리트와 동일한 물-시멘트비인 경우 압축강도가 저하된다.

③ **지연제**
콘크리트의 응결, 초기 경화를 지연시킬 목적으로 사용한다.

④ **급결제**
콘크리트의 응결시간을 매우 빠르게 하기 위하여 사용한다.

⑤ **증점제**
콘크리트용 혼화제 중 점성 등을 향상시켜 재료분리를 억제하기 위해 사용한다.

⑥ **방청제**
　㉠ 콘크리트의 혼화제 중 염화물의 작용에 의한 철근의 부식을 방지하기 위해 사용한다.
　㉡ 종류 : 아황산소다, 아초산염, 인산염, 염화칼슘염 등

10년간 자주 출제된 문제

2-1. 콘크리트 내부에 미세한 독립된 기포를 발생시켜 콘크리트의 작업성 및 동결융해 저항성능을 향상시키기 위해 사용되는 화학 혼화제는?

① AE제　　　　② 기포제
③ 유동화제　　　④ 플라이애시

2-2. AE제의 사용효과로 옳지 않은 것은?

① 강도를 증가시킨다.
② 블리딩을 감소시킨다.
③ 동결융해작용에 대하여 내구성을 지닌다.
④ 굳지 않은 콘크리트의 워커빌리티를 개선시킨다.

2-3. 콘크리트 혼화제 중 염화물의 작용에 의한 철근의 부식을 방지하기 위해 사용하는 것은?

① 지연제　　　　② 촉진제
③ 기포제　　　　④ 방청제

|해설|

2-2

AE제의 사용효과
- 콘크리트의 작업성을 향상시킨다.
- 콘크리트의 동결융해 저항성능을 향상시킨다.
- 블리딩과 단위 수량이 감소된다.
- 굳지 않은 콘크리트의 워커빌리티를 개선시킨다.
- 플레인 콘크리트와 동일한 물-시멘트비인 경우 압축강도가 저하된다.

정답 2-1 ① 2-2 ① 2-3 ④

핵심이론 03 혼화재료 (2)

① 플라이애시
　㉠ 콘크리트의 워커빌리티를 좋게 하고, 사용 수량을 감소시킨다.
　㉡ 초기 재령의 강도는 다소 작지만, 장기 재령의 강도는 매우 크다.
　㉢ 콘크리트의 수밀성을 향상시킨다.
　㉣ 시멘트 수화열에 의한 콘크리트 발열이 감소된다.

② 포졸란(pozzolan)
　㉠ 주성분은 실리카질 물질이며, 시멘트 수화에 의해 생기는 수산화칼슘과 상온에서 서서히 반응하여 불용성의 화합물을 만드는 재료이다.
　㉡ 특징
　　• 블리딩이 감소한다.
　　• 초기강도는 작지만 장기강도, 수밀성 및 화학저항성이 크다.
　　• 발열량이 적고, 시공연도가 좋아진다.

③ 고로 슬래그
　㉠ 고로 슬래그의 미분말은 고로 시멘트의 혼화재로서 대량으로 사용되며 광재벽돌, 광재면 등의 원료로 사용한다.
　㉡ 초기강도는 낮지만 슬래그의 잠재 수경성 때문에 장기강도는 크다.
　㉢ 해수, 하수 등의 화학적 침식에 대한 저항성이 크다.
　㉣ 포졸란반응으로 공극충전효과 및 알칼리골재반응 억제효과가 크다.

10년간 자주 출제된 문제

3-1. 혼화재에 해당하는 것은?
① 플라이애시
② AE제
③ 감수제
④ 기포제

3-2. 콘크리트 혼화재료와 용도의 연결이 바르지 않은 것은?
① 실리카 품 – 압축강도 증대
② 플라이애시 – 수화열 증대
③ AE제 – 동결융해 저항성능 향상
④ 고로 슬래그 분말 – 알칼리골재반응 억제

3-3. 콘크리트 혼화재 중 포졸란의 효과에 관한 설명으로 옳지 않은 것은?
① 발열량이 적다.
② 블리딩이 감소한다.
③ 시공연도가 좋아진다.
④ 초기강도 증진이 빨라진다.

[해설]

3-1
혼화재료
- 혼화제 : 감수제, AE제, 유동화제, 방수제, 기포제
- 혼화재 : 플라이애시, 고로 슬래그, 실리카 품

3-2
플라이애시를 사용하면 시멘트 수화열에 의한 콘크리트 발열이 감소된다.

3-3
포졸란을 사용하면 초기강도는 작지만 장기강도, 수밀성 및 화학저항성이 크다.

정답 3-1 ① 3-2 ② 3-3 ④

2-7. 콘크리트의 성질

핵심이론 01 콘크리트의 일반적인 성질

① 콘크리트의 일반적인 성질
  ㉠ 내구성, 내화성, 차음성, 내진성 등이 양호하다.
  ㉡ 크기나 모양 등 성형상 자유성이 높다.
  ㉢ 인장강도에 비해 압축강도가 크다.
  ㉣ 성분상 강알칼리성이 있어 철강재의 방청상 유효하다.
  ㉤ 시공 시 특별한 숙련을 요하지 않는다.
  ㉥ 비교적 값이 저렴하고, 유지비가 거의 들지 않는다.

② 콘크리트의 구비조건
  ㉠ 소요강도를 얻을 수 있을 것
  ㉡ 적당한 워커빌리티를 가질 것
  ㉢ 균일성을 유지할 것
  ㉣ 내구성이 있을 것
  ㉤ 수밀성 등 기타 수요자가 요구하는 성능을 만족시킬 것
  ㉥ 가장 경제적일 것

10년간 자주 출제된 문제

콘크리트의 일반적인 성질에 관한 설명으로 옳지 않은 것은?
① 내구성이 양호하다.
② 내화성이 양호하다.
③ 성형상 자유성이 높다.
④ 압축강도에 비해 인장강도가 크다.

[해설]
콘크리트는 인장강도에 비해 압축강도가 크다.

정답 ④

핵심이론 02 굳지 않은 콘크리트의 성질

① 굳지 않은 콘크리트
재료를 혼합, 비빔 직후부터 거푸집 내에 부어 넣어 소정의 강도를 발휘할 때까지의 콘크리트이다.

② 굳지 않은 콘크리트에 요구되는 성질
  ㉠ 다지기 및 마무리가 용이해야 한다.
  ㉡ 시공 시 및 그 전후에 재료분리가 적어야 한다.
  ㉢ 거푸집 구석구석까지 잘 채워질 수 있어야 한다.
  ㉣ 거푸집에 부어 넣은 후 블리딩이 적게 발생해야 한다.

③ 굳지 않은 콘크리트의 성질
  ㉠ 워커빌리티(workability, 시공성)
    • 부어 넣기의 난이도 정도 및 재료분리에 저항하는 정도를 나타낸다.
    • 일반적으로 부배합이 빈배합보다 워커빌리티가 좋다.
    • 비빔시간이 과도하게 길면 시멘트의 수화를 촉진시켜 워커빌리티가 나빠진다.
    • AE제를 사용하면 볼베어링 작용에 의해 콘크리트의 워커빌리티가 좋아진다.
    • 단위 수량을 증가시키면 재료분리가 쉽게 생기기 때문에 워커빌리티가 좋아진다고 할 수 없다.
    • 골재의 표면은 매끄럽거나 세장한 것일수록 워커빌리티가 나빠진다.
    • 깬 자갈을 사용한 콘크리트가 강자갈을 사용한 콘크리트보다 워커빌리티가 나쁘다.
    • 콘크리트의 워커빌리티에 영향을 주는 요소 : 혼화재료, 단위 시멘트량, 골재의 입도
    ※ 굳지 않은 콘크리트의 워커빌리티 측정방법 : 플로시험, 비비시험, 슬럼프시험, 다짐계수시험

  ㉡ 컨시스턴시(consistency, 반죽질기)
    • 굳지 않은 콘크리트의 유동성 정도, 반죽질기를 나타낸다.
    • 주로 수량에 의해서 변화되는 유동성으로, 물의 양이 많고 적음에 따라 반죽이 되거나 진 정도이다.
    • 콘크리트의 반죽질기는 단위 수량이 많을수록 커지지만, 재료분리가 생기기 쉽다.
    ※ 슬럼프
      • 굳지 않은 콘크리트의 반죽질기를 나타내는 지표
      • 슬럼프시험 : 굳지 않은 콘크리트의 컨시스턴시를 측정하는 방법
      • 콘크리트의 슬럼프시험을 하는 주목적 : 워커빌리티 측정을 위해

  ㉢ 플라스티시티(plasticity, 가소성, 성형성)
    • 거푸집 등의 형상에 순응하여 채우기 쉽고, 분리가 일어나지 않는 성질이다.
    • 거푸집에 용이하게 충전할 수 있는 정도이다.

  ㉣ 펌퍼빌리티(pumpability, 펌프압송성) : 펌프압송작업의 용이한 정도이다.

  ㉤ 피니셔빌리티(finishability, 마감성) : 굵은 골재의 최대 치수, 잔골재율, 잔골재의 입도, 반죽질기 등에 따르는 마무리하기 쉬운 정도를 나타낸다.

※ 콘크리트 타설에서 거푸집의 측압을 결정짓는 요소 : 타설속도, 거푸집 강성, 기온

10년간 자주 출제된 문제

2-1. 콘크리트의 워커빌리티에 관한 설명으로 옳지 않은 것은?
① 비빔시간이 과도하게 길면 워커빌리티가 나빠진다.
② AE제를 사용하면 볼베어링 작용에 의해 콘크리트의 워커빌리티가 좋아진다.
③ 깬 자갈을 사용한 콘크리트가 강자갈을 사용한 콘크리트보다 워커빌리티가 좋다.
④ 단위 수량을 증가시키면 재료분리가 쉽게 생기기 때문에 워커빌리티가 좋아진다고 할 수 없다.

2-2. 굳지 않은 콘크리트의 워커빌리티 측정방법에 해당하지 않는 것은?
① 비비시험
② 슬럼프시험
③ 비카트시험
④ 다짐계수시험

2-3. 굳지 않은 콘크리트의 컨시스턴시(consistency)를 측정하는 방법으로 가장 알맞은 것은?
① 슬럼프시험
② 블레인시험
③ 체가름시험
④ 오토클레이브 팽창도시험

2-4. 굳지 않은 콘크리트의 성질을 나타내는 용어 중 주로 수량에 의해서 변화하는 유동성의 정도로 정의되는 것은?
① 컨시스턴시
② 펌퍼빌리티
③ 피니셔빌리티
④ 플라스티시티

[해설]

2-1
깬 자갈을 사용한 콘크리트가 강자갈을 사용한 콘크리트보다 워커빌리티가 나쁘다.

2-2
굳지 않은 콘크리트의 워커빌리티 측정방법 : 플로시험, 비비시험, 슬럼프시험, 다짐계수시험

2-3
슬럼프
- 굳지 않은 콘크리트의 반죽질기를 나타내는 지표
- 슬럼프시험 : 굳지 않은 콘크리트의 컨시스턴시를 측정하는 방법
- 콘크리트의 슬럼프시험을 하는 주목적 : 워커빌리티 측정을 위해

정답 2-1 ③ 2-2 ③ 2-3 ① 2-4 ①

핵심이론 03 경화된(굳은) 콘크리트의 성질

① 콘크리트의 강도
  ㉠ 콘크리트의 강도는 표준양생을 한 재령 28일의 압축강도를 기준으로 한다.
    ※ 설계기준 강도 : 콘크리트 강도는 타설 후 약 4주 정도 지나야 목표강도에 도달한다.
  ㉡ 콘크리트의 강도 중 일반적으로 압축강도가 가장 크다.
  ㉢ 콘크리트 강도는 물-시멘트비와 가장 관계가 깊다.
  ㉣ 물-시멘트비가 낮으면 콘크리트 강도는 높아진다.
  ㉤ 굵은 골재의 최대 치수가 클수록 콘크리트 강도는 작아진다.
  ㉥ 일반적으로 강자갈보다 쇄석을 사용한 콘크리트의 강도가 크다.
  ㉦ 손비빔보다 기계비빔으로 하면 강도가 커진다.
  ㉧ 공기량이 증가할수록 콘크리트 강도는 낮아진다.
  ㉨ 빈배합 콘크리트가 부배합 콘크리트보다 높은 강도를 낼 수 있다.
  ㉩ 시멘트가 풍화하면 강열 감량이 많아져서 강도가 저하된다.

② 크리프
  ㉠ 하중이 지속적으로 재하될 경우 변형이 시간과 더불어 증대하는 현상이다.
  ㉡ 하중작용 시 재령이 짧을수록, 작용응력이 클수록 크리프는 크다.
  ㉢ 물-시멘트비가 클수록 크리프는 크다.
  ㉣ 외부 습도가 높을수록 작고, 온도가 높을수록 크다.
  ㉤ 시멘트 페이스트가 묽고, 많을수록 크다.
  ㉥ 부재의 단면 치수가 작을수록, 부재의 건조 정도가 높을수록 커진다.
  ㉦ 재하 초기에 증가가 뚜렷하고, 장기화될수록 증가율은 작아진다.

◎ 하중이 클수록, 시멘트량 또는 단위 수량이 많을수록 커진다.
※ 블리딩 : 콘크리트 타설 후 시멘트 입자, 골재가 가라앉으면서 물이 올라와 콘크리트 표면에 미립 물이 떠오르는 현상

10년간 자주 출제된 문제

3-1. 물-시멘트비와 가장 관계가 깊은 것은?
① 시멘트 분말도
② 콘크리트 중량
③ 골재의 입도
④ 콘크리트 강도

3-2. 콘크리트는 타설 후 일정 시간이 지나면 목표강도에 도달한다. 이를 설계기준 강도라고 하는데, 대략 몇 주 정도 지나야 콘크리트 강도는 목표강도에 도달하는가?
① 1주
② 2주
③ 3주
④ 4주

3-3. 콘크리트의 크리프에 관한 설명으로 옳지 않은 것은?
① 작용응력이 클수록 크리프는 크다.
② 물-시멘트비가 클수록 크리프는 크다.
③ 시멘트 페이스트가 적을수록 크리프는 크다.
④ 재하재령이 빠를수록 크리프는 크다.

|해설|
3-3
시멘트 페이스트가 많을수록 크리프는 크다.

정답 3-1 ④ 3-2 ④ 3-3 ③

핵심이론 04 콘크리트의 중성화와 내구성

① 콘크리트의 중성화
  ㉠ 시일이 경과함에 따라 공기 중의 탄산가스 작용을 받아 콘크리트가 알칼리성을 잃어가는 현상이다.
  ㉡ 콘크리트의 중성화는 주로 공기 중의 이산화탄소 침투에 기인한다.
  ㉢ 중성화가 진행되어도 콘크리트 강도의 변화는 거의 없으나 철근이 쉽게 부식된다.
  ㉣ 콘크리트의 중성화에 미치는 요인 : 물-시멘트비, 시멘트와 골재의 종류, 혼화재료의 유무 등
  ㉤ 콘크리트의 중성화를 억제하기 위한 방법
    • 물-시멘트비를 작게 한다.
    • 단위 수량을 최소화한다.
    • 환경적으로 오염되지 않게 한다.
    • 혼합 시멘트보다 보통 포틀랜드 시멘트를 사용한다.
    • 적당량의 공기량을 도입한다.
    • 혼화제(감수제, 공기연행감수제, 유동화제)를 사용한다.
    • 플라이애시, 실리카 퓸, 고로 슬래그 미분말을 혼합하여 사용한다.
    • 충분한 다짐으로 밀실한 콘크리트를 시공한다.
    • 양생 후 외부로부터 습기나 물의 침입을 방지한다.

② 내구성
  ㉠ 콘크리트는 동결융해작용, 동결융해 이외의 기상작용, 해수작용, 하수작용, 화학약품의 작용 및 기타의 작용으로 인해 열화된다.
  ㉡ 일반적으로 물-시멘트비를 적게 하여 향상시킬 수 있다.
  ㉢ 동해에 의한 피해를 최소화하기 위해서는 흡수성이 작은 골재를 사용한다.

② 콘크리트가 열을 받으면 시멘트 페이스트는 수축하고, 골재는 팽창하여 팽창균열이 생긴다.
⑩ 콘크리트에 포함되는 기준치 이상의 염화물은 철근 부식을 촉진시킨다.
⑪ 알칼리골재반응을 일으키는 주요인은 반응성 골재, 알칼리 성분 및 수분이다.
⑫ 수화열 저감이 요구될 경우에는 플라이애시 시멘트나 고로 시멘트를 사용한다.
⑬ 바닷모래는 세척하여 콘크리트용 골재로 사용한다.

10년간 자주 출제된 문제

4-1. 시일이 경과함에 따라 공기 중의 탄산가스 작용을 받아 콘크리트가 알칼리성을 잃어가는 현상은?
① 중성화 ② 크리프
③ 건조수축 ④ 동결융해

4-2. 콘크리트의 중성화를 억제하기 위한 방법으로 옳지 않은 것은?
① 혼합 시멘트를 사용한다.
② 물-시멘트비를 작게 한다.
③ 단위 수량을 최소화한다.
④ 환경적으로 오염되지 않게 한다.

[해설]
4-2
혼합 시멘트는 포틀랜드 시멘트에 포졸란을 혼합한 것으로, 상대적으로 수산화칼슘의 양이 적어 중성화가 빠르다.

정답 4-1 ① 4-2 ①

2-8. 콘크리트의 이용

핵심이론 01 콘크리트 제품

① ALC(Autoclaved Lightweight Concrete, 경량 기포 콘크리트)
  ㉠ 오토클레이브에 포화증기로 양생한 경량 기포 콘크리트이다.
  ㉡ 주로 패널류이며, 용도는 지붕, 바닥, 벽재이다.
  ㉢ 방음·단열의 특성이 있고, 사용 후 변형이나 균열이 작다.
  ㉣ 내화성, 경량성, 시공성, 친환경성 등의 특성이 있다.
  ㉤ 보통 콘크리트에 비해 강도가 높고, 중성화의 우려가 높다.
  ㉥ 압축강도에 비해서 휨강도, 인장강도는 약하다.
  ㉦ 건조수축률, 절건비중, 동결융해저항, 열전도율 및 열팽창률이 작다.
  ㉧ 습기가 많은 곳에서 사용하기 곤란하다.
  ㉨ 통기성 및 흡수성이 크고, 알칼리성에 약하다.

② 프리스트레스트 콘크리트
  ㉠ 고강도 강선을 사용하여 인장응력을 미리 부여하여 단면을 작게 하면서 큰 응력을 받을 수 있는 콘크리트이다.
  ㉡ 간 사이가 길어 넓은 공간의 설계가 가능하다.
  ㉢ 부재 단면의 크기를 작게 할 수 있으나 쉽게 진동한다.
  ㉣ 공기 단축과 시공과정을 기계화할 수 있다.
  ㉤ PC 강재를 사용하여 시공이 복잡하다.

③ 기타
  ㉠ 제물치장 콘크리트 : 콘크리트 표면을 시공한 그대로 마감한 것이다.
  ㉡ 레디믹스트 콘크리트 : 공장에서 생산하여 트럭이나 혼합기로 현장에 공급하는 콘크리트이다. 즉, 주문에 의해 공장 생산 또는 믹싱카로 제조하여 사용현장에 공급하는 콘크리트이다.

10년간 자주 출제된 문제

1-1. ALC(Autoclaved Lightweight Concrete) 제품에 관한 설명으로 옳지 않은 것은?
① 중성화의 우려가 높다.
② 단열성능이 우수하다.
③ 습기가 많은 곳에서 사용하기 곤란하다.
④ 압축강도에 비해 휨강도, 인장강도가 크다.

1-2. 제물치장 콘크리트에 관한 설명으로 옳은 것은?
① 콘크리트 표면을 유성 페인트로 마감한 것이다.
② 콘크리트 표면을 모르타르로 마감한 것이다.
③ 콘크리트 표면을 시공한 그대로 마감한 것이다.
④ 콘크리트 표면을 수성 페인트로 마감한 것이다.

1-3. 공장에서 생산하여 트럭이나 혼합기로 현장에 공급하는 콘크리트는?
① 경량 콘크리트
② 한중 콘크리트
③ 레디믹스트 콘크리트
④ 서중 콘크리트

|해설|

1-1
ALC 제품은 압축강도에 비해서 휨강도, 인장강도가 약하다.

1-3
레디믹스트 콘크리트 : 공장에서 생산하여 트럭이나 혼합기로 현장에 공급하는 콘크리트이다. 즉, 주문에 의해 공장 생산 또는 믹싱카로 제조하여 사용현장에 공급하는 콘크리트이다.

정답 1-1 ④ 1-2 ③ 1-3 ③

핵심이론 02 시멘트 제품 등

① **시멘트벽돌**
시멘트와 모래를 배합하여 가압성형한 후 양생한 벽돌로서 주택, 창고, 공장 등과 같이 벽체가 많은 건축의 내·외벽 조적재로 널리 쓰인다.

② **블록(block)**
시멘트와 골재를 배합하여 가압성형한 후 양생한 것으로서 시멘트 블록, 콘크리트 블록 또는 속 빈 시멘트 블록이라고 한다.

㉠ 속 빈 콘크리트 블록의 치수

(단위 : mm)

모양	치수			허용값
	길이	높이	두께	
기본 블록	390	190	190	±2
			150	
			100	

㉡ 속 빈 콘크리트 블록에서 A종 블록의 전 단면적에 대한 압축강도는 최소 4MPa 이상이어야 한다.

10년간 자주 출제된 문제

속 빈 콘크리트 블록의 기본 블록 치수가 아닌 것은?(단위 : mm)
① 390×190×190
② 390×190×150
③ 390×190×130
④ 390×190×100

정답 ③

2-9. 점토의 성질

핵심이론 01 점토의 일반적인 성질

① 점토의 가소성
  ㉠ 점토의 주성분은 실리카와 알루미나이다.
  ㉡ 양질의 점토는 습윤 상태에서 현저한 가소성을 나타낸다.
  ㉢ 점토입자가 미세할수록 가소성은 좋아진다.
  ㉣ 알루미나가 많은 점토는 가소성이 좋다.
  ㉤ 규산(실리카)이 많은 점토는 가소성이 좋다.

② 점토의 강도
  ㉠ 압축강도는 인장강도의 약 5배 정도이다.
  ㉡ 인장강도는 점토의 조직과 관련 있으며 입자의 크기가 큰 영향을 준다.

③ 점토의 비중, 공극률
  ㉠ 점토의 비중은 일반적으로 2.5~2.6 정도이다.
  ㉡ 점토의 비중은 불순 점토일수록 작고, 알루미나분이 많을수록 크다.
  ㉢ 공극률은 점토의 입자 간에 존재하는 모공 용적으로 입자의 형상, 크기와 관련 있다.

④ 점토의 함수율, 수축, 색상 등
  ㉠ 함수율은 기건 시 작은 것은 7~10%, 큰 것은 40~50%이다.
  ㉡ 점토의 수축은 주로 건조 및 소성 시에 발생한다.
  ㉢ 점토에 산화철이 많으면 적색을 띤다.
  ㉣ 점토제품의 색상은 철산화물 또는 석회물질에 의해 나타난다.
  ㉤ 산화제2철(Fe_2O_3)과 기타 부성분이 많은 것은 고급제품의 원료로 적합하지 않다.
  ㉥ 점토제품의 흡수율이 큰 순서 : 토기 > 도기 > 석기 > 자기

10년간 자주 출제된 문제

점토의 일반적인 성질에 관한 설명으로 옳지 않은 것은?
① 압축강도는 인장강도의 약 5배 정도이다.
② 점토입자가 미세할수록 가소성은 좋아진다.
③ 알루미나가 많은 점토는 가소성이 좋지 않다.
④ 색상은 철산화물 또는 석회물질에 의해 나타난다.

|해설|

알루미나가 많은 점토는 가소성이 좋다.

정답 ③

핵심이론 02 점토제품의 소성 및 제조

① 점토제품의 소성
  ㉠ 점토제품 소성온도의 범위는 800~1,500℃ 정도이다.
    ※ 점토제품의 소성온도 : 자기 > 석기 > 도기 > 토기
  ㉡ 소성은 터널요에 넣어서 서서히 가열한다.
  ㉢ 소성온도가 높을수록 동해저항성이 크다.
  ㉣ 소성온도와 시간은 점토성분, 제품의 종류에 따라 다르다.
  ㉤ 점토를 소성하면 강도가 현저히 증대된다.
  ㉥ 소성온도가 소성시간보다 제품에 미치는 영향이 더 크다.
  ㉦ 고온소성제품은 화학저항성이 크다.
  ㉧ 소성온도는 제게르콘(seger cone)법 또는 열전대로 측정한다.
  ㉨ 점토 중 휘발분의 양, 조직, 용융도 등이 소성수축에 영향을 준다.
  ㉩ 흡수율이 큰 제품은 백화의 가능성이 높다.

② 점토제품의 제조 공정
  ㉠ 제조 공정 : 원료 조합 → 반죽 → 숙성 → 성형 → 건조 → 소성 → 시유
  ㉡ 반죽은 조합된 점토에 물을 부어 비벼 수분이나 경도를 균질하게 하고, 필요한 점성을 부여한다.
  ㉢ 건조는 자연건조 또는 소성가마의 여열을 이용한다.
  ※ 점토기와 중 훈소와 : 건조제품을 가마에 넣고 연료로 장작이나 솔잎 등을 써서 검은 연기로 그을려 만든 기와

10년간 자주 출제된 문제

2-1. 건축용 점토제품에 관한 설명으로 옳지 않은 것은?
① 고온소성제품은 화학저항성이 크다.
② 흡수율이 큰 제품은 백화의 가능성이 높다.
③ 제품의 소성온도는 동해저항성과 무관하다.
④ 규산은 점토의 주성분으로 규산이 많은 점토는 가소성이 좋다.

2-2. 다음 중 소성온도가 가장 작은 점토제품은?
① 토기 ② 도기
③ 석기 ④ 자기

|해설|
2-1
소성온도가 높을수록 동해저항성이 크다.
2-2
점토제품의 소성온도 : 자기 > 석기 > 도기 > 토기

정답 2-1 ③ 2-2 ①

2-10. 점토의 이용

핵심이론 01 점토벽돌

① 내화벽돌
  ㉠ 내화 점토로 만든 벽돌로, 내화도가 1,500~2,000℃ 정도인 황백색 벽돌이다.
  ㉡ 산성 점토(규산 점토, 알루미나), 염기성 점토(마그네사이트), 크롬철광 등 기건성 내화 점토 소성 벽돌이다.
  ㉢ 내화벽돌의 주원료 광물 : 납석
  ㉣ 내화벽돌은 최소 SK : 26 이상의 내화도를 가져야 한다.
  ㉤ 표준형 내화벽돌의 크기 : 230mm(길이)×114mm(너비)×65mm(두께)
    ※ 표준형(적벽돌) 크기 : 190mm(길이)×90mm(너비)×57mm(두께)

② 경량벽돌 중 다공벽돌
  ㉠ 점토에 톱밥, 겨, 탄가루 등을 혼합·소성한 것이다.
  ㉡ 방음, 흡음성이 좋다.
  ㉢ 가볍고, 절단·못 치기 등의 가공이 우수하다.
  ㉣ 강도가 약해 구조용으로 사용하기 곤란하다.
  ㉤ 방열·방음 또는 경미한 칸막이 벽 및 단순한 치장재로 쓰인다.

③ 미장벽돌
  ㉠ 점토 등을 주원료로 하여 소성한 벽돌이다.
  ㉡ 유공형 벽돌은 하중 지지면의 유효 단면적이 전체 단면적의 50% 이상이 되도록 제작한 벽돌이다.
  ※ 점토벽돌의 특징
    • KS 표준에 의한 점토벽돌의 모양에 따라 일반형과 유공형으로 나뉜다.
    • 점토제품에서 SK 번호가 나타내는 것은 소성온도이다.
    • 소성온도가 높을수록 흡수율이 작다.
    • 소성이 잘된 것일수록 맑은 금속성 소리가 난다.
    • 화학적 안정성은 고온에서 소성한 제품이 유리하다.
    • 소성벽돌이 붉은색을 띠는 것은 원료 점토에 4% 정도의 산화철 때문이다.
    • 점토벽돌의 품질은 압축강도, 흡수율 등으로 평가한다.

10년간 자주 출제된 문제

1-1. 표준형 내화벽돌의 크기는?(단, 단위는 mm)
① 190×90×57
② 210×100×60
③ 210×104×60
④ 230×114×65

1-2. 다음 중 경량벽돌은?
① 다공벽돌
② 내화벽돌
③ 광재벽돌
④ 홍예벽돌

1-3. 다공벽돌에 관한 설명으로 옳지 않은 것은?
① 방음, 흡음성이 좋다.
② 절단, 못 치기 등의 가공이 우수하다.
③ 점토에 톱밥, 겨, 탄가루 등을 혼합·소성한 것이다.
④ 가벼우면서도 강도가 높아 구조용으로 사용이 용이하다.

|해설|

1-1
• 표준형 내화벽돌의 크기 : 230mm(길이)×114mm(너비)×65mm(두께)
• 표준형(적벽돌) 크기 : 190mm(길이)×90mm(너비)×57mm(두께)

1-2
경량벽돌에는 중공벽돌(구멍벽돌, 속빈벽돌, 공동벽돌)과 다공질벽돌 등이 있다.

1-3
다공벽돌은 점토에 톱밥, 겨, 탄가루 등을 혼합·소성한 것으로 가볍고, 절단·못 치기 등의 가공이 우수하지만 강도가 약해 구조용으로 사용하기 곤란하다.

정답 1-1 ④ 1-2 ① 1-3 ④

핵심이론 02 타일

① 도기질 타일
  ㉠ 세라믹 타일이라고도 한다.
  ㉡ 점토와 소량의 암석류 재료를 혼합해 유약을 발라 저온에서 구운 타일이다.
  ㉢ 접착성이 좋고, 색상과 광택이 화려하다.
  ㉣ 흡수율이 커서 외장이나 바닥 타일로는 사용하지 않으며, 실내 벽체에 사용한다.
  ㉤ 호칭명에 따라 내장 타일, 외장 타일, 바닥 타일, 모자이크 타일로 구분한다.

② 자기질 타일
  ㉠ 점토와 다량의 암석류 재료를 혼합해 고온에서 만든 타일이다.
  ㉡ 도기질 타일보다 강도가 크고 무거워 내벽, 바닥 등에 사용된다.
  ㉢ 일반적으로 무광이고, 색상이 다양하지 않다.
  ㉣ 바닥용으로 사용되는 모자이크 타일의 재질로서 가장 적당하다.
  ㉤ 흡수율 기준은 3.0% 이하로 점토제품 중 흡수율 기준이 가장 낮다.
  ㉥ 유약처리방법에 따라 시유 타일과 무유 타일로 나뉜다.
    ※ 소지 : 타일의 주체를 이루는 부분으로, 시유 타일의 경우에는 표면의 유약을 제거한 부분을 의미한다.

③ 모자이크 타일
  ㉠ 다양한 모양의 타일 조각(가로, 세로 50mm 이하)을 모자이크 형태로 만든 타일이다.
  ㉡ 주로 내장용으로 사용되는 타일로 자기, 석기, 도기로 만든다.

④ 테라코타
  ㉠ 자토(磁土)를 반죽하여 조각의 형틀로 찍어 소성한 속 빈 대형 점토제품이다.
  ㉡ 재질은 도기·건축용 벽돌과 유사하지만, 1차 소성한 후 시유하여 재소성하는 점이 다르다.
  ㉢ 일반 석재보다 가볍고 흡수성이 거의 없으며 색조가 다양하다.
  ㉣ 점토제품으로 화강암보다 내화성이 강하고, 대리석보다 풍화에 강하다.
  ㉤ 소성제품이므로 변형이 생기기 쉽다.
  ㉥ 구조용과 장식용이 있으나 주로 장식용으로 사용된다.
  ㉦ 난간벽, 돌림대, 창대 등에 사용된다.
  ㉧ 천연 석재보다 가볍다.

10년간 자주 출제된 문제

2-1. 자기질 타일의 흡수율 기준은?
① 3.0% 이하
② 5.0% 이하
③ 8.0% 이하
④ 18.0% 이하

2-2. 타일의 종류를 유약의 유무에 따라 구분할 경우 이에 해당하는 것은?
① 내장 타일
② 시유 타일
③ 자기질 타일
④ 클링커 타일

2-3. 테라코타에 관한 설명으로 옳지 않은 것은?
① 색조나 모양을 임의로 만들 수 있다.
② 소성제품이므로 변형이 생기기 쉽다.
③ 주로 장식용으로 사용되는 점토제품이다.
④ 일반 석재보다 무겁기 때문에 부착이 어렵다.

|해설|

2-1
자기질 타일은 한국산업표준에 따라 흡수시험을 하였을 경우 흡수율이 최대 3% 이하가 되어야 한다.

2-2
자기질 타일은 유약처리방법에 따라 시유 타일과 무유 타일로 나뉜다.

2-3
테라코타는 일반 석재보다 가볍다.

정답 2-1 ① 2-2 ② 2-3 ④

2-11. 금속재료의 분류 및 성질

핵심이론 01 금속재료의 분류

① 금속재료는 철(Fe)을 함유한 철강재료와 비철금속재료로 구분한다.
② 철강재료는 탄소 함유량에 따라 순철, 강, 주철 등 크게 3가지로 구분한다.
  ㉠ 순철(탄소량 0.02% 이하) : 연질이고, 가단성(可鍛性)이 크다.
  ㉡ 강(탄소강, 합금강) : 가단성, 주조성, 담금질 효과가 있다.
  ㉢ 주철(보통주철, 특수주철) : 경질이며 주조성이 좋고, 취성(脆性)이 크다.
③ 비철금속
  구리(Cu), 알루미늄(Al), 마그네슘(Mg), 타이타늄(Ti), 니켈(Ni), 아연(Zn), 납(Pb), 주석(Sn), 수은(Hg), 금(Au), 은(Ag), 백금(Pt) 등이 있다.
④ 탄소량에 따른 강의 특성
  ㉠ 탄소량의 증가에 따라 비중, 열팽창계수, 열전도율, 연신율(신도) 및 단면 감소율은 감소한다.
  ㉡ 탄소량이 증가함에 따라 비열, 전기저항, 항자력, 인장강도, 경도 및 항복점 등은 증가한다.
    • 일반적으로 탄소량이 적은 것은 연질이다.
    • 인장강도는 탄소량 0.85% 정도에서 최대이다.
    • 경도는 탄소량 0.9%까지는 탄소량의 증가에 따라 커진다.

10년간 자주 출제된 문제

1-1. 탄소강에서 탄소량이 증가함에 따라 일반적으로 감소하는 물리적 성질은?
① 비열
② 항자력
③ 전기저항
④ 열전도

1-2. 탄소량에 따른 강의 특성에 관한 설명으로 옳지 않은 것은?
① 신도는 탄소량의 증가에 따라 감소한다.
② 일반적으로 탄소량이 적은 것은 경질이다.
③ 인장강도는 탄소량 0.85% 정도에서 최대이다.
④ 경도는 탄소량 0.9%까지는 탄소량의 증가에 따라 커진다.

[해설]

1-1
탄소량의 증가에 따라 비중, 열팽창계수, 열전도율, 연신율(신도) 및 단면 감소율은 감소한다.

1-2
일반적으로 탄소량이 적은 것은 연질이다.

정답 1-1 ④ 1-2 ②

핵심이론 02 철강의 열처리

① 열처리 : 소정의 성질을 얻기 위해 가열과 냉각을 조합·반복하여 행한 조작이다.
② 열처리 방법에는 풀림, 불림, 담금질, 뜨임질 등이 있다.
  ㉠ 풀림 : 강의 연화 및 내부응력 제거
    - 강을 800~1,000℃로 가열한 후 노 안에서 천천히 냉각시키는 것이다.
    - 강철의 결정립자가 미세하게 되고, 조직이 균일화된다.
  ㉡ 불림 : 취성 저하, 조직 개선
    - 강을 800~1,000℃로 가열하여 소정의 시간까지 유지한 후 대기 중에서 냉각하는 것이다.
    - 조직이 개선되고 결정이 미세화된다.
  ㉢ 담금질 : 강도 증가, 경도 증가
    - 가열된 강을 물이나 기름 속에서 급히 냉각시키는 것이다.
    - 저탄소강은 담금질이 어렵고, 담금질 온도가 높아진다.
    - 탄소 함유량이 클수록 담금질 효과가 크다.
  ㉣ 뜨임 : 인성 증가
    - 불림하거나 담금질한 강을 다시 200~600℃로 가열한 후 공기 중에서 냉각시키는 것이다.
    - 담금질한 강에 인성을 주기 위해 변태점 이하의 적당한 온도에서 가열한 후 냉각시킨다.
    - 경도를 감소시키고 내부응력을 제거하며, 연성과 인성을 크게 하기 위해 실시한다.

10년간 자주 출제된 문제

2-1. 강의 열처리 방법에 해당하지 않는 것은?
① 압출
② 불림
③ 풀림
④ 담금질

2-2. 강재의 열처리에 관한 설명으로 옳지 않은 것은?
① 풀림은 강을 연화하거나 내부응력을 제거할 목적으로 실시한다.
② 뜨임은 경도를 감소시키고 내부응력을 제거하며 연성과 인성을 크게 하기 위해 실시한다.
③ 불림은 500~600℃로 가열하여 소정의 시간까지 유지한 후에 노 내부에서 서서히 냉각하는 처리이다.
④ 담금질은 가열된 강을 물 또는 기름에 담가 급속냉각하는 처리이다.

해설

2-1
압출, 단조, 압연, 인발은 성형(가공)방법이다.

2-2
불림은 강을 800~1,000℃로 가열하여 소정의 시간까지 유지한 후 대기 중에서 냉각하는 것이다.

정답 2-1 ① 2-2 ③

핵심이론 03 알루미늄과 납의 성질

① 알루미늄의 성질
  ㉠ 비중이 철의 1/3 정도로 경량이다.
  ㉡ 열·전기전도성이 크고, 열반사율이 높다.
  ㉢ 전성과 연성이 풍부하고, 내식성이 우수하다.
  ㉣ 압연, 인발 등의 가공성이 좋다.
  ㉤ 내화성이 작고, 연질이기 때문에 손상되기 쉽다.
  ㉥ 산, 알칼리 및 해수에 약하다.

② 납(Pb)의 성질
  ㉠ 융점이 낮고, 가공이 쉽다.
  ㉡ 비중(11.4)이 크고 연질이며, 전성과 연성이 크다.
  ㉢ 방사선의 투과도가 낮아 방사선 차폐재료로 사용한다.
  ㉣ 대기 중에 보호막을 형성하여 부식되지 않는다.
  ㉤ 내산성은 크지만, 알칼리(콘크리트)에 침식된다.

10년간 자주 출제된 문제

3-1. 알루미늄의 일반적인 성질에 대한 설명으로 옳지 않은 것은?
① 열반사율이 높다.
② 내화성이 부족하다.
③ 전성과 연성이 풍부하다.
④ 압연, 인발 등의 가공성이 나쁘다.

3-2. 납(Pb)에 대한 설명으로 옳은 것은?
① 융점이 높다.
② 전·연성이 작다.
③ 비중이 크고 연질이다.
④ 방사선의 투과도가 높다.

|해설|

3-1
알루미늄은 압연, 인발 등의 가공성이 좋다.

3-2
① 융점이 낮다.
② 전·연성이 크다.
④ 방사선의 투과도가 낮다.

정답 3-1 ④ 3-2 ③

핵심이론 04 구리의 성질

① 구리(Cu)의 일반적 특성
  ㉠ 열전도율 및 전기전도율이 매우 크다.
  ㉡ 건조한 공기 중에서는 산화되지 않는다.
  ㉢ 유연하고 전연성이 좋아 가공하기 쉽다.
  ㉣ 청동, 양은, 포금은 구리를 포함하고 있으나 함석판은 구리를 포함하지 않는다.
  ㉤ 아연, 주석, 니켈 등과 합금하면 귀금속적 성질을 갖는다.
  ㉥ 알칼리성에 약하므로 시멘트, 콘크리트 등에 접하는 곳에서는 빨리 부식된다.
  ㉦ 구리는 맑은 물에서는 녹이 생기지 않지만, 염수에서는 부식된다.

② 청동
  ㉠ 구리와 주석을 주성분으로 한 합금이다.
  ㉡ 내식성이 크고, 주조성이 우수하다.
  ㉢ 건축장식 철물 및 미술공예 재료로 사용된다.

③ 황동
  ㉠ 구리와 아연(Zn)의 합금으로 놋쇠라고도 한다.
  ㉡ 구리보다 단단하고 주조가 잘되며 외관이 아름답다.
  ㉢ 산과 알칼리 및 암모니아에 침식되기 쉽다.
  ㉣ 가공성, 내식성 등이 우수하며 계단 논슬립, 코너비드 등의 부속 철물로 사용된다.

10년간 자주 출제된 문제

4-1. 비철금속 중 구리(copper)에 관한 설명으로 옳지 않은 것은?

① 가공성이 풍부하다.
② 열과 전기의 양도체이다.
③ 건조한 공기 중에서는 산화되지 않는다.
④ 염수 및 해수에는 침식되지 않으나 맑은 물에는 빨리 침식된다.

4-2. 구리가 포함되지 않은 금속은?

① 청동
② 양은
③ 함석판
④ 포금

4-3. 구리와 주석(Sn)을 주체로 한 합금으로, 건축장식 철물 또는 미술공예 재료에 사용되는 것은?

① 니켈
② 양은
③ 황동
④ 청동

[해설]

4-1
구리는 맑은 물에서는 녹이 생기지 않지만, 염수에서는 부식된다.

4-2
③ 함석판 : 박강판에 주석 도금을 한 판재
① 청동 : 구리 + 주석
② 양은 : 구리 + 아연 + 니켈
④ 포금 : 청동의 하나로, 구리 + 주석

정답 4-1 ④ 4-2 ③ 4-3 ④

2-12. 금속재료의 이용

핵심이론 01 금속재료의 부식과 부식 방지

① 부식
  ㉠ 외부의 습기 또는 탄산가스와 반응하여 녹이 발생한다.
  ㉡ 바닷물 속에서 더욱 쉽게 부식된다.
  ㉢ 일반적으로 알칼리에는 부식되지 않고, 산에서 부식된다.
  ㉣ 토양 속에서의 강재 부식은 전기전도도가 높을수록, pH값이 낮을수록 빠르다.
  ㉤ 물과 공기에 번갈아 접촉시키면 더욱 쉽게 부식된다.
  ㉥ 철근콘크리트 중의 철근 부식은 콘크리트의 성질에 크게 영향을 받는다.
  ㉦ 알루미늄 새시는 콘크리트나 모르타르에 접하면 부식된다.
  ㉧ 산성이 강한 흙 속에서 대부분의 금속재료는 부식된다.
  ※ 공식(pitting) : 국부 전지의 작용으로 금속의 표면에 점 모양으로 빠르게 부식되는 것

② 금속의 부식 방지방법
  ㉠ 다른 종류의 금속과 인접·접촉시켜 사용하지 않는다.
  ㉡ 표면을 깨끗하게 하고 물기나 습기가 없도록 한다.
  ㉢ 균질한 것을 선택하고 사용할 때 큰 변형을 주지 않는다.
  ㉣ 큰 변형을 준 것은 가능한 한 풀림(annealing)하여 사용한다.
  ㉤ 강재의 경우 모르타르나 콘크리트로 피복한다.
  ㉥ 부분적으로 녹이 생기면 즉시 제거한다.
  ㉦ 도료를 이용하여 수밀성 보호피막처리를 한다.

10년간 자주 출제된 문제

1-1. 금속의 부식과 방식에 관한 설명으로 옳은 것은?
① 산성이 강한 흙 속에서 대부분의 금속재료는 부식된다.
② 모르타르로 강재를 피복한 경우, 피복하지 않은 경우보다 부식의 우려가 크다.
③ 다른 종류의 금속을 서로 잇대어 사용하는 경우 전기작용에 의해 금속의 부식이 방지된다.
④ 경수는 연수에 비하여 부식성이 크며, 오수에서 발생하는 이산화탄소, 메탄가스는 금속 부식을 완화시키는 완화제 역할을 한다.

1-2. 금속의 방식방법에 대한 설명으로 옳지 않은 것은?
① 큰 변형을 준 것은 가능한 한 풀림하여 사용한다.
② 가능한 한 이종금속과 인접하거나 접촉하여 사용하지 않는다.
③ 표면을 평활하고 깨끗하게 하며, 습윤 상태를 유지하도록 한다.
④ 균질할 것을 선택하고 사용할 때 큰 변형을 주지 않는다.

[해설]

1-1
② 강재의 경우 모르타르나 콘크리트로 피복한다.
③ 다른 종류의 금속과 인접·접촉시켜 사용하지 않는다.
④ 금속은 외부의 습기 또는 탄산가스와 반응하여 녹을 발생시키고, 바닷물 속에서 더욱 쉽게 부식된다.

1-2
금속의 부식을 방지하려면 표면을 깨끗하게 하고 물기나 습기가 없도록 한다.

정답 1-1 ① 1-2 ③

핵심이론 02 금속재료의 이용

① 금속제품
  ㉠ 와이어 라스(wire lath) : 아연 도금한 연강선을 마름모꼴로 엮어서 만든 미장벽 바탕용 철망으로, 시멘트 모르타르바름 바탕에 사용한다.
  ㉡ 와이어 메시(wire mesh) : 비교적 굵은 철선을 격자형으로 용접한 것으로, 콘크리트 보강용으로 사용한다.
  ㉢ 논슬립 : 미끄럼을 방지하기 위해서 계단에 사용한다.
  ㉣ 조이너 : 천장·벽 등에 보드류를 붙이고, 그 이음새를 감추고 누르는 데 사용한다.
  ㉤ 코너비드 : 기둥 모서리 및 벽 모서리 면에 미장을 쉽게 하고, 모서리를 보호할 목적으로 설치한다.
  ㉥ 펀칭 메탈 : 금속판에 무늬 구멍을 낸 것으로 환기구, 방열기 덮개, 각종 커버 등에 쓰인다.
  ㉦ 메탈 라스 : 얇은 철판에 절목을 많이 넣어 이를 옆으로 늘여서 만든 것으로, 도벽 바탕에 쓰인다.
  ㉧ 메탈 폼 : 금속재의 콘크리트용 거푸집으로, 치장 콘크리트 등에 사용한다.
  ㉨ 데크 플레이트 : 얇은 강판에 골 모양을 내어 만든 강판성형품으로, 콘크리트 슬래브의 거푸집 패널 또는 바닥판 및 지붕판으로 사용한다.
  ㉩ 키스톤 플레이트 : 규칙적으로 골 모양이 되게 주름 잡은 강판으로, 두께는 0.6~1.2mm 정도이다. 주로 지붕, 외벽 등에 쓰이고 철근콘크리트 슬래브의 거푸집 패널로도 사용한다.

② 경량 형강
  ㉠ 구조재의 무게를 감소시킬 목적으로 단면이 작은 얇은 강판을 냉간성형하여 가장 유효한 단면 형상으로 만든 형강이다.
  ㉡ 단면적에 비해 단면의 성능계수를 크게 한 것이다.
  ㉢ 처짐과 국부좌굴에 약하다.
  ㉣ 주로 일반구조재, 가설구조물 등에 사용한다.

10년간 자주 출제된 문제

2-1. 금속제품에 관한 설명으로 옳지 않은 것은?
① 와이어 라스는 금속제 거푸집의 일종이다.
② 논슬립은 미끄럼을 방지하기 위해서 계단에 사용한다.
③ 조이너는 천장·벽 등에 보드류를 붙이고, 그 이음새를 감추고 누르는 데 사용한다.
④ 데크 플레이트는 얇은 강판에 골 모양을 내어 만든 강판성형품으로, 콘크리트 슬래브의 거푸집 패널 또는 바닥판 및 지붕판으로 사용한다.

2-2. 비교적 굵은 철선을 격자형으로 용접한 것으로, 콘크리트 보강용으로 사용하는 금속제품은?
① 메탈 폼(metal form)
② 와이어 로프(wire rope)
③ 와이어 메시(wire mesh)
④ 펀칭 메탈(punching metal)

2-3. 벽, 기둥 등의 모서리 부분에 미장바름을 보호하기 위해 묻어 붙인 것으로 모서리쇠라고도 하는 것은?
① 와이어 라스
② 조이너
③ 코너비드
④ 메탈 라스

|해설|

2-1
와이어 라스(wire lath) : 아연 도금한 연강선을 마름모꼴로 엮어서 만든 미장벽 바탕용 철망이다.

2-2
와이어 메시 : 비교적 굵은 철선을 격자형으로 용접한 것으로 콘크리트 다짐 바닥, 콘크리트 도로 포장의 전열 방지를 위해 사용한다.

2-3
코너비드
- 기둥 및 벽 등의 모서리에 대어 미장바름을 보호하기 위해 사용하는 철물이다.
- 미장공사에 사용하며 기둥이나 벽의 모서리 부분을 보호하고, 정밀한 시공을 위해 사용한다.

정답 2-1 ① 2-2 ③ 2-3 ③

2-13. 유리의 성질 및 이용

핵심이론 01 유리의 일반적 성질

① 유리의 역학적 성질
　㉠ 창유리 등의 소다석회유리의 비중은 약 2.5로 석영보다 약간 가볍다.
　㉡ 유리는 일반적으로 상온에서 취약(脆弱)하고, 경도가 크다.
　㉢ 보통유리의 강도는 풍압에 의한 휨강도(430~630 kg/cm^2)이다.

② 유리의 물리적 성질
　㉠ 열에 약하고, 얇은 유리보다 두꺼운 유리가 열에 쉽게 파괴된다.
　㉡ 열전도율(콘크리트의 1/2) 및 열팽창률은 작고, 비열은 크다.
　㉢ 열전도율은 대리석, 타일보다 작은 편이다.
　㉣ 철분이 적을수록 자외선 투과율이 높아진다.
　㉤ 두께가 두꺼울수록 투과율은 떨어진다.
　㉥ 굴절률은 보통 1.5~1.9이고, 납을 함유하면 높아진다.
　㉦ 청결한 창유리의 흡수율은 2~6%이지만, 두께가 두꺼울수록 또는 불순물이 많고 착색이 진할수록 커진다.
　㉧ 투과율은 유리의 맑은 정도, 착색, 표면 상태에 따라 달라진다.

③ 화학적 성질
  ㉠ 약한 산에는 침식되지 않지만 염산, 황산, 질산 등에 침식된다.
  ㉡ 풍우, 공중의 탄산가스나 암모니아, 황화수소, 아황산가스 등에 장기간 노출되면 내구도를 저하시킨다.
  ㉢ 습한 공기나 산화되기 쉬운 미립자(금속성 등)가 유리 표면에 부착되면 침식된다.
  ㉣ 자외선, 라듐선, X-선 등이 유리를 침식하면 분해, 착색, 반점 등이 생긴다.

10년간 자주 출제된 문제

유리의 일반적인 성질에 관한 설명으로 옳지 않은 것은?
① 철분이 많을수록 자외선 투과율이 높아진다.
② 깨끗한 창유리의 흡수율은 2~6% 정도이다.
③ 투과율은 유리의 맑은 정도, 착색, 표면 상태에 따라 달라진다.
④ 열전도율은 대리석, 타일보다 작은 편이다.

|해설|
유리는 철분이 적을수록 자외선 투과율이 높아진다.

정답 ①

핵심이론 02 유리의 특징 및 이용 (1)

① 강화유리
  ㉠ 유리를 가열한 후 급랭하여 강도를 증가시킨 것이다.
  ㉡ 열처리한 판유리로 보통유리보다 강도가 크다.
  ㉢ 파손 시 작은 알갱이로 분쇄되어 부상의 위험이 작다.
  ㉣ 열처리 후에는 제품의 현장가공 및 절단이 어렵다.
  ㉤ 형틀 없는 문 등에 사용된다.

② 열선흡수유리
  ㉠ 단열유리라고도 하며 Fe, Ni, Cr 등이 함유되어 있다.
  ㉡ 태양광선 중 장파 부분을 흡수한다.
  ㉢ 서향일광을 받는 창 등에 사용된다.

③ 복층유리
  ㉠ 2장 또는 3장의 판유리를 일정한 간격으로 겹치고 그 주변을 금속테로 감싸 붙여 만든 유리이다.
  ㉡ 내부에 공기를 봉입한 유리이다.
  ㉢ 단열, 방음, 결로 방지용으로 우수하다.
  ㉣ 차음에 대한 성능은 보통 판유리와 비슷하다.
  ㉤ 페어글라스(pair glass)라고도 한다.

10년간 자주 출제된 문제

2-1. 강화유리에 관한 설명으로 옳지 않은 것은?
① 형틀 없는 문 등에 사용된다.
② 제품의 현장 가공 및 절단이 쉽다.
③ 파손 시 작은 알갱이가 되어 부상의 위험이 작다.
④ 유리를 가열 후 급랭하여 강도를 증가시킨 유리이다.

2-2. 단열유리라고도 하며 철, Ni, Cr 등이 들어 있는 유리로, 서향일광을 받는 창 등에 사용되는 것은?
① 내열유리
② 열선흡수유리
③ 열선반사유리
④ 자외선차단유리

2-3. 2장 또는 3장의 판유리를 일정한 간격을 두고 그 주변을 금속테로 감싸 붙여 만든 것으로, 단열성과 차음성이 좋고 결로 방지용으로 우수한 유리제품은?
① 강화유리
② 망입유리
③ 복층유리
④ 에칭유리

|해설|

2-1
강화유리는 열처리 후에 절단 등의 가공이 어렵다.

2-3
2장 이상의 판유리 등을 나란히 넣고, 그 틈새에 대기압에 가까운 압력의 건조한 공기를 채우고 그 주변을 밀봉한 유리로 결로현상의 발생이 가장 적다.

정답 2-1 ② 2-2 ② 2-3 ③

핵심이론 03 유리의 특징 및 이용 (2)

① 저방사(low-e)유리
  ㉠ 단열성이 뛰어난 고기능성 유리이다.
  ㉡ 동절기에는 실내의 난방기구에서 발생되는 열을 반사하여 실내로 되돌려 보내고, 하절기에는 실외의 태양열이 실내로 들어오는 것을 차단한다.
  ㉢ 발코니를 확장한 공동 주택이나 창호 면적이 큰 건물에서 단열을 통한 에너지 절약을 위해 권장되는 유리이다.
  ㉣ 대부분 복층유리 또는 삼중유리로 제작한다.

② 소다석회유리
  ㉠ 주로 건축공사의 일반 창호유리, 병유리에 사용한다.
  ㉡ 산에는 강하지만 알칼리에 약하다.
  ㉢ 열팽창계수가 크고, 강도가 높다.
  ㉣ 풍화·용융되기 쉽다.
  ㉤ 불연성 재료이지만, 단열용이나 방화용으로는 적합하지 않다.
  ㉥ 자외선 투과율이 낮다.

③ 망입유리
  ㉠ 유리 내부에 금속망을 삽입하고, 압착성형한 판유리이다.
  ㉡ 도난 방지, 방화 목적, 30분 방화문으로 사용된다.

④ 유리블록
  부드럽고 균일한 확산광이 가능하며 확산에 의한 채광 효과를 얻을 수 있다.

⑤ 자외선흡수유리
  자외선에 의한 화학작용을 피해야 하는 의류, 약품, 식품 등을 취급하는 장소에 사용한다.

10년간 자주 출제된 문제

3-1. 발코니 확장을 하는 공동 주택이나 창호 면적이 큰 건물에서 단열을 통한 에너지 절약을 위해 권장되는 유리는?
① 강화유리   ② 접합유리
③ 로이유리   ④ 스팬드럴 유리

3-2. 건축용 일반 창호유리로 많이 사용되는 유리는?
① 소다석회유리   ② 고규산유리
③ 칼륨석회유리   ④ 붕사석회유리

3-3. 유리 내부에 금속망을 삽입하고, 압착성형한 판유리로 방화 및 도난 방지용으로 사용되는 것은?
① 망입유리   ② 접합유리
③ 열선흡수유리   ④ 열선반사유리

[해설]

3-1
저방사(low-e)유리
- 단열성이 뛰어난 고기능성 유리종이다.
- 동절기에는 실내의 난방기구에서 발생되는 열을 반사하여 실내로 되돌려 보내고, 하절기에는 실외의 태양열이 실내로 들어오는 것을 차단한다.
- 발코니를 확장한 공동 주택이나 창호 면적이 큰 건물에서 단열을 통한 에너지 절약을 위해 권장되는 유리이다.
- 대부분 복층유리 또는 삼중유리로 제작한다.

3-2
소다석회유리
- 주로 건축공사의 일반 창호유리, 병유리에 사용된다.
- 산에는 강하지만 알칼리에 약하다.
- 열팽창계수가 크고, 강도가 높다.
- 풍화·용융되기 쉽다.
- 불연성 재료이지만, 단열용이나 방화용으로는 적합하지 않다.
- 자외선 투과율이 낮다.

3-3
망입유리
- 유리 내부에 금속망을 삽입하고, 압착성형한 판유리이다.
- 도난 방지, 방화 목적, 30분 방화문으로 사용된다.

정답 3-1 ③ 3-2 ① 3-3 ①

2-14. 미장재료의 성질 및 이용

핵심이론 01 미장재의 종류

① 미장재료의 분류

　㉠ 기경성
　　- 공기 중에서 경화하지만, 수중에서는 경화하지 않는 성질이다.
　　- 진흙, 회반죽, 회사벽(석회죽 + 모래), 돌로마이트 플라스터(마그네시아석회)

　㉡ 수경성
　　- 물과 화학반응을 일으켜 경화되고 점차 강도가 커진다.
　　- 석고 플라스터, 킨즈 시멘트(경석고 플라스터)
　　- 시멘트 모르타르, 테라초바름, 인조석바름

　㉢ 특수재료 : 리신바름, 라프코트, 모조석, 섬유벽, 아스팔트 모르타르, 마그네시아 시멘트

② 재료 구성에 따른 분류

　㉠ 결합재료
　　- 경화되어 바름벽에 필요한 강도를 발휘시키기 위한 재료이다.
　　- 시멘트, 소석회, 돌로마이트 플라스터, 점토, 합성수지 등

　㉡ 보강재료
　　- 균열 방지를 위하여 부분적으로 사용되는 선상 또는 메시상의 재료이다.
　　- 여물, 수염, 풀, 종려잎 등

　㉢ 부착재료
　　- 바름벽 마감과 바탕재료를 붙이는 역할을 하는 재료이다.
　　- 못, 스테이플러, 커터 침 등

ⓔ 혼화재료
- 결합재료에 방수, 착화, 내화, 단열, 차음 등의 기능 및 응결시간 단축 및 지연 등을 위해 첨가하는 재료이다.
- 방수제, 촉진제, 급결제, 응결조정제, 안료, 착색제, 방수제, 방동제 등

※ 건비빔 : 혼합한 미장재료에 반죽용 물을 섞지 않은 상태

10년간 자주 출제된 문제

1-1. 기경성 미장재료에 해당하는 것은?
① 시멘트 모르타르
② 경석고 플라스터
③ 혼합석고 플라스터
④ 돌로마이트 플라스터

1-2. 수경성 미장재료에 해당되는 것은?
① 회사벽
② 회반죽
③ 시멘트 모르타르
④ 돌로마이트 플라스터

1-3. 미장공사에서 사용되는 재료 중 결합재에 해당하지 않는 것은?
① 시멘트
② 잔골재
③ 소석회
④ 합성수지

[해설]

1-1
기경성 미장재료 : 진흙, 회반죽, 회사벽(석회죽 + 모래), 돌로마이트 플라스터(마그네시아석회)

1-2
수경성 미장재료 : 시멘트 모르타르, 테라초바름, 인조석바름

1-3
미장재의 결합재료 : 시멘트, 소석회, 돌로마이트 플라스터, 점토, 합성수지 등

정답 1-1 ④ 1-2 ③ 1-3 ②

핵심이론 02 미장재료의 특징 및 이용

① 돌로마이트 플라스터
  ㉠ 기경성 미장재료이며, 보수성이 크다.
  ㉡ 소석회에 비해 점성이 높고, 작업성이 좋다.
  ㉢ 응결시간이 길어 바르기가 용이하다.
  ㉣ 대기 중의 이산화탄소와 화합하여 경화한다.
  ㉤ 건조수축이 커서 수축균열이 발생한다.
  ㉥ 회반죽에 비하여 조기강도 및 최종강도가 크다.

② 석고 플라스터
  ㉠ 수경성 미장재료이며, 내화성이 우수하다.
  ㉡ 경화·건조 시 치수 안정성이 우수하다.
  ㉢ 원칙적으로 해초 또는 풀즙을 사용하지 않는다.
  ㉣ 회반죽보다 건조수축이 작다.
  ㉤ 균열이 없는 마감을 할 수 있다.
  ※ 경석고 플라스터(킨즈 시멘트) : 고온소성의 무수석고를 특별한 화학처리한 것으로, 경화 후 매우 단단하다.

③ 회반죽
  ㉠ 소석회에 모래, 해초풀, 여물 등을 혼합하여 바르는 미장재료이다.
  ㉡ 기경성 미장재료이며, 경화속도가 느리고 점성이 작다.
  ㉢ 공기 중의 탄산가스와 반응하여 화학 변화를 일으켜 경화한다.
  ㉣ 경화건조에 의한 수축률이 크기 때문에 여물로 균열을 분산·경감시킨다.
  ㉤ 목조 바탕, 콘크리트 블록 및 벽돌 바탕 등에 바른다.

10년간 자주 출제된 문제

2-1. 미장재료 중 돌로마이트 플라스터에 관한 설명으로 옳지 않은 것은?
① 소석회에 비해 점성이 높다.
② 응결시간이 길어 바르기가 용이하다.
③ 건조 시 팽창되므로 균열 발생이 없다.
④ 대기 중의 이산화탄소와 화합하여 경화한다.

2-2. 석고 플라스터에 관한 설명으로 옳지 않은 것은?
① 내화성이 우수하다.
② 수경성 미장재료이다.
③ 회반죽보다 건조수축이 크다.
④ 원칙적으로 해초 또는 풀즙을 사용하지 않는다.

2-3. 회반죽에 여물을 사용하는 주된 이유는?
① 균열 방지
② 경화 촉진
③ 크리프 증가
④ 내화성 증가

|해설|

2-1
돌로마이트 플라스터는 건조수축이 커서 수축균열이 발생한다.

2-2
석고 플라스터는 회반죽보다 건조수축이 작다.

2-3
회반죽은 경화건조에 의한 수축률이 크기 때문에 여물로 균열을 분산·경감시킨다.

정답 2-1 ③ 2-2 ③ 2-3 ①

2-15. 합성수지의 분류 및 성질

핵심이론 01 합성수지의 분류

① 열가소성 수지
  ㉠ 성형 후 열이나 용제를 가하면 소성변형하고, 냉각하면 고결하는 고체상의 고분자물질로 구성된 수지(첨가중합반응)이다.
  ㉡ 폴리에틸렌수지, 폴리프로필렌수지, 폴리스티렌수지, 염화비닐수지, 아크릴수지, 불소수지, 폴리아마이드수지(나일론, 아라미드), 아세틸수지 등

② 열경화성 수지
  ㉠ 성형 후 열이나 용제를 가해도 형태가 변하지 않는 비교적 저분자 물질로 구성된 수지(축합중합반응)이다.
  ㉡ 페놀수지, 멜라민수지, 폴리우레탄수지, 폴리에스테르수지, 에폭시수지, 요소수지, 실리콘수지, 폴리카보네이트 등

10년간 자주 출제된 문제

1-1. 열가소성 수지에 해당하지 않는 것은?
① 요소수지
② 아크릴수지
③ 염화비닐수지
④ 폴리에틸렌수지

1-2. 다음 중 열경화성 수지는?
① 아크릴수지
② 염화비닐수지
③ 폴리우레탄수지
④ 폴리에틸렌수지

|해설|

1-1
열가소성 수지의 종류: 폴리에틸렌수지, 폴리프로필렌수지, 폴리스티렌수지, 염화비닐수지, 아크릴수지, 불소수지, 폴리아마이드수지(나일론, 아라미드), 아세틸수지 등

1-2
열경화성 수지의 종류: 페놀수지, 멜라민수지, 폴리우레탄수지, 폴리에스테르수지, 에폭시수지, 요소수지, 실리콘수지, 폴리카보네이트 등

정답 1-1 ① 1-2 ③

핵심이론 02 합성수지의 일반적인 성질

① 장점
  ㉠ 일반적으로 전기절연성이 우수하다.
  ㉡ 내수성 및 내투습성은 폴리초산비닐 등 일부를 제외하고는 매우 양호하다.
  ㉢ 가공성이 우수하여 기구류, 판류, 파이프 등의 성형품 등에 많이 쓰인다.
  ㉣ 일반적으로 투명 또는 백색의 물질이므로 안료나 염료를 첨가함에 따라 다양한 채색이 가능하다.
  ㉤ 접착성이 크고, 기밀성과 안전성이 큰 것이 많아 접착제, 실링제 등에 적합하다.
  ㉥ 흡수성과 투수성이 없어(내수성 및 내투습성이 양호) 방수피막제로 사용된다.
  ㉦ 가소성, 전성, 연성이 크고 피막이 강하고 광택이 있다.
  ㉧ 내산성, 내알칼리 등의 내화학성 및 내약품성이 우수하다.
  ㉨ 강도(압축강도 > 인장강도)가 크고 구조물의 경량화가 가능하다.
  ㉩ 탄력성이 크고 마모가 적어 바닥 타일, 바닥 시트 등의 바닥 마감재로 사용된다.

② 단점
  ㉠ 열에 의한 팽창 및 수축이 크다.
  ㉡ 탄성계수가 강재보다 작고(철의 1/20 이하), 변형이 크다.
  ㉢ 내열성과 내화성이 작고, 저온에서 연화·연질된다.
  ㉣ 자외선에 의하여 열화현상 및 햇빛 또는 빗물에 변색되는 등의 내후성이 약하다.
  ㉤ 연소 시 유독가스가 발생한다.

10년간 자주 출제된 문제

합성수지의 일반적인 성질에 관한 설명으로 옳지 않은 것은?
① 전성, 연성이 크다.
② 가소성, 가공성이 크다.
③ 흡수성이 작고, 투수성이 거의 없다.
④ 탄력성이 없어 구조재료로 사용이 용이하다.

| 해설 |

합성수지는 탄력성이 크고 마모가 적어 바닥 타일, 바닥 시트 등의 바닥 마감재로 사용된다.

정답 ④

핵심이론 03 합성수지의 특징 및 이용

① 열가소성 수지의 특징

　㉠ 폴리스티렌(PS)수지
　　• 무색투명한 액체로 내화학성, 전기절연성, 내수성이 크다.
　　• 창유리, 벽용 타일 등에 사용된다.
　　• 발포제품으로 만들어 단열재에 많이 사용된다.

　㉡ 염화비닐(PVC)수지
　　• 강도, 전기절연성, 내약품성이 좋고 고온·저온에 약하다.
　　• 필름, 바닥용 타일, PVC 파이프, 도료 등에 사용한다.

　㉢ 아크릴수지
　　• 평판이 형성되어 글라스와 같이 이용되는 경우가 많다.
　　• 유기글라스라고도 한다.
　　• 투광성이 크고 내후성, 내화학약품성이 우수하다.
　　• 채광판, 유리 대용품으로 사용된다.

　㉣ 폴리아마이드수지(나일론) : 강인하고 미끄러지며 내마모성이 크다.

② 열경화성 수지의 특징

　㉠ 멜라민수지
　　• 요소수지와 유사한 성질을 갖고 있지만, 성능이 더 향상된 것이다.
　　• 무색투명하고 착색이 자유롭다.
　　• 가구 마감재, 접착제 등에 사용된다.

　㉡ 폴리우레탄수지 : 도막 방수재, 실링재로 사용된다.

　㉢ 폴리에스테르수지 : 건축용으로 사용되는 글라스섬유로 주로 강화된 평판 또는 판상제품으로 사용한다.

　㉣ 실리콘수지
　　• 내열성·내한성이 우수하며, -60~260℃의 범위에서 안정하다.
　　• 탄력성, 내수성이 좋아 도료, 접착제 등으로 사용한다.
　　• 탄성을 가지며 내후성 및 내화학성이 우수하다.

　㉤ 폴리카보네이트 : 합성수지 재료 중 우수한 투명성, 내후성을 활용하여 톱 라이트, 온수 풀의 옥상, 아케이드 등에 유리 대용품으로 사용된다.

10년간 자주 출제된 문제

3-1. 폴리스티렌수지의 일반적 용도로 알맞은 것은?
① 단열재　　　　② 대용유리
③ 섬유제품　　　④ 방수시트

3-2. 다음 보기에서 설명하는 합성수지는?

|보기|
• 평판성형되어 글라스와 같이 이용하는 경우가 많다.
• 유기글라스라고도 한다.

① 요소수지　　　② 멜라민수지
③ 아크릴수지　　④ 염화비닐수지

3-3. 내열성이 우수하고, -60~260℃의 범위에서 안정하며 탄력성과 내수성이 좋아 도료, 접착제 등으로 사용되는 합성수지는?
① 페놀수지　　　② 요소수지
③ 실리콘수지　　④ 멜라민수지

해설

3-1
합성수지와 용도
• 폴리에틸렌수지 : 건축용 방수재료, 내화학성의 파이프
• 폴리스티렌 수지 : 단열재
• 염화비닐수지 : PVC 파이프, 접착제, 도료
• 아크릴수지 : 채광판, 도어판, 칸막이 벽
• 페놀수지 : 덕트, 파이프, 도료, 접착제
• 멜라민수지 : 가구 마감재, 접착제
• 폴리우레탄수지 : 도막 방수재, 실링재
• 폴리에스테르 수지 : 강화된 평판 또는 판상제품
• 요소수지 : 도료, 마감재, 장식재
• 실리콘수지 : 도료, 접착제 등

정답 3-1 ①　3-2 ③　3-3 ③

2-16. 도장재료의 성질 및 이용

핵심이론 01 도장재료의 구성요소

① 도막 형성의 요소
  ㉠ 도막 형성의 주요소 : 유지, 수지 등
    • 수지 : 천연수지와 합성수지가 사용된다.
    • 천연수지 : 로진(송진), 댐머(수목 분비물), 코펄(열대 수목 분비물), 셸락(곤충 분비물)
  ㉡ 도막 형성의 부요소
    • 건조제 : 건조를 촉진시키는 것으로 아연, 망간, 코발트수지산, 지방산 염류, 연단, 초산염, 이산화망간, 수산화망간, 리사지 등이 있다.
    • 가소제 : 건조된 도막에 탄성·교착성 등을 주어 내구력을 증가시키는 것으로 프탈산, 에스테르 등이 있다.
  ㉢ 안료 : 유체 안류(착색제), 체질 안료(피복 은폐력)

② 도막 형성의 조요소
  ㉠ 용제
    • 도막 주요소를 용해시키고 적당한 점도로 조절 또는 쉽게 도장하기 위해 사용한다.
    • 건성유(아마인유, 동유, 임유, 마실유 등)와 반건성유(대두유, 채종유, 어유 등)가 있다.
  ㉡ 희석제 : 휘발유, 테라핀유, 벤젠, 알코올, 아세톤 등을 희석하여 솔질이 잘되게(시공성 증대) 하는 것이 주목적이다.

10년간 자주 출제된 문제

도료의 구성요소 중 도막 주요소를 용해시키고 적당한 점도로 조절 또는 쉽게 도장하기 위해 사용되는 것은?
① 안료
② 용제
③ 수지
④ 전색제

해설

용제
• 도막 주요소를 용해시키고 적당한 점도로 조절 또는 쉽게 도장하기 위해 사용한다.
• 건성유(아마인유, 동유, 임유, 마실유 등)와 반건성유(대두유, 채종유, 어유 등)가 있다.

정답 ②

핵심이론 02 페인트의 종류와 특징 및 이용

① 유성 페인트
  ㉠ 보일유(건성유, 건조제)와 안료를 혼합한 것이다 (안료 + 건성유 + 건조제 + 희석제).
  ㉡ 붓바름 작업성 및 내후성이 뛰어나다.
  ㉢ 저온다습하면 건조시간이 길다.
  ㉣ 내알칼리성이 떨어진다.
  ㉤ 목재, 석고판류, 철재류 도장에 사용된다.
  ※ 알칼리에 약하므로 콘크리트, 모르타르, 플라스터 면에는 적당하지 않다.

② 수성 페인트
  ㉠ 성분 : 안료 + 아교 또는 전분 + 물
  ㉡ 물을 희석해서 사용하는 페인트로 건조시간이 빠르다.
  ㉢ 내산성, 내알칼리성이 우수하다.
  ㉣ 광택이 없고, 내수성과 내구성이 떨어진다.
  ㉤ 주로 실내 콘크리트벽, 천장 등의 종이, 시멘트 벽돌, 석고보드 등에 사용한다.

③ 에나멜 페인트
  ㉠ 성분 : 안료 + 유성 바니시 + 건조제
  ㉡ 유성 에나멜과 합성수지 에나멜(래커 에나멜)이 있다.
  ㉢ 유성 에나멜 페인트
    • 안료에 유성 바니시를 혼합한 액상재료이다.
    • 내후성, 내수성, 내열성, 내약품성이 우수하다.
    • 알칼리성에 약하다.

④ 에멀션 페인트
  ㉠ 성분 : 수성 페인트 + 합성수지 + 유화제
  ㉡ 실내외 어느 곳에서나 매우 광범위하게 사용된다.
  ㉢ 내·외부 도장용으로 사용된다.

10년간 자주 출제된 문제

2-1. 유성 페인트의 성분 구성으로 가장 옳은 것은?
① 안료 + 물
② 합성수지 + 용제 + 안료
③ 수지 + 건성유 + 희석제
④ 안료 + 보일유 + 희석제

2-2. 수성 페인트에 대한 설명으로 옳지 않은 것은?
① 건조시간이 빠르다.
② 내산성이 우수하다.
③ 내알칼리성이 우수하다.
④ 광택이 뛰어나지만, 내구성이 떨어진다.

|해설|

2-1
유성 페인트는 보일유(건성유, 건조제)와 안료를 혼합한 것이다 (안료 + 건성유 + 건조제 + 희석제).

2-2
수성 페인트는 광택이 없다.

정답 2-1 ④ 2-2 ④

핵심이론 03 바니시의 종류와 특징 및 이용

① 유성 바니시
  ㉠ 유용성 수지를 건성유에 가열·용해하여 휘발성 용제로 희석한 것이다.
  ㉡ 유성 페인트보다 내후성이 작아서 옥외에는 사용하지 않고, 목재 내부용으로 사용한다.

② 휘발성 바니시
  ㉠ 휘발성 바니시에는 락(lock), 래커(lacquer) 등이 있다.
  ㉡ 휘발성 바니시는 건조가 빠르지만, 도막이 얇고 부착력이 약하다.
  ㉢ 내장, 가구용(마감용은 부적당)으로 사용된다.
  ㉣ 래커의 특징
    • 섬유소에 합성수지, 가소제와 안료를 첨가한 도료이다.
    • 내마모성, 내수성, 내후성이 우수하지만 도막이 얇고 부착력이 약하다.
    • 스프레이 건(spray gun)을 사용하기 때문에 표면 마감을 할 때 가장 유리하다.
    • 도막 형성은 주로 용제의 증발에 따른 건조에 의한다.
    • 건조가 빨라 건조시간을 지연시킬 목적으로 시너(thinner)를 첨가한다.
  ㉤ 클리어 래커(clear lacquer)
    • 안료를 배합하지 않은 것이다.
    • 주로 목재면의 투명 도장에 쓰인다.
    • 주로 내부용으로 사용되며, 외부용으로는 사용하기 곤란하다.
    • 목재의 무늬를 가장 잘 나타내는 투명 도료이다.
  ㉥ 에나멜 래커
    • 나이트로셀룰로스 등의 천연수지를 이용한 자연건조형으로 단시간에 도막이 형성된다.
    • 내후성을 보강하여 외부용으로 사용된다.

10년간 자주 출제된 문제

3-1. 래커(lacquer)에 관한 설명으로 옳지 않은 것은?
① 도막 형성은 주로 용제의 증발에 따른 건조에 의한다.
② 섬유소에 합성수지, 가소제와 안료를 첨가한 도료이다.
③ 내마모성·내수성이 우수하지만, 건조가 느리다.
④ 스프레이 건(spray gun)을 사용하기 때문에 표면 마감을 할 때 가장 유리하다.

3-2. 주로 목재면의 투명 도장에 쓰이며, 외부용으로 사용하기에 적당하지 않아 내부용으로 사용되는 것은?
① 에나멜 페인트
② 에멀션 페인트
③ 클리어 래커
④ 멜라민수지 도료

|해설|

3-1
래커는 건조가 빨라 건조시간을 지연시킬 목적으로 시너(thinner)를 첨가한다.

3-2
클리어 래커(clear lacquer)
• 안료를 배합하지 않은 것이다.
• 주로 목재면의 투명 도장에 쓰인다.
• 주로 내부용으로 사용되며, 외부용으로는 사용하기 곤란하다.
• 목재의 무늬를 가장 잘 나타내는 투명 도료이다.

정답 3-1 ③ 3-2 ③

핵심이론 04 합성수지 도료와 방청 도료의 이용 및 특징

① 유성 페인트와 비교한 합성수지 도료의 특징
  ㉠ 건조시간이 빠르고 도막이 단단하다.
  ㉡ 도막은 인화될 염려가 적어 방화성이 우수하다.
  ㉢ 내산성, 내알칼리성이 있어 콘크리트나 플라스터면에 바를 수 있다.
  ㉣ 투명한 합성수지를 사용하면 매우 선명한 색을 낼 수 있다.

② 합성수지 도료
  ㉠ 에폭시수지 도료
   • 도막이 충격에 비교적 강하고 내마모성도 좋다.
   • 내후성, 내수성, 내산성, 내알칼리성이 특히 우수하다.
   • 습기에 대한 변질의 염려가 적다.
   • 용제와 혼합성이 좋다.
   • 콘크리트 및 모르타르 바탕면 등에 사용된다.
  ㉡ 염화비닐수지 도료
   • 내후성, 내수성, 내유성, 내약품성이 우수하지만 부착력이 약하다.
   • 콘크리트, 모르타르, 석면, 슬레이트 등에 많이 사용된다.
   • 콘크리트 표면 도장에 가장 적합하다.

③ 방청 도료(녹막이칠)
  ㉠ 금속면의 보호와 금속의 부식 방지를 목적으로 사용한다.
  ㉡ 방청 도료에는 광명단 도료, 규산염 도료, 징크로메이트, 방청산화철 도료, 알루미늄 도료, 역청질 도료, 워시 프라이머(에칭 프라이머), 광명단 조합 페인트, 아연분말 프라이머 등이 있다.

기타 도료의 이용
• 목(木)부에 사용하기 가장 곤란한 도료 : 멜라민수지 도료
• 콘크리트 바탕에 적용하기 가장 곤란한 도료 : 유성 바니시
• 내알칼리성이 가장 우수한 도료 : 에폭시수지 도료, 염화비닐수지 도료
• 현장 발포가 가능한 발포제품 : 폴리우레탄 폼
• 도료의 저장 중에 도료에 발생하는 결함 : 피막, 증점, 겔화, 시딩(seeding)

10년간 자주 출제된 문제

4-1. 콘크리트 바탕에 적용하기 가장 곤란한 도료는?
① 에폭시 도료
② 유성 바니시
③ 염화비닐 도료
④ 염화고무 도료

4-2. 알칼리성 바탕에 가장 적당한 도장재료는?
① 유성 바니시
② 유성 페인트
③ 유성 에나멜페인트
④ 염화비닐수지 도료

4-3. 다음 중 방청 도료가 아닌 것은?
① 투명 래커
② 에칭 프라이머
③ 아연분말 프라이머
④ 광명단 조합 페인트

[해설]
4-2
내알칼리성이 가장 우수한 도료 : 에폭시 도료, 염화비닐수지 도료
4-3
방청 도료 : 광명단 도료, 규산염 도료, 징크로메이트, 방청산화철 도료, 알루미늄 도료, 역청질 도료, 워시 프라이머(에칭 프라이머), 광명단 조합 페인트, 아연분말 프라이머 등이 있다.

정답 4-1 ② 4-2 ④ 4-3 ①

2-17. 방수재료의 성질 및 이용

핵심이론 01 아스팔트 방수

① 아스팔트의 종류
  ㉠ 천연 아스팔트 : 록 아스팔트, 레이크 아스팔트, 아스팔타이트, 샌드 아스팔트
  ㉡ 석유 아스팔트 : 스트레이트 아스팔트, 블론 아스팔트, 아스팔트 콤파운드

② 주요 아스팔트
  ㉠ 아스팔트 루핑 : 아스팔트 제품 중 펠트의 양면에 블론 아스팔트를 피복하고 활석분말 등을 부착하여 만든 제품이다.
  ㉡ 아스팔트 싱글 : 아스팔트 루핑을 절단하여 만든 것으로, 주로 지붕재료로 사용되는 역청제품이다.
  ㉢ 아스팔트 프라이머
    • 블론 아스팔트를 휘발성 용제에 녹인 저점도의 액체이다.
    • 흑갈색 액체로 아스팔트 방수의 바탕처리재로 사용된다.
    • 아스팔트 방수공사에서 방수층 1층에 사용한다.
  ㉣ 아스팔트 펠트
    • 천연 유기섬유를 원료로 한 원지에 스트레이트 아스팔트를 함침시켜 만든 아스팔트 방수시트재이다.
    • 주로 아스팔트 방수의 중간층 재료로 사용된다.
  ㉤ 아스팔트 콤파운드 : 블론 아스팔트의 성능을 개량하기 위해 동식물성 유지와 광물질분말을 혼입한 것으로, 일반 지붕의 방수공사에 사용된다.
  ㉥ 아스팔트 타일 : 아스팔트에 석면·탄산칼슘·안료를 가하고, 가열혼련하여 시트상으로 압연한 것으로, 내수성·내습성이 우수한 바닥재료이다.

③ 용어
  ㉠ 신도(연신율) : 아스팔트의 연성을 나타내는 수치로, 온도 변화와 함께 변화하는 것
  ㉡ 침입도
    • 아스팔트의 양부 판별에 중요한 아스팔트의 경도를 나타내는 것
    • 규정된 조건에서 시료 중에 진입된 규정된 침의 길이를 환산하여 나타낸 것

10년간 자주 출제된 문제

1-1. 천연 아스팔트가 아닌 것은?
① 아스팔타이트 ② 록 아스팔트
③ 블론 아스팔트 ④ 레이크 아스팔트

1-2. 아스팔트를 휘발성 용제로 녹인 흑갈색 액체로, 아스팔트 방수의 바탕처리재로 사용되는 것은?
① 아스팔트 펠트 ② 아스팔트 프라이머
③ 아스팔트 콤파운드 ④ 스트레이트 아스팔트

1-3. 아스팔트의 양부 판별에 중요한 아스팔트의 경도를 나타내는 것은?
① 신도 ② 감온성
③ 침입도 ④ 유동성

|해설|

1-1
아스팔트 종류
• 천연 아스팔트 : 록 아스팔트, 레이크 아스팔트, 아스팔타이트, 샌드 아스팔트
• 석유 아스팔트 : 스트레이트 아스팔트, 블론 아스팔트, 아스팔트 콤파운드

1-2
아스팔트 프라이머
• 블론 아스팔트를 휘발성 용제에 녹인 저점도의 액체이다.
• 흑갈색 액체로 아스팔트 방수의 바탕처리재로 사용된다.
• 아스팔트 방수공사에서 방수층 1층에 사용한다.

1-3
침입도
• 아스팔트의 양부 판별에 중요한 아스팔트의 경도를 나타내는 것
• 규정된 조건에서 시료 중에 규정된 침의 진입된 길이를 환산하여 나타낸 것

정답 1-1 ③ 1-2 ② 1-3 ③

핵심이론 02 멤브레인 방수 등

① 멤브레인(membrane) 방수
　㉠ 아스팔트, 시트 등을 방수 바탕의 전면 또는 부분적으로 접착하거나 기계적으로 고정시키고, 루핑(roofing)류가 서로 만나는 부분을 접착시켜 연속된 얇은 막상의 방수층을 형성하는 공법이다.
　㉡ 멤브레인 방수층 : 아스팔트 방수층, 합성고분자계 시트 방수층, 도막 방수층
　㉢ 멤브레인 방수공법 : 아스팔트 방수, 시트 방수, 도막 방수, 개량질 아스팔트 방수, 침투성 방수, 시멘트 모르타르계 방수
　㉣ 멤브레인 방수재 : 아스팔트 방수재, 합성고분자 시트 방수재, 도막 방수재

② 도막 방수
　㉠ 우레탄 고무계, 아크릴 고무계, 고무 아스팔트계 등의 합성고무, 합성수지 용액을 여러 번 칠하여 소요 두께의 방수층을 형성하는 공법이다.
　㉡ 도료 상태의 방수재를 바탕면에 여러 번 칠하여 얇은 수지피막을 만들어 방수효과를 얻는 것으로 에멀션형, 용제형, 에폭시계 형태의 방수공법이다.
　㉢ 용제 또는 유제 상태의 방수제를 바탕면에 여러 번 칠하여 방수막을 형성하는 방수법이다.

③ 스테인리스 시트 방수
스테인리스 박판시트의 양면을 현장에서 적절하게 구부려 특수한 고정 철물로 바탕에 고정시키면서 박판시트의 접합부를 용접하여 방수층을 형성하는 공법이다.

④ 시멘트 모르타르 방수
방수제를 모르타르에 혼입해서 콘크리트에 도포하거나 침투시켜서 수밀층을 만들어 방수성능을 갖는 피막을 만드는 공법이다.

10년간 자주 출제된 문제

2-1. 멤브레인 방수공법이 아닌 것은?
① 도막 방수
② 아스팔트 방수
③ 시멘트 모르타르 방수
④ 합성고분자 시트 방수

2-2. 바탕면에 도료 상태의 방수재를 여러 번 칠하여 방수막을 형성하는 방수법은?
① 아스팔트 루핑 방수
② 도막 방수
③ 시멘트 방수
④ 시트 방수

|해설|

2-1
멤브레인 방수공법 : 아스팔트 방수, 시트 방수, 도막 방수, 개량질 아스팔트 방수, 침투성 방수, 시멘트 모르타르계 방수

2-2
도막 방수
- 우레탄 고무계, 아크릴 고무계, 고무 아스팔트계 등의 합성고무, 합성수지 용액을 여러 번 칠하여 소요 두께의 방수층을 형성하는 공법이다.
- 도료 상태의 방수재를 바탕면에 여러 번 칠하여 얇은 수지피막을 만들어 방수효과를 얻는 것으로 에멀션형, 용제형, 에폭시계 형태의 방수공법이다.
- 용제 또는 유제 상태의 방수제를 바탕면에 여러 번 칠하여 방수막을 형성하는 방수법이다.

정답 2-1 ④　2-2 ②

2-18. 기타 수장재료의 성질 및 이용

핵심이론 01 마감재료

① 바닥 마감재
   ㉠ 목재(강마루, 강화마루), 카펫, PVC(장판), 대리석 타일, 폴리싱 타일, 석재 등이 사용된다.
   ㉡ 공간의 넓은 면적에 사용되므로 색상에 따라 공간 느낌이 크게 달라진다.
   ㉢ 스크래치 및 광택 등 관리방법의 종류에 따라 차이가 크므로 공간의 용도와 기능에 따라 선택하는 것이 중요하다.

② 벽면 마감재
   ㉠ 벽지, 몰딩, 페인트(도장), 타일, 목재패널, 유리 등이 사용된다.
   ㉡ 벽지의 경우 PVC 코팅을 한 실크 벽지와 종이로 만든 합지가 많이 사용된다.

③ 천장 마감재
   ㉠ 벽지를 이용한 천장지, 페인트(도장) 등이 사용된다.
   ㉡ 넓은 공간을 연출하기 위해 천장을 마감 없이 노출하기도 한다.
   ㉢ 천장 일부 또는 전체에 루버나 메시 등을 이용하여 연출하기도 한다.

10년간 자주 출제된 문제

실내 마감재료의 설명으로 옳지 않은 것은?
① 바닥 마감재에는 목재패널, 카펫, 몰딩, 폴리싱 타일, 석재 등이 사용된다.
② 벽면 마감재에는 벽지, 몰딩, 페인트(도장), 타일, 목재패널, 유리 등이 사용된다.
③ 천장 마감재에는 벽지를 이용한 천장지, 페인트(도장) 등이 사용된다.
④ 넓은 공간을 연출하기 위해 천장을 마감 없이 노출하기도 한다.

[해설]
바닥 마감재에는 목재(강마루, 강화마루), 카펫, PVC(장판), 대리석 타일, 폴리싱 타일, 석재 등이 사용된다.

정답 ①

핵심이론 02 접착제

① 건축용 접착제로서 요구되는 성능
   ㉠ 진동, 충격의 반복에 잘 견뎌야 한다.
   ㉡ 충분한 접착성과 유동성을 가져야 한다.
   ㉢ 내수성, 내열성, 내산성이 있어야 한다.
   ㉣ 고화(경화) 시 체적수축 등의 변형이 없어야 한다.
   ㉤ 장기하중에 의한 크리프가 없어야 한다.
   ㉥ 취급이 용이하고, 가격이 저렴해야 한다.

② 접착제의 종류
   ㉠ 합성수지계 접착제 : 에폭시수지 접착제, 비닐수지 접착제, 멜라민수지 접착제, 요소수지 접착제, 페놀수지 접착제 등

> **에폭시수지 접착제**
> - 기본 점성이 크며 내수성, 내약품성, 전기절연성이 우수한 만능형 접착제이다.
> - 급경성으로 내알칼리성 등의 내화학성이나 접착력이 크고, 내수성이 우수하다.
> - 가열하면 접착 시 효과가 좋다.
> - 금속, 석재, 도자기, 글라스, 콘크리트, 플라스틱재 등의 접착에 사용한다.

   ㉡ 동물성 단백질계 접착제 : 카세인 접착제, 아교 접착제, 알부민 접착제
   ㉢ 식물성계 접착제 : 대두교, 소맥 단백질, 녹말풀

10년간 자주 출제된 문제

2-1. 건축용 접착제로 요구되는 성능으로 옳지 않은 것은?
① 진동, 충격의 반복에 잘 견뎌야 한다.
② 충분한 접착성과 유동성을 가져야 한다.
③ 내수성, 내열성, 내산성이 있어야 한다.
④ 고화(固化) 시 체적수축 등의 변형이 있어야 한다.

2-2. 합성수지계 접착제가 아닌 것은?
① 에폭시수지 접착제
② 카세인 접착제
③ 비닐수지 접착제
④ 멜라민수지 접착제

2-3. 금속, 석재, 도자기, 글라스, 콘크리트, 플라스틱재 등의 접합에 사용할 수 있는 접착제는?
① 요소수지 접착제
② 페놀수지 접착제
③ 멜라민수지 접착제
④ 에폭시수지 접착제

[해설]
2-1
건축용 접착제는 경화 시 체적수축 등의 변형을 일으키지 않아야 한다.

2-2
합성수지계 접착제 : 에폭시수지 접착제, 비닐수지 접착제, 멜라민수지 접착제, 요소수지 접착제, 페놀수지 접착제 등

정답 2-1 ④　2-2 ②　2-3 ④

핵심이론 03 단열재

① 단열재의 종류
　㉠ 무기질 단열재 : 암면, 석면, 유리면, 세라믹파이버, 펄라이트, 규산칼슘판, 경량 기포 콘크리트
　　• 암면 : 암석으로부터 인공적으로 만들어진 내열성이 높은 광물섬유로 만든 제품이다. 불에 타지 않고 가볍고, 단열성, 흡음성이 뛰어나다.
　　• 유리면 : 유리섬유를 이용하여 만든 제품으로서 유리솜 또는 글라스 울이라고 한다.
　　• 세라믹파이버 : 1,000℃ 이상의 고온에도 견디는 섬유로, 가장 높은 온도에서 사용할 수 있다.
　　• 펄라이트판 : 천연 암석을 원료로 한 천연 유리질이다. 경량이며, 수분 침투에 대한 저항성이 있어 배관용 단열재로 사용된다.
　　• 규산칼슘판 : 무기질 단열재료 중 규산질분말과 석회분말을 오토클레이브 중에서 반응시켜 얻은 겔에 보강섬유를 첨가하여 프레스 성형하여 만든다. 외장재이며 불연성과 내화성, 단열성이 좋다.
　㉡ 유기질 단열재 : 셀룰로스 섬유판, 연질 섬유판, 폴리스티렌폼, 경질 우레탄폼, 우레아폼
　　• 셀룰로스 섬유판 : 천연 목질섬유 등을 원료로 하고 내구성, 발수성, 방수성 등을 부여하기 위해 약품처리를 한다.
　　• 연질 섬유판 : 원료는 식물섬유이며, A급(목재편)과 B급(면 조각, 볏짚, 펄프 등)으로 나뉜다. 높은 열을 가한 후 내수제를 첨가하여 성형한다.
　　• 폴리스티렌폼 : 발포 플라스틱 중에서 가장 대표적이다. 내열성은 높지 않지만 우수한 단열성 때문에 냉동기기에 많이 사용된다.

② 단열재의 선정조건

　　㉠ 열전도율, 흡수율, 투기성이 낮을 것

　　㉡ 비중이 작으며, 기계적 강도가 우수할 것

　　㉢ 내구성, 내열성, 내식성이 우수하여 냄새가 없을 것

　　㉣ 경제적이고 시공이 용이할 것

　　㉤ 품질의 편차가 작을 것

　　㉥ 사용 연한에 따른 변질이 없을 것

　　㉦ 유독성 가스가 발생하지 않을 것

③ 단열성에 영향을 미치는 요인

　　재료의 두께, 재료의 밀도(비중), 표면 상태, 단열재 형상, 함수율, 열전도율, 열관류율 등

10년간 자주 출제된 문제

다음 중 가장 높은 온도에서 사용할 수 있는 단열재료는?

① 세라믹파이버
② 암면
③ 석면
④ 글라스 울

[해설]

세라믹파이버 : 1,000℃ 이상의 고온에도 견디는 섬유로, 가장 높은 온도에서 사용할 수 있다. 본래는 공업용 가열로의 내화 단열재로 사용되었으나 최근에는 건축용, 특히 철골의 내화피복재로 많이 사용된다.

정답 ①

CHAPTER 04 실내건축제도

제1절 건축제도의 용구 및 재료

1-1. 건축제도의 용구

핵심이론 01 제도기

① 디바이더
  ㉠ 선을 일정한 간격으로 나눌 때 사용한다.
  ㉡ 치수를 자 또는 삼각자의 눈금으로 잰 후 제도지에 같은 길이로 분할할 때 사용한다.
  ㉢ 치수를 옮기거나 선과 원주를 같은 길이로 나눌 때 사용한다.

② 컴퍼스
  ㉠ 원이나 호를 그릴 때 사용한다.
  ㉡ 빔 컴퍼스 : 대형 컴퍼스로 그릴 수 없는 큰 원을 그릴 때 삼각자나 긴 막대에 끼워서 사용한다.
  ㉢ 대형 컴퍼스 : 반지름이 70~130mm인 원이나 원호를 그릴 때 사용한다.
  ㉣ 중형 컴퍼스 : 반지름이 50~70mm인 원이나 원호를 그릴 때 사용한다.
  ㉤ 스프링 컴퍼스 : 일반적으로 반지름 50mm 이하의 작은 원을 그릴 때 사용한다.

③ 먹줄펜
  ㉠ 제도 잉크나 먹물로 선을 그을 때 사용한다.
  ㉡ 선의 굵기를 나사로 조정할 수 있는 날 끝이 있다.

10년간 자주 출제된 문제

1-1. 치수를 자 또는 삼각자의 눈금으로 잰 후 제도지에 같은 길이로 분할할 때 사용하는 제도용구는?
① 디바이더
② 운형자
③ 컴퍼스
④ T자

1-2. 가장 큰 원을 그릴 수 있는 컴퍼스는?
① 스프링 컴퍼스
② 빔 컴퍼스
③ 드롭 컴퍼스
④ 중형 컴퍼스

해설

1-1
디바이더
• 선을 일정한 간격으로 나눌 때 사용한다.
• 치수를 자 또는 삼각자의 눈금으로 잰 후 제도지에 같은 길이로 분할할 때 사용한다.
• 치수를 옮기거나 선과 원주를 같은 길이로 나눌 때 사용한다.

1-2
빔 컴퍼스 : 대형 컴퍼스로 그릴 수 없는 큰 원을 그릴 때 삼각자나 긴 막대에 끼워서 사용한다.

정답 1-1 ① 1-2 ②

핵심이론 02 제도용 자

① T자
  ㉠ 제도판 위에서 수평선을 긋거나 삼각자와 함께 수직선이나 빗금을 그을 때 안내역할을 한다.
  ㉡ 일반적으로 900mm의 T자가 많이 사용된다.
② 삼각자
  ㉠ 삼각자는 45° 등변삼각형과 30°, 60° 직각삼각형 2가지가 한 쌍이며, 45° 자의 빗변의 길이와 60° 자의 밑변의 길이가 같다.
  ㉡ 두 개의 삼각자를 한 조로 사용하여 그을 수 있는 빗금의 각도는 15°, 30°, 45°, 60°, 75°, 90°, 105°, 120°, 135°, 150°, 165° 등이 있다.
  ㉢ 자유삼각자 : 하나의 자로 각도를 조절하여 지붕의 물매나 30°, 45°, 60° 이외에 각을 그리는 데 사용한다.
③ 삼각스케일
  ㉠ 주로 축척을 확인할 때 사용한다.
  ㉡ 길이를 재거나 직선을 일정한 비율로 줄여 나타낼 때 사용한다.
  ㉢ 스케일자에는 1/100, 1/200, 1/300, 1/400, 1/500, 1/600의 축척이 표기되어 있다.
④ 운형자 : 원호 이외의 곡선을 그을 때 사용한다.
⑤ 자유곡선자 : 원호 이외의 곡선을 자유자재로 그릴 때 사용한다.
⑥ 축척자 : 대상 물체의 모양을 도면으로 표현할 때 크기를 비율에 맞춰 줄이거나 늘이기 위해 사용한다.

10년간 자주 출제된 문제

2-1. 제도용구에 대한 설명으로 옳은 것은?
① 자유곡선자 : 투시도 작도 시 긴 선이나 직각선을 그릴 때 많이 사용된다.
② 삼각자 : 주로 75°, 35° 자를 사용하며, 재질은 플라스틱 제품이 많이 사용된다.
③ 자유삼각자 : 하나의 자로 각도를 조절하여 지붕의 물매 등을 그릴 때 사용한다.
④ 운형자 : 원호로 된 곡선을 자유자재로 그릴 때 사용하며, 고무제품이 많이 사용된다.

2-2. 제도에 사용되는 삼각스케일의 용도로 적합한 것은?
① 주로 원이나 호를 그릴 때 쓰인다.
② 주로 축척을 확인할 때 쓰인다.
③ 주로 제도판 옆면에 대고 수평선을 그릴 때 쓰인다.
④ 주로 원호 이외의 곡선을 그을 때 쓰인다.

|해설|

2-1
① 자유곡선자 : 원호 이외의 곡선을 자유자재로 그릴 때 사용한다.
② 삼각자 : 45° 등변삼각형과 30°, 60° 직각삼각형 2가지가 한 쌍이며, 45° 자의 빗변의 길이와 60° 자의 밑변의 길이가 같다.
④ 운형자 : 원호 이외의 곡선을 그을 때 사용한다.

2-2
삼각스케일
• 주로 축척을 확인할 때 쓰인다.
• 길이를 재거나 직선을 일정한 비율로 줄여 나타낼 때 사용한다.
• 스케일자에는 1/100, 1/200, 1/300, 1/400, 1/500, 1/600의 축척이 표기되어 있다.

정답 2-1 ③ 2-2 ②

핵심이론 03 제도용 필기용구

① 제도 연필
  ㉠ 연필은 연필심의 모양에 따라 문자용, 선 긋기용, 컴퍼스용으로 나뉜다.
  ㉡ 문자를 쓸 때는 원뿔형으로, 선을 그을 때는 쐐기형으로, 컴퍼스를 이용할 때는 경사형으로 깎아 사용한다.
  ㉢ 프리핸드로 표현 시 번지거나 더러워지는 단점이 있다.
  ㉣ 간격을 다르게 하여 명암을 폭넓게 나타낼 수 있다.
  ㉤ 지울 수 있고 간단히 수정할 수 있다.
  ㉥ 제도 연필의 경도 : B-HB-F-H-2H(무른 것부터 단단한 순서)

② 제도용 샤프 연필
  ㉠ 제도용 샤프 연필은 선의 굵기를 일정하게 그을 수 있다.
  ㉡ 제도 샤프 연필의 굵기는 0.3mm, 0.5mm, 0.7mm, 0.9mm 등을 사용한다.

③ 제도용 만년필
  ㉠ 제도용 만년필은 먹물 제도 시 사용된다.
  ㉡ 선의 굵기에 따라 0.18mm, 0.25mm, 0.35mm, 0.5mm, 0.7mm, 1.0mm, 1.4mm, 2.0mm 등이 있다.

④ 지움용구
  지우개, 지우개판, 지우개 솔 등

10년간 자주 출제된 문제

3-1. 연필 프리핸드에 대한 설명으로 옳은 것은?
① 번지거나 더러워지는 단점이 있다.
② 연필은 명암을 폭넓게 나타내기 어렵다.
③ 간단히 수정할 수 없어 사용상 불편한 점이 많다.
④ 연필의 종류가 적어서 효과적으로 사용하는 것이 불가능하다.

3-2. 제도 연필의 경도를 무른 것부터 단단한 순서대로 옳게 나열한 것은?
① HB-B-F-H-2H
② B-HB-F-H-2H
③ B-F-HB-H-2H
④ H-F-B-H-2H

|해설|

3-1
② 연필은 간격을 다르게 하여 명암을 폭넓게 나타낼 수 있다.
③ 연필은 지울 수 있고 간단히 수정할 수 있다.
④ 연필은 연필심의 모양에 따라 다양하게 사용할 수 있다.

정답 3-1 ① 3-2 ②

1-2. 건축제도의 재료

핵심이론 01 제도용지

① 용지의 종류
  ㉠ 원고용지 : 연필제도나 먹물제도용, 켄트지, 모조지 등
  ㉡ 투시용지 : 청사진용, 미농지, 트레이싱 페이퍼, 트레이싱 클로오드, 트레이싱 필름
  ㉢ 채색용지 : MO지, 백아지, 목탄지, 와트먼지(채색용) 등

② 방안지
  ㉠ 종이에 일정한 크기의 격자형 무늬가 인쇄되어 있어 계획 도면을 작성하거나 평면을 계획할 때 사용하기 편리한 제도지이다.
  ㉡ 건물의 구상 시에 사용한다.

③ 트레이싱지
  ㉠ 실시 도면을 작성할 때 사용하는 원도지로, 연필을 이용하여 그린다.
  ㉡ 경질의 반투명한 제도용지로, 습기에 약하다.
  ㉢ 청사진 작업이 가능하고, 오래 보존할 수 있다.
  ㉣ 수정이 용이한 종이로 건축제도에 많이 쓰인다.

10년간 자주 출제된 문제

1-1. 종이에 일정한 크기의 격자형 무늬가 인쇄되어 있어서 계획 도면을 작성하거나 평면을 계획할 때 사용하기 편리한 제도지는?

① 켄트지
② 방안지
③ 트레이싱지
④ 트레팔지

1-2. 다음 보기의 설명에 가장 적합한 종이는?

|보기|
• 실시 도면을 작성할 때 사용되는 원도지로, 연필을 이용하여 그린다.
• 투명성이 있고 경질이며, 청사진 작업이 가능하고, 오랫동안 보존할 수 있다.
• 수정이 용이한 종이로 건축제도에 많이 쓰인다.

① 켄트지
② 방안지
③ 트레팔지
④ 트레이싱지

정답 1-1 ② 1-2 ④

제2절 각종 제도 규약

2-1. 건축제도통칙
(일반사항 : 도면의 크기, 척도, 표제란 등)

핵심이론 01 도면의 크기

① KS F 1501에 따른 도면의 크기
  ㉠ 제도용지의 크기는 KS M ISO 216의 A열의 A0~A6에 따른다. 다만, 필요에 따라 직사각형으로 연장할 수 있다.
  ㉡ 도면은 그 길이 방향을 좌우 방향으로 놓은 위치를 정위치로 한다. 다만, A6 이하 도면은 이에 따르지 않아도 좋다.
  ㉢ 도면의 테두리를 만들 때는 여백을 다음 그림과 같이 하고, 치수는 다음 표에 따른다.
  ㉣ 도면의 테두리를 만들지 않을 때도 도면의 여백은 ㉢에 따른다.
  ㉤ 접은 도면의 크기는 A4의 크기를 원칙으로 한다.

② 도면의 방향
  ㉠ 평면도, 배치도 등은 북쪽을 위로 하여 작도하는 것을 원칙으로 한다.
  ㉡ 입면도, 단면도 등은 위아래 방향을 도면지의 위아래와 일치시키는 것을 원칙으로 한다.

③ 표제란
  ㉠ 도면의 아래 끝에 표제란을 설정하고 기관 정보, 개정관리 정보, 프로젝트 정보, 도면 정보, 도면번호 등을 기입하는 것을 원칙으로 한다.
  ㉡ 보기, 그 밖의 주의사항은 표제란 부근에 기입하는 것을 원칙으로 한다.

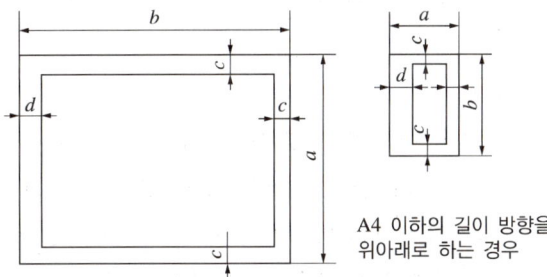

A4 이하의 길이 방향을 위아래로 하는 경우

(단위 : mm)

제도지의 치수		A0	A1	A2	A3	A4	A5	A6
$a \times b$		841×1,189	594×841	420×594	297×420	210×297	148×210	105×148
c(최소)		10	10	10	5	5	5	5
d (최소)	묶지 않을 때	10	10	10	5	5	5	5
	묶을 때	25	25	25	25	25	25	25

※ 제도용지의 크기는 번호가 커짐에 따라 작아진다.
※ A0의 넓이는 약 $1m^2$이다.

10년간 자주 출제된 문제

1-1. KS F 1501에 따른 도면의 크기에 대한 설명으로 옳은 것은?

① 접은 도면의 크기는 B4의 크기를 원칙으로 한다.
② 제도지를 묶기 위한 여백은 35mm로 하는 것이 기본이다.
③ 도면은 그 길이 방향을 좌우 방향으로 놓은 위치를 정위치로 한다.
④ 제도용지의 크기는 KS M ISO 216의 B열의 B0~B6에 따른다.

1-2. 제도용지의 치수가 틀린 것은?(단위 : mm)

① A0 : 841×1,189
② A1 : 594×841
③ A2 : 420×594
④ A3 : 210×297

1-3. 도면의 크기와 표제란에 관한 설명으로 옳지 않은 것은?

① 제도용지의 크기는 번호가 커짐에 따라 작아진다.
② A0의 넓이는 약 $1m^2$이다.
③ 큰 도면을 접을 때는 A4의 크기로 접는 것이 원칙이다.
④ 표제란은 도면 왼쪽 위 모서리에 표시하는 것이 원칙이다.

|해설|

1-1
① 접은 도면의 크기는 A4의 크기를 원칙으로 한다.
② 제도지를 묶기 위한 여백은 25mm로 하는 것이 기본이다.
④ 제도용지의 크기는 KS M ISO 216의 A열의 A0~A6에 따른다.

1-2
A3 : 297×420

1-3
표제란은 도면의 아래 끝에 설정한다.

정답 1-1 ③ 1-2 ④ 1-3 ④

핵심이론 02 척도

① 척도
  ㉠ 도면에는 척도를 기입해야 한다.
  ㉡ 한 도면에 서로 다른 척도를 사용했을 때는 각 도면마다 또는 표제란의 일부에 척도를 기입해야 한다.
  ㉢ 그림의 형태가 치수에 비례하지 않을 때는 'NS(No Scale)'로 표시한다.
  ㉣ 사진 및 복사에 의해 축소 또는 확대하는 도면에는 그 척도에 따라 자의 눈금 일부를 기입한다.

② 척도의 종류
  ㉠ 실척 : 실물과 같은 비율로 그리는 것(1/1)
  ㉡ 배척 : 실물을 일정한 비율로 확대하는 것(1/2, 1/5)
  ㉢ 축척
    • 실물을 일정한 비율로 축소하는 것
    • 1/2, 1/3, 1/4, 1/5, 1/10, 1/20, 1/25, 1/30, 1/40, 1/50, 1/100, 1/200, 1/250, 1/300, 1/500, 1/600, 1/1000, 1/1200, 1/2000, 1/2500, 1/3000, 1/5000, 1/6000

③ 경사
  ㉠ 경사 지붕, 바닥, 경사로 등의 경사는 모두 경사각으로 이루어지는 밑변에 대한 높이의 비로 표시하고, 경사 다음에 1을 분자로 하여 표시한다.
    예 경사 1/8, 경사 1/20, 경사 1/150
  ㉡ 지붕은 10을 분모로 하여 표시한다.
    예 경사 1/10, 경사 2.5/10, 경사 4/10
  ㉢ 경사는 각도로 표시한다.
    예 경사 30°, 경사 45°

10년간 자주 출제된 문제

2-1. 건축에서 사용되는 척도에 대한 설명으로 옳지 않은 것은?
① 도면에는 척도를 기입해야 한다.
② 그림의 형태가 치수에 비례하지 않을 때는 NS(No Scale)로 표시한다.
③ 사진 및 복사에 의해 축소 또는 확대되는 도면에는 그 척도에 따라 자의 눈금 일부를 기입한다.
④ 한 도면에 서로 다른 척도를 사용하였을 경우 척도를 표시하지 않는다.

2-2. 건축제도에 사용되는 척도가 아닌 것은?
① 1/2
② 1/60
③ 1/300
④ 1/500

2-3. 도면의 경사 표시에 대한 설명으로 옳지 않은 것은?
① 밑변에 대한 높이의 비로 표시하고, 분자를 1로 한 분수로 표시한다.
② 지붕은 10을 분모로 하여 표시한다.
③ 바닥경사는 10을 분자로 하여 표시한다.
④ 경사는 각도로 표시한다.

[해설]

2-1
한 도면에 서로 다른 척도를 사용했을 때는 각 도면마다 또는 표제란의 일부에 척도를 기입해야 한다.

2-2
축척 : 1/2, 1/3, 1/4, 1/5, 1/10, 1/20, 1/25, 1/30, 1/40, 1/50, 1/100, 1/200, 1/250, 1/300, 1/500, 1/600, 1/1000, 1/1200, 1/2000, 1/2500, 1/3000, 1/5000, 1/6000

2-3
바닥경사는 1을 분자로 하여 표시할 수 있다.

정답 2-1 ④ 2-2 ② 2-3 ③

2-2. 건축제도통칙(선, 글자, 치수)

핵심이론 01 선

① 선의 종류 및 사용방법

선의 종류		사용방법
굵은 실선	————————	• 단면의 윤곽을 표시한다.
가는 실선	————————	• 보이는 부분의 윤곽 또는 좁거나 작은 면의 단면 부분의 윤곽을 표시한다. • 치수선, 치수보조선, 인출선, 격자선 등을 표시한다.
파선 또는 점선	- - - - - - - -	• 보이지 않는 부분이나 절단면보다 양면 또는 윗면에 있는 부분을 표시한다.
1점 쇄선	— - — - — - —	• 중심선, 절단선, 기준선, 경계선, 참고선 등을 표시한다.
2점 쇄선	— - - — - - —	• 상상선 또는 1점쇄선과 구별할 필요가 있을 때 사용한다.

※ 가장 굵어야 하는 선 : 외형선

② 선 긋기를 할 때의 유의사항
 ㉠ 시작부터 끝까지 일정한 힘(또는 각도)을 주어 일정한 속도로 긋는다.
 ㉡ 파선의 끊어진 부분은 길이와 간격을 일정하게 한다.
 ㉢ 축척과 도면의 크기에 따라 선의 굵기를 다르게 한다.
 ㉣ 한 번 그은 선은 중복해서 긋지 않는다.
 ㉤ 수평선은 왼쪽에서 오른쪽으로 긋는다.
 ㉥ 시작부터 끝까지 굵기를 일정하게 한다.
 ㉦ 연필은 진행되는 방향으로 약간 기울여서 그린다.
 ㉧ 삼각자의 왼쪽 옆면을 이용하여 수직선을 그을 때는 아래에서 위로 선을 긋는다.
 ㉨ 삼각자의 오른쪽 옆면을 이용할 경우에는 위에서 아래로 선을 긋는다.
 ㉩ T자와 삼각자 등을 사용한다.
 ㉪ 용도에 따라 선의 굵기를 구분하여 사용한다.

10년간 자주 출제된 문제

1-1. 건축설계 도면에서 중심선, 절단선, 경계선 등에 사용되는 선은?

① 실선 ② 1점쇄선
③ 2점쇄선 ④ 파선

1-2. 건축제도 시 선 긋기에 관한 설명으로 옳지 않은 것은?

① 선 긋기를 할 때에는 시작부터 끝까지 일정한 힘과 각도를 유지해야 한다.
② 삼각자의 오른쪽 옆면을 이용할 경우에는 아래에서 위로 선을 긋는다.
③ T자와 삼각자 등을 사용한다.
④ 삼각자의 왼쪽 옆면을 이용할 경우에는 아래에서 위로 선을 긋는다.

|해설|

1-2
삼각자의 오른쪽 옆면을 이용하여 수직선을 그을 때는 위쪽에서 아래 방향으로 긋는다.

정답 1-1 ② 1-2 ②

핵심이론 02 글자

① 글자는 명백하게 쓴다.
② 문장은 왼쪽에서부터 가로쓰기를 원칙으로 한다. 다만, 가로쓰기가 곤란할 때는 세로쓰기도 할 수 있다. 여러 줄일 때는 가로쓰기로 한다.
③ 숫자는 아라비아숫자를 원칙으로 한다.
④ 글자체는 수직 또는 15° 경사의 고딕체로 쓰는 것을 원칙으로 한다.
⑤ 글자의 크기는 각 도면의 상황에 맞추어 알아보기 쉬운 크기로 한다.
⑥ 4자리 이상의 수는 3자리마다 휴지부를 찍거나 간격을 둠을 원칙으로 한다. 다만, 4자리의 수는 이에 따르지 않아도 좋다. 소수점은 밑에 찍는다.

10년간 자주 출제된 문제

도면 작도 시 글자를 쓸 때의 유의사항 중 옳지 않은 것은?

① 글자는 명백히 쓴다.
② 숫자는 아라비아숫자 사용을 원칙으로 한다.
③ 글자체는 고딕체로 하고 수직 또는 15° 경사를 원칙으로 한다.
④ 문장은 왼쪽에서부터 세로쓰기를 원칙으로 한다.

|해설|

문장은 왼쪽에서부터 가로쓰기를 원칙으로 한다. 다만, 가로쓰기가 곤란할 때는 세로쓰기도 할 수 있다. 여러 줄일 때는 가로쓰기로 한다.

정답 ④

핵심이론 03 치수

① 건축 도면제도 시 치수기입법
  ㉠ 치수는 특별히 명시하지 않는 한 마무리 치수로 표시한다.
  ㉡ 치수 기입은 치수선 중앙 윗부분에 기입하는 것이 원칙이다. 다만, 치수선을 중단하고 선의 중앙에 기입할 수도 있다.
  ㉢ 치수 기입은 치수선에 평행하게 도면의 왼쪽에서 오른쪽으로, 아래로부터 위로 읽을 수 있도록 기입한다.
  ㉣ 협소한 간격이 연속될 때는 인출선을 사용하여 치수를 쓴다.
  ㉤ 치수선의 양 끝 표시는 화살 또는 점으로 표시할 수 있다. 같은 도면에서 이 두 가지를 혼용하지 않는다.
  ㉥ 치수의 단위는 mm를 원칙으로 하고, 이때 단위 기호는 쓰지 않는다. 치수 단위가 밀리미터가 아닐 때에는 단위 기호를 쓰거나 그 밖의 방법으로 그 단위를 명시한다.
  ㉦ 지름 기호(∅), 반지름 기호(R), 정사각형 기호(□)는 치수 앞에 쓴다.
  ㉧ 전체 치수는 바깥쪽에, 부분 치수는 안쪽에 기입한다.
  ㉨ 치수는 원칙적으로 그림 밖으로 인출하여 쓴다.
  ㉩ 숫자나 치수선은 다른 치수선 또는 외형선 등과 마주치지 않도록 한다.

② 치수선 및 치수보조선
  ㉠ 치수선
    • 도면에 방해되지 않게 0.2mm 이하의 가는 실선으로 긋고 외형선과 구분되어야 한다.
    • 치수보조선과 만나는 부분은 2~3mm 정도 연장하여 긋는다.
    • 치수선은 이웃하는 선과 평행하게 긋는다.
  ㉡ 치수보조선
    • 치수보조선은 치수선과 직각이 되도록 긋고 굵기는 같다.
    • 간격이 좁아 나타낼 수 없는 경우 치수보조선을 연장하거나 인출선을 긋고 각도(60°)를 주어 치수를 기입한다.
  ㉢ 화살표
    • 한 도면에서 가능한 한 화살표의 크기는 동일하게 표시한다.
    • 화살표 크기는 선의 굵기와 조화를 이루어야 하며, 길이는 2.5~3mm 정도로 하고 크기는 길이와 너비의 3 : 1비로 한다.

10년간 자주 출제된 문제

3-1. 건축제도의 치수 기입에 관한 설명으로 옳지 않은 것은?
① 협소한 간격이 연속될 때에는 인출선을 사용하여 치수를 기입한다.
② 치수는 특별히 명시하지 않는 한 마무리 치수로 표시한다.
③ 치수 기입은 치수선에 평행하게 도면의 왼쪽에서 오른쪽으로, 위에서 아래로 읽을 수 있도록 기입한다.
④ 치수 기입은 치수선 중앙 윗부분에 기입하는 것이 원칙이다.

3-2. 건축 도면제도 시 치수기입법에 대한 설명으로 옳지 않은 것은?
① 전체 치수는 바깥쪽에, 부분 치수는 안쪽에 기입한다.
② 치수는 cm 단위를 원칙으로 한다.
③ 치수는 치수선의 중앙에 기입한다.
④ 치수는 특별히 명시하지 않는 한 마무리 치수로 표시한다.

해설

3-1
치수는 치수선에 평행하게 도면의 왼쪽에서 오른쪽으로, 아래로부터 위로 읽을 수 있도록 기입한다.

3-2
건축 도면제도 시 치수의 단위는 mm를 원칙으로 한다.

정답 3-1 ③ 3-2 ②

2-3. 도면의 표시방법

핵심이론 01 도면 표시의 기호 (1)

① 도면 표시의 기호

표시사항	기호	표시사항	기호	표시사항	기호
길이	L	두께	THK	용적	V
높이	H	무게	Wt	지름	D, ∅
너비	W	면적	A	반지름	R

② 평면 표시의 기호

㉠ 문

미서기문	두 짝 미서기문
	네 짝 미서기문
붙박이문	
쌍미닫이문	
접이문	
회전문	

㉡ 창

붙박이창	
셔터 달린 창	
여닫이창	외여닫이창
	쌍여닫이창
회전창	

10년간 자주 출제된 문제

1-1. 다음 중 두께를 표시하는 도면 표시기호는?
① THK   ② A
③ V   ④ H

1-2. 다음 중 지름을 나타내는 제도 표시기호는?
① R   ② ∅
③ L   ④ W

1-3. 다음 그림이 나타내는 표시기호는?

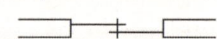

① 미서기문   ② 두짝창
③ 접이문   ④ 회전창

1-4. 다음 그림이 나타내는 표시기호는?

① 쌍여닫이문   ② 쌍미닫이문
③ 회전문   ④ 접이문

|해설|

1-1
② A : 면적
③ V : 용적
④ H : 높이

1-2
① R : 반지름
③ L : 길이
④ W : 너비

정답 1-1 ① 1-2 ② 1-3 ① 1-4 ③

핵심이론 02 도면 표시기호 (2)

① 재료구조 표시기호(단면용)

표시사항 구분		원칙으로 사용
지반		
잡석다짐		
자갈, 모래		자갈 모래
석재		
인조석		
콘크리트		
벽돌		
블록		
목재	치장재	
	구조재	보조 구조재

※ 동일한 간격으로 철근을 배치할 때 사용하는 기호 : @

10년간 자주 출제된 문제

2-1. 단면용 재료구조 표시기호로 옳지 않은 것은?

① ⊠ : 구조재(목재)

② ◻(대각선) : 보조 구조재(목재)

③ ▨ : 치장재(목재)

④ ▨ : 지반

2-2. 도면 표시 기호 중 동일한 간격으로 철근을 배치할 때 사용하는 기호는?

① @   ② □
③ THK   ④ R

정답 2-1 ④ 2-2 ①

CHAPTER 04 실내건축제도 ■ 149

제3절 건축물의 묘사와 표현

3-1. 건축물의 묘사

핵심이론 01 묘사도구 등

① 연필
  ㉠ 가장 밝은 부분부터 어두운 부분까지 명암단계의 표현이 자유롭고, 폭넓게 사용되는 도구이다.
  ㉡ 질감 표현이 매우 다양하고, 틀린 부분을 즉시 수정할 수 있지만 번짐과 지저분한 것이 단점이다.
  ㉢ 다양한 질감 표현이 가능하다.
  ㉣ 일반적으로 H의 숫자가 높을수록 단단하다.
  ㉤ 9H~6B까지 15종에 F, HB를 포함하여 17단계로 구분된다.

② 잉크
  ㉠ 농도를 명확하게 나타낼 수 있고, 다양한 묘사가 가능하다.
  ㉡ 선명하게 보여 도면이 깨끗하다.

③ 유성 마카펜
  트레이싱지에 컬러를 표현하기 편리하다.

④ 색연필
  다양한 색을 사용할 수 있어 마감 표현에 사용한다.

⑤ 물감
  채색할 때 불투명 표현은 주로 포스터물감을 사용한다.

> **에스키스**
> • 건축계획 단계에서 설계자의 머릿속에서 그려진 공간의 구상을 종이에 형상화한 후 시각적으로 확인하는 방법이다.
> • 초고 밑그림 등 습작 정도를 의미한다.

10년간 자주 출제된 문제

제도 시 묘사에 사용되는 도구에 관한 설명으로 옳지 않은 것은?
① 물감으로 채색할 때 불투명한 표현은 주로 포스터물감을 사용한다.
② 잉크는 여러 가지 모양의 펜촉 등을 사용할 수 있어 다양한 묘사가 가능하다.
③ 잉크는 농도를 명확하게 나타낼 수 있고, 선명하게 보이기 때문에 도면이 깨끗하다.
④ 연필은 지울 수 있는 장점이 있는 반면에 폭넓은 명암이나 다양한 질감 표현이 불가능하다.

[해설]
연필은 틀린 부분을 즉시 수정할 수 있다. 또한, 명암을 폭넓게 표현할 수 있으며, 다양한 질감 표현도 가능하다.

정답 ④

핵심이론 02 건축물의 묘사기법과 방법

① 묘사기법
  ㉠ 단선에 의한 묘사 : 윤곽선을 보다 굵은 선으로 진하고 강하게 나타내어 입체를 돋보이게 하는 방법이다.
  ㉡ 명암처리에 의한 묘사 : 명암의 농도 차이로 면과 입체를 나타내는 방법이다.
  ㉢ 여러 선에 의한 묘사 : 선의 간격에 변화(같게 또는 다르게)를 주어 면과 입체를 표현하는 묘사방법이다.
  ㉣ 단선과 명암에 의한 묘사
    • 선으로 공간을 한정시키고 명암으로 음영을 넣는 방법이다.
    • 명암을 나타낼 때 평면은 같은 농도로 하고, 곡면은 농도에 변화를 주어 묘사한다.
  ㉤ 점에 의한 묘사 : 점의 밀도를 점점 증가 또는 감소시키면서 나타내는 기법이다.

② 묘사방법과 표현
  ㉠ 모눈종이
    • 묘사하고자 하는 내용을 사각형 격자로 그린다.
    • 그리기 쉽고, 급하게 스케치할 때 비율 등을 정확히 표현할 수 있어 눈금종이를 많이 사용한다.
  ㉡ 트레이싱지(투명용지)
    • 그리고자 하는 대상물에 투명용지를 올려놓고 그대로 그리는 방법이다.
    • 투과되어 비치기 때문에 도면이나 대상물 위에 올려놓고 그대로 그릴 수 있어 편리하다.
  ㉢ 배경의 표현
    • 각종 배경은 건물의 주변 환경(대지의 성격 등), 스케일, 용도를 나타내기 위해서 그린다.
    • 건물 앞쪽의 배경은 사실적으로, 뒤쪽의 배경은 단순하게 표현한다.
    • 사람의 크기나 위치를 통해 건축물의 크기 및 공간의 높이를 느끼게 한다.
    • 건물의 크기 및 용도 등을 위해 차량 및 가구를 표현한다.
  ㉣ 음영 표현
    • 건축물의 입체적 느낌을 나타내기 위함이다.
    • 물체의 위치 빛의 방향에 맞게 정확하게 표현한다.
    • 윤곽선을 강하게 묘사하면 공간상의 입체를 돋보이게 하는 효과가 있다.

10년간 자주 출제된 문제

선으로 공간을 한정시키고 명암으로 음영을 넣는 묘사방법은?
① 단선에 의한 묘사방법
② 명암처리만으로의 방법
③ 여러 선에 의한 묘사방법
④ 단선과 명암에 의한 묘사방법

정답 ④

3-2. 건축물의 표현

핵심이론 01 투상도, 투상법

① 투상도
  ㉠ 평면도, 단면도, 입면도, 전개도 등을 정면 또는 측면에서 투영된 형상을 그린 그림이다.
  ㉡ 정투상도법
   • 물체의 각 면을 투상면에 나란히 놓고 투상하는 방법이다.
   • 물체의 모양과 크기를 정확하게 나타낸다.

② 투상법
  ㉠ 투상법은 제3각법에 따르는 것을 원칙으로 한다.
  ㉡ 물체를 3각 안에 놓고 투상하는 것으로, 눈→투상면→물체의 순으로 그린다.
  ㉢ 배치도, 정면도 등은 북쪽을 위로 하여 작도하는 것을 원칙으로 한다.
  ㉣ 절단면도와 입면도 등은 위아래 방향을 도면의 위아래와 일치시키는 것을 원칙으로 한다.
  ㉤ 3각법으로 그린 투상도의 투상면 명칭

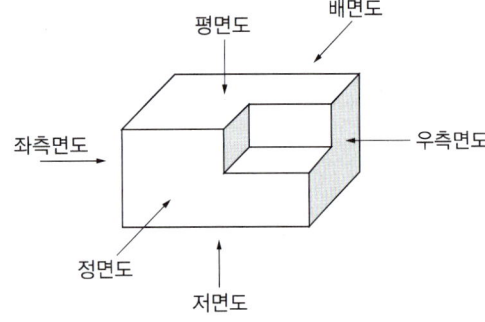

10년간 자주 출제된 문제

다음은 3각법으로 그린 투상도이다. 투상면의 명칭이 틀린 것은?

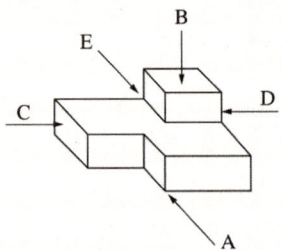

① A 방향의 투상면은 정면도이다.
② B 방향의 투상면은 배면도이다.
③ C 방향의 투상면은 좌측면도이다.
④ D 방향의 투상면은 우측면도이다.

[해설]
B 방향의 투상면은 평면도이다. E 방향의 투상면이 배면도이다.

정답 ②

핵심이론 02 투시도의 종류

① 시점에 의한 투시도의 분류
  ㉠ 일반 투시도
    • 실내를 입체적으로 실제와 같이 눈에 비치도록 그린 그림이다.
    • 투시도는 사람 눈높이에서 보는 건축물 그림으로, 가장 편안하게 보이는 그림이다.
  ㉡ 조감도 : 새가 보는 관점에서 그린 그림으로, 일반적으로 하늘에서 보는 건축물 그림이다.

② 소점에 의한 분류
  ㉠ 1소점 투시도(평행 투시도)
    • 지면에 물체가 평행하도록 작도하여 1개의 소점이 생긴다.
    • 실내 투시도 또는 기념 건축물과 같은 정적인 건축물의 표현에 가장 효과적이다.
  ㉡ 2소점 투시도(유각, 성각 투시도)
    • 밑면이 기면과 평행하고 측면이 화면과 경사진 각을 이룬다.
    • 보는 사람의 눈높이에 두 방향으로 소점이 생겨 양쪽으로 원근감이 나타난다.
  ㉢ 3소점 투시도(경사, 사각 투시도)
    • 기면과 화면에 평행한 면 없이 가로, 세로, 수직의 선들이 경사를 이룬다.
    • 3개의 소점이 생겨 외관을 입체적으로 표현할 때 주로 사용한다.

10년간 자주 출제된 문제

실내 투시도 또는 기념 건축물과 같은 정적인 건물 표현에 효과적인 투시도는?
① 평행 투시도
② 유각 투시도
③ 경사 투시도
④ 조감도

|해설|

1소점 투시도(평행 투시도)
• 지면에 물체가 평행하도록 작도하여 1개의 소점이 생긴다.
• 실내 투시도 또는 기념 건축물과 같은 정적인 건축물의 표현에 가장 효과적이다.

정답 ①

핵심이론 03 투시도의 표현

① 투시도법에 쓰이는 용어

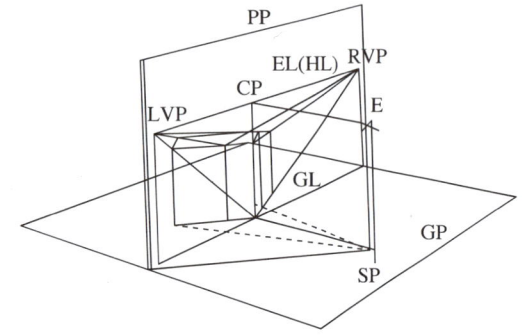

㉠ PP(Picture Plane, 화면) : 물체와 시점 사이에 기면과 수직한 직립 평면

㉡ LVP / RVP : 왼쪽 소실점, 오른쪽 소실점

㉢ CP(Central Point, 중심점) : 중심 시선이 화면을 통과하는 점

㉣ EL(Eye Level, 눈높이) : 보는 사람의 눈높이와 HL이 일치한다.

㉤ HL(Horizontal Line, 수평선) : 수평면(눈높이)과 화면의 교차선

㉥ EP(Eye Point, 시점) : 물체를 보는 사람의 눈 위치

㉦ GL(Ground Line, 기선, 지반선) : 화면과 지반면과의 교선

㉧ SP(Standing Point, 입점, 정점) : 입점, 관찰자가 서 있는 평면의 위치

㉨ GP(Ground Plane, 기면) : 사람이 서 있는 면

㉩ HP(Horizontal Plane, 수평면) : 눈의 높이와 수평한 면

㉪ CV(Central of Vision, 시중심) : 시점의 화면상의 위치

㉫ FL(Foot Line, 족선) : 지면에서 물체와 입점 간의 연결선

㉬ VP(Vanishing Point, 소점) : 물체의 각 점이 수평 선상에 모이는 지점

② 투시도에서 사람, 차, 수목, 가구 등을 표현하는 방법

㉠ 건축물의 크기를 느끼기 위해 사람, 차, 수목, 가구 등을 표현한다.

㉡ 투시도에 차를 그릴 때는 도로와 주차 공간을 함께 나타내는 것이 좋다.

㉢ 수목이 지나치게 강조되면 본 건물이 위축될 염려가 있으므로 주의한다.

㉣ 계획단계부터 실내 공간에 사용할 가구의 종류, 크기, 모양 등을 예측해야 한다.

㉤ 사람을 표현할 때는 사람을 8등분하여 머리는 1 정도의 비율로 표현하는 것이 알맞다.

- 건축물의 크기를 인식할 때는 사람의 크기를 기준으로 한다.
- 사람의 위치로 공간의 깊이와 높이를 알 수 있다.
- 사람의 수, 위치 및 복장 등으로 공간의 용도를 나타낼 수 있다.

※ 실내건축 투시도 그리기에서 가장 마지막으로 해야 할 작업 : 질감의 표현

10년간 자주 출제된 문제

3-1. 건축물의 투시도법에 쓰이는 용어에 대한 설명 중 옳지 않은 것은?

① 화면(PP ; Picture Plane)은 문체와 시점 사이에 기면과 수직한 직립 평면이다.
② 수평면(HP ; Horizontal Plane)은 기선에 수평한 면이다.
③ 수평선(HL ; Horizontal Line)은 수평면과 화면의 교차선이다.
④ 시점(EP ; Eye Point)은 보는 사람의 눈 위치이다.

3-2. 실내건축 투시도 그리기에서 가장 마지막으로 해야 할 작업은?

① 질감의 표현
② 눈높이 결정
③ 입면 상태의 가구 설정
④ 서 있는 위치 결정

10년간 자주 출제된 문제

3-3. 투시도를 그릴 때 건축물의 크기를 느끼기 위해 사람, 차, 수목, 가구 등을 표현한다. 이에 대한 설명으로 틀린 것은?

① 차를 투시도에 그릴 때는 도로와 주차 공간을 함께 나타내는 것이 좋다.
② 수목이 지나치게 강조되면 본 건물이 위축될 염려가 있으므로 주의한다.
③ 계획단계부터 실내 공간에 사용할 가구의 종류, 크기, 모양 등을 예측해야 한다.
④ 사람을 표현할 때는 사람을 8등분하여 머리는 1.5 정도의 비율로 표현하는 것이 알맞다.

3-4. 건축물 표현 시 사람을 함께 표현할 때 옳은 내용을 모두 고르면?

> ㉠ 건축물의 크기를 인식할 때는 사람의 크기를 기준으로 한다.
> ㉡ 사람의 위치로 공간의 깊이와 높이를 알 수 있다.
> ㉢ 사람의 수, 위치 및 복장 등으로 공간의 용도를 나타낼 수 있다.

① ㉠
② ㉡, ㉢
③ ㉠, ㉢
④ ㉠, ㉡, ㉢

[해설]

3-1
HP(Horizontal Plane, 수평면) : 눈의 높이와 수평한 면

3-3
사람을 표현할 때는 사람을 8등분하여 머리는 1 정도의 비율로 표현하는 것이 알맞다.

정답 3-1 ② 3-2 ① 3-3 ④ 3-4 ④

제4절 건축설계 도면

4-1. 설계 도면의 종류

핵심이론 01 계획설계도, 기본설계도 등

① 설계 도면이 갖추어야 할 요건
   ㉠ 객관적으로 이해되어야 한다.
   ㉡ 일정한 규칙과 도법에 따라야 한다.
   ㉢ 정확하고 명료하게 합리적으로 표현되어야 한다.
   ㉣ 도면의 축척은 용도에 따라 맞게 한다.
   ㉤ 얼룩이나 선의 번짐, 더러워짐 없이 깨끗해야 한다.
   ㉥ 선이 어긋나거나 불필요한 선 또는 지우다 남은 선이 없어야 한다.
   ㉦ 도면의 배치 시 균형 있고, 선이나 문자, 치수 기입은 명확해야 한다.
   ㉧ 꼭 필요한 부분이 누락되거나 중복되지 않아야 한다.
   ※ 시방서 : 설계도에 나타내기 어려운 시공내용을 문장으로 표현한 것

② 계획설계도(구상도, 조직도, 동선도)
   ㉠ 구상도 : 기초설계에 대한 기본개념으로 배치도, 입면도, 평면도가 포함되며 모눈종이 등에 프리핸드로 손쉽게 그린다.
   ㉡ 조직도 : 초기 평면계획 시 구상하기 전 각 실내의 용도 등의 관련성을 조사·정리·조직화한 것이다.
   ㉢ 동선도 : 사람이나 차, 물건 등이 움직이는 흐름을 도식화한 도면이다.

③ 기본설계도(계획도, 스케치도)
   ㉠ 계획도 : 기본설계도란 도식화한 기본 도면을 건축주나 제3자에게 제출하기 위한 것으로 계획설계도를 근거로 한다.
   ㉡ 스케치도 : 스케치북이나 모눈종이 등에 프리핸드로 손쉽게 그리는 것이다.

10년간 자주 출제된 문제

1-1. 설계 도면이 갖추어야 할 요건에 대한 설명 중 옳지 않은 것은?

① 객관적으로 이해되어야 한다.
② 일정한 규칙과 도법에 따라야 한다.
③ 정확하고 명료하게 합리적으로 표현되어야 한다.
④ 모든 도면의 축척은 하나로 통일되어야 한다.

1-2. 건축물의 설계 도면 중 사람이나 차, 물건 등이 움직이는 흐름을 도식화한 도면은?

① 동선도   ② 조직도
③ 평면도   ④ 구상도

해설

1-1
설계 도면의 축척은 용도에 따라 맞게 한다.

1-2
② 조직도 : 초기 평면계획 시 구상하기 전 각 실내의 용도 등의 관련성을 조사·정리·조직화한 것이다.
④ 구상도 : 기초설계에 대한 기본개념으로 배치도, 입면도, 평면도가 포함되며 모눈종이 등에 프리핸드로 손쉽게 그리는 것이다.

정답 1-1 ④ 1-2 ①

핵심이론 02 실시설계도

① 평면도
  ㉠ 일반적으로 바닥면으로부터 1.2m 높이에서 절단한 수평 투상도이다.
  ㉡ 건축물의 각 실내의 크기와 배치, 개구부의 위치나 크기 등을 나타내는 가장 기본적인 도면이다.
  ㉢ 천장 평면도는 천장 위에서 절단하여 투영시킨 도면이다.
  ㉣ 지붕 평면도는 단순히 건물을 위에서 내려다본 도면이다.

② 배치도
  ㉠ 부대시설의 배치(위치, 간격, 방위, 경계선 등)를 나타내는 도면이다.
  ㉡ 위쪽을 북쪽으로 하여 도로와 대지의 고저 등고선 또는 대지의 단면도를 그려서 대지의 상황을 이해하기 쉽게 한다.

③ 단면도
  ㉠ 건축물을 수직으로 절단하여 수평 방향에서 본 도면이다.
  ㉡ 평면도에 절단선을 그려 절단 부분의 위치를 표시한다.

④ 입면도
  ㉠ 건축물의 외형을 각 면에 대하여 직각으로 투사한 도면이다.
  ㉡ 건축물의 외형을 한눈에 알아볼 수 있도록 그린 도면이다.

⑤ 전개도
  ㉠ 건물 내부의 입면을 정면에서 바라보고 그리는 내부 입면도이다.
  ㉡ 각 실의 내부 의장을 명시하기 위해 작성하는 도면이다.

⑥ 창호도
  ㉠ 창호 전체를 한눈에 알아보기 쉽도록 일람표를 작성한 것으로 견적 시, 창호 제작 시 디자인 측면에서 중요하므로 상세하게 표현해야 한다.
  ㉡ 창호기호는 한국산업표준의 KS F 1502를 따른다.
⑦ 상세도
  ㉠ 기준 도면에 나타나지 않는 특정한 부분을 확대하여 상세하게 그리는 도면이다.
  ㉡ 단면 상세도와 부분 상세도 등이 있다.
⑧ 구조도
  ㉠ 골조, 구조와 관련된 도면으로 기초 평면도, 배근도, 일람표, 골조도 등이 있다.
  ㉡ 벽과 기둥의 위치, 기초의 종류, 배치, 모양과 크기, 보의 연결 모양, 옹벽의 관련 사항 등을 평면으로 나타내는 도면이다.

10년간 자주 출제된 문제

2-1. 다음 중 실시설계도에 해당하는 것은?
① 구상도 ② 조직도
③ 전개도 ④ 동선도

2-2. 건축물을 각 층마다 창틀 위에서 수평으로 자른 수평 투상도로서, 실의 배치 및 크기를 나타내는 도면은?
① 평면도 ② 입면도
③ 단면도 ④ 전개도

[해설]
2-1
구상도, 조직도, 동선도는 계획설계도에 해당한다.
2-2
② 입면도 : 건축물의 외형을 각 면에 대하여 직각으로 투사한 도면으로, 건축물의 외형을 한눈에 알아볼 수 있다.
③ 단면도 : 건축물을 수직으로 절단하여 수평 방향에서 본 도면으로, 평면도에 절단선을 그려 절단 부분의 위치를 표시한다.
④ 전개도 : 건물 내부의 입면을 정면에서 바라보고 그리는 내부 입면도로, 각 실의 내부 의장을 명시하기 위해 작성한다.

정답 2-1 ③ 2-2 ①

4-2. 설계 도면의 작도법

핵심이론 01 설계 도면에 표시되어야 할 사항

① 배치도 표시사항(명시)
  ㉠ 도로와 대지의 경계, 고저차, 등고선 등을 기입한다.
  ㉡ 축척 : 1/100~1/600 정도
  ㉢ 대지 내 건물과 방위, 주변의 담장, 대문 등의 위치를 표시한다.
  ㉣ 정화조, 맨홀, 배수구 등의 설치 위치나 크기를 그린다.
② 평면도 표시사항
  ㉠ 기준선, 각 실의 배치 및 넓이, 개구부의 위치 및 크기를 그린다.
  ㉡ 창과 출입구의 구별, 가구의 배치 등을 표시한다.
  ㉢ 기둥과 벽, 바닥과 계단 등과 설비 및 마무리 등을 표시한다.
③ 입면도 표시사항
  ㉠ 건축물의 높이 및 처마 높이, 지붕의 경사 및 형상 등을 표시한다.
  ㉡ 창호의 형상, 마감재료명, 주요 구조부의 높이 등을 표시한다.
  ㉢ 축척 : 1/50, 1/100, 1/200
④ 단면도 표기사항
  ㉠ 지반과 기초, 건물 높이, 바닥 높이, 처마 높이, 천장 높이, 층 높이, 지붕 물매, 처마의 내민 길이 정도 등을 표시한다.
  ㉡ 일반적으로 사용되는 축척은 1/30, 1/50, 1/100, 1/200 등이지만, 가장 많이 쓰이는 축척은 1/100, 1/200이다.
⑤ 전개도 표기사항
  ㉠ 각 실에 대하여 벽이나 문의 모양을 그린다.
  ㉡ 벽면의 마감재료 및 치수, 창호의 종류와 치수를 기입한다.

ⓒ 바닥면에서의 천장 높이, 표준 바닥의 높이 등을 기입한다.
ⓓ 일반적으로 축척은 1/20~1/50 정도로 한다.

⑥ 상세도 표기사항
ⓐ 부재의 종류, 형상, 치수 등을 나타낸다.
ⓑ 단면 상세도 : 부재의 크기와 마감, 접합 등 구조상의 중요한 부분
ⓒ 부분 상세도 : 부재의 형상과 치수 등 주요 구조 부분

⑦ 창호도 표기사항
ⓐ 표시기호를 사용하여 창호 재질의 종류와 모양, 크기 등을 기입한다.
ⓑ 창호의 형태 및 치수, 개폐방법, 유리의 종류와 두께, 사용 장소 등을 기입한다.
ⓒ 창호기호에서 W는 창, D는 문을 의미한다.
ⓓ 축척은 일반적으로 1/50~1/100으로 한다.
ⓔ 창호기호의 표시방법

창호번호를 표시할 경우		창호의 모듈 호칭 치수를 표시할 경우	
보기	해설	보기	해설
①/PW	창호번호 합성수지제 창	11×22/SD	창호의 모듈 호칭 치수 강철제 문
②/AS	창호번호 알루미늄 합금제 셔터	4.5×6/WG	창호의 모듈 호칭 치수 목재 그릴

ⓕ 창호 유형별 기호

용도별 기호 재질별 기호		창	문	방화문	셔터	방화셔터	그릴	공틀
		W	D	FD	S	FS	G	F
알루미늄 합금	A	AW	AD		AS		AG	AF
합성수지	P	PW	PD					PF
강철	S	SW	SD	FSD	SS	FSS	SG	SF
스테인리스 스틸	SS	SSW	SSD	FSSD	SSS		SSG	SSF
목재	W	WW	WD				WG	WF

10년간 자주 출제된 문제

1-1. 건축 도면 중 배치도에 명시되어야 하는 것은?
① 대지 내 건물의 위치와 방위
② 기둥, 벽, 창문 등의 위치
③ 건물의 높이
④ 승강기의 위치

1-2. 주택의 평면도에 표시되어야 할 사항이 아닌 것은?
① 기준선
② 가구의 높이
③ 벽, 기둥, 창호
④ 실의 배치와 넓이

1-3. 다음 창호 표시기호의 뜻은?

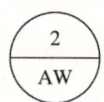

① 알루미늄 합금창 2번
② 알루미늄 합금창 2개
③ 알루미늄 2중창
④ 알루미늄문 2짝

해설

1-1
배치도 표시사항(명시)
• 도로와 대지의 경계, 고저차, 등고선 등을 기입한다.
• 축척 : 1/100~1/600 정도
• 대지 내 건물과 방위, 주변의 담장, 대문 등의 위치를 표시한다.
• 정화조, 맨홀, 배수구 등의 설치 위치나 크기를 그린다.

1-2
평면도 표시사항
• 기준선, 각 실의 배치 및 넓이, 개구부의 위치 및 크기
• 창과 출입구의 구별, 가구의 배치
• 기둥과 벽, 바닥과 계단 등과 설비 및 마무리

정답 1-1 ① 1-2 ② 1-3 ①

핵심이론 02 구조도의 작도법

① 기초 평면도 작도법
- ㉠ 축척은 평면도와 같게 표시한다.
- ㉡ 기초 중심선을 표시한다.
- ㉢ 기초구조(종류), 매설물의 위치(앵커볼트의 위치 등)를 표시한다.
- ㉣ 마루 밑 환기구의 위치 및 형상을 표시한다.
- ㉤ 각 위치의 지반선 높이를 기입한다.
- ㉥ 각 부분의 치수를 기입한다.

② 지붕틀 평면도 작도법
- ㉠ 축척은 평면도와 동일하게 표시한다.
- ㉡ 벽체 중심선을 그린 후 처마 끝선을 표시한다.
- ㉢ 파선으로 외벽과 용마루선을 표시한다.
- ㉣ 서까래를 간격에 따라 표시하고, 재료명과 치수를 기입한다.

③ 천장 평면도 작도법
- ㉠ 축척은 평면도와 동일하게 그리거나 작게 표시한다.
- ㉡ 벽체 중심선, 벽체와 마감재를 표시한다.
- ㉢ 조명과 환기구의 위치를 표시한다.
- ㉣ 마감재 명칭, 재료명, 치수, 규격을 기입한다.

10년간 자주 출제된 문제

기초 평면도 작도법에 대한 설명으로 옳지 않은 것은?
① 축척은 평면도와 같게 표시한다.
② 각 위치의 지반선 높이를 기입한다.
③ 벽체 중심선, 벽체와 마감재를 표시한다.
④ 기초구조(종류), 매설물의 위치(앵커볼트의 위치 등)를 표시한다.

정답 ③

CHAPTER 05 일반구조

제1절 건축구조의 일반사항

1-1. 건축구조의 분류

핵심이론 01 건축구조의 개념

① 건축에 대한 일반적인 개요
  ㉠ 건축은 구조, 기능, 미를 적절히 조화시켜 필요로 하는 공간을 만드는 것이다.
  ㉡ 건축구조의 변천은 동굴 주거 → 움집 주거 → 지상 주거 순으로 발달하였다.
  ㉢ 건축물을 구성하는 구조재에는 목재, 벽돌, 블록, 철근콘크리트, 철골 등이 있다.
  ㉣ 건축물은 거주성, 내구성, 경제성, 안전성, 친환경성 등의 조건을 갖추어야 한다.
    • 거주성 : 피난처(shelter)로서의 기능인 방수, 단열, 채광, 통풍 등의 물리적 성능을 확보하는 것
    • 내구성 : 안전과 역학적 및 물리적 성능이 잘 유지되도록 만드는 것
    • 경제성 : 최소의 공사비로 만족할 수 있는 공간을 만드는 것
    • 안전성 : 건축물은 인간생활의 용기라는 측면에서 우선 인간을 안전하게 수용토록 만드는 것

② 건축구조의 분류
  ㉠ 구조재료에 의한 분류 : 목구조, 벽돌구조, 블록구조, 철근콘크리트구조, 철골구조, 철골철근콘크리트구조
  ㉡ 시공상에 의한 분류 : 습식구조, 건식구조, 조립구조
  ㉢ 구성 양식에 의한 분류 : 가구식 구조, 조적식 구조, 일체식 구조
  ㉣ 구조 형식에 의한 분류
    • 평면구조 : 라멘구조, 트러스구조, 아치구조, 벽식구조 등
    • 입체적인 구조 : 돔구조, 막구조, 셸구조, 절판구조, 현수구조 등

10년간 자주 출제된 문제

1-1. 건축에 대한 일반적인 내용으로 옳지 않은 것은?
① 건축은 구조, 기능, 미를 적절히 조화시켜 필요로 하는 공간을 만드는 것이다.
② 건축구조의 변천은 동굴 주거 → 움집 주거 → 지상 주거 순으로 발달하였다.
③ 건축물을 구성하는 구조재에는 기둥, 벽, 바닥, 천장 등이 있다.
④ 건축물은 거주성, 내구성, 경제성, 안전성, 친환경성 등의 조건을 갖추어야 한다.

1-2. 건축물의 주요 구조부가 갖추어야 할 기본조건이 아닌 것은?
① 안전성   ② 내구성
③ 경제성   ④ 기능성

1-3. 건축물의 기본조건 중 내구성과 관련이 있는 것은?
① 최저의 공사비로 만족할 수 있는 공간을 만드는 것
② 건물 자체의 아름다움뿐만 아니라 주위의 배경과도 조화를 이루게 만드는 것
③ 안전과 역학적 및 물리적 성능이 잘 유지되도록 만드는 것
④ 건물 안에는 항상 사람이 생활한다는 생각을 두고 아름답고 기능적으로 만드는 것

1-4. 건축구조의 분류 중 시공상에 의한 분류가 아닌 것은?
① 철근콘크리트구조   ② 습식구조
③ 조립구조   ④ 건식구조

[해설]

1-1
건축물을 구성하는 구조재에는 목재, 벽돌, 블록, 철근콘크리트, 철골 등이 있다.

1-2
건축물은 거주성, 내구성, 경제성, 안전성, 친환경성 등의 조건을 갖추어야 한다.

1-4
철근콘크리트구조는 구조재료에 의한 분류이다.

정답 1-1 ③ 1-2 ④ 1-3 ③ 1-4 ①

핵심이론 02 구조재료에 의한 분류

① 목구조(wooden construction, timber structure)
  ㉠ 목재를 접합 연결하여 건물의 뼈대를 구성하는 구조이다.
  ㉡ 가볍고, 가공이 쉽다.
  ㉢ 내구력이 부족하고, 화재 위험이 있다.

② 벽돌구조(brick construction)
  ㉠ 하중을 받는 벽, 내력벽을 벽돌로 쌓아 구성하는 구조이다.
  ㉡ 습기가 침입하기 쉽고, 횡력과 진동에 가장 약한 구조이다.

③ 블록구조(cement block construction)
  ㉠ 시멘트 블록과 모르타르로 내력벽을 쌓아 구성하는 구조이다.
  ㉡ 필요시 블록의 내부 공간을 철근과 모르타르로 보강한다.
  ㉢ 균열이 발생하고, 횡력과 진동에 약하다.

④ 철근콘크리트구조
  ㉠ 형틀(거푸집) 속에 철근을 조립하고, 그 사이에 콘크리트를 부어 일체식으로 구성한 구조이다.
  ㉡ 공기가 길고, 비교적 고가이며, 중량이 크다.

⑤ 철골구조
  ㉠ 철로 된 부재(형강, 강판)를 짜 맞추어 만든 구조이다.
  ㉡ 부재 접합에는 용접, 리벳, 볼트를 사용한다.
  ㉢ 공사비가 고가이고, 내구성과 내화성이 약해 정밀 시공이 요구된다.
  ※ 경량 철골구조 : 경량이고, 비교적 경제적이다. 자재 취급이 용이하지만 내화적·내구적이지 못하다.

⑥ 철골철근콘크리트구조
  ㉠ 내화·내구·내진의 성능을 위해 철골조와 철근콘크리트조를 함께 사용하는 구조이다.
  ㉡ 부재의 중량이 크고, 고가이며, 시공이 복잡하고 공기가 길다.

10년간 자주 출제된 문제

횡력과 진동에 가장 약한 구조는?
① 벽돌구조
② 보강블록구조
③ 철근콘크리트구조
④ 철골구조

정답 ①

핵심이론 03 구조의 시공방식에 의한 분류

① 습식구조
  ㉠ 조적식 구조, 철근콘크리트구조처럼 구조체 제작에 물이 필요한 구조이다.
  ㉡ 단위작업에 한계치가 있고, 경화에 일정기간이 소요된다.
  ㉢ 벽돌구조, 블록구조, 콘크리트 충전강관구조, 철근콘크리트구조 등이 있다.

② 건식구조
  ㉠ 현장에서 물을 거의 쓰지 않으며, 규격화된 기성재를 짜 맞추어 구성하는 구조이다.
  ㉡ 목구조, 철골구조처럼 규격화된 부재를 조립·시공하는 것으로, 물과 부재의 건조를 위한 시간이 필요 없어 공기 단축이 가능하다.
  ※ 현장구조
    • 구조체 시공을 위한 부재를 현장에서 제작·가공·조립·설치하는 구조이다.
    • 넓은 현장 면적이 필요하다.

③ 조립구조
  ㉠ 공장에서 부재를 제작·가공하고, 현장에서는 조립·설치하는 구조이다.
  ㉡ 대량 생산에 따른 시공비 절감과 균일한 품질 확보, 공기 단축이 가능하다.

10년간 자주 출제된 문제

3-1. 시공과정에 따른 분류에서 습식구조끼리 짝지어진 것은?
① 목구조 - 돌구조
② 돌구조 - 철골구조
③ 벽돌구조 - 블록구조
④ 철골구조 - 철근콘크리트구조

3-2. 건축구조에서의 시공과정에 의한 분류 중 현장에서 물을 거의 쓰지 않으며, 규격화된 기성재를 짜 맞추어 구성하는 구조는?
① 습식구조
② 건식구조
③ 조립구조
④ 일체식 구조

3-3. 건축구조의 분류 중 건식구조에 해당하는 것은?
① 벽돌구조
② 철근콘크리트구조
③ 목구조
④ 블록구조

[해설]

3-1
습식구조의 종류 : 벽돌구조, 블록구조, 콘크리트 충전강관구조, 철근콘크리트구조 등

정답 3-1 ③ 3-2 ② 3-3 ③

핵심이론 04 구조의 구성양식에 의한 분류

① 가구식 구조
  ㉠ 선형의 구조재료를 조립하여 골조를 구성한다.
  ㉡ 기둥 위에 보를 겹쳐 올려놓은 목구조, 철골구조 등이 있다.

② 조적식 구조
  ㉠ 단일재료를 시멘트 등의 교착제를 사용하여 쌓아 구조체를 구성한다.
  ㉡ 벽돌구조, 석구조, 블록구조가 해당된다.

③ 일체식 구조
  ㉠ 전체 구조체를 구성하는 구조부재들을 일체로 구성한다.
  ㉡ 철근콘크리트구조, 철골철근콘크리트구조가 해당된다.

10년간 자주 출제된 문제

4-1. 건축구조의 분류방법 중 구성방식에 의한 분류법이 아닌 것은?
① 가구식 구조
② 조적식 구조
③ 일체식 구조
④ 건식구조

4-2. 건축구조의 분류에서 일체식 구조로만 구성된 것은?
① 돌구조 - 목구조
② 철근콘크리트구조 - 철골철근콘크리트구조
③ 목구조 - 철골구조
④ 철골구조 - 벽돌구조

[해설]

4-2
일체식 구조 : 라멘구조라고도 한다. 기둥과 보가 고정단으로 강접합하는 구조방식으로 철근콘크리트구조, 철골철근콘크리트구조가 해당한다.

정답 4-1 ④ 4-2 ②

핵심이론 05 구조형식에 의한 분류

① 평면구조(plate structure)
  ㉠ 라멘(rahmen)구조
    - 기둥과 보, 바닥으로 구성된다(다층 건물에 적합).
    - 철근콘크리트구조와 철골구조 등에 사용한다.
  ㉡ 트러스(truss)구조
    - 강재나 목재를 삼각형을 기본으로 짜서 하중을 지지한다.
    - 절점이 핀으로 구성되어 있으며, 부재는 인장과 압축력만 받도록 한 구조이다.
    - 외력을 절점(핀절점)에 모인 부재의 축 방향으로 분해하여 지지한다.
    - 주로 체육관 등 큰 공간의 천장구조방식으로 사용한다.
  ㉢ 아치(arch)구조
    - 하중을 기둥 없이 면내력으로 지지하는 구조이다.
    - 조적식 구조에도 적합하다.
    ※ 본아치 : 특별히 주문 제작한 아치벽돌을 사용해서 만든 것
  ㉣ 벽식구조
    - 철근콘크리트구조 중 기둥과 보가 없는 평면적 구조시스템이다.
    - 아파트 등의 구조방식으로 사용한다.

② 입체구조(space structure)
  ㉠ 절판(folded plate)구조
    - 병풍과 같이 굴절된 평면판의 큰 지지력을 이용한 형식으로, 주로 지붕구조에 사용한다.
    - 철근콘크리트, 프리스트레스트 콘크리트에 이용한다.
  ㉡ 셸(shell)구조
    - 곡면판이 지니는 역학적 특성을 응용한 구조이다.
    - 외력은 주로 판의 면내력으로 전달되기 때문에 경량이면서 내력이 큰 구조물을 구성할 수 있다.
  ㉢ 스페이스 프레임(space frame) 구조
    - 단일 부재를 입체적으로 조합한 입체 트러스구조이다.
    - 입체적인 평면체로 만든 구조물로, 부재는 인장 또는 압축력을 받는다.
  ㉣ 현수(suspension)구조
    - 지붕, 바닥 등 슬래브를 케이블로 매단 구조이다.
    - 대스팬이 가능하여 교량(금문교), 경기장 등에 이용한다.
  ㉤ 플랫 슬래브(flat slab)구조 : 보 없이 하중을 바닥판이 부담하는 구조로 큰 내부 공간에 조성 가능하다.
  ㉥ 막구조
    - 텐트와 같은 원리로 된 구조물이다.
    - 구조체 자체의 무게가 적어 넓은 공간의 지붕 등에 쓰인다.
    - 상암 월드컵 경기장, 제주 월드컵 경기장 등에 쓰인 구조이다.

10년간 자주 출제된 문제

5-1. 강재나 목재를 삼각형을 기본으로 짜서 하중을 지지하는 것으로, 절점이 핀으로 구성되어 있으며 부재는 인장과 압축력만 받도록 한 구조는?
① 트러스구조　② 내력벽구조
③ 라멘구조　　④ 아치구조

5-2. 벽돌구조의 아치(arch) 중 특별히 주문 제작한 아치벽돌을 사용해서 만든 것은?
① 층두리아치　② 본아치
③ 거친아치　　④ 막만든아치

5-3. 구조 형식은 평면적인 구조와 입체적인 구조로 구분할 수 있다. 다음 중 성격이 다른 구조는?
① 돔구조　② 막구조
③ 쉘구조　④ 벽식구조

5-4. 구조체 자체의 무게가 적어 넓은 공간의 지붕 등에 쓰이는 구조로 상암 월드컵 경기장, 제주 월드컵 경기장 등에 사용한 구조는?
① 절판구조　② 막구조
③ 쉘구조　　④ 현수구조

해설

5-1
트러스(truss)구조
- 강재나 목재를 삼각형을 기본으로 짜서 하중을 지지한다.
- 절점이 핀으로 구성되어 있으며, 부재는 인장과 압축력만 받도록 한 구조이다.
- 외력을 절점(핀절점)에 모인 부재의 축 방향으로 분해하여 지지한다.
- 주로 체육관 등 큰 공간의 천장구조방식으로 사용한다.

5-3
①, ②, ③은 입체적 구조이다.

5-4
막구조
- 텐트와 같은 원리로 된 구조물이다.
- 구조체 자체의 무게가 적어 넓은 공간의 지붕 등에 쓰인다.
- 상암 월드컵 경기장, 제주 월드컵 경기장 등에 쓰인 구조이다.

정답 5-1 ①　5-2 ②　5-3 ④　5-4 ②

핵심이론 06 강관구조, 무량판구조

① 강관구조의 특징
　㉠ 휨, 전단, 비틀림 등에 대해 역학적으로 유리하다.
　㉡ 단면에 방향성이 없어 뼈대의 입체를 구성하는 데 적합하다.
　㉢ 공장, 체육관, 전시장 등의 건축물에 많이 사용된다.
　㉣ 강관은 형강과는 다르게 단면이 폐쇄되어 있다.
　㉤ 방향에 관계없이 같은 내력을 발휘할 수 있다.
　㉥ 콘크리트 타설 시 거푸집이 불필요하다.
　㉦ 밀폐된 중공 단면의 내부는 부식의 우려가 작다.

② 무량판(flat slab)구조의 특징
　㉠ 보를 없애고 바닥판을 두껍게 해서 보의 역할을 겸한 구조이다.
　㉡ 고층 건물의 구조형식에서 층고를 최소로 할 수 있다.
　㉢ 외부의 보를 제외하고 내부는 보 없이 바닥판만으로 구성된다.
　㉣ 내부는 보 없이 바닥판을 기둥이 직접 지지하는 슬래브이다.
　㉤ 천장의 공간 확보와 실내 공간의 이용도가 좋다.
　㉥ 층고를 낮게 할 수 있다.
　㉦ 바닥판이 두꺼워서 고정하중이 커지며, 뼈대의 강성을 기대하기 어렵다.
　㉧ 거푸집과 철근공사가 용이해서 주로 창고, 공장, 주상 복합이나 지하 주차장에 등에 쓰인다.

10년간 자주 출제된 문제

6-1. 휨, 전단, 비틀림 등에 대해 역학적으로 유리하며, 특히 단면에 방향성이 없어 뼈대의 입체 구성을 하는 데 적합한 구조는?

① 경량철골구조
② 강관구조
③ 막구조
④ 조립식구조

6-2. 고층 건물의 구조형식에서 층고를 최소로 할 수 있고, 외부의 보를 제외하고 내부는 보 없이 바닥판만으로 구성되는 구조는?

① 내력벽구조
② 전단코어구조
③ 강성골조구조
④ 무량판구조

해설

6-2

무량판구조
- 보를 없애고 바닥판을 두껍게 해서 보의 역할을 겸한 구조이다.
- 고층 건물의 구조형식에서 층고를 최소로 할 수 있다.
- 외부의 보를 제외하고 내부는 보 없이 바닥판만으로 구성된다.
- 내부는 보 없이 바닥판을 기둥이 직접 지지하는 슬래브이다.
- 천장의 공간 확보와 실내 공간의 이용도가 좋다.
- 층고를 낮게 할 수 있다.
- 바닥판이 두꺼워서 고정하중이 커지며, 뼈대의 강성을 기대하기 어렵다.
- 거푸집과 철근공사가 용이해서 주로 창고, 공장, 주상 복합이나 지하 주차장에 등에 쓰인다.

정답 6-1 ② 6-2 ④

제2절 각 구조의 특성

2-1. 목구조

핵심이론 01 목구조의 특징

① 건축물의 주요 구조부가 목재로 구성되며, 철물 등으로 접합 보강하는 구조이다.
② 가볍고, 가공성이 우수하다.
③ 시공이 용이하며, 공사기간이 짧다.
④ 나무 고유의 색깔과 무늬가 있어 외관이 아름답다.
⑤ 열전도율 및 열팽창률이 작다(방한, 방서).
⑥ 비중에 비해 강도가 우수하다.
⑦ 저층 주택과 같이 비교적 소규모 건축물에 적합하다.
⑧ 고층 및 대규모 건축에는 불리하다.
⑨ 강도가 작고 내구력이 약해 부패, 화재 위험 등이 높다.
⑩ 함수율에 따른 변형이 크다.
⑪ 큰 부재를 얻기 어렵다.
⑫ 기타 목재의 특성
   ㉠ 함수율 : 섬유포화점 30% 이하에서는 강도가 증가하고, 30% 이상에서는 강도가 변하지 않는다.
   ㉡ 허용응력도 : 최대 강도의 1/7~1/8
   ㉢ 비중 : 0.4~0.8
   ㉣ 강도 : 인장강도 > 휨강도 > 압축강도 > 전단강도
   ※ 인장응력 : 건축 부재를 양 끝단에서 잡아당길 때 재축 방향으로 발생되는 주요 응력

10년간 자주 출제된 문제

1-1. 가볍고 가공성은 좋지만, 강도가 작고 내구력이 약해 부패, 화재 위험 등이 높은 구조는?
① 목구조
② 블록구조
③ 철골구조
④ 철골철근콘크리트구조

1-2. 목구조에 대한 설명으로 옳지 않은 것은?
① 자재의 수급 및 시공이 간편하다.
② 저층 주택과 같이 비교적 소규모 건축물에 적합하다.
③ 목재는 가볍고 가공성이 좋으며 친화감이 있다.
④ 목재는 열전도율이 커서 연소되기 쉽다.

1-3. 건축 부재를 양 끝단에서 잡아당길 때 재축 방향으로 발생되는 주요 응력은?
① 인장응력
② 압축응력
③ 전단응력
④ 휨모멘트

[해설]
1-2
열전도율 및 열팽창률이 작다.

정답 1-1 ① 1-2 ④ 1-3 ①

핵심이론 02 목구조의 각부 구조 등

① 목구조 가새의 특징
 ㉠ 가새의 경사는 45°에 가깝게 하는 것이 좋다.
 ㉡ 주요 건물인 경우 한 방향 가새보다 X자형으로 만들어 압축과 인장을 겸한다.
 ㉢ 목조 벽체를 수평력(횡력)에 견디며 안정된 구조로 하기 위해 사용한다.
 ㉣ 압축력 또는 인장력에 대한 보강재이다.
 ㉤ 가새는 일반적으로 네모구조를 세모구조로 만든다.

② 마루구조
 ㉠ 마루 밑에 동바리 마루를 놓고 그 위에 동바리를 세운다.
 ㉡ 동바리 위에 멍에를 걸고 그 위에 직각 방향으로 장선을 걸친 후 그 위에 마룻널을 깐다.
 ㉢ 목구조의 1층 마루인 동바리 마루에 사용되는 것 : 동바릿돌, 멍에, 장선
  ※ 장선 : 동바리 마루에서 마룻널 바로 밑에 위치한 부재
 ㉣ 목구조의 2층 마루에 속하는 것 : 홑마루, 보마루, 짠마루
  ※ 홑마루틀 : 2층 마루틀 중 보를 쓰지 않고 장선을 사용하여 마룻널을 깐 것

③ 기타 주요 구조
 ㉠ 목구조 주요 구조부의 하부 순서 : 기둥→깔도리→평보→처마도리→서까래
 ㉡ 반자틀의 구성 순서 : 위에서부터 달대받이→달대→반자틀받이→반자틀→반자돌림대
 ㉢ 목구조에 사용되는 수평 부재 : 층도리, 처마도리, 토대
 ㉣ 홈대 : 한식 또는 절충식 구조에서 인방 자체가 수장을 겸하는 창문틀이다.
 ㉤ 선틀 : 창문틀의 좌우에 수직으로 세워 댄 틀이다.

10년간 자주 출제된 문제

2-1. 동바리 마루를 구성하는 부분이 아닌 것은?

① 동바릿돌
② 장선
③ 멍에
④ 걸레받이

2-2. 목구조에 사용되는 수평 부재가 아닌 것은?

① 층도리
② 처마도리
③ 대공
④ 토대

2-3. 반자틀의 구성과 관계없는 것은?

① 징두리
② 달대
③ 달대받이
④ 반자돌림대

해설

2-1
목구조의 동바리 마루에 사용되는 것 : 동바릿돌, 멍에, 장선

2-2
대공, 기둥은 수직부재이다.

2-3
반자틀의 구성 순서 : 위에서부터 달대받이 → 달대 → 반자틀받이 → 반자틀 → 반자돌림대

정답 2-1 ④ 2-2 ③ 2-3 ①

핵심이론 03 목재의 접합

① 이음

목재 접합 중 2개 이상의 목재를 길이 방향으로 붙여 1개의 부재로 만드는 것이다.

㉠ 맞댄이음 : 두 부재가 단순히 맞대어 있는 이음이다.
㉡ 겹침이음 : 단순히 겹쳐 대고 볼트, 대못 등으로 보강한 이음이다.
㉢ 따냄이음 : 여러 가지 홈을 만들어서 서로 물려지도록 따내고 맞춘 이음이다.

목구조의 구조 부위와 이음방식
- 걸레받이 : 턱솔이음
- 난간두겁대 : 은장이음
- 서까래이음 : 빗이음
- 처마도리, 중도리이음 : 엇걸이 산지이음

② 맞춤

㉠ 두 가지의 목재가 일정한 각도로 접합하는 방법이다.
㉡ 연귀맞춤 : 2개의 목재 귀를 45°로 빗잘라 직각으로 맞대는 맞춤으로, 나무의 마구리를 감추면서 튼튼한 맞춤을 할 때 사용한다. 예를 들어 창문 등의 마무리에 이용된다.

③ 쪽매

㉠ 목재의 접합에서 널판재의 면적을 넓히기 위해 두 부재를 나란히 옆으로 대는 것이다.
㉡ 널 등을 모아 대어 바닥 등에 넓게 까는 목재의 접합법이다.

④ 쐐기

목재 접합에 사용되는 보강재 중 직사각형 단면에 길이가 짧은 나무토막을 사다리꼴로 납작하게 만든 것이다.

⑤ 촉

목재의 접합면에 사각 구멍을 파고 한편에 작은 나무 토막을 반 정도 박아 넣고 포개어 접합재의 이동을 방지하는 나무 보강재이다.

10년간 자주 출제된 문제

3-1. 목재 접합 중 2개 이상의 목재를 길이 방향으로 붙여 1개의 부재로 만드는 것은?

① 이음
② 쪽매
③ 맞춤
④ 장부

3-2. 목구조의 구조 부위와 이음방식이 잘못 짝지어진 것은?

① 서까래이음 – 빗이음
② 걸레받이 – 턱솔이음
③ 난간두겁대 – 은장이음
④ 기둥의 이음 – 엇걸이 산지이음

3-3. 널 등을 모아 대어 바닥 등에 넓게 까는 목재의 접합법은?

① 쪽매
② 이음
③ 맞춤
④ 쐐기

|해설|

3-2
처마도리, 중도리 이음 – 엇걸이 산지이음

3-3
② 이음 : 목재 접합 중 2개 이상의 목재를 길이 방향으로 붙여 1개의 부재로 만드는 것이다.
③ 맞춤 : 두 가지의 목재가 일정한 각도로 접합하는 방법이다.
④ 쐐기 : 목재 접합에 사용되는 보강재 중 직사각형 단면에 길이가 짧은 나무토막을 사다리꼴로 납작하게 만든 것이다.

정답 3-1 ① 3-2 ④ 3-3 ①

핵심이론 04 목구조에 사용되는 철물

① 듀벨
  ㉠ 볼트와 같이 사용하며 접합제 상호 간의 변위를 방지하는 강한 이음을 얻는 데 사용한다.
  ㉡ 목재 접합부에 볼트의 파고들기를 막기 위해 사용하는 보강철물이며, 전단 보강으로 목재 상호 간의 변위를 방지한다.

② 감잡이쇠
  ㉠ 목구조의 맞춤에 사용하는 ㄷ자 모양의 보강철물이다.
  ㉡ 왕대공과 평보의 연결부에 사용한다.

③ 안장쇠
  안장 모양으로 한 부재에 걸쳐놓고 다른 부재를 받게 하는 이음으로, 맞춤의 보강철물이다.

④ ㄱ자쇠
  목구조에서 가로재와 세로재가 직교하는 모서리 부분에 직각이 변하지 않도록 보강하는 철물이다.

⑤ 꺾쇠
  몸통 모양이 정방형(각꺾쇠), 원형(원형꺾쇠), 평판형(평꺾쇠)이다.

목구조에 사용되는 철물의 용도
• ㄱ자쇠 : 모서리 기둥과 층도리의 맞춤
• 감잡이쇠 : 왕대공과 평보의 연결
• 띠쇠 : 왕대공과 ㅅ자 보의 맞춤
• 안장쇠 : 큰 보에 걸쳐 작은 보를 받게 함
• 주걱볼트 : 깔도리와 기둥의 맞춤

10년간 자주 출제된 문제

4-1. 목구조에 사용하는 철물 중 보기와 같은 기능을 하는 것은?

|보기|
목재 접합부에 볼트의 파고들기를 막기 위해 사용하는 보강 철물이며, 전단 보강으로 목재 상호 간의 변위를 방지한다.

① 꺾쇠 ② 주걱볼트
③ 안장쇠 ④ 듀벨

4-2. 목구조의 맞춤에 사용하는 보강철물로서 왕대공과 평보의 연결부에 사용하는 것은?

① 감잡이쇠 ② 띠쇠
③ 듀벨   ④ 양면 꺾쇠

4-3. 목구조에서 가로재와 세로재가 직교하는 모서리 부분에 직각이 변하지 않도록 보강하는 철물은?

① 감잡이쇠 ② ㄱ자쇠
③ 띠쇠   ④ 안장쇠

|해설|

4-2

감잡이쇠
- 목구조의 맞춤에 사용하는 ㄷ자 모양의 보강철물이다.
- 왕대공과 평보의 연결부에 사용한다.

정답 4-1 ④ 4-2 ① 4-3 ②

2-2. 조적구조

핵심이론 01 조적구조의 개념

① 조적구조의 특징
  ㉠ 점토, 벽돌, 시멘트벽돌 등을 접착하여 내력벽을 구성하는 구조이다.
  ㉡ 내구적·내화적이며, 습식구조이다.
  ㉢ 외관이 장중하고, 미려하다.
  ㉣ 시공방법이 용이하고, 구조가 튼튼하다.
  ㉤ 균열이 발생되기 쉬우며, 횡력과 진동에 약하다.
  ㉥ 고층 건물에 적용하기 어렵다.
  ㉦ 벽체에 습기가 차기 쉽다.

② 조적을 위한 기초
  ㉠ 기초 : 건물 지하부의 구조부로서, 건물의 무게를 지반에 전달하여 안전하게 지탱시키는 구조 부분이다.
  ㉡ 온통기초 : 건축물의 밑바닥을 모두 일체화하여 두꺼운 기초판으로 구축한 기초이다.
  ㉢ 줄기초
    - 연속기초라고도 하며, 조적조의 벽기초 또는 철근콘크리트조 연결기초로 사용한다.
    - 일렬의 기둥을 받치는 기초이다.
    - 조적식 구조인 내력벽의 기초(최하층의 바닥면 이하에 해당하는 부분)는 연속기초로 해야 한다.

10년간 자주 출제된 문제

1-1. 조적구조의 특징으로 옳지 않은 것은?
① 내구적·내화적이다.
② 건식구조이다.
③ 각종 횡력에 약하다.
④ 고층 건물에 적용하기 어렵다.

1-2. 건축물의 밑바닥을 모두 일체화하여 두꺼운 기초판으로 구축한 기초는?
① 온통기초 ② 연속기초
③ 복합기초 ④ 독립기초

1-3. 연속기초라고도 하며, 조적조의 벽기초 또는 철근콘크리트조 연결기초로 사용되는 것은?
① 독립기초 ② 복합기초
③ 온통기초 ④ 줄기초

|해설|

1-1
조적구조는 습식구조이다.

1-3
줄기초
• 연속기초라고도 하며, 조적조의 벽기초 또는 철근콘크리트조 연결기초로 사용한다.
• 일렬의 기둥을 받치는 기초이다.
• 조적식 구조인 내력벽의 기초(최하층의 바닥면 이하에 해당하는 부분)는 연속기초로 해야 한다.

정답 1-1 ② 1-2 ① 1-3 ④

핵심이론 02 벽돌의 크기 및 종류

① 벽돌의 크기(길이×너비×두께, 단위 : mm)
  ㉠ 표준형 : 190×90×57
  ㉡ 재래형 : 210×100×60
  ㉢ 내화벽돌 : 230×114×65
  ㉣ 표준형(기본형) 벽돌에서 칠오토막의 크기 : 벽돌 한 장 길이의 3/4 토막
  ㉤ 이오토막으로 마름질한 벽돌의 크기 : 온장의 1/4
  ㉥ 벽 두께

(단위 : mm)

구분	0.5B	1B	1.5B	2B	2.5B
일반형	90	190	290	390	490
재래형	100	210	320	420	540

② 벽돌의 종류
  ㉠ 보통벽돌 : 검은벽돌과 붉은벽돌이 있다.
  ㉡ 특수벽돌 : 경량벽돌, 이형벽돌, 내화벽돌, 포도(바닥)벽돌, 광재벽돌(고로벽돌 또는 슬래그벽돌) 등이 있다.
    • 경량벽돌 : 저급점토·목탄가루·톱밥 등을 혼합·성형한 것으로 중공벽돌(구멍벽돌, 속빈벽돌, 공동벽돌)과 다공질벽돌 등이 있다.
    • 이형벽돌 : 보통벽돌보다 형상, 치수가 규격에 정한 바와 다른 특이한 벽돌로서, 특수한 형태의 구조체에 쓸 목적으로 만든 벽돌이다.
    • 포도용 벽돌 : 도로포장용 벽돌로서 주로 인도에 많이 쓰인다.

10년간 자주 출제된 문제

2-1. 표준형 벽돌에서 칠오토막의 크기는?
① 벽돌 한 장 길이의 1/4 토막
② 벽돌 한 장 길이의 1/3 토막
③ 벽돌 한 장 길이의 1/2 토막
④ 벽돌 한 장 길이의 3/4 토막

2-2. 표준형 점토벽돌 2.0B의 두께는?
① 190mm ② 290mm
③ 390mm ④ 490mm

2-3. 다음 중 특수벽돌이 아닌 것은?
① 붉은벽돌 ② 경량벽돌
③ 이형벽돌 ④ 내화벽돌

2-4. 도로포장용 벽돌로서 주로 인도에 많이 쓰이는 것은?
① 이형벽돌 ② 포도용 벽돌
③ 오지벽돌 ④ 내화벽돌

[해설]
2-3
붉은벽돌은 보통벽돌이다.

정답 2-1 ④ 2-2 ③ 2-3 ① 2-4 ②

핵심이론 03 벽돌쌓기

① 벽돌쌓기 방법
  ㉠ 영국식 쌓기
   - 한 켜는 마구리쌓기, 다음 켜는 길이쌓기로 하고, 벽의 모서리나 끝에 반절이나 이오토막을 사용한다.
   - 내력벽을 만들 때 많이 사용한다.
   - 벽돌쌓기법 중 가장 튼튼한 쌓기법이다.
  ㉡ 프랑스식 쌓기
   - 한 켜 안에 길이쌓기와 마구리쌓기를 병행하며 쌓는다.
   - 아름답지만 내부에 통줄눈이 생겨 담장 등 장식용에 적절하다.
   - 부분적으로 통줄눈이 생겨 내력벽으로 부적합하다.
   - 남는 부분에 이오토막을 사용한다.
  ㉢ 네덜란드식 쌓기
   - 한 켜는 길이쌓기로 하고 다음은 마구리쌓기로 하며, 모서리 또는 끝에서 칠오토막을 사용한다.
   - 모서리가 튼튼하고, 우리나라에서 가장 많이 사용한다.
  ㉣ 미국식(미식) 쌓기 : 5켜는 길이쌓기로 하고, 다음 한 켜는 마구리쌓기로 한다.

② 기타 벽돌쌓기 기법
  ㉠ 영롱쌓기
   - 벽돌면에 구멍을 내어 쌓는 방식으로, 장막벽이며 장식적인 효과가 우수하다.
   - 장식을 목적으로 사각형이나 십자 형태로 구멍을 내어 쌓는다.

ⓒ 엇모쌓기
- 담 또는 처마 부분에 내쌓기를 할 때 벽돌을 45°로 모서리가 면에 돌출되도록 쌓는 방식이다.
- 시공이 간단하고, 외관 장식에 좋다.

ⓒ 길이쌓기(0.5B 쌓기) : 길이면이 보이도록 쌓는 방식으로, 가장 얇은 벽 쌓기이며 칸막이용으로 쓰인다.

ⓔ 마구리쌓기(1.5B 쌓기) : 원형 굴뚝에 쓰인다.

10년간 자주 출제된 문제

3-1. 벽돌쌓기 방법 중 벽의 모서리나 끝에 반절이나 이오토막을 사용하는 것으로, 가장 튼튼한 쌓기법은?

① 미국식 쌓기
② 프랑스식 쌓기
③ 영국식 쌓기
④ 네덜란드식 쌓기

3-2. 벽돌쌓기 방법 중 한 켜 안에 길이쌓기와 마구리쌓기를 병행하며 부분적으로 통줄눈이 생겨 내력벽으로 부적합한 것은?

① 프랑스식 쌓기
② 네덜란드식 쌓기
③ 영국식 쌓기
④ 미국식 쌓기

3-3. 벽돌쌓기 중 벽돌면에 구멍을 내어 쌓는 방식으로, 장막벽이며 장식적인 효과가 우수한 쌓기 방식은?

① 엇모쌓기
② 영롱쌓기
③ 영식쌓기
④ 무늬쌓기

3-4. 벽돌쌓기 중 담 또는 처마 부분에서 내쌓기를 할 때 벽돌을 45°로 모서리가 면에 돌출되도록 쌓는 방식은?

① 영롱쌓기
② 무늬쌓기
③ 세워쌓기
④ 엇모쌓기

|해설|

3-1

① 미국식(미식) 쌓기 : 5켜는 길이쌓기로 하고, 다음 한 켜는 마구리쌓기로 한다.
② 프랑스식 쌓기
- 한 켜 안에 길이쌓기와 마구리쌓기를 병행하며 쌓는다.
- 아름답지만 내부에 통줄눈이 생겨 담장 등 장식용에 적절하다.
- 부분적으로 통줄눈이 생겨 내력벽으로 부적합하다.
- 남는 부분에 이오토막을 사용한다.
④ 네덜란드식 쌓기
- 한 켜는 길이쌓기로 하고 다음은 마구리쌓기로 하며, 모서리 또는 끝에서 칠오토막을 사용한다.
- 모서리가 튼튼하고, 우리나라에서 가장 많이 사용한다.

3-3

벽돌쌓기 기법

- 영롱쌓기
  - 벽돌면에 구멍을 내어 쌓는 방식으로, 장막벽이며 장식적인 효과가 우수하다.
  - 장식을 목적으로 사각형이나 십자 형태로 구멍을 내어 쌓는다.
- 엇모쌓기
  - 담 또는 처마 부분에 내쌓기를 할 때 벽돌을 45°로 모서리가 면에 돌출되도록 쌓는 방식이다.
  - 시공이 간단하고, 외관 장식에 좋다.
- 길이쌓기(0.5B 쌓기) : 길이 면이 보이도록 쌓는 방식으로, 가장 얇은 벽 쌓기이며 칸막이용으로 쓰인다.
- 마구리쌓기(1.5B 쌓기) : 원형 굴뚝에 쓰인다.

정답 3-1 ③ 3-2 ① 3-3 ② 3-4 ④

핵심이론 04 조적조 설계의 기준

① 벽돌쌓기의 원칙
   ㉠ 하루쌓기의 높이는 1.2m를 표준으로 한다.
   ㉡ 가로 및 세로줄눈의 너비는 10mm를 표준으로 한다.
   ㉢ 벽돌쌓기에 사용되는 시멘트 모르타르의 두께는 10mm이다.
   ㉣ 통줄눈이 되지 않도록 한다.

② 블록쌓기의 원칙
   ㉠ 블록의 하루쌓기의 높이는 1.2~1.5m로 한다.
   ㉡ 특별한 지정이 없으면 줄눈은 10mm로 한다.
   ㉢ 블록은 살 두께가 두꺼운 쪽이 위로 향하게 한다.
   ㉣ 인방 보는 좌우 지지벽에 20cm 이상 물리게 한다.
   ㉤ 막힌줄눈을 원칙으로 한다(통줄눈은 안 됨).

③ 테두리 보(wall girder)
   ㉠ 조적조의 맨 위에 설치하는 보로, 높이는 벽 두께의 1.5배로 하고, 철근은 40d 이상 정착시킨다.
   ㉡ 보강블록구조에서 테두리 보를 설치하는 목적
   • 분산된 내력벽을 일체로 연결하여 하중을 균등하게 분포시킨다.
   • 횡력에 대한 벽면의 직각 방향 이동으로 인해 발생하는 수직 균열을 막는다.
   • 보강블록조의 세로 철근을 테두리 보에 정착하기 위함이다.
   • 하중을 직접 받는 블록을 보강한다.

④ 기타 주요사항
   ㉠ 벽돌쌓기에서 막힌줄눈을 사용하는 가장 중요한 이유 : 응력을 분산하기 위해
   ㉡ 벽돌조에서 배관 등 설비를 묻기 위한 홈은 길이 3m, 깊은 벽 두께의 1/3을 넘을 수 없다.
   ㉢ 벽돌조에서 벽량이란 바닥 면적과 내력벽의 길이에 대한 비이다.
   ㉣ 보강블록조에서 내력벽으로 둘러싸인 부분의 최대 바닥 면적 : 80m²

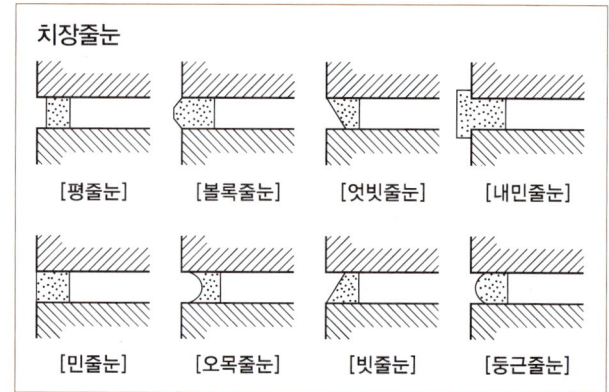

치장줄눈

[평줄눈] [볼록줄눈] [엇빗줄눈] [내민줄눈]
[민줄눈] [오목줄눈] [빗줄눈] [둥근줄눈]

10년간 자주 출제된 문제

4-1. 블록쌓기의 원칙으로 옳지 않은 것은?
① 블록은 살 두께가 두꺼운 쪽이 위로 향하게 한다.
② 인방 보는 좌우 지지벽에 20cm 이상 물리게 한다.
③ 블록의 하루쌓기의 높이는 1.2~1.5m로 한다.
④ 통줄눈을 원칙으로 한다.

4-2. 블록조에서 창문의 인방 보는 벽단부에 최소 얼마 이상 걸쳐야 하는가?
① 5cm   ② 10cm
③ 15cm   ④ 20cm

4-3. 보강블록구조에서 테두리 보를 설치하는 목적과 가장 관계가 먼 것은?
① 하중을 직접 받는 블록을 보강한다.
② 분산된 내력벽을 일체로 연결하여 하중을 균등하게 분포시킨다.
③ 가로철근의 끝을 정착시킨다.
④ 횡력에 대한 벽면의 직각 방향 이동으로 인해 발생하는 수직 균열을 막는다.

4-4. 다음 치장줄눈의 명칭은?

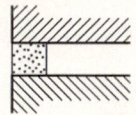

① 민줄눈   ② 평줄눈
③ 오목줄눈   ④ 내민줄눈

【해설】
4-1
블록쌓기는 막힌줄눈을 원칙으로 한다.
4-3
보강블록구조에서 테두리 보를 설치하는 이유는 세로철근을 테두리 보에 정착하기 위함이다.

정답 4-1 ④ 4-2 ② 4-3 ③ 4-4 ①

2-3. 철근콘크리트구조

핵심이론 01 철근콘크리트구조의 특징

① 철근콘크리트구조의 원리 및 장점
  ㉠ 각 구조부를 일체로 구성한 구조이다.
  ㉡ 철근과 콘크리트 간 선팽창계수가 거의 동일한 구조이다.
  ㉢ 콘크리트는 압축력에 강하지만 휨, 인장력에 취약해 인장력에 강한 철근을 배근하여 철근이 인장력에 저항하도록 한다.
  ㉣ 알칼리성 콘크리트는 철근의 부식을 방지한다.
  ㉤ 내화적·내구적·내진적이며, 설계가 자유롭다(횡력과 진동에 강하다).
  ㉥ 두 재료 간 부착강도가 우수하다.
  ㉦ 거푸집을 이용하여 자유로운 형태를 얻는다.
  ㉧ 재료가 풍부하여 쉽게 구입하고, 유지·관리비가 적게 든다.
  ㉨ 작은 단면으로 큰 힘을 발휘할 수 있다.
  ㉩ 화재 시 고열을 받으면 철골구조와 비교하여 강도가 크다.
  ㉪ 고층 건물에 사용 가능하고, 초고층 구조물 하층부의 복합구조로 많이 쓰인다.

② 철근콘크리트구조의 단점
  ㉠ 자중이 무겁고, 기후의 영향을 많이 받는다.
  ㉡ 습식구조로 공사기간이 길며, 겨울철에 공사하기 어렵다.
  ㉢ 구조물 완성 후 내부 결함의 유무를 검사하기 어렵다.
  ㉣ 형태를 변경하거나 파괴·철거가 곤란하다.
  ㉤ 균열이 쉽게 발생하고, 국부적으로 파손되기 쉽다.
  ㉥ 거푸집 등의 가설비용이 많이 든다.
  ㉦ 시공상 기후의 영향이 크고, 재료를 재사용하기 곤란하다.

③ 철근콘크리트구조의 내화성 강화방법
　㉠ 피복 두께를 두껍게 한다.
　㉡ 내화성이 높은 골재를 사용한다.
　㉢ 콘크리트 표면을 회반죽 등의 단열재로 보호한다.
　㉣ 익스팬디드 메탈 등을 사용하여 피복콘크리트가 박리되는 것을 방지한다.

10년간 자주 출제된 문제

1-1. 철근콘크리트구조에 관한 설명으로 옳지 않은 것은?
① 각 구조부를 일체로 구성한 구조이다.
② 자중이 무겁고 기후의 영향을 많이 받는다.
③ 내구성과 내화성이 뛰어나다.
④ 철근과 콘크리트 간 선팽창계수가 크게 다른 점을 이용한 구조이다.

1-2. 철근콘크리트구조의 원리에 대한 설명으로 옳지 않은 것은?
① 콘크리트는 압축력에 취약하기 때문에 철근을 배근하여 철근이 압축력에 저항하도록 한다.
② 콘크리트와 철근은 완전히 부착되어 일체로 거동하도록 한다.
③ 콘크리트는 알칼리성이므로 철근을 부식시키지 않는다.
④ 설계가 자유롭고, 고층 건물에 사용 가능하다.

1-3. 철근콘크리트구조의 내화성 강화방법으로 옳지 않은 것은?
① 피복 두께를 얇게 한다.
② 내화성이 높은 골재를 사용한다.
③ 콘크리트 표면을 회반죽 등의 단열재로 보호한다.
④ 익스팬디드 메탈 등을 사용하여 피복콘크리트가 박리되는 것을 방지한다.

|해설|

1-1
철근콘크리트는 콘크리트와 철근의 선팽창계수가 거의 같다.

1-2
콘크리트는 압축력에 강하지만 휨, 인장력에 취약해 인장력에 강한 철근을 배근하여 철근이 인장력에 저항하도록 한다.

1-3
철근콘크리트구조의 내화성을 강화시키기 위해서는 피복 두께를 두껍게 한다.

정답 1-1 ④ 1-2 ① 1-3 ①

핵심이론 02 철근콘크리트의 기둥

① 기둥의 분류
  ㉠ 띠기둥(장방형 기둥) : 단면이 사각형인 기둥
  ㉡ 나선형 기둥(원기둥) : 단면이 원형인 기둥
② 기둥의 설계
  ㉠ 기둥의 주근 직경은 D13 이상을 사용한다.
  ㉡ 주근의 개수는 띠기둥 최소 4개, 나선형 기둥 최소 6개 이상을 배치해야 한다.
  ㉢ 피복 두께는 5~6cm 이상으로 한다.
  ㉣ 띠철근
    • 철근콘크리트구조 기둥에서 주근의 좌굴과 콘크리트가 수평으로 터져 나가는 것을 구속하는 철근이다.
    • 기둥에 사용하는 띠철근의 직경은 최소 D6 이상을 사용한다.
    • 기둥에 사용하는 띠철근의 직경
      – 주근 지름이 D32 이하일 때 : D10 이상
      – 주근 지름이 D35 이상일 때 : D13 이상
    • 띠철근의 배근 간격은 축 방향 철근 직경의 16배, 띠철근 직경의 48배, 기둥의 최소폭 -3cm 이하 혹은 30cm 이하 중 작은 값으로 한다.

10년간 자주 출제된 문제

2-1. 철근콘크리트구조에서 나선철근으로 둘러싸인 원형 단면 기둥 주근의 최소 개수는?

① 3개
② 4개
③ 6개
④ 8개

2-2. 철근콘크리트구조 기둥에서 주근의 좌굴과 콘크리트가 수평으로 터져 나가는 것을 구속하는 철근은?

① 주근
② 띠철근
③ 온도철근
④ 배력근

해설

2-2

띠철근
• 철근콘크리트구조 기둥에서 주근의 좌굴과 콘크리트가 수평으로 터져 나가는 것을 구속하는 철근이다.
• 기둥에 사용하는 띠철근의 직경은 최소 D6 이상을 사용한다.
• 기둥에 사용하는 띠철근의 직경
  – 주근 지름이 D32 이하일 때 : D10 이상
  – 주근 지름이 D35 이상일 때 : D13 이상
• 띠철근의 배근 간격은 축 방향 철근 직경의 16배, 띠철근 직경의 48배, 기둥의 최소폭 -3cm 이하 혹은 30cm 이하 중 작은 값으로 한다.

정답 2-1 ③ 2-2 ②

핵심이론 03 철근콘크리트의 보

① 보의 설계
  ㉠ 주근의 직경은 D13 이상의 철근을 사용한다.
  ㉡ 주요 보의 전 스팬은 복근 보로 한다.
    • 스팬 : 기둥과 기둥 사이의 간격
    • 복근 보 : 인장철근 압축철근은 모두 배근한다.
  ㉢ 철근의 피복 두께는 3cm 이상으로 한다.
  ㉣ 주근의 간격은 2.5cm 이상, 주근 직경의 1.5배, 최대 자갈지름의 1.25배 중에서 가장 큰 값을 사용한다.

② 늑근
  ㉠ 철근콘크리트 보에서 전단력을 보강하기 위해 보의 주근 주위에 둘러 배치한 철근이다.
  ㉡ 철근콘크리트 보에 늑근을 사용하는 이유
    • 보의 전단저항력을 증가시키기 위해서(전단력에 대한 저항)
    • 주근 상호 간의 위치 유지 및 적정한 피복 두께를 유지하기 위해서
  ㉢ 늑근의 배근
    • 직경은 D6 이상을 사용한다.
    • 간격은 보의 두께 1/2 이하
    • 최대 간격은 보의 1/3 이하 혹은 45cm 이하

③ 헌치
  철근콘크리트에서 스팬이 긴 경우, 보의 단부에 발생하는 휨모멘트와 전단력에 대한 보강으로 보 단부의 춤(depth)을 크게 한 것이다.

※ 철근콘크리트 보의 휨강도를 증가시키 위해서는 보의 춤을 증가시킨다.

10년간 자주 출제된 문제

3-1. 기둥과 기둥 사이의 간격은?
① 좌굴   ② 스팬
③ 면내력   ④ 접합부

3-2. 철근콘크리트 보에 늑근을 사용하는 이유로 가장 옳은 것은?
① 보의 좌굴을 방지하기 위해서
② 보의 휨저항을 증가시키기 위해서
③ 보의 전단저항력을 증가시키기 위해서
④ 철근과 콘크리트의 부착력을 증가시키기 위해서

3-3. 철근콘크리트 보의 휨강도를 증가시키는 방법으로 가장 옳은 것은?
① 보의 춤(depth)을 증가시킨다.
② 원형철근을 사용한다.
③ 중앙 상부에 철근 배근량을 증가시킨다.
④ 피복 두께를 얇게 하여 부착력을 증가시킨다.

|해설|

3-2
철근콘크리트보에 늑근을 사용하는 이유
• 보의 전단저항력을 증가시키기 위해서(전단력에 대한 저항)
• 주근 상호 간의 위치를 유지 및 적정한 피복 두께를 유지하기 위해서

정답 3-1 ② 3-2 ③ 3-3 ①

핵심이론 04 철근콘크리트의 바닥판

① 1방향 슬래브(slab)
  ㉠ 바닥에 작용하는 하중이 단변 방향으로만 작용한다.
  ㉡ 단변 방향으로는 주근을 배근하고 장변 방향으로는 최소 철근비에 해당하는 철근을 배근한다.
  ㉢ 철근콘크리트구조의 1방향 슬래브의 최소 두께는 100mm 이상으로 한다.

② 2방향 슬래브(대부분의 슬래브)
  ㉠ 바닥에 작용하는 하중이 단변과 장변에 모두 작용한다.
  ㉡ 단변 방향으로 배근하는 철근을 주근, 장변 방향으로 배근하는 철근을 배력근이라고 한다.
  ㉢ 슬래브에서 단변과 장변의 길이의 비가 2 이하일 때 2방향 슬래브로 정의한다.
  ㉣ 슬래브의 최소 두께 : 8cm
  ※ 단변 하부 주근 : 슬래브 배근에서 가장 하단에 위치하는 철근

③ 플랫 슬래브
  ㉠ 백화점, 체육관, 공연장, 전시관 등에 이용된다.
  ㉡ 건물의 내부를 보 없이 바닥판에서 하중을 기둥으로 전달한다.
  ㉢ 슬래브의 최소 두께 : 15cm
  ㉣ 구조가 간단하고, 실내의 이용률이 높으며, 공사비가 절감된다.
  ㉤ 바닥이 두꺼워져서 고정하중이 증대되고, 뼈대의 강성이 약해질 수 있다.
  ※ 워플 슬래브 : 장선 슬래브의 장선을 직교시켜 구성한 우물반자 형태로 된 2방향 장선 슬래브구조

10년간 자주 출제된 문제

4-1. 철근콘크리트구조의 1방향 슬래브의 최소 두께는 얼마 이상인가?
① 80mm
② 100mm
③ 150mm
④ 200mm

4-2. 철근콘크리트구조의 슬래브에서 단변과 장변의 길이의 비가 얼마 이하일 때 2방향 슬래브로 정의하는가?
① 1
② 2
③ 3
④ 4

4-3. 슬래브 배근에서 가장 하단에 위치하는 철근은?
① 단변 하부 주근
② 장변 단부 하부 배력근
③ 장변 중앙 하부 배력근
④ 장변 중앙 굽힘철근

정답 4-1 ② 4-2 ② 4-3 ①

핵심이론 05 철근콘크리트의 부착력 등

① 철근과 콘크리트의 부착에 영향을 주는 요인
  ㉠ 철근의 표면 상태와 단면 모양에 따라 부착력이 좌우된다.
  ㉡ 콘크리트의 부착력은 철근의 주장에 비례한다.
  ㉢ 이형철근이 원형철근보다 부착력이 크다.
  ㉣ 부착강도를 제대로 발휘시키기 위해서는 충분한 피복 두께가 필요하다.
  ㉤ 부착강도는 콘크리트의 압축강도나 인장강도가 클수록 커진다.
  ㉥ 콘크리트의 다짐이 불충분하면 부착강도가 저하된다.

② 기타 주요사항
  ㉠ 연직하중에 대한 단순 보의 주근은 보의 하단인 인장측에 배근한다.
  ㉡ 철근콘크리트구조에서 원형철근 대신 이형철근을 사용하는 주된 목적 : 부착응력을 증대시키기 위해
  ㉢ 이형철근의 마디, 리브와 관련이 있는 힘의 종류 : 부착력
  ㉣ 지름이 13mm인 이형철근을 250mm 간격으로 배근할 때의 표현 : D13@250
  ㉤ 철근콘크리트구조에서 적정한 피복 두께를 유지해야 하는 이유
    • 내화성을 유지하기 위해
    • 철근의 부착강도를 확보하기 위해
    • 철근의 녹 발생을 방지하기 위해

10년간 자주 출제된 문제

5-1. 철근콘크리트구조에서 철근과 콘크리트의 부착에 영향을 주는 요인에 관한 설명으로 옳지 않은 것은?
① 철근의 표면 상태 : 이형철근의 부착강도는 원형철근보다 크다.
② 콘크리트의 강도 : 부착강도는 콘크리트의 압축강도나 인장강도가 작을수록 커진다.
③ 피복 두께 : 부착강도를 제대로 발휘시키기 위해서는 충분한 피복 두께가 필요하다.
④ 다짐 : 콘크리트의 다짐이 불충분하면 부착강도가 저하된다.

5-2. 철근콘크리트구조에서 원형철근 대신 이형철근을 사용하는 주된 목적은?
① 압축응력 증대
② 인장응력 증대
③ 전단응력 증대
④ 부착응력 증대

해설

5-1
콘크리트의 부착강도는 콘크리트의 압축강도나 인장강도가 클수록 커진다.

5-2
일반적으로 이형철근이 원형철근보다 부착강도가 우수하다.

정답 5-1 ② 5-2 ④

2-4. 철골구조

핵심이론 01 철골구조의 특징

① 철골구조의 개념
- ㉠ 하중을 전달하는 주요 부재인 보나 기둥 등을 강재를 이용하여 만든 구조이다.
- ㉡ 일반적으로 부재를 접합하여 뼈대를 구성하는 가구식 구조이다.
- ㉢ 재료상 라멘구조, 아치구조, 트러스구조 등으로 분류한다.
- ※ 대형 건축물에 널리 쓰이는 SRC조가 의미하는 것 : 철골철근콘크리트조

② 철골구조의 장점
- ㉠ 내진적·내구적이다.
- ㉡ 불연성이고 수평력에 강하다.
- ㉢ 조립과 해체 및 장스팬이 가능하다.
- ㉣ 철근콘크리트구조에 비해 중량이 가볍다.
- ㉤ 고층 건물 등 대규모 건축물에 적합하다.
- ㉥ 철근콘크리트구조보다 공기가 짧다.
- ㉦ 철근콘크리트구조 공사에 비해 동절기 기후에 영향을 덜 받는다.
- ㉧ 강재는 다른 재료에 비해 균질도가 높고 강도가 크다.
- ㉨ 정밀도가 높은 구조물을 구축할 수 있다.

③ 철골구조의 단점
- ㉠ 열에 약해 고온에서 강도가 저하되거나 변형되기 쉽다.
- ㉡ 녹슬기 쉬워 내화피복이 필요하다.
- ㉢ 단면에 비하여 부재 길이가 길고, 두께가 얇아 쉽게 좌굴된다.
- ㉣ 용접방법 외에는 일체화가 어렵다.

경량 철골구조의 특징
- 주로 판 두께 6mm 이하의 경량 형강을 주요 구조 부분에 사용한 구조이다.
- 가벼워서 운반이 용이하다.
- 용접하는 경우 판 두께가 얇아서 구멍이 뚫리는 경우를 주의한다.
- 두께가 너비나 춤에 비해 얇으면 비틀림이나 국부좌굴 등이 생길 수 있다.

10년간 자주 출제된 문제

1-1. 철골구조의 특징에 대한 설명으로 옳지 않은 것은?
① 내화적이다.
② 내진적이다.
③ 장스팬이 가능하다.
④ 해체·수리가 용이하다.

1-2. 철골구조에 대한 설명으로 옳지 않은 것은?
① 철골구조는 하중을 전달하는 주요 부재인 보나 기둥 등을 강재를 이용하여 만든 구조이다.
② 철골구조를 재료상 라멘구조, 가새골조구조, 튜브구조, 트러스구조 등으로 분류한다.
③ 철골구조는 일반적으로 부재를 접합하여 뼈대를 구성하는 가구식 구조이다.
④ 내화피복이 필요하다.

|해설|

1-1
열에 약해 고온에서 강도가 저하되거나 변형되기 쉽다.

1-2
철골구조는 재료상 라멘구조, 아치구조, 트러스구조 등으로 분류한다.

정답 1-1 ① 1-2 ②

핵심이론 02 철골구조의 보

① 철골구조의 보
  ㉠ 플레이트 보에서 웨브의 좌굴을 방지하기 위해 스티프너를 사용한다.
    ※ 좌굴 : 단면에 비해 길이가 긴 장주에서 중심축 하중을 받는데도 부재의 불균일성에 기인하여 하중이 집중되는 부분에 편심모멘트가 발생함에 따라 압축응력이 허용강도에 도달하기 전에 휘어져 버리는 현상
  ㉡ 휨강도를 높이기 위해 커버 플레이트를 사용한다.
  ㉢ 하이브리드 거더는 다른 성질의 재질을 혼성하여 만든 조립 보이다.
  ㉣ 플랜지는 H형강, 플레이트 보 또는 래티스 보 등에서 보의 단면 상하에 날개처럼 내민 부분이다.
    ※ 철골구조에서 단일재를 사용한 기둥 : 형강기둥

② 철골구조 트러스 보
  ㉠ 플레이트 보의 웨브재로서 빗재, 수직재를 사용한다.
  ㉡ 비교적 간 사이가 큰 구조물에 사용된다.
  ㉢ 휨모멘트는 현재가 부담한다.
  ㉣ 전단력은 웨브재의 축 방향력으로 작용하므로 부재는 모두 인장재 또는 압축재로 설계한다.

③ 철골구조에서 주각을 구성하는 부재
  ㉠ 베이스 플레이트(base plate)
  ㉡ 리브 플레이트(rib plate)
  ㉢ 윙 플레이트(wing plate)
  ㉣ 사이드 앵글(side angle)
  ㉤ 클립 앵글(clip angle)
  ㉥ 앵커볼트(anchor bolt)
  ※ 철골공사의 가공작업 순서 : 원척도 → 본뜨기 → 금긋기 → 절단 → 구멍 뚫기 → 가조립

10년간 자주 출제된 문제

2-1. 철골구조에서 스티프너를 사용하는 가장 중요한 목적은?
① 보의 휨내력을 보강하기 위해
② 보 – 기둥 접합부의 강도를 증진시키기 위해
③ 웨브 플레이트의 좌굴을 방지하기 위해
④ 플랜지 앵글의 단면을 보강하기 위해

2-2. 철골구조 트러스 보에 관한 설명으로 옳지 않은 것은?
① 플레이트 보의 웨브재로서 빗재, 수직재를 사용한다.
② 비교적 간 사이가 작은 구조물에 사용된다.
③ 휨모멘트는 현재가 부담한다.
④ 전단력은 웨브재의 축 방향력으로 작용하므로 부재는 모두 인장재 또는 압축재로 설계한다.

2-3. 철골구조의 주각부에 사용되는 부재가 아닌 것은?
① 윙 플레이트(wing plate)
② 베이스 플레이트(base plate)
③ 사이드 앵글(side angle)
④ 래티스(lattice)

|해설|

2-2
철골구조 트러스 보는 비교적 간 사이가 큰 구조물에 사용된다.

2-3
철골구조에서 주각을 구성하는 부재
- 베이스 플레이트(base plate)
- 리브 플레이트(rib plate)
- 윙 플레이트(wing plate)
- 사이드 앵글(side angle)
- 클립 앵글(clip angle)
- 앵커볼트(anchor bolt)

정답 2-1 ③ 2-2 ② 2-3 ④

핵심이론 03 철골구조의 용접 접합

① 용접 접합의 장점
  ㉠ 철골의 접합방법 중 다른 접합보다 단면 결손이 거의 없다.
  ㉡ 소음이 발생하지 않으며 구조물 자체의 경량화가 가능하다.
  ㉢ 이음구조가 간단하고 작업공정을 단축시킬 수 있다.
  ㉣ 이음효율이 좋고, 완전한 기밀성과 수밀성 확보가 가능하다.
  ※ 철골의 용접은 주로 금속아크용접이 많이 쓰인다.

② 용접 접합의 단점
  ㉠ 용접 열의 영향으로 모재 변형의 우려가 있다.
  ㉡ 용접부의 품질검사가 까다롭다(용접부의 내부 결함은 육안으로 관찰할 수 없다).
  ㉢ 용접공의 숙련 정도에 따라 품질이 결정된다.
  ㉣ 약간의 크랙(crack)이 생길 경우 응력집중으로 균열이 발생할 수 있다.
  ㉤ 강재의 재질에 대한 영향이 크다.
  ※ 맞댐용접 : 접합하려는 2개의 부재를 한쪽 또는 양쪽 면을 절단, 개선하여 용접하는 방법으로 모재와 같은 허용응력도를 가진다.

③ 강구조의 용접 부위에 대한 비파괴검사방법
  방사선투과법, 초음파탐상법, 자기탐상법 등

④ 용접결함
  ㉠ 언더컷(under cut)
    • 철골공사 용접결함 중에서 용접 끝부분에 모재가 녹아 용착금속이 채워지지 않고 홈으로 남게 된 부분
    • 용착금속이 홈에 차지 않고 홈 가장자리가 남아 있는 불완전 용접
  ㉡ 오버랩(overlap) : 용착금속이 끝부분에서 모재와 융합하지 않고 덮인 부분이 있는 용접결함
  ㉢ 크랙(crack) : 용접 후 냉각 시에 생기는 갈라짐

10년간 자주 출제된 문제

3-1. 철골의 접합방법 중 다른 접합보다 단면 결손이 거의 없는 접합방식은?
① 용접 접합
② 리벳 접합
③ 일반 볼트 접합
④ 고력 볼트 접합

3-2. 철골구조의 용접 접합에 대한 설명으로 옳은 것은?
① 용접공의 기능에 따른 품질 의존도가 작다.
② 강재의 재질에 대한 영향이 작다.
③ 용접부 내부의 결함은 육안으로 관찰할 수 있다.
④ 철골용접은 주로 금속아크용접이 많이 쓰인다.

3-3. 강구조의 용접 부위에 대한 비파괴검사방법이 아닌 것은?
① 방사선투과법
② 초음파탐상법
③ 자기탐상법
④ 슈미트해머법

3-4. 용착금속이 홈에 차지 않고 홈 가장자리가 남아 있는 불완전 용접은?
① 언더컷
② 블로홀
③ 오버랩
④ 피트

해설

3-1
용접 접합은 철골구조에서 단면 결손이 적고 소음이 발생하지 않으며 구조물 자체의 경량화가 가능한 접합방법이다.

3-2
① 용접공의 숙련 정도에 따라 품질이 결정된다.
② 강재의 재질에 대한 영향이 크다.
③ 용접부의 내부 결함은 육안으로 관찰할 수 없다.

3-3
슈미트해머법 : 철근콘크리트 강도 측정을 위한 비파괴시험

3-4
언더컷
• 철골공사 용접결함 중에서 용접 끝부분에 모재가 녹아 용착금속이 채워지지 않고 홈으로 남게 된 부분
• 용착금속이 홈에 차지 않고 홈 가장자리가 남아 있는 불완전 용접

정답 3-1 ① 3-2 ④ 3-3 ④ 3-4 ①

핵심이론 04 철골구조의 고력 볼트 접합

① 고력 볼트 접합의 개념
  ㉠ 부재 간의 마찰력에 의하여 응력을 전달하는 접합방법이다.
  ㉡ 접합된 판 사이에 강한 압력이 작용하여 이에 의한 접합재 간의 마찰저항에 의하여 힘을 전달하는 접합방식이다.
  ㉢ 마찰 접합, 지압 접합, 인장 접합 등이 있다.
  ※ 마찰 접합 : 고력 볼트 접합에서 힘을 전달하는 대표적인 접합방식

② 고력 볼트 접합의 특성
  ㉠ 볼트 접합부의 강성이 높아 변형이 작다.
  ㉡ 현장 시공설비가 간편하여 노동력 절약과 공기 단축효과가 있다.
  ㉢ 소음이 작고, 불량 개소의 수정이 용이하다.
  ㉣ 유효 단면적당 응력이 작으며, 피로강도가 높다.
  ㉤ 볼트의 단위 강도가 높아 높은 응력을 받는 접합부에 적당하다.
  ㉥ 볼트는 고탄소강, 합금강으로 만든다.
  ㉦ 임팩트렌치 및 토크렌치로 조인다.
  ㉧ 조임 순서는 중앙에서 양단부로 한다.
  ㉨ 너트가 풀리는 경우가 거의 없다.
  ※ 리벳 접합 : 철골구조에서 주요 구조체의 접합방법으로 최근에는 거의 사용하지 않는다.
  ※ 이동단 : 건축구조물에서 지점의 종류 중 지지대의 평행으로 이동이 가능하고, 회전이 자유로운 상태이며 수직반력만 발생한다.

10년간 자주 출제된 문제

4-1. 철골구조 접합방법 중 부재 간의 마찰력에 의하여 응력을 전달하는 접합방법은?
① 듀벨 접합
② 핀 접합
③ 고력 볼트 접합
④ 용접 접합

4-2. 고력 볼트 접합에서 힘을 전달하는 대표적인 접합방식은?
① 인장 접합
② 마찰 접합
③ 압축 접합
④ 용접 접합

4-3. 철골구조에 사용하는 고력 볼트 접합의 특성으로 옳은 것은?
① 접합부의 강성이 작다.
② 피로강도가 작다.
③ 노동력 절약과 공기 단축효과가 있다.
④ 현장 시공설비가 복잡하다.

|해설|

4-1
고력 볼트 접합 : 접합된 판 사이에 강한 압력이 작용하여 이에 의한 접합재 간의 마찰저항에 의하여 힘을 전달하는 접합방식이다.

4-3
① 접합부의 강성이 크다.
② 피로강도가 크다.
④ 현장 시공설비가 간편하다.

정답 4-1 ③ 4-2 ② 4-3 ③

2-5. 조립식 구조, 기타 구조

핵심이론 01 조립식 구조의 특징

① 조립식 구조의 개념
  ㉠ 공장에서 제작된 재료를 현장에서 짜 맞추는 형식의 구조이다.
  ㉡ 시공 능률, 정밀도, 공기 단축, 대량 생산 및 공사비 절감 등의 효율을 높이는 가구식 구조이다.
  ㉢ 제품이 공장에서 생산되므로 공업화 구조라고도 한다.

② 조립식 구조의 장점
  ㉠ 기계화 시공으로 공기가 단축된다.
  ㉡ 재료가 절약되어 공사비가 적게 든다.
  ㉢ 품질 향상과 감독관리가 용이하다.
  ㉣ 공장 생산으로 대량 생산이 가능하다.
  ㉤ 현장 거푸집공사가 절약된다.
  ㉥ 정밀도가 높고 강도가 큰 부재를 쓸 수 있다.
  ㉦ 건식 접합을 하여 해체나 이전이 용이하다.

③ 조립식 구조의 단점
  ㉠ 표준화된 부재의 사용으로 계획에 제약을 받을 수 있다.
  ㉡ 접합부가 일체화되기 어렵다.
  ㉢ 획일적이어서 다양한 외형을 추구하기 어렵다.
  ㉣ 풍압력·지진력에 약하고, 화재 시 위험도가 높다.
  ㉤ 기초는 공업화가 어려워 현장 시공을 해야 한다.
  ㉥ PS 강재가 철근콘크리트에 비해 강성이 약해 진동하기 쉽다.
  ㉦ 초기 투자비가 많이 든다.

10년간 자주 출제된 문제

조립식 구조의 특성으로 옳지 않은 것은?
① 공기가 단축된다.
② 공사비가 증가된다.
③ 품질 향상과 감독관리가 용이하다.
④ 대량 생산이 가능하다.

|해설|
조립식 구조는 재료가 절약되어 공사비가 적게 든다.

정답 ②

핵심이론 02 기타 구조

① 프리스트레스트 콘크리트구조의 특징
  ㉠ 인장재에 대한 저항력이 작은 콘크리트에 미리 긴장재에 의한 압축력을 가하여 만든 구조이다.
  ㉡ 스팬을 길게 할 수 있어서 넓은 공간을 설계할 수 있다.
  ㉢ 공기를 단축하고, 시공과정을 기계화할 수 있다.
  ㉣ 고강도재료를 사용하여 강도와 내구성이 크다.
  ㉤ 부재 단면의 크기를 작게 할 수 있으나 쉽게 진동한다.
  ㉥ 복원성이 크고, 구조물 자중을 경감할 수 있다.
  ㉦ 공정이 복잡하고, 고도의 품질관리가 요구된다.
  ㉧ 열에 약해 내화피복(5cm 이상)이 필요하다.

② 프리캐스트(PC) 콘크리트구조의 특징
  ㉠ 공장에서 철근콘크리트구조의 기둥, 보, 벽 등을 미리 만들어 현장에서 조립하는 구조이다.
  ㉡ 접속 부위의 누수 및 소음 등의 하자 발생을 고려하여 정밀 시공을 요하는 구조이다.
  ㉢ 프리캐스트 콘크리트의 공사과정 순서
    1. PC 설계 : PC의 구조 계산, 접합부 설계
    2. 제작 : 몰드, PC 부재 제작
    3. 운송 : 운송계획, 현장 반입검사
    4. 조립 : 부재 현장 조립
    5. 접합 : 부재 접합 및 검사
    6. 철근 배근 및 콘크리트 타설

③ 스틸하우스
  ㉠ 기둥, 보, 내력벽, 서까래 등의 주요 구조부가 철강재로 구축되는 가구식 구조이다.
  ㉡ 공사기간이 짧고, 경제적이다.
  ㉢ 내부 변경이 용이하고, 공간 활용이 효율적이다.
  ㉣ 폐자재의 재활용이 가능하여 환경오염이 적다.
  ㉤ 열전도율이 높아 결로 방지를 위한 단열 보강을 해야 한다.
  ㉥ 풍압, 지진 등의 수평력에 대해 변형이 발생할 수 있다.

10년간 자주 출제된 문제

2-1. 인장재에 대한 저항력이 작은 콘크리트에 미리 긴장재에 의한 압축력을 가하여 만든 구조는?
① PEB 구조
② 판조립식 구조
③ 철골철근콘크리트구조
④ 프리스트레스트 콘크리트구조

2-2. 프리스트레스트 콘크리트구조의 특징으로 옳지 않은 것은?
① 스팬을 길게 할 수 있어서 넓은 공간을 설계할 수 있다.
② 부재 단면의 크기를 작게 할 수 있고, 진동이 없다.
③ 공기를 단축하고, 시공과정을 기계화할 수 있다.
④ 고강도재료를 사용하므로 강도와 내구성이 크다.

2-3. 프리캐스트(PC) 콘크리트의 공사과정으로 옳은 것은?
① PC 설계→조립→운송→접합→배근 및 콘크리트 타설
② PC 설계→운송→조립→접합→배근 및 콘크리트 타설
③ PC 설계→접합→조립→운송→배근 및 콘크리트 타설
④ PC 설계→운송→접합→조립→배근 및 콘크리트 타설

2-4. 스틸하우스에 대한 설명으로 옳지 않은 것은?
① 결로현상이 생기지 않으며 차음에 좋다.
② 공사기간이 짧고, 경제적이다.
③ 내부 변경이 용이하고, 공간 활용이 효율적이다.
④ 폐자재의 재활용이 가능하여 환경오염이 적다.

|해설|

2-2
프리스트레스트 콘크리트구조는 부재 단면의 크기를 작게 할 수 있으나 쉽게 진동한다.

2-4
스틸하우스는 열전도율이 높아 결로 방지를 위한 단열 보강을 해야 한다.

정답 2-1 ④ 2-2 ② 2-3 ② 2-4 ①

PART 02

과년도+최근 기출복원문제

2015~2016년   과년도 기출문제
2017~2024년   과년도 기출복원문제
2025년   최근 기출복원문제

2015년 제1회 과년도 기출문제

01 다음 보기의 설명에 알맞는 상점의 진열 및 판매대 배치 유형은?

> 보기
> - 판매대가 입구에서 내부 방향으로 향하여 직선적인 형태로 배치되는 형식이다.
> - 통로가 직선적이어서 고객의 흐름이 빠르다.

① 굴절배치형
② 직렬배치형
③ 환상배치형
④ 복합배치형

해설
직렬형은 상품의 전달 및 고객의 동선상 흐름이 가장 빠른 형식으로, 협소한 매장에 적합한 상점 진열장의 배치 유형이다.

02 양식 주택과 비교한 한식 주택의 특징에 관한 설명으로 옳지 않은 것은?

① 공간의 융통성이 낮다.
② 가구는 부수적인 내용물이다.
③ 평면은 실의 위치별 분화이다.
④ 각 실의 프라이버시가 약하다.

해설
한식 주택은 공간의 융통성이 높다.

03 실내디자인 요소에 관한 설명으로 옳은 것은?

① 천장은 바닥과 함께 공간을 형성하는 수직적 요소이다.
② 바닥은 다른 요소들에 비해 시대와 양식에 의한 변화가 현저하다.
③ 기둥은 선형의 수직요소로 벽체를 대신하여 구조적인 요소로만 사용된다.
④ 벽은 공간을 에워싸는 수직적 요소로 수평 방향을 차단하여 공간을 형성하는 기능을 갖는다.

해설
벽은 인간의 시선과 동작을 차단하며 공기의 움직임을 제어할 수 있는 실내 공간을 형성하는 수직적 구성 요소로서, 공간요소 중 가장 많은 면적을 차지한다.

04 어느 실내 공간을 실제 크기보다 넓어 보이게 하려는 방법으로 옳지 않은 것은?

① 창이나 문 등을 크게 한다.
② 벽지는 무늬가 큰 것을 선택한다.
③ 큰 가구는 벽에 부착시켜 배치한다.
④ 질감이 거친 것보다 고운 마감재료를 선택한다.

해설
실내 공간을 실제 크기보다 넓어 보이게 하려면 무늬가 작은 벽지를 선택한다.

05 창문을 통해 입사되는 광량, 즉 빛 환경을 조절하는 일광조절장치에 속하지 않는 것은?

① 픽처 윈도
② 글라스 커튼
③ 로만 블라인드
④ 드레이퍼리 커튼

해설
픽처 윈도 : 바닥에서 천장까지 닿는 커다란 창으로, 드라마틱한 전망효과를 얻을 수 있다.

06 스툴의 일종으로, 더 편안한 휴식을 위해 발을 올려 놓는 데도 사용되는 것은?

① 세티
② 오토만
③ 카우치
④ 이지 체어

해설
① 세티 : 동일한 2개의 의자를 나란히 합해 2인이 앉을 수 있는 의자이다.
③ 카우치 : 고대 로마시대 음식물을 먹거나 잠을 자기 위해 사용했던 긴 의자로, 몸을 기댈 수 있도록 좌판의 한쪽 끝이 올라간 형태이다.
④ 이지 체어 : 푹신하게 만든 편안한 안락의자로, 가볍게 휴식을 취할 수 있도록 크기는 라운지 체어보다 작고, 심플한 형태이다.

07 점과 선의 조형효과에 관한 설명으로 옳지 않은 것은?

① 점은 선과 달리 공간적 착시효과를 이끌어 낼 수 없다.
② 선은 여러 개의 선을 이용하여 움직임, 속도감 등을 시각적으로 표현할 수 있다.
③ 배경의 중심에 있는 하나의 점은 점에 시선을 집중시키고 정지의 효과를 느끼게 한다.
④ 반복되는 선의 굵기와 간격, 방향을 변화시키면 2차원에서 부피와 깊이를 느끼게 표현할 수 있다.

해설
같은 점이라도 밝은 점은 크고 넓게 보이며, 어두운 점은 작고 좁게 보인다.

08 간접조명에 관한 설명으로 옳지 않은 것은?

① 균질한 조도를 얻을 수 있다.
② 직접조명보다 조명의 효율이 낮다.
③ 직접조명보다 뚜렷한 입체효과를 얻을 수 있다.
④ 직접조명보다 부드러운 분위기 조성이 용이하다.

해설
간접조명은 천장이나 벽면 등에 빛을 반사시켜 그 반사광으로 조명하는 방식으로, 직접조명보다 뚜렷한 입체효과를 얻을 수 없다.

09 LDK형 단위 주거에서 D가 의미하는 것은?

① 거실
② 식당
③ 부엌
④ 화장실

해설
② D : 식당
① L : 거실
③ K : 부엌

10 형태의 의미구조에 의한 분류에서 인간의 지각, 즉 시각과 촉각 등으로 직접 느낄 수 없고 개념적으로만 제시될 수 있는 형태는?

① 현실적 형태
② 인위적 형태
③ 상징적 형태
④ 자연적 형태

해설
이념적(상징적) 형태
- 인간의 지각, 즉 시각과 촉각 등으로 직접 느낄 수 없고, 개념적으로만 제시될 수 있는 형태로 순수 형태, 상징적 형태라고도 한다.
- 점, 선, 면, 입체 등 추상적 기하학적 형태가 이에 해당한다.
※ 추상적 형태
  - 구체적 형태를 생략 또는 과장의 과정을 거쳐 재구성된 형태이다.
  - 대부분의 경우 재구성된 원래의 형태를 알아보기 어렵다.

11 다음 중 실내디자인을 평가하는 기준과 가장 거리가 먼 것은?

① 경제성   ② 기능성
③ 주관성   ④ 심미성

해설
실내디자인을 평가하는 기준 : 기능성, 합목적성, 심미성, 경제성, 독창성

12 다음은 피보나치 수열을 나타낸 것이다. '21' 다음에 나오는 숫자는?

> 1, 1, 2, 3, 5, 8, 13, 21, …

① 24   ② 29
③ 34   ④ 38

해설
피보나치 기하급수 : 앞의 두 항의 합이 다음 항과 같도록 배열되는 것

13 다음 중 실내디자인에서 리듬감을 주기 위한 방법과 가장 거리가 먼 것은?

① 방사   ② 반복
③ 조화   ④ 점이

해설
리듬의 요소(원리) : 반복, 점층(점이), 대립(대조), 변이, 방사 등

14 디자인 원리 중 강조에 관한 설명으로 옳지 않은 것은?

① 균형과 리듬의 기초가 된다.
② 힘의 조절로서 전체 조화를 파괴하는 역할을 한다.
③ 구성의 구조 안에서 각 요소들의 시각적 계층관계를 기본으로 한다.
④ 강조의 원리가 적용되는 시각적 초점은 주위가 대칭적 균형일 때 더욱 효과적이다.

해설
강조 : 시각적인 힘의 강약에 단계를 주어 디자인의 일부분에 초점이나 흥미를 부여하는 디자인 원리이다.

15 다음의 부엌 가구 배치 유형 중 좁은 면적 이용에 가장 효과적이며, 주로 소규모 부엌에 사용되는 것은?

① 일자형　　② L자형
③ 병렬형　　④ U자형

해설
부엌의 면적이 좁을 경우 작업대는 일자형으로 배치해야 효과적이다.

16 측창 채광에 관한 설명으로 옳지 않은 것은?

① 통풍, 차열에 유리하다.
② 시공이 용이하며 비막이에 유리하다.
③ 투명 부분을 설치하면 해방감이 있다.
④ 편측 채광의 경우 실내의 조도분포가 균일하다.

해설
편측창 채광은 조명도가 균일하지 못하다.

17 기온, 습도, 기류의 3요소의 조합에 의한 실내 온열 감각을 기온의 척도로 나타낸 온열지표는?

① 유효온도
② 등가온도
③ 작용온도
④ 합성온도

해설
유효온도 : 환경측 요소 중에서 기온, 습도, 기류 등의 감각과 동일한 감각을 주는 포화공기의 온도이다.

18 열전도율의 단위로 옳은 것은?

① W　　　　② W/m
③ W/m·K　　④ W/m^2·K

해설
열전도율의 SI 단위는 W/m·K이다.

19 2가지 음이 동시에 귀에 들어와서 한쪽의 음 때문에 다른 쪽의 음이 작게 들리는 현상은?

① 공명효과
② 일치효과
③ 마스킹 효과
④ 플러터 에코 효과

해설
마스킹(masking) 효과
- 귀로 2가지 음이 동시에 들어와서 한쪽의 음 때문에 다른 쪽의 음이 작게 들리는 현상이다.
- 크고 작은 두 소리를 동시에 들을 때 큰소리만 듣고 작은 소리는 듣지 못하는 현상이다.
- 두 소리의 주파수 영역이 가까우면 가까울수록 더 커진다.
- 예 배경음악에 실내 소음이 묻히는 것, 사무실의 자판 소리 때문에 말소리가 묻히는 것

정답 15 ① 16 ④ 17 ① 18 ③ 19 ③

20 환기의 종류 중 실내외의 온도차에 의한 공기의 밀도차가 환기의 원동력이 되는 것은?

① 전반환기
② 동력환기
③ 풍력환기
④ 중력환기

해설
- 중력환기 : 실내외의 온도차에 의한 공기밀도의 차이가 원동력이 되는 환기방식이다.
- 풍력환기 : 건물의 외벽면에 가해지는 풍압이 원동력이 되는 환기방식이다.

21 변성암에 속하지 않는 것은?

① 대리석　　② 석회석
③ 사문암　　④ 트래버틴

해설
석회석은 수성암에 해당한다.

22 다음 중 구조재료에 요구되는 성질과 가장 관계가 먼 것은?

① 외관은 좋은 것이어야 한다.
② 가공이 용이한 것이어야 한다.
③ 내화, 내구성이 큰 것이어야 한다.
④ 재질이 균일하고 강도가 큰 것이어야 한다.

해설
구조재료에 요구되는 성질 : 균일성, 내구성, 가공성

23 다음 중 콘크리트 바탕에 적용이 가장 곤란한 도료는?

① 에폭시 도료
② 유성 바니시
③ 염화비닐 도료
④ 염화고무 도료

해설
유성 바니시는 유성 페인트보다 내후성이 작아서 옥외에는 사용하지 않고, 목재 내부용으로 사용한다.

24 석재의 일반적인 성질에 관한 설명으로 옳지 않은 것은?

① 불연성이다.
② 내구성, 내수성이 우수하다.
③ 비중이 크고, 가공성이 좋지 않다.
④ 압축강도는 인장강도에 비해 매우 작다.

해설
석재의 인장강도는 압축강도에 비해 매우 작다.

정답　20 ④　21 ②　22 ①　23 ②　24 ④

25 도막 방수재, 실링재로 사용되는 열경화성 수지는?

① 아크릴수지
② 염화비닐수지
③ 폴리스티렌수지
④ 폴리우레탄수지

해설
① 아크릴수지 : 투명도가 높아 유기 글라스라고도 한다. 착색이 자유롭고, 내충격강도가 크다. 평판, 골판 등의 각종 형태의 성형품으로 만들어 채광판, 도어판, 칸막이 벽 등에 쓰이는 열가소성 수지이다.
② 염화비닐수지 : 강도, 전기절연성, 내약품성이 좋고 고온·저온에 약하며 필름, 바닥용 타일, PVC 파이프, 도료 등에 사용된다.
③ 폴리스티렌수지 : 무색투명한 액체로 내화학성, 전기절연성, 내수성이 크며 창유리, 벽용 타일 등에 사용된다. 발포제품으로 만들어 단열재에 많이 사용된다.

26 목재의 강도에 관한 설명으로 옳은 것은?

① 일반적으로 변재가 심재보다 강도가 크다.
② 목재의 강도는 일반적으로 비중에 반비례한다.
③ 목재의 강도는 힘을 가하는 방향에 따라 다르다.
④ 섬유포화점 이상의 함수 상태에서는 함수율이 작을수록 강도가 커진다.

해설
① 일반적으로 변재보다 심재의 강도가 높다.
② 목재의 강도는 일반적으로 비중에 비례한다.
④ 섬유포화점 이상에서는 강도가 일정하지만, 섬유포화점 이하에서는 함수율이 감소할수록 강도가 증대한다.

27 굳지 않은 콘크리트의 워커빌리티 측정방법에 속하지 않는 것은?

① 비비시험
② 슬럼프시험
③ 비카트시험
④ 다짐계수시험

해설
굳지 않은 콘크리트의 워커빌리티 측정방법 : 플로시험, 비비시험, 슬럼프시험, 다짐계수시험
※ 비카트 침 시험장치는 시멘트의 표준 주도의 결정과 시멘트의 응결시간을 측정하는 데 사용한다.

28 건축재료의 사용목적에 따른 분류에 속하지 않는 것은?

① 구조재료
② 마감재료
③ 유기재료
④ 차단재료

해설
• 건축재료의 사용목적에 의한 분류
  - 구조재료
  - 마감재료
  - 차단재료
  - 방화 및 내화재료
• 건축재료의 화학 조성에 따른 분류
  - 무기재료
  - 유기재료

정답 25 ④ 26 ③ 27 ③ 28 ③

29 수화열이 낮아 댐과 같은 매스 콘크리트 구조물에 사용되는 시멘트는?

① 보통 포틀랜드 시멘트
② 조강 포틀랜드 시멘트
③ 중용열 포틀랜드 시멘트
④ 내황산염 포틀랜드 시멘트

해설
중용열 포틀랜드 시멘트
- 시멘트의 발열량을 저감시킬 목적으로 제조한 시멘트이다.
- 건조수축이 작고 화학저항성이 크며, 초기강도와 내구성이 우수하다.
- 수화속도를 지연시켜 수화열을 작게 한 시멘트이다.
- 수화열이 낮아 댐과 같은 매스 콘크리트 구조물에 사용한다.
※ 매스 콘크리트 : 콘크리트 부재 또는 구조물의 치수가 커서 시멘트의 수화열에 의한 온도 상승을 고려하여 시공해야 하는 콘크리트

30 천연 아스팔트에 속하지 않는 것은?

① 아스팔타이트
② 록 아스팔트
③ 레이크 아스팔트
④ 스트레이트 아스팔트

해설
아스팔트의 종류
- 천연 아스팔트 : 록 아스팔트, 레이크 아스팔트, 아스팔타이트
- 석유 아스팔트 : 스트레이트 아스팔트, 블론 아스팔트, 아스팔트 콤파운드

31 콘크리트의 강도 중 일반적으로 가장 큰 것은?

① 휨강도
② 인장강도
③ 압축강도
④ 전단강도

해설
콘크리트의 강도 : 압축강도 > 휨강도 > 인장강도(압축강도의 1/14~1/10)

32 목재를 절삭 또는 파쇄하여 작은 조각으로 만들어 접착제를 섞어 고온·고압으로 성형한 판재는?

① 합판   ② 섬유판
③ 집성목재   ④ 파티클 보드

33 콘크리트 혼화제 중 작업성능이나 동결융해 저항 성능의 향상을 목적으로 사용하는 것은?

① AE제   ② 증점제
③ 기포제   ④ 유동화제

해설
② 증점제 : 재료의 응집작용을 향상시켜 재료분리를 억제하기 위해 사용한다.
③ 기포제 : 계면활성작용에 의해 콘크리트에 공기 거품을 도입하는 혼화제이다.
④ 유동화제 : 시멘트 입자에 흡착된 음전하의 입자 간 반발력으로 시멘트 입자를 분산시켜 일시적으로 시멘트풀의 유동성을 개선시키기 위해 사용하는 혼화제이다.

29 ③ 30 ④ 31 ③ 32 ④ 33 ①

34 다음은 한국산업표준(KS)에 따른 점토벽돌 중 미장벽돌에 관한 용어의 정의이다. ( ) 안에 알맞은 것은?

> 점토 등을 주원료로 하여 소성한 벽돌로서 유공형 벽돌은 하중 지지면의 유효 단면적이 전체 단면적의 ( ) 이상이 되도록 제작한 벽돌

① 30%   ② 40%
③ 50%   ④ 60%

해설
미장벽돌
- 점토 등을 주원료로 하여 소성한 벽돌이다.
- 유공형 벽돌은 하중 지지면의 유효 단면적이 전체 단면적의 50% 이상이 되도록 제작한 벽돌이다.

35 소다석회유리에 관한 설명으로 옳지 않은 것은?

① 용융하기 쉽다.
② 풍화되기 쉽다.
③ 산에는 강하나 알칼리에는 약하다.
④ 건축물의 창유리로는 사용할 수 없다.

해설
소다석회유리
- 주로 건축공사의 일반 창호유리, 병유리에 사용한다.
- 산에는 강하지만 알칼리에 약하다.
- 열팽창계수가 크고, 강도가 높다.
- 풍화·용융되기 쉽다.
- 불연성 재료이지만, 단열용이나 방열용으로는 적합하지 않다.
- 자외선 투과율이 낮다.

36 구리(Cu)와 주석(Sn)을 주체로 한 합금으로, 건축장식 철물 또는 미술공예 재료에 사용되는 것은?

① 니켈   ② 양은
③ 황동   ④ 청동

해설
청동
- 구리와 주석을 주성분으로 한 합금이다.
- 내식성이 크고, 주조성이 우수하다.
- 건축장식 철물 및 미술공예 재료로 사용된다.

37 콘크리트가 타설된 후 비교적 가벼운 물이나 미세한 물질 등이 상승하고, 무거운 골재나 시멘트는 침하하는 현상은?

① 쿨링   ② 블리딩
③ 레이턴스   ④ 콜드조인트

해설
블리딩 : 콘크리트 타설 후 시멘트 입자, 골재가 가라앉으면서 물이 올라와 콘크리트 표면에 미립물이 떠오르는 현상

38 플라스틱 건설재료의 일반적인 성질에 관한 설명으로 옳지 않은 것은?

① 일반적으로 전기절연성이 우수하다.
② 강성이 크고 탄성계수가 강재의 2배이므로 구조재료로 적합하다.
③ 가공성이 우수하여 기구류, 판류, 파이프 등의 성형품 등에 많이 쓰인다.
④ 접착성이 크고 기밀성, 안전성이 큰 것이 많으므로 접착제, 실링제 등에 적합하다.

해설
플라스틱 건설재료는 강성 및 탄성계수가 작아 구조재로는 사용하기 곤란하다.

정답 34 ③ 35 ④ 36 ④ 37 ② 38 ②

39 혼합한 미장재료에 아직 반죽용 물을 섞지 않은 상태를 의미하는 용어는?

① 초벌 ② 재벌
③ 물비빔 ④ 건비빔

해설
- 건비빔 : 혼합한 미장재료에 아직 반죽용 물을 섞지 않은 상태이다.
- 물비빔 : 건비빔된 미장재료에 물을 부어 바를 수 있도록 반죽이 된 상태이다.

40 다음 중 기둥 및 벽 등의 모서리에 대어 미장바름을 보호하기 위해 사용하는 철물은?

① 메탈 라스
② 코너 비드
③ 와이어 라스
④ 와이어 메시

해설
① 메탈 라스 : 얇은 철판에 절목을 많이 넣어 이를 옆으로 늘여서 만든 것으로, 도벽 바탕에 쓰인다.
③ 와이어 라스 : 아연 도금한 연강선을 마름모꼴로 엮어서 만든 미장벽 바탕용 철망으로, 시멘트 모르타르바름 바탕에 사용한다.
④ 와이어 메시 : 비교적 굵은 철선을 격자형으로 용접한 것으로, 콘크리트 보강용으로 사용한다.

41 철근콘크리트구조에서 나선철근으로 둘러싸인 원형 단면 기둥 주근의 최소 개수는?

① 3개 ② 4개
③ 6개 ④ 8개

해설
- 나선철근으로 둘러싸인 기둥은 주근을 6개 이상 배근한다.
- 사각형 기둥은 주근을 4개 이상 배근한다.

42 일반적인 삼각스케일에 표시되어 있지 않은 축척은?

① 1/100 ② 1/300
③ 1/500 ④ 1/700

해설
삼각스케일(triangle scale)의 축척 사양 : 1/100, 1/200, 1/300, 1/400, 1/500, 1/600

43 도면 표시기호 중 두께를 표시하는 기호는?

① THK ② A
③ V ④ H

해설
② A : 면적
③ V : 용적
④ H : 높이

44 도면을 접는 크기의 표준으로 옳은 것은?(단, 단위는 mm임)

① 841×1,189
② 420×294
③ 210×297
④ 105×148

[해설]
접은 도면의 크기는 A4의 크기(210×297)를 원칙으로 한다.

45 이오토막으로 마름질한 벽돌의 크기로 옳은 것은?

① 온장의 1/4
② 온장의 1/3
③ 온장의 1/2
④ 온장의 3/4

[해설]
자른벽돌의 명칭

온장		자르지 않은 벽돌
칠오토막		길이 방향으로 3/4 남김
반오토막		길이 방향으로 1/2 남김
이오토막		길이 방향으로 1/4 남김
반절		마구리 방향으로 1/2 남김
반반절		길이 방향으로 1/2, 마구리 방향으로 1/2 남김

46 용착금속이 홈에 차지 않고 홈 가장자리가 남아 있는 불완전 용접은?

① 언더컷
② 블로홀
③ 오버랩
④ 피트

[해설]
언더컷
• 철골공사 용접결함 중에서 용접 상부에 따라 모재가 녹아 용착금속이 채워지지 않고 홈으로 남게 된 부분
• 용착금속이 홈에 차지 않고 홈 가장자리가 남아 있는 불완전 용접

47 건축물을 각 층마다 창틀 위에서 수평으로 자른 수평 투상도로서 실의 배치 및 크기를 나타내는 도면은?

① 입면도
② 평면도
③ 단면도
④ 전개도

[해설]
① 입면도 : 건축물의 외형을 각 면에 대하여 직각으로 투사한 도면으로, 건축물의 외형을 한눈에 알아볼 수 있다.
③ 단면도 : 건축물을 수직으로 절단하여 수평 방향에서 본 도면으로, 평면도에 절단선을 그려 절단 부분의 위치를 표시한다.
④ 전개도 : 건물 내부의 입면을 정면에서 바라보고 그리는 내부 입면도로, 각 실의 내부 의장을 명시하기 위해 작성하는 도면이다.

[정답] 44 ③ 45 ① 46 ① 47 ②

48 건축물의 설계도면 중 사람이나 차, 물건 등이 움직이는 흐름을 도식화한 도면은?

① 구상도
② 조직도
③ 평면도
④ 동선도

해설
④ 동선도 : 조직도·기능도 등을 바탕으로 사람·차·가구 등의 이동 흐름을 도식화한 도면으로, 이 도면을 토대로 문의 위치·가구의 배치·창문의 배치 등을 설정한다.
① 구상도 : 기초설계에 대한 기본개념으로 배치도, 입면도, 평면도가 포함되며 모눈종이 등에 프리핸드로 손쉽게 그린다.
② 조직도 : 초기 평면계획 시 구상하기 전 각 실내의 용도 등의 관련성을 조사·정리·조직화한 것이다.
③ 평면도 : 일반적으로 바닥면으로부터 1.2m 높이에서 절단한 수평 투상도로서, 실의 배치 및 크기를 나타낸다.

49 목구조에서 2층 이상의 기둥 전체를 하나의 단일재로 사용하는 기둥은?

① 통재기둥
② 평기둥
③ 샛기둥
④ 배흘림 기둥

해설
통재기둥 : 2층 이상의 기둥 전체를 하나의 단일재료를 사용하는 기둥으로, 상하를 일체화시켜 수평력을 견디게 한다.

50 다음 중 선의 굵기가 가장 굵어야 하는 것은?

① 절단선
② 지시선
③ 외형선
④ 경계선

해설
선의 굵기

| 단면선 외형선 | 숨은선 절단선 경계선 기준선 가상선 | 치수선 치수보조선 지시선 해칭선 중심선 |

굵음 ⇐   ⇒ 가늚

51 건축제도통칙에서 규정하고 있는 치수에 대한 설명 중 옳은 것을 모두 고르면?

A. 치수는 특별히 명시하지 않는 한 마무리 치수로 표시한다.
B. 치수 기입은 치수선 중앙 아랫부분에 기입하는 것이 원칙이다.
C. 치수 기입은 치수선에 평행하게 도면의 오른쪽에서 왼쪽으로, 위로부터 아래로 읽을 수 있도록 기입한다.
D. 치수의 단위는 센티미터(cm)를 원칙으로 하고 단위기호는 쓰지 않는다.

① A
② A, B
③ A, C
④ A, D

해설
건축제도통칙(KS F 1501) – 치수
• 치수는 특별히 명시하지 않는 한 마무리 치수로 표시한다.
• 치수 기입은 치수선 중앙 윗부분에 기입하는 것이 원칙이다. 다만, 치수선을 중단하고 선의 중앙에 기입할 수도 있다.
• 치수 기입은 치수선에 평행하게 도면의 왼쪽에서 오른쪽으로, 아래로부터 위로 읽을 수 있도록 기입한다.
• 협소한 간격이 연속될 때에는 인출선을 사용하여 치수를 쓴다.
• 치수선의 양 끝 표시는 화살 또는 점으로 표시할 수 있다. 같은 도면에서 2종을 혼용하지 않는다.
• 치수의 단위는 밀리미터(mm)를 원칙으로 하고, 이때 단위기호는 쓰지 않는다. 치수 단위가 밀리미터가 아닌 때에는 단위기호를 쓰거나 그 밖의 방법으로 그 단위를 명시한다.

52 건축설계 도면에서 중심선, 절단선, 경계선 등으로 사용되는 선은?

① 실선   ② 1점쇄선
③ 2점쇄선   ④ 파선

해설
선의 종류 및 사용방법

선의 종류	사용방법
굵은 실선	• 단면의 윤곽을 표시한다.
가는 실선	• 보이는 부분의 윤곽 또는 좁거나 작은 면의 단면 부분의 윤곽을 표시한다. • 치수선, 치수보조선, 인출선, 격자선 등을 표시한다.
파선 또는 점선	• 보이지 않는 부분이나 절단면보다 양면 또는 윗면에 있는 부분을 표시한다.
1점 쇄선	• 중심선, 절단선, 기준선, 경계선, 참고선 등을 표시한다.
2점 쇄선	• 상상선 또는 1점쇄선과 구별할 필요가 있을 때 사용한다.

53 각 건축구조의 특성에 대한 설명으로 틀린 것은?

① 벽돌구조는 횡력 및 지진에 강하다.
② 철근콘크리트구조는 철골구조에 비해 내화성이 우수하다.
③ 철골구조의 공사는 철근콘크리트구조 공사에 비해 동절기 기후에 영향을 덜 받는다.
④ 목구조는 소규모 건축에 많이 쓰이며 화재에 취약하다.

해설
벽돌구조는 횡력 및 지진에 약하다.

54 도면을 작도할 때의 유의사항 중 옳지 않은 것은?

① 선의 굵기가 구별되는지 확인한다.
② 선의 용도를 정확하게 알 수 있도록 작도한다.
③ 문자의 크기를 명확하게 한다.
④ 보조선을 진하게 긋고 글씨를 쓴다.

해설
보조선은 가장 연하고 가늘게 긋는다.

55 다음 그림과 같은 트러스의 명칭은?

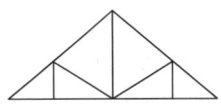

① 워런(warren) 트러스
② 비렌딜(vierendeel) 트러스
③ 하우(howe) 트러스
④ 핑크(pink) 트러스

해설
하우 트러스 : 경사재가 압축재로 경사 방향이 양단에서 중심으로 상향하는 트러스

워런 트러스	비렌딜 트러스	핑크 트러스

정답 52 ② 53 ① 54 ④ 55 ③

56 실시설계 도면에 포함되지 않는 도면은?

① 배치도
② 동선도
③ 단면도
④ 창호도

해설
실시설계 도면은 시공을 위한 공사용 도면이다. 동선도는 계획설계도에 해당한다.

57 건축물의 투시도법에 쓰이는 용어에 대한 설명 중 옳지 않은 것은?

① 화면(PP ; Picture Plane)은 물체와 시점 사이에 기면과 수직한 직립 평면이다.
② 수평면(HP ; Horizontal Plane)은 기선에 수평한 면이다.
③ 수평선(HL ; Horizontal Line)은 수평면과 화면의 교차선이다.
④ 시점(EP ; Eye Point)은 보는 사람의 눈 위치이다.

해설
수평면(HP ; Horizontal Plane) : 눈의 높이와 수평한 면

58 제도용구와 용도의 연결이 틀린 것은?

① 컴퍼스 – 원이나 호를 그릴 때 사용
② 디바이더 – 선을 일정 간격으로 나눌 때 사용
③ 삼각스케일 – 길이를 재거나 직선을 일정한 비율로 줄여 나타낼 때 사용
④ 운형자 – 긴 사선을 그릴 때 사용

해설
운형자 : 원호 이외의 곡선을 그을 때 사용하는 제도용구

59 이형철근의 마디, 리브와 관련이 있는 힘의 종류는?

① 인장력
② 압축력
③ 전단력
④ 부착력

해설
이형철근 : 마디와 리브를 붙여 부착력을 증가시킨 철근으로, 원형철근에 비해 부착력이 크다.

60 고력 볼트 접합에서 힘을 전달하는 대표적인 접합 방식은?

① 인장 접합
② 마찰 접합
③ 압축 접합
④ 용접 접합

해설
고력 볼트 접합 : 고장력 볼트를 조여서 생기는 인장력으로 발생하는 마찰력을 이용해 접합하는 방식이다.

2015년 제2회 과년도 기출문제

01 거실의 가구 배치방법 중 가구를 두 벽면에 연결시켜 배치하는 형식으로, 시선이 마주치지 않아 안정감이 있는 것은?

① 직선형   ② 대면형
③ ㄱ자형   ④ ㄷ자형

해설
ㄱ자형(코너형)
- 가구를 두 벽면에 연결시켜 배치하는 형식으로, 시선이 마주치지 않아 안정감이 있다.
- 비교적 작은 면적을 차지하기 때문에 공간 활용이 높고 동선이 자연스럽게 이루어지는 장점이 있다.

02 다음 중 측면 판매형식의 적용이 가장 곤란한 상품은?

① 서적   ② 침구
③ 의류   ④ 부엌

해설
측면 판매
- 고객이 직접 상품과 접촉하여 충동구매를 유도하는 방식이다.
- 진열 상품을 같은 방향으로 보며 판매하는 형식이다.
- 판매원이 고정된 자리 및 위치를 설정하기 어렵다.
- 고객이 직접 진열된 상품을 접촉할 수 있어 상품 선택이 용이하다.
- 대면 판매에 비해 넓은 진열 면적의 확보가 가능하다.
- 직원 동선의 이동성이 많다.
- 상품의 설명이나 포장 등이 불편하다.
- 주로 전기용품, 서적, 침구, 양복, 문방구류 등의 판매에 사용된다.

03 주거 공간은 주행동에 의해 개인 공간, 사회 공간, 가사노동 공간 등으로 구분할 수 있다. 다음 중 사회 공간에 속하는 것은?

① 식당   ② 침실
③ 서재   ④ 부엌

해설
공간에 따른 분류

공간 분류	종류
사회적 공간	거실, 식당, 응접실, 회의실 등
개인적 공간	침실, 서재, 작업실, 욕실 등
작업 공간	세탁실, 다용도실, 부엌
부수적 공간	계단, 현관, 복도, 통로 등

04 실내 공간을 형성하는 기본 구성요소 중 다른 요소들에 비해 시대와 양식에 의한 변화가 거의 없는 것은?

① 벽   ② 바닥
③ 천장   ④ 지붕

해설
벽, 바닥, 천장 등은 시대와 양식에 의한 변화가 뚜렷한 데 비해 바닥은 변화가 거의 없다.

정답   1 ③   2 ④   3 ①   4 ②

05 다음 보기의 설명에 알맞은 조명 관련 용어는?

> **보기**
> 태양관(주광)을 기준으로 하여 어느 정도 주광과 비슷한 색상을 연출할 수 있는지를 나타내는 지표

① 광도
② 휘도
③ 조명률
④ 연색성

해설
연색성 : 광원에 따라 물체의 색이 달라지는 효과로, 조명 빛과 태양열이 얼마나 흡사한가를 숫자로 나타낸 지표이다. 연색성을 수치로 정량화한 것을 연색평가지수(color rendering index)라고 한다.

06 다음 중 식탁 밑에 부분 카펫이나 러그를 깔았을 경우 얻을 수 있는 효과와 가장 거리가 먼 것은?

① 소음 방지
② 공간 확대
③ 영역 구분
④ 바닥 긁힘 방지

해설
식탁 밑에 부분 카펫이나 러그를 깔았을 경우 얻을 수 있는 효과 : 방음효과, 보온효과, 바닥 긁힘 방지, 영역 구분 등

07 동선계획을 가장 잘 나타낼 수 있는 실내계획은?

① 입면계획
② 천장계획
③ 구조계획
④ 평면계획

해설
실내 공간의 평면계획에서 가장 우선 고려해야 할 사항은 공간의 동선계획이다.

08 상점에서 쇼윈도, 출입구 및 홀의 입구 부분을 포함한 평면적인 구성요소와 아케이드, 광고판, 사인, 외부장치를 포함한 입체적인 구성요소의 총체를 의미하는 것은?

① 파사드
② 스크린
③ AIDMA
④ 디스플레이

해설
파사드(facade) : 쇼윈도, 출입구 및 홀의 입구 부분을 포함한 평면적인 구성요소와 아케이드, 광고판, 사인, 외부장치를 포함한 입체적인 구성요소의 총체를 의미한다. 전체 외부요소들은 상점의 특성과 상점의 내용을 표현하도록 디자인되어야 하며, 무엇보다도 주변환경과 조화를 이루어야 한다.

09 다음의 건축화 조명방식 중 벽면조명에 속하지 않는 것은?

① 커튼조명
② 코퍼조명
③ 코니스 조명
④ 밸런스 조명

해설
코퍼조명 : 천장면을 사각형이나 원형으로 파내고 그 내부에 조명기구를 매립하는 방식으로, 천장의 단조로움을 피한 조명방식이다.

10 인간의 주의력에 의해 감지되는 시각적 무게의 평형 상태를 의미하는 디자인 원리는?

① 리듬   ② 통일
③ 균형   ④ 강조

해설
① 리듬 : 실내에 있어서 공간이나 형태의 구성을 조직하고 반영하여 시각적으로 디자인에 질서를 부여한다.
② 통일 : 이질적인 각 구성요소들을 전체적으로 동일한 이미지를 갖게 하며, 디자인 대상의 전체에 미적 질서를 주는 기본원리로 모든 형식의 출발점이다.
④ 강조 : 시각적인 힘의 강약에 단계를 주어 디자인의 일부분에 초점이나 흥미를 부여하는 디자인 원리이다.

11 부엌의 작업 순서에 따른 작업대의 배치 순서로 가장 알맞은 것은?

① 가열대 → 배선대 → 준비대 → 조리대 → 개수대
② 개수대 → 준비대 → 조리대 → 배선대 → 가열대
③ 배선대 → 가열대 → 준비대 → 개수대 → 조리대
④ 준비대 → 개수대 → 조리대 → 가열대 → 배선대

12 약동감, 생동감 넘치는 에너지와 운동감, 속도감을 주는 선의 종류는?

① 곡선   ② 사선
③ 수직선   ④ 수평선

해설
선의 종류별 조형효과
• 수직선 : 존엄성, 위엄, 권위
• 수평선 : 안정, 평화
• 사선 : 약동감, 생동감
• 곡선 : 유연함, 우아함, 풍요로움, 여성스러움

13 다음 보기의 설명에 알맞은 착시의 유형은?

┌보기┐
• 모순 도형 또는 불가능한 형이라고도 한다.
• 펜로즈의 삼각형에서 볼 수 있다.
└──┘

① 운동의 착시
② 길이의 착시
③ 역리 도형의 착시
④ 다의 도형의 착시

해설
• 역리 도형의 착시
 - 모순 도형, 불가능 도형을 이용한 착시현상이다.
 - 펜로즈의 삼각형이 대표적이다. 부분적으로는 삼각형으로 보이지만, 전체적으로는 삼각형이 되는 것은 불가능하다. 즉, 3차원의 세계를 2차원 평면에 그린 것이지만 실제로 존재할 수 없는 도형이다.
• 다의 도형의 착시(반전 착시)
 - 같은 도형이지만 음영 변화에 따라 다른 도형으로 보이는 착시현상이다.
 - 루빈의 항아리라고도 한다.

14 붙박이 가구(built in furniture)에 관한 설명으로 옳지 않은 것은?

① 공간의 효율성을 높일 수 있다.
② 건축물과 일체화하여 설치하는 가구이다.
③ 필요에 따라 설치 장소를 자유롭게 움직일 수 있다.
④ 설치 시 실내 마감재와의 조화 등을 고려하여야 한다.

해설
붙박이장의 단점은 한 번 설치하면 다른 곳으로 옮기기 힘들다는 것이다.

정답 10 ③ 11 ④ 12 ② 13 ③ 14 ③

15 다음 보기의 설명에 알맞은 창의 종류는?

┤보기├
- 크기와 형태에 제약 없이 자유로이 디자인할 수 있다.
- 창을 통한 환기가 불가능하다.

① 고정창 ② 미닫이창
③ 여닫이창 ④ 오르내리창

해설
고정창 : 개폐가 불가능한 창으로, 붙박이창이라고도 한다. 채광이나 조망은 가능하지만 환기나 온도 조절이 어렵다. 크기와 형태에 제약이 없어 자유롭게 디자인할 수 있지만, 유리와 같이 투명한 재료일 경우 창이 있는 것을 알지 못해 부딪힐 위험이 있다.

16 차음성이 높은 재료의 특징과 가장 거리가 먼 것은?

① 무겁다.
② 단단하다.
③ 치밀하다.
④ 다공질이다.

해설
흡음재가 다공질(多孔質), 섬유질인 데 비해 차음재는 재질이 단단하고 무거운 것이 특징이다.

17 공기가 포화상태(습도 100%)가 될 때의 온도를 그 공기의 무엇이라 하는가?

① 절대온도
② 습구온도
③ 건구온도
④ 노점온도

해설
노점온도
- 공기가 포화상태(습도 100%)가 될 때의 온도이다.
- 습공기 냉각으로 이슬, 결로가 맺히기 시작하는 온도이다.

18 다음 보기의 설명에 알맞은 환기방식은?

┤보기├
- 실내의 압력이 외부보다 높아진다.
- 병원의 수술실과 같이 외부의 오염공기 침입을 피하는 실에 이용된다.

① 자연환기방식
② 제1종 환기방식(병용식)
③ 제2종 환기방식(압입식)
④ 제3종 환기방식(흡출식)

해설
제2종 환기방식(급기팬과 자연배기의 조합, 압입식)
- 송풍기로 실내에 급기를 실시하고, 배기구를 통하여 자연적으로 유출시키는 방식이다.
- 실내의 압력이 외부보다 높아진다.
- 공기가 실외에서 유입되는 경우가 적다.
- 병원의 수술실과 같이 외부의 오염된 공기의 침입을 피해야 하는 실에 이용된다.

19 조도의 정의로 가장 알맞은 것은?

① 면의 단위면적에서 발산하는 광속
② 수조면의 단위면적에 입사하는 광속
③ 복사로서 전파하는 에너지의 시간적 비율
④ 점광원으로부터의 단위입체각당의 발산 광속

20 다음 중 유효온도에서 고려하지 않는 것은?

① 기온　　② 습도
③ 기류　　④ 복사열

해설
유효온도 : 기온, 습도, 기류의 3요소의 조합에 의한 실내 온열감각을 기온의 척도로 나타낸 온열지표

21 다음 중 구리(Cu)를 포함하고 있지 않은 것은?

① 청동　　② 양은
③ 포금　　④ 함석판

해설
• 청동 : 구리 + 주석
• 양은 : 구리 + 아연 + 니켈
• 포금 : 청동의 하나로 구리 + 주석
• 황동 : 구리 + 아연
※ 함석판 : 박강판에 주석 도금을 한 판재

22 다음 보기의 (　) 안에 알맞은 석재는?

┌보기────────────────────┐
│ 대리석은 (　)이 변화되어 결정화한 것으로 주성분│
│ 은 탄산석회로 이 밖에 탄소질, 산화철, 휘석, 각섬석,│
│ 녹니석 등을 함유한다. │
└──────────────────────┘

① 석회석　　② 감람석
③ 응회암　　④ 점판암

해설
대리석은 석회석이 변화되어 결정화한 것으로, 석질이 치밀하고 견고할 뿐 아니라 외관이 미려하기 때문에 실내장식재 또는 조각재로 사용된다.

23 경화 콘크리트의 성질 중 하중이 지속하여 재하될 경우 변형이 시간과 더불어 증대하는 현상을 의미하는 용어는?

① 크리프　　② 블리딩
③ 레이턴스　　④ 건조수축

해설
크리프
• 하중이 지속적으로 재하될 경우 변형이 시간과 더불어 증대하는 현상이다.
• 하중작용 시의 재령이 짧을수록, 작용응력이 클수록 크다.
• 물-시멘트비가 클수록 크다.
• 외부 습도가 높을수록 작고, 온도가 높을수록 크다.
• 시멘트 페이스트가 묽고, 많을수록 크다.
• 부재의 단면 치수가 작을수록, 부재의 건조 정도가 높을수록 커진다.
• 재하 초기에 증가가 현저하고, 장기화될수록 증가율은 작아진다.
• 하중이 클수록, 시멘트량 또는 단위 수량이 많을수록 커진다.

24 파티클 보드에 관한 설명으로 옳지 않은 것은?

① 면 내 강성이 우수하다.
② 음 및 열의 차단성이 우수하다.
③ 넓은 면적의 판상제품을 만들 수 있다.
④ 수분이나 고습도에 대한 저항 성능이 우수하다.

해설
파티클 보드를 고습도의 조건에서 사용하려면 방습 및 방수처리가 필요하다.

25 다음의 점토제품 중 흡수율 기준이 가장 낮은 것은?

① 자기질 타일
② 석기질 타일
③ 도기질 타일
④ 클링커 타일

해설
점토제품의 흡수율이 큰 순서 : 토기 > 도기 > 석기 > 자기

26 석고 플라스터 미장재료에 관한 설명으로 옳지 않은 것은?

① 내화성이 우수하다.
② 수경성 미장재료이다.
③ 회반죽보다 건조수축이 크다.
④ 원칙적으로 해초 또는 풀즙을 사용하지 않는다.

해설
수축성 크기 : 회반죽 > 돌로마이트 플라스터 > 석고 플라스터

27 다음 중 내알칼리성이 가장 우수한 도료는?

① 에폭시 도료
② 유성 페인트
③ 유성 바니시
④ 프탈산수지 에나멜

해설
에폭시수지 도료
• 도막이 충격에 비교적 강하고, 내마모성도 좋다.
• 내후성, 내수성, 내산성, 내알칼리성이 특히 우수하다.
• 습기에 대한 변질의 염려가 작다.
• 용제와 혼합성이 좋다.
• 콘크리트 및 모르타르 바탕면 등에 사용된다.

28 천연 아스팔트에 속하지 않는 것은?

① 록 아스팔트
② 아스팔타이트
③ 블론 아스팔트
④ 레이크 아스팔트

해설
아스팔트의 종류
• 천연 아스팔트 : 록 아스팔트, 레이크 아스팔트, 아스팔타이트
• 석유 아스팔트 : 스트레이트 아스팔트, 블론 아스팔트, 아스팔트 콤파운드

29 다음 보기의 설명에 알맞은 재료의 역학적 성질은?

┤보기├
재료에 외력이 작용하면 순간적으로 변형이 생기나 외력을 제거하면 순간적으로 원래의 형태로 회복되는 성질을 말한다.

① 소성   ② 점성
③ 탄성   ④ 인성

해설
① 소성 : 재료의 외력을 제거하여도 재료가 원상으로 돌아가지 않고 변형된 상태 그대로 남아 있는 성질
② 점성 : 소성과 함께 비탄성으로 외력에 의한 유동 시 재료 각부에 서로 저항이 생기는 성질
④ 인성 : 외력을 받아 변형을 나타내면서도 파괴되지 않고 견딜 수 있는 성질

30 다음 중 콘크리트의 시공연도(workability)에 영향을 주는 요소와 가장 거리가 먼 것은?

① 혼화재료
② 물의 염도
③ 단위 시멘트량
④ 골재의 입도

해설
콘크리트 시공연도에 영향을 주는 요소 : 단위 수량, 단위 시멘트량, 시멘트의 성질, 골재의 입도 및 입형, 공기량, 혼화재, 비빔시간, 온도

31 다음 중 굳지 않은 콘크리트의 컨시스턴시(consistency)를 측정하는 방법으로 가장 알맞은 것은?

① 슬럼프시험
② 블레인시험
③ 체가름시험
④ 오토클레이브 팽창도시험

해설
슬럼프시험 : 아직 굳지 않은 콘크리트의 반죽질기(consistency)를 측정하는 방법
※ 컨시스턴시 : 수량에 의해서 변화하는 유동성의 정도

32 시멘트가 경화될 때 용적이 팽창되는 정도를 의미하는 용어는?

① 응결   ② 풍화
③ 중성화   ④ 안정성

해설
안정성
• 시멘트의 경화 중 체적팽창으로 팽창균열이 생기는 정도를 나타낸 것이다.
• 시멘트의 안정성 측정에는 오토클레이브 팽창도시험법을 사용한다.

33 금속의 부식과 방식에 관한 설명으로 옳은 것은?

① 산성이 강한 흙 속에서는 대부분의 금속재료는 부식된다.
② 모르타르로 강재를 피복한 경우, 피복하지 않은 경우보다 부식의 우려가 크다.
③ 다른 종류의 금속을 서로 잇대어 사용하는 경우 전기작용에 의해 금속의 부식이 방지된다.
④ 경수는 연수에 비하여 부식성이 크며, 오수에서 발생하는 이산화탄소, 메탄가스는 금속 부식을 완화시키는 완화제 역할을 한다.

해설
② 모르타르로 강재를 피복한 경우, 피복하지 않은 경우보다 부식의 우려가 작다.
③ 다른 종류의 금속은 잇대어 사용하지 않는다.
④ 금속은 외부의 습기 또는 탄산가스와 반응하여 녹을 발생시키고, 바닷물 속에서 더욱 쉽게 부식된다.

34 다음 유리제품 중 부드럽고 균일한 확산광이 가능하며, 확산에 의한 채광효과를 얻을 수 있는 것은?

① 강화유리
② 유리블록
③ 반사유리
④ 망입유리

해설
유리블록(glass block)
• 유리블록은 블록 모양으로 된 유리제의 중공 블록이다.
• 벽에 사용하면 부드러운 광선이 들어오고, 유리창보다 균일한 확산광을 얻는다.
• 열전도율이 벽돌의 1/4 정도여서 실내 냉난방에 효과가 있다.

35 건축재료를 화학 조성에 따라 분류할 경우, 무기재료에 속하지 않는 것은?

① 흙
② 목재
③ 석재
④ 알루미늄

해설
화학 조성에 따른 건축재료의 분류
- 무기재료
  - 금속재료 : 철강, 알루미늄, 구리, 아연, 합금류 등
  - 비금속재료 : 석재, 콘크리트, 시멘트, 유리, 벽돌 등
- 유기재료
  - 천연재료 : 목재, 아스팔트, 섬유류 등
  - 합성수지 : 플라스틱제, 도료, 접착제, 실링제 등

36 플라스틱 건설재료의 일반적인 성질에 관한 설명으로 옳지 않은 것은?

① 전기절연성이 상당히 양호하다.
② 내수성 및 내투습성은 폴리초산비닐 등 일부를 제외하고는 극히 양호하다.
③ 상호 간 계면 접착은 잘되나 금속, 콘크리트, 목재, 유리 등 다른 재료에는 잘 부착되지 않는다.
④ 일반적으로 투명 또는 백색의 물질이므로 적합한 안료나 염료를 첨가함에 따라 다양한 채색이 가능하다.

해설
플라스틱은 상호 간 계면 접착이 잘되며 금속, 콘크리트, 목재, 유리 등 다른 재료에도 잘 부착된다.

37 보통 포틀랜드 시멘트보다 C_2S나 석고가 많고, 더욱이 분말도를 크게 하여 초기에 고강도를 발생하게 하는 시멘트는?

① 저열 포틀랜드 시멘트
② 조강 포틀랜드 시멘트
③ 백색 포틀랜드 시멘트
④ 중용열 포틀랜드 시멘트

해설
포틀랜드 시멘트
- 보통 포틀랜드시멘트(1종) : 일반적으로 가장 많이 사용되며, 일반 건축토목공사에 사용한다.
- 중용열 포틀랜드시멘트(2종) : 수화열이 낮고, 장기강도가 우수하여 댐·터널·교량공사에 사용한다.
- 조강 포틀랜드시멘트(3종) : 수화열이 높아 초기강도와 저온에서 강도 발현이 우수하여 급속공사에 사용한다.
- 저열 포틀랜드시멘트(4종) : 수화열이 가장 낮고, 내구성이 우수하여 특수공사에 사용한다.
- 내황산염 포틀랜드시멘트(5종) : 황산염에 대한 저항성이 크다. 수화열이 낮고, 장기강도의 발현에 우수하여 댐·터널·도로포장 및 교량공사에 사용한다.

38 석재의 강도 중 일반적으로 가장 큰 것은?

① 휨강도
② 인장강도
③ 전단강도
④ 압축강도

해설
석재의 강도 중에서 압축강도가 매우 크다. 인장강도는 압축강도의 1/30~1/10 정도밖에 되지 않고, 휨강도나 전단강도는 압축강도에 비하여 매우 작다.

39 내열성·내한성이 우수한 수지로, −60~260℃의 범위에서 안정하고 탄성을 가지며 내후성 및 내화학성이 우수한 것은?

① 요소수지
② 아크릴수지
③ 실리콘수지
④ 멜라민수지

해설
실리콘수지
- 내열성·내한성이 우수하며, −60~260℃의 범위에서 안정하다.
- 물을 튀기는 발수성을 가지고 있어서 방수재료는 물론 개스킷, 패킹, 전기절연재, 기타 성형품의 원료로 이용되는 합성수지이다.
- 탄력성·내수성이 좋아 도료, 접착제 등으로 사용한다.
- 탄성을 가지며 내후성 및 내화학성이 우수한 열경화성 수지이다.

40 목재의 강도 중 응력 방향이 섬유 방향에 평행한 경우 일반적으로 가장 작은 값을 갖는 것은?

① 휨강도
② 압축강도
③ 인장강도
④ 전단강도

해설
목재의 강도

가력 방향 응력의 종류	섬유 방향에 평행	섬유 방향에 직각
압축강도	100	10~20
인장강도	190~260	7~20
휨강도	150~230	10~20
전단강도	침엽수 16, 활엽수 19	−

41 2층 마루틀 중 보를 쓰지 않고 장선을 사용하여 마룻널을 깐 것은?

① 홑마루틀
② 보마루틀
③ 짠마루틀
④ 납작마루틀

해설
2층 마루
- 홑마루틀(장선마루) : 간 사이가 작을 때 쓰인다(2.4m 이하).
- 보마루틀 : 간 사이가 2.5~6.4m, 보 간격은 1.8m이다.
- 짠마루틀 : 간 사이가 6.4m 이상, 큰 보 간격은 2.7~3.6m이다.

42 트레이싱지에 대한 설명 중 옳은 것은?

① 불투명한 제도용지이다.
② 연질이어서 쉽게 찢어진다.
③ 습기에 약하다.
④ 오래 보관되어야 할 도면의 제도에 쓰인다.

해설
트레이싱지
- 실시 도면을 작성할 때 사용되는 원도지로, 연필을 이용하여 그린다.
- 청사진 작업이 가능하고 오래 보존할 수 있다.
- 수정이 용이한 종이로 건축제도에 많이 쓰인다.
- 경질의 반투명한 제도용지, 습기에 약하다.

정답 39 ③ 40 ④ 41 ① 42 ③

43 다음 각 도면에 관한 설명으로 틀린 것은?

① 평면도에서는 실의 배치와 넓이, 개구부의 위치나 크기를 표시한다.
② 천장 평면도는 절단하지 않고 단순히 건물을 위에서 내려다 본 도면이다.
③ 단면도는 건물을 수직으로 절단한 후, 그 앞면을 제거하고 건물을 수평 방향으로 본 도면이다.
④ 입면도는 건물의 외형을 각 면에 대하여 직각으로 투사한 도면이다.

[해설]
천장 평면도는 천장 위에서 절단하여 투영시킨 도면이다.

44 철골공사의 가공작업 순서로 옳은 것은?

① 원척도 – 본뜨기 – 금긋기 – 절단 – 구멍뚫기 – 가조립
② 원척도 – 금긋기 – 본뜨기 – 구멍뚫기 – 절단 – 가조립
③ 원척도 – 절단 – 금긋기 – 본뜨기 – 구멍뚫기 – 가조립
④ 원척도 – 구멍뚫기 – 금긋기 – 절단 – 본뜨기 – 가조립

45 제도용구 중 치수를 옮기거나 선과 원주를 같은 길이로 나눌 때 사용하는 것은?

① 컴퍼스
② 디바이더
③ 삼각스케일
④ 운형자

[해설]
① 컴퍼스 : 원이나 호를 그릴 때 사용한다.
③ 삼각스케일 : 축척을 사용할 때 길이를 재거나 직선을 일정한 비율로 줄여 나타낼 때 사용한다.
④ 운형자 : 원호 이외의 곡선을 그을 때 사용한다.

46 물체가 있는 것으로 가상되는 부분을 표현할 때 사용되는 선은?

① 가는 실선
② 파선
③ 1점쇄선
④ 2점쇄선

[해설]
선의 종류 및 사용방법

선의 종류		사용방법
굵은 실선	————————	• 단면의 윤곽을 표시한다.
가는 실선	————————	• 보이는 부분의 윤곽 또는 좁거나 작은 면의 단면 부분의 윤곽을 표시한다. • 치수선, 치수보조선, 인출선, 격자선 등을 표시한다.
파선 또는 점선	- - - - - - -	• 보이지 않는 부분이나 절단면보다 앞면 또는 윗면에 있는 부분을 표시한다.
1점 쇄선	—·—·—·—·—	• 중심선, 절단선, 기준선, 경계선, 참고선 등을 표시한다.
2점 쇄선	—··—··—··—	• 상상선 또는 1점쇄선과 구별할 필요가 있을 때 사용한다.

47 건축 도면의 치수에 대한 설명으로 틀린 것은?

① 치수는 특별히 명시하지 않는 한 마무리 치수로 표시한다.
② 치수 기입은 치수선 중앙 윗부분에 기입하는 것이 원칙이다.
③ 치수선의 양 끝 표시는 화살 또는 점으로 표시할 수 있으며, 같은 도면에서 2종을 혼용할 수 있다.
④ 협소한 간격이 연속될 때에는 인출선을 사용하여 치수를 쓴다.

해설
치수선의 양 끝 표시는 화살 또는 점으로 표시할 수 있다. 같은 도면에서 2종을 혼용하지 않는다.

48 용착금속이 끝부분에서 모재와 융합하지 않고 덮인 부분이 있는 용접결함은?

① 언더컷(under cut)
② 오버랩(over lap)
③ 크랙(crack)
④ 클리어런스(clearance)

해설
① 언더컷 : 철골공사 용접결함 중에서 용접 상부에 따라 모재가 녹아 용착금속이 채워지지 않고 홈으로 남게 된 부분
③ 크랙 : 용접 후 냉각 시에 생기는 갈라짐

49 건축제도에서 다음 평면 표시기호가 의미하는 것은?

① 미닫이문
② 주름문
③ 접이문
④ 연속문

해설
평면 표시기호

미닫이문	외미닫이문 쌍미닫이문
주름문	
연속문	

50 목구조에서 본 기둥 사이에 벽을 이루는 것으로서, 가새의 옆 휨을 막는 데 유효한 기둥은?

① 평기둥
② 샛기둥
③ 동자기둥
④ 통재기둥

51 기본벽돌에서 칠오토막의 크기로 옳은 것은?

① 벽돌 한 장 길이의 1/2 토막
② 벽돌 한 장 길이의 직각 1/2 반절
③ 벽돌 한 장 길이의 3/4 토막
④ 벽돌 한 장 길이의 1/4 토막

해설
자른벽돌의 명칭

온장	자르지 않은 벽돌
칠오토막	길이 방향으로 3/4 남김
반오토막	길이 방향으로 1/2 남김
이오토막	길이 방향으로 1/4 남김
반절	마구리 방향으로 1/2 남김
반반절	길이 방향으로 1/2, 마구리 방향으로 1/2 남김

정답 47 ③ 48 ② 49 ③ 50 ② 51 ③

52 장선 슬래브의 장선을 직교시켜 구성한 우물반자 형태로 된 2방향 장선 슬래브구조는?

① 1방향 슬래브
② 데크 플레이트
③ 플랫 슬래브
④ 워플 슬래브

해설
① 1방향 슬래브 : 바닥에 작용하는 하중이 단변 방향으로만 작용한다. 단변 방향으로는 주근을 배근하고, 장변 방향으로는 최소 철근비에 해당하는 철근을 배근한다.
② 데크 플레이트 : 얇은 강판에 골 모양을 내어 만든 강판성형품으로, 콘크리트 슬래브의 거푸집 패널 또는 바닥판 및 지붕판으로 사용한다.
③ 플랫 슬래브 : 보 없이 하중을 바닥판이 부담하는 구조로, 큰 내부 공간에 조성 가능하다.

53 플랫 슬래브(flat slab)구조에 관한 설명 중 틀린 것은?

① 내부에는 보가 없이 바닥판을 기둥이 직접 지지하는 슬래브를 말한다.
② 실내 공간의 이용도가 좋다.
③ 층 높이를 낮게 할 수 있다.
④ 고정하중이 적고 뼈대 강성이 우수하다.

해설
플랫 슬래브는 철근층이 여러 겹이고 바닥판이 두꺼워 고정하중이 증대되어 뼈대의 강성이 약해질 수 있다.

54 건축구조의 분류에서 일체식 구조로만 구성된 것은?

① 돌구조 – 목구조
② 철근콘크리트구조 – 철골철근콘크리트구조
③ 목구조 – 철골구조
④ 철골구조 – 벽돌구조

해설
일체식 구조
• 전체 구조체를 구성하는 구조부재들을 일체로 구성한다.
• 철근콘크리트구조, 철골철근콘크리트구조가 해당된다.

55 다음 그림과 같은 제도용구의 명칭으로 옳은 것은?

① 자유곡선자   ② 운형자
③ 템플릿   ④ 디바이더

해설
운형자는 원호 이외의 곡선을 그을 때 사용하는 제도용구이다.

56 건축설계도 중 계획설계도에 해당하지 않는 것은?

① 구상도   ② 조직도
③ 동선도   ④ 배치도

해설
배치도는 기본설계도에 속한다.

57 다음 그림과 같은 단면용 재료 표시기호가 의미하는 것은?

① 목재(치장재) ② 석재
③ 인조석 ④ 지반

해설
재료구조 표시기호(단면용)

석재	인조석	지반

58 도로포장용 벽돌로서, 주로 인도에 많이 쓰이는 것은?

① 이형벽돌
② 포도용 벽돌
③ 오지벽돌
④ 내화벽돌

해설
포도벽돌 : 도로나 마룻바닥에 까는 두꺼운 벽돌로 아연토, 도토 등을 제조원료로 사용하고 식염유를 시유소성하여 만든다. 도로포장용 벽돌로 주로 인도에 많이 쓰인다.

59 벽돌쌓기 중 벽돌 면에 구멍을 내어 쌓는 방식으로, 장막벽이며 장식적인 효과가 우수한 쌓기방식은?

① 엇모쌓기
② 영롱쌓기
③ 영식쌓기
④ 무늬쌓기

해설
영롱쌓기
• 벽돌면에 구멍을 내어 쌓는 방식으로, 장막벽이며 장식적인 효과가 우수하다.
• 장식을 목적으로 사각형이나 십자 형태로 구멍을 내어 쌓는다.

60 T자를 사용하여 그을 수 있는 선은?

① 포물선 ② 수평선
③ 사선 ④ 곡선

해설
T자 : 수평선을 긋거나 삼각자와 함께 수직선이나 빗금을 그을 때 사용한다.

2015년 제4회 과년도 기출문제

01 다음 중 디자인에 있어 대중적이거나 저속하다는 의미를 나타내는 용어는?

① 키치(kitsch)
② 퓨전(fusion)
③ 미니멀(minimal)
④ 데지그나레(designare)

해설
① 키치(kitsch) : 독일어로 '저속', '질이 낮은'이라는 의미이다. 예술계에서는 일반적으로 모방된 감각, 사이비 예술을 설명할 때 사용하는 용어이다.
② 퓨전(fusion) : 서로 다른 두 종류 이상을 섞어 새롭게 만든다는 뜻으로, 문화의 융합을 의미한다.
③ 미니멀(minimal) : 장식, 기교를 최소화하고 사물의 근본과 본질만 추구하는 흐름이다.
④ 데지그나레(designare) : 디자인의 어원은 라틴어인 데지그나레에서 유래되었다.

02 촉각 또는 시각으로 지각할 수 있는 어떤 물체 표면상의 특징을 의미하는 것은?

① 색채
② 채도
③ 질감
④ 패턴

해설
질감 : 촉각 또는 시각으로 지각할 수 있는 어떤 물체 표면상의 특징으로, 시각적 환경에서 여러 종류의 물체를 구분하는 데 큰 도움을 줄 수 있는 중요한 특성 중 하나이다.

03 마르셀 브로이어가 디자인한 작품으로, 강철 파이프를 휘어 기본 골조를 만들고 가죽을 접합하여 좌판, 등받이, 팔걸이를 만든 의자는?

① 바실리 의자
② 파이미오 의자
③ 바르셀로나 의자
④ 힐 하우스 래더백 의자

해설
바실리 의자(wassily chair)
• 마르셀 브로이어가 바우하우스의 칸딘스키 연구실을 위해 디자인한 것으로, 스틸파이프로 된 의자이다.
• 강철 파이프를 휘어 기본 골조를 만들고, 가죽을 접합하여 좌판, 등받이, 팔걸이를 만든 의자이다.

04 주택계획에 관한 설명으로 옳지 않은 것은?

① 침실의 위치는 소음원이 있는 쪽은 피하고, 정원 등의 공지에 면하도록 하는 것이 좋다.
② 부엌의 위치는 항상 쾌적하고, 일광에 의한 건조 소독을 할 수 있는 남쪽 또는 동쪽이 좋다.
③ 리빙 다이닝 키친(LDK)은 대규모 주택에서 주로 채용되며 작업 동선이 길어지는 단점이 있다.
④ 거실의 형태는 일반적으로 정사각형의 형태가 직사각형의 형태보다 가구의 배치나 실의 활용에 불리하다.

해설
LDK형은 공간을 효율적으로 활용할 수 있어서 주로 소규모 주택에 이용된다.

05 실내 기본요소인 벽에 관한 설명으로 옳지 않은 것은?

① 공간과 공간을 구분한다.
② 공간의 형태와 크기를 결정한다.
③ 실내 공간을 에워싸는 수평적 요소이다.
④ 외부로부터의 방어와 프라이버시를 확보한다.

해설
벽은 공간을 에워싸는 수직적 요소로, 수평 방향을 차단하여 공간을 형성한다.

06 거실의 가구 배치방식 중 중앙의 테이블을 중심으로 좌석이 마주 보도록 배치하는 방식은?

① 코너형 ② 직선형
③ 대면형 ④ 자유형

해설
대면형
- 중앙의 테이블을 중심으로 좌석이 마주 보도록 배치하는 방식이다.
- 시선이 마주쳐 딱딱한 분위기가 되기 쉽다.
- 일자형에 비해 가구 자체가 차지하는 면적이 작다.

07 시각적인 힘의 강약에 단계를 주어 디자인의 일부분에 초점이나 흥미를 부여하는 디자인 원리는?

① 통일 ② 대칭
③ 강조 ④ 조화

해설
① 통일 : 이질적인 각 구성요소들을 전체적으로 동일한 이미지를 갖게 하며, 디자인 대상의 전체에 미적 질서를 주는 기본원리로 모든 형식의 출발점이다.
④ 조화 : 성질이 다른 두 가지 이상의 요소(선, 면, 형태, 공간, 재질, 색채 등)가 한 공간 내에서 결합될 때 발생하는 상호관계에 대한 미적 현상으로, 전체적인 조립방법이 모순 없이 질서를 잡는다.

08 개구부(창과 문)의 역할에 관한 설명으로 옳지 않은 것은?

① 창은 조망을 가능하게 한다.
② 창은 통풍과 채광을 가능하게 한다.
③ 문은 공간과 다른 공간을 연결시킨다.
④ 창은 가구, 조명 등 실내에 놓여지는 설치물에 대한 배경이 된다.

해설
가구, 조명 등 실내에 놓이는 설치물에 대한 배경적 요소는 벽이다.

09 다음 중 긴 축을 가지고 있으며 강한 방향성을 갖는 평면 형태는?

① 원형 ② 정육각형
③ 직사각형 ④ 정삼각형

해설
직사각형 : 심리적으로 간단한, 균형 잡힌, 단단한, 안전한 의미를 느낀다.

정답 5 ③ 6 ③ 7 ③ 8 ④ 9 ③

10 상점의 쇼윈도 평면형식에 속하지 않는 것은?

① 홀형
② 만입형
③ 다층형
④ 돌출형

해설
- 쇼윈도의 평면형식 : 평형, 돌출형, 만입형, 홀형
- 쇼윈도의 단면형식 : 단층형, 다층형, 오픈 스페이스형(투시형)

11 상업 공간의 동선계획으로 옳지 않은 것은?

① 종업원 동선은 동선 길이를 짧게 한다.
② 고객 동선은 행동의 흐름에 막힘이 없도록 한다.
③ 종업원 동선은 고객 동선과 교차되지 않도록 한다.
④ 고객 동선은 동선 길이를 될 수 있는 대로 짧게 한다.

해설
고객 동선은 가능한 한 길게 배치하여 상점 내에 오래 머물도록 하고, 종업원의 동선은 짧고 간단하게 한다.

12 방풍 및 열손실을 최소로 줄여 주는 반면, 동선의 흐름을 원활히 해 주는 출입문의 형태는?

① 접문
② 회전문
③ 미닫이문
④ 여닫이문

해설
회전문
- 방풍 및 열손실을 최소로 줄여 주고, 동선의 흐름을 원활하게 한다.
- 실내외의 공기가 유출되는 것을 방지하는 효과와 아울러 출입 인원을 조절할 목적으로 설치한다.

13 다음 보기의 설명에 알맞은 건축화 조명의 종류는?

┌보기┐
- 벽면 전체 또는 일부분을 광원화하는 방식이다.
- 광원을 넓은 벽면에 매입함으로써 비스타(vista)적인 효과를 낼 수 있다.

① 코브조명
② 광창조명
③ 코퍼조명
④ 코니스 조명

해설
① 코브조명 : 천장, 벽의 구조체에 의해 광원을 천장 또는 벽면으로 가려지게 하여 반사광으로 간접조명하는 방식으로, 천장고가 높거나 천장 높이가 변화하는 실내에 적합하다.
③ 코퍼조명 : 천장면을 사각형이나 원형으로 파내고 그 내부에 조명기구를 매립하는 방식으로, 천장의 단조로움을 피할 수 있다.
④ 코니스 조명 : 벽면의 상부에 설치하여 모든 빛이 아래로 향하며, 벽면에 부착한 그림, 커튼, 벽지 등에 입체감을 준다.

14 주거 공간은 주행동에 따라 개인, 사회, 가사노동 공간 등으로 구분할 수 있다. 다음 중 사회 공간에 속하지 않는 것은?

① 식당
② 거실
③ 응접실
④ 다용도실

해설
주행동에 따른 주거 공간의 구분
- 개인 공간 : 침실, 서재, 공부방, 욕실, 화장실, 세면실 등
- 작업 공간 : 부엌, 세탁실, 작업실, 창고, 다용도실
- 사회적 공간 : 거실, 응접실, 식당, 현관 등 가족이 공동으로 사용하는 공간

정답 10 ③ 11 ④ 12 ② 13 ② 14 ④

15 상점의 판매형식에 관한 설명으로 옳지 않은 것은?

① 대면 판매는 종업원의 정위치를 정하기가 용이하다.
② 측면 판매는 상품에 대한 설명이나 포장작업이 용이하다.
③ 측면 판매는 고객의 충동적 구매를 유도하는 경우가 많다.
④ 대면 판매를 하는 상품은 일반적으로 시계, 귀금속, 안경 등 소형 고가품이다.

해설
측면 판매는 상품을 설명하거나 포장작업 등이 불편하다.

16 다음 보기의 설명에 알맞은 음과 관련된 현상은?

┌─보기─────────────────────┐
│ 서로 다른 음원에서의 음이 중첩되면 합성되어 음은 │
│ 쌍방의 상황에 따라 강해진다든지, 약해진다든지 │
│ 한다. │
└──────────────────────┘

① 굴절   ② 회절
③ 간섭   ④ 흡음

해설
① 굴절 : 음파가 한 매질에서 타 매질로 통과할 때 전파속도가 달라져 진행 방향이 변화된다. 예를 들면, 주간에 들리지 않던 소리가 야간에는 잘 들린다.
② 회절 : 음파는 파동의 하나이기 때문에 물체가 진행 방향을 가로막아도 방향을 바꾸어 그 물체의 후면으로 전달되는 현상이다.
④ 흡음 : 소리가 어떤 물질을 통과할 때나 반사할 때는 소리에너지 일부가 그 물질에 흡수되어 열에너지로 변환된다.

17 건축물의 에너지절약설계기준에 따라 권장되는 외벽 부위의 단열 시공방법은?

① 외단열   ② 내단열
③ 중단열   ④ 양측 단열

해설
외단열이란 건축물 각 부위의 단열 시 단열재를 구조체의 외기측에 설치하는 단열방법으로, 모서리 부위를 포함하여 시공하는 등의 열교를 차단하는 것이다. 외벽 부위 단열 시공 시 내단열로 하면 내부 결로의 발생 위험이 크므로 외단열로 해야 한다.

18 주관적 온열요소인 인체의 활동 상태의 단위로 사용되는 것은?

① clo   ② met
③ m/s   ④ mrt

해설
① clo : 주관적 온열요소 중 착의 상태의 단위
③ m/s : 속도의 단위
④ mrt : 평균복사온도

19 간접조명에 관한 설명으로 옳지 않은 것은?

① 조명효율이 가장 좋다.
② 눈에 대한 피로가 적다.
③ 균일한 조도를 얻을 수 있다.
④ 실내 반사율의 영향을 받는다.

해설
간접조명은 직접조명보다 조명효율이 낮다.

20 실내 공기오염을 나타내는 종합적 지표로서의 오염물질은?

① O_2
② O_3
③ CO
④ CO_2

해설
공기오염의 정도는 주로 CO_2 농도에 비례하기 때문에 실내 공기 환경오염의 척도로 가장 많이 사용된다.

21 목재의 재료적 특성으로 옳지 않은 것은?

① 열전도율과 열팽창률이 작다.
② 음의 흡수 및 차단성이 크다.
③ 가연성이 크고 내구성이 부족하다.
④ 풍화 마멸에 잘 견디며 마모성이 작다.

해설
목재는 사용 중 균, 벌레, 화재, 풍화 등의 여러 인자에 의하여 가해를 받아 변질·분해되는 결점이 있다.

22 콘크리트용 혼화제 중 점성 등을 향상시켜 재료분리를 억제하기 위해 사용되는 것은?

① AE제
② 방청제
③ 증점제
④ 유동화제

해설
① AE제 : 작업성능이나 동결융해 저항성능의 향상을 목적으로 사용한다.
② 방청제 : 콘크리트의 혼화제 중 염화물의 작용에 의한 철근의 부식을 방지하기 위해 사용한다.
④ 유동화제 : 콘크리트의 단위 수량을 증가시키지 않고 유동성을 증진시킬 목적으로 사용한다.

23 굳지 않은 콘크리트의 성질을 표시하는 용어 중 굳지 않은 콘크리트의 유동성 정도, 반죽질기를 나타내는 용어는?

① 컨시스턴시
② 워커빌리티
③ 펌퍼빌리티
④ 피니셔빌리티

해설
콘크리트의 성질
• 컨시스턴시(consistency, 반죽질기) : 굳지 않은 콘크리트의 유동성 정도, 반죽질기를 나타낸다. 주로 수량에 의해서 변화하는 유동성의 정도이다.
• 워커빌리티(workability, 시공연도) : 부어 넣기의 난이도 정도 및 재료분리에 저항하는 정도를 나타낸다. 일반적으로 부배합이 빈배합보다 워커빌리티가 좋다.
• 펌퍼빌리티(pumpability, 펌프압송성) : 펌프압송작업의 용이한 정도이다.
• 피니셔빌리티(finishability, 마감성) : 굵은 골재의 최대 치수, 잔골재율, 잔골재의 입도, 반죽질기 등에 따르는 마무리하기 쉬운 정도를 나타낸다.
• 플라스티시티(plasticity, 가소성·성형성) : 거푸집 등의 형상에 순응하여 채우기 쉽고, 분리가 일어나지 않는 성질이다.

24 다음 중 물과 화학반응을 일으켜 경화하는 수경성 미장재료는?

① 회반죽
② 회사벽
③ 석고 플라스터
④ 돌로마이트 플라스터

해설
미장재료의 분류
• 기경성 : 진흙, 회반죽, 회사벽(석회죽 + 모래), 돌로마이트 플라스터(마그네시아석회)
• 수경성 : 석고 플라스터, 킨즈 시멘트(경석고 플라스터), 시멘트 모르타르, 테라초바름, 인조석바름
• 특수재료 : 리신바름, 라프코트, 모조석, 섬유벽, 아스팔트 모르타르, 마그네시아 시멘트

25 콘크리트용 골재의 입도를 수치적으로 나타내는 지표로 이용되는 것은?

① 분말도
② 조립률
③ 팽창도
④ 강열감량

해설
조립률
- 콘크리트용 골재의 입도를 수치적으로 나타내는 지표로 이용된다.
- 조립률(골재) : 75mm, 40mm, 20mm, 10mm, 5mm, 2.5mm, 1.2mm, 0.6mm, 0.3mm, 0.15mm 체 등 10개의 체를 1조로 하여 체가름시험을 하였을 때, 각 체에 남은 누계량의 전체 시료에 대한 질량 백분율의 합을 100으로 나눈 값으로 나타낸다.

26 질이 단단하고 내구성 및 강도가 크고 외관이 수려하며, 절리의 거리가 비교적 커서 대재(大材)를 얻을 수 있으나 함유 광물의 열팽창계수가 다르므로 내화성이 약한 석재는?

① 부석   ② 현무암
③ 응회암   ④ 화강암

해설
화강암(granite)
- 화성암으로 마그마가 냉각하여 굳은 것이다.
- 내구성 및 강도가 크고, 외관이 수려하다.
- 질이 단단하고, 내산성이 우수하다.
- 함유 광물의 열팽창계수가 달라 내화성이 약하다.
- 절리의 거리가 비교적 커서 대재(大才)를 얻을 수 있다.
- 비중이 응회암, 사암보다 크다.
- 구조재 및 내·외장재, 도로 포장재, 콘크리트 골재 등에 사용된다.

27 금속의 부식 방지를 위한 관리대책으로 옳지 않은 것은?

① 부분적으로 녹이 나면 즉시 제거한다.
② 큰 변형을 준 것은 담금질하여 사용한다.
③ 가능한 한 이종금속을 인접 또는 접촉시켜 사용하지 않는다.
④ 표면을 평활하고 깨끗이 하며 가능한 건조 상태로 유지한다.

해설
금속의 부식을 방지하기 위해 큰 변형을 준 것은 가능한 한 풀림(annealing)하여 사용한다.

28 다음 중 건축용 단열재에 속하지 않는 것은?

① 암면
② 유리섬유
③ 석고 플라스터
④ 폴리우레탄 폼

해설
석고 플라스터는 미장재료이다.

29 다음 중 구조재료에 요구되는 성능과 가장 거리가 먼 것은?

① 역학적 성능
② 물리적 성능
③ 화학적 성능
④ 감각적 성능

해설
구조재료에 요구되는 성능 : 역학적·물리적·화학적 성능 등

정답 25 ② 26 ④ 27 ② 28 ③ 29 ④

30 다음 보기의 설명에 알맞은 유리의 종류는?

> 보기
> - 단열성이 뛰어난 고기능성 유리의 일종이다.
> - 동절기에는 실내의 난방기구에서 발생되는 열을 반사하여 실내로 되돌려 보내고, 하절기에는 실외의 태양열이 실내로 들어오는 것을 차단한다.

① 배강도 유리
② 스팬드럴 유리
③ 스테인드글라스
④ 저방사(low-e) 유리

해설
저방사(low-e) 유리
- 단열성이 뛰어난 고기능성 유리이다.
- 동절기에는 실내의 난방기구에서 발생되는 열을 반사하여 실내로 되돌려 보내고, 하절기에는 실외의 태양열이 실내로 들어오는 것을 차단한다.
- 발코니를 확장한 공동 주택이나 창호 면적이 큰 건물에서 단열을 통한 에너지 절약을 위해 권장되는 유리이다.
- 대부분 복층유리 또는 삼중유리로 제작한다.

31 폴리스티렌수지의 일반적 용도로 알맞은 것은?

① 단열재
② 대용유리
③ 섬유제품
④ 방수시트

해설
폴리스티렌(PS)수지
- 무색투명한 액체로서 내화학성, 전기절연성, 내수성이 크다.
- 창유리, 벽용 타일 등에 사용된다.
- 발포제품으로 만들어 단열재에 많이 사용된다.

32 한국산업표준(KS)에 따른 포틀랜드 시멘트의 종류에 속하지 않는 것은?

① AE 포틀랜드 시멘트
② 조강 포틀랜드 시멘트
③ 보통 포틀랜드 시멘트
④ 중용열 포틀랜드 시멘트

해설
한국산업표준(KS L 5201)에 따른 포틀랜드 시멘트의 종류 : 보통 포틀랜드 시멘트, 중용열 포틀랜드 시멘트, 조강 포틀랜드 시멘트, 저열 포틀랜드 시멘트, 내황산염 포틀랜드 시멘트

33 다음 보기의 설명에 알맞은 석재는?

> 보기
> 대리석의 한 종류로 다공질이고, 석질이 균일하지 못하며 석판으로 만들어 물갈기를 하면 평활하고 광택이 나서 특수한 실내장식재로 사용된다.

① 화강암
② 사문암
③ 안산암
④ 트래버틴

해설
트래버틴(travertine)
- 탄산석회가 함유된 물에서 침전·생성된 것이다.
- 변성암의 일종으로, 석질이 불균일하고 다공질이다.
- 암갈색 무늬이며, 주로 특수 실내장식재로 사용된다.
- 석판으로 만들어 물갈기를 하면 광택이 난다.

34 다음 중 목(木)부에 사용이 가장 곤란한 도료는?

① 유성 바니시
② 유성 페인트
③ 페놀수지 도료
④ 멜라민수지 도료

해설
멜라민수지 도료는 철재 등의 고급 마무리용 도장에 사용한다.

35 점토의 성질에 관한 설명으로 옳지 않은 것은?

① 주성분은 실리카와 알루미나이다.
② 인장강도는 압축강도의 약 5배이다.
③ 비중은 일반적으로 2.5~2.6 정도이다.
④ 양질의 점토는 습윤 상태에서 현저한 가소성을 나타낸다.

해설
점토의 압축강도는 인장강도의 약 5배 정도이다.

36 합판에 관한 설명으로 옳지 않은 것은?

① 함수율 변화에 따른 팽창·수축의 방향성이 없다.
② 뒤틀림이나 변형이 작은 비교적 큰 면적의 평면 재료를 얻을 수 있다.
③ 표면가공법으로 흡음효과를 낼 수 있으며 외장적 효과도 높일 수 있다.
④ 목재를 얇은 판으로 만들어 이들을 섬유 방향이 서로 직교되도록 짝수로 적층하여 접착시킨 판을 말한다.

해설
합판은 목재를 얇은 판으로 만들어 이들을 섬유 방향이 서로 직교되도록 홀수로 적층하여 접착시킨 판이다.

37 흡수율이 커서 외장이나 바닥 타일로는 사용하지 않으며, 실내 벽체에 사용하는 타일은?

① 도기질 타일
② 석기질 타일
③ 자기질 타일
④ 클링커 타일

해설
도기질 타일
• 세라믹 타일이라고도 한다.
• 점토와 소량의 암석류 재료를 혼합해 유약을 발라 저온에서 구운 타일이다.
• 접착성이 좋고, 색상과 광택이 화려하다.
• 흡수율이 커서 외장이나 바닥 타일로는 사용하지 않으며, 실내 벽체에 사용한다.
• 호칭명에 따라 내장 타일, 외장 타일, 바닥 타일, 모자이크 타일로 구분한다.

38 다음 중 열가소성 수지에 속하는 것은?

① 요소수지
② 아크릴수지
③ 멜라민수지
④ 실리콘수지

해설
합성수지의 종류
• 열경화성 수지 : 페놀수지, 멜라민수지, 폴리우레탄수지, 폴리에스테르수지, 에폭시수지, 요소수지, 실리콘수지, 폴리카보네이트 등
• 열가소성 수지 : 폴리에틸렌수지, 폴리프로필렌수지, 폴리스티렌수지, 염화비닐수지, 아크릴수지, 불소수지, 폴리아마이드수지(나일론, 아라미드), 아세틸수지 등

정답 35 ② 36 ④ 37 ① 38 ②

39 멤브레인 방수에 속하지 않는 것은?

① 도막 방수
② 아스팔트 방수
③ 시멘트 모르타르 방수
④ 합성고분자시트 방수

해설
멤브레인(membrane) 방수 : 아스팔트, 시트 등을 방수 바탕의 전면 또는 부분적으로 접착하거나 기계적으로 고정시키고, 루핑(roofing)류가 서로 만나는 부분을 접착시켜 연속된 얇은 막상의 방수층을 형성하는 공법이다.

40 강의 응력도-변형률 곡선에서 탄성한도 지점은?

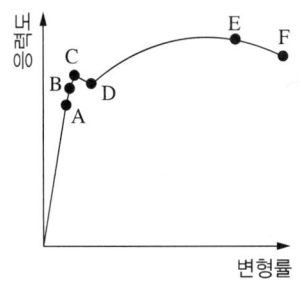

① B
② C
③ D
④ E

해설
강의 응력도-변형률 곡선
• A : 비례한도점
• B : 탄성한도 지점
• C : 상위항복점
• D : 하위항복점
• E : 최대 강도점
• F : 파괴강도점

41 주택의 평면도에 표시되어야 할 사항이 아닌 것은?

① 가구의 높이
② 기준선
③ 벽, 기둥, 창호
④ 실외 배치와 넓이

해설
가구의 높이는 전개도에 표시된다.

42 삼각자 1조로 만들 수 없는 각도는?

① 15°
② 25°
③ 105°
④ 150°

해설
삼각자
• 삼각자는 45° 등변삼각형과 30°, 60° 직각삼각형 2가지가 한 쌍이며, 45° 자의 빗변의 길이와 60° 자의 밑변의 길이가 같다.
• 두 개의 삼각자를 한 조로 사용하여 그을 수 있는 빗금의 각도는 15°, 30°, 45°, 60°, 75°, 90°, 105°, 120°, 135°, 150°, 165° 등이 있다.

43 목구조에서 가로재와 세로재가 직교하는 모서리 부분에 직각이 변하지 않도록 보강하는 철물은?

① 감잡이쇠
② ㄱ자쇠
③ 띠쇠
④ 안장쇠

해설
① 감잡이쇠 : 목구조의 맞춤에 사용하는 ㄷ자 모양의 보강철물로, 왕대공과 평보의 연결부에 사용한다.
③ 띠쇠 : 띠형으로 된 철판에 가시못이나 볼트 구멍을 뚫은 철물로, 2개의 부재 이음쇠 맞춤쇠에 대어 2개의 부재가 벌어지지 않도록 보강하는 보강철물이다.
④ 안장쇠 : 안장 모양으로 한 부재에 걸쳐놓고 다른 부재를 받게 하는 이음·맞춤의 보강철물이다.

44 구조체 자체의 무게가 적어 넓은 공간의 지붕 등에 쓰이는 것으로 상암 월드컵 경기장, 제주 월드컵 경기장에서 볼 수 있는 구조는?

① 절판구조 ② 막구조
③ 셸구조 ④ 현수구조

해설
막구조
- 텐트와 같은 원리로 된 구조물이다.
- 구조체 자체의 무게가 적어 넓은 공간의 지붕 등에 쓰인다.
- 상암 월드컵 경기장, 제주 월드컵 경기장 등에 쓰인 구조이다.

45 실제 16m의 거리는 축척 1/200인 도면에서 얼마의 길이로 표현할 수 있는가?

① 80mm ② 60mm
③ 40mm ④ 20mm

해설
16,000 ÷ 200 = 80mm

46 건축물의 밑바닥 전부를 일체화하여 두꺼운 기초판으로 구축한 기초의 명칭은?

① 온통기초 ② 연속기초
③ 복합기초 ④ 독립기초

해설
② 연속기초(줄기초) : 조적조의 벽기초 또는 철근콘크리트조 연결기초로 사용한다.
③ 복합기초 : 두 개 또는 그 이상의 기둥에서 전달되는 응력을 하나의 기초판 형태로 기초에 전달하는 기초이다.
④ 독립기초 : 원형이나 각형 기둥 하부에 설치해서 기둥을 타고 전달되는 축력을 독립적으로 지반에 전달하는 기초이다.

47 건축 도면 작성 시 도면의 방향에 대해 옳게 설명한 것은?

① 평면도는 동측을 위로 하여 작도함을 원칙으로 한다.
② 배치도는 남측을 위로 하여 작도함을 원칙으로 한다.
③ 입면도는 위아래 방향을 도면지의 위아래와 반대로 하는 것을 원칙으로 한다.
④ 단면도는 위아래 방향을 도면지의 위아래와 일치시키는 것을 원칙으로 한다.

해설
도면의 방향
- 평면도, 배치도 등은 북쪽을 위로 하여 작도하는 것을 원칙으로 한다.
- 입면도, 단면도 등은 위아래 방향을 도면지의 위아래와 일치시키는 것을 원칙으로 한다.

48 단면용 재료구조 표시기호로 옳지 않은 것은?

① ⊠ : 구조재(목재)
② ◩ : 보조 구조재(목재)
③ ▨ : 치장재(목재)
④ ▨ : 지반선

해설
- 지반 : ▨
- 잡석 : ▨

정답 44 ② 45 ① 46 ① 47 ④ 48 ④

49 건축구조의 분류 중 시공상에 의한 분류가 아닌 것은?

① 철근콘크리트구조
② 습식구조
③ 조립구조
④ 건식구조

해설
- 시공상에 의한 분류 : 습식구조, 건식구조, 조립구조
- 구조재료에 의한 분류 : 목구조, 벽돌구조, 블록구조, 철근콘크리트구조, 철골구조, 철골철근콘크리트구조

50 경량 형강의 특성으로 옳지 않은 것은?

① 가공이 용이한 편이다.
② 볼트, 용접 등의 다양한 방법을 적용할 수 있다.
③ 주요 구조부는 대칭되게 조립해야 한다.
④ 두께에 비해 단면 치수가 작기 때문에 단면 2차 모멘트가 작다.

해설
경량 형강은 두께에 비해 단면 치수가 크기 때문에 단면 2차 모멘트가 크다.

51 건축제도 시 선 긋기에 관한 설명 중 옳지 않은 것은?

① 수평선을 왼쪽에서 오른쪽으로 긋는다.
② 시작부터 끝까지 굵기를 일정하게 한다.
③ 연필은 진행되는 방향으로 약간 기울여서 그린다.
④ 삼각자의 왼쪽 옆면을 이용하여 수직선을 그을 때는 위쪽에서 아래 방향으로 긋는다.

해설
삼각자의 왼쪽 옆면을 이용하여 수직선을 그을 때는 아래쪽에서 위쪽으로 긋는다.

52 보를 없애고 바닥판을 두껍게 해서 보의 역할을 겸하도록 한 구조로, 기둥이 바닥 슬래브를 지지해 주상 복합이나 지하 주차장에 주로 사용되는 구조는?

① 플랫 슬래브구조
② 절판구조
③ 벽식구조
④ 셸구조

해설
플랫 슬래브(무량판구조)
- 보를 없애고 바닥판을 두껍게 해서 보의 역할을 겸한 구조이다.
- 고층 건물의 구조형식에서 층고를 최소로 할 수 있다.
- 외부의 보를 제외하고 내부는 보 없이 바닥판만으로 구성된다.
- 내부는 보 없이 바닥판을 기둥이 직접 지지하는 슬래브이다.
- 천장의 공간 확보와 실내 공간의 이용도가 좋다.
- 층고를 낮게 할 수 있다.
- 바닥판이 두꺼워서 고정하중이 커지며, 뼈대의 강성을 기대하기 어렵다.
- 거푸집과 철근공사가 용이해서 주로 창고, 공장, 주상 복합이나 지하 주차장에 등에 쓰인다.

53 블록쌓기의 원칙으로 옳지 않은 것은?

① 블록은 살 두께가 두꺼운 쪽이 위로 향하게 한다.
② 인방 보는 좌우 지지벽에 20cm 이상 물리게 한다.
③ 블록의 하루쌓기의 높이는 1.2~1.5m로 한다.
④ 통줄눈을 원칙으로 한다.

해설
블록쌓기는 막힌줄눈을 원칙으로 한다(통줄눈 안 됨).

54 건축 도면제도 시 치수기입법에 대한 설명 중 옳지 않은 것은?

① 전체 치수는 바깥쪽에, 부분 치수는 안쪽에 기입한다.
② 치수는 치수선의 중앙에 기입한다.
③ 치수는 cm 단위를 원칙으로 한다.
④ 치수는 특별히 명시하지 않는 한 마무리 치수로 표시한다.

해설
건축 도면제도 시 치수는 mm 단위를 원칙으로 한다.

55 철근과 콘크리트의 부착력에 대한 설명 중 옳지 않은 것은?

① 콘크리트의 부착력은 철근의 주장에 비례한다.
② 압축강도가 큰 콘크리트일수록 부착력은 작아진다.
③ 철근의 표면 상태와 단면 모양에 따라 부착력이 좌우된다.
④ 이형철근이 원형철근보다 부착력이 크다.

해설
부착강도는 콘크리트의 압축강도나 인장강도가 클수록 커진다.

56 도면의 크기와 표제란에 관한 설명 중 옳지 않은 것은?

① 제도용지의 크기는 번호가 커짐에 따라 작아진다.
② A0의 넓이는 약 $1m^2$이다.
③ 큰 도면을 접을 때는 A4의 크기로 접는 것이 원칙이다.
④ 표제란은 도면 왼쪽 위 모서리에 표시하는 것이 원칙이다.

해설
표제란은 도면 아래 끝에 설정하는 것이 원칙이다.

정답 53 ④ 54 ③ 55 ② 56 ④

57 건축물 표현에 있어 사람을 함께 표현할 때 옳은 내용을 모두 고르면?

> A. 건축물의 크기를 인식하는 데 사람의 크기를 기준으로 하게 한다.
> B. 사람의 위치로 공간의 깊이와 높이를 알 수 있다.
> C. 사람의 수, 위치 및 복장 등으로 공간의 용도를 나타낼 수 있다.

① A
② B, C
③ A, C
④ A, B, C

해설
사람을 표현할 때는 사람을 8등분하여 머리는 1 정도의 비율로 표현하는 것이 알맞다.

58 제도용지의 세로(단변)과 가로(장변)의 길이 비율은?

① $1 : \sqrt{2}$
② $2 : \sqrt{3}$
③ $1 : \sqrt{3}$
④ $2 : \sqrt{2}$

59 다음 표시기호의 명칭은?

① 붙박이문
② 쌍미닫이문
③ 쌍여닫이문
④ 두 짝 미서기문

해설
평면 표시기호

붙박이문	
쌍여닫이문	
두 짝 미서기문	

60 목재 접합에 사용되는 보강재 중 직사각형 단면에 길이가 짧은 나무토막을 사다리꼴로 납작하게 만든 것은?

① 쐐기
② 산지
③ 촉
④ 이음

해설
목재 접합의 보강재
• 산지 : 원형이나 각형으로 가늘고 긴 나무이다.
• 촉 : 목재의 접합면에 사각 구멍을 파고 한편에 작은 나무토막을 반 정도 박아 넣고 포개어 접합재의 이동을 방지하는 나무 보강재이다.
• 쐐기 : 목재 접합에 사용되는 보강재 중 직사각형 단면에 길이가 짧은 나무토막을 사다리꼴로 납작하게 만든 것이다.

2015년 제5회 과년도 기출문제

01 일반적으로 실내 벽면에 부착하는 조명의 통칭적 용어는?

① 브래킷(bracket)
② 펜던트(pendant)
③ 캐스케이드(cascade)
④ 다운 라이트(down light)

해설
브래킷(bracket) : 조명기구의 설치방법에 따른 분류 중 조명기구를 벽체에 부착하는 구조재이다.

02 밖으로 창과 함께 평면이 돌출된 형태로, 아늑한 구석 공간을 형성할 수 있는 창의 종류는?

① 고정창
② 윈도 월
③ 베이 윈도
④ 픽처 윈도

해설
① 고정창 : 개폐가 불가능한 창으로, 붙박이창이라고도 한다. 채광이나 조망은 가능하지만 환기나 온도 조절이 어렵고, 크기와 형태에 제약이 없어 자유롭게 디자인할 수 있다.
② 윈도 월 : 벽면 전체를 창으로 처리하는 것으로, 어떤 창보다도 조망이 좋고 더 많은 투과 광량을 얻는다.
④ 픽처 윈도 : 바닥부터 거의 천장까지 닿는 커다란 창문이다.

03 부엌 가구의 배치 유형 중 양쪽 벽면에 작업대가 마주 보도록 배치한 것으로, 부엌의 폭이 길이에 비해 넓은 부엌의 형태에 적합한 것은?

① 일자형
② L자형
③ 병렬형
④ 아일랜드형

해설
병렬형(병립형)
• 양쪽 벽면에 작업대를 마주 보도록 배치한 유형이다.
• 부엌의 폭이 길이에 비해 넓은 부엌 형태에 적합하다.
• 작업 동선은 줄일 수 있지만 몸을 앞뒤로 바꾸기는 불편하다.
• 식당과 부엌이 개방되지 않고 외부로 통하는 출입구가 필요한 경우에 사용한다.
• 동선이 짧아 가사노동 경감에 효과적이다.

04 조선시대 주택에서 남자 주인이 거처하던 방으로서 서재와 접객 공간으로 사용된 공간은?

① 안방
② 대청
③ 침방
④ 사랑방

해설
사랑방(舍廊房) 또는 사랑채는 한국의 전통 주택에서 가부장의 생활공간이자 학문과 예술로 마음을 닦아 맑게 하고, 손님을 접대하며, 묵객들이 모여 담소하거나 취미를 즐기던 공간이다.

정답 1① 2③ 3③ 4④

05 다음 중 실용적 장식품에 속하지 않는 것은?

① 모형　　② 벽시계
③ 스크린　④ 스탠드 램프

해설
장식물의 분류
- 실용적 장식물 : 가전제품류(에어컨, 냉장고, TV, 벽시계 등), 조명기구(플로어 스탠드, 테이블 램프, 샹들리에, 브래킷, 펜던트 등), 스크린(병풍, 가리개 등), 꽃꽂이 용구(화병, 수반 등)
- 감상적 장식품 : 골동품, 조각, 수석, 서화류, 모형, 수족관, 인형, 완구류, 분재, 관상수, 화초류 등
- 기념적 장식품 : 상패, 메달, 배지, 펜던트, 박제류, 총포, 악기류 등

06 동선계획을 가장 잘 나타낼 수 있는 실내계획은?

① 천장계획　② 입면계획
③ 평면계획　④ 구조계획

해설
동선계획은 가구 배치의 계획에 따라 유동적·가변적이므로, 평면계획과 동시에 이루어져야 한다.

07 우리나라의 전통 가구 중 장과 더불어 가장 일반적으로 쓰이던 수납용 가구로, 몸통이 2층 또는 3층으로 분리되어 상자 형태로 포개 놓아 사용된 것은?

① 농　　② 함
③ 궤　　④ 소반

해설
② 함, ③ 궤 : 중요한 물건을 보관하는 수납함으로, 역할은 같지만 궤는 상판이 반만 열리는 윗닫이이고, 함은 상판 전체가 하나의 문으로 열고 닫힌다.
④ 소반 : 식기를 받치거나 음식을 먹을 때 쓰는 작은 상이다.

08 상점의 공간 구성에 있어서 판매 공간에 속하는 것은?

① 파사드 공간
② 상품관리 공간
③ 시설관리 공간
④ 상품 전시 공간

해설
상점의 공간 구성
- 판매 공간 : 도입 공간, 통로 공간, 상품 전시 공간, 서비스 공간
- 부대 공간 : 상품관리 공간, 판매원의 후생 공간, 시설관리 부분, 영업관리 부분, 주차장
- 파사드(facade) : 쇼윈도, 출입구 및 홀의 입구 부분을 포함한 평면적인 구성요소와 아케이드, 광고판, 사인, 외부장치를 포함한 입체적인 구성요소의 총체를 의미한다.

09 다음 보기의 설명에 알맞은 디자인 원리는?

┌보기├─────────────────
디자인의 모든 요소가 중심점으로부터 중심 주변으로 퍼져 나가는 양상을 구성하여 리듬을 이루는 것
─────────────────────

① 강조　　② 조화
③ 방사　　④ 통일

해설
③ 방사 : 디자인의 모든 요소가 중심점으로부터 중심 주변으로 퍼져 나가는 양상을 구성하며 리듬을 이루는 것이다(예 잔잔한 물에 돌을 던지면 생기는 물결현상).
① 강조 : 주위를 환기시키거나 규칙성이 갖는 단조로움을 극복하기 위해, 관심의 초점을 조성하거나 흥분을 유도할 때 사용한다.
② 조화 : 성질이 다른 두 가지 이상의 요소(선, 면, 형태, 공간, 재질, 색채 등)가 한 공간 내에서 결합될 때 발생하는 상호관계에 대한 미적 현상으로, 전체적인 조립방법이 모순 없이 질서를 잡는다.
④ 통일 : 이질적인 각 구성요소들을 전체적으로 동일한 이미지를 갖게 하며, 디자인 대상의 전체에 미적 질서를 주는 기본원리로 모든 형식의 출발점이다.

정답　5 ①　6 ③　7 ①　8 ④　9 ③

10 다음 보기와 같은 특징을 갖는 의자는?

┌─보기─────────────────────┐
• 등받이와 팔걸이가 없는 형태의 보조의자이다.
• 가벼운 작업이나 잠시 걸터앉아 휴식을 취하는 데 사용된다.
└──────────────────────────┘

① 스툴
② 카우치
③ 이지 체어
④ 라운지 체어

해설
② 카우치 : 한쪽 끝이 기댈 수 있도록 세워져 있는 긴 형태의 소파로, 몸을 기대거나 침대로도 사용할 수 있도록 좌판 한쪽을 올린 형태이다.
③ 이지 체어 : 가볍게 휴식을 취할 수 있도록 크기는 라운지 체어보다 작고, 심플한 형태의 안락의자이다.
④ 라운지 체어 : 비교적 큰 크기의 안락의자의 하나로 누워서 쉴 수 있는 긴 의자이다.

11 다음 중 부엌에서 삼각형(work triangle)의 각 변의 길이의 합계로 가장 알맞은 것은?

① 1.5m   ② 2.5m
③ 5m   ④ 7m

해설
냉장고, 개수대, 가열대를 연결하는 작업 삼각형의 각 변의 합은 3.6~6.6m 범위를 넘지 않도록 한다.

12 실내 공간을 실제 크기보다 넓어 보이게 하는 방법과 가장 거리가 먼 것은?

① 크기가 작은 가구를 이용한다.
② 큰 가구는 벽에서 떨어뜨려 배치한다.
③ 마감은 질감이 거친 것보다는 고운 것을 사용한다.
④ 창이나 문 등의 개구부를 크게 하여 시선이 연결되도록 계획한다.

해설
실내 공간을 실제 크기보다 넓어 보이게 하려면 큰 가구는 벽에 부착시켜 배치한다.

13 천창에 관한 설명으로 옳지 않은 것은?

① 통풍, 차열에 유리하다.
② 벽면을 다양하게 활용할 수 있다.
③ 실내 조도분포의 균일화에 유리하다.
④ 밀집된 건물에 둘러싸여 있어도 일정량의 채광을 확보할 수 있다.

해설
천창은 차열, 전망, 통풍에 불리하고 개방감이 작다.

14 주거 공간의 동선에 관한 설명으로 옳지 않은 것은?

① 주부 동선은 길수록 좋다.
② 동선은 짧을수록 에너지 소모가 작다.
③ 상호 간에 상이한 유형의 동선은 분리하도록 한다.
④ 동선을 줄이기 위해 다른 공간의 독립성을 저해해서는 안 된다.

해설
주부의 작업 동선은 가능한 한 짧고 직선적으로 처리한다.

정답 10 ① 11 ③ 12 ② 13 ① 14 ①

15 특정한 사용목적이나 많은 물품을 수납하기 위해 건축화된 가구를 의미하는 것은?

① 가동가구
② 이동가구
③ 유닛가구
④ 붙박이 가구

해설
붙박이 가구
- 특정한 사용목적이나 많은 물품을 수납하기 위해 건축화된 가구로, 빌트 인 가구(built in furniture)라고도 한다.
- 건축물과 일체화하여 설치한다.
- 가구 배치의 혼란을 없애고 공간을 최대한 활용할 수 있다.
- 실내 마감재와의 조화 등을 고려해야 한다.
- 필요에 따라 설치 장소를 자유롭게 움직일 수 없다.

16 다음 중 옥내조명의 설계에서 가장 먼저 이루어져야 하는 것은?

① 광원의 선정
② 조도의 결정
③ 조명방식의 결정
④ 조명기구의 결정

해설
조명설계의 순서 : 소요 조도의 결정 → 광원의 선택 → 조명기구 선택 → 기구의 배치 → 검토

17 음의 대소를 나타내는 감각량을 음의 크기라고 하는데, 음의 크기의 단위는?

① pH
② dB
③ sone
④ phon

해설
음의 크기(sone)
- 1,000Hz 순음의 음의 세기 레벨이다.
- 40dB의 음의 크기를 1sone이라고 한다.
- 표기기호 : S
- 1,000Hz = 40dB = 40phon = 1sone

18 열기나 유해물질이 실내에 널리 산재되어 있거나 이동되는 경우에 급기로 실내의 전체 공기를 희석하여 배출시키는 방법은?

① 집중환기
② 전체환기
③ 국소환기
④ 고정환기

19 다음 중 열전도율이 가장 큰 것은?

① 동판
② 목재
③ 대리석
④ 콘크리트

해설
열전도도가 큰 물질(열의 양도체)은 주로 은, 구리, 알루미늄과 같은 금속들이다.

20 겨울철 실내에서 발생하는 표면결로의 방지방법으로 옳지 않은 것은?

① 실내에서 발생하는 수증기를 억제한다.
② 실내온도를 노점온도 이하로 유지시킨다.
③ 환기에 의해 실내 절대습도를 저하시킨다.
④ 단열 강화에 의해 실내측 표면온도를 상승시킨다.

해설
겨울철 실내의 표면결로를 방지하려면 실내온도를 노점온도 이상으로 유지시킨다.

21 점토의 일반적인 성질에 관한 설명으로 옳지 않은 것은?

① 양질의 점토는 습윤 상태에서 현저한 가소성을 나타낸다.
② 일반적으로 점토의 압축강도는 인장강도의 약 5배 정도이다.
③ 점토제품의 색상은 철산화물 또는 석회물질에 의해 나타난다.
④ 점토의 비중은 불순 점토일수록 크고, 알루미나분이 많을수록 작다.

해설
점토의 비중은 불순 점토일수록 작고, 알루미나분이 많을수록 크다.

22 다음 중 콘크리트용 골재로서 요구되는 성질과 가장 거리가 먼 것은?

① 내화성이 있을 것
② 함수량이 많고 흡습성이 클 것
③ 콘크리트 강도를 확보하는 강성을 지닐 것
④ 콘크리트의 성질에 나쁜 영향을 끼치는 유해물질을 포함하지 않을 것

해설
콘크리트용 골재는 함수량이 적고, 흡습성이 낮아야 한다.

23 재료의 역학적 성질 중 물체에 외력이 작용하면 변형이 생기나, 외력을 제거하면 순간적으로 원래의 형태로 회복되는 성질은?

① 전성   ② 소성
③ 탄성   ④ 연성

해설
① 전성 : 얇고 넓게 퍼지는(평면으로) 성질이다.
② 소성 : 외력을 제거하여도 재료가 원상으로 돌아가지 않고 변형된 상태 그대로 남아 있는 성질이다.
④ 연성 : 금속재료가 길게 늘어나는 성질이다.

24 다음 중 도료의 저장 중에 도료에 발생하는 결함에 속하지 않는 것은?

① 피막   ② 증점
③ 겔화   ④ 실 끌림

해설
실 끌림 : 분무 도장작업을 할 때 도료가 분무기에서 실 모양으로 나오는 현상으로, 도장 중 발생하는 결함이다.

25 강화유리에 관한 설명으로 옳지 않은 것은?

① 보통유리보다 강도가 크다.
② 파괴되면 작은 파편이 되어 분쇄된다.
③ 열처리 후에는 절단 등의 가공이 쉬워진다.
④ 유리를 가열한 다음 급격히 냉각시켜 제작한 것이다.

해설
강화유리는 열처리 후에 제품의 현장 가공 및 절단이 어렵다.

26 다음 중 역학적 성능이 가장 요구되는 건축재료는?

① 차단재료
② 내화재료
③ 마감재료
④ 구조재료

해설
구조재료에 요구되는 성능 : 역학적·물리적·화학적 성능 등

27 강의 열처리 방법에 속하지 않는 것은?

① 압출
② 불림
③ 풀림
④ 담금질

해설
• 강의 열처리 방법 : 풀림, 불림, 담금질, 뜨임질 등
• 강의 성형(가공)방법 : 압출, 단조, 압연, 인발 등

28 금속의 방식방법에 관한 설명으로 옳지 않은 것은?

① 가능한 한 건조 상태로 유지할 것
② 큰 변형을 주지 않도록 주의할 것
③ 상이한 금속은 인접, 접촉시켜 사용하지 말 것
④ 부분적으로 녹이 생기면 나중에 함께 제거할 것

해설
금속에 부분적으로 녹이 생기면 즉시 제거한다.

29 조강 포틀랜드 시멘트에 관한 설명으로 옳지 않은 것은?

① 경화에 따른 수화열이 작다.
② 공기 단축을 필요로 하는 공사에 사용된다.
③ 초기에 고강도를 발생하게 하는 시멘트이다.
④ 보통 포틀랜드 시멘트보다 C_3S나 석고가 많다.

해설
조강 포틀랜드 시멘트는 수밀성이 높고, 경화에 따른 수화열과 강도 발현성이 크다.

30 다음의 석재 중 내화성이 가장 약한 것은?

① 사암　　② 화강암
③ 안산암　④ 응회암

해설
화강암(granite)
- 화성암의 일종으로, 마그마가 냉각되면서 굳은 것이다.
- 내구성 및 강도가 크고, 외관이 수려하다.
- 단단하고 내산성이 우수하다.
- 함유 광물의 열팽창계수가 달라 내화성이 약하다.
- 절리의 거리가 비교적 커서 대재(大才)를 얻을 수 있다.
- 비중은 응회암, 사암보다 크다.
- 구조재 및 내·외장재, 도로 포장재, 콘크리트 골재 등에 사용된다.

31 석재의 강도라 하면 보통 어떤 강도를 의미하는가?

① 휨강도
② 전단강도
③ 압축강도
④ 인장강도

해설
일반적으로 석재의 기계적 성질을 비교할 때 압축강도를 기준으로 하는 경우가 많다.

32 합판에 관한 설명으로 옳지 않은 것은?

① 곡면가공이 가능하다.
② 함수율 변화에 의한 신축 변형이 작다.
③ 표면가공법으로 흡음효과를 낼 수 있고, 외장적 효과도 높일 수 있다.
④ 2장 이상의 단판인 박판을 2, 4, 6매 등의 짝수로 섬유 방향이 직교하도록 붙여 만든 것이다.

해설
합판은 목재를 얇은 판, 즉 단판으로 만들어 이들을 섬유 방향이 서로 직교되도록 홀수로 적층하면서 접착제로 접착시켜 만든 것이다.

33 목재의 부패에 관한 설명으로 옳지 않은 것은?

① 부패 발생 시 목재의 내구성이 감소된다.
② 목재의 함수율이 15%일 때 부패균 번식이 가장 왕성하다.
③ 생재가 부패균의 작용에 의해 변재부가 청색으로 변하는 것을 청부(靑腐)라고 한다.
④ 부패 초기에는 단순히 변색되는 정도이지만 진행되어감에 따라 재질이 현저히 저하된다.

해설
균류는 습도가 20% 이하에서는 대부분 사멸한다.

34 미장재료 중 자신이 물리적 또는 화학적으로 고체화하여 미장바름의 주체가 되는 재료가 아닌 것은?

① 점토　　② 석고
③ 소석회　④ 규산소다

해설
미장바름의 주체가 되는 재료 : 시멘트, 석회, 석고, 돌로마이트석회, 점토 등

정답　30 ②　31 ③　32 ④　33 ②　34 ④

35 내열성이 우수하고, −60~260℃의 범위에서 안정하며 탄력성, 내수성이 좋아 도료, 접착제 등으로 사용되는 합성수지는?

① 페놀수지 ② 요소수지
③ 실리콘수지 ④ 멜라민수지

해설
실리콘수지
- 내열성·내한성이 우수하며, −60~260℃의 범위에서 안정하다.
- 탄력성, 내수성이 좋아 도료, 접착제 등으로 사용한다.
- 탄성을 가지며 내후성 및 내화학성이 우수한 열경화성 수지이다.

36 아스팔트의 경도를 표시하는 것으로, 규정된 조건에서 규정된 침이 시료 중에 진입된 길이를 환산하여 나타낸 것은?

① 신율 ② 침입도
③ 연화점 ④ 인화점

해설
아스팔트의 품질을 나타내는 척도로 침입도, 신도(연신율), 연화점을 사용한다.
- 침입도 : 아스팔트의 양부 판별에 중요한 아스팔트의 경도를 나타낸다.
- 신도(연신율) : 아스팔트의 연성을 나타내는 수치로, 온도 변화와 함께 변화한다.
- 연화점 : 가열하면 녹는 온도이다.

37 ALC 경량 기포 콘크리트 제품에 관한 설명으로 옳지 않은 것은?

① 흡수성이 낮다.
② 절건비중이 낮다.
③ 단열성능이 우수하다.
④ 치유성능이 우수하다.

해설
ALC 경량 기포 콘크리트 제품은 통기성 및 흡수성이 크고, 알칼리성에 약하다.

38 다음 중 콘크리트의 일반적인 배합설계 순서에서 가장 먼저 이루어져야 하는 사항은?

① 시멘트의 선정
② 요구성능의 설정
③ 시험배합의 실시
④ 현장배합의 결정

해설
콘크리트 배합설계의 순서
1. 우선 목표로 하는 품질항목 및 목푯값을 설정한다.
2. 계획배합의 조건과 재료를 선정한다.
3. 자료 또는 시험에 의해 내구성, 수밀성 등의 요구성능을 고려하여 물-시멘트비를 결정한다.
4. 단위 수량, 잔골재율과 슬럼프의 관계 등에 의해 단위 수량, 단위 시멘트량, 단위 잔골재량, 단위 굵은 골재량, 혼화재료량 등을 순차적으로 산정한다.
5. 구한 배합을 사용해서 시험비비기를 실시하고, 그 결과를 참고로 하여 각 재료의 단위량을 보정하여 최종적인 배합을 결정한다.

39 건축용으로는 글라스 섬유로 강화된 평판 또는 판상제품으로 사용되는 열경화성 수지는?

① 아크릴수지
② 폴리에틸렌수지
③ 폴리스티렌수지
④ 폴리에스테르수지

정답 35 ③ 36 ② 37 ④ 38 ② 39 ④

40 굳지 않은 콘크리트에 요구되는 성질이 아닌 것은?

① 다지기 및 마무리가 용이하여야 한다.
② 시공 시 및 그 전후에 재료분리가 작아야 한다.
③ 거푸집 구석구석까지 잘 채워질 수 있어야 한다.
④ 거푸집에 부어 넣은 후 블리딩이 많이 발생하여야 한다.

해설
굳지 않은 콘크리트는 거푸집에 부어 넣은 후 블리딩이 적게 발생해야 한다.

41 설계 도면의 종류 중 실시설계도에 해당되는 것은?

① 구상도
② 조직도
③ 전개도
④ 동선도

해설
설계 도면의 종류
• 실시설계도 : 평면도, 배치도, 단면도, 입면도, 전개도, 창호도, 상세도, 구조도
• 계획설계도 : 구상도, 조직도, 동선도

42 철근콘크리트구조에서 적정한 피복 두께를 유지해야 하는 이유와 가장 거리가 먼 것은?

① 내화성 유지
② 철근의 부착강도 확보
③ 좌굴 방지
④ 철근의 녹 발생 방지

해설
철근콘크리트구조에서 적정한 피복 두께를 유지해야 하는 이유
• 내화성 유지
• 철근의 부착강도 확보
• 철근의 녹 발생 방지

43 선의 종류 중 상상선에 사용되는 선은?

① 굵은 실선   ② 파선
③ 1점쇄선   ④ 2점쇄선

해설
선의 종류 및 사용방법

선의 종류		사용방법
굵은 실선	────────	• 단면의 윤곽을 표시한다.
가는 실선	────────	• 보이는 부분의 윤곽 또는 좁거나 작은 면의 단면 부분의 윤곽을 표시한다. • 치수선, 치수보조선, 인출선, 격자선 등을 표시한다.
파선 또는 점선	─ ─ ─ ─ ─	• 보이지 않는 부분이나 절단면보다 양면 또는 윗면에 있는 부분을 표시한다.
1점 쇄선	─── ─ ───	• 중심선, 절단선, 기준선, 경계선, 참고선 등을 표시한다.
2점 쇄선	─── ─ ─ ───	• 상상선 또는 1점쇄선과 구별할 필요가 있을 때 사용한다.

정답 40 ④ 41 ③ 42 ③ 43 ④

44 곡면판이 지니는 역학적 특성을 응용한 구조로서, 외력은 주로 판의 면내력으로 전달되기 때문에 경량이고 내력이 큰 구조물을 구성할 수 있는 구조는?

① 패널구조
② 커튼월구조
③ 블록구조
④ 셸구조

해설
셸(shell)구조 : 얇은 두께의 곡면을 가진 연속체로서, 구조 역학적으로 표면 내 축 방향력(압축, 인장)이 주응력(막응력, 면내응력)으로 작용하여 구조재료를 효율적으로 사용하면서 넓은 공간을 덮을 수 있는 미학적인 대공간구조물의 일종이다.

45 제도용지에 관한 설명으로 옳지 않은 것은?

① A0용지의 크기는 약 $1m^2$이다.
② A1용지로 16장의 A4용지를 만들 수 있다.
③ A1용지의 규격은 594mm×841mm이다.
④ 도면을 접을 때에는 A4의 크기로 한다.

해설
A1용지로 8장의 A4용지를 만들 수 있다.

46 철골구조의 고력 볼트 접합에 관한 설명으로 옳지 않은 것은?

① 볼트 접합부의 강성이 높아 변형이 작다.
② 볼트의 단위 강도가 낮아 작은 응력을 받는 접합부에 적당하다.
③ 피로강도가 높다.
④ 너트가 풀리는 경우가 거의 없다.

해설
고력 볼트 접합은 볼트의 단위 강도가 높아 높은 응력을 받는 접합부에 적당하다.

47 평면도는 건물의 바닥면으로부터 보통 몇 m 높이에서 절단한 수평 투상도인가?

① 0.5m
② 1.2m
③ 1.8m
④ 2.0m

48 다음 보기의 설명에 가장 적합한 종이의 종류는?

> **보기**
> 실시 도면을 작성할 때에 사용되는 원도지로, 연필을 이용하여 그린다. 투명성이 있고 경질이며, 청사진 작업이 가능하고 오랫동안 보존할 수 있으며, 수정이 용이한 종이로 건축제도에 많이 쓰인다.

① 켄트지
② 방안지
③ 트레팔지
④ 트레이싱지

해설
트레이싱지
- 실시 도면을 작성할 때 사용되는 원도지로, 연필을 이용하여 그린다.
- 청사진 작업이 가능하고 오래 보존할 수 있다.
- 수정이 용이한 종이로 건축제도에 많이 쓰인다.
- 경질의 반투명한 제도용지로, 습기에 약하다.

정답 44 ④ 45 ② 46 ② 47 ② 48 ④

49 건축제도 시 유의사항으로 옳지 않은 것은?

① 수평선은 왼쪽에서 오른쪽으로 긋는다.
② 삼각자끼리 맞댈 경우 틈이 생기지 않고 면이 곧고 흠이 없어야 한다.
③ 선 긋기는 시작부터 끝까지 굵기가 일정하게 한다.
④ 조명은 우측 상단에 설치하는 것이 좋다.

해설
조명은 그림자가 덜 생기도록 오른손잡이의 사람은 책상의 왼쪽 앞, 왼손잡이는 오른쪽 앞에 놓는 것이 일반적이다.

50 다음 보기에서 설명하는 목재 접합의 종류는?

┌보기┐
나무 마구리를 감추면서 튼튼한 맞춤을 할 때, 예를 들어 창문 등의 마무리에 이용되며, 일반적으로 2개의 목재 귀를 45°로 빗잘라 직각으로 맞댄다.

① 연귀맞춤
② 통맞춤
③ 턱이음
④ 맞댄 쪽매

해설
② 통맞춤 : 두 목재의 끝단 또는 옆면을 단순히 평면으로 맞대어 접합하는 방식으로, 접합부에 힘이 집중되기 쉬워 구조적으로는 약한 편이다.
③ 턱이음 : 두 목재의 일부분을 절삭하여 겹쳐서 접합하는 방식으로, 절삭이 필요하므로 가공이 다소 번거롭다.
④ 맞댄 쪽매 : 두 목재의 넓은 면(측면)을 나란히 맞대어 접합하는 방식으로, 주로 넓은 판재를 만들기 위해 사용한다.

51 실내 투시도 또는 기념 건축물과 같은 정적인 건물의 표현에 효과적인 투시도는?

① 평행 투시도
② 유각 투시도
③ 경사 투시도
④ 조감도

해설
소점에 의한 분류
• 1소점 투시도(평행 투시도)
  – 지면에 물체가 평행하도록 작도하여 1개의 소점이 생긴다.
  – 실내 투시도 또는 기념 건축물과 같은 정적인 건축물의 표현에 가장 효과적이다.
• 2소점 투시도(유각, 성각 투시도)
  – 밑면이 기면과 평행하고 측면이 화면과 경사진 각을 이룬다.
  – 보는 사람의 눈높이에 두 방향으로 소점이 생겨 양쪽으로 원근감이 나타난다.
• 3소점 투시도(경사, 사각 투시도)
  – 기면과 화면에 평행한 면 없이 가로, 세로, 수직의 선들이 경사를 이룬다.
  – 3개의 소점이 생겨 외관을 입체적으로 표현할 때 주로 사용한다.

52 건축 도면 중 전개도에 대한 정의로 옳은 것은?

① 부대시설의 배치를 나타낸 도면
② 각 실 내부의 외장을 명시하기 위해 작성하는 도면
③ 지반, 바닥, 처마 등의 높이를 나타낸 도면
④ 실의 배치 및 크기를 나타낸 도면

해설
① 배치도
③ 단면도
④ 평면도

53 프리스트레스트 콘크리트 구조의 특징 중 옳지 않은 것은?

① 고강도재료를 사용하므로 시공이 간편하다.
② 간 사이가 길어 넓은 공간의 설계가 가능하다.
③ 부재 단면 크기를 작게 할 수 있으나 진동하기 쉽다.
④ 공기 단축과 시공과정을 기계화할 수 있다.

해설
프리스트레스트 콘크리트 구조는 고강도재료를 사용하여 강도와 내구성이 크지만, 공정이 복잡하고 고도의 품질관리가 요구된다.

54 건축제도 시 치수 표기에 관한 설명 중 옳지 않은 것은?

① 협소한 간격이 연속될 때에는 인출선을 사용한다.
② 필요한 치수와 기재가 누락되는 일이 없도록 한다.
③ 치수는 특별히 명시하지 않는 한 마무리 치수로 표시한다.
④ 치수 기입은 치수선 중앙 아랫부분에 기입하는 것이 원칙이다.

해설
치수 기입은 치수선 중앙 윗부분에 기입하는 것이 원칙이지만, 치수선을 중단하고 선의 중앙에 기입할 수도 있다.

55 콘크리트 혼화재 중 포졸란을 사용할 경우의 효과에 관한 설명으로 옳지 않은 것은?

① 발열량이 적다.
② 블리딩이 감소한다.
③ 시공연도가 좋아진다.
④ 초기강도 증진이 빨라진다.

해설
포졸란을 사용하면 초기강도는 작아지지만 장기강도, 수밀성 및 화학저항성은 크다.

56 벽돌의 종류 중 특수벽돌에 속하지 않는 것은?

① 붉은벽돌
② 경량벽돌
③ 이형벽돌
④ 내화벽돌

해설
벽돌의 종류
- 보통벽돌
  - 검은벽돌 : 불완전연소로 구운 벽돌
  - 붉은벽돌 : 완전연소로 구운 벽돌
- 특수벽돌
  - 이형벽돌 : 특별한 모양으로 된 것
  - 경량벽돌 : 중공벽돌(구멍벽돌, 속빈벽돌, 공동벽돌), 다공질 벽돌 등
  - 내화벽돌 등

57 다음 치장줄눈의 이름은?

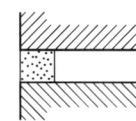

① 민줄눈
② 평줄눈
③ 오늬줄눈
④ 맞댄줄눈

해설
치장줄눈

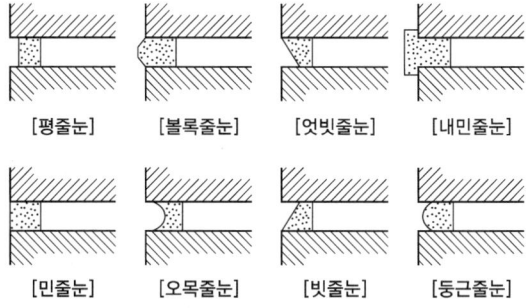

[평줄눈] [볼록줄눈] [엇빗줄눈] [내민줄눈]
[민줄눈] [오목줄눈] [빗줄눈] [둥근줄눈]

58 건설공사 표준 품셈에서 정의하는 기본 벽돌의 크기는?(단, 단위는 mm임)

① 210×100×60
② 190×90×57
③ 210×90×57
④ 190×100×60

59 철골구조에서 스티프너를 사용하는 가장 중요한 목적은?

① 보의 휨내력 보강
② 웨브 플레이트의 좌굴 방지
③ 보 – 기둥 접합부의 강도 증진
④ 플랜지 앵글의 단면 보강

해설
철골구조의 판보에서 웨브의 두께가 춤에 비해서 얇을 때 웨브의 국부좌굴을 방지하기 위해서 스티프너를 사용한다.

60 건축제도에 필요한 제도용구와 설명이 옳게 연결된 것은?

① T자 – 주로 철재로 만들며, 원형을 그릴 때 사용한다.
② 운형자 – 합판을 많이 사용하며 원호를 그릴 때 주로 사용한다.
③ 자유곡선자 – 원호 이외의 곡선을 자유자재로 그릴 때 사용한다.
④ 삼각자 – 플라스틱 재료로 많이 만들며 15°, 50°의 삼각자 두 개를 한 쌍으로 많이 사용한다.

해설
① T자 : 제도판 위에서 수평선을 긋거나 삼각자와 함께 수직선이나 빗금을 그을 때 안내역할을 한다.
② 운형자 : 원호 이외의 곡선을 그을 때 사용한다.
④ 삼각자 : 45° 등변삼각형과 30°, 60° 직각삼각형 2가지가 한 쌍이며, 45° 자의 빗변 길이와 60° 자의 밑변 길이가 같다.

정답 57 ① 58 ② 59 ② 60 ③

2016년 제1회 과년도 기출문제

01 다음 중 실내 공간을 실제 크기보다 넓게 보이게 하는 방법으로 가장 알맞은 것은?

① 큰 가구를 중앙에 배치한다.
② 질감이 거칠고 무늬가 큰 마감재를 사용한다.
③ 창이나 문 등의 개구부를 크게 하여 시선이 연결되도록 한다.
④ 크기가 큰 가구를 사용하고 벽이나 바닥면에 빈 공간을 남겨 두지 않는다.

[해설]
실내 공간을 실제 크기보다 넓어 보이게 하는 방법
- 창이나 문 등의 개구부를 크게 하여 시선이 연결되도록 한다.
- 큰 가구는 벽에 부착시켜 배치한다.
- 마감은 질감이 거친 것보다 고운 것을 사용한다.
- 크기가 작은 가구를 이용한다.
- 벽지는 무늬가 작은 것을 선택한다.
- 벽이나 바닥면에 빈 공간을 남겨 둔다.

02 상점의 판매형식 중 대면 판매에 관한 설명으로 옳지 않은 것은?

① 상품 설명이 용이하다.
② 포장대나 계산대를 별도로 둘 필요가 없다.
③ 고객과 종업원이 진열장을 사이로 상담 및 판매하는 형식이다.
④ 상품에 직접 접촉하므로 선택이 용이하며 측면 판매에 비해 진열 면적이 커진다.

[해설]
대면 판매
- 고객과 종업원이 진열장을 사이에 두고 상담 및 판매하는 형식이다.
- 포장대나 계산대를 별도로 둘 필요가 없다.
- 포장대를 가릴 수 있고, 포장 등이 편리하다.
- 고객과 마주 대하기 때문에 상품 설명이 용이하다.
- 종업원의 정위치를 정하기가 용이하다.
- 판매원이 통로를 차지하여 진열 면적이 감소된다.
- 쇼케이스가 많아지면 상점의 분위기가 부드럽지 않다.
- 소형 고가품인 귀금속, 시계, 화장품, 의약품, 카메라 판매점 등에 적합하다.

03 디자인 요소 중 선에 관한 설명으로 옳지 않은 것은?

① 곡선은 우아하며 흥미로운 느낌을 준다.
② 수평선은 안정감, 차분함, 편안한 느낌을 준다.
③ 수직선은 심리적 엄숙함과 상승감의 효과를 준다.
④ 사선은 경직된 분위기를 부드럽고 유연하게 한다.

[해설]
곡선은 경직된 분위기를 부드럽고 유연하게 하고, 사선은 약동감, 생동감, 운동감, 속도감의 느낌을 준다.

04 주거 공간에서 개인적 공간에 속하는 것은?

① 거실 ② 서재
③ 식당 ④ 응접실

해설
공간에 따른 분류

공간 분류	종류
사회적 공간	거실, 식당, 응접실, 회의실 등
개인적 공간	침실, 서재, 작업실, 욕실 등
작업 공간	세탁실, 다용도실, 부엌
부수적 공간	계단, 현관, 복도, 통로 등

05 고대 로마시대 음식을 먹거나 취침을 위해 사용한 긴 의자에서 유래된 것으로, 몸을 기대거나 침대로도 사용할 수 있도록 좌판 한쪽을 올린 형태를 갖는 것은?

① 스툴 ② 오토만
③ 카우치 ④ 체스터필드

해설
① 스툴 : 등받이와 팔걸이가 없는 형태의 보조의자로, 가벼운 작업이나 잠시 걸터앉아 휴식을 취하는 데 사용된다.
② 오토만 : 스툴의 일종으로, 좀 더 편안한 휴식을 위해 발을 올려놓는 데 사용한다.
④ 체스터필드 : 솜, 스펀지 등을 채워서 쿠션이 좋으며, 사용상 안락성이 매우 좋고, 비교적 크기가 크다.

06 수평 블라인드로 날개의 각도, 승강의 일광, 조망, 시각의 차단 정도를 조절할 수 있지만 먼지가 쌓이면 제거하기 어려운 단점이 있는 것은?

① 롤 블라인드
② 로만 블라인드
③ 베니션 블라인드
④ 버티컬 블라인드

해설
① 롤 블라인드 : 천을 감아올려 높이 조절이 가능하며, 칸막이나 스크린의 효과를 얻을 수 있고, 단순하고 깔끔한 느낌을 준다. 셰이드(shade) 블라인드라고도 한다.
② 로만 블라인드 : 블라인드 중간 부분에 가로봉 등을 삽입해 넓은 주름을 형성한 블라인드이다.
④ 버티컬 블라인드 : 세로 방향으로 블라인드 조각이 연결되어 있어 끈으로 각도를 조절하여 실내로 비치는 햇빛의 양을 조절한다.

07 다음 보기의 설명에 알맞은 부엌 가구의 배치유형은?

┤보기├─
• 작업대를 중앙에 놓거나 벽면에 직각이 되도록 배치한 형태이다.
• 주로 개방된 공간의 오픈시스템에서 사용된다.

① ㄱ자형 ② ㄷ자형
③ 병렬형 ④ 아일랜드형

해설
아일랜드형(island kitchen)
• 별장 주택에서 볼 수 있는 유형으로, 취사용 작업대가 하나의 섬처럼 실내에 설치되어 독특한 분위기를 형성하는 부엌이다.
• 작업대를 중앙에 놓거나 벽면에 직각이 되도록 배치한 형태이다.
• 주로 개방된 공간의 오픈시스템에서 사용된다.
• 가족 구성원이 모두 부엌일에 참여하는 것을 유도할 수 있다.
• 부엌 공간이 넓은 단독주택이나 아파트에 제한적으로 도입된다.

08 상점 정면(facade) 구성에 요구되는 5가지 광고요소(AIDMA 법칙)에 속하지 않는 것은?

① Attention
② Interest
③ Design
④ Memory

해설
상점계획에서 요구되는 5가지 광고요소(AIDCA, AIDMA 법칙)
• Attention(주의)
• Interest(흥미)
• Desire(욕망)
• Confidence(확신) • Memory(기억)
• Action(행동)

09 거실에 식사 공간을 부속시킨 형식으로, 식사 도중 거실의 고유기능과 분리가 어려운 단점이 있는 형식은?

① 리빙키친(living kitchen)
② 다이닝포치(dining porch)
③ 리빙다이닝(living dining)
④ 다이닝키친(dining kitchen)

해설
리빙 다이닝(LD ; Living Dining)형 : 거실 + 식당 겸용
• 거실의 한 부분에 식탁을 설치하여 부엌과 분리한 형식이다.
• 작은 공간을 잘 활용할 수 있으며 식사실의 분위기 조성에 유리하다.
• 거실의 가구들을 공동으로 이용할 수 있으나 부엌과의 연결로 작업 동선이 길어질 우려가 있다.
• 식사 도중 거실의 고유기능과 분리하기 어렵다.

10 실내 공간을 형성하는 주요 기본 구성요소에 관한 설명으로 옳지 않은 것은?

① 바닥은 촉각적으로 만족할 수 있는 조건을 요구한다.
② 벽은 가구, 조명 등 실내에 놓여지는 설치물에 대한 배경적 요소이다.
③ 천장은 시각적 흐름이 최종적으로 멈추는 곳이기에 지각의 느낌에 영향을 끼친다.
④ 다른 요소들이 시대와 양식에 의한 변화가 현저한 데 비해 천장은 매우 고정적이다.

해설
다른 요소들이 시대와 양식에 의한 변화가 뚜렷한 데 비해 바닥은 매우 고정적이다.

11 다음 보기의 설명에 알맞은 형태의 지각심리는?

┤보기├
유사한 배열로 구성된 형들이 방향성을 지니고 연속되어 보이는 하나의 그룹으로 지각되는 법칙으로, 공동 운명의 법칙이라고도 한다.

① 근접성
② 유사성
③ 연속성
④ 폐쇄성

해설
게슈탈트(gestalt) 법칙
• 근접성(접근성) : 두 개 또는 그 이상의 유사한 시각요소들이 서로 가까이 있으면 하나의 그룹으로 보이는 경향이다.
• 연속성 : 유사한 배열로 구성된 형들이 방향성을 지니고 연속되어 보이는 하나의 그룹으로 지각되는 법칙으로, 공동 운명의 법칙이라고도 한다.
• 유사성 : 비슷한 형태, 규모, 색채, 질감, 명암, 패턴의 그룹을 하나의 그룹으로 지각하는 경향이다.
• 폐쇄성 : 시각요소들이 어떤 형성을 지각하는 데 있어서 폐쇄된 느낌을 주는 법칙으로, 사람들에게 불완전한 형을 순간적으로 보여줄 때 이를 완전한 형으로 지각하는 경향이다.

12 펜로즈의 삼각형과 가장 관련이 깊은 착시의 유형은?

① 운동의 착시
② 크기의 착시
③ 역리 도형의 착시
④ 다의 도형의 착시

> [해설]
> 역리 도형의 착시
> • 모순 도형, 불가능 도형을 이용한 착시현상이다.
> • 펜로즈의 삼각형이 대표적이다. 부분적으로는 삼각형으로 보이지만, 전체적으로는 삼각형이 되는 것은 불가능하다. 즉, 3차원의 세계를 2차원 평면에 그린 것이지만 실제로 존재할 수 없는 도형이다.

13 조선시대의 주택구조에 관한 설명으로 옳지 않은 것은?

① 주택 공간은 성(性)에 의해 구분되었다.
② 안채는 가정 살림의 중추적인 역할을 하던 장소이다.
③ 사랑채는 남자 손님들의 응접 공간으로 사용되었다.
④ 주택은 크게 사랑채, 안채, 바깥채의 3개의 공간으로 구분되었다.

> [해설]
> 조선시대 주택은 크게 사랑채, 안채, 행랑채의 3개의 공간으로 구분되었다.

14 다음 보기의 설명에 알맞은 건축화 조명의 종류는?

┌─보기─────────────────────┐
• 벽면 전체 또는 일부분을 광원화하는 방식이다.
• 광원을 넓은 벽면에 매입함으로써 비스타(vista)적인 효과를 낼 수 있다.
└──────────────────────────┘

① 광창조명
② 캐노피 조명
③ 코니스 조명
④ 밸런스 조명

15 문의 위치를 결정할 때 고려해야 할 사항으로 거리가 먼 것은?

① 출입 동선
② 재료 및 문의 종류
③ 통행을 위한 공간
④ 가구를 배치할 공간

> [해설]
> 문의 위치는 시점(視點) 이동을 좌우하며, 내부 공간에서의 동선을 결정하고, 가구 배치에 결정적인 영향을 미친다.

16 건축적 채광방식 중 천창 채광에 관한 설명으로 옳지 않은 것은?

① 측창 채광에 비해 채광량이 적다.
② 측창 채광에 비해 비막이에 불리하다.
③ 측창 채광에 비해 조도분포의 균일화에 유리하다.
④ 측창 채광에 비해 근린의 상황에 따라 채광을 방해받는 경우가 적다.

> [해설]
> 천창 채광은 같은 면적의 측창보다 광량이 많다.

17 실내에서는 소리를 갑자기 중지시켜도 소리는 그 순간에 없어지는 것이 아니라 점차로 감소되다가 안 들리게 되는데 이 같은 현상을 무엇이라 하는가?

① 굴절 ② 반사
③ 잔향 ④ 회절

해설
① 굴절 : 음파가 한 매질에서 타 매질로 통과할 때 전파속도가 달라져 진행 방향이 변화된다. 예를 들면, 주간에 들리지 않던 소리가 야간에는 잘 들린다.
④ 회절 : 음파는 파동의 하나이기 때문에 물체가 진행 방향을 가로막아도 방향을 바꾸어 그 물체의 후면으로 전달되는 현상이다.

18 건축물의 에너지절약설계기준에 따라 권장되는 건축물의 단열계획으로 옳지 않은 것은?

① 건물의 창 및 문은 가능한 한 작게 설계한다.
② 냉방부하 저감을 위하여 태양열 유입장치를 설치한다.
③ 건물 옥상에는 조경을 하여 최상층 지붕의 열저항을 높인다.
④ 외피의 모서리 부분은 열기가 발생되지 않도록 단열재를 연속적으로 설치한다.

해설
건물 옥상에 조경을 하여 최상층 지붕의 열저항을 높이고, 옥상면에 직접 도달하는 일사를 차단하여 냉방부하를 감소시킨다.

19 자연환기에 관한 설명으로 옳지 않은 것은?

① 풍력환기량은 풍속에 반비례한다.
② 중력환기와 풍력환기로 구분된다.
③ 중력환기량은 개구부 면적에 비례하여 증가한다.
④ 중력환기는 실내외의 온도차에 의한 공기의 밀도차가 원동력이 된다.

해설
풍력환기량은 풍속에 비례한다.

20 다음 중 인체에서 열의 손실이 이루어지는 요인으로 볼 수 없는 것은?

① 인체 표면의 열복사
② 인체 주변 공기의 대류
③ 호흡, 땀 등의 수분 증발
④ 인체 내 음식물의 산화작용

해설
몸에서 열이 빠져나가는 4가지 형태 : 복사, 대류, 증발, 전도

21 목재의 건조방법 중 인공건조법에 속하지 않는 것은?

① 증기건조법
② 열기건조법
③ 진공건조법
④ 대기건조법

해설
목재의 인공건조방법 : 열기법, 자비법, 증기법, 훈연법, 전기법, 진공건조제법 등

22 파티클 보드에 관한 설명으로 옳지 않은 것은?

① 합판에 비하여 면 내 강성은 떨어지나 휨강도는 우수하다.
② 폐재, 부산물 등 저가의 재료를 이용하여 넓은 면적의 판상체를 만들 수 있다.
③ 목재 및 기타 식물의 섬유질소편에 합성수지 접착제를 도포하여 가열압착성형한 판상제품이다.
④ 수분이나 높은 습도에 대하여 그다지 강하지 않기 때문에 이와 같은 조건하에서 사용하는 경우에는 방습 및 방수처리가 필요하다.

해설
파티클 보드는 합판에 비해 휨강도는 떨어지지만, 면 내 강성은 우수하다.

23 모자이크 타일의 점토재료로 알맞은 것은?

① 도기질
② 토기질
③ 자기질
④ 석기질

해설
호칭 및 소지의 질에 의한 구분

호칭	소지의 질
내장 타일	자기질, 석기질, 도기질
외장 타일	자기질, 석기질
바닥 타일	자기질, 석기질
모자이크 타일	자기질
클링커 타일	석기질

24 탄소강에서 탄소량이 증가함에 따라 일반적으로 감소하는 물리적 성질은?

① 비열
② 항자력
③ 전기저항
④ 열전도도

해설
탄소량이 증가할수록 탄소강의 열전도도, 열팽창계수, 비중 등은 작아지고, 탄소강의 비열, 전기저항, 항자력은 증가한다.

25 건축용 접착제로서 요구되는 성능으로 옳지 않은 것은?

① 진동, 충격의 반복에 잘 견뎌야 한다.
② 충분한 접착성과 유동성을 가져야 한다.
③ 내수성, 내열성, 내산성이 있어야 한다.
④ 고화(固化) 시 체적수축 등의 변형이 있어야 한다.

해설
건축용 접착제는 고화 시 체적수축이 작아야 한다.

26 혼합한 미장재료에 아직 반죽용 물을 섞지 않은 상태로 정의되는 용어는?

① 실러
② 양생
③ 건비빔
④ 물걷힘

해설
• 건비빔 : 혼합한 미장재료에 아직 반죽용 물을 섞지 않은 상태
• 물비빔 : 건비빔된 미장 재료에 물을 부어 바를 수 있도록 반죽이 된 상태

27 블론 아스팔트의 성능을 개량하기 위해 동식물성 유지와 광물질분말을 혼입한 것으로, 일반 지붕 방수공사에 이용되는 것은?

① 아스팔트 펠트
② 아스팔트 프라이머
③ 아스팔트 콤파운드
④ 스트레이트 아스팔트

해설
① 아스팔트 펠트 : 천연 유기섬유를 원료로 한 원지에 스트레이트 아스팔트를 함침시켜 만든 아스팔트 방수시트재이다.
② 아스팔트 프라이머 : 블론 아스팔트를 휘발성 용제에 녹인 저점도의 흑갈색 액체로, 아스팔트 방수의 바탕처리재로 사용된다.

28 다음 중 건축재료의 사용목적에 의한 분류에 속하지 않는 것은?

① 구조재료
② 차단재료
③ 방화재료
④ 유기재료

해설
건축재료는 사용목적에 따라 구조재료, 마감재료, 차단재료, 방화 및 내화재료 등으로 구분할 수 있다.

29 콘크리트가 시일이 경과함에 따라 공기 중의 탄산가스 작용을 받아 알칼리성을 잃어가는 현상은?

① 중성화
② 크리프
③ 건조수축
④ 동결융해

해설
콘크리트의 중성화
• 시일이 경과함에 따라 공기 중의 탄산가스 작용을 받아 콘크리트가 알칼리성을 잃어가는 현상이다.
• 콘크리트의 중성화는 주로 공기 중의 이산화탄소 침투에 기인한다.
• 중성화가 진행되어도 콘크리트 강도의 변화는 거의 없으나 철근이 쉽게 부식된다.
• 콘크리트의 중성화에 미치는 요인으로 물-시멘트비, 시멘트와 골재의 종류, 혼화재료의 유무 등이 있다.

30 다음 중 알칼리성 바탕에 가장 적당한 도장재료는?

① 유성 바니시
② 유성 페인트
③ 유성 에나멜 페인트
④ 염화비닐수지 도료

해설
염화비닐수지 도료는 내산, 내알칼리 도료에 적당하다.

31 재료의 성질 중 납과 같이 압력이나 타격에 의해 박편으로 펴지는 성질은?

① 연성   ② 전성
③ 인성   ④ 취성

해설
전성은 재료의 역학적 성질 중 압력이나 타격에 의해서 파괴됨 없이 판상으로 되는 성질이다.

32 콘크리트용 혼화제 중 작업성능이나 동결융해 저항성능의 향상을 목적으로 사용되는 것은?

① AE제
② 증점제
③ 방청제
④ 유동화제

해설
AE제(공기연행제)
• 콘크리트 내부에 미세한 독립된 기포를 발생시킨다.
• 작업성능이나 동결융해 저항성능의 향상을 목적으로 사용한다.

33 다음 중 내화성이 가장 높은 석재는?

① 대리석
② 응회암
③ 사문암
④ 화강암

해설
내화도의 크기 순서 : 응회암, 부석 > 안산암, 점판암 > 사암 > 대리석 > 화강암

34 페어글라스라고도 불리우며 단열성, 차음성이 좋고 결로 방지에 효과적인 유리는?

① 강화유리
② 복층유리
③ 자외선 투과 유리
④ 샌드 브라스트 유리

해설
복층유리
• 2장 또는 3장의 판유리를 일정한 간격으로 겹치고 그 주변을 금속테로 감싸 붙여 만든 유리이다.
• 내부에 공기를 봉입한 유리이다.
• 단열, 방음, 결로 방지용으로 우수하다.
• 차음에 대한 성능은 보통 판유리와 비슷하다.
• 페어글라스(pair glass)라고도 한다.

35 다음 중 열가소성 수지에 속하는 것은?

① 페놀수지
② 아크릴수지
③ 실리콘수지
④ 멜라민수지

해설
합성수지의 종류
• 열경화성 수지 : 페놀수지, 멜라민수지, 폴리우레탄수지, 폴리에스테르수지, 에폭시수지, 요소수지, 실리콘수지, 폴리카보네이트 등
• 열가소성 수지 : 폴리에틸렌수지, 폴리프로필렌수지, 폴리스티렌수지, 염화비닐수지, 아크릴수지, 불소수지, 폴리아마이드수지(나일론, 아라미드), 아세틸수지 등

36 동(Cu)과 아연(Zn)의 합금으로 놋쇠라고도 불리는 것은?

① 청동 ② 황동
③ 주석 ④ 경석

해설
황동
• 구리와 아연(Zn)의 합금으로 놋쇠라고도 한다.
• 구리보다 단단하고 주조가 잘되며 외관이 아름답다.
• 산·알칼리 및 암모니아에 침식되기 쉽다.
• 가공성, 내식성 등이 우수하며 계단 논슬립, 코너비드 등의 부속 철물로 사용된다.

37 시멘트의 안정성 측정에 사용되는 시험법은?

① 블레인법
② 표준체법
③ 슬럼프 테스트
④ 오토클레이브 팽창도시험

해설
시멘트의 안정도 시험(오토클레이브 팽창도) : 시멘트가 굳는 중에 부피가 팽창하는 정도를 안정성이라고 하며, 시멘트는 경화 중에 팽창성 균열 또는 뒤틀림 변형이 생긴다. 시멘트 오토클레이브 팽창도 시험방법은 KS L 5107에 규정되어 있다.

38 석재의 인력에 의한 표면가공 순서로 옳은 것은?

① 혹두기 → 정다듬 → 도드락다듬 → 잔다듬 → 물갈기
② 혹두기 → 도드락다듬 → 정다듬 → 잔다듬 → 물갈기
③ 정다듬 → 혹두기 → 잔다듬 → 도드락다듬 → 물갈기
④ 정다듬 → 잔다듬 → 혹두기 → 도드락다듬 → 물갈기

39 수화속도를 지연시켜 수화열을 작게 한 시멘트로 댐공사나 건축용 매스 콘크리트에 사용되는 것은?

① 백색 포틀랜드 시멘트
② 조강 포틀랜드 시멘트
③ 초조강 포틀랜드 시멘트
④ 중용열 포틀랜드 시멘트

해설
중용열 포틀랜드 시멘트 : 수화열이 보통 시멘트보다 작고 조기강도는 보통 포틀랜드 시멘트보다 낮지만, 장기강도는 같거나 약간 높다. 댐이나 원자로의 차폐용으로 쓰인다.

40 다음 보기의 설명에 알맞은 굳지 않은 콘크리트의 성질을 표시하는 용어는?

┌보기┐
거푸집 등의 형상에 순응하여 채우기 쉽고, 분리가 일어나지 않는 성질을 말한다.

① 플라스티시티(plasticity)
② 펌퍼빌리티(pumpability)
③ 컨시스턴시(consistency)
④ 피니셔빌리티(finishability)

해설
② 펌퍼빌리티(pumpability) : 펌프압송작업의 용이한 정도이다.
③ 컨시스턴시(consistency) : 굳지 않은 콘크리트의 유동성 정도, 반죽질기를 나타낸다.
④ 피니셔빌리티(finishability) : 굵은 골재의 최대 치수, 잔골재율, 잔골재의 입도, 반죽질기 등에 따르는 마무리하기 쉬운 정도를 나타낸다.

41 다음 중 지붕공사에서 금속판을 잇는 방법이 아닌 것은?

① 평판잇기
② 기와가락잇기
③ 마름모잇기
④ 쪽매잇기

해설
쪽매는 목재의 접합에서 널판재의 면적을 넓히기 위해 두 부재를 나란히 옆으로 대는 것이다.

42 창의 옆벽에 밀어 넣고, 열고 닫을 때 실내의 유효 면적을 감소시키지 않는 창호는?

① 미닫이 창호
② 회전 창호
③ 여닫이 창호
④ 붙박이 창호

43 다음 중 건축물의 구성양식에 의한 분류와 가장 거리가 먼 것은?

① 일체식 ② 가구식
③ 절충식 ④ 조적식

해설
건축물 구성양식에 의한 분류
- 가구식 구조 : 목구조, 철골구조가 해당되며, 선형의 구조재료를 조립하여 골조를 구성한다.
- 조적식 구조 : 벽돌구조, 석구조, 블록구조가 해당되며, 단일재료를 시멘트 등의 교착제를 사용하여 쌓아 구조체를 구성한다.
- 일체식 구조 : 철근콘크리트구조가 해당되며, 전체 구조체를 구성하는 구조부재들을 일체로 구성한다.
- 특수구조 : 현수식 구조, 입체골조(space frame), 셸(shell)구조, 막구조 등

44 철골구조 트러스 보에 관한 설명으로 옳지 않은 것은?

① 플레이트 보의 웨브재로서 빗재, 수직재를 사용한다.
② 비교적 간 사이가 작은 구조물에 사용된다.
③ 휨모멘트는 현재가 부담한다.
④ 전단력은 웨브재의 축 방향력으로 작용하므로 부재는 모두 인장재 또는 압축재로 설계한다.

해설
철골구조 트러스 보는 비교적 간 사이가 큰 구조물에 사용한다.

45 내부 입면도 작도에 관한 설명으로 옳지 않은 것은?

① 집기와 가구의 높이를 정확하게 표현한다.
② 벽면의 마감재료를 표현한다.
③ 몰딩이 있으면 정확하게 작도한다.
④ 기둥과 창호의 위치가 가장 중요한 표현요소이므로 진하게 표시한다.

해설
내부 입면도는 마감재와 가구 배치가 중요한 요소이다.

46 벽돌벽 쌓기에서 1.5B 쌓기의 두께는?(공간쌓기 아님)

① 90mm ② 190mm
③ 290mm ④ 330mm

해설
벽 두께
(단위 : mm)

구분	0.5B	1B	1.5B	2B	2.5B
일반형	90	190	290	390	490
재래형	100	210	320	420	540

정답 42 ① 43 ③ 44 ② 45 ④ 46 ③

47 건축제도통칙(KS F 1501)에 따른 도면의 접는 크기로 옳은 것은?

① A1
② A2
③ A3
④ A4

48 도면의 치수 기입방법으로 옳지 않은 것은?

① 치수는 특별히 명시하지 않는 한 마무리 치수로 표시한다.
② 치수 기입은 치수선에 평행하게 도면의 왼쪽에서 오른쪽으로, 아래로부터 위로 읽을 수 있도록 기입한다.
③ 치수 기입은 치수선 아랫부분에 기입하는 것이 원칙이다.
④ 좁은 간격이 연속될 때에는 인출선을 사용하여 치수를 기입한다.

해설
치수 기입은 치수선 중앙 윗부분에 기입하는 것이 원칙이다. 다만, 치수선을 중단하고 선의 중앙에 기입할 수도 있다.

49 다음 중 실내건축 투시도 그리기에서 가장 마지막으로 해야 할 작업은?

① 서 있는 위치 결정
② 눈높이 결정
③ 입면 상태의 가구 설정
④ 질감의 표현

50 블록구조에 대한 설명으로 옳지 않은 것은?

① 단열, 방음효과가 크다.
② 타 구조에 비해 공사비가 비교적 저렴한 편이다.
③ 콘크리트구조에 비해 자중이 가볍다.
④ 균열이 발생하지 않는다.

해설
블록구조의 장단점
• 장점
 - 내구적·내화적이다.
 - 건물의 경량화를 도모할 수 있다.
 - 구조상 공기를 단축할 수 있다.
 - 경비가 절약된다.
• 단점
 - 횡력에 약하다.
 - 구조체보다는 칸막이용으로 사용된다.

51 다음 지붕 평면도에서 박공지붕은?

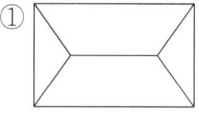
①

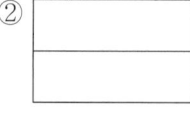
②

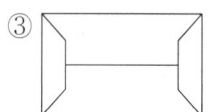
③

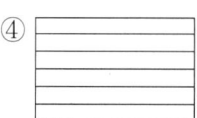
④

해설
① 모임지붕
③ 합각지붕
④ 꺾인지붕

52 치수를 자 또는 삼각자의 눈금으로 잰 후 제도지에 같은 길이로 분할할 때 사용하는 제도용구는?

① 디바이더 ② 운형자
③ 컴퍼스   ④ T자

해설
디바이더
- 선을 일정한 간격으로 나눌 때 사용한다.
- 치수를 자 또는 삼각자의 눈금으로 잰 후 제도지에 같은 길이로 분할할 때 사용한다.
- 치수를 옮기거나 선과 원주를 같은 길이로 나눌 때 사용한다.

53 건축제도에서 사용하는 선의 종류 중 굵은 실선의 용도로 옳은 것은?

① 보이지 않는 부분을 표시
② 단면의 윤곽을 표시
③ 중심선, 절단선, 기준선을 표시
④ 상상선 또는 1점 쇄선과 구별할 때 표시

해설
선의 종류 및 사용방법

선의 종류	사용방법
굵은 실선	• 단면의 윤곽을 표시한다.
가는 실선	• 보이는 부분의 윤곽 또는 좁거나 작은 면의 단면 부분의 윤곽을 표시한다. • 치수선, 치수보조선, 인출선, 격자선 등을 표시한다.
파선 또는 점선	• 보이지 않는 부분이나 절단면보다 양면 또는 윗면에 있는 부분을 표시한다.
1점 쇄선	• 중심선, 절단선, 기준선, 경계선, 참고선 등을 표시한다.
2점 쇄선	• 상상선 또는 1점쇄선과 구별할 필요가 있을 때 사용한다.

54 철근콘크리트구조의 슬래브에서 단변과 장변의 길이의 비가 얼마 이하일 때 2방향 슬래브로 정의하는가?

① 1 ② 2
③ 3 ④ 4

해설
- 1방향 슬래브 : 장변 길이 / 단변 길이 > 2
- 2방향 슬래브 : 장변 길이 / 단변 길이 ≤ 2

55 건축제도 용구에 관한 설명으로 옳지 않은 것은?

① 일반적으로 삼각자는 45° 등변삼각형과 60° 직각삼각형 2가지가 1쌍이다.
② 운형자는 원호를 그릴 때 사용한다.
③ 스케일자는 1/100, 1/200, 1/300, 1/400, 1/500, 1/600의 축척이 매겨져 있다.
④ 제도 샤프는 0.3mm, 0.5mm, 0.7mm, 0.9mm 등을 사용한다.

해설
운형자는 원호 이외의 곡선을 그을 때 사용하는 제도용구이다.

56 건축 도면 중 입면도에 표기해야 할 사항으로 적합한 것은?

① 창호의 형상
② 실의 배치와 넓이
③ 기초판의 두께와 너비
④ 건축물과 기초와의 관계

해설
입면도 표시사항
- 건축물의 높이 및 처마 높이, 지붕의 경사 및 형상
- 창호의 형상, 마감재료명, 주요 구조부의 높이
- 축척 : 1/50, 1/100, 1/200

정답 52 ① 53 ② 54 ② 55 ② 56 ①

57 건축제도 시 선 긋기에 관한 설명으로 옳지 않은 것은?

① 선 긋기를 할 때에는 시작부터 끝까지 일정한 힘과 각도를 유지해야 한다.
② 삼각자의 오른쪽 옆면을 이용할 경우에는 아래에서 위로 선을 긋는다.
③ T자와 삼각자 등이 사용된다.
④ 삼각자의 왼쪽 옆면을 이용할 경우에는 아래에서 위로 선을 긋는다.

해설
삼각자의 오른쪽 옆면을 이용할 경우에는 위에서 아래로 선을 긋는다.

58 철골구조에서 주각부의 구성재가 아닌 것은?

① 베이스 플레이트
② 리브 플레이트
③ 거싯 플레이트
④ 윙 플레이트

해설
철골구조 주각부의 구성재 : 베이스 플레이트, 리브 플레이트, 윙 플레이트, 클립앵글, 사이드 앵글, 앵커볼트 등
※ 거싯 플레이트 : 철골구조의 절점에 있어 부재의 이음에 덧대는 판

59 건축설계 도면 중 창호도에 관한 설명으로 옳지 않은 것은?

① 축척은 보통 1/50~1/100으로 한다.
② 창호기호는 한국산업표준의 KS F 1502를 따른다.
③ 창호기호에서 W는 창, D는 문을 의미한다.
④ 창호 재질의 종류와 모양, 크기 등은 기입할 필요가 없다.

해설
창호 재질의 종류와 모양, 크기 등은 건축설계 도면에 기입해야 한다.

60 건축 부재를 양 끝단에서 잡아당길 때 재축 방향으로 발생되는 주요응력은?

① 인장응력
② 압축응력
③ 전단응력
④ 휨모멘트

해설
응력

인장응력	←⬜→
압축응력	→⬜←
전단응력	↓⬜↑
휨모멘트	⬜

2016년 제2회 과년도 기출문제

01 균형의 원리에 관한 설명으로 옳지 않은 것은?
   ① 크기가 큰 것이 작은 것보다 시각적 중량감이 크다.
   ② 기하학적 형태가 불규칙적인 형태보다 시각적 중량감이 크다.
   ③ 색의 중량감은 색의 속성 중 특히 명도, 채도에 따라 크게 작용한다.
   ④ 복잡하고 거친 질감이 단순하고 부드러운 것보다 시각적 중량감이 크다.

   해설
   불규칙적인 형태가 기하학적 형태보다 시각적 중량감이 크다.

02 주택 부엌의 크기 결정요소에 속하지 않는 것은?
   ① 가족 수
   ② 대지면적
   ③ 주택 연면적
   ④ 작업대의 면적

   해설
   주택 부엌의 크기 결정요소 : 가족 수, 주택의 연면적, 작업대의 크기와 면적, 수납, 주부의 가사노동 동선 등

03 상점계획에서 요구되는 5가지 광고요소(AIDMA 법칙)에 속하지 않는 것은?
   ① 흥미(Interest)
   ② 주의(Attention)
   ③ 기억(Memory)
   ④ 유인(Attraction)

   해설
   상점계획에서 요구되는 5가지 광고요소(AIDCA, AIDMA 법칙)
   • Attention(주의)
   • Interest(흥미)
   • Desire(욕망)
   • Confidence(확신) · Memory(기억)
   • Action(행동)

04 다음은 피보나치 수열의 일부분이다. '21' 바로 다음에 나오는 숫자는?

   | 1, 2, 3, 5, 8, 13, 21 |

   ① 30
   ② 34
   ③ 40
   ④ 44

   해설
   피보나치 기하급수 : 앞의 두 항의 합이 다음 항과 같도록 배열되는 것

정답 1 ② 2 ② 3 ④ 4 ②

05 특정한 사용목적이나 많은 물품을 수납하기 위해 건축화된 가구로, 빌트 인 가구(built in furniture)라고도 불리는 것은?

① 작업용 가구
② 붙박이 가구
③ 이동식 가구
④ 조립식 가구

해설
붙박이 가구
- 특정한 사용목적이나 많은 물품을 수납하기 위해 건축화된 가구로, 빌트 인 가구(built in furniture)라고도 한다.
- 건축물과 일체화하여 설치한다.
- 가구 배치의 혼란을 없애고 공간을 최대한 활용할 수 있다.
- 실내 마감재와의 조화 등을 고려해야 한다.
- 필요에 따라 설치 장소를 자유롭게 움직일 수 없다.

06 상점의 상품 진열계획에서 골든 스페이스의 범위로 알맞은 것은?(단, 바닥에서의 높이)

① 650~1,050mm
② 750~1,150mm
③ 850~1,250mm
④ 950~1,350mm

해설
고객에게 가장 편한 진열 높이인 골든 스페이스의 범위는 850~1,250mm이다.

07 쇼핑센터 내의 주요 보행 동선으로, 고객을 각 상점으로 고르게 유도하는 동시에 휴식처로서의 기능도 가지고 있는 것은?

① 핵상점
② 전문점
③ 몰(mall)
④ 코트(court)

해설
쇼핑센터의 요소
- 몰(mall) : 쇼핑센터의 중앙에 있는 고객의 보행 동선으로, 고객을 각 상점으로 유도하면서 쉴 수 있는 공간이기도 하다.
- 핵상점 : 쇼핑센터에서 가장 중요한 공간으로, 고객을 끌어들이는 기능을 하는 백화점이나 종합 슈퍼마켓이 해당한다.
- 코트(court) : 몰의 곳곳에 고객이 머무르며 쉴 수 있는 넓은 공간으로 여러 행사를 하는 공간으로 사용하기도 한다.

08 기하학적인 정의로 크기가 없고 위치만 존재하는 디자인 요소는?

① 점
② 선
③ 면
④ 입체

해설
점
- 기하학적으로 점은 크기가 없고, 위치나 장소만 존재한다.
- 점은 정적이며 방향이 없고, 자기중심적이다.
- 점은 선의 양 끝, 선의 교차, 굴절 및 면과 선의 교차 등에서 나타난다.
- 동일한 점이라도 밝은 점은 크고 넓게, 어두운 점은 작고 좁게 보인다.
- 점의 연속이 점진적으로 축소 또는 팽창되어 나열되면 원근감이 생긴다.
- 선과 마찬가지로 형태의 외곽을 시각적으로 설명하는 데 사용할 수 있다.

09 고대 로마시대 음식물을 먹거나 잠을 자기 위해 사용했던 긴 의자로 몸을 기댈 수 있도록 좌판의 한쪽 끝이 올라간 형태를 가진 것은?

① 세티
② 카우치
③ 체스터필드
④ 라운지 소파

해설
① 세티 : 동일한 2개의 의자를 나란히 합해 2인이 앉을 수 있는 의자이다.
③ 체스터필드 : 솜, 스펀지 등을 채워서 사용상 안락성이 매우 좋고, 비교적 크기가 크다.
④ 라운지 소파 : 길게 늘어져 있는 형태로, 발을 받치고 편안하게 쉴 수 있는 긴 소파이다.

10 다음 중 주택의 부엌과 식당계획 시 가장 중요하게 고려하여야 할 사항은?

① 조명 배치
② 작업 동선
③ 색채 조화
④ 채광계획

해설
식당과 주방의 실내계획에서 가장 우선적으로 고려해야 할 사항은 주부의 작업 동선이다.

11 수평 블라인드로 날개의 각도, 승강으로 일광, 조망, 시각의 차단 정도를 조절할 수 있는 것은?

① 롤 블라인드
② 로만 블라인드
③ 베니션 블라인드
④ 버티컬 블라인드

해설
① 롤 블라인드 : 천을 감아올려 높이 조절이 가능하며, 칸막이나 스크린의 효과를 얻을 수 있다.
② 로만 블라인드 : 블라인드 중간 부분에 가로봉 등을 삽입해 넓은 주름을 형성한 블라인드이다.
④ 버티컬 블라인드 : 세로 방향으로 블라인드 조각이 연결되어 있어 끈으로 각도를 조절하여 실내로 비치는 햇빛의 양을 조절한다.

12 다음 중 고대 그리스 건축의 오더에 속하지 않는 것은?

① 도리아식
② 터스칸식
③ 코린트식
④ 이오니아식

해설
고대 그리스 건축의 오더 : 도리아식, 코린트식, 이오니아식

13 다음 중 실내디자인의 진행과정에 있어서 가장 먼저 선행되는 작업은?

① 조건 파악
② 기본계획
③ 기본설계
④ 실시설계

해설
실내디자인의 프로세스
기획 및 상담 – 기본계획(계획조건 파악) – 기본설계(기본 구상/결정안/모델링) – 실시설계 – 구현 – 평가

14 주거 공간을 주행동에 의해 구분할 경우, 다음 중 사회 공간에 속하지 않는 것은?

① 거실
② 식당
③ 서재
④ 응접실

해설
공간에 따른 분류

공간 분류	종류
사회적 공간	거실, 식당, 응접실, 회의실 등
개인적 공간	침실, 서재, 작업실, 욕실 등
작업 공간	세탁실, 다용도실, 부엌
부수적 공간	계단, 현관, 복도, 통로 등

15 작업구역에는 전용의 국부조명방식으로 조명하고, 기타 주변 환경에 대하여는 간접조명과 같은 낮은 조도 레벨로 조명하는 조명방식은?

① TAL 조명방식
② 반직접 조명방식
③ 반간접 조명방식
④ 전반 확산 조명방식

해설
TAL 조명방식(Task & Ambient Lighting) : 작업구역(task)에는 전용의 국부조명방식으로 조명하고, 기타 주변(ambient) 환경에 대해서는 간접조명과 같은 낮은 조도레벨로 조명하는 방식이다.

16 실내외의 온도차에 의한 공기의 밀도차가 원동력이 되는 환기의 종류는?

① 중력환기
② 풍력환기
③ 기계환기
④ 국소환기

해설
자연환기
- 중력환기 : 실내외의 온도차에 의한 공기의 밀도차가 원동력이 되는 환기방식이다.
- 풍력환기 : 건물의 외벽면에 가해지는 풍압이 원동력이 되는 환기방식이다.

17 건구온도 28℃인 공기 80kg과 건구온도 14℃인 공기 20kg을 단열 혼합하였을 때, 혼합공기의 건구온도는?

① 16.8℃
② 18℃
③ 21℃
④ 25.2℃

해설
비열공식과 열평형을 활용한다.
두 물질을 혼합하면 중간 온도에서 온도가 같아지므로 나중 온도를 t로 한다.
비열공식 $Q = cm\Delta t$
건구온도 28℃인 공기 Q = 건구온도 14℃인 공기 Q
$80\text{kg}(28 - t) = 20\text{kg}(t - 14)$
$4(28 - t) = 1(t - 14)$
$112 - 4t = t - 14$
$5t = 126$
$\therefore t = 25.2℃$

18 휘도의 단위로 사용되는 것은?

① lx
② lm
③ lm/m²
④ cd/m²

해설
- 조도의 단위 : lx, lm/m²
- 광속의 단위 : lm

19 우리나라의 기후조건에 맞는 자연형 설계방법으로 옳지 않은 것은?

① 겨울철 일사 획득을 높이기 위해 경사 지붕보다 평지붕이 유리하다.
② 건물의 형태는 정방형보다 동서축으로 약간 긴 장방형이 유리하다.
③ 여름철에 증발냉각효과를 얻기 위해 건물 주변에 연못을 설치하면 유리하다.
④ 여름에는 일사를 차단하고, 겨울에는 일사를 획득하기 위한 차양설계가 필요하다.

> **해설**
> 겨울철의 일사 획득을 높이기 위해서는 평지붕보다 경사 지붕이 유리하다.

20 실내에서는 음을 갑자기 중지시켜도 소리는 그 순간에 없어지는 것이 아니라 점차로 감쇠되다가 안 들리게 된다. 이와 같이 음 발생이 중지된 후에도 소리가 실내에 남는 현상은?

① 확산 ② 잔향
③ 회절 ④ 공명

21 석질이 치밀하고 박판으로 채취할 수 있어 슬레이트로서 지붕, 외벽, 마루 등에 사용되는 석재는?

① 부석 ② 점판암
③ 대리석 ④ 화강암

> **해설**
> 점판암(clay slate)
> • 수성암의 일종으로, 석질이 치밀하고 박판(얇은 판)으로 채취할 수 있다.
> • 청회색 또는 흑색이며, 흡수율이 작고 대기 중에서 변색·변질되지 않는다.
> • 천연 슬레이트라고 하며, 치밀한 방수성이 있어 지붕, 외벽, 마루 등에 사용된다.

22 미장재료에 관한 설명으로 옳지 않은 것은?

① 석고 플라스터는 내화성이 우수하다.
② 돌로마이트 플라스터는 건조수축이 크기 때문에 수축균열이 발생한다.
③ 킨즈 시멘트는 고온소성의 무수석고를 특별한 화학처리를 한 것으로 경화 후 아주 단단하다.
④ 회반죽은 소석고에 모래, 해초물, 여물 등을 혼합하여 바르는 미장재료로서 건조수축이 거의 없다.

> **해설**
> 회반죽
> • 소석회에 모래, 해초풀, 여물 등을 혼합하여 바르는 미장재료이다.
> • 기경성 미장재료이며, 경화속도가 느리고 점성이 작다.
> • 공기 중의 탄산가스와 반응하여 화학 변화를 일으켜 경화한다.
> • 경화건조에 의한 수축률이 크기 때문에 여물로 균열을 분산·경감시킨다.
> • 목조 바탕, 콘크리트 블록 및 벽돌 바탕 등에 바른다.

23 물체에 외력을 가하면 변형이 생기나 외력을 제거하면 순간적으로 원래의 형태로 회복되는 성질을 말하는 것은?

① 탄성 ② 소성
③ 강도 ④ 응력도

정답 19 ① 20 ② 21 ② 22 ④ 23 ①

24 골재의 성인에 의한 분류 중 인공골재에 속하는 것은?

① 강모래
② 산모래
③ 중정석
④ 부순 모래

해설
골재의 성인에 의한 분류
- 천연골재 : 강모래, 강자갈, 바닷모래, 바닷자갈, 육상모래, 육상자갈, 산모래, 산자갈
- 인공골재 : 부순 돌, 부순 모래, 인공경량골재

25 콘크리트의 컨시스턴시(consistency)를 측정하는 데 사용되는 것은?

① 표준체법
② 블레인법
③ 슬럼프시험
④ 오토클레이브 팽창도시험

해설
슬럼프시험 : 굳지 않은 콘크리트의 반죽질기(consistency)를 측정하는 방법
※ 컨시스턴시 : 수량에 의해서 변화하는 유동성의 정도

26 다음 중 혼화재에 속하는 것은?

① AE제
② 기포제
③ 방청제
④ 플라이애시

해설
플라이애시
- 콘크리트의 워커빌리티를 좋게 하고, 사용 수량을 감소시킨다.
- 초기 재령의 강도는 다소 작지만, 장기 재령의 강도는 매우 크다.
- 콘크리트의 수밀성을 향상시킨다.
- 시멘트 수화열에 의한 콘크리트 발열이 감소된다.

27 콘크리트용 골재의 조립률 산정에 사용되는 체에 속하지 않는 것은?

① 0.3mm
② 5mm
③ 20mm
④ 50mm

해설
조립률
- 콘크리트용 골재의 입도를 수치적으로 나타내는 지표로 이용된다.
- 조립률(골재) : 75mm, 40mm, 20mm, 10mm, 5mm, 2.5mm, 1.2mm, 0.6mm, 0.3mm, 0.15mm 체 등 10개의 체를 1조로 하여 체가름시험을 하였을 때, 각 체에 남은 누계량의 전체 시료에 대한 질량 백분율의 합을 100으로 나눈 값으로 나타낸다.

28 풍화되기 쉬우므로 실외용으로 적합하지 않으나, 석질이 치밀하고 견고할 뿐만 아니라 연마하면 아름다운 광택이 나므로 실내장식용으로 적합한 석재는?

① 대리석
② 화강암
③ 안산암
④ 점판암

해설
대리석
- 석회암이 변화하여 결정화된 변성암의 일종이다.
- 주성분은 탄산석회이고 탄소질, 산화철, 휘석, 각섬석, 녹니석 등이 함유되어 있다.
- 석질이 치밀·견고하고, 색채와 무늬가 다양하다.
- 연마하면 아름다운 광택이 나서 조각이나 실내장식에 사용된다.
- 풍화되기 쉬워 실외용으로 적합하지 않다.
- 강도는 높지만 내산성과 내화성이 약하다.
- 주로 테라초판(terrazzo tile)의 종석으로 활용된다.

29 유성 페인트에 관한 설명으로 옳은 것은?

① 붓바름 작업성 및 내후성이 우수하다.
② 저온다습할 경우에도 건조시간이 짧다.
③ 내알칼리성은 우수하지만, 광택이 없고 마감면의 마모가 크다.
④ 염화비닐수지계, 멜라민수지계, 아크릴수지계 페인트가 있다.

해설
유성 페인트
- 보일유(건성유, 건조제)와 안료를 혼합한 것이다(안료 + 건성유 + 건조제 + 희석제).
- 붓바름 작업성 및 내후성이 뛰어나다.
- 저온다습할 경우, 특히 건조시간이 길다.
- 내알칼리성이 떨어진다.
- 목재, 석고판류, 철재류 도장에 사용된다.

30 다음 중 바닥재료에 요구되는 성질과 가장 거리가 먼 것은?

① 열전도율이 커야 한다.
② 청소가 용이해야 한다.
③ 내구·내화성이 커야 한다.
④ 탄력이 있고 마모가 작아야 한다.

해설
바닥재료에 요구되는 성질
- 미감, 보행감, 촉감이 좋아야 한다.
- 청소가 용이해야 한다.
- 내구성과 내화성이 커야 한다.
- 탄력이 있고 마모·패임·흠집이 적어야 한다.

31 구리(Cu)와 주석(Sn)을 주체로 한 합금으로, 건축장식 철물 또는 미술공예 재료에 사용되는 것은?

① 황동
② 청동
③ 양은
④ 두랄루민

해설
청동
- 구리와 주석을 주성분으로 한 합금이다.
- 내식성이 크고, 주조성이 우수하다.
- 건축장식 철물 및 미술공예 재료로 사용된다.

32 도자기질 타일을 다음과 같이 구분하는 기준이 되는 것은?

> 내장 타일, 외장 타일, 바닥 타일, 모자이크 타일

① 호칭명에 따라
② 소지의 질에 따라
③ 유약의 유무에 따라
④ 타일 성형법에 따라

해설
호칭 및 소지의 질에 의한 구분

호칭	소지의 질
내장 타일	자기질, 석기질, 도기질
외장 타일	자기질, 석기질
바닥 타일	자기질, 석기질
모자이크 타일	자기질
클링커 타일	석기질

정답 29 ① 30 ① 31 ② 32 ①

33 다음 중 천연 아스팔트에 속하지 않는 것은?

① 아스팔타이트
② 록 아스팔트
③ 블론 아스팔트
④ 레이크 아스팔트

해설
아스팔트의 종류
- 천연 아스팔트 : 록 아스팔트, 레이크 아스팔트, 아스팔타이트
- 석유 아스팔트 : 스트레이트 아스팔트, 블론 아스팔트, 아스팔트 콤파운드

34 다음 그림과 같은 블록의 명칭은?

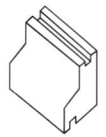

① 반블록
② 창쌤블록
③ 인방블록
④ 창대블록

해설
블록의 종류

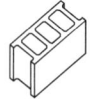 
[기본블록] [반블록] [한마구리평블록] [양마구리평블록]

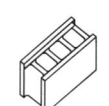  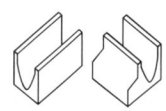
[가로근용 블록] [창쌤블록] [창대블록] [인방블록]

35 다음 보기와 같은 특징을 갖는 목재 방부제는?

┤보기├
- 유용성 방부제
- 도장 가능하며 독성 있음
- 처리재는 무색으로 성능 우수

① 모르타르
② 크레오소트유
③ 염화아연용액
④ 펜타클로로페놀

해설
펜타클로로페놀(PCP)
- 유용성 방부제로, 도장이 가능하고 독성이 있다.
- 무색이며, 성능이 가장 우수하다.
- 자극적인 냄새가 나고, 고가이며, 방부·방충처리에 이용된다.

36 목재의 연륜에 관한 설명으로 옳지 않은 것은?

① 추재율과 연륜밀도가 큰 목재일수록 강도가 작다.
② 연륜의 조밀은 목재의 비중이나 강도와 관계가 있다.
③ 추재율은 목재의 횡단면에서 추재부가 차지하는 비율을 말한다.
④ 춘재부와 추재부가 수간의 횡단면상에 나타나는 동심 원형의 조직을 말한다.

해설
추재율은 목재의 횡단면에서 추재부가 차지하는 비율로, 추재율과 연륜밀도가 큰 목재일수록 강도가 크다. 즉, 연륜 간격 차이가 클수록 비중이 크며, 압축에 강하고 인장에 약하다. 흔히 침엽수에서 볼 수 있다.

정답 33 ③ 34 ④ 35 ④ 36 ①

37 기본 점성이 크며 내수성, 내약품성, 전기절연성이 모두 우수한 만능형 접착제로 금속, 플라스틱, 도자기, 유리, 콘크리트 등의 접합에 사용되는 것은?

① 요소수지 접착제
② 비닐수지 접착제
③ 멜라민수지 접착제
④ 에폭시수지 접착제

해설
에폭시수지 접착제
- 기본 점성이 크며 내수성, 내약품성, 전기절연성이 우수한 만능형 접착제이다.
- 급경성으로 내알칼리성 등의 내화학성이나 접착력이 크고, 내수성이 우수하다.
- 가열하면 접착 시 효과가 좋다.
- 금속, 석재, 도자기, 글라스, 콘크리트, 플라스틱재 등의 접착에 사용한다.

38 소다석회유리에 관한 설명으로 옳지 않은 것은?

① 풍화되기 쉽다.
② 내산성이 높다.
③ 용융되지 않는다.
④ 건축 일반용 창호유리 등으로 사용된다.

해설
소다석회유리는 용융하기 쉽다.

39 비교적 굵은 철선을 격자형으로 용접한 것으로, 콘크리트 보강용으로 사용되는 금속제품은?

① 메탈 폼(metal form)
② 와이어 로프(wire rope)
③ 와이어 메시(wire mesh)
④ 펀칭 메탈(punching metal)

해설
① 메탈 폼(metal form) : 금속재의 콘크리트용 거푸집으로서 치장 콘크리트 등에 사용한다.
④ 펀칭 메탈(punching metal) : 금속판에 무늬 구멍을 낸 것으로 환기구, 방열기 덮개, 각종 커버 등에 쓰인다.

40 다음 중 열경화성 수지에 속하지 않는 것은?

① 페놀수지
② 요소수지
③ 멜라민수지
④ 염화비닐수지

해설
합성수지의 종류
- 열경화성 수지 : 페놀수지, 멜라민수지, 폴리우레탄수지, 폴리에스테르수지, 에폭시수지, 요소수지, 실리콘수지, 폴리카보네이트 등
- 열가소성 수지 : 폴리에틸렌수지, 폴리프로필렌수지, 폴리스티렌수지, 염화비닐수지, 아크릴수지, 불소수지, 폴리아마이드수지(나일론, 아라미드), 아세틸수지 등

41 강재나 목재를 삼각형을 기본으로 짜서 하중을 지지하는 것으로, 절점이 핀으로 구성되어 있으며 부재는 인장과 압축력만 받도록 한 구조는?

① 트러스구조
② 내력벽구조
③ 라멘구조
④ 아치구조

해설
트러스(truss)구조
- 강재나 목재를 삼각형을 기본으로 짜서 하중을 지지한다.
- 절점이 핀으로 구성되어 있으며, 부재는 인장과 압축력만 받도록 한 구조이다.
- 외력을 절점(핀절점)에 모인 부재의 축 방향으로 분해하여 지지한다.
- 주로 체육관 등 큰 공간의 천장구조방식으로 사용한다.

정답 37 ④ 38 ③ 39 ③ 40 ④ 41 ①

42 철골구조의 주각부에 사용되는 부재가 아닌 것은?

① 레티스(lattice)
② 베이스 플레이트(base plate)
③ 사이드 앵글(side angle)
④ 윙 플레이트(wing plate)

[해설]
철골구조에서 주각을 구성하는 부재
- 베이스 플레이트(base plate)
- 리브 플레이트(rib plate)
- 윙 플레이트(wing plate)
- 사이드 앵글(side angle)
- 클립 앵글(clip angle)
- 앵커볼트(anchor bolt)

43 철근콘크리트구조에서 철근과 콘크리트의 부착에 영향을 주는 요인에 관한 설명으로 옳지 않은 것은?

① 철근의 표면 상태 - 이형철근의 부착강도는 원형철근보다 크다.
② 콘크리트의 강도 - 부착강도는 콘크리트의 압축강도나 인장강도가 작을수록 커진다.
③ 피복 두께 - 부착강도를 제대로 발휘시키기 위해서는 충분한 피복 두께가 필요하다.
④ 다짐 - 콘크리트의 다짐이 불충분하면 부착강도가 저하된다.

[해설]
부착강도는 콘크리트의 압축강도나 인장강도가 클수록 커진다.

44 층고를 최소화할 수 있으나 바닥판이 두꺼워서 고정하중이 커지며, 뼈대의 강성을 기대하기가 어려운 구조는?

① 튜브구조
② 전단벽구조
③ 박판구조
④ 무량판구조

[해설]
플랫 슬래브(무량판구조)
- 보를 없애고 바닥판을 두껍게 해서 보의 역할을 겸한 구조이다.
- 고층 건물의 구조형식에서 층고를 최소로 할 수 있다.
- 외부의 보를 제외하고 내부는 보 없이 바닥판만으로 구성된다.
- 내부는 보 없이 바닥판을 기둥이 직접 지지하는 슬래브이다.
- 천장의 공간 확보와 실내 공간의 이용도가 좋다.
- 층고를 낮게 할 수 있다.
- 바닥판이 두꺼워서 고정하중이 커지며, 뼈대의 강성을 기대하기 어렵다.
- 거푸집과 철근공사가 용이해서 주로 창고, 공장, 주상 복합이나 지하 주차장에 등에 쓰인다.

45 가볍고 가공성이 좋은 장점이 있으나 강도가 작고 내구력이 약해 부패, 화재 위험 등이 높은 구조는?

① 목구조
② 블록구조
③ 철골구조
④ 철골철근콘크리트구조

[해설]
목구조의 장단점

장점	단점
다른 구조에 비하여 무게가 가볍다.	가연성이다.
중량에 비하여 허용강도가 일반적으로 크며, 특히 휨에 대하여 강하다.	옹이, 엇결 등의 결점이 있다.
가공 및 보수가 용이하다.	자유롭게 성형하기 어렵다.
못을 잘 박을 수 있어 구조 접합이 쉽고, 이축·개축이 용이하다.	재료의 강도, 강성에 대한 편차가 크고, 그 균일성이 다른 재료에 비하여 낮기 때문에 안전율을 크게 해야 한다.
전도율이 작고, 전기에 대하여 절연성이 높다.	해충으로 인한 피해를 받기 쉬워 내구성이 작다.
아름답고 감촉이 좋다.	타 구조에 비하여 접합부의 구성이 복잡하다.
	건조, 함수율의 변화에 따른 재료의 길이와 부피의 변동으로 틈새가 생긴다.

46 건축제도에 사용되는 척도가 아닌 것은?

① 1/2　　② 1/60
③ 1/300　④ 1/500

해설
축척
- 실물을 일정한 비율로 축소하는 것
- 1/2, 1/3, 1/4, 1/5, 1/10, 1/20, 1/25, 1/30, 1/40, 1/50, 1/100, 1/200, 1/250, 1/300, 1/500, 1/600, 1/1,000, 1/1200, 1/2000, 1/2500, 1/3000, 1/5000, 1/6000

47 실시설계도에서 일반도에 해당하지 않는 것은?

① 전개도
② 부분 상세도
③ 배치도
④ 기초 평면도

해설
실시설계도 : 기본설계도가 작성된 후 더욱 상세하게 그린 도면
- 일반도 : 배치도, 평면도, 입면도, 단면도, 전개도, 단면 상세도, 각부 상세도, 지붕 평면도, 투시도 등
- 구조도 : 기초 평면도, 바닥틀 평면도, 지붕틀 평면도, 골조도 등
- 설비도 : 전기설비도, 기계설비도, 급배수위생설비도 등

48 철근콘크리트 보에서 늑근의 주된 사용목적은?

① 압축력에 대한 저항
② 인장력에 대한 저항
③ 전단력에 대한 저항
④ 휨에 대한 저항

해설
늑근
- 철근콘크리트 보에서 전단력을 보강하기 위해 보의 주근 주위에 둘러 배치한 철근이다.
- 철근콘크리트 보에 늑근을 사용하는 이유
  - 보의 전단저항력을 증가시키기 위해서(전단력에 대한 저항)
  - 주근 상호 간의 위치 유지 및 적정한 피복 두께를 유지하기 위해서

49 벽돌쌓기법 중 벽의 모서리나 끝에 반절이나 이오토막을 사용하는 것으로 가장 튼튼한 쌓기법은?

① 미국식 쌓기
② 프랑스식 쌓기
③ 영국식 쌓기
④ 네덜란드식 쌓기

해설
① 미국식 쌓기 : 5켜는 길이쌓기로 하고, 다음 한 켜는 마구리쌓기로 한다.
② 프랑스식 쌓기 : 한 켜 안에 길이쌓기와 마구리쌓기를 병행하며 쌓는다.
④ 네덜란드식 쌓기 : 한 켜는 길이쌓기로 하고 다음은 마구리쌓기로 하며, 모서리 또는 끝에서 칠오토막을 사용한다.

50 다음 중 건축제도 용구가 아닌 것은?

① 홀더
② 원형 템플릿
③ 세오돌라이트
④ 컴퍼스

해설
세오돌라이트(theodolite) : 수평각과 연직각을 정확히 측정할 수 있는 측정기기

51 철골구조에서 사용되는 고력 볼트 접합의 특성으로 옳지 않은 것은?

① 접합부의 강성이 크다.
② 피로강도가 크다.
③ 노동력 절약과 공기 단축효과가 있다.
④ 현장 시공설비가 복잡하다.

해설
고력 볼트 접합은 현장 시공설비가 간편하다.

52 프리스트레스트 콘크리트구조의 특징으로 옳지 않은 것은?

① 스팬을 길게 할 수 있어서 넓은 공간을 설계할 수 있다.
② 부재 단면의 크기를 작게 할 수 있고 진동이 없다.
③ 공기를 단축하고 시공과정을 기계화할 수 있다.
④ 고강도재료를 사용하므로 강도와 내구성이 크다.

해설
프리스트레스트 콘크리트구조의 특징
- 인장재에 대한 저항력이 작은 콘크리트에 미리 긴장재에 의한 압축력을 가하여 만든 구조이다.
- 스팬을 길게 할 수 있어서 넓은 공간을 설계할 수 있다.
- 공기를 단축하고, 시공과정을 기계화할 수 있다.
- 고강도재료를 사용하여 강도와 내구성이 크다.
- 부재 단면의 크기를 작게 할 수 있으나 쉽게 진동한다.
- 복원성이 크고, 구조물 자중을 경감할 수 있다.
- 공정이 복잡하고, 고도의 품질관리가 요구된다.
- 열에 약해 내화피복(5cm 이상)이 필요하다.

53 주택에서의 부엌에 대한 설명으로 가장 적합한 것은?

① 방위는 서쪽이나 북서쪽이 좋다.
② 개수대의 높이는 주부의 키와는 무관하다.
③ 소규모 주택일 경우 거실과 한 공간에 배치할 수 있다.
④ 가구 배치는 가열대, 개수대, 냉장고, 조리대 순서로 한다.

해설
① 방위는 서쪽은 피하는 것이 좋다.
② 개수대의 높이는 주부의 키에 따라 달라진다.
④ 가구 배치는 준비대 – 개수대 – 조리대 – 가열대 – 배선대 순서로 한다.

54 다음 중 구조양식이 같은 것끼리 짝지어지지 않은 것은?

① 목구조와 철골구조
② 벽돌구조와 블록구조
③ 철근콘크리트조와 돌구조
④ 프리패브와 조립식 철근콘크리트조

해설
철근콘크리트조는 일체식, 돌구조는 조적식에 속한다.

55 다음 중 벽돌구조의 장점에 해당하는 것은?

① 내화·내구적이다.
② 횡력에 강하다.
③ 고층 건축물에 적합한 구조이다.
④ 실내 면적이 타 구조에 비해 매우 크다.

해설
① 벽돌구조는 습식구조로서 지진, 바람과 같은 횡력에 약하고, 균열이 생기기 쉬운 구조이다.
② 횡력에 약하다.
③ 저층 건축물에 적합한 구조이다.
④ 하중에 의해 벽 두께가 두꺼워질 경우 실내 면적이 줄어든다.

56 사람을 그리려면 각 부분의 비례관계를 알아야 한다. 사람을 8등분으로 나누어 보았을 때 비례관계가 가장 적절하게 표현한 것은?

번호	신체 부위	비례
A	머리	1
B	목	1
C	다리	3.5
D	몸통	2.5

① A
② B
③ C
④ D

해설
사람을 표현할 때는 8등분으로 나누어 머리는 1 정도의 비율로 표현하는 것이 알맞다.

57 제도 연필의 경도에서 무르기로부터 굳기의 순서대로 옳게 나열한 것은?

① HB-B-F-H-2H
② B-HB-F-H-2H
③ B-F-HB-H-2H
④ HB-F-B-H-2H

58 블록조에서 창문의 인방 보는 벽단부에 최소 얼마 이상 걸쳐야 하는가?

① 5cm
② 10cm
③ 15cm
④ 20cm

59 목구조에 사용되는 철물에 대한 설명으로 옳지 않은 것은?

① 듀벨은 볼트와 같이 사용하여 접합재 상호 간의 변위를 방지하는 강한 이음을 얻는 데 사용한다.
② 꺾쇠는 몸통이 정방형, 원형, 평판형인 것을 각각 각꺾쇠, 원형꺾쇠, 평꺾쇠라 한다.
③ 감잡이쇠는 강봉 토막의 양 끝을 뾰족하게 하고 ㄴ자형으로 구부린 것으로, 두 부재의 접합에 사용된다.
④ 안장쇠는 안장 모양으로 한 부재에 걸쳐놓고 다른 부재를 받게 하는 이음, 맞춤의 보강철물이다.

해설
감잡이쇠는 목구조의 맞춤에 사용하는 ㄷ자 모양의 보강철물로, 왕대공과 평보의 연결부에 사용한다.

60 다음 창호 표시기호의 뜻으로 옳은 것은?

① 알루미늄 합금창 2번
② 알루미늄 합금창 2개
③ 알루미늄 2중창
④ 알루미늄문 2짝

해설
창호 표시기호
　　　　일련번호

| 재료 | 창호 구별 |

창호틀 재료 및 종류	창호의 구별
• A : Aluminum • P : Plastic • S : Steel • SS : Stainless • W : Wood	• D : Door • W : Window • S : Shutter

2016년 제4회 과년도 기출문제

01 균형의 종류와 그 실례의 연결이 바르지 않은 것은?

① 방사형 균형 – 판테온의 돔
② 대칭적 균형 – 타지마할 궁
③ 비대칭적 균형 – 눈의 결정체
④ 결정학적 균형 – 반복되는 패턴의 카펫

해설
균형의 종류와 예
• 방사형 균형 : 판테온의 돔, 회전계단, 눈의 결정체
• 대칭적 균형 : 타지마할 궁, 다빈치의 인간의 비율
• 비대칭적 균형 : 고흐의 별이 빛나는 밤에, 한국의 전통 건축
• 결정학적 균형 : 반복되는 패턴의 카펫

02 다음 보기의 설명에 알맞은 부엌의 작업대 배치방식은?

┤보기├
• 인접한 세 벽면에 작업대를 붙여 배치한 형태이다.
• 비교적 규모가 큰 공간에 적합하다.

① 일렬형 ② ㄴ자형
③ ㄷ자형 ④ 병렬형

해설
ㄷ자형
• 인접한 세 벽면에 작업대를 배치한 형태이다.
• 비교적 규모가 큰 공간에 적합하다.
• 작업대의 통로 폭은 1,200~1,500mm가 적당하다.
• 작업면이 넓어 작업효율이 가장 좋다.
• 벽면을 이용하기 때문에 대규모 수납 공간 확보가 가능하다.
• 평면계획상 부엌에서 외부로 통하는 출입구를 설치하기 곤란하다.

03 상점 쇼윈도 전면의 눈부심 방지방법으로 틀린 것은?

① 차양을 쇼윈도에 설치하여 햇빛을 차단한다.
② 쇼윈도 내부를 도로면보다 약간 어둡게 한다.
③ 유리를 경사지게 처리하거나 곡면유리를 사용한다.
④ 가로수를 쇼윈도 앞에 심어 도로 건너편 건물의 반사를 막는다.

해설
쇼윈도 전면의 눈부심을 방지하려면 진열장 내의 밝기를 인공적으로 외부보다 밝게 한다.

04 평화롭고 정지된 모습으로 안정감을 느끼게 하는 선은?

① 수직선 ② 수평선
③ 기하곡선 ④ 자유곡선

해설
선의 종류별 조형효과
• 수직선 : 존엄성, 위엄, 권위
• 수평선 : 안정, 평화
• 사선 : 약동감, 생동감
• 곡선 : 유연함, 우아함, 풍요로움, 여성스러움

05 동일한 두 개의 의자를 나란히 합해 2명이 앉을 수 있도록 설계한 의자는?

① 세티 ② 카우치
③ 풀업 체어 ④ 체스터필드

1 ③ 2 ③ 3 ② 4 ② 5 ①

06 다음 중 상점계획에서 중점을 두어야 하는 내용과 관계가 먼 것은?

① 조명설계
② 간판 디자인
③ 상품 배치방식
④ 상점 주인 동선

[해설]
고객 동선과 종업원의 동선은 계획하지만, 상점 주인의 동선은 계획하지 않는다.

07 천장과 더불어 실내 공간을 구성하는 수평적 요소로 인간의 감각 중 시각적, 촉각적 요소와 밀접한 관계를 갖는 것은?

① 벽
② 기둥
③ 바닥
④ 개구부

[해설]
실내 공간의 구성
• 공간의 수평적 요소 : 천장, 바닥
• 공간의 수직적 요소 : 기둥, 벽

08 주거 공간을 주행동에 의해 구분할 경우, 다음 중 사회적 공간에 해당하는 것은?

① 거실
② 침실
③ 욕실
④ 서재

[해설]
주행동에 따른 주거 공간의 구분
• 개인적 공간 : 침실, 서재, 공부방, 욕실, 화장실, 세면실 등
• 작업적 공간 : 부엌, 세탁실, 작업실, 창고, 다용도실 등
• 사회적 공간 : 가족 모두가 공동으로 사용하는 공간(거실, 응접실, 식당, 현관)

09 주택의 거실에 대한 설명으로 틀린 것은?

① 다목적 기능을 가진 공간이다.
② 가족의 휴식, 대화, 단란한 공동생활의 중심이 되는 곳이다.
③ 전체 평면의 중앙에 배치하여 각 실로 통하는 통로로서의 기능을 부여한다.
④ 거실의 면적은 가족 수와 가족의 구성 형태 및 거주자의 사회적 지위나 손님의 방문 빈도와 수 등을 고려하여 계획한다.

[해설]
거실은 실내의 다른 공간과 유기적으로 연결될 수 있도록 하되 거실이 통로화되지 않도록 주의해야 한다.

10 광원을 넓은 면적의 벽면에 배치하여 비스타(vista) 적인 효과를 낼 수 있으며, 시선에 안락한 배경으로 작용하는 건축화 조명방식은?

① 코퍼조명
② 광창조명
③ 코니스 조명
④ 광천장조명

[해설]
광창조명
• 광원을 넓은 면적의 벽면에 매입하여 비스타(vista)적인 효과를 낼 수 있으며, 시선에 안락한 배경으로 작용한다.
• 벽면의 전체 또는 일부분을 광원화하는 조명방식이다.

[정답] 6 ④ 7 ③ 8 ① 9 ③ 10 ②

11 가구와 설치물의 배치 결정 시 다음 중 가장 우선시 되어야 할 상황은?

① 재질감
② 색채감
③ 스타일
④ 기능성

해설
가구와 설치물을 배치할 때는 가구와 시설물의 기능을 우선시한다.

12 원룸 주택 설계 시 고려해야 할 사항으로 바르지 않은 것은?

① 내부 공간을 효과적으로 활용한다.
② 접객 공간을 충분히 확보하도록 한다.
③ 환기를 고려한 설계가 이루어져야 한다.
④ 사용자에 대한 특성을 충분히 파악한다.

해설
원룸과 같이 소규모 주거 공간계획 시 활동 공간과 취침 공간을 구분하고, 접객 공간은 구분하지 않는다.

13 특정한 사용목적이나 많은 물품을 수납하기 위해 건축화된 가구는?

① 가동 가구
② 이동 가구
③ 붙박이 가구
④ 모듈러 가구

해설
붙박이 가구
- 특정한 사용목적이나 많은 물품을 수납하기 위해 건축화된 가구로, 빌트 인 가구(built in furniture)라고도 한다.
- 건축물과 일체화하여 설치하는 가구이다.
- 가구 배치의 혼란을 없애고 공간을 최대한 활용할 수 있다.
- 실내 마감재와의 조화 등을 고려해야 한다.
- 필요에 따라 설치 장소를 자유롭게 움직일 수 없다.

14 다음 중 공간 배치 및 동선의 편리성과 가장 관련이 있는 실내디자인의 기본조건은?

① 경제적 조건
② 환경적 조건
③ 기능적 조건
④ 정서적 조건

해설
실내디자인의 기능적 조건
- 인간이 생활하는 데 필요한 공간의 활용도를 제공하는 것으로 규모, 배치구조, 동선의 설계 등 제반사항을 충분히 고려하여 디자인해야 한다.
- 기능적 조건이 가장 먼저 고려되어야 한다.
- 합목적성, 기능성, 실용성, 효율성 등이 제고되어야 한다.
- 전체 공간의 구성이 합리적이고, 각 공간의 기능이 최대로 발휘되어야 한다.
- 공간의 사용목적에 적합하도록 인간공학, 공간 규모, 배치 및 동선 등 제반사항을 고려해야 한다.

15 부엌의 기능적인 수납을 위해서는 기본적으로 4가지 원칙이 만족되어야 하는데, 다음 중 '수납장 속에 무엇이 들었는지 쉽게 찾을 수 있게 수납한다.'와 관련된 원칙은?

① 접근성
② 조절성
③ 보관성
④ 가시성

해설
수납의 원칙
- 접근성 : 쉽게 접근해서 수납할 수 있어야 한다.
- 조절성 : 다양한 물건을 수납하기 위함이다.
- 보관성 : 물건의 파손 방지를 위함이다.
- 가시성 : 물건이 어디에 있는지 쉽게 찾을 수 있어야 한다.

16 음파는 파동의 하나이기 때문에 물체가 진행 방향을 가로막고 있다고 해도 그 물체의 후면에도 전달되는 현상은?

① 회절 ② 반사
③ 간섭 ④ 굴절

해설
③ 간섭 : 서로 다른 음원에서의 음이 중첩되면 합성되어 음은 쌍방의 상황에 따라 강해지거나 약해진다.
④ 굴절 : 음파가 한 매질에서 타 매질로 통과할 때 전파속도가 달라져 진행 방향이 변화된다. 예를 들면, 주간에 들리지 않던 소리가 야간에는 잘 들린다.

17 다음 중 일조 조절을 위해 사용되는 것이 아닌 것은?

① 루버 ② 반자
③ 차양 ④ 처마

해설
일광조절장치 : 커튼, 블라인드, 셰이드, 루버, 발, 처마, 차양

18 측창 채광에 대한 설명으로 틀린 것은?

① 편측창 채광은 조명도가 균일하지 못하다.
② 천창 채광에 비해 시공, 관리가 어렵고 빗물이 새기 쉽다.
③ 측창 채광은 천창 채광에 비해 개방감이 좋고, 통풍에 유리하다.
④ 측창 채광 중 벽의 한 면에만 채광하는 것을 편측창 채광이라 한다.

해설
측창 채광은 천창 채광에 비해 구조·시공이 용이하며, 비막이에 유리하다.

19 실내외의 온도차에 의한 공기의 밀도차가 원동력이 되는 환기방법은?

① 풍력환기
② 중력환기
③ 기계환기
④ 인공환기

해설
자연환기
• 중력환기 : 실내외의 온도차에 의한 공기의 밀도차가 원동력이 되는 환기방식이다.
• 풍력환기 : 건물의 외벽면에 가해지는 풍압이 원동력이 되는 환기방식이다.

20 다음은 건물 벽체의 열 흐름을 나타낸 그림이다. 빈칸 안에 알맞은 용어는?

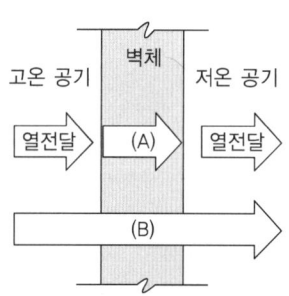

① A : 열복사, B : 열전도
② A : 열흡수, B : 열복사
③ A : 열복사, B : 열대류
④ A : 열전도, B : 열관류

해설
열전도와 열관류
• 열전도 : 물체의 인접한 부분 사이의 온도 차이로 인해 일어나는 에너지(열)의 전달현상
• 열관류 : 고체면 양쪽에 유체가 붙어 있을 때 높은 온도쪽 유체에서 고체면을 거쳐 낮은 온도쪽 유체로 열이 옮겨 가는 현상

21 콘크리트 혼화재료와 용도의 연결이 바르지 않은 것은?

① 실리카 퓸 – 압축강도 증대
② 플라이애시 – 수화열 증대
③ AE제 – 동결융해 저항성능 향상
④ 고로 슬래그 분말 – 알칼리 골재 반응 억제

해설
혼화재인 플라이애시는 콘크리트의 수밀성을 향상시킨다.

22 유성 페인트에 대한 설명으로 틀린 것은?

① 건조시간이 길다.
② 내후성이 우수하다.
③ 내알칼리성이 우수하다.
④ 붓바름 작업성이 우수하다.

해설
유성 페인트는 알칼리에 약해 콘크리트, 모르타르, 플라스터 면에는 적당하지 않아 목부 및 철부에 사용한다.

23 개울에서 생긴 지름 20~30cm 정도의 둥글고 넓적한 돌로, 기초 잡석다짐이나 바닥 콘크리트 지정에 사용되는 것은?

① 판돌   ② 견칫돌
③ 호박돌   ④ 사괴석

24 플라스틱 재료의 일반적 성질로 바르지 않은 것은?

① 내열성, 내화성이 작다.
② 전기절연성이 우수하다.
③ 흡수성이 작고, 투수성이 거의 없다.
④ 가공이 불리하고, 공업화 재료로는 불합리하다.

해설
플라스틱 재료는 가공성이 좋고, 공업화 재료로 많이 쓰인다.

25 굳지 않은 콘크리트의 반죽질기를 나타내는 지표는?

① 슬럼프
② 침입도
③ 블리딩
④ 레이턴스

해설
슬럼프시험 : 아직 굳지 않은 콘크리트의 반죽질기(consistency)를 측정하는 방법
※ 컨시스턴시 : 수량에 의해서 변화하는 유동성의 정도

26 일반적으로 목재의 심재 부분이 변재 부분보다 작은 것은?

① 비중　　② 강도
③ 신축성　④ 내구성

해설
목재의 심재는 변재보다 건조에 의한 수축이 작다. 즉, 변재는 심재보다 수축률이 크다.

27 알루미늄의 일반적인 성질에 대한 설명으로 바르지 않은 것은?

① 열반사율이 높다.
② 내화성이 부족하다.
③ 전성과 연성이 풍부하다.
④ 압연, 인발 등의 가공성이 나쁘다.

해설
알루미늄은 압연, 인발 등의 가공성이 좋다.

28 경화 콘크리트의 역학적 기능을 대표하는 것으로, 경화 콘크리트의 강도 중 일반적으로 가장 큰 것은?

① 휨강도
② 압축강도
③ 인장강도
④ 전단강도

해설
콘크리트의 강도 : 압축강도 > 휨강도 > 인장강도(압축강도의 1/14~1/10)

29 중밀도 섬유판(MDF)에 대한 설명으로 틀린 것은?

① 밀도가 균일하다.
② 측면의 가공성이 좋다.
③ 표면에 무늬 인쇄가 불가능하다.
④ 가구제조용 판상재료로 사용된다.

해설
중밀도 섬유판은 표면이 매끈하기 때문에 다양한 마감이 가능하다.

30 주로 천연의 유기섬유를 원료로 한 원지에 스트레이트 아스팔트를 함침시켜 만든 아스팔트 방수시트재는?

① 아스팔트 펠트
② 블론 아스팔트
③ 아스팔트 프라이머
④ 아스팔트 콤파운드

해설
아스팔트 펠트 : 천연 유기섬유를 원료로 한 원지에 스트레이트 아스팔트를 함침시켜 만든 아스팔트 방수시트재로, 아스팔트 방수의 중간층 재료로 사용된다.

정답 26 ③　27 ④　28 ②　29 ③　30 ①

31 건축재료를 사용목적에 따라 분류할 때 차단재료로 보기 힘든 것은?

① 실링재
② 아스팔트
③ 콘크리트
④ 글라스 울

해설
- 차단재료
  - 방수, 방습, 단열, 차단 등을 목적으로 하는 재료
  - 암면, 실링재, 아스팔트, 글라스 울
- 구조재료
  - 건축물의 골조를 구성하는 재료
  - 목재, 석재, 벽돌, 철강재, 콘크리트, 금속 등

32 다음 보기의 설명에 알맞은 목재 방부재는?

┌보기─────────────────┐
• 유성 방부제로 도장이 불가능하다.
• 독성은 작으나 자극적인 냄새가 있다.
└───────────────────┘

① 크레오소트유
② 황산동 1% 용액
③ 염화아연 4% 용액
④ 펜타클로로페놀(PCP)

해설
크레오소트유
- 유성 방부제로, 독성이 적고 흑갈색이며 가격이 저렴하다.
- 도장이 불가능하며, 악취가 나고 아름답지 않아 눈에 보이지 않는 토대, 기둥, 도리 등에 사용한다.
- 방부성이 우수하고, 침투성이 좋아 목재에 깊게 주입된다.
- 철류의 부식이 적고, 처리재의 강도가 감소하지 않는 조건을 구비하고 있다.
- 석탄을 235~315℃에서 고온건조시켜 얻은 타르제품이다.

33 자외선에 의한 화학작용을 피해야 하는 의류, 약품, 식품 등을 취급하는 장소에 사용되는 유리제품은?

① 열선반사유리
② 자외선흡수유리
③ 자외선투과유리
④ 저방사(low-e)유리

34 금속의 방식방법에 대한 설명으로 틀린 것은?

① 큰 변형을 준 것은 가능한 한 풀림하여 사용한다.
② 가능한 한 이종금속과 인접하거나 접촉하여 사용하지 않는다.
③ 표면을 평활하고 깨끗하게 하며, 습윤 상태를 유지하도록 한다.
④ 균질할 것을 선택하고 사용할 때 큰 변형을 주지 않도록 한다.

해설
금속의 부식을 방지하려면 표면을 깨끗하게 하고, 물기나 습기가 없도록 한다.

35 시멘트의 응결에 대한 설명으로 바른 것은?

① 온도가 높을수록 응결이 낮아진다.
② 석고는 시멘트의 응결촉진제로 사용된다.
③ 시멘트에 가하는 수량이 많아지면 응결이 늦어진다.
④ 신선한 시멘트로서 분말도가 미세한 것일수록 응결이 늦어진다.

해설
① 온도가 높을수록 응결이 빨라진다.
② 석고는 시멘트가 천천히 응결하도록 한다.
④ 신선한 시멘트로서 분말도가 미세한 것일수록 응결이 빨라진다.

정답 31 ③ 32 ① 33 ② 34 ③ 35 ③

36 기본 점성이 크며 내수성, 내약품성, 전기절연성이 모두 우수한 만능형 접착제로 금속, 플라스틱, 도자기, 유리, 콘크리트 등의 접합에 사용되는 것은?

① 에폭시 접착제
② 요소수지 접착제
③ 페놀수지 접착제
④ 멜라민수지 접착제

해설
에폭시수지 접착제
- 기본 점성이 크며 내수성, 내약품성, 전기절연성이 우수한 만능형 접착제이다.
- 급경성으로 내알칼리성 등의 내화학성이나 접착력이 크고, 내수성이 우수하다.
- 가열하면 접착 시 효과가 좋다.
- 금속, 석재, 도자기, 글라스, 콘크리트, 플라스틱재 등의 접착에 사용한다.

37 시멘트의 경화 중 체적팽창으로 팽창균열이 생기는 정도를 나타낸 것은?

① 풍화   ② 조립률
③ 안정성   ④ 침입도

해설
안정성
- 시멘트의 경화 중 체적팽창으로 팽창균열이 생기는 정도를 나타낸 것이다.
- 시멘트의 안정성 측정에 사용되는 시험법은 오토클레이브 팽창도시험이다.

38 다음 중 경량벽돌에 해당하는 것은?

① 다공벽돌
② 내화벽돌
③ 광재벽돌
④ 홍예벽돌

해설
경량벽돌에는 중공벽돌(구멍벽돌, 속빈벽돌, 공동벽돌)과 다공질 벽돌 등이 있다.

39 회반죽에 여물을 사용하는 주된 이유는?

① 균열 방지
② 경화 촉진
③ 크리프 증가
④ 내화성 증가

해설
회반죽은 경화건조에 의한 수축률이 크기 때문에 여물로 균열을 분산·경감시킨다.

40 석재를 인력으로 가공할 때 표면이 가장 거친 것에서 고운 순으로 맞게 나열한 것은?

① 혹두기 – 도드락다듬 – 정다듬 – 잔다듬 – 물갈기
② 정다듬 – 혹두기 – 잔다듬 – 도드락다듬 – 물갈기
③ 정다듬 – 혹두기 – 도드락다듬 – 잔다듬 – 물갈기
④ 혹두기 – 정다듬 – 도드락다듬 – 잔다듬 – 물갈기

정답 36 ① 37 ③ 38 ① 39 ① 40 ④

41 1889년 프랑스 파리에 만든 에펠탑의 건축구조는?

① 벽돌구조
② 블록구조
③ 철골구조
④ 철근콘크리트구조

해설
철골구조
- 철로 된 부재(형강, 강판)를 짜 맞추어 만든 구조이다.
- 부재 접합에는 용접, 리벳, 볼트를 사용한다.
- 공사비가 고가이고, 내구성과 내화성이 약해 정밀 시공이 요구된다.

42 실시설계도에서 일반도에 속하지 않는 것은?

① 기초 평면도
② 전개도
③ 부분 상세도
④ 배치도

해설
실시설계도 : 기본설계도가 작성된 후 더욱 상세하게 그린 도면
- 일반도 : 배치도, 평면도, 입면도, 단면도, 전개도, 단면 상세도, 각부 상세도, 지붕 평면도, 투시도 등
- 구조도 : 기초 평면도, 바닥틀 평면도, 지붕틀 평면도, 골조도 등
- 설비도 : 전기설비도, 기계설비도, 급배수위생설비도 등

43 건축제도의 치수 기입에 대한 설명으로 틀린 것은?

① 협소한 간격이 연속될 때에는 인출선을 사용하여 치수를 쓴다.
② 치수는 특별히 명시하지 않는 한 마무리 치수를 표시한다.
③ 치수 기입은 치수선에 평행하게 도면의 왼쪽에서 오른쪽으로, 위에서 아래로 읽을 수 있도록 기입한다.
④ 치수 기입은 항상 치수선 중앙 윗부분에 기입하는 것이 원칙이다.

해설
치수 기입은 치수선에 평행하게 도면의 왼쪽에서 오른쪽으로, 아래로부터 위로 읽을 수 있도록 기입한다.

44 벽돌 벽면의 치장줄눈 중 평줄눈은?

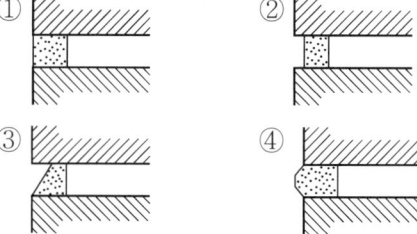

해설
① 민줄눈
③ 빗줄눈
④ 볼록줄눈

45 삼각자 1조로 만들 수 없는 각도는?

① 15° ② 25°
③ 105° ④ 150°

해설
삼각자
- 삼각자는 45° 등변삼각형과 30°, 60° 직각삼각형 2가지가 한 쌍이며, 45° 자의 빗변의 길이와 60° 자의 밑변의 길이가 같다.
- 두 개의 삼각자를 한 조로 사용하여 그을 수 있는 빗금의 각도는 15°, 30°, 45°, 60°, 75°, 90°, 105°, 120°, 135°, 150°, 165° 등이 있다.

46 목구조에 사용되는 연결 철물에 대한 설명으로 바른 것은?

① 띠쇠는 ㄷ자형으로 된 철판에 못, 볼트 구멍이 뚫린 것이다.
② 감잡이쇠는 평보를 ㅅ자 보에 달아맬 때 연결시키는 보강철물이다.
③ ㄱ자쇠는 가로재와 세로재가 직교하는 모서리 부분에 직각이 맞도록 보강하는 철물이다.
④ 안장쇠는 큰 보를 따낸 후 작은 보를 걸쳐 받게 하는 철물이다.

해설
③ ㄱ자쇠 : 목구조에서 가로재와 세로재가 직교하는 모서리 부분에 직각이 변하지 않도록 보강하는 철물이다.
① 띠쇠 : 띠형으로 된 철판에 가시못이나 볼트 구멍을 뚫은 철물로, 2개의 부재 이음쇠 맞춤쇠에 대어 2개의 부재가 벌어지지 않도록 보강하는 보강철물이다.
② 감잡이쇠 : 목구조의 맞춤에 사용하는 ㄷ자 모양의 보강철물로, 왕대공과 평보의 연결부에 사용한다.
④ 안장쇠 : 안장 모양으로 한 부재에 걸쳐놓고 다른 부재를 받게 하는 이음으로, 맞춤의 보강철물이다.

47 2층 이상의 기둥 전체를 하나의 단일재료 사용하는 기둥으로, 상하를 일체화시켜 수평력에 견디게 하는 기둥은?

① 통재기둥
② 평기둥
③ 층도리
④ 샛기둥

해설
② 평기둥 : 건물의 평면 방향(즉, 외벽 방향)과 나란하게 설치된 기둥을 말하며, 보와 연결되어 하중을 전달하고, 벽체를 구성하는 주요 뼈대 역할을 한다.
③ 층도리 : 층도리는 위층과 아래층의 중간에 쓰는 가로재로, 샛기둥받이나 보받이의 역할을 한다.
④ 샛기둥 : 목구조에서 본기둥 사이에 벽을 이루는 것으로, 가새의 옆휨을 막는 데 유효하다.

48 철근콘크리트구조의 1방향 슬래브의 최소 두께는 얼마인가?

① 80mm
② 100mm
③ 120mm
④ 150mm

정답 45 ② 46 ③ 47 ① 48 ②

49 실내를 입체적으로 실제와 같이 눈에 비치도록 그린 그림은?

① 평면도
② 투시도
③ 단면도
④ 전개도

해설
① 평면도 : 건축물을 수평으로 절단하였을 때의 수평 투상도이다.
③ 단면도 : 건축물을 수직으로 절단하여 수평 방향에서 본 도면이다.
④ 전개도 : 건물 내부의 입면을 정면에서 바라보고 그리는 내부 입면도이다.

50 KS F 1501에 따른 도면의 크기에 대한 설명으로 바른 것은?

① 접은 도면의 크기는 B4의 크기를 원칙으로 한다.
② 제도지를 묶기 위한 여백은 35mm로 하는 것이 기본이다.
③ 도면은 그 길이 방향을 좌우 방향으로 놓은 것을 정위치로 한다.
④ 제도용지의 크기는 KS M ISO 216의 B열의 B0~B6에 따른다.

해설
① 접은 도면의 크기는 A4의 크기를 원칙으로 한다.
② 제도지를 묶기 위한 여백은 25mm로 하는 것이 기본이다.
④ 제도용지의 크기는 KS M ISO 216의 A열의 A0~A6에 따른다. 다만, 필요에 따라 직사각형으로 연장할 수 있다.

51 철골구조에서 단일재를 사용한 기둥은?

① 형강 기둥
② 플레이트 기둥
③ 트러스 기둥
④ 래티스 기둥

해설
형강(section steel) : 단일재 또는 조립재로 이용하는 것을 형강이라고 한다.

52 속 빈 콘크리트 블록에서 A종 블록의 전 단면적에 대한 압축강도는 최소 얼마 이상이어야 하는가?

① 4MPa
② 6MPa
③ 8MPa
④ 10MPa

해설
속 빈 콘크리트 블록 압축강도

A종(3급)	B종(2급)	C종(1급)
4MPa	6MPa	8MPa

53 다음 그림과 같은 평면 표시기호는?

① 접이문
② 망사문
③ 미서기창
④ 붙박이창

해설
평면 표시기호

접이문	
망사문	
미서기창	두 짝 미서기창 네 짝 미서기창

54 제도지의 치수 중 틀린 것은?(단, 보기 항의 치수는 mm임)

① A0 : 841×1,189
② A1 : 594×841
③ A2 : 420×594
④ A3 : 210×297

해설
제도용지의 치수
(단위 : mm)

제도지의 치수		A0	A1	A2	A3	A4	A5	A6
$a \times b$		841×1,189	594×841	420×594	297×420	210×297	148×210	105×148
c(최소)		10	10	10	5	5	5	5
d (최소)	묶지 않을 때	10	10	10	5	5	5	5
	묶을 때	25	25	25	25	25	25	25

55 건축 도면에서 주로 사용되는 축척이 아닌 것은?

① 1/25
② 1/35
③ 1/50
④ 1/100

해설
축척
- 실물을 일정한 비율로 축소하는 것
- 1/2, 1/3, 1/4, 1/5, 1/10, 1/20, 1/25, 1/30, 1/40, 1/50, 1/100, 1/200, 1/250, 1/300, 1/500, 1/600, 1/1000, 1/1200, 1/2000, 1/2500, 1/3000, 1/5000, 1/6000

56 건축설계 도면에서 전개도에 대한 설명으로 틀린 것은?

① 각 실 내부의 의장을 명시하기 위해 작성하는 도면이다.
② 각 실에 대하여 벽체 문의 모양을 그려야 한다.
③ 일반적으로 축척은 1/200 정도로 한다.
④ 벽면의 마감재료 및 치수를 기입하고, 창호의 종류와 치수를 기입한다.

해설
건축설계 도면에서 축척은 일반적으로 1/20~1/50으로 한다.

57 다음의 평면 표시기호가 나타내는 것은?

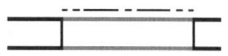

① 셔터 달린 창
② 오르내리창
③ 주름문
④ 미닫이창

해설
평면 표시기호

오르내리창	주름문	미닫이창

58 인장재에 대한 저항력이 작은 콘크리트에 미리 긴장재에 의한 압축력을 가하여 만든 구조는?

① PEB구조
② 판조립식 구조
③ 철골철근콘크리트구조
④ 프리스트레스트 콘크리트구조

해설
프리스트레스트 콘크리트구조의 특징
• 인장재에 대한 저항력이 작은 콘크리트에 미리 긴장재에 의한 압축력을 가하여 만든 구조이다.
• 스팬을 길게 할 수 있어서 넓은 공간을 설계할 수 있다.
• 공기를 단축하고, 시공과정을 기계화할 수 있다.
• 고강도재료를 사용하여 강도와 내구성이 크다.
• 부재 단면의 크기를 작게 할 수 있으나 쉽게 진동한다.
• 복원성이 크고, 구조물 자중을 경감할 수 있다.
• 공정이 복잡하고, 고도의 품질관리가 요구된다.
• 열에 약해 내화피복(5cm 이상)이 필요하다.

59 철골구조에서 주요 구조체의 접합방법으로, 최근 거의 사용되지 않은 것은?

① 고력 볼트 접합
② 리벳 접합
③ 용접
④ 고력 볼트와 맞댄 용접의 병용

해설
리벳은 과거에 건축, 조선, 항공우주 분야에서 널리 쓰였으나, 현재는 문제점들과 기술의 발달로 항공우주공학 분야를 제외하고는 다른 공법으로 거의 대체된 상황이다.

60 철골구조에 대한 설명으로 틀린 것은?

① 철골구조는 하중을 전달하는 주요 부재인 보나 기둥 등을 강재를 이용하여 만든 구조이다.
② 철골구조를 재료상 라멘구조, 가새골조구조, 튜브구조, 트러스구조 등으로 분류할 수 있다.
③ 철골구조는 일반적으로 부재를 접합하여 뼈대를 구성하는 가구식 구조이다.
④ 내화피복을 필요로 한다.

해설
철골구조는 재료상 라멘구조, 아치구조, 트러스구조 등으로 분류할 수 있다.

57 ① 58 ④ 59 ② 60 ②

2017년 제1회 과년도 기출복원문제

※ 2017년부터는 CBT(컴퓨터 기반 시험)로 진행되어 수험자의 기억에 의해 문제를 복원하였습니다. 실제 시행문제와 일부 상이할 수 있음을 알려드립니다.

01 실내디자인의 개념과 가장 거리가 먼 것은?

① 순수예술
② 디자인 활동
③ 실행과정
④ 전문과정

해설
실내디자인은 순수예술과는 달리 건축과 더불어 인간이 생활하는 공간을 아름답고 기능적으로 구성하는 예술 분야이다.

02 기하학적인 정의로 크기가 없고, 위치만 존재하는 디자인 요소는?

① 점
② 선
③ 면
④ 입체

해설
점
• 기하학적으로 점은 크기가 없고, 위치나 장소만 존재한다.
• 점은 정적이며 방향이 없고, 자기중심적이다.
• 점은 선의 양 끝, 선의 교차, 굴절 및 면과 선의 교차 등에서 나타난다.
• 동일한 점이라도 밝은 점은 크고 넓게, 어두운 점은 작고 좁게 보인다.
• 점의 연속이 점진적으로 축소 또는 팽창되어 나열되면 원근감이 생긴다.
• 선과 마찬가지로 형태의 외곽을 시각적으로 설명하는 데 사용할 수 있다.

03 균형의 원리에 관한 설명으로 옳지 않은 것은?

① 크기가 큰 것이 작은 것보다 시각적 중량감이 크다.
② 기하학적 형태가 불규칙적인 형태보다 시각적 중량감이 크다.
③ 색의 중량감은 색의 속성 중 특히 명도, 채도에 따라 크게 작용한다.
④ 복잡하고 거친 질감이 단순하고 부드러운 것보다 시각적 중량감이 크다.

해설
불규칙적인 형태가 기하학적 형태보다 시각적 중량감이 크다.

04 실내 공간의 구성요소 중 바닥에 관한 설명으로 옳지 않은 것은?

① 촉각적으로 만족할 수 있는 조건을 요구한다.
② 수평적 요소로서 생활을 지탱하는 기본적 요소이다.
③ 단차를 통한 공간 분할은 주로 바닥면이 좁을 때 사용된다.
④ 벽이나 천장은 시대와 양식에 의한 변화가 현저한데 비해 바닥은 매우 고정적이다.

해설
단차를 통한 공간 분할은 주로 바닥 면이 넓을 때 사용한다.

[정답] 1 ① 2 ① 3 ② 4 ③

05 다음 보기의 설명에 알맞은 착시 유형은?

┌보기─────────────────────────┐
- 모순 도형 또는 불가능한 형이라고도 한다.
- 펜로즈의 삼각형에서 볼 수 있다.
└──────────────────────────┘

① 운동의 착시
② 길이의 착시
③ 역리 도형의 착시
④ 다의 도형의 착시

해설
- 역리 도형의 착시
  - 모순 도형, 불가능 도형을 이용한 착시현상이다.
  - 펜로즈의 삼각형이 대표적이다. 부분적으로는 삼각형으로 보이지만, 전체적으로는 삼각형이 되는 것은 불가능하다. 즉, 3차원의 세계를 2차원 평면에 그린 것이지만 실제로 존재할 수 없는 도형이다.
- 다의 도형의 착시(반전 착시)
  - 같은 도형이지만 음영 변화에 따라 다른 도형으로 보이는 착시현상이다.
  - 루빈의 항아리라고도 한다.

06 다음 보기와 같은 특징을 갖는 문의 종류는?

┌보기─────────────────────────┐
- 가장 일반적인 형태로서 문틀에 경첩을 사용하거나 상하 모서리에 플로어 힌지를 사용하여 문짝의 회전을 통해 개폐가 가능한 문이다.
- 문의 개폐를 위한 여분의 공간이 필요하다.
└──────────────────────────┘

① 미닫이문
② 미세기문
③ 여닫이문
④ 접이문

07 창문 전체를 커튼으로 처리하지 않고, 반 정도만 친 형태를 갖는 커튼은?

① 새시 커튼
② 글라스 커튼
③ 드로우 커튼
④ 드레이퍼리 커튼

해설
② 글라스 커튼 : 투시성이 있는 얇은 커튼의 총칭으로, 창문의 유리면 바로 앞에 얇은 직물로 설치하기 때문에 실내에 유입되는 빛을 부드럽게 한다.
③ 드로우 커튼 : 창문 위의 수평 가로대에 설치하는 커튼으로, 글라스 커튼보다 무거운 재질의 직물로 만든다.
④ 드레이퍼리 커튼 : 레이온, 스판 레이온, 견사, 면사 등을 교직한 두꺼운 커튼으로, 느슨하게 걸어두며 단열 및 방음효과가 있다.

08 한 선분을 길이가 다른 두 선분으로 분할했을 때, 긴 선분에 대한 짧은 선분의 길이의 비가 전체 선분에 대한 긴 선분의 길이의 비와 같을 때 이루어지는 비례는?

① 정수비례
② 황금비례
③ 수열에 의한 비례
④ 루트직사각형 비례

해설
황금비 또는 황금분할(ϕ)
- 황금비례는 1 : 1.618이다.
- 르 코르뷔지에는 생활에 적합한 건축을 위해 인체와 관련된 모듈의 사용에 있어 단순한 길이의 배수보다는 황금비례를 이용하는 것이 타당하다고 주장하였다.
- 황금비례는 고대 그리스인들이 창안한 기하학적 분할방식이다.
- 건축물과 조각 등에 이용된 기하학적 분할방식이다.
- 황금비의 예 : 파르테논 신전, 이집트의 피라미드 등

09 특정한 사용목적이나 많은 물품을 수납하기 위해 건축화된 가구로, 빌트 인 가구(built in furniture)라고도 하는 것은?

① 작업용 가구
② 붙박이 가구
③ 이동식 가구
④ 조립식 가구

해설
붙박이 가구
- 특정한 사용목적이나 많은 물품을 수납하기 위해 건축화된 가구로, 빌트 인 가구(built in furniture)라고도 한다.
- 건축물과 일체화하여 설치한다.
- 가구 배치의 혼란을 없애고 공간을 최대한 활용할 수 있다.
- 실내 마감재와의 조화 등을 고려해야 한다.
- 필요에 따라 설치 장소를 자유롭게 움직일 수 없다.

10 조선시대 주택에서 주로 남자가 기거하고 손님을 맞이하는 데 쓰인 공간은?

① 안방
② 건넌방
③ 사랑방
④ 대청

해설
사랑방은 중채 또는 바깥채에 있어 주로 남자가 기거하고, 서재와 손님을 맞이하는 장소이다.

11 동선계획을 가장 잘 나타낼 수 있는 실내계획은?

① 입면계획
② 천장계획
③ 구조계획
④ 평면계획

해설
동선계획은 가구 배치의 계획에 따라 유동적·가변적이므로, 평면계획과 동시에 이루어져야 한다.

12 다음 중 거실의 가구 배치에 영향을 주는 요인이 아닌 것은?

① 거실의 규모와 형태
② 개구부의 위치와 크기
③ 거실의 벽지 색상
④ 거주자의 취향

해설
거실의 가구 배치는 분산 배치하는 것이 좋지만 거실의 규모나 형태, 개구부의 위치나 크기, 거주자의 취향 등에 따라 결정한다.

13 다음 보기의 설명에 알맞은 부엌의 작업대 배치방식은 무엇인가?

┌─보기─────────────────────┐
- 인접한 세 벽면에 작업대를 붙여 배치한 형태이다.
- 비교적 규모가 큰 공간에 적합하다.
└──────────────────────────┘

① 일렬형
② ㄴ자형
③ ㄷ자형
④ 병렬형

해설
ㄷ자형
- 인접한 세 벽면에 작업대를 배치한 형태이다.
- 비교적 규모가 큰 공간에 적합하다.
- 작업대의 통로 폭은 1,200~1,500mm가 적당하다.
- 작업면이 넓어 작업효율이 가장 좋다.
- 벽면을 이용하기 때문에 대규모 수납 공간 확보가 가능하다.
- 평면계획상 부엌에서 외부로 통하는 출입구를 설치하기 곤란하다.

14 상점의 공간 구성에 있어서 판매 공간에 해당하는 것은?

① 파사드 공간
② 상품관리 공간
③ 시설관리 공간
④ 상품 전시 공간

해설
상점의 공간 구성
- 판매 공간 : 도입 공간, 통로 공간, 상품 전시 공간, 서비스 공간
- 부대 공간 : 상품관리 공간, 판매원의 후생 공간, 시설관리 부분, 영업관리 부분, 주차장
- 파사드(facade) : 쇼윈도, 출입구 및 홀의 입구 부분을 포함한 평면적인 구성요소와 아케이드, 광고판, 사인, 외부장치를 포함한 입체적인 구성요소의 총체를 의미한다.

15 상점의 판매형식에 관한 설명으로 옳지 않은 것은?

① 대면 판매는 종업원의 정위치를 정하기 용이하다.
② 측면 판매는 상품에 대한 설명이나 포장작업이 용이하다.
③ 측면 판매는 고객의 충동구매를 유도하는 경우가 많다.
④ 대면 판매를 하는 상품은 일반적으로 시계, 귀금속, 안경 등 소형 고가품이다.

해설
측면 판매는 상품의 설명이나 포장 등이 불편하다.

16 건구온도 28℃인 공기 80kg과 건구온도 14℃인 공기 20kg을 단열 혼합하였을 때, 혼합공기의 건구온도는?

① 16.8℃　　② 18℃
③ 21℃　　　④ 25.2℃

해설
비열공식과 열평형을 활용한다.
두 물질을 혼합하면 중간 온도에서 온도가 같아지므로 나중 온도를 t로 한다.
비열공식 $Q = cm\Delta t$
건구온도 28℃인 공기 Q = 건구온도 14℃인 공기 Q
$80kg(28 - t) = 20kg(t - 14)$
$4(28 - t) = 1(t - 14)$
$112 - 4t = t - 14$
$5t = 126$
∴ $t = 25.2℃$

17 벽체의 결로 발생 형태에 따른 결로 방지대책으로 옳지 않은 것은?

① 표면결로 : 실내 표면온도를 높인다.
② 표면결로 : 실내 수증기의 발생량을 억제한다.
③ 내부결로 : 벽체 내부로 수증기 침입을 억제한다.
④ 내부결로 : 벽체 내부의 온도가 노점온도 이하가 되도록 한다.

해설
벽체 내 어느 부분의 건구온도가 그 부분의 노점온도보다 낮을 때 내부결로가 발생한다.

18 자연환기에 관한 설명으로 옳지 않은 것은?

① 풍력환기량은 풍속에 비례한다.
② 중력환기량은 개구부 면적에 비례하여 증가한다.
③ 중력환기량은 실내외의 온도차가 클수록 많아진다.
④ 중력환기량은 일반적으로 공기 유입구와 유출구 높이의 차이가 작을수록 많아진다.

해설
중력환기량은 공기 유입구와 유출구의 높이의 차이가 클수록 많아진다.

19 광원의 90~100%를 어떤 물체에 직접 비추어 투사시키는 방식으로, 조명률이 좋고 경제적인 조명 방식은?

① 직접조명
② 반간접조명
③ 전반 확산 조명
④ 간접조명

해설
직접조명
• 광원의 90~100%를 어떤 물체에 직접 비추어 투사시키는 방식이다.
• 조명률이 좋고, 경제적이다.
• 실내 반사율의 영향이 작다.
• 국부적으로 고조도를 얻기 편리하다.
• 천장이 어두워지기 쉬우며, 진한 그림자가 쉽게 형성된다.
• 눈에 대한 피로가 크다.

20 진주석 등을 800~1,200℃로 가열팽창시킨 구상 입자제품으로 단열, 흡음, 보온의 목적으로 사용하는 것은?

① 펄라이트 보온재
② 암면 보온판
③ 유리면 보온판
④ 팽창질석

해설
펄라이트
• 진주암, 흑요석, 송지석 등을 분쇄하여 입상으로 된 것을 소성팽창시켜 제조한다.
• 화산석으로 된 진주석을 분쇄하여 800~1,200℃ 정도로 가열팽창시킨 경량골재이다.
• 다공질 경석으로 주로 단열, 보온, 흡음 등의 목적으로 사용된다.

21 다음 중 구조재료에 요구되는 성능에 해당하지 않는 것은?

① 역학적 성능
② 물리적 성능
③ 화학적 성능
④ 감각적 성능

해설
건축재료의 요구성능

구분	역학적 성능	물리적 성능	내구성능	화학적 성능	방화·내화성능	감각적 성능	생산성능
구조재료	강도, 강성, 내피로성	비수축성	냉해, 변질, 내후성	발청, 부식, 중성화	불연성, 내열성	–	
마감재료	–	열, 음, 빛의 투과, 반사			비발열성, 비유독가스	색채, 촉감	가공성, 시공성
차단재료	–	열, 음, 빛, 수분의 차단	–	–	–	–	
내화재료	고온강도, 고온변형	고용점	–	화학적 안정	불연성	–	

정답 18 ④ 19 ① 20 ① 21 ④

22 다음 보기의 설명에 알맞은 재료의 역학적 성질은?

> 보기
> 재료에 외력이 작용하면 순간적으로 변형이 생기지만, 외력을 제거하면 순간적으로 원래의 형태로 회복되는 성질이다.

① 소성　　② 점성
③ 탄성　　④ 인성

해설
① 소성 : 재료에 외력을 제거해도 재료가 원상으로 돌아가지 않고 변형된 상태 그대로 남아 있는 성질
② 점성 : 소성과 함께 비탄성으로 외력에 의한 유동 시 재료 각부에 서로 저항이 생기는 성질
④ 인성 : 외력을 받아 변형을 나타내면서도 파괴되지 않고 견딜 수 있는 성질

23 합판에 관한 설명으로 옳지 않은 것은?

① 단판의 매수는 짝수를 원칙으로 한다.
② 합판을 구성하는 단판을 베니어라고 한다.
③ 함수율 변화에 따른 팽창, 수축의 방향성이 없다.
④ 뒤틀림이나 변형이 적은 비교적 큰 면적의 평면 재료를 얻을 수 있다.

해설
합판의 단판 매수는 홀수를 원칙으로 한다.

24 목재의 가공품 중 강당, 집회장 등의 천장 또는 내벽에 붙여 음향조절용으로 사용되는 것은?

① 플로어링 보드
② 코펜하겐 리브
③ 파키트리 블록
④ 플로어링 블록

해설
코펜하겐 리브 : 극장이나 강당, 집회장 등의 음향조절용으로 쓰이거나 일반 건물의 벽 수장재로 사용되는 목재제품이다.

25 암석 특유의 천연적으로 갈라진 금으로, 모든 암석에 있으나 화성암에서 심하게 나타나는 것은?

① 선상조직　　② 절리
③ 결정질　　　④ 입상조직

26 단기강도가 우수하여 도로 및 수중공사 등 긴급공사나 공기 단축이 필요한 경우에 사용되는 시멘트는?

① 보통 포틀랜드 시멘트
② 조강 포틀랜드 시멘트
③ 저열 포틀랜드 시멘트
④ 중용열 포틀랜드 시멘트

해설
포틀랜드 시멘트
- 보통 포틀랜드 시멘트(1종) : 일반적으로 가장 많이 사용되며, 일반 건축토목공사에 사용한다.
- 중용열 포틀랜드 시멘트(2종) : 수화열이 낮고, 장기강도가 우수하여 댐·터널·교량공사에 사용한다.
- 조강 포틀랜드 시멘트(3종) : 수화열이 높아 초기강도와 저온에서 강도 발현이 우수하여 급속공사에 사용한다.
- 저열 포틀랜드 시멘트(4종) : 수화열이 가장 낮고, 내구성이 우수하여 특수공사에 사용한다.
- 내황산염 포틀랜드 시멘트(5종) : 황산염에 대한 저항성 크다. 수화열이 낮고, 장기강도의 발현에 우수하여 댐·터널·도로포장 및 교량공사에 사용한다.

정답 22 ③　23 ①　24 ②　25 ②　26 ②

27 콘크리트용 골재로서 요구되는 성질이 아닌 것은?

① 잔골재의 염분 허용한도는 0.1% 이하일 것
② 골재의 입형은 가능한 한 편평, 세장하지 않을 것
③ 입도는 조립에서 세립까지 연속적으로 균등하게 혼합되어 있을 것
④ 골재의 강도는 콘크리트 중의 경화 시멘트 페이스트의 강도 이상일 것

해설
콘크리트용 잔골재의 염분 허용한도는 0.04%(NaCl 환산량) 이하이어야 한다.

28 콘크리트의 혼화제 중 염화물의 작용에 의한 철근의 부식을 방지하기 위해 사용되는 것은?

① 지연제　　② 촉진제
③ 기포제　　④ 방청제

해설
방청제
• 콘크리트의 혼화제 중 염화물의 작용에 의한 철근의 부식을 방지하기 위해 사용한다.
• 종류 : 아황산소다, 아초산염, 인산염, 염화칼슘염 등

29 콘크리트의 중성화를 억제하기 위한 방법으로 옳지 않은 것은?

① 혼합 시멘트를 사용한다.
② 물-시멘트비를 작게 한다.
③ 단위 수량을 최소화한다.
④ 환경적으로 오염되지 않게 한다.

해설
혼합 시멘트(고로 시멘트, 플라이애시 시멘트 등)는 중성화가 빠르다.

30 콘크리트의 일반적인 배합설계 순서에서 가장 먼저 이루어져야 하는 사항은?

① 시멘트의 선정
② 요구성능의 설정
③ 시험배합의 실시
④ 현장배합의 결정

해설
콘크리트 배합설계의 순서
1. 우선 목표로 하는 품질항목 및 목푯값을 설정한다.
2. 계획배합의 조건과 재료를 선정한다.
3. 자료 또는 시험에 의해 내구성, 수밀성 등의 요구성능을 고려하여 물-시멘트비를 결정한다.
4. 단위 수량, 잔골재율과 슬럼프의 관계 등에 의해 단위 수량, 단위 시멘트량, 단위 잔골재량, 단위 굵은 골재량, 혼화재료량 등을 순차적으로 산정한다.
5. 구한 배합을 사용해서 시험비비기를 실시하고, 그 결과를 참고로 하여 각 재료의 단위량을 보정하여 최종적인 배합을 결정한다.

31 점토의 일반적인 성질에 대한 설명으로 옳지 않은 것은?

① 점토입자가 미세할수록 가소성은 좋아진다.
② 압축강도는 인장강도의 약 5배이다.
③ 건조수축은 점토의 조직과 관계가 있으며, 가하는 수량과는 무관하다.
④ 색상은 철산화물 또는 석회물질에 의해 나타난다.

해설
점토의 수축은 건조 및 소성 시 일어나며, 건조수축은 점토의 조직에 관계하는 이외에 가하는 수량도 영향을 준다.

정답　27 ①　28 ④　29 ①　30 ②　31 ③

32 납(Pb)에 관한 설명으로 옳은 것은?

① 융점이 높다.
② 전성과 연성이 작다.
③ 비중이 크고 연질이다.
④ 방사선의 투과도가 높다.

해설
① 융점이 낮다.
② 전성과 연성이 크다.
④ 방사선의 투과도가 낮아 건축에서 방사선 차폐용 벽체에 이용한다.

33 재료의 화학적 성질에 관한 설명으로 옳지 않은 것은?

① 알루미늄 새시는 콘크리트나 모르타르에 접하면 부식된다.
② 유성 페인트를 콘크리트나 모르타르면에 칠하면 줄무늬가 생긴다.
③ 대리석을 외부에 사용하면 광택이 상실되어 장식적인 효과가 감소한다.
④ 산을 취급하는 화학공장에서 콘크리트를 사용하면 바닥의 얼룩을 방지해 준다.

해설
산을 취급하는 화학공장에서 콘크리트 시설물 보호용으로 에폭시 도료를 사용한다.

34 소다석회유리의 일반적인 성질에 관한 설명으로 옳지 않은 것은?

① 풍화되기 쉽다.
② 내산성이 높다.
③ 내알칼리성이 높다.
④ 건축 일반용 창호유리에 사용된다.

해설
소다석회유리는 내산성은 우수하지만, 알칼리에 약하다.

35 미장재료 중 석고 플라스터에 관한 설명으로 옳지 않은 것은?

① 내화성이 우수하다.
② 수경성 미장재료이다.
③ 경화·건조 시 치수 안정성이 우수하다.
④ 경화속도가 느려 급결제를 혼합하여 사용한다.

해설
석고 플라스터는 석고를 주원료로 하는 혼화재(돌로마이트 플라스터, 점토 등), 접착제(풀 등), 응결시간 조절재(아교질재 등) 등을 혼합한 플라스터로 경화속도가 빠르며, 중성이다.

36 합성수지의 일반적인 성질에 관한 설명으로 옳지 않은 것은?

① 가소성, 가공성이 크다.
② 전성, 연성이 크고 광택이 있다.
③ 열에 강하여 고온에서 연화, 연질되지 않는다.
④ 내산, 내알칼리 등의 내화학성 및 전기절연성이 우수한 것이 많다.

해설
합성수지는 열에 의한 팽창수축이 크다.

37 내열성이 우수하고, −60~260℃의 범위에서 안정하며 탄력성, 내수성이 좋아 도료, 접착제 등으로 사용되는 합성수지는?

① 페놀수지
② 요소수지
③ 실리콘수지
④ 멜라민수지

해설
실리콘수지
- 내열성·내한성이 우수하며, −60~260℃의 범위에서 안정하다.
- 탄력성, 내수성이 좋아 도료, 접착제 등으로 사용한다.
- 탄성을 가지며 내후성 및 내화학성이 우수한 열경화성 수지이다.

38 급경성으로 내알칼리성 등의 내화학성이나 접착력이 크고, 내수성이 우수하며 금속, 석재, 도자기, 글라스, 콘크리트, 플라스틱재 등의 접착에 사용되는 접착제는?

① 요소수지 접착제
② 페놀수지 접착제
③ 멜라민수지 접착제
④ 에폭시수지 접착제

해설
에폭시수지 접착제
- 기본 점성이 크며 내수성, 내약품성, 전기절연성이 우수한 만능형 접착제이다.
- 급경성으로 내알칼리성 등의 내화학성이나 접착력이 크고, 내수성이 우수하다.
- 가열하면 접착 시 효과가 좋다.
- 금속, 석재, 도자기, 글라스, 콘크리트, 플라스틱재 등의 접착에 사용한다.

39 콘크리트 바탕에 적용하기 가장 곤란한 도료는?

① 에폭시 도료
② 유성 바니시
③ 염화비닐 도료
④ 염화고무 도료

해설
유성 바니시는 유성 페인트보다 내후성이 작아서 옥외에는 사용하지 않고, 목재 내부용으로 사용한다.

40 블론 아스팔트의 성능을 개량하기 위해 동식물성 유지와 광물질분말을 혼입한 것으로, 일반 지붕 방수공사에 이용되는 것은?

① 아스팔트 펠트
② 아스팔트 프라이머
③ 아스팔트 콤파운드
④ 스트레이트 아스팔트

해설
① 아스팔트 펠트 : 천연 유기섬유를 원료로 한 원지에 스트레이트 아스팔트를 함침시켜 만든 아스팔트 방수시트재이다.
② 아스팔트 프라이머 : 블론 아스팔트를 휘발성 용제에 녹인 흑갈색의 저점도 액체로, 아스팔트 방수의 바탕처리재로 사용된다.

41 건축제도에 필요한 제도용구와 설명이 옳은 것은?

① T자 : 주로 철재로 만들며, 원형을 그릴 때 사용한다.
② 운형자 : 합판을 많이 사용하며 원호를 그릴 때 주로 사용한다.
③ 자유곡선자 : 원호 이외의 곡선을 자유자재로 그릴 때 사용한다.
④ 삼각자 : 플라스틱 재료로 많이 만들어, 15°, 50°의 삼각자 두 개를 한 쌍으로 많이 사용한다.

해설
① T자 : 제도판 위에서 수평선을 긋거나 삼각자와 함께 수직선이나 빗금을 그을 때 안내역할을 한다.
② 운형자 : 원호 이외의 곡선을 그을 때 사용한다.
④ 삼각자 : 45° 등변삼각형과 30°, 60° 직각삼각형 2가지가 한 쌍이며, 45° 자의 빗변의 길이와 60° 자의 밑변의 길이가 같다.

42 건축에서 사용되는 척도에 대한 설명으로 옳지 않은 것은?

① 도면에는 척도를 기입해야 한다.
② 그림의 형태가 치수에 비례하지 않을 때는 NS(No Scale)로 표시한다.
③ 사진 및 복사에 의해 축소 또는 확대되는 도면에는 그 척도에 따라 자의 눈금 일부를 기입한다.
④ 한 도면에 서로 다른 척도를 사용하였을 경우 척도를 표시하지 않는다.

해설
한 도면에 서로 다른 척도를 사용하였을 때는 각 도면마다 또는 표제란의 일부에 척도를 기입하여야 한다.

43 다음 보기에서 선에 대한 설명으로 옳은 것을 모두 고르면?

┤보기├
A. 실선은 단면 또는 중심선 등에 사용된다.
B. 파선 또는 점선은 보이지 않는 부분이나 절단면보다 양면 또는 윗면에 있는 부분의 표시에 사용된다.
C. 1점쇄선은 절단선, 경계선 등에 사용한다.

① A   ② B
③ B, C   ④ A, B, C

해설
선의 종류 및 사용방법

선의 종류	사용방법
굵은 실선	• 단면의 윤곽을 표시한다.
가는 실선	• 보이는 부분의 윤곽 또는 좁거나 작은 면의 단면 부분의 윤곽을 표시한다. • 치수선, 치수보조선, 인출선, 격자선 등을 표시한다.
파선 또는 점선	• 보이지 않는 부분이나 절단면보다 양면 또는 윗면에 있는 부분을 표시한다.
1점 쇄선	• 중심선, 절단선, 기준선, 경계선, 참고선 등을 표시한다.
2점 쇄선	• 상상선 또는 1점쇄선과 구별할 필요가 있을 때 사용한다.

44 건축 도면의 치수에 대한 설명으로 옳지 않은 것은?

① 치수는 특별히 명시하지 않는 한 마무리 치수로 표시한다.
② 치수 기입은 치수선 중앙 윗부분에 기입하는 것이 원칙이다.
③ 치수선의 양 끝 표시는 화살 또는 점으로 표시할 수 있으며, 같은 도면에서 2종을 혼용할 수 있다.
④ 협소한 간격이 연속될 때에는 인출선을 사용하여 치수를 쓴다.

[해설]
치수선의 양 끝 표시는 화살 또는 점으로 표시할 수 있다. 같은 도면에서 2종을 혼용하지 않는다.

45 다음 평면 표시기호가 의미하는 것은?

① 미닫이문
② 주름문
③ 접이문
④ 연속문

[해설]
평면 표시기호

미닫이문	외미닫이문 쌍미닫이문
주름문	
연속문	

46 설계 도면이 갖추어야 할 요건에 대한 설명 중 옳지 않은 것은?

① 객관적으로 이해되어야 한다.
② 일정한 규칙과 도법에 따라야 한다.
③ 정확하고 명료하게 합리적으로 표현되어야 한다.
④ 모든 도면의 축척은 하나로 통일되어야 한다.

[해설]
도면의 축척은 용도에 따라 적합한 것을 사용해야 한다. 일반적으로 상세도의 경우 1/30, 1/50을 주로 사용하며, 주택의 경우 1/100, 1/200을 주로 사용하고, 규모가 큰 건물의 경우 1/500 또는 1/600의 축척을 사용한다.

47 다음의 각종 설계도면에 대한 설명 중 옳지 않은 것은?

① 계획설계도에는 구상도, 조직도, 동선도 등이 있다.
② 기초 평면도의 축척은 평면도와 같게 한다.
③ 단면도는 건축물을 각 층마다 창틀 위에서 수평으로 자른 수평 투상도로, 실외 배치 및 크기를 나타낸다.
④ 전개도는 건물 내부의 입면을 정면에서 바라보고 그리는 내부 입면도이다.

[해설]
단면도는 건축물을 수직으로 절단하여 수평 방향에서 본 도면으로, 각 실의 천장 높이, 기초의 형태 등을 나타낸다.

[정답] 44 ③ 45 ③ 46 ④ 47 ③

48 배치도 표현에 관한 설명 중 옳지 않은 것은?

① 도로와 대지와의 고저차, 등고선 등을 기입한다.
② 축척은 1/100~1/600 정도로 한다.
③ 각 실과의 연관관계를 표시한다.
④ 정화조, 맨홀, 배수구 등 설비의 위치나 크기를 그린다.

해설
배치도
- 부대시설의 배치(위치, 간격, 방위, 경계선 등)를 나타내는 도면이다.
- 위쪽을 북쪽으로 하여 도로와 대지의 고저 등고선 또는 대지의 단면도를 그려서 대지의 상황을 이해하기 쉽게 한다.

49 시공과정에 따른 분류에서 습식구조끼리 짝지어진 것은?

① 목구조 - 돌구조
② 돌구조 - 철골구조
③ 벽돌구조 - 블록구조
④ 철골구조 - 철근콘크리트구조

해설
습식구조
- 조적식 구조, 철근콘크리트구조처럼 구조체 제작에 물이 필요한 구조이다.
- 단위작업에 한계치가 있고, 경화에 일정기간이 소요된다.
- 벽돌구조, 블록구조, 콘크리트 충전강관구조, 철근콘크리트구조 등이 있다.

50 곡면판이 지니는 역학적 특성을 응용한 구조로서, 외력은 주로 판의 면내력으로 전달되기 때문에 경량이면서 내력이 큰 구조물을 구성할 수 있는 구조는?

① 현수구조
② SRC구조
③ 철골구조
④ 셸구조

해설
셸(shell)구조 : 얇은 두께의 곡면을 가진 연속체로서, 구조 역학적으로 표면 내 축 방향력(압축, 인장)이 주응력(막응력, 면내응력)으로 작용하여 구조재료를 효율적으로 사용하면서 넓은 공간을 덮을 수 있는 미학적인 대공간구조물의 일종이다.

51 다음 중 수평 부재가 아닌 것은?

① 보
② 깔도리
③ 기둥
④ 처마도리

해설
기둥, 대공은 수직 부재이다.

52 창문틀의 좌우에 수직으로 세워댄 틀은?

① 밑틀
② 웃틀
③ 선틀
④ 중간 틀

해설
창문틀은 웃틀, 밑틀, 선틀, 중간 선틀 등으로 구성된다.

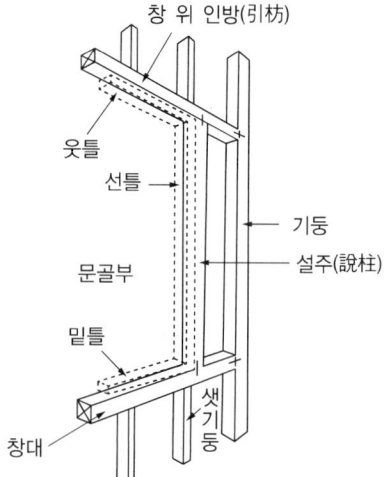

53 건물 지하의 구조부로서 건물의 무게를 지반에 전달하여 안전하게 지탱시키는 구조 부분은?

① 기초 ② 기둥
③ 지붕 ④ 벽체

해설
① 기초 : 건물의 최하부에 놓여 건물의 무게를 안전하게 지반에 전달하는 구조로, 기초판과 지정으로 구분한다.
② 기둥 : 보에서 내려오는 하중을 기초에 전달하는 구조이다.
③ 지붕 : 건물 제일 윗부분에 설치하는 구조이다.
④ 벽 : 외부나 경간을 수직으로 구획한 구조로 내벽, 외벽으로 구분할 수 있다.

54 벽돌구조에서 1.5B 벽체의 두께는 몇 mm인가?(공간쌓기 아님)

① 90mm ② 190mm
③ 290mm ④ 330mm

해설
벽 두께
(단위 : mm)

구분	0.5B	1B	1.5B	2B	2.5B
일반형	90	190	290	390	490
재래형	100	210	320	420	540

55 철골철근콘크리트구조에 대한 설명 중 옳지 않은 것은?

① 작은 단면으로 큰 힘을 발휘할 수 있다.
② 화재 시 고열을 받으면 철골구조와 비교하여 강도 감소가 크다.
③ 내진성이 우수한 구조이다.
④ 초고층 구조물 하층부의 복합구조로 많이 쓰인다.

해설
철골철근콘크리트구조는 강재가 콘크리트에 피복되기 때문에 철골구조에 비해 내화성이 좋다.

56 철근콘크리트조의 철근 및 배근에 대한 설명으로 옳지 않은 것은?

① 이형철근은 원형철근보다 부착강도가 크다.
② 콘크리트의 강도가 클수록 부착강도가 크다.
③ 철근의 이음은 휨모멘트가 크게 작용하는 부분에서 한다.
④ 연직하중에 대한 단순 보의 주근은 보의 하단인 인장측에 배근한다.

해설
철근의 이음은 휨모멘트가 최소로 작용하는 부분에서 한다.

정답 53 ① 54 ③ 55 ② 56 ③

57 철골구조의 보에 대한 설명으로 옳지 않은 것은?

① 플레이트 보에서 웨브의 좌굴을 방지하기 위해 거싯 플레이트를 사용한다.
② 휨강도를 높이기 위해 커버 플레이트를 사용한다.
③ 하이브리드 거더는 다른 성질의 재질을 혼성하여 만든 일종의 조립 보이다.
④ 플랜지는 H형강, 플레이트 보 또는 래티스 보 등에서 보의 단면의 상하에 날개처럼 내민 부분이다.

해설
플레이트 보에서 웨브의 좌굴을 방지하기 위해 스티프너를 사용한다.

58 접합하려는 2개의 부재를 한쪽 또는 양쪽 면을 절단·개선하여 용접하는 방법으로, 모재와 같은 허용응력도를 가진 용접은?

① 모살용접
② 맞댐용접
③ 플러그용접
④ 슬롯용접

59 건축물의 구조 부재를 공장에서 생산가공 또는 부분 조립한 후 현장에서 짜 맞추는 공정으로 대량생산, 공사기간 단축 등을 도모한 구조법은?

① 벽돌구조
② 조립식 구조
③ 돌구조
④ 시멘트 블록구조

해설
조립식 구조
- 공장에서 제작된 재료를 현장에서 짜 맞추는 형식의 구조이다.
- 시공 능률, 정밀도, 공기 단축, 대량 생산 및 공사비 절감 등의 효율을 높이는 가구식 구조이다.
- 제품이 공장에서 생산되므로 공업화 구조라고도 한다.

60 다음 중 초고층 건물의 구조로 가장 적합한 것은?

① 현수구조
② 절판구조
③ 입체 트러스구조
④ 튜브구조

해설
튜브구조 : 외부 벽체에 강한 피막을 두르고, 횡력에 저항하는 건축구조이다. 강한 피막이 수평하중을 줄여 주어 초고층 건물에 사용되며, 내부 기둥을 줄여 내부 공간을 넓게 조성할 수 있다.

2017년 제2회 과년도 기출복원문제

01 실내디자인의 진행과정 중 가장 먼저 진행되는 작업은?

① 조건 파악
② 기본계획
③ 기본설계
④ 실시설계

해설
실내디자인의 프로세스
기획 및 상담 – 기본계획(계획조건 파악) – 기본설계(기본 구상/결정안/모델링) – 실시설계 – 구현 – 평가

02 심리적으로 존엄성, 엄숙함, 위엄 및 강한 의지의 느낌을 주는 선은?

① 사선
② 곡선
③ 수직선
④ 수평선

해설
선의 종류별 조형효과
• 수직선 : 존엄성, 위엄, 권위
• 수평선 : 안정, 평화
• 사선 : 약동감, 생동감
• 곡선 : 유연함, 우아함, 풍요로움, 여성스러움

03 다음 중 여성적이면서 부드러운 느낌을 주는 도형은?

① 삼각형
② 오각형
③ 마름모
④ 타원

해설
각진 도형은 남성적인 느낌을 주고, 원이나 타원처럼 곡선으로 이루어진 도형은 여성적인 느낌을 준다.

04 다음 중 리듬의 원리에 해당하지 않는 것은?

① 변이
② 점이
③ 대비
④ 반복

해설
리듬의 요소 : 반복, 점층(점이), 대립(대조), 변이, 방사 등

05 실내 공간의 성격 형성과 가장 관련이 깊은 디자인 요소는?

① 마감재료
② 바닥구조
③ 장식품 종류
④ 천장의 질감

해설
바닥은 고저차를 두거나 마감재료(질감, 색상 등)의 변화로 공간의 영역을 조정 또는 강조할 수 있다.

정답 1 ① 2 ③ 3 ④ 4 ③ 5 ①

06 개방형 공간 구성의 특징으로 가장 알맞은 것은?

① 공간 사용의 극대화와 융통성
② 프라이버시 보장과 에너지 절약
③ 조직화를 통한 시각적 모호함 제거
④ 복수의 구성요소의 독립적 공간 확보

해설
개방형 공간 구성
- 불필요한 공간 손실을 제거함으로써 공간 사용을 극대화시키고, 융통성이 있다.
- 시선 차단과 소음 조절이 어려워 프라이버시가 결여된다.
- 냉난방으로 인한 에너지 손실이 많다.

07 천창에 관한 설명으로 옳지 않은 것은?

① 벽면의 다양한 활용이 가능하다.
② 같은 면적의 측창보다 광량이 많다.
③ 차열, 통풍에 유리하고 개방감이 크다.
④ 밀집된 건물에 둘러싸여 있어도 일정량의 채광이 가능하다.

해설
천창은 차열과 통풍에 불리하고, 개방감도 작다.

08 천장, 벽의 구조체에 의해 광원을 천장 또는 벽면으로 가려지게 하여 반사광으로 간접조명하는 방식은?

① 광창조명
② 코브조명
③ 코니스 조명
④ 광천장조명

해설
코브조명 : 천장, 벽의 구조체에 의해 광원을 천장 또는 벽면으로 가려지게 하여 반사광으로 간접조명하는 방식이다. 천장고가 높거나 천장 높이가 변화하는 실내에 적합하다.

09 다음 보기의 설명에 알맞은 의자는?

┤보기├
- 필요에 따라 이동시켜 사용할 수 있는 간이 의자로, 크지 않으며 가벼운 느낌의 형태를 갖는다.
- 이동하기 쉽도록 잡기 편하고 들기에 가볍다.

① 카우치(couch)
② 풀업 체어(pull-up chair)
③ 체스터필드(chesterfield)
④ 라운지 체어(lounge chair)

해설
① 카우치(couch) : 한쪽 끝이 기댈 수 있도록 세워져 있는 긴 형태의 소파로, 몸을 기대거나 침대로도 사용할 수 있도록 좌판 한쪽을 올린 형태이다.
③ 체스터필드(chesterfield) : 솜, 스펀지 등을 채워서 쿠션감과 사용상 안락성이 매우 좋고, 비교적 크기가 크다.
④ 라운지 체어(lounge chair) : 비교적 큰 크기의 안락의자로, 누워서 쉴 수 있는 긴 의자이다.

10 주택 침실의 소음 방지방법으로 옳지 않은 것은?

① 도로 등의 소음원으로부터 격리시킨다.
② 창문은 2중창으로 시공하고 커튼을 설치한다.
③ 벽면에 붙박이장을 설치하여 소음을 차단한다.
④ 침실 외부에 나무를 제거하여 조망을 좋게 한다.

11. 주거 공간의 동선에 관한 설명으로 옳지 않은 것은?

① 주부의 작업 동선은 길수록 좋다.
② 동선은 짧을수록 에너지 소모가 작다.
③ 상호 간에 상이한 유형의 동선은 분리한다.
④ 동선을 줄이기 위해 다른 공간의 독립성을 저해해서는 안 된다.

해설
주부의 작업 동선은 가능한 한 짧고 직선적으로 처리한다.

12. 수납의 원칙 중 '수납장 속에 무엇이 들었는지 쉽게 찾을 수 있게 수납한다.'와 관련된 것은?

① 접근성
② 조절성
③ 보관성
④ 가시성

해설
수납의 원칙
- 접근성 : 쉽게 접근해서 수납할 수 있어야 한다.
- 조절성 : 다양한 물건을 수납하기 위함이다.
- 보관성 : 물건의 파손 방지를 위함이다.
- 가시성 : 물건이 어디에 있는지 쉽게 찾을 수 있어야 한다.

13. 별장 주택에서 흔히 볼 수 있는 부엌의 유형으로, 취사용 작업대가 하나의 섬처럼 실내에 설치한 것은?

① 오픈 키친
② 아일랜드 키친
③ 독립형 부엌
④ 키친 네트

해설
아일랜드형(island kitchen)
- 별장 주택에서 볼 수 있는 유형으로, 취사용 작업대가 하나의 섬처럼 실내에 설치되어 독특한 분위기를 형성하는 부엌이다.
- 작업대를 중앙에 놓거나 벽면에 직각이 되도록 배치한 형태이다.
- 주로 개방된 공간의 오픈시스템에서 사용된다.
- 가족 구성원이 모두 부엌일에 참여하는 것을 유도할 수 있다.
- 부엌 공간이 넓은 단독주택이나 아파트에 제한적으로 도입된다.

14. 상점 정면(facade) 구성에 요구되는 5가지 광고요소(AIDMA 법칙)에 속하지 않는 것은?

① Attention
② Interest
③ Design
④ Memory

해설
상점계획에서 요구되는 5가지 광고요소(AIDCA, AIDMA 법칙)
- Attention(주의)
- Interest(흥미)
- Desire(욕망)
- Confidence(확신) · Memory(기억)
- Action(행동)

15. 상점의 판매방식 중 대면 판매에 관한 설명으로 옳지 않은 것은?

① 측면방식에 비해 진열 면적이 감소된다.
② 판매원의 고정 위치를 정하기 용이하다.
③ 상품의 포장대나 계산대를 별도로 둘 필요가 없다.
④ 고객이 직접 진열된 상품을 접촉할 수 있어 충동구매와 선택이 용이하다.

해설
④ 측면 판매에 대한 설명이다.

16 다음 중 열전도율의 단위는?

① W
② W/m
③ W/m·K
④ W/m²·K

17 결로의 발생원인으로 옳지 않은 것은?

① 잦은 환기
② 불완전한 단열 시공
③ 실내외의 큰 온도차
④ 실내 습기의 과다 발생

해설
결로의 발생원인
- 환기 부족
- 불완전한 단열 시공
- 실내외 큰 온도차
- 실내 습기의 과다 발생

18 일조의 확보와 관련하여 공동 주택의 인동 간격 결정과 가장 관계가 깊은 것은?

① 춘분
② 하지
③ 추분
④ 동지

해설
공동 주택은 인동 간격을 넓게 하여 저층부의 일사수 열량을 증대시킨다. 대지의 모든 세대가 동지(冬至)를 기준으로 9시에서 15시 사이에 2시간 이상을 계속하여 일조(日照)를 확보할 수 있는 거리 이상으로 할 수 있다.

19 광원을 넓은 면적의 벽면에 배치하여 비스타적인 효과를 낼 수 있으며 시선에 안락한 배경으로 작용하는 건축화 조명방식은?

① 코퍼조명
② 광창조명
③ 코니스 조명
④ 광천장조명

해설
① 코퍼조명 : 천장면을 사각형이나 원형으로 파내고 그 내부에 조명기구를 매립하는 방식으로, 천장의 단조로움을 피한 조명방식이다.
③ 코니스 조명 : 벽면의 상부에 설치하여 모든 빛이 아래로 향하며, 벽면에 부착한 그림, 커튼, 벽지 등에 입체감을 준다.
④ 광천장조명 : 천장의 전체 또는 일부에 조명기구를 설치하고 그 밑에 아크릴, 플라스틱, 유리, 창호지, 스테인드글라스, 루버 등과 같은 확산용 스크린판을 대고 마감하는 가장 일반적인 건축화 조명방식이다.

20 실내에서는 음을 갑자기 중지시켜도 소리가 그 순간에 없어지는 것이 아니라 점차 감쇠되다가 안 들리게 된다. 이와 같이 음의 발생이 중지된 후에도 소리가 실내에 남는 현상은?

① 확산
② 잔향
③ 회절
④ 공명

해설
③ 회절 : 음파는 파동의 하나이기 때문에 물체가 진행 방향을 가로막아도 방향을 바꾸어 그 물체의 후면으로 전달되는 현상이다.
④ 공명 : 특정 진동수(주파수)에서 큰 진폭으로 진동하는 현상을 말한다.

21 건축재료를 화학 조성에 따라 분류할 경우, 무기재료에 해당하지 않는 것은?

① 유리
② 철강
③ 시멘트
④ 목재

해설
화학 조성에 의한 건축재료의 분류

무기재료	금속재료	철강, 알루미늄, 구리, 아연, 합금류 등
	비금속재료	석재, 콘크리트, 시멘트, 유리, 벽돌 등
유기재료	천연재료	목재, 아스팔트, 섬유류 등
	합성수지	플라스틱, 도료, 접착제, 실링제 등

22 목재의 강도 중 응력 방향이 섬유 방향에 평행할 경우 일반적으로 가장 큰 것은?

① 휨강도
② 인장강도
③ 전단강도
④ 압축강도

해설
목재의 강도

응력의 종류 \ 가력 방향	섬유 방향에 평행	섬유 방향에 직각
압축강도	100	10~20
인장강도	190~260	7~20
휨강도	150~230	10~20
전단강도	침엽수 16, 활엽수 19	–

23 건조실에 목재를 쌓고 온도, 습도, 풍속 등을 인위적으로 조절하면서 건조하는 목재의 인공건조방법은?

① 대기건조
② 침수건조
③ 진공건조
④ 열기건조

24 석회암이 변화되어 결정화한 것으로, 주성분은 탄산석회이며 갈면 광택이 나는 석재는?

① 응회암
② 화강암
③ 대리석
④ 점판암

해설
대리석
• 석회암이 변화하여 결정화된 변성암의 일종이다.
• 주성분은 탄산석회이고 탄소질, 산화철, 휘석, 각섬석, 녹니석 등이 함유되어 있다.
• 석질이 치밀·견고하고, 색채와 무늬가 다양하다.
• 연마하면 아름다운 광택이 나서 조각이나 실내장식에 사용된다.
• 풍화되기 쉬워 실외용으로 적합하지 않다.
• 강도는 높지만 내산성과 내화성이 약하다.
• 주로 테라초판(terrazzo tile)의 종석으로 활용된다.

25 석재의 일반적인 성질에 관한 설명으로 옳지 않은 것은?

① 강도가 크면 경도도 크다.
② 인장 및 휨강도는 압축강도에 비해 매우 작다.
③ 화강암, 안산암 등의 화성암 종류가 내마모성이 크다.
④ 석회분을 포함하는 대리석, 사문암 등은 내산성이 크다.

해설
석회분을 포함하는 대리석, 사문암, 백운암 등은 내산성이 작다.

정답 21 ④ 22 ② 23 ④ 24 ③ 25 ④

26 석면 표면가공 중 잔다듬에 주로 사용되는 공구는?

① 정
② 쇠메
③ 날망치
④ 도드락 망치

해설
잔다듬 : 날망치로 일정 방향으로 다듬기를 하는 석재가공법으로, 가장 곱게 다듬질한다.

27 시멘트가 습기를 흡수하여 경미한 수화반응을 일으켜 생성된 수산화칼슘과 공기 중의 탄산가스가 반응하여 탄산칼슘을 생성하는 작용은?

① 풍화
② 응결
③ 크리프
④ 중성화

해설
시멘트의 풍화
- 시멘트가 습기를 흡수하여 경미한 수화반응을 일으켜 생성된 수산화칼슘과 공기 중의 탄산가스가 반응하여 탄산칼슘을 생성하는 작용이다.
- 시멘트가 풍화되면 수화열, 강도가 감소되어 응결이 늦어지며, 비중이 작아지고, 밀도가 떨어진다.
- 풍화는 고온다습한 경우 급속도로 진행된다.

28 물-시멘트비와 가장 관계가 깊은 것은?

① 시멘트 분말도
② 콘크리트 중량
③ 골재의 입도
④ 콘크리트 강도

해설
콘크리트의 강도에 가장 큰 영향을 미치는 요인은 물-시멘트비이다. 그 다음으로 시멘트의 종류와 강도, 골재의 강도 및 입도, 혼합수, 공기량과 시공방법 등이 있다.

29 콘크리트의 워커빌리티에 관한 설명으로 옳지 않은 것은?

① 과도하게 비빔시간이 길면 워커빌리티가 나빠진다.
② AE제를 사용한 경우 볼베어링 작용에 의해 콘크리트의 워커빌리티가 좋아진다.
③ 깬 자갈을 사용한 콘크리트가 강자갈을 사용한 콘크리트보다 워커빌리티가 좋다.
④ 단위 수량을 증가시키면 재료분리가 생기기 쉽기 때문에 워커빌리티가 좋아진다고 할 수 없다.

해설
깬 자갈 콘크리트는 강자갈 콘크리트에 비하여 슬럼프가 작고, 점성이 부족해 워커빌리티가 나쁘지만 강도는 매우 크다.

30 자기질 타일의 흡수율 기준으로 옳은 것은?

① 3.0% 이하
② 5.0% 이하
③ 8.0% 이하
④ 18.0% 이하

해설
타일의 흡수율
- 자기질 : 3.0% 이하
- 석기질 : 5.0% 이하
- 도기질 : 18.0% 이하

31 경량벽돌 중 다공벽돌에 관한 설명으로 옳지 않은 것은?

① 방음, 흡음성이 좋다.
② 절단, 못치기 등의 가공이 우수하다.
③ 점토에 톱밥, 겨, 탄가루 등을 혼합, 소성한 것이다.
④ 가벼우면서도 강도가 높아 구조용으로 사용이 용이하다.

해설
다공벽돌
- 점토에 톱밥, 겨, 탄가루 등을 혼합·소성한 것이다.
- 방음, 흡음성이 좋다.
- 가볍고, 절단·못 치기 등의 가공이 우수하다.
- 강도가 약해 구조용으로 사용하기 곤란하다.
- 방열·방음 또는 경미한 칸막이 벽 및 단순한 치장재로 쓰인다.

32 강의 열처리 방법이 아닌 것은?

① 불림   ② 풀림
③ 압연   ④ 담금질

해설
강의 열처리 방법 : 불림, 풀림, 담금질, 뜨임 등

33 유리제품에 관한 설명으로 옳지 않은 것은?

① 복층유리는 방음, 단열효과가 크며 결로 방지용으로도 우수하다.
② 망입유리는 유리성분에 착색제를 넣어 색깔을 띠게 한 유리이다.
③ 열선흡수유리는 단열유리라고도 하며 태양광선 중 장파 부분을 흡수한다.
④ 강화유리는 열처리한 판유리로, 강도가 크고 파괴 시 작은 파편이 되어 분쇄된다.

해설
망입유리는 도난 및 화재 방지 등에 사용된다.

34 미장재료 중 자신이 물리적 또는 화학적으로 고체화되어 미장바름의 주체가 되는 재료가 아닌 것은?

① 점토   ② 석고
③ 소석회   ④ 규산소다

해설
미장바름의 주체가 되는 재료 : 시멘트, 석회, 석고, 돌로마이트석회, 점토 등

35 미장재료 중 회반죽에 관한 설명으로 옳지 않은 것은?

① 기경성 미장재료이다.
② 내수성이 높아 주로 실외에 사용된다.
③ 소석회에 모래, 해초풀, 여물 등을 혼합하여 바르는 미장재료이다.
④ 경화건조에 의한 수축률이 크기 때문에 여물로서 균열을 분산, 경감시킨다.

해설
회반죽은 일반적으로 연약하고, 비내수적이다.

정답 31 ④ 32 ③ 33 ② 34 ④ 35 ②

36 다음 중 열가소성 수지가 아닌 것은?

① 요소수지
② 아크릴수지
③ 염화비닐수지
④ 폴리에틸렌수지

해설
합성수지의 종류
- 열경화성 수지 : 페놀수지, 멜라민수지, 폴리우레탄수지, 폴리에스테르수지, 에폭시수지, 요소수지, 실리콘수지, 폴리카보네이트 등
- 열가소성 수지 : 폴리에틸렌수지, 폴리프로필렌수지, 폴리스티렌수지, 염화비닐수지, 아크릴수지, 불소수지, 폴리아마이드수지(나일론, 아라미드), 아세틸수지 등

37 건축용으로는 글라스 섬유로 강화된 평판 또는 판상제품으로 주로 사용되는 열경화성 수지는?

① 페놀수지
② 실리콘수지
③ 염화비닐 수지
④ 폴리에스테르수지

38 유성 페인트에 대한 설명으로 옳지 않은 것은?

① 건조시간이 길다.
② 내후성이 우수하다.
③ 내알칼리성이 우수하다.
④ 붓바름 작업성이 우수하다.

해설
유성 페인트는 알칼리에 약해 콘크리트, 모르타르, 플라스터 면에는 적당하지 않아 목부 및 철부에 사용한다.

39 다음 중 현장 발포가 가능한 발포제품은?

① 페놀 폼
② 염화비닐 폼
③ 폴리에틸렌 폼
④ 폴리우레탄 폼

해설
폴리우레탄 폼 : 내열성은 높지 않지만 우수한 단열성 때문에 냉동기기에 많이 사용되는 단열재이다.

40 다음 중 천연 아스팔트가 아닌 것은?

① 아스팔타이트
② 록 아스팔트
③ 블론 아스팔트
④ 레이크 아스팔트

해설
아스팔트의 종류
- 천연 아스팔트 : 록 아스팔트, 레이크 아스팔트, 아스팔타이트
- 석유 아스팔트 : 스트레이트 아스팔트, 블론 아스팔트, 아스팔트 콤파운드

정답 36 ① 37 ④ 38 ③ 39 ④ 40 ③

41 치수를 자 또는 삼각자의 눈금으로 잰 후 제도지에 같은 길이로 분할할 때 사용하는 제도용구는?

① 디바이더
② 운형자
③ 컴퍼스
④ T자

해설
디바이더
- 선을 일정한 간격으로 나눌 때 사용한다.
- 치수를 자 또는 삼각자의 눈금으로 잰 후 제도지에 같은 길이로 분할할 때 사용한다.
- 치수를 옮기거나 선과 원주를 같은 길이로 나눌 때 사용한다.

42 대상 물체의 모양을 도면으로 표현할 때 크기를 비율에 맞춰 줄이거나 늘이기 위해 사용하는 제도용구는?

① T자
② 축척자
③ 자유곡선자
④ 운형자

해설
① T자 : 수평선을 긋거나 삼각자와 함께 수직선이나 빗금을 그을 때 사용한다.
③ 자유곡선자 : 원호 이외의 곡선을 자유자재로 그릴 때 사용한다.
④ 운형자 : 원호 이외의 곡선을 그을 때 사용한다.

43 평면도는 보통 바닥면으로부터 몇 m 높이에서 절단한 수평 투상도인가?

① 0.5m   ② 1.2m
③ 2.0m   ④ 2.2m

44 2점쇄선의 설명으로 옳지 않은 것은?

① 가상선으로 사용한다.
② 1점쇄선과 구분할 경우에 사용한다.
③ 상상선으로 사용한다.
④ 중심이나 경계를 표시할 경우에 사용한다.

해설
선의 종류 및 사용방법

선의 종류		사용방법
굵은 실선		• 단면의 윤곽을 표시한다.
가는 실선		• 보이는 부분의 윤곽 또는 좁거나 작은 면의 단면 부분의 윤곽을 표시한다. • 치수선, 치수보조선, 인출선, 격자선 등을 표시한다.
파선 또는 점선		• 보이지 않는 부분이나 절단면보다 양면 또는 윗면에 있는 부분을 표시한다.
1점 쇄선		• 중심선, 절단선, 기준선, 경계선, 참고선 등을 표시한다.
2점 쇄선		• 상상선 또는 1점쇄선과 구별할 필요가 있을 때 사용한다.

45 단면용 재료구조 표시기호로 옳지 않은 것은?

① ⊠ : 구조재(목재)
② ◩ : 보조 구조재(목재)
③ ▨ : 치장재(목재)
④ ▨ : 지반선

해설
- 지반 : ▧
- 잡석 : ▨

정답 41 ① 42 ② 43 ② 44 ④ 45 ④

46 다음 창호 표시기호의 뜻은?

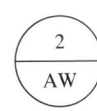

① 알루미늄 합금창 2번
② 알루미늄 합금창 2개
③ 알루미늄 2중창
④ 알루미늄문 2짝

해설
창호기호의 표시방법

재질별 기호 용도별 기호	창	문	방화문	셔터	방화셔터	그릴	공틀
	W	D	FD	S	FS	G	F
알루미늄 합금	A	AW	AD		AS		AG	AF
합성수지	P	PW	PD					PF
강철	S	SW	SD	FSD	SS	FSS	SG	SF
스테인리스 스틸	SS	SSW	SSD	FSSD	SSS		SSG	SSF
목재	W	WW	WD				WG	WF

창호번호를 표시할 경우		창호의 모듈 호칭 치수를 표시할 경우	
보기	해설	보기	해설
1/PW	창호번호 합성수지제 창	11×22/SD	창호의 모듈 호칭 치수 강철제 문
2/AS	창호번호 알루미늄 합금제 셔터	4.5×6/WG	창호의 모듈 호칭 치수 목제 그릴

47 실내 투시도 또는 기념 건축물과 같은 정적인 건물의 표현에 효과적인 투시도는?

① 평행 투시도
② 유각 투시도
③ 경사 투시도
④ 조감도

해설
소점에 의한 분류
• 1소점 투시도(평행 투시도)
 – 지면에 물체가 평행하도록 작도하여 1개의 소점이 생긴다.
 – 실내 투시도 또는 기념 건축물과 같은 정적인 건축물의 표현에 가장 효과적이다.
• 2소점 투시도(유각, 성각 투시도)
 – 밑면이 기면과 평행하고 측면이 화면과 경사진 각을 이룬다.
 – 보는 사람의 눈높이에 두 방향으로 소점이 생겨 양쪽으로 원근감이 나타난다.
• 3소점 투시도(경사, 사각 투시도)
 – 기면과 화면에 평행한 면 없이 가로, 세로, 수직의 선들이 경사를 이룬다.
 – 3개의 소점이 생겨 외관을 입체적으로 표현할 때 주로 사용한다.

48 설계 도면 중 실시설계도에 대한 설명으로 옳은 것은?

① 계획설계를 바탕으로 설계에 대한 기본적인 내용을 알 수 있도록 작성한 도면을 뜻한다.
② 구조도는 골조, 구조와 관련된 도면으로 기초 평면도, 배근도, 일람표, 골조도 등의 도면으로 나누어진다.
③ 설계도서를 근거로 실제로 시공할 수 있도록 상세하게 도시한 것으로 시공상세도, 시방서, 시공계획서 등이 있다.
④ 설계 초기에 계획단계에서 건축물의 전체적인 구상을 나타낸 그림이나 도면으로 구상도, 동선도 등이 있다.

해설
실시설계도 : 기본설계도가 작성된 후 더욱 상세하게 그린 도면
• 일반도 : 배치도, 평면도, 입면도, 단면도, 전개도, 단면 상세도, 각부 상세도, 지붕 평면도, 투시도 등
• 구조도 : 기초 평면도, 바닥틀 평면도, 지붕틀 평면도, 골조도 등
• 설비도 : 전기설비도, 기계설비도, 급배수위생설비도 등

49 건축구조의 변천과정이 옳은 것은?

① 동굴 주거시대 → 움집 주거시대 → 지상 주거시대
② 지상 주거시대 → 움집 주거시대 → 동굴 주거시대
③ 움집 주거시대 → 동굴 주거시대 → 지상 주거시대
④ 움집 주거시대 → 지상 주거시대 → 동굴 주거시대

50 휨, 전단, 비틀림 등에 역학적으로 유리하며, 특히 단면에 방향성이 없어 뼈대의 입체를 구성하는 데 적합하여 공장, 체육관, 전시장 등의 건축물에 많이 사용되는 구조는?

① 경량철골구조
② 강관구조
③ 막구조
④ 조립식 구조

해설
강관구조
• 휨, 전단, 비틀림 등에 대해 역학적으로 유리하다.
• 단면에 방향성이 없어 뼈대의 입체를 구성하는 데 적합하다.
• 공장, 체육관, 전시장 등의 건축물에 많이 사용된다.
• 강관은 형강과는 다르게 단면이 폐쇄되어 있다.
• 방향에 관계없이 같은 내력을 발휘할 수 있다.
• 콘크리트 타설 시 거푸집이 불필요하다.
• 밀폐된 중공 단면의 내부는 부식의 우려가 작다.

51 목구조에 대한 설명으로 옳지 않은 것은?

① 가볍고, 가공성이 좋다.
② 큰 부재를 얻기 쉬우며 내구성이 좋다.
③ 시공이 용이하며 공사기간이 짧다.
④ 강도가 작고, 화재 위험이 높다.

해설
목구조는 재질이 불균등하고, 길거나 단면이 큰 부재를 얻기 힘들며, 내화성·내구성이 작다.

52 목구조에서 사용되는 수평 부재가 아닌 것은?

① 층도리
② 처마도리
③ 토대
④ 대공

해설
대공, 기둥은 수직 부재이다.

[정답] 49 ① 50 ② 51 ② 52 ④

53 동바리 마루를 구성하는 부분이 아닌 것은?

① 동바릿돌
② 장선
③ 멍에
④ 걸레받이

해설
동바리 마루 : 마루 밑 땅바닥에 동바릿돌을 놓고 그 위에 짧은 기둥인 동바리를 세워 멍에를 건너지르고 장선을 걸친 뒤 마룻널을 깐다. 동바릿돌, 멍에, 장선으로 구성되어 있다.

54 한 켜는 길이쌓기로 하고 다음은 마구리쌓기로 하며 모서리 또는 끝에서 칠오토막을 사용하는 벽돌쌓기법은?

① 영국식 쌓기
② 미국식 쌓기
③ 엇모쌓기
④ 네덜란드식 쌓기

해설
① 영국식 쌓기 : 한 켜는 마구리쌓기, 다음 켜는 길이쌓기로 하고, 벽의 모서리나 끝에 반절이나 이오토막을 사용한다.
② 미국식 쌓기 : 5켜는 길이쌓기로 하고, 다음 한 켜는 마구리쌓기로 한다.
③ 엇모쌓기 : 담 또는 처마 부분에 내쌓기를 할 때 벽돌을 45°로 모서리가 면에 돌출되도록 쌓는 방식이다.

55 보강블록조에서 내력벽으로 둘러싸인 부분의 최대 바닥면적은 얼마인가?

① $40m^2$
② $60m^2$
③ $80m^2$
④ $100m^2$

해설
조적식 구조인 내력벽으로 둘러쌓인 부분의 바닥 면적은 $80m^2$를 넘을 수 없다(건축물의 구조기준 등에 관한 규칙 제31조).

56 철근콘크리트 보에서 장스팬일 경우, 양 끝단의 휨 모멘트와 전단응력의 증가에 대한 보강 차원에서 설치하는 것은?

① 스플릿 티
② 다이어프램
③ 긴결철물
④ 헌치

해설
헌치 : 철근콘크리트에서 스팬이 긴 경우, 보의 단부에 발생하는 휨모멘트와 전단력에 대한 보강으로 보 단부의 춤을 크게 한 것이다.

57 재료의 강도가 크고, 연성이 좋아 고층이나 스팬이 큰 대규모 건축물에 적합한 건축구조는?

① 철골구조
② 목구조
③ 돌구조
④ 철근콘크리트구조

해설
철골구조의 장단점

장점	• 장스팬, 고층 건물 등 대규모 건축물에 적합하다. • 내진성이 우수하며, 불연성이고 수평력에 강하다. • 적절한 피복으로 내화적·내구적이다. • 강재는 다른 재료에 비해 균질도가 높고 강도가 크다. • 철근콘크리트구조보다 건물의 중량을 가볍게 할 수 있다. • 현장 상태, 기상조건, 시공기술에 관계없이 정밀도가 높은 구조물을 구축할 수 있다.
단점	• 고열에 약하다. • 비교적 고가이다. • 단면에 비하여 부재 길이가 길고, 두께가 얇아 좌굴되기 쉽다. • 일반강재는 녹슬기 쉽다. • 용접방법 외에는 일체화가 어렵다.

58 플레이트 보에서 웨브의 좌굴을 방지하기 위해 설치하는 보강재는?

① 커버 플레이트
② 플랜지 앵글
③ 스티프너
④ 웨브 플레이트

59 철골공사 용접 결함 중에서 용접 상부에 따라 모재가 녹아 용착금속이 채워지지 않고 홈으로 남게 된 부분은?

① 블로홀
② 언더컷
③ 오버랩
④ 피트

해설
언더컷
• 철골공사 용접 결함 중에서 용접 상부에 따라 모재가 녹아 용착금속이 채워지지 않고 홈으로 남게 된 부분
• 용착금속이 홈에 차지 않고 홈 가장자리가 남아 있는 불완전 용접

60 강재나 목재를 삼각형을 기본으로 짜서 하중을 지지하는 것으로, 절점이 핀으로 구성되어 있으며 부재는 인장과 압축력만 받도록 한 구조는?

① 트러스구조
② 내력벽구조
③ 라멘구조
④ 아치구조

해설
트러스(truss)구조
• 강재나 목재를 삼각형을 기본으로 짜서 하중을 지지한다.
• 절점이 핀으로 구성되어 있으며, 부재는 인장과 압축력만 받도록 한 구조이다.
• 외력을 절점(핀절점)에 모인 부재의 축 방향으로 분해하여 지지한다.
• 주로 체육관 등 큰 공간의 천장구조방식으로 사용한다.

2018년 제1회 과년도 기출복원문제

01 실내디자인에 관한 설명으로 옳지 않은 것은?

① 실내디자인은 대상 공간의 기능보다는 장식을 우선시한다.
② 디자인의 한 분야로서 인간생활의 쾌적성을 추구하는 활동이다.
③ 실내디자인은 목적을 위한 행위로 그 자체가 목적이 아니라 특정한 효과를 얻기 위한 수단이다.
④ 실내디자인은 과학적 기술과 예술이 종합된 분야로서, 주어진 공간을 목적에 맞게 창조하는 작업이다.

[해설]
실내디자인에서 가장 우선시되어야 하는 것은 기능적인 면의 해결이다.

02 다음 중 창의 설치목적이 아닌 것은?

① 채광
② 단열
③ 조망
④ 환기

[해설]
창은 채광, 조망, 환기, 통풍의 역할을 한다.

03 다음 보기의 설명에 알맞은 공간의 조직형식은?

┌ 보기 ┐
하나의 형이나 공간이 지배적이고 이를 둘러싼 주위의 형이나 공간이 종속적으로 배열된 경우로, 보통 지배적인 형태는 종속적인 형태보다 크기가 크며 단순하다.

① 직선식
② 방사식
③ 군생식
④ 중앙집중식

[해설]
공간 구성의 유형
- 중앙집중식(구심형) : 중앙의 우세한 중심 공간과 그 주위의 수많은 제2의 공간으로 이루어진다.
- 직선식(선형) : 일련의 공간의 반복으로 이루어진 선형적인 연속이다.
- 방사식 : 구심형 공간 구성과 선형 공간 구성의 두 가지 요소를 조합한 것이다.
- 그물망식(격자형) : 공간 속에서의 위치와 공간 상호 간의 관계가 3차원적 격자 패턴 속에서 질서 정연하게 배열되는 형태 및 공간으로 구성된다.
- 군생식(집산형) : 물리적 근접성을 가지며, 단위 공간들이 크기나 형태, 기능이 다르더라도 시각적 질서관계를 맺음으로써 집합형 구성이 가능(성장 및 변화 수용이 가능하기 때문)하다. 구심형 구성과 비슷하지만 밀집도와 기하학적 규칙성이 떨어진다.

정답 1 ① 2 ② 3 ④

04 다음 보기의 설명과 가장 관계가 깊은 형태의 지각심리는?

> **보기**
> 한 종류의 형들이 동등한 간격으로 반복되어 이를 그룹화하면 평면처럼 지각되고, 상하와 좌우의 간격이 다를 경우 수평, 수직으로 지각된다.

① 근접성 ② 유사성
③ 연속성 ④ 폐쇄성

해설
게슈탈트(gestalt) 법칙
- 근접성(접근성) : 두 개 또는 그 이상의 유사한 시각요소들이 서로 가까이 있으면 하나의 그룹으로 보이는 경향이다.
- 연속성 : 유사한 배열로 구성된 형들이 방향성을 지니고 연속되어 보이는 하나의 그룹으로 지각되는 법칙으로, 공동 운명의 법칙이라고도 한다.
- 유사성 : 비슷한 형태, 규모, 색채, 질감, 명암, 패턴의 그룹을 하나의 그룹으로 지각하는 경향이다.
- 폐쇄성 : 시각요소들이 어떤 형성을 지각하는 데 있어서 폐쇄된 느낌을 주는 법칙으로, 사람들에게 불완전한 형을 순간적으로 보여줄 때 이를 완전한 형으로 지각하는 경향이다.

05 실내 공간을 형성하는 주요 기본 구성요소에 관한 설명으로 옳지 않은 것은?

① 바닥은 촉각적으로 만족할 수 있는 조건을 요구한다.
② 벽은 가구, 조명 등 실내에 놓이는 설치물에 대한 배경적 요소이다.
③ 천장은 시각적 흐름이 최종적으로 멈추는 곳이기 때문에 지각의 느낌에 영향을 끼친다.
④ 다른 요소들이 시대와 양식에 의한 변화가 현저한 데 비해 천장은 매우 고정적이다.

해설
다른 요소들이 시대와 양식에 의한 변화가 뚜렷한 데 비해 바닥은 매우 고정적이다.

06 실내 공간의 구성요소 중 외부로부터의 방어와 프라이버시를 확보하고, 공간의 형태와 크기를 결정하며 공간과 공간을 구분하는 수직적 요소는?

① 보 ② 벽
③ 바닥 ④ 천장

해설
벽은 수직적 요소로서 수평 방향을 차단하여 공간을 형성한다.

07 광원을 넓은 면적의 벽면에 배치하여 비스타(vista)적인 효과를 낼 수 있으며, 시선에 안락한 배경으로 작용하는 건축화 조명방식은?

① 코브조명
② 코퍼조명
③ 광창조명
④ 광천장조명

해설
① 코브조명 : 천장, 벽의 구조체에 의해 광원을 천장 또는 벽면으로 가려지게 하여 반사광으로 간접조명하는 방식으로, 천장고가 높거나 천장 높이가 변화하는 실내에 적합하다.
② 코퍼조명 : 천장면을 사각형이나 원형으로 파내고 그 내부에 조명기구를 매립하는 방식으로, 천장의 단조로움을 피한 조명방식이다.
④ 광천장조명 : 천장의 전체 또는 일부에 조명기구를 설치하고 그 밑에 아크릴, 플라스틱, 유리, 창호지, 스테인드글라스, 루버 등과 같은 확산용 스크린판을 대고 마감하는 가장 일반적인 건축화 조명방식이다.

08 모듈러 코디네이션(modular coordination)에 관한 설명으로 옳지 않은 것은?

① 공기를 단축시킬 수 있다.
② 창의성이 결여될 수 있다.
③ 설계작업이 단순하고 용이하다.
④ 건물 외관이 복잡하게 되어 현장작업이 증가한다.

해설
모듈러 코디네이션은 건물 외관이 단순하고, 공장작업이 증가한다.

09 다음 중 인체계 가구에 해당하는 것은?

① 스툴   ② 책상
③ 옷장   ④ 테이블

해설
인체 공학적 입장에 따른 가구의 분류
- 인체 지지용 가구(인체계 가구, 휴식용 가구) : 소파, 의자, 스툴, 침대 등
- 작업용 가구(준인체계 가구) : 테이블, 받침대, 주방 작업대, 식탁, 책상, 화장대 등
- 정리 수납용 가구(건축계 가구) : 벽장, 옷장, 선반, 서랍장, 붙박이장 등

10 실용적 장식품이 아닌 것은?

① 그림   ② 벽시계
③ 스크린 ④ 스탠드 램프

해설
장식물의 분류
- 실용적 장식물 : 가전제품류(에어컨, 냉장고, TV, 벽시계 등), 조명기구(플로어 스탠드, 테이블 램프, 샹들리에, 브래킷, 펜던트 등), 스크린(병풍, 가리개 등), 꽃꽂이 용구(화병, 수반 등)
- 감상적 장식품 : 골동품, 조각, 수석, 서화류, 모형, 수족관, 인형, 완구류, 분재, 관상수, 화초류 등
- 기념적 장식품 : 상패, 메달, 배지, 펜던트, 박제류, 총포, 악기류 등

11 주거 공간을 주행동에 따라 개인 공간, 사회 공간, 가사노동 공간 등으로 구분할 때 사회 공간에 해당하는 것은?

① 식당   ② 침실
③ 천장   ④ 지붕

해설
공간에 따른 분류

공간 분류	종류
사회적 공간	거실, 식당, 응접실, 회의실 등
개인적 공간	침실, 서재, 작업실, 욕실 등
작업 공간	세탁실, 다용도실, 부엌
부수적 공간	계단, 현관, 복도, 통로 등

12 주택 부엌의 작업삼각형(work triangle)의 구성에 해당하지 않는 것은?

① 냉장고
② 배선대
③ 개수대
④ 가열대

해설
주택 부엌의 작업삼각형 구성요소 : 냉장고, 개수대, 가열대

13. LDK형 단위 주거에서 D가 의미하는 것은?

① 거실
② 식당
③ 부엌
④ 화장실

해설
② D : 식당
① L : 거실
③ K : 부엌

14. 쇼핑센터 내의 주요 보행 동선으로 고객을 각 상점으로 고르게 유도하는 동시에 휴식처로서의 기능도 있는 것은?

① 핵상점
② 전문점
③ 몰(mall)
④ 코트(court)

해설
쇼핑센터의 요소
- 몰(mall) : 쇼핑센터의 중앙에 있는 고객의 보행 동선으로, 고객을 각 상점으로 유도하면서 쉴 수 있는 공간이기도 하다.
- 핵상점 : 쇼핑센터에서 가장 중요한 공간으로, 고객을 끌어들이는 기능을 하는 백화점이나 종합 슈퍼마켓이 해당한다.
- 코트(court) : 몰의 곳곳에 고객이 머무르며 쉴 수 있는 넓은 공간으로 여러 행사를 하는 공간으로 사용하기도 한다.

15. 상품의 전달 및 고객의 동선상 흐름이 가장 빠른 형식으로, 협소한 매장에 적합한 상점 진열장의 배치유형은?

① 굴절형
② 환상형
③ 복합형
④ 직렬형

해설
직렬 배열형
- 진열대가 입구에서 안쪽을 향하여 직선으로 배치된 형식이다.
- 대량 판매가 가능한 형식으로, 고객이 직접 취사선택할 수 있는 업종에 가장 적합하다. 주로 침구, 의복, 가전제품, 식기, 서점 등에서 사용한다.
- 상품의 전달 및 고객의 동선상 흐름이 가장 빠른 형식으로, 협소한 매장에 적합하다.
- 진열대를 설치하기 간단하며 경제적이다.
- 매장이 단조로워지거나 국부적인 혼란을 일으킬 우려가 있다.
- 고객의 통행량에 따라 부분적으로 통로 폭을 조절하기 어렵다.
- 대면 판매방식과 측면 판매방식이 조합된 형식이다.

16. 기온, 습도, 기류의 3요소 조합에 의한 실내 온열감각을 기온의 척도로 나타낸 온열지표는?

① 유효온도
② 등가온도
③ 작용온도
④ 합성온도

해설
유효온도 : 환경측 요소 중에서 기온, 습도, 기류 등의 감각과 동일한 감각을 주는 포화공기의 온도이다.

17. 단열재료에 관한 설명으로 옳지 않은 것은?

① 일반적으로 다공질 재료가 많다.
② 일반적으로 역학적인 강도가 크다.
③ 단열재료의 대부분은 흡음성도 우수하다.
④ 일반적으로 열전도율이 낮을수록 단열성능이 좋다.

해설
단열재는 역학적인 강도가 작기 때문에 건축물의 구조체 역할에는 사용하지 않는다.

18 급기는 자연으로 행하고 기계력에 의해 배기하는 환기법인 흡출식 환기법의 적용이 가장 바람직한 공간은?

① 화장실
② 수술실
③ 영화관
④ 전기실

해설
제3종 환기법(자연급기와 배기팬의 조합, 흡출식)
• 급기는 자연급기가 되도록 하고, 배기는 배풍기로 한다.
• 실내는 항상 부압이 걸려 문을 열었을 때 공기가 다른 실로부터 밀려들어온다.
• 화장실, 욕실, 주방 등에 설치하여 냄새가 다른 실로 전달되는 것을 방지한다.

19 측창 채광에 관한 설명으로 옳지 않은 것은?

① 개폐 등 기타의 조작이 용이하다.
② 시공이 용이하며 비막이에 유리하다.
③ 편측 채광의 경우 실내의 조도분포가 균일하다.
④ 근린의 상황에 의한 채광 방해의 우려가 있다.

해설
편측 채광은 조명도가 균일하지 못하다.

20 잔향시간에 관한 설명으로 옳지 않은 것은?

① 잔향시간은 실의 용적에 비례한다.
② 잔향시간은 벽면의 흡음도에 영향을 받는다.
③ 잔향시간은 실의 평면 형태와 밀접한 관계가 있다.
④ 회화 청취를 주로 하는 실에서는 짧은 잔향시간이 요구된다.

해설
잔향시간의 특징
• 잔향시간은 실의 용적에 비례한다.
• 잔향시간은 벽면의 흡음도에 영향을 받는다.
• 실내 벽면의 흡음률이 높으면 잔향시간은 짧아진다.
• 잔향시간은 실의 흡음력에 반비례한다.
• 잔향시간이 짧을수록 음의 명료도는 좋아진다.
• 회화 청취를 주로 하는 실에서는 짧은 잔향시간이 요구된다.

21 건축재료의 사용목적에 의한 분류에 해당하지 않는 것은?

① 무기재료
② 구조재료
③ 마감재료
④ 차단재료

해설
건축재료의 사용목적에 의한 분류
• 구조재료
• 마감재료
• 차단재료
• 방화 및 내화재료

22 다음 보기의 설명에 알맞은 재료의 역학적 성질은?

> **보기**
> 유리와 같이 재료가 외력을 받았을 때 극히 작은 변형을 수반하고 파괴되는 성질

① 강성　　　② 연성
③ 취성　　　④ 전성

해설
① 강성 : 외력을 받아도 변형을 작게 일으키는 성질
② 연성 : 금속재료가 길게 늘어나는 성질
④ 전성 : 얇고 넓게 퍼지는(평면으로) 성질

23 목재를 절삭 또는 파쇄하여 작은 조각으로 만들어 접착제를 섞어 고온·고압으로 성형한 판재는?

① 합판
② 섬유판
③ 집성목재
④ 파티클 보드

24 목재제품에 관한 설명으로 옳지 않은 것은?

① 파티클 보드는 합판에 비해 휨강도가 매우 우수하다.
② 합판은 함수율 변화에 따른 팽창·수축의 방향성이 없다.
③ 섬유판은 목재 또는 기타 식물을 섬유화하여 성형한 판상제품이다.
④ 집성재는 부재의 섬유 방향을 서로 평행하게 하여 집성·접착시킨 것이다.

해설
파티클 보드는 합판에 비해 휨강도는 떨어지지만, 면 내 강성은 우수하다.

25 수성암의 일종으로 석질이 치밀하고 박판으로 채취할 수 있으며, 슬레이트로서 지붕 등에 사용되는 것은?

① 트래버틴
② 점판암
③ 화강암
④ 안산암

해설
점판암(clay slate)
• 수성암의 일종으로, 석질이 치밀하고 박판(얇은 판)으로 채취할 수 있다.
• 청회색 또는 흑색이며, 흡수율이 작고 대기 중에서 변색·변질되지 않는다.
• 천연 슬레이트라고 하며, 치밀한 방수성이 있어 지붕, 외벽, 마루 등에 사용된다.

26 시멘트의 분말도에 관한 설명으로 옳지 않은 것은?

① 분말도가 클수록 응결이 느려진다.
② 분말도가 너무 크면 풍화되기 쉽다.
③ 단위 중량에 대한 표면적으로 표시한다.
④ 블레인법 또는 표준체법으로 측정한다.

해설
시멘트의 분말도가 클수록 응결속도가 빨라진다.

정답　22 ③　23 ④　24 ①　25 ②　26 ①

27 다음 중 인공 골재에 해당하지 않는 것은?

① 강자갈
② 팽창혈암
③ 펄라이트
④ 부순 모래

해설
골재의 성인에 의한 분류
- 천연 골재 : 강모래, 강자갈, 바닷모래, 바닷자갈, 육상모래, 육상자갈, 산모래, 산자갈
- 인공 골재 : 부순 돌, 부순 모래, 인공경량골재

28 콘크리트 내부에 미세한 독립된 기포를 발생시켜 콘크리트의 작업성 및 동결융해 저항성능을 향상시키기 위해 사용되는 화학 혼화제는?

① AE제
② 기포제
③ 유동화제
④ 플라이애시

해설
AE제
- 콘크리트 내부에 미세한 독립된 기포를 발생시킨다.
- 작업성능이나 동결융해 저항성능을 향상시킨다.
- 콘크리트의 작업성을 향상시킨다.
- 블리딩과 단위 수량이 감소된다.
- 굳지 않은 콘크리트의 워커빌리티를 개선시킨다.
- 플레인 콘크리트와 동일한 물-시멘트비인 경우 압축강도가 저하된다.

29 콘크리트의 크리프에 관한 설명으로 옳지 않은 것은?

① 재해재령이 빠를수록 크리프는 크다.
② 물-시멘트비가 클수록 크리프는 크다.
③ 시멘트 페이스트가 많을수록 크리프는 작다.
④ 재하 초기에 증가가 뚜렷하고, 장기화될수록 증가율은 작아진다.

해설
시멘트 페이스트가 많을수록 크리프는 크다.

30 제물치장콘크리트에 관한 설명으로 가장 알맞은 것은?

① 콘크리트 표면을 유성 페인트로 마감한 것이다.
② 콘크리트 표면을 모르타르로 마감한 것이다.
③ 콘크리트 표면을 시공한 그대로 마감한 것이다.
④ 콘크리트 표면을 수성 페인트로 마감한 것이다.

31 점토의 일반적인 성질에 관한 설명으로 옳지 않은 것은?

① 양질의 점토는 습윤 상태에서 현저한 가소성을 나타낸다.
② 일반적으로 점토의 압축강도는 인장강도의 약 5배 정도이다.
③ 점토제품의 색상은 철산화물 또는 석회물질에 의해 나타난다.
④ 점토의 비중은 불순 점토일수록 크고, 알루미나분이 많을수록 작다.

해설
점토의 비중은 불순 점토일수록 작고, 알루미나분이 많을수록 크다.

32 타일의 주체를 이루는 부분으로, 시유 타일에서 표면의 유약을 제거한 부분은?

① 첨지 ② 소지
③ 지첨판 ④ 뒷붙임

해설
① 첨지 : 시공하기 쉽도록 타일에 붙이는 시트 모양, 그물 모양 또는 그와 유사한 것이다.
③ 지첨판 : 타일의 줄눈에 맞추어 첨지를 고르게 붙이기 위한 판이다.
④ 뒷붙임 : 타일의 뒷면에 첨지를 붙인 것이다.

33 금속의 부식 방지방법에 관한 설명으로 옳지 않은 것은?

① 다른 종류의 금속은 잇대어 사용하지 않는다.
② 표면을 깨끗하게 하고 물기나 습기가 없도록 한다.
③ 알루미늄의 경우, 모르타르나 콘크리트로 피복한다.
④ 균질한 것을 선택하고 사용할 때 큰 변형을 주지 않도록 한다.

해설
알루미늄이 콘크리트나 모르타르에 접하면 부식된다.

34 다음 보기와 같은 특징을 갖는 성분별 유리는?

┌보기─────────────────┐
• 용융되기 쉽다.
• 내산성은 우수하지만 알칼리에 약하다.
• 건축 일반용 창호유리 등에 사용된다.
└─────────────────────┘

① 고규산유리
② 소다석회유리
③ 붕사석회유리
④ 칼륨석회유리

해설
소다석회유리
• 주로 건축공사의 일반 창호유리, 병유리에 사용한다.
• 산에는 강하지만 알칼리에 약하다.
• 열팽창계수가 크고, 강도가 높다.
• 풍화·용융되기 쉽다.
• 불연성 재료이지만, 단열용이나 방화용으로는 적합하지 않다.
• 자외선 투과율이 낮다.

35 미장재료 중 돌로마이트 플라스터에 관한 설명으로 옳지 않은 것은?

① 소석회에 비해 점성이 높다.
② 응결시간이 길어 바르기가 용이하다.
③ 건조 시 팽창되어 균열 발생이 없다.
④ 대기 중의 이산화탄소와 화합하여 경화한다.

해설
돌로마이트 플라스터
• 기경성 미장재료이며, 보수성이 크다.
• 소석회에 비해 점성이 높고, 작업성이 좋다.
• 응결시간이 길어 바르기가 용이하다.
• 대기 중의 이산화탄소와 화합하여 경화한다.
• 건조수축이 커서 수축균열이 발생한다.
• 회반죽에 비하여 조기강도 및 최종강도가 크다.

정답 32 ② 33 ③ 34 ② 35 ③

36 플라스틱 건설재료의 일반적인 성질에 관한 설명으로 옳지 않은 것은?

① 일반적으로 전기절연성이 우수하다.
② 강성이 크고, 탄성계수가 강재의 2배이므로 구조재료로 적합하다.
③ 가공성이 우수하여 기구류, 판류, 파이프 등의 성형품 등에 많이 쓰인다.
④ 접착성이 크고 기밀성, 안전성이 큰 것이 많아 접착제, 실링제 등에 적합하다.

해설
플라스틱 건설재료는 강성 및 탄성계수가 작아 구조재료로는 사용하기 곤란하다.

37 다음 중 열경화성 수지에 해당되는 것은?

① 아크릴수지
② 염화비닐수지
③ 폴리우레탄수지
④ 폴리에틸렌수지

해설
합성수지의 종류
- 열경화성 수지 : 페놀수지, 멜라민수지, 폴리우레탄수지, 폴리에스테르수지, 에폭시수지, 요소수지, 실리콘수지, 폴리카보네이트 등
- 열가소성 수지 : 폴리에틸렌수지, 폴리프로필렌수지, 폴리스티렌수지, 염화비닐수지, 아크릴수지, 불소수지, 폴리아마이드수지(나일론, 아라미드), 아세틸수지 등

38 우유로부터 젖산법, 산응고법 등에 의해 응고 단백질을 만든 건조분말로, 내수성 및 접착력이 양호한 동물질 접착제는?

① 비닐수지 접착제
② 카세인 아교
③ 페놀수지 접착제
④ 알부민 아교

해설
우유에서 추출하여 건조된 카세인은 물이나 알코올에는 녹지 않지만, 탄산염이나 알칼리성 용액에는 용해된다.

39 목재면의 투명 도장에 사용되는 도료는?

① 수성 페인트
② 유성 페인트
③ 래커 에나멜
④ 클리어 래커

해설
클리어 래커(clear lacquer)
- 안료를 배합하지 않은 것이다.
- 주로 목재면의 투명 도장에 쓰인다.
- 주로 내부용으로 사용되며, 외부용으로는 사용하기 곤란하다.
- 목재의 무늬를 가장 잘 나타내는 투명 도료이다.

40 쇄석을 종석으로 하여 시멘트에 안료를 섞어 진동기로 다진 후 판상으로 성형한 것으로, 자연석과 유사하게 만든 수장재료는?

① 대리석판
② 인조석판
③ 석면 시멘트판
④ 목모 시멘트판

정답 36 ② 37 ③ 38 ② 39 ④ 40 ②

41 제도 연필의 경도에서 무르기로부터 굳기의 순서대로 옳게 나열한 것은?

① HB-B-F-H-2H
② B-HB-F-H-2H
③ B-F-HB-H-2H
④ HB-F-B-H-2H

42 건축제도에 대한 설명 중 옳지 않은 것은?

① 투상법은 제1각법으로 작도함을 원칙으로 한다.
② 투상면의 명칭에는 정면도, 평면도, 배면도 등이 있다.
③ 척도의 종류는 실척, 축척, 배척으로 구별한다.
④ 단면의 윤곽은 굵은 실선으로 표현한다.

[해설]
일반적으로 투상법은 제3각법으로 작도함을 원칙으로 한다.

43 건축제도 시 선 긋기에 관한 설명으로 옳지 않은 것은?

① 선 긋기를 할 때는 시작부터 끝까지 일정한 힘과 일정한 연필의 각도를 유지한다.
② T자와 삼각자를 이용한다.
③ 수평선은 왼쪽에서 오른쪽으로 긋는다.
④ 삼각자의 오른쪽 옆면 이용 시에는 아래에서 위로 선을 긋는다.

[해설]
삼각자의 오른쪽 옆면 이용 시에는 위에서 아래로 선을 긋는다.

44 건축제도의 치수 기입에 대한 설명으로 틀린 것은?

① 협소한 간격이 연속될 때에는 인출선을 사용하여 치수를 쓴다.
② 치수는 특별히 명시하지 않는 한 마무리 치수를 표시한다.
③ 치수 기입은 치수선에 평행하게 도면의 왼쪽에서 오른쪽으로, 위에서 아래로 읽을 수 있도록 기입한다.
④ 치수 기입은 항상 치수선 중앙 윗부분에 기입하는 것이 원칙이다.

[해설]
치수 기입은 치수선에 평행하게 도면의 왼쪽에서 오른쪽으로, 아래로부터 위로 읽을 수 있도록 기입한다.

45 다음 평면 표시기호가 의미하는 것은?

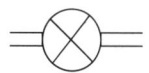

① 쌍여닫이문
② 쌍미닫이문
③ 회전문
④ 접이문

[해설]
평면 표시기호

쌍여닫이문	
쌍미닫이문	
접이문	

46 실시설계도에서 일반도에 해당하지 않는 것은?

① 기초 평면도
② 전개도
③ 부분 상세도
④ 배치도

해설
실시설계도 : 기본설계도가 작성된 후 더욱 상세하게 그린 도면
- 일반도 : 배치도, 평면도, 입면도, 단면도, 전개도, 단면 상세도, 각부 상세도, 지붕 평면도, 투시도 등
- 구조도 : 기초 평면도, 바닥틀 평면도, 지붕틀 평면도, 골조도 등
- 설비도 : 전기설비도, 기계설비도, 급배수위생설비도 등

47 설계 도면의 종류 중 계획설계도에 포함되지 않는 것은?

① 전개도
② 조직도
③ 동선도
④ 구상도

해설
전개도는 실시설계도에 포함된다.

48 건축 도면 중 전개도에 대한 정의로 옳은 것은?

① 부대시설의 배치를 나타낸 도면
② 각 실 내부의 외장을 명시하기 위해 작성하는 도면
③ 지반, 바닥, 처마 등의 높이를 나타낸 도면
④ 실의 배치 및 크기를 나타낸 도면

해설
① 배치도
③ 단면도
④ 평면도

49 다음 중 습식구조에 해당하지 않는 것은?

① 철근콘크리트
② 돌구조
③ 목구조
④ 블록구조

해설
- 습식구조
  - 조적식 구조, 철근콘크리트구조처럼 구조체 제작에 물이 필요한 구조이다.
  - 단위작업에 한계치가 있고, 경화에 일정기간이 소요된다.
  - 벽돌구조, 블록구조, 콘크리트 충전강관구조, 철근콘크리트 구조 등이 있다.
- 건식구조
  - 현장에서 물을 거의 쓰지 않으며, 규격화된 기성재를 짜 맞추어 구성하는 구조이다.
  - 목구조, 철골구조처럼 규격화된 부재를 조립·시공하는 것으로, 물과 부재의 건조를 위한 시간이 필요 없어 공기 단축이 가능하다.

50 목구조에 관한 설명으로 옳지 않은 것은?

① 토대의 크기는 기둥과 같거나 다소 작으며 지반에서 높이는 것이 방수상 좋다.
② 층도리는 위층과 아래층의 중간에 쓰는 가로재로, 샛기둥받이나 보받이의 역할을 한다.
③ 깔도리는 기둥 맨 위 처마 부분에 수평으로 설치되며 기둥머리를 고정하여 지붕틀을 받아 기둥에 전달한다.
④ 가새는 기둥이나 보의 중간에 가새의 끝을 대지 말고 기둥이나 보에 대칭되게 한다.

해설
토대의 크기는 보통 기둥과 같게 하거나 다소 크게 한다.

정답 46 ① 47 ① 48 ② 49 ③ 50 ①

51 실내부의 벽 하부를 보호하기 위하여 높이 1~1.5m 정도로 널을 댄 벽은?

① 코펜하겐 리브
② 걸레받이
③ 커튼월
④ 징두리 판벽

해설
징두리 판벽 : 실내 벽 하부에서 높이 1~1.5m 정도로 널을 댄 것으로, 밑부분을 보호하고 장식을 겸한 용도로 사용한다.

52 목재의 접합에서 널판재의 면적을 넓히기 위해 두 부재를 나란히 옆으로 대는 것은?

① 쪽매   ② 장부
③ 맞춤   ④ 연귀

53 벽돌쌓기에 대한 설명으로 옳지 않은 것은?

① 벽돌면 등에 장식적으로 구멍을 내어 쌓는 것을 영롱쌓기라 한다.
② 벽돌쌓기법 중 영식 쌓기법은 가장 튼튼한 쌓기법이다.
③ 하루쌓기의 높이는 1.8m를 표준으로 한다.
④ 가로 및 세로줄눈의 너비는 10mm를 표준으로 한다.

해설
하루쌓기의 높이는 1.2m를 표준으로 하고, 최대 1.5m 이하로 한다.

54 조적조의 벽량에 대한 설명으로 옳지 않은 것은?

① 내력벽 길이의 총합계를 그 층의 건물 면적으로 나눈 값이다.
② 단위면적에 대한 그 면적 내에 있는 벽 길이의 비를 나타낸다.
③ 내력벽의 양이 적을수록 횡력에 대항하는 힘이 커진다.
④ 큰 건물일수록 벽량을 증가할 필요가 있다.

해설
내력벽의 양이 많을수록 횡력에 대항하는 힘이 커진다.

55 철근콘크리트구조 중 기둥과 보가 없는 평면적 구조시스템은?

① 라멘구조
② 벽식구조
③ 무량판구조
④ 보강블록조

해설
① 라멘구조 : 기둥과 보, 바닥으로 구성(다층 건물에 적합)된 구조이다.
③ 무량판구조 : 보를 없애고 바닥판을 두껍게 해서 보의 역할을 겸한 구조이다.

정답 51 ④ 52 ① 53 ③ 54 ③ 55 ②

56 철근콘크리트구조에서 원형철근 대신 이형철근을 사용하는 주된 목적은?

① 압축응력 증대
② 부착응력 증대
③ 전단응력 증대
④ 인장응력 증대

해설
이형철근이 원형철근보다 부착력이 크다.

57 철골구조에 사용되는 부재 중 사용되는 위치가 다른 것은?

① 베이스 플레이트(base plate)
② 리브 플레이트(rib plate)
③ 거싯 플레이트(gusset plate)
④ 윙 플레이트(wing plate)

해설
거싯 플레이트 : 철골구조의 절점에 있어 부재의 이음에 덧대는 판
※ 철골구조 주각부의 구성재 : 베이스 플레이트, 리브 플레이트, 윙 플레이트, 클립앵글, 사이드 앵글, 앵커볼트 등

58 다음 중 불완전용접이 아닌 것은?

① 언더컷(undercut)
② 오버랩(overlap)
③ 피트(pit)
④ 피치(pitch)

해설
피치(pitch) : 리벳 중심 간 간격

59 다음 중 조립식 구조에 대한 설명으로 옳지 않은 것은?

① 현장작업이 극대화됨으로써 공사 기일이 증가한다.
② 공장에서 대량 생산이 가능하다.
③ 획일적이어서 다양성의 문제가 제기된다.
④ 대부분의 작업을 공업력에 의존하므로 노동력을 절감할 수 있다.

해설
조립식 구조는 기계화 시공으로 대량 생산을 할 수 있고 공사 기일이 단축된다.

60 고강도의 강재나 피아노선과 같은 특수 선재를 사용하여 콘크리트에 미리 압축력을 주어 형성하는 콘크리트는?

① 프리스트레스트 콘크리트
② 진공 콘크리트
③ 프리팩트 콘크리트
④ 더모 콘

해설
프리스트레스트 콘크리트구조의 특징
• 인장재에 대한 저항력이 작은 콘크리트에 미리 긴장재에 의한 압축력을 가하여 만든 구조이다.
• 스팬을 길게 할 수 있어서 넓은 공간을 설계할 수 있다.
• 공기를 단축하고, 시공과정을 기계화할 수 있다.
• 고강도재료를 사용하여 강도와 내구성이 크다.
• 부재 단면의 크기를 작게 할 수 있으나 쉽게 진동한다.
• 복원성이 크고, 구조물 자중을 경감할 수 있다.
• 공정이 복잡하고, 고도의 품질관리가 요구된다.
• 열에 약해 내화피복(5cm 이상)이 필요하다.

2018년 제2회 과년도 기출복원문제

01 다음 중 대중적이거나 저속하다는 의미를 나타내는 용어는?

① 키치(kitsch)
② 퓨전(fusion)
③ 미니멀(minimal)
④ 데지그나레(designare)

해설
① 키치(kitsch) : 독일어로 '저속', '질이 낮음'이라는 의미이다. 예술계에서는 일반적으로 모방된 감각, 사이비 예술을 설명할 때 사용하는 용어이다.
② 퓨전(fusion) : 서로 다른 두 종류 이상을 섞어 새롭게 만든다는 뜻으로, 문화의 융합을 의미한다.
③ 미니멀(minimal) : 장식, 기교를 최소화하고 사물의 근본과 본질만 추구하는 흐름이다.
④ 데지그나레(designare) : 디자인의 어원은 라틴어인 데지그나레에서 유래되었다.

02 면에 대한 설명으로 가장 옳은 것은?

① 점의 궤적이다.
② 폭과 부피가 없다.
③ 길이의 1차원만을 가지며 방향성이 있다.
④ 절단에 의해 새로운 면을 얻을 수 있다.

해설
면 : 선의 이동에 의해 면이 생성되며, 그 이동방식에 의해 여러 가지 형태의 면이 생긴다. 면을 절단함으로써 새로운 형태의 면을 얻을 수 있는데 절단선의 양상에 따라 새로 생기는 면의 형태가 결정된다.

03 촉각 또는 시각으로 지각할 수 있는 어떤 물체 표면상의 특징을 의미하는 것은?

① 명암
② 착시
③ 질감
④ 패턴

해설
질감 : 촉각 또는 시각으로 지각할 수 있는 어떤 물체 표면상의 특징으로, 시각적 환경에서 여러 종류의 물체를 구분하는 데 큰 도움을 줄 수 있는 중요한 특성 중 하나이다.

04 실내디자인의 구성원리 중 이질적인 각 구성요소들이 전체적으로 동일한 이미지를 갖게 하는 것은?

① 통일
② 변화
③ 율동
④ 균제

해설
통일
- 이질적인 각 구성요소들을 전체적으로 동일한 이미지를 갖게 한다.
- 변화와 함께 모든 조형에 대한 미의 근원이 된다.
- 디자인 대상의 전체에 미적 질서를 주는 기본원리로 모든 형식의 출발점이다.

05 르 코르뷔지에(Le Corbusier)가 제시한 모듈러와 가장 관계가 깊은 디자인 원리는?

① 리듬
② 대칭
③ 통일
④ 비례

해설
르 코르뷔지에(Le Corbusier, 1887~1965)는 생활에 적합한 건축을 위해 인체와 관련된 모듈의 사용에 있어 단순한 길이의 배수보다는 황금비례를 이용함이 타당하다고 주장하였다.

정답 1 ① 2 ④ 3 ③ 4 ① 5 ④

06 실내 공간의 구성요소인 벽에 관한 설명으로 옳지 않은 것은?

① 벽면의 형태는 동선을 유도하는 역할을 담당한다.
② 벽체는 공간의 폐쇄성과 개방성을 조절하여 공간감을 형성한다.
③ 비내력벽은 건물의 하중을 지지하며 공간과 공간을 분리하는 칸막이 역할을 한다.
④ 낮은 벽은 영역과 영역을 구분하는 곳에, 높은 벽은 공간의 폐쇄성이 요구되는 곳에 사용된다.

해설
벽은 상부의 고정하중을 지지하는 내력벽과 벽 자체의 하중만 지지하는 비내력벽으로 구분된다. 내력벽은 수직압축력을 받고, 비내력벽은 벽 자체의 하중만 받아 스크린이나 칸막이 역할을 한다.

07 크기와 형태에 제약 없이 가장 자유롭게 디자인할 수 있는 창은?

① 고정창
② 미닫이창
③ 여닫이창
④ 미서기창

해설
고정창 : 개폐가 불가능한 창으로, 붙박이창이라고도 한다. 채광이나 조망은 가능하지만 환기나 온도 조절이 어렵다. 크기와 형태에 제약이 없어 자유롭게 디자인할 수 있지만, 유리와 같이 투명한 재료일 경우 창이 있는 것을 알지 못해 부딪힐 위험이 있다.

08 다음 중 건축화 조명이 아닌 것은?

① 광창조명
② 할로겐 조명
③ 코니스 조명
④ 밸런스 조명

해설
건축화 조명의 종류
• 벽면 조명 : 광창조명, 코니스 조명, 밸런스 조명, 코너조명, 커튼 조명
• 천장 전면 조명 : 매입 형광등, 라인 라이트, 다운 라이트, 핀홀 라이트, 코퍼조명, 코브조명, 광천장조명, 루버천장조명

09 다음 보기의 설명에 알맞은 장식물은?

┤보기├
• 실생활의 사용보다는 실내 분위기를 더욱 북돋아 주는 감상 위주의 물품이다.
• 수석, 모형, 수족관, 화초류 등이 있다.

① 예술품
② 실용적 장식품
③ 장식적 장식품
④ 기념적 장식품

해설
장식물의 분류
• 실용적 장식품 : 가전제품류(에어컨, 냉장고, TV, 벽시계 등), 조명기구(플로어 스탠드, 테이블 램프, 샹들리에, 브래킷, 펜던트 등), 스크린(병풍, 가리개 등), 꽃꽂이 용구(화병, 수반 등)
• 감상적 장식품 : 골동품, 조각, 수석, 서화류, 모형, 수족관, 인형, 완구류, 분재, 관상수, 화초류 등
• 기념적 장식품 : 상패, 메달, 배지, 펜던트, 박제류, 총포, 악기류 등

10 주거 공간을 주행동에 따라 구분할 때, 사회적 공간으로만 구성된 것은?

① 침실, 공부방, 서재
② 부엌, 세탁실, 다용도실
③ 식당, 거실, 응접실
④ 화장실, 세면실, 욕실

[해설]
공간에 따른 분류

공간 분류	종류
사회적 공간	거실, 식당, 응접실, 회의실 등
개인적 공간	침실, 서재, 작업실, 욕실 등
작업 공간	세탁실, 다용도실, 부엌
부수적 공간	계단, 현관, 복도, 통로 등

11 부엌 작업대의 가장 효율적인 배치 순서는?

① 준비대 - 개수대 - 조리대 - 가열대 - 배선대
② 준비대 - 조리대 - 개수대 - 가열대 - 배선대
③ 준비대 - 조리대 - 가열대 - 개수대 - 배선대
④ 준비대 - 개수대 - 가열대 - 조리대 - 배선대

12 소규모 주택에서 많이 사용하는 방법으로, 거실 내에 부엌과 식당을 설치한 것은?

① D형식
② DK형식
③ LD형식
④ LDK형식

[해설]
① D형식 : 식당
② DK형식 : 식사실과 부엌이 합쳐진 형태
③ LD형식(다이닝 알코브) : 식사실과 거실을 일체화한 공간

13 상업 공간의 실시설계 단계에서 진행되지 않는 사항은?

① 내구성, 마감효과, 경제성을 고려한 마감재와 시공법을 확정한다.
② 업종에 따른 판매대의 유형, 크기 등을 결정하고, 설치 가구에 따른 조명기구의 선택 및 조명방식을 결정한다.
③ 상품, 설비, 가구의 배치와 동선계획, 공간의 구획 등을 종합적으로 검토한다.
④ 시공과 관련된 법규를 검토한다.

[해설]
상품, 설비, 가구의 배치와 동선계획, 공간의 구획 등은 실시설계의 전 단계인 기본설계 단계에서 진행한다.

14 백화점 진열대의 평면 배치 유형 중 많은 고객이 매장 공간의 코너까지 접근하기 용이하지만, 이형의 진열대가 필요한 것은?

① 직렬배치형
② 사행배치형
③ 환상배열형
④ 굴절배치형

[해설]
사행배치형
• 주통로를 직각으로 배치하고, 부통로를 45° 경사지게 배치한다.
• 수직 동선으로 많은 고객이 매장 공간의 코너까지 접근하기 용이하다.
• 이형(모양이 다른)의 진열대가 많이 필요하다.

[정답] 10 ③ 11 ① 12 ④ 13 ③ 14 ②

15 상업 공간의 동선계획으로 옳지 않은 것은?

① 종업원의 동선 길이는 짧게 한다.
② 고객의 동선은 행동 흐름에 막힘이 없도록 한다.
③ 종업원 동선은 고객 동선과 교차되지 않도록 한다.
④ 고객의 동선 길이는 될 수 있는 대로 짧게 한다.

해설
고객의 동선은 가능한 한 길게 배치하여 상점 내에 오래 머물도록 하고, 종업원의 동선은 짧고 간단하게 한다.

16 전열 및 단열에 관한 설명으로 옳지 않은 것은?

① 일반적으로 액체는 고체보다 열전도율이 작다.
② 일반적으로 기체는 고체보다 열전도율이 작다.
③ 벽체에서 공기층의 단열효과는 기밀성과는 무관하다.
④ 벽체의 열전도저항이 클수록 단열성능이 우수하다.

해설
벽체 내 공기층의 단열효과는 기밀성에 큰 영향을 받는다.

17 실내 공기가 오염되는 간접적인 원인은?

① 기온의 상승
② 호흡
③ 의복의 먼지
④ 습도의 증가

해설
실내 공기의 오염원인
• 직접적인 원인 : 호흡, 기온 상승, 습도의 증가, 각종 병균
• 간접적인 원인 : 의복의 먼지, 흡연

18 점광원에서 어떤 물체나 표면에 도달하는 빛의 단위 면적당 밀도로 빛을 받는 면의 밝기를 나타내는 것은?

① 휘도
② 광도
③ 조도
④ 명도

해설
③ 조도 : 면에 도달하는 광속의 밀도로, 단위는 럭스(lx)이다.
① 휘도 : 어떤 물체의 표면 밝기의 정도, 즉 광원이 빛나는 정도이다. 단위는 cd/m^2이다.
② 광도 : 발광체의 표면 밝기를 나타내는 것으로 광원에서 발하는 광속이 단위 입체각당 1lm일 때의 광도를 candle이라 한다. 단위는 칸델라(cd)이다.

19 어느 점에서 음파의 전파 방향에 직각으로 잡은 단위 단면적을 단위 시간에 통과하는 음의 에너지량을 음의 세기라고 하는데, 음 세기의 단위는?

① W/m^2
② dB
③ sone
④ ppm

해설
음의 단위
• 음의 크기의 단위 : sone
• 음의 세기 레벨(소리 강도)을 나타낼 때 사용하는 단위 : dB
• 주파수 단위 : Hz(1초 동안의 진동수)
• 음의 세기의 단위 : W/m^2

20 소음의 종류 중 음압 레벨의 변동 폭이 좁고, 측정자가 귀로 들었을 때 음의 크기가 변동하고 있다고 생각되지 않는 음은?

① 정상음
② 변동음
③ 간헐음
④ 충격음

해설
② 변동음 : 소음 레벨이 불규칙하며, 연속적으로 넓은 범위에 걸쳐 변화하는 소음이다(도로의 교통 소음 등).
③ 간헐음 : 간헐적으로 발생하고, 연속시간이 수초 이상인 소음이다(열차나 항공기 소음 등).
④ 충격음 : 일시에 나타나는 충격적인 음으로, 연속시간이 짧다(1초 이하).

21 재료의 역학적 성질 중 압력이나 타격에 의해서 파괴되지 않고 판상으로 되는 성질은?

① 전성
② 강성
③ 탄성
④ 소성

해설
② 강성 : 외력을 받아도 변형을 작게 일으키는 성질이다.
② 탄성 : 외력을 받아 변형되어도 다시 복원되는 성질이다.
④ 소성 : 외력을 제거하여도 재료가 원상으로 돌아가지 않고 변형된 상태 그대로 남아 있는 성질이다.

22 일반적으로 통용되는 목재의 진비중은?

① 0.31
② 0.61
③ 1.00
④ 1.56

23 목재건조의 목적으로 옳지 않은 것은?

① 옹이의 제거
② 목재의 강도 증가
③ 전기절연성의 증가
④ 목재 수축에 의한 손상 방지

해설
목재건조의 목적
• 균류에 의한 부식과 벌레의 피해를 예방한다.
• 사용 후의 수축 및 균열을 방지한다.
• 강도 및 내구성을 증진시킨다.
• 중량 경감과 그로 인한 취급 및 운반비를 절약한다.
• 방부제 등의 약제 주입을 용이하게 한다.
• 도장이 용이하고, 접착제의 효과가 증대된다.
• 전기절연성이 증가한다.

24 다음 보기의 설명에 알맞은 석재는?

┌ 보기 ┐
• 청회색 또는 흑색으로 흡수율이 작고, 대기 중에서 변색·변질되지 않는다.
• 석질이 치밀하고 박판으로 채취할 수 있어 슬레이트로서 지붕 등에 사용된다.

① 응회암
② 사문암
③ 점판암
④ 대리석

해설
점판암(clay slate)
• 수성암의 일종으로, 석질이 치밀하고 박판(얇은 판)으로 채취할 수 있다.
• 청회색 또는 흑색이며, 흡수율이 작고 대기 중에서 변색·변질되지 않는다.
• 천연 슬레이트라고 하며, 치밀한 방수성이 있어 지붕, 외벽, 마루 등에 사용된다.

정답 20 ① 21 ① 22 ④ 23 ① 24 ③

25 석재의 강도 중 일반적으로 가장 큰 것은?

① 압축강도
② 휨강도
③ 인장강도
④ 전단강도

해설
석재의 강도 중에서 압축강도가 매우 크다. 인장강도는 압축강도의 1/30~1/10 정도밖에 되지 않고, 휨강도나 전단강도는 압축강도에 비하여 매우 작다.

26 석재의 표면가공 순서로 옳은 것은?

① 혹두기 → 정다듬 → 도드락다듬 → 잔다듬
② 혹두기 → 도드람다듬 → 정다듬 → 잔다듬
③ 혹두기 → 잔다듬 → 정다듬 → 도드락다듬
④ 혹두기 → 잔다듬 → 도드락다듬 → 정다듬

해설
석재의 표면가공 순서(표면이 가장 거친 것에서 고운 순)
혹두기(쇠메나 망치) → 정다듬(정) → 도드락다듬(도드락 망치) → 잔다듬(날망치) → 물갈기

27 다음 중 시멘트의 분말도 측정법은?

① 블레인법
② 슬럼프 테스트
③ 르샤틀리에 시험법
④ 오토클레이브 시험법

해설
시멘트의 분말도시험법 : 체분석법, 피크노메타법, 블레인법 등

28 경화 콘크리트의 성질 중 하중이 지속적으로 재하될 경우 변형이 시간과 더불어 증대하는 현상은?

① 크리프
② 블리딩
③ 레이턴스
④ 건조수축

해설
크리프
- 하중이 지속적으로 재하될 경우 변형이 시간과 더불어 증대하는 현상이다.
- 하중작용 시 재령이 짧을수록, 작용응력이 클수록 크리프는 크다.
- 물–시멘트비가 클수록 크리프는 크다.
- 외부 습도가 높을수록 작고, 온도가 높을수록 크다.
- 시멘트 페이스트가 묽고, 많을수록 크다.
- 부재의 단면 치수가 작을수록, 부재의 건조 정도가 높을수록 커진다.
- 재하 초기에 증가가 뚜렷하고, 장기화될수록 증가율은 작아진다.
- 하중이 클수록, 시멘트량 또는 단위 수량이 많을수록 커진다.

29 매스 콘크리트의 균열 방지 및 감소대책으로 옳지 않은 것은?

① 파이프 쿨링을 한다.
② 저발열성 시멘트를 사용한다.
③ 부재에 이음매를 설치하지 않는다.
④ 콘크리트의 온도 상승을 작게 한다.

해설
매스 콘크리트의 균열을 방지하기 위해 적당한 간격의 신축이음(expansion joint)을 설치한다.

30 점토에 관한 설명으로 옳지 않은 것은?

① 압축강도와 인장강도는 같다.
② 알루미나가 많은 점토는 가소성이 좋다.
③ 양질의 점토는 습윤 상태에서 현저한 가소성을 나타낸다.
④ Fe_2O_3과 기타 부성분이 많은 것은 고급 제품의 원료로 적합하지 않다.

해설
점토의 압축강도는 인장강도의 약 5배 정도이다.

31 타일의 종류를 유약의 유무에 따라 구분할 경우, 이에 해당하는 것은?

① 내장 타일
② 시유 타일
③ 내장 타일
④ 클링커 타일

해설
자기질 타일은 유약처리 유무에 따라 시유 타일과 무유 타일로 구분한다.

32 금속의 부식에 대한 설명 중 옳지 않은 것은?

① 경수는 연수에 비해 부식성이 크다.
② 오수에서 발생하는 이산화탄소, 메탄가스 등은 금속을 부식시키는 촉진제의 역할을 한다.
③ 산성이 강한 흙 속에서 대부분의 금속재료는 부식된다.
④ 금속의 이온화는 부식과 관계가 있다.

해설
경수는 연수에 비해 부식성이 작다.

33 복층유리에 대한 설명으로 옳지 않은 것은?

① 현장에서 절단가공을 할 수 없다.
② 판유리 사이의 내부에는 단열재를 삽입한다.
③ 방음, 단열효과가 크다.
④ 결로 방지용으로 효과가 우수하다.

해설
복층유리 : 2장 또는 3장의 판유리를 일정한 간격으로 겹치고, 그 주변을 금속테로 감싸 붙여 만든 유리이다.

34 미장재료 중 돌로마이트 플라스터에 관한 설명으로 옳지 않은 것은?

① 기경성 미장재료이다.
② 소석회에 비해 점성이 높다.
③ 석고 플라스터에 비해 응결시간이 짧다.
④ 건조수축이 커서 수축균열이 발생하는 결점이 있다.

해설
돌로마이트 플라스터
- 기경성 미장재료이며, 보수성이 크다.
- 소석회에 비해 점성이 높고, 작업성이 좋다.
- 응결시간이 길어 바르기가 용이하다.
- 대기 중의 이산화탄소와 화합하여 경화한다.
- 건조수축이 커서 수축균열이 발생한다.
- 회반죽에 비하여 조기강도 및 최종강도가 크다.

35 플라스틱 건설재료의 일반적인 성질에 관한 설명으로 옳지 않은 것은?

① 전기절연성이 매우 양호하다.
② 내수성 및 내투습성은 폴리초산비닐 등 일부를 제외하고는 매우 양호하다.
③ 상호 간 계면 접착은 잘되나 금속, 콘크리트, 목재, 유리 등 다른 재료에는 잘 부착되지 않는다.
④ 일반적으로 투명 또는 백색의 물질이므로 적합한 안료나 염료를 첨가함에 따라 다양한 채색이 가능하다.

해설
플라스틱은 상호 간 계면 접착이 잘되며 금속, 콘크리트, 목재, 유리 등 다른 재료에도 잘 부착된다.

36 건축용으로는 글라스 섬유로, 강화된 평판 또는 판 상제품으로 사용되는 열경화성 수지는?

① 페놀수지
② 실리콘수지
③ 염화비닐 수지
④ 폴리에스테르 수지

37 다음 중 합성수지계 접착제에 해당하지 않는 것은?

① 에폭시 접착제
② 카세인 접착제
③ 비닐수지 접착제
④ 멜라민수지 접착제

해설
• 합성수지계 접착제 : 에폭시 접착제, 비닐수지 접착제, 멜라민수지 접착제, 요소수지 접착제, 페놀수지 접착제 등
• 동물성 단백질계 접착제 : 카세인 접착제, 아교 접착제, 알부민 접착제
• 식물성계 접착제 : 대두교, 소맥 단백질, 녹말풀

38 주로 목재면의 투명 도장에 쓰이는 것으로, 외부용으로 적당하지 않아 일반적으로 내부용으로 사용되는 것은?

① 에나멜 페인트
② 에멀션 페인트
③ 클리어 래커
④ 멜라민수지 도료

해설
클리어 래커(clear lacquer)
• 안료를 배합하지 않은 것이다.
• 주로 목재면의 투명 도장에 쓰인다.
• 주로 내부용으로 사용되며, 외부용으로는 사용하기 곤란하다.
• 목재의 무늬를 가장 잘 나타내는 투명 도료이다.

39 멤브레인 방수에 속하지 않는 것은?

① 도막 방수
② 아스팔트 방수
③ 시멘트 모르타르 방수
④ 합성고분자시트 방수

해설
멤브레인(membrane) 방수 : 아스팔트, 시트 등을 방수 바탕의 전면 또는 부분적으로 접착하거나 기계적으로 고정시키고, 루핑(roofing)류가 서로 만나는 부분을 접착시켜 연속된 얇은 막상의 방수층을 형성하는 공법이다.

정답 35 ③ 36 ④ 37 ② 38 ③ 39 ③

40 아스팔트의 연성을 나타내는 수치로, 온도의 변화와 함께 변화하는 것은?

① 신도
② 인화점
③ 침입도
④ 연화점

해설
아스팔트의 품질을 나타내는 척도로 침입도, 신도(연신율), 연화점을 사용한다.
- 침입도 : 아스팔트의 양부 판별에 중요한 아스팔트의 경도를 나타낸다.
- 신도(연신율) : 아스팔트의 연성을 나타내는 수치로, 온도 변화와 함께 변화한다.
- 연화점 : 가열하면 녹는 온도이다.

41 제도용구 중 운형자에 대한 설명으로 옳은 것은?

① 수직선을 긋는 데 사용한다.
② 수평선을 긋는 데 사용한다.
③ 곡선을 긋는 데 사용한다.
④ 해칭선을 긋는 데 사용한다.

해설
운형자는 원호 이외의 곡선을 그릴 때 사용하는 제도용구이다.

42 각 도면에 대한 설명으로 옳지 않은 것은?

① 평면도에서는 실의 배치와 넓이, 개구부의 위치나 크기를 표시한다.
② 천장 평면도는 절단하지 않고 단순히 건물을 위에서 내려다 본 도면이다.
③ 단면도는 건물을 수직으로 절단한 후, 그 앞면을 제거하고 건물을 수평 방향으로 본 도면이다.
④ 입면도는 건물의 외형을 각 면에 대하여 직각으로 투사한 도면이다.

해설
천장 평면도는 건물을 수평 절단하여 위를 바라본 도면이다.

43 물체가 있는 것으로 가상되는 부분을 표현할 때 사용되는 선은?

① 가는 실선
② 파선
③ 1점쇄선
④ 2점쇄선

해설
선의 종류 및 사용방법

선의 종류		사용방법
굵은 실선	———————	• 단면의 윤곽을 표시한다.
가는 실선	———————	• 보이는 부분의 윤곽 또는 좁거나 작은 면의 단면 부분의 윤곽을 표시한다. • 치수선, 치수보조선, 인출선, 격자선 등을 표시한다.
파선 또는 점선	- - - - - - -	• 보이지 않는 부분이나 절단면보다 앞면 또는 윗면에 있는 부분을 표시한다.
1점 쇄선	—·—·—·—	• 중심선, 절단선, 기준선, 경계선, 참고선 등을 표시한다.
2점 쇄선	—··—··—	• 상상선 또는 1점쇄선과 구별할 필요가 있을 때 사용한다.

44 도면 표시기호 중 두께를 표시하는 기호는?

① THK
② A
③ V
④ H

해설
② A : 면적
③ V : 용적
④ H : 높이

45 다음 평면 표시기호가 나타내는 것은?

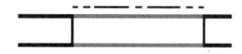

① 셔터 달린 창
② 오르내리창
③ 주름문
④ 미들창

해설
평면 표시기호

오르내리창	주름문	미들창

46 실내건축 투시도 그리기에서 가장 마지막으로 해야 할 작업은?

① 서 있는 위치 결정
② 눈높이 결정
③ 입면 상태의 가구 설정
④ 질감의 표현

47 설계 도면의 종류 중 실시설계도에 해당하는 것은?

① 구상도
② 조직도
③ 전개도
④ 동선도

해설
설계 도면의 종류
• 실시설계도 : 평면도, 배치도, 단면도, 입면도, 전개도, 창호도, 상세도, 구조도
• 계획설계도 : 구상도, 조직도, 동선도

48 건축설계 도면에서 전개도에 대한 설명으로 틀린 것은?

① 각 실 내부의 의장을 명시하기 위해 작성하는 도면이다.
② 각 실에 대하여 벽체 문의 모양을 그려야 한다.
③ 일반적으로 축척은 1/200 정도로 한다.
④ 벽면의 마감재료 및 치수를 기입하고, 창호의 종류와 치수를 기입한다.

해설
건축설계 도면에서 축척은 일반적으로 1/20~1/50으로 한다.

45 ① 46 ④ 47 ③ 48 ③

49 건축구조를 구성방식에 따라 분류할 때 가구식 구조에 해당하는 것끼리 짝지어진 것은?

① 벽돌구조 – 돌구조
② 목구조 – 철골구조
③ 블록구조 – 벽돌구조
④ 철근콘크리트 구조 – 철골철근콘크리트 구조

해설
가구식 구조
• 선형의 구조재료를 조립하여 골조를 구성한다.
• 기둥 위에 보를 겹쳐 올려놓은 목구조, 철골구조 등이 있다.

50 목구조에 대한 설명으로 옳지 않은 것은?

① 비중에 비해 강도가 우수하다.
② 가볍고, 가공이 용이하다.
③ 건식구조에 속해 공기가 짧다.
④ 고층 및 대규모 건축에 유리하다.

해설
목구조는 저층 주택과 같이 비교적 소규모 건축물에 적합하다.

51 목구조의 가새에 대한 설명으로 옳은 것은?

① 가새의 경사는 60°에 가깝게 하는 것이 좋다.
② 주요 건물인 경우에도 한 방향 가새로만 만들어야 한다.
③ 목조 벽체를 수평력에 견디며 안정한 구조로 하기 위해 사용한다.
④ 가새에는 인장응력만이 발생한다.

해설
① 가새의 경사는 45°에 가깝게 하는 것이 좋다.
② 골조 전체로 보아 가새 방향은 대칭이 되어야 한다.
④ 가새는 하중의 방향에 따라 압축응력과 인장응력이 번갈아 일어난다.

52 동바리 마루에서 마룻널 바로 밑에 위치한 부재는?

① 장선
② 동바리
③ 멍에
④ 기둥밑잡이

해설
동바리 마루 : 마루 밑 땅바닥에 동바리 돌을 놓고 그 위에 짧은 기둥인 동바리를 세워 멍에를 건너지르고 장선을 걸친 뒤 마룻널을 깐다.

정답 49 ② 50 ④ 51 ③ 52 ①

53 표준형 벽돌에서 칠오토막의 크기로 옳은 것은?

① 벽돌 한 장 길이의 1/4 토막
② 벽돌 한 장 길이의 1/3 토막
③ 벽돌 한 장 길이의 1/2 토막
④ 벽돌 한 장 길이의 3/4 토막

해설
자른벽돌의 명칭

온장		자르지 않은 벽돌
칠오토막		길이 방향으로 3/4 남김
반오토막		길이 방향으로 1/2 남김
이오토막		길이 방향으로 1/4 남김
반절		마구리 방향으로 1/2 남김
반반절		길이 방향으로 1/2, 마구리 방향으로 1/2 남김

54 보강블록조 벽체의 보강 철근 배근과 관련된 내용으로 옳지 않은 것은?

① 철근의 정착이음은 기초 보나 테두리 보에 만든다.
② 철근이 배근된 곳은 피복이 충분하도록 콘크리트로 채운다.
③ 보강철근은 내력벽의 끝부분, 문꼴 갓 둘레에는 반드시 배치되어야 한다.
④ 철근은 가는 것을 많이 넣는 것보다 굵은 것을 조금 넣는 것이 좋다.

해설
철근은 굵은 것보다 가는 것을 많이 넣는 것이 좋다.

55 기둥과 기둥 사이의 간격을 나타내는 용어는?

① 좌굴
② 스팬
③ 면내력
④ 접합부

56 철근콘크리트구조의 1방향 슬래브의 최소 두께는 얼마인가?

① 80mm
② 100mm
③ 150mm
④ 200mm

57 철골구조 주각부의 구성재가 아닌 것은?

① 베이스 플레이트
② 윙 플레이트
③ 데크 플레이트
④ 사이드 앵글

해설
철골구조 주각부의 구성재 : 베이스 플레이트, 리브 플레이트, 윙 플레이트, 클립앵글, 사이드 앵글, 앵커볼트 등

58 철골용접 시 발생하는 용접결함 중 언더컷에 대한 설명으로 옳은 것은?

① 용접 부분 안에 생기는 기포
② 용착금속이 모재에 완전히 붙지 않고 겹쳐 있는 것
③ 용착금속이 홈에 차지 않고 홈 가장자리가 남아 있는 것
④ 용접 부분 표면에 생기는 작은 구멍

해설
① 기공
② 오버랩
④ 피트

59 스페이스 프레임에 대한 설명으로 옳은 것은?

① 모든 방향에 대한 응력을 전달하기 위하여 접점은 항상 자유로운 핀(pin) 집합으로만 이루어져야 한다.
② 풍하중과 적설하중은 구조 계산 시 고려하지 않는다.
③ 기하학적인 곡면으로는 구조적 결함이 많이 발생하기 때문에 평면 형태로만 제작된다.
④ 구성부재를 규칙적인 삼각형으로 배열하면 구조적으로 안정된다.

해설
① 모든 방향에 대한 응력을 전달하기 위하여 접점은 대부분 핀(pin)집합으로 이루어져 있다.
② 풍하중과 적설하중을 고려하여 구조 계산을 한다.
③ 구성성분이 2차원적인 경우도 있으나, 거시적으로는 평판 또는 곡면의 형태를 이룬다.

60 다음 중 주로 수평 방향으로 작용하는 하중은?

① 고정하중
② 활하중
③ 풍하중
④ 적설하중

해설
건축물에 작용하는 하중
• 수직하중 : 고정하중, 활하중, 적재하중, 적설하중
• 수평하중 : 풍하중, 지진하중

정답 57 ③ 58 ③ 59 ④ 60 ③

2019년 제1회 과년도 기출복원문제

01 실내디자이너의 역할이 아닌 것은?

① 독자적인 개성을 표현한다.
② 생활 공간의 쾌적성을 추구하고자 한다.
③ 전체 매스(mass)의 구조설비를 계획한다.
④ 인간의 예술적·서정적 요구의 만족을 해결하려 한다.

해설
전체 매스(mass)의 구조설비를 계획하는 것은 건축구조 및 건축설비기술자와 관련 있다.

02 수직선이 주는 조형효과로 옳은 것은?

① 위엄, 권위
② 안정, 평화
③ 약동감
④ 유연함

해설
선의 종류별 조형효과
• 수직선 : 존엄성, 위엄, 권위
• 수평선 : 안정, 평화
• 사선 : 약동감, 생동감
• 곡선 : 유연함, 우아함, 풍요로움, 여성스러움

03 면의 형태적 특징 중 자연적으로 생긴 형태로, 우아하고 아늑한 느낌을 주는 시각적 특징이 있는 형태는?

① 기하학적 형태
② 우연적 형태
③ 유기적 형태
④ 불규칙 형태

해설
유기적 형태
• 면의 형태적 특징 중 자연적으로 생긴 형태로, 우아하고 아늑한 느낌을 주는 시각적 특징이 있다.
• 자연현상이나 생물의 성장에 따라 형성된 형태이다.
• 자연계에서 찾아볼 수 있는 매끄러운 곡선이나 곡면의 형태이며, 기하학적 형태와 다른 특징을 보인다.

04 다음 보기의 설명에 알맞은 형태의 지각심리는?

┤보기├
유사한 배열로 구성된 형들이 방향성을 지니고 연속되어 보이는 하나의 그룹으로 지각되는 법칙으로, 공동 운명의 법칙이라고도 한다.

① 근접성
② 유사성
③ 연속성
④ 폐쇄성

해설
게슈탈트(gestalt) 법칙
• 근접성(접근성) : 두 개 또는 그 이상의 유사한 시각요소들이 서로 가까이 있으면 하나의 그룹으로 보이는 경향이다.
• 연속성 : 유사한 배열로 구성된 형들이 방향성을 지니고 연속되어 보이는 하나의 그룹으로 지각되는 법칙으로, 공동 운명의 법칙이라고도 한다.
• 유사성 : 비슷한 형태, 규모, 색채, 질감, 명암, 패턴의 그룹을 하나의 그룹으로 지각하는 경향이다.
• 폐쇄성 : 시각요소들이 어떤 형성을 지각하는 데 있어서 폐쇄된 느낌을 주는 법칙으로, 사람들에게 불완전한 형을 순간적으로 보여줄 때 이를 완전한 형으로 지각하는 경향이다.

05 리듬의 원리 중 잔잔한 물에 돌을 던지면 생기는 물결현상과 가장 관련이 깊은 것은?

① 방사
② 대립
③ 균형
④ 강조

해설
방사 : 외부로 퍼져나가는 리듬감으로, 생동감이 있다.

06 공간의 차단적 분할을 위해 사용되는 재료가 아닌 것은?

① 커튼
② 조명
③ 이동벽
④ 고정벽

해설
공간의 분할
- 차단적 구획(칸막이) : 고정벽, 이동벽, 커튼, 블라인드, 유리창, 열주 등
- 상징적(심리·도덕적) 구획 : 이동 가구, 기둥, 벽난로, 식물, 물, 조각, 바닥의 변화 등
- 지각적 분할(심리적 분할) : 조명, 색채, 패턴, 마감재의 변화 등

07 채광의 효과가 가장 좋은 창은?

① 천창
② 측창
③ 정측창
④ 고측창

해설
천창은 같은 면적의 측창보다 광량이 많다.

08 벽면의 상부에 설치하여 모든 빛이 아래로 향하도록 한 건축화 조명방식은?

① 코브조명
② 광창조명
③ 광천장조명
④ 코니스 조명

해설
① 코브조명 : 천장, 벽의 구조체에 의해 광원은 천장 또는 벽면으로 가려지게 하여 반사광으로 간접조명하는 방식으로, 천장고가 높거나 천장 높이가 변화하는 실내에 적합하다.
② 광창조명 : 광원을 넓은 면적의 벽면에 매입하여 비스타(vista)적인 효과를 낼 수 있으며, 시선에 안락한 배경으로 작용한다.
③ 광천장조명 : 천장의 전체 또는 일부에 조명기구를 설치하고 그 밑에 아크릴, 플라스틱, 유리, 창호지, 스테인드글라스, 루버 등과 같은 확산용 스크린판을 대고 마감하는 가장 일반적인 건축화 조명방식이다.

09 마르셀 브로이어가 디자인한 것으로, 강철 파이프를 휘어 기본 골조를 만들고 가죽을 접합하여 만든 의자는?

① 바실리 의자
② 파이미오 의자
③ 레드 블루 의자
④ 바르셀로나 의자

해설
바실리 의자(wassily chair)
- 마르셀 브로이어가 바우하우스의 칸딘스키 연구실을 위해 디자인한 것으로 스틸파이프로 된 의자이다.
- 강철 파이프를 휘어 기본 골조를 만들고 가죽을 접합하여 좌판, 등받이, 팔걸이를 만든 의자이다.

10 원룸 주택 설계 시 고려해야 할 사항으로 옳지 않은 것은?

① 내부 공간을 효과적으로 활용한다.
② 환기를 고려한 설계가 이루어져야 한다.
③ 사용자에 대한 특성을 충분히 파악한다.
④ 원룸이므로 활동 공간과 취침 공간을 구분하지 않는다.

해설
원룸은 활동 공간과 취침 공간을 구분해야 한다.

11 식당과 주방의 실내계획에서 가장 우선적으로 고려해야 할 사항은?

① 주부의 작업 동선
② 색채계획
③ 가구 배치계획
④ 조명계획

12 다음 보기의 설명에 알맞는 식사실의 유형은?

┤보기├
거실의 한 부분에 식탁을 설치하는 형태로, 식사실의 분위기 조성에 유리하며 거실의 가구들을 공동으로 이용할 수 있으나 부엌과의 연결로 인해 작업 동선이 길어질 우려가 있다.

① 리빙 키친
② 리빙 다이닝
③ 다이닝 키친
④ 리빙 다이닝 키친

해설
부엌 구성의 형식
- 리빙 키친(LDK형, LK) : 소규모 주택에서 식당, 거실, 부엌을 하나의 공간에 배치한 형식
- 리빙 다이닝(LD) : 식사실과 거실을 일체화한 공간(다이닝 알코브)
- 다이닝 키친(DK) : 식사실과 부엌이 합쳐진 형태

13 주택의 부엌 가구 배치 유형 중 실내의 벽면을 이용하여 작업대를 배치한 형식으로, 작업면이 넓어 효율이 가장 좋은 형식은?

① 일자형
② L자형
③ ㄷ자형
④ 아일랜드형(섬형)

해설
ㄷ자형
- 인접한 세 벽면에 작업대를 배치한 형태이다.
- 비교적 규모가 큰 공간에 적합하다.
- 작업대의 통로 폭은 1,200~1,500mm가 적당하다.
- 작업면이 넓어 작업효율이 가장 좋다.
- 벽면을 이용하기 때문에 대규모 수납 공간 확보가 가능하다.
- 평면계획상 부엌에서 외부로 통하는 출입구를 설치하기 곤란하다.

14 상점계획에서 요구되는 5가지 광고요소(AIDMA 법칙)가 아닌 것은?

① 주의
② 흥미
③ 유인
④ 확신

해설
상점계획에 요구되는 5가지 광고요소(AIDCA, AIDMA 법칙)
- Attention(주의)
- Interest(흥미)
- Desire(욕망)
- Confidence(확신)·Memory(기억)
- Action(행동)

정답 10 ④ 11 ① 12 ② 13 ③ 14 ③

15 상점의 판매방식 중 대면 판매에 관한 설명으로 옳지 않은 것은?

① 상품의 포장 및 계산이 편리하다.
② 상품을 설명하기에 용이한 방식이다.
③ 판매원의 고정 위치를 정하기 용이하다.
④ 측면 판매에 비해 진열 면적이 크다는 장점이 있다.

해설
대면 판매는 측면 판매에 비해 진열 면적이 줄어든다.

16 건축물의 에너지절약설계기준에 따라 권장되는 건축물의 단열계획으로 옳지 않은 것은?

① 건물의 창 및 문은 가능한 한 작게 설계한다.
② 냉방부하 저감을 위하여 태양열 유입장치를 설치한다.
③ 건물 옥상에는 조경을 하여 최상층 지붕의 열저항을 높인다.
④ 외피의 모서리 부분은 열기가 발생되지 않도록 단열재를 연속적으로 설치한다.

해설
건물 옥상에 조경을 하여 최상층 지붕의 열저항을 높이고, 옥상면에 직접 도달하는 일사를 차단하여 냉방부하를 감소시킨다.

17 결로의 발생원인이 아닌 것은?

① 환기 부족
② 실내의 불결
③ 시공 불량
④ 실내외의 온도차

해설
결로의 발생원인
- 환기 부족
- 불완전한 단열 시공
- 실내외의 큰 온도차
- 실내 습기의 과다 발생

18 일조의 직접적인 효과가 아닌 것은?

① 광효과
② 열효과
③ 조망효과
④ 보건·위생적 효과

해설
일조의 직접적 효과
- 광효과 : 가시광선, 채광효과, 밝음을 유지시켜 주는 효과
- 열효과 : 적외선, 열환경효과
- 보건·위생적 효과 : 자외선, 광합성효과

19 다음 보기의 설명에 알맞은 건축화 조명방식은?

┌ 보기 ┐
- 벽면의 전체 또는 일부분을 광원화하는 조명방식이다.
- 광원을 넓은 면적의 벽면에 매입하여 비스타(vista)적인 효과를 낼 수 있는 건축화 조명방식이다.

① 광창조명
② 광천장조명
③ 코니스 조명
④ 캐노피 조명

해설
② 광천장조명 : 천장의 전체 또는 일부에 조명기구를 설치하고 그 밑에 아크릴, 플라스틱, 유리, 창호지, 스테인드글라스, 루버 등과 같은 확산용 스크린판을 대고 마감하는 가장 일반적인 건축화 조명방식이다.
③ 코니스 조명 : 벽면의 상부에 설치하여 모든 빛이 아래로 향하며, 벽면에 부착한 그림, 커튼, 벽지 등에 입체감을 준다.
④ 캐노피 조명 : 사용자의 얼굴에 적당한 조도를 분배하기 위해 벽면이나 천장면의 일부를 돌출시켜 조명을 설치한다.

정답 15 ④ 16 ② 17 ② 18 ③ 19 ①

20 음파는 파동의 하나이기 때문에 물체가 진행 방향을 가로막아도 그 물체의 후면에도 전달되는 현상은?

① 반사 ② 회절
③ 간섭 ④ 굴절

해설
③ 간섭 : 서로 다른 음원에서의 음이 중첩되면 합성되어 음은 쌍방의 상황에 따라 강해지거나 약해진다.
④ 굴절 : 음파가 한 매질에서 타 매질로 통과할 때 전파속도가 달라져 진행 방향이 변화된다. 예를 들면, 주간에 들리지 않던 소리가 야간에는 잘 들린다.

21 건축재료를 화학 조성에 따라 분류할 경우, 무기재료에 해당하지 않는 것은?

① 벽돌 ② 아스팔트
③ 석재 ④ 알루미늄

해설
화학적 조성에 의한 건축재료의 분류

무기재료	금속재료	철강, 알루미늄, 구리, 아연, 합금류 등
	비금속재료	석재, 콘크리트, 시멘트, 유리, 벽돌 등
유기재료	천연재료	목재, 아스팔트, 섬유류 등
	합성수지	플라스틱, 도료, 접착제, 실링제 등

22 목재의 강도 중 가장 큰 것은?(단, 응력 방향이 섬유 방향에 평행한 경우)

① 휨강도 ② 인장강도
③ 압축강도 ④ 전단강도

해설
목재의 강도

응력의 종류 \ 가력 방향	섬유 방향에 평행	섬유 방향에 직각
압축강도	100	10~20
인장강도	190~260	7~20
휨강도	150~230	10~20
전단강도	침엽수 16, 활엽수 19	–

23 목재의 인공건조법에 관한 설명으로 옳지 않은 것은?

① 균류에 의한 부식과 충해방지에 효과가 없다.
② 훈연건조는 실내온도를 조절하기 어렵다.
③ 단시간에 사용목적에 따른 함수율까지 건조시킬 수 있다.
④ 열기건조는 건조실에 목재를 쌓고 온도, 습도 등을 인위적으로 조절하면서 건조하는 방법이다.

해설
목재를 인공건조시키면 균류에 의한 부식 및 해충의 피해를 예방할 수 있다.

24 대리석에 관한 설명으로 옳지 않은 것은?

① 풍화되기 쉬워 실외용으로 적합하지 않다.
② 내화성 및 내산성은 우수하지만, 내알칼리성이 부족하다.
③ 색채와 반점이 아름다워 실내장식재, 조각재로 사용된다.
④ 석회석이 변화되어 결정화한 것으로 주성분은 탄산석회이다.

해설
대리석은 강도는 높지만, 내산성 및 내알칼리성과 내화성이 낮고 풍화되기 쉽다.

25 석재에 대한 설명으로 옳은 것은?

① 중량이 큰 것은 높은 곳에 사용한다.
② 외벽, 특히 콘크리트 표면에 부착되는 석재는 연석을 피한다.
③ 가공할 때는 되도록 예각으로 만든다.
④ 석재를 구조재로 사용할 경우 인장재로만 사용해야 한다.

해설
① 중량이 큰 것은 낮은 곳에 사용한다.
③ 가공할 때는 재질에 따른 가공을 하며 예각을 피해야 한다.
④ 석재는 휨강도와 인장강도가 약하기 때문에 압축응력을 받는 곳에만 사용해야 한다.

26 석재가공 시 마름돌 거친 면의 돌출부를 보기 좋게 다듬을 때 사용하는 공구는?

① 도드락망치
② 날망치
③ 쇠메
④ 정

해설
석공구
• 쇠메 : 석재가공 시 마름돌 거친 면의 돌출부를 보기 좋게 다듬을 때 사용한다.
• 날망치 : 석면 표면가공 중 주로 잔다듬에 사용한다.

27 시멘트의 안정성 측정에 사용되는 시험법은?

① 블레인법
② 표준체법
③ 슬럼프 테스트
④ 오토클레이브 팽창도시험

해설
시멘트의 안정도 시험(오토클레이브 팽창도) : 시멘트가 굳는 중에 부피가 팽창하는 정도를 안정성이라고 하며, 시멘트는 경화 중에 팽창성 균열 또는 뒤틀림 변형이 생긴다. 시멘트 오토클레이브 팽창도 시험방법은 KS L 5107에 규정되어 있다.

28 콘크리트 타설에서 거푸집의 측압을 결정짓는 요소가 아닌 것은?

① 타설속도
② 거푸집 강성
③ 기온
④ 압축강도

해설
콘크리트 타설에서 거푸집의 측압을 결정짓는 요소 : 타설속도, 거푸집 강성, 기온

29 콘크리트 타설 후 시멘트의 입자, 골재가 가라앉으면서 물이 올라와 콘크리트 표면에 미립물이 떠오르는 현상은?

① 쿨링
② 블리딩
③ 레이턴스
④ 콜드 조인트

해설
③ 레이턴스 : 굳지 않은 콘크리트 또는 모르타르에 있어서 골재 및 시멘트 입자의 침강으로 물이 분리되어 상승하는 현상(블리딩)으로 인하여 콘크리트나 모르타르의 표면에 떠올라서 가라앉은 물질
④ 콜드 조인트 : 콘크리트 이어치기할 때 일체화가 저하되어 발생하는 줄눈

30 한국산업표준에 따라 흡수시험을 하였을 경우 흡수율이 최대 3% 이하가 되어야 하는 것은?

① 토기질
② 도기질
③ 석기질
④ 자기질

해설
흡수율
- 자기질 : 3.0% 이하
- 석기질 : 5.0% 이하
- 도기질 : 18.0% 이하

31 공동(空胴)의 대형 점토제품으로 난간벽, 돌림대, 창대 등에 사용되는 것은?

① 타일
② 도관
③ 테라초
④ 테라코타

해설
테라코타
- 자토(磁土)를 반죽하여 조각의 형틀로 찍어 소성한 속 빈 대형 점토제품이다.
- 재질은 도기·건축용 벽돌과 유사하지만, 1차 소성한 후 시유하여 재소성하는 점이 다르다.
- 일반 석재보다 가볍고, 흡수성이 거의 없으며 색조가 다양하다.
- 점토제품으로 화강암보다 내화성이 강하고, 대리석보다 풍화에 강하다.
- 소성제품이므로 변형이 생기기 쉽다.
- 구조용과 장식용이 있으나 주로 장식용으로 사용된다.
- 난간벽, 돌림대, 창대 등에 사용된다.
- 천연 석재보다 가볍다.

32 강의 열처리 방법에 해당하지 않는 것은?

① 불림
② 인발
③ 풀림
④ 뜨임질

해설
- 강의 열처리 방법 : 풀림, 불림, 담금질, 뜨임질 등
- 강의 성형(가공)방법 : 압출, 단조, 압연, 인발 등

33 유리 내부에 금속망을 삽입하고 압착성형한 판유리로서, 방화 및 방도용으로 사용되는 것은?

① 망입유리
② 접합유리
③ 열선흡수유리
④ 열선반사유리

해설
망입유리
- 유리 내부에 금속망을 삽입하고, 압착성형한 판유리이다.
- 도난 방지, 방화목적, 30분 방화문으로 사용된다.

34 다음 중 기경성 미장재료는?

① 시멘트 모르타르
② 경석고 플라스터
③ 혼합석고 플라스터
④ 돌로마이트 플라스터

해설
미장재료
- 기경성 미장재료 : 진흙질, 회반죽, 돌로마이터 플라스터, 아스팔트 모르타르
- 수경성 미장재료 : 순석고 플라스터, 킨즈 시멘트, 시멘트 모르타르

35 회반죽에 여물을 사용하는 주된 이유는?

① 균열 방지
② 경화 촉진
③ 크리프 증가
④ 내화성 증가

[해설]
회반죽은 경화건조에 의한 수축률이 크기 때문에 여물로 균열을 분산·경감시킨다.

36 다음 중 열가소성 수지에 속하지 않는 것은?

① 멜라민수지
② 아크릴수지
③ 염화비닐수지
④ 폴리에틸렌수지

[해설]
합성수지의 종류
- 열경화성 수지 : 페놀수지, 멜라민수지, 폴리우레탄수지, 폴리에스테르수지, 에폭시수지, 요소수지, 실리콘수지, 폴리카보네이트 등
- 열가소성 수지 : 폴리에틸렌수지, 폴리프로필렌수지, 폴리스티렌수지, 염화비닐수지, 아크릴수지, 불소수지, 폴리아마이드수지(나일론, 아라미드), 아세틸수지 등

37 도막 방수재, 실링재로 사용되는 열경화성 수지는?

① 아크릴수지
② 염화비닐수지
③ 폴리우레탄수지
④ 폴리에틸렌수지

[해설]
① 아크릴수지 : 투명도가 높아 유기 글라스라고도 한다. 착색이 자유롭고, 내충격강도가 크다. 평판, 골판 등의 각종 형태의 성형품으로 만들어 채광판, 도어판, 칸막이 벽 등에 쓰이는 열가소성 수지이다.
② 염화비닐수지 : 강도, 전기절연성, 내약품성이 좋고 고온·저온에 약하며 필름, 바닥용 타일, PVC 파이프, 도료 등에 사용된다.
④ 폴리에틸렌수지 : 무색투명한 액체로 내화학성, 전기절연성, 내수성이 크며 창유리, 벽용 타일 등에 사용된다. 발포제품으로 만들어 단열재에 많이 사용된다.

38 유성 페인트에 관한 설명으로 옳지 않은 것은?

① 건조시간이 길다.
② 내후성이 우수하다.
③ 붓바름 작업성이 우수하다.
④ 주로 모르타르, 콘크리트 벽의 정벌바름에 사용된다.

[해설]
유성 페인트
- 보일유(건성유, 건조제)와 안료를 혼합한 것이다(안료+건성유+건조제+희석제).
- 붓바름 작업성 및 내후성이 뛰어나다.
- 저온다습할 경우 특히 건조시간이 길다.
- 내알칼리성이 떨어진다.
- 목재, 석고판류, 철재류 도장에 사용된다.

39 다음 중 방청 도료가 아닌 것은?

① 투명 래커
② 에칭 프라이머
③ 아연분말 프라이머
④ 광명단 조합 페인트

해설
투명 래커(클리어 래커)는 목재 바탕의 무늬를 돋보이게 하는 도료이다.

40 아스팔트의 분류 중 천연 아스팔트에 해당하는 것은?

① 스트레이트 아스팔트
② 블론 아스팔트
③ 아스팔트 콤파운드
④ 레이크 아스팔트

해설
아스팔트의 종류
- 천연 아스팔트 : 록 아스팔트, 레이크 아스팔트, 아스팔타이트
- 석유 아스팔트 : 스트레이트 아스팔트, 블론 아스팔트, 아스팔트 콤파운드

41 제도용 지우개가 갖추어야 할 조건이 아닌 것은?

① 지운 후 지우개 색이 남지 않을 것
② 부드러울 것
③ 지운 부스러기가 적고 지우개의 경도가 클 것
④ 종이면을 거칠게 상처 내지 않을 것

42 다음은 제3각법으로 그린 투상도이다. 투상면의 명칭에 대한 설명으로 옳은 것은?

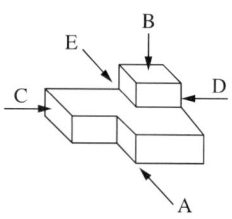

① A 방향의 투상면은 배면도이다.
② B 방향의 투상면은 평면도이다.
③ C 방향의 투상면은 우측면도이다.
④ D 방향의 투상면은 좌측면도이다.

해설
- A 방향의 투상면 : 정면도
- C 방향의 투상면 : 좌측면도
- D 방향의 투상면 : 우측면도
- E 방향의 투상면 : 배면도

43 선의 종류 중 상상선에 사용하는 선은?

① 굵은선
② 가는선
③ 1점쇄선
④ 2점쇄선

해설
2점쇄선
- 가상선으로 사용한다.
- 1점쇄선과 구분되어야 할 경우 사용한다.
- 상상선으로 사용한다.

44 도면의 치수기입방법으로 옳지 않은 것은?

① 치수의 기입은 원칙적으로 치수선에 따라 도면에 평행하게 쓴다.
② 치수는 도면의 아래로부터 위로 또는 왼쪽에서 오른쪽으로 읽을 수 있도록 한다.
③ 치수는 치수선 아랫부분에 기입하거나 치수선을 중단하고 선의 중앙에 기입하기도 한다.
④ 치수를 기입할 여백이 없을 때에는 인출선을 그어 수평선을 긋고 그 위에 치수를 기입한다.

[해설]
치수 기입은 치수선 중앙 윗부분에 기입하는 것이 원칙이다.

45 다음 그림과 같은 평면 표시기호는?

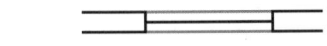

① 접이문
② 망사문
③ 미서기창
④ 붙박이창

[해설]
평면 표시기호

접이문	
망사문	
미서기창	두 짝 미서기창
	네 짝 미서기창

46 실내를 입체적으로 실제와 같이 눈에 비치도록 그린 도면은?

① 평면도
② 투시도
③ 단면도
④ 전개도

[해설]
① 평면도 : 건축물을 수평으로 절단하였을 때의 수평 투상도이다.
③ 단면도 : 건축물을 수직으로 절단하여 수평 방향에서 본 도면이다.
④ 전개도 : 건물 내부의 입면을 정면에서 바라보고 그리는 내부 입면도이다.

47 건축설계도 중 계획설계도에 해당하지 않는 것은?

① 구상도
② 조직도
③ 동선도
④ 배치도

[해설]
배치도는 기본설계도에 해당한다.
계획설계도 : 구상도, 조직도, 동선도

48 건축 도면 중 입면도에 표시해야 하는 사항이 아닌 것은?

① 대지의 형상
② 마감재료명
③ 주요 구조부의 높이
④ 창문의 모양

해설
입면도 표시사항
- 건축물의 높이 및 처마 높이, 지붕의 경사 및 형상
- 창호의 형상, 마감재료명, 주요 구조부의 높이
- 축척 : 1/50, 1/100, 1/200

49 다음 중 가구식 구조에 대한 설명으로 옳은 것은?

① 기둥 위에 보를 겹쳐 올려놓은 목구조 등이 있다.
② 벽체가 직접 수직 및 수평하중을 받도록 설계한 구조방식이다.
③ 전 구조체가 일체가 되도록 한 구조이다.
④ 지붕 및 바닥 등의 슬래브를 케이블로 매단 구조이다.

해설
② 벽식구조
③ 일체식 구조
④ 현수구조

50 목구조의 특징으로 옳지 않은 것은?

① 가볍고, 가공성이 우수하다.
② 시공이 용이하며 공사기간이 짧다.
③ 외관이 아름답지만, 화재 위험이 높다.
④ 강도는 작지만, 큰 부재를 얻기 용이하다.

해설
목구조의 특징
- 건축물의 주요 구조부가 목재로 구성되며, 철물 등으로 접합 보강하는 구조이다.
- 가볍고, 가공성이 우수하다.
- 시공이 용이하며, 공사기간이 짧다.
- 나무 고유의 색깔과 무늬가 있어 외관이 아름답다.
- 열전도율 및 열팽창률이 작다(방한, 방서).
- 비중에 비해 강도가 우수하다.
- 저층 주택과 같이 비교적 소규모 건축물에 적합하다.
- 강도가 작고 내구력이 약해 부패, 화재의 위험 등이 높다.
- 고층 및 대규모 건축에 불리하다.
- 함수율에 따른 변형이 크다.
- 큰 부재를 얻기 어렵다.

51 벽의 상단에서 벽과 반자의 연결을 아울림하기 위하여 대는 가로재는?

① 걸레받이
② 반자틀받이
③ 반자틀
④ 반자돌림대

해설
반자돌림대

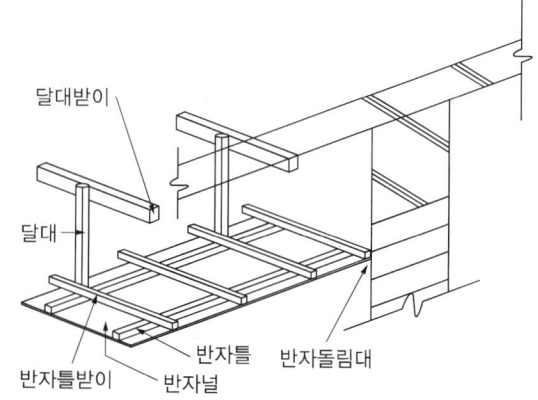

52 널 등을 모아 대어 바닥 등에 넓게 까는 목재의 접합법은?

① 쪽매　② 이음
③ 맞춤　④ 장부

해설
쪽매 : 목재의 접합에서 널판재의 면적을 넓히기 위해 두 부재를 나란히 옆으로 대는 것이다.

53 벽돌쌓기에 대한 설명으로 옳지 않은 것은?

① 하루쌓기의 높이는 1.8m로 제한한다.
② 영국식 쌓기는 가장 튼튼한 쌓기법이다.
③ 영롱쌓기는 장식을 목적으로 사각형이나 십자 형태로 구멍을 내어 쌓는다.
④ 벽돌쌓기에 사용되는 시멘트 모르타르의 두께는 10mm이다.

해설
하루쌓기의 높이는 1.2m를 표준으로 하고, 최대 1.5m 이하로 한다.

54 보강블록구조에서 테두리 보를 설치하는 목적으로 옳지 않은 것은?

① 하중을 직접 받는 블록을 보강한다.
② 분산된 내력벽을 일체로 연결하여 하중을 균등히 분포시킨다.
③ 횡력에 대한 벽면의 직각 방향 이동으로 인해 발생하는 수직 균열을 막는다.
④ 가로 철근을 테두리 보에 정착하기 위함이다.

해설
보강블록구조에서 테두리 보를 설치하는 목적
- 분산된 내력벽을 일체로 연결하여 하중을 균등하게 분포시킨다.
- 횡력에 대한 벽면의 직각 방향 이동으로 인해 발생하는 수직 균열을 막는다.
- 보강블록조의 세로 철근을 테두리 보에 정착하기 위함이다.
- 하중을 직접 받는 블록을 보강한다.

55 벽체나 바닥판을 평면적인 구조체만으로 구성한 구조는?

① 현수구조
② 막구조
③ 돔구조
④ 벽식구조

해설
벽식구조
- 철근콘크리트구조 중 기둥과 보가 없는 평면적 구조시스템이다.
- 아파트 등의 구조방식으로 사용한다.

56 지름이 13mm인 이형철근을 250mm 간격으로 배근할 때의 표현으로 옳은 것은?

① D13-250@
② 250@D13
③ @250-D13
④ D13@250

해설
철근콘크리트에서 철근을 설치하는 것을 배근이라고 한다. 'D13@250'은 '지름 13mm의 이형철근을 250mm 간격으로 설치하라.'는 뜻이다.

정답　52 ①　53 ①　54 ④　55 ④　56 ④

57 철골구조에서 주각을 구성하는 부재는?

① 베이스 플레이트
② 커버 플레이트
③ 스티프너
④ 래티스

해설
철골구조 주각부의 구성재 : 베이스 플레이트, 리브 플레이트, 윙 플레이트, 클립앵글, 사이드 앵글, 앵커볼트 등

58 다음 중 용접결함이 아닌 것은?

① 언더컷(under cut)
② 오버랩(overlap)
③ 크랙(crack)
④ 클리어런스(clearance)

해설
클리어런스는 CLC라고도 하며, 리벳과 수직재면 사이의 거리이다.

59 조립식 구조에 대한 설명 중 옳지 않은 것은?

① 대량 생산이 가능하다.
② 공사기간을 단축할 수 있다.
③ 변화가 있고 다양한 외형을 구성하는 데 적합하다.
④ 현장작업이 간편해 나쁜 기후조건을 극복할 수 있다.

해설
조립식 구조는 공장에서 생산하기 때문에 획일적이어서 다양한 외형을 추구하기 어렵다.

60 굴뚝과 같은 독립구조물의 기초를 설계할 때 고려해야 할 하중이 아닌 것은?

① 지진하중
② 고정하중
③ 적설하중
④ 풍하중

해설
굴뚝과 같은 독립구조물의 기초를 설계할 때는 지진하중, 고정하중, 풍하중을 고려해야 한다.
※ 적설하중 : 시설 구조물에 작용하는 쌓인 눈의 무게로 생기는 외력

2019년 제2회 과년도 기출복원문제

01 좋은 디자인을 판단하는 척도로 적합하지 않은 것은?

① 기능성
② 심미성
③ 다양성
④ 경제성

해설
실내디자인을 평가하는 기준 : 기능성, 합목적성, 심미성, 경제성, 독창성

02 공간을 실제보다 더 높아 보이게 하며, 공식적이고 위엄 있는 분위기를 만드는 데 효과적인 선은?

① 수직선
② 수평선
③ 사선
④ 곡선

해설
② 수평선 : 평화롭고 정지된 모습으로 안정감을 느끼게 하며 영원, 평화, 평등, 침착, 고요, 편안함 등 주로 정적인 느낌을 준다.
③ 사선 : 역동적인 이미지를 갖고 있어 동적인 실내 분위기를 연출하며 약동감, 생동감 넘치는 에너지와 운동감, 속도감을 준다.
④ 곡선 : 우아하며 풍부한 분위기를 연출하고, 경직된 분위기를 부드럽고 유연하고, 경쾌하고, 여성적으로 느끼게 한다.

03 다음 보기의 설명에 알맞은 형태는?

┌보기┐
• 인간의 지각, 즉 시각과 촉각 등으로 직접 느낄 수 없고 개념적으로만 제시될 수 있는 형태이다.
• 기하학적으로 취급한 점, 선, 면 등이 이에 속한다.

① 이념적 형태
② 추상적 형태
③ 인위적 형태
④ 자연적 형태

해설
이념적 형태(순수 형태, 상징적 형태) : 인간의 지각, 즉 시각과 촉각 등으로 직접 느낄 수 없고, 개념적으로만 제시될 수 있는 형태로 순수 형태, 상징적 형태라고도 한다. 점, 선, 면, 입체 등 추상적 기하학적 형태가 이에 해당한다.

04 리듬의 요소에 해당하지 않는 것은?

① 반복
② 점이
③ 균형
④ 방사

해설
리듬의 요소 : 반복, 점층(점이), 대립(대조), 변이, 방사 등

05 천장과 더불어 실내 공간을 구성하는 수평적 요소로, 인간의 감각 중 시각적·촉각적 요소와 밀접한 관계가 있는 것은?

① 벽
② 기둥
③ 바닥
④ 개구부

해설
실내 공간의 구성
• 공간의 수평적 요소 : 천장, 바닥
• 공간의 수직적 요소 : 기둥, 벽

정답 1 ③ 2 ① 3 ① 4 ③ 5 ③

06 목재기둥 중 2층 이상의 높이를 하나의 단일재로 사용하는 것은?

① 평기둥
② 통재기둥
③ 샛기둥
④ 가새

해설
통재기둥 : 2층 이상의 기둥 전체를 하나의 단일재료를 사용하는 기둥으로, 상하를 일체화시켜 수평력을 견디게 한다.

07 밖으로 창과 함께 평면이 돌출된 형태로, 아늑한 구석 공간을 형성할 수 있는 창은?

① 고정창
② 윈도 월
③ 베이 윈도
④ 픽처 윈도

해설
① 고정창 : 개폐가 불가능한 창으로, 붙박이창이라고도 한다. 채광이나 조망은 가능하지만 환기나 온도 조절이 어렵다. 크기와 형태에 제약이 없어 자유롭게 디자인할 수 있다.
② 윈도 월 : 벽면 전체를 창으로 처리하는 것으로, 어떤 창보다도 조망이 좋고 더 많은 투과 광량을 얻는다.
④ 픽처 윈도 : 바닥부터 거의 천장까지 닿는 커다란 창문이다.

08 다음 중 실내 공간계획에서 가장 중요하게 고려해야 하는 것은?

① 조명 스케일
② 가구 스케일
③ 공간 스케일
④ 휴먼 스케일

해설
휴먼 스케일이 잘 적용된 실내 공간은 심리적·시각적으로 안정되고 편안한 느낌을 준다.

09 스툴 중 편안한 휴식을 위해 발을 올려놓는 데 사용되는 것은?

① 세티
② 오토만
③ 카우치
④ 체스터필드

해설
① 세티 : 동일한 2개의 의자를 나란히 합해 2인이 앉을 수 있는 의자이다.
③ 카우치 : 고대 로마시대 음식물을 먹거나 잠을 자기 위해 사용했던 긴 의자로, 몸을 기댈 수 있도록 좌판의 한쪽 끝이 올라간 형태이다.
④ 체스터필드 : 솜, 스펀지 등을 채워서 쿠션이 좋으며, 사용상 안락성이 매우 좋고, 비교적 크기가 크다.

10 주택계획에 관한 설명으로 옳지 않은 것은?

① 침실의 위치는 소음원이 있는 쪽은 피하고, 정원 등의 공지에 면하도록 하는 것이 좋다.
② 부엌의 위치는 항상 쾌적하고, 일광에 의한 건조 소독을 할 수 있는 남쪽 또는 동쪽이 좋다.
③ 리빙 다이닝 키친(LDK)은 주로 대규모 주택에서 사용되며 작업 동선이 길어지는 단점이 있다.
④ 거실의 형태는 일반적으로 정사각형의 형태가 직사각형의 형태보다 가구의 배치나 실의 활용에 불리하다.

해설
LDK형은 공간을 효율적으로 활용할 수 있어서 주로 소규모 주택에 사용된다.

11 주택계획 시 주부의 동선을 단축시키는 방법으로 가장 적절한 것은?

① 부엌과 식탁을 인접 배치한다.
② 침실과 부엌을 인접 배치한다.
③ 다용도실과 침실을 인접 배치한다.
④ 거실을 한쪽으로 치우치게 배치한다.

해설
부엌의 동선은 식사 공간과 인접 배치하고 마당, 다용도실, 가사실 등과 직접 연결한다.

12 다음 보기의 설명에 알맞은 거실의 가구 배치 유형은?

┌ 보기 ┐
- 가구를 두 벽면에 연결시켜 배치하는 형식이다.
- 시선이 마주치지 않아 안정감이 있다.

① 대면형
② 코너형
③ 직선형
④ U자형

해설
코너형(ㄱ자형)
- 가구를 두 벽면에 연결시켜 배치하는 형식이다.
- 시선이 마주치지 않아 안정감이 있다.
- 부드럽고 단란한 분위기를 준다.
- 비교적 면적을 적게 차지하여 공간활용이 높고, 동선이 자연스럽게 이루어진다.

13 별장 주택에서 흔히 볼 수 있는 부엌의 유형으로 취사용 작업대를 하나의 섬처럼 실내에 설치한 것은?

① 리빙 키친
② 다이닝 키친
③ 키친 네트
④ 아일랜드 키친

해설
아일랜드형(island kitchen)
- 별장 주택에서 볼 수 있는 유형으로, 취사용 작업대가 하나의 섬처럼 실내에 설치되어 독특한 분위기를 형성하는 부엌이다.
- 작업대를 중앙에 놓거나 벽면에 직각이 되도록 배치한 형태이다.
- 주로 개방된 공간의 오픈시스템에서 사용된다.
- 가족 구성원이 모두 부엌일에 참여하는 것을 유도할 수 있다.
- 부엌 공간이 넓은 단독주택이나 아파트에 제한적으로 도입된다.

14 상업 공간의 정면이나 숍 프런트(shop front)의 설계계획으로 옳지 않은 것은?

① 대중성이 있어야 한다.
② 취급 상품을 인지할 수 있어야 한다.
③ 간판이 주변 미관과 조화되도록 해야 한다.
④ 영업 종료 후 환경에 대한 고려는 필요 없다.

해설
파사드(facade)와 숍 프런트(shop front)의 설계계획
- 대중성이 있어야 한다.
- 취급상품을 인지할 수 있어야 한다(상품 이미지가 반영될 것).
- 개성적이고 인상적이어야 한다.
- 간판이 주변 미관과 조화되도록 한다.
- 상점 내로 유도하는 효과를 고려한다.
- 영업 종료 후 환경에 대한 고려가 필요하다.

정답 11 ① 12 ② 13 ④ 14 ④

15 상점의 판매형식 중 대면 판매에 관한 설명으로 옳은 것은?

① 직원의 정위치를 정하기가 용이하다.
② 측면 판매에 비해 넓은 진열 면적의 확보가 가능하다.
③ 상품의 계산이나 포장을 할 경우 별도의 공간 확보가 요구된다.
④ 고객이 직접 진열된 상품을 접촉할 수 있어 충동구매와 선택이 용이하다.

해설
② 측면방식에 비해 진열 면적이 감소된다.
③ 상품의 포장대나 계산대를 별도로 둘 필요가 없다.
④ 측면 판매에 대한 설명이다.

16 다음은 건물 벽체의 열 흐름을 나타낸 그림이다. 빈칸 안에 알맞은 용어는?

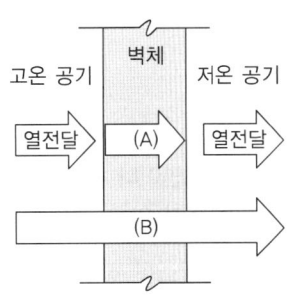

① A : 열복사, B : 열전도
② A : 열흡수, B : 열복사
③ A : 열복사, B : 열대류
④ A : 열전도, B : 열관류

해설
열전도와 열관류
- 열전도 : 물체의 인접한 부분 사이의 온도 차이로 인해 일어나는 에너지(열)의 전달현상
- 열관류 : 고체면 양쪽에 유체가 붙어 있을 때, 높은 온도쪽 유체에서 고체면을 거쳐 낮은 온도쪽 유체로 열이 옮겨 가는 현상

17 결로 방지를 위한 방법으로 옳지 않은 것은?

① 환기를 통해 습한 공기를 제거한다.
② 실내온도를 노점온도 이하로 유지한다.
③ 건물 내부의 표면온도를 높인다.
④ 낮은 온도로 난방을 오래 하는 것이 높은 온도로 난방을 짧게 하는 것보다 결로 방지에 유리하다.

해설
결로를 방지하려면 실내온도를 노점온도 이상으로 유지시킨다.

18 정원이 500명이고, 실용적이 1,000m³인 실내의 환기 횟수는?(1인당 필요환기량 : 18m³/h)

① 8회
② 9회
③ 10회
④ 11회

해설
환기 횟수(회/h) = $\dfrac{환기량(m^3/h)}{실용적(m^3)}$
= $500 \times \dfrac{18}{1,000}$
= 9회

19 다음 그림과 같은 형태의 조명방식은?

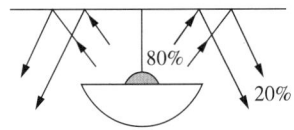

① 반직접조명
② 간접조명
③ 반간접조명
④ 전반확산조명

해설
반간접조명 : 빛의 60~90%를 반사면에 투사시킨 반사광과 함께 나머지를 직접조명분으로 조명하는 방식이다.

20 다음 보기의 설명에 알맞은 음과 관련된 현상은?

┌보기┐
서로 다른 음원에서의 음이 중첩되면 합성되어 음은 쌍방의 상황에 따라 강해지거나 약해진다.
└──┘

① 굴절 ② 회절
③ 간섭 ④ 흡음

해설
① 굴절 : 음파가 한 매질에서 타 매질로 통과할 때 전파속도가 달라져 진행 방향이 변화된다. 예를 들면, 주간에 들리지 않던 소리가 야간에는 잘 들린다.
② 회절 : 음파는 파동의 하나이기 때문에 물체가 진행 방향을 가로막아도 방향을 바꾸어 그 물체의 후면으로 전달되는 현상이다.
④ 흡음 : 소리가 어떤 물질을 통과할 때나 반사할 때는 소리에너지 일부가 그 물질에 흡수되어 열에너지로 변환된다.

21 건축재료를 화학 조성에 따라 분류할 경우, 무기재료에 해당하지 않는 것은?

① 석재 ② 유리
③ 알루미늄 ④ 목재

해설
화학적 조성에 의한 건축재료의 분류

무기재료	금속재료	철강, 알루미늄, 구리, 아연, 합금류 등
	비금속재료	석재, 콘크리트, 시멘트, 유리, 벽돌 등
유기재료	천연재료	목재, 아스팔트, 섬유류 등
	합성수지	플라스틱, 도료, 접착제, 실링제 등

22 목재의 강도 중 가장 큰 것은?

① 응력 방향이 섬유 방향에 평행한 경우의 인장강도
② 응력 방향이 섬유 방향에 평행한 경우의 압축강도
③ 응력 방향이 섬유 방향에 수직한 경우의 인장강도
④ 응력 방향이 섬유 방향에 수직한 경우의 압축강도

해설
목재의 강도

응력의 종류 \ 가력 방향	섬유 방향에 평행	섬유 방향에 직각
압축강도	100	10~20
인장강도	190~260	7~20
휨강도	150~230	10~20
전단강도	침엽수 16, 활엽수 19	-

23 목재제품 중 목재를 얇은 판, 즉 단판으로 만들어 이들을 섬유 방향이 서로 직교되도록 홀수로 적층하면서 접착제로 접착시켜 만든 것은?

① 합판 ② 집성재
③ 섬유판 ④ 파티클 보드

24 다음 보기의 설명에 알맞은 접합철물은?

┌보기┐
목재 접합에서 전단저항을 증가시키기 위해 두 부재 사이에 끼워 넣는 것으로, 처넣는 방식과 파넣는 방식이 있다.
└──┘

① 앵커 ② 듀벨
③ 고장력 볼트 ④ 익스팬션 볼트

해설
듀벨
• 목재의 접합철물로, 주로 전단력에 저항하는 철물이다.
• 목재 접합에서 전단저항을 증가시키기 위해 두 부재 사이에 끼워 넣는 것으로 처넣는 방식과 파넣는 방식이 있다.

정답 20 ③ 21 ④ 22 ① 23 ① 24 ②

25 화성암에 해당하지 않는 석재는?

① 화강암 ② 안산암
③ 현무암 ④ 점판암

해설
석재의 성인에 의한 분류
- 화성암 : 화강암, 안산암, 감람석, 현무암
- 수성암 : 사암, 점판암, 응회암, 석회석
- 변성암 : 대리석, 트래버틴, 사문암, 석면

26 고로 시멘트에 대한 설명으로 옳은 것은?

① 수화열량이 크다.
② 매스 콘크리트용으로 사용할 수 있다.
③ 초기강도가 크고 장기강도가 낮다.
④ 경화건조수축이 없으며, 해수 등에 대한 내식성이 작다.

해설
① 고로 슬래그 자체는 수경성이 없으나 수화에 의하여 생성되는 수산화칼슘의 자극을 받아 수화하는 잠재 수경성을 가진다.
③ 초기강도는 작지만 장기강도는 큰 편이다.
④ 일반적으로 내화학성이 좋아 해수, 하수, 공장폐수 등에 접하는 콘크리트에 적합하다.

27 시멘트가 습기를 흡수하여 경미한 수화반응을 일으켜 생성된 수산화칼슘과 작용하여 시멘트의 풍화를 발생시키는 것은?

① 분진 ② 아황산가스
③ 일산화탄소 ④ 이산화탄소

해설
풍화
- 시멘트가 습기를 흡수하여 경미한 수화반응을 일으켜 생성된 수산화칼슘과 공기 중의 탄산가스가 반응하여 탄산칼슘을 생성하는 작용이다.
- 시멘트가 풍화되면 수화열과 강도가 감소되어 응결이 늦어지며, 비중이 작아지고, 밀도가 떨어진다.
- 풍화는 고온다습한 경우 급속도로 진행된다.

28 콘크리트의 일반적인 성질에 관한 설명으로 옳지 않은 것은?

① 내구성이 양호하다.
② 내화성이 양호하다.
③ 성형상 자유성이 높다.
④ 압축강도에 비해 인장강도가 크다.

해설
콘크리트는 인장강도에 비해 압축강도가 크다.

29 굳지 않은 콘크리트의 성질을 나타내는 용어 중 주로 수량에 의해서 변화하는 유동성의 정도로 정의되는 것은?

① 컨시스턴시
② 펌퍼빌리티
③ 피니셔빌리티
④ 플라스티시티

해설
콘크리트의 성질
- 컨시스턴시(consistency, 반죽질기) : 굳지 않은 콘크리트의 유동성 정도, 반죽질기를 나타낸다. 주로 수량에 의해서 변화하는 유동성의 정도이다.
- 워커빌리티(workability, 시공연도) : 부어 넣기의 난이도 정도 및 재료분리에 저항하는 정도를 나타낸다. 일반적으로 부배합이 빈배합보다 워커빌리티가 좋다.
- 펌퍼빌리티(pumpability, 펌프압송성) : 펌프압송작업의 용이한 정도이다.
- 피니셔빌리티(finishability, 마감성) : 굵은 골재의 최대 치수, 잔골재율, 잔골재의 입도, 반죽질기 등에 따르는 마무리하기 쉬운 정도를 나타낸다.
- 플라스티시티(plasticity, 가소성·성형성) : 거푸집 등의 형상에 순응하여 채우기 쉽고, 분리가 일어나지 않는 성질이다.

30 점토제품의 흡수율이 큰 것부터 순서로 옳은 것은?

① 도기 > 토기 > 석기 > 자기
② 도기 > 토기 > 자기 > 석기
③ 토기 > 도기 > 석기 > 자기
④ 토기 > 석기 > 도기 > 자기

31 표준형 내화벽돌 중 보통형의 크기는?(단, 단위는 mm)

① 190×90×57
② 210×100×60
③ 210×104×60
④ 230×114×65

해설
- 내화벽돌의 표준형 크기 : 230mm(길이)×114mm(너비)×65mm(두께)
- 표준형(적벽돌) 크기 : 190mm(길이)×90mm(너비)×57mm(두께)

32 강의 열처리 방법에 해당하지 않는 것은?

① 불림 ② 단조
③ 풀림 ④ 담금질

해설
- 강의 열처리 방법 : 풀림, 불림, 담금질, 뜨임질 등
- 강의 성형(가공)방법 : 압출, 단조, 압연, 인발 등

33 벽, 기둥 등의 모서리 부분에 미장바름을 보호하기 위해 붙인 것으로, 모서리쇠라고도 하는 것은?

① 와이어 라스
② 조이너
③ 코너비드
④ 메탈 라스

해설
① 와이어 라스 : 아연 도금한 연강선을 마름모꼴로 엮어서 만든 미장벽 바탕용 철망으로, 시멘트 모르타르바름 바탕에 사용한다.
② 조이너 : 천장·벽 등에 보드류를 붙이고, 그 이음새를 감추고 누르는 데 사용한다.
④ 메탈 라스 : 얇은 철판에 절목을 많이 넣어 이를 옆으로 늘여서 만든 것으로, 도벽 바탕에 쓰인다.

34 미장공사에서 사용되는 재료 중 결합재가 아닌 것은?

① 시멘트
② 잔골재
③ 소석회
④ 합성수지

해설
결합재료
- 경화되어 바름벽에 필요한 강도를 발휘시키기 위한 재료이다.
- 시멘트, 소석회, 돌로마이트 플라스터, 점토, 합성수지 등

[정답] 30 ③ 31 ④ 32 ② 33 ③ 34 ②

35 바름재료 중 회반죽에 대한 설명으로 옳지 않은 것은?

① 풀과 여물을 넣은 석회반죽이다.
② 가경성 재료로 분류된다.
③ 회반죽은 건조수축이 커서 해초풀을 사용해 균열을 감소시킨다.
④ 회반죽은 물과 화학반응을 일으켜 경화한다.

해설
회반죽
- 소석회에 모래, 해초풀, 여물 등을 혼합하여 바르는 미장재료이다.
- 기경성 미장재료이며, 경화속도가 느리고 점성이 작다.
- 공기 중의 탄산가스와 반응하여 화학 변화를 일으켜 경화한다.
- 경화건조에 의한 수축률이 크기 때문에 여물로 균열을 분산·경감시킨다.
- 목조 바탕, 콘크리트 블록 및 벽돌 바탕 등에 바른다.

36 다음 중 열가소성 수지에 속하는 것은?

① 요소수지   ② 아크릴수지
③ 멜라민수지 ④ 실리콘수지

해설
합성수지의 종류
- 열경화성 수지 : 페놀수지, 멜라민수지, 폴리우레탄수지, 폴리에스테르수지, 에폭시수지, 요소수지, 실리콘수지, 폴리카보네이트 등
- 열가소성 수지 : 폴리에틸렌수지, 폴리프로필렌수지, 폴리스티렌수지, 염화비닐수지, 아크릴수지, 불소수지, 폴리아마이드수지(나일론, 아라미드), 아세틸수지 등

37 합성수지와 그 용도의 연결이 옳지 않은 것은?

① 멜라민수지 – 접착제
② 염화비닐수지 – PVC 파이프
③ 폴리우레탄수지 – 도막 방수재
④ 폴리스티렌수지 – 발수성 방수도료

해설
폴리스티렌수지 – 발포 보온판

38 유성페인트에 관한 설명으로 옳은 것은?

① 붓바름 작업성 및 내후성이 우수하다.
② 저온다습할 경우에도 건조시간이 짧다.
③ 내알칼리성은 우수하지만, 광택이 없고 마감면의 마모가 크다.
④ 염화비닐수지계, 멜라민수지계, 아크릴수지계 페인트가 있다.

해설
유성페인트
- 보일유(건성유, 건조제)와 안료를 혼합한 것이다(안료 + 건성유 + 건조제 + 희석제).
- 붓바름 작업성 및 내후성이 뛰어나다.
- 저온다습할 경우 특히 건조시간이 길다.
- 내알칼리성이 떨어진다.
- 목재, 석고판류, 철재류 도장에 사용된다.

39 철강 표면 또는 금속 소지의 녹 방지를 목적으로 사용하는 방청 도료에 속하지 않는 것은?

① 래커
② 에칭 프라이머
③ 광명단 조합 페인트
④ 아연분말 프라이머

해설
방청 도료에는 광명단 도료, 규산염 도료, 징크로메이트, 방청산화철 도료, 알루미늄 도료, 역청질 도료, 워시 프라이머(에칭 프라이머), 광명단 조합 페인트, 아연분말 프라이머 등이 있다.

40 천연 아스팔트에 해당하지 않는 것은?

① 아스팔타이트
② 록 아스팔트
③ 레이크 아스팔트
④ 스트레이트 아스팔트

해설
아스팔트의 종류
- 천연 아스팔트 : 록 아스팔트, 레이크 아스팔트, 아스팔타이트
- 석유 아스팔트 : 스트레이트 아스팔트, 블론 아스팔트, 아스팔트 콤파운드

41 제도용구 중 치수를 옮기거나 선과 원주를 같은 길이로 나눌 때 사용하는 것은?

① 컴퍼스
② 디바이더
③ 삼각스케일
④ 운형자

해설
① 컴퍼스 : 원이나 호를 그릴 때 사용한다.
③ 삼각스케일 : 축척을 사용할 때, 길이를 재거나 직선을 일정한 비율로 줄여 나타낼 때 사용한다.
④ 운형자 : 원호 이외의 곡선을 그을 때 사용한다.

42 다음 보기의 설명에 가장 적합한 종이는?

┌ 보기 ┐
실시 도면을 작성할 때 사용하는 원도지로, 연필을 이용하여 그린다. 투명성이 있고 경질이며, 청사진 작업이 가능하고 오랫동안 보존할 수 있으며, 수정이 용이한 종이로 건축제도에 많이 쓰인다.

① 켄트지
② 방안지
③ 트레팔지
④ 트레이싱지

해설
트레이싱지
- 실시 도면을 작성할 때 사용하는 원도지로, 연필을 이용하여 그린다.
- 청사진 작업이 가능하고 오래 보존할 수 있다.
- 수정이 용이한 종이로 건축제도에 많이 쓰인다.
- 경질의 반투명한 제도용지로, 습기에 약하다.

43 건축제도 시 선 긋기의 유의사항으로 옳은 것은?

① 모든 종류의 선은 일목요연하게 같은 굵기로 긋는다.
② 축척과 도면의 크기에 따라서 선의 굵기를 다르게 한다.
③ 한 번 그은 선은 중복해서 여러 번 긋는다.
④ 가는 선일수록 선의 농도를 낮게 조정한다.

해설
한 번 그은 선은 중복해서 긋지 않는다.

44 제도 글자에 대한 설명으로 옳지 않은 것은?

① 숫자는 아라비아숫자를 원칙으로 한다.
② 문장은 가로쓰기가 곤란할 때에는 세로쓰기도 할 수 있다.
③ 글자체는 수직 또는 45° 경사의 고딕체로 쓰는 것을 원칙으로 한다.
④ 글자의 크기는 각 도면의 상황에 맞추어 알아보기 쉬운 크기로 한다.

해설
제도 시 글자체는 수직 또는 15° 경사의 고딕체로 쓰는 것을 원칙으로 한다.

45 다음 중 동일한 간격으로 철근을 배치할 때 사용하는 도면 표시기호는?

① @   ② W
③ THK   ④ R

해설
② 너비
③ 두께
④ 반지름

46 도면 표시에서 경사에 대한 설명으로 옳지 않은 것은?

① 밑변에 대한 높이의 비로 표시하고, 분자를 1로 한 분수로 표시한다.
② 지붕은 10을 분모로 하여 표시할 수 있다.
③ 바닥 경사는 10을 분자로 하여 표시할 수 있다.
④ 경사는 각도로 표시해도 좋다.

해설
경사
- 경사 지붕, 바닥, 경사로 등의 경사는 모두 경사각으로 이루어지는 밑변에 대한 높이의 비로 표시하고, 경사 다음에 1을 분자로 하여 표시한다.
  예 경사 1/8, 경사 1/20, 경사 1/150
- 지붕은 10을 분모로 하여 표시한다.
  예 경사 1/10, 경사 2.5/10, 경사 4/10
- 경사는 각도로 표시한다.
  예 경사 30°, 경사 45°

47 투시도 작도에서 수평면과 화면이 교차되는 선은?

① 화면선   ② 수평선
③ 기선   ④ 시선

해설
① 화면선 : 물체와 시점 가운데 위치하며 수평면에서 직립 평면
③ 기선 : 지반면과 화면의 교차선
④ 시선 : 사람이 서서 보는 위치

정답 44 ③ 45 ① 46 ③ 47 ②

48 각 실내의 입면을 그려 벽면의 형상, 치수, 끝마감 등을 나타내는 도면은?

① 평면도　② 투시도
③ 단면도　④ 전개도

해설
① 평면도 : 일반적으로 바닥면으로부터 1.2m 높이에서 절단한 수평 투상도로서, 실의 배치 및 크기를 나타내는 도면이다.
② 투시도 : 실내를 입체적으로 실제와 같이 눈에 비치도록 그린 도면이다.
③ 단면도 : 건축물을 수직으로 절단하여 수평 방향에서 본 도면으로, 평면도에 절단선을 그려 절단 부분의 위치를 표시한다.

49 건축물의 주요 구조부가 갖추어야 할 기본조건이 아닌 것은?

① 안전성
② 내구성
③ 경제성
④ 기능성

해설
건축물은 거주성, 내구성, 경제성, 안전성, 친환경성 등의 조건을 갖추어야 한다.

50 콘크리트 충전강관구조(CFT)에 대한 설명으로 옳지 않은 것은?

① 기둥 시공 시 별도의 특수 거푸집이 필요하다.
② 원형 또는 각형 강관이 주로 사용된다.
③ 일종의 합성구조이다.
④ 에너지 흡수능력이 뛰어나 초고층 구조물에 적용 가능하다.

해설
콘크리트 충전강관구조는 콘크리트 타설 시 거푸집이 필요 없다.

51 목구조에 대한 설명으로 옳지 않은 것은?

① 건물의 무게가 가볍고, 가공이 비교적 용이하다.
② 내화성이 좋다.
③ 함수율에 따른 변형이 크다.
④ 나무 고유의 색깔과 무늬가 있어 아름답다.

해설
목구조는 외관이 아름답지만, 화재 위험이 높다.

52 목구조에서 가로재와 세로재가 직교하는 모서리 부분에 직각이 변하지 않도록 보강하는 철물은?

① 감잡이쇠
② ㄱ자쇠
③ 띠쇠
④ 안장쇠

해설
① 감잡이쇠 : 목구조의 맞춤에 사용하는 ㄷ자 모양의 보강철물로, 왕대공과 평보의 연결부에 사용한다.
③ 띠쇠 : 띠형으로 된 철판에 가시못이나 볼트 구멍을 뚫은 철물로, 2개의 부재 이음쇠 맞춤쇠에 대어 2개의 부재가 벌어지지 않도록 보강하는 보강철물이다.
④ 안장쇠 : 안장 모양으로 한 부재에 걸쳐놓고 다른 부재를 받게 하는 이음으로, 맞춤의 보강철물이다.

정답　48 ④　49 ④　50 ①　51 ②　52 ②

53 목구조의 구조 부분과 이음방식이 잘못 짝지어진 것은?

① 서까래이음 – 빗이음
② 걸레받이 – 턱솔이음
③ 난간두겁대 – 은장이음
④ 기둥의 이음 – 엇걸이 산지이음

해설
처마도리, 중도리이음 – 엇걸이 산지이음
※ 엇걸이 산지이음 : 하나의 재(材)를 다른 재와 빗나가게 내리맞추어 잇는 방법으로, 대부분 옆에서 산지못을 박는다.

54 벽돌쌓기 공사 중 가장 튼튼한 구조로 이오토막과 반절이 필요한 쌓기방법은?

① 미국식 쌓기
② 영국식 쌓기
③ 프랑스식 쌓기
④ 네덜란드식 쌓기

해설
① 미국식 쌓기 : 5켜는 길이쌓기로 하고, 다음 한 켜는 마구리쌓기로 한다.
③ 프랑스식 쌓기 : 한 켜 안에 길이쌓기와 마구리쌓기를 병행하며 쌓는다.
④ 네덜란드식 쌓기 : 한 켜는 길이쌓기로 하고 다음은 마구리쌓기로 하며, 모서리 또는 끝에서 칠오토막을 사용한다.

55 블록조에서 창문의 인방 보는 벽단부에 최소 얼마 이상 걸쳐야 하는가?

① 5cm
② 10cm
③ 15cm
④ 20cm

56 철근콘크리트 보에서 전단력을 보강하기 위해 보의 주근 주위에 둘러 배치한 철근은?

① 나선철근
② 띠철근
③ 배력근
④ 늑근

해설
늑근
• 철근콘크리트 보에서 전단력을 보강하기 위해 보의 주근 주위에 둘러 배치한 철근이다.
• 철근콘크리트 보에 늑근을 사용하는 이유
 – 보의 전단저항력을 증가시키기 위해서(전단력에 대한 저항)
 – 주근 상호 간의 위치 유지 및 적정한 피복 두께를 유지하기 위해서

정답 53 ④ 54 ② 55 ④ 56 ④

57 철골구조의 특징에 대한 설명으로 옳지 않은 것은?

① 내화적이다.
② 내진적이다.
③ 장스팬이 가능하다.
④ 해체, 수리가 용이하다.

해설
철골구조는 열에 약해 고온에서 강도 저하나 변형되기 쉽다.

58 철골구조에서 스티프너를 사용하는 가장 중요한 목적은?

① 보의 휨내력 보강
② 웨브 플레이트의 좌굴 방지
③ 보-기둥 접합부의 강도 증진
④ 플랜지 앵글의 단면 보강

해설
철골구조의 판보에서 웨브의 두께가 층에 비해서 얇을 때 웨브의 국부좌굴을 방지하기 위해서 스티프너를 사용한다.

59 철골구조의 접합방법 중 접합된 판 사이에 강한 압력이 작용하여 이에 의한 접합재 간의 마찰저항에 의하여 힘을 전달하는 접합방식은?

① 강 접합
② 핀 접합
③ 용접 접합
④ 고력 볼트 접합

해설
고력 볼트 접합
• 부재 간의 마찰력에 의하여 응력을 전달하는 접합방법이다.
• 접합된 판 사이에 강한 압력이 작용하여 이에 의한 접합재 간의 마찰저항에 의하여 힘을 전달하는 접합방식이다.
• 마찰 접합, 지압 접합, 인장 접합 등이 있다.

60 석재의 형상에 따른 분류에서 면 길이 300mm 정도의 사각뿔형으로, 석축에 많이 사용되는 돌은?

① 간석
② 견치돌
③ 사괴석
④ 각석

해설
① 간석 : 한 변의 길이가 200~300mm 정도의 각진 돌로, 간단한 석축이나 돌 쌓기에 사용된다.
③ 사괴석 : 한 변의 길이가 150~200mm 정도의 돌로, 한국식 건축물이나 방화벽 등에 사용되는 돌이다.
④ 각석 : 단면이 각 형태로 길게 된 돌로, 장대석이라고도 한다. 길이는 2m 이하로 한다.

2020년 제1회 과년도 기출복원문제

01 실내디자인의 목표로 옳지 않은 것은?

① 쾌적성 추구
② 물리적, 환경적 조건 해결
③ 예술적, 서정적 욕구 해결
④ 개성적인 디자인

해설
실내디자인의 목표는 거주자의 성격, 선호도, 라이프스타일을 반영하여 평안하고 매력적인 공간을 만드는 것이다.

02 점과 선의 조형효과에 관한 설명으로 옳지 않은 것은?

① 점은 선과 달리 공간적 착시효과를 이끌어 낼 수 없다.
② 선은 여러 개의 선을 이용하여 움직임, 속도감 등을 시각적으로 표현할 수 있다.
③ 배경의 중심에 있는 하나의 점은 점에 시선을 집중시키고, 정지의 효과를 느끼게 한다.
④ 반복되는 선의 굵기와 간격, 방향을 변화시키면 2차원에서 부피와 깊이를 느끼게 표현할 수 있다.

해설
같은 점이라도 밝은 점은 크고 넓게 보이며, 어두운 점은 작고 좁게 보인다.

03 다음 보기의 설명에 알맞은 형태는?

┌보기┐
• 구체적 형태를 생략 또는 과장의 과정을 거쳐 재구성된 형태이다.
• 대부분의 경우 재구성된 원래의 형태를 알아보기 어렵다.

① 자연적 형태
② 인위적 형태
③ 추상적 형태
④ 이념적 형태

04 균형의 원리에 관한 설명으로 옳지 않은 것은?

① 크기가 큰 것이 작은 것보다 시각적 중량감이 크다.
② 색의 중량감은 색의 속성 중 색상에 가장 영향을 많이 받는다.
③ 불규칙적인 형태가 기하학적 형태보다 시각적 중량감이 크다.
④ 복잡하고 거친 질감이 단순하고 부드러운 것보다 시각적 중량감이 크다.

해설
색의 중량감은 색의 3가지 속성 중 주로 명도에 기인하지만, 색상이나 채도에 의해서도 약간 그 무게감의 차이를 느낀다.

정답 1 ④ 2 ① 3 ③ 4 ②

05 실내 기본요소 중 바닥에 관한 설명으로 옳지 않은 것은?

① 생활을 지탱하는 가장 기본적인 요소이다.
② 공간의 영역을 조정할 수 있는 기능은 없다.
③ 촉각적으로 만족할 수 있는 조건을 요구한다.
④ 천장과 함께 공간을 구성하는 수평적 요소이다.

해설
바닥은 고저차로 공간의 영역을 조정할 수 있다.

06 개구부의 너비가 크거나 상부의 하중이 클 때 인방돌의 뒷면을 강재로 보강하는 이유는?

① 석재는 휨모멘트에 약하므로
② 석재는 전단력이 약하므로
③ 석재는 압축력이 약하므로
④ 석재는 수직력이 약하므로

해설
석재는 휨모멘트에 약해 개구부의 너비가 크거나 상부의 하중이 클 때 인방돌의 뒷면에 강재로 보강해야 한다.

07 금속제 용수철과 완충유의 조합작용으로 열린 문을 자동으로 닫히게 하는 장치로, 바닥에 설치하며 일반적으로 무거운 중량 창호에 사용되는 창호철물은?

① 크레센트   ② 도어 스톱
③ 래버터리 힌지 ④ 플로어 힌지

해설
① 크레센트 : 오르내리창 또는 미서기창에 사용한다.
② 도어 스톱 : 여닫음 조정기 중 하나로 여닫이문이나 장지를 고정시키는 철물이다. 문을 열어 제자리에 머물러 있게 하거나 벽 하부에 대어 문짝이 벽에 부딪치지 않게 하며, 갈고리로 걸어 제자리에 머무르게 한다.
③ 래버터리 힌지 : 공중전화의 출입문, 화장실 등 열린 여닫이문이 자동으로 10~15cm 정도 열려 있게 하는 경첩이다.

08 생활에 적합한 건축을 위해 인체와 관련된 모듈의 사용에 있어 단순한 길이의 배수보다는 황금비례를 이용하여 타당하다고 주장한 사람은?

① 르 코르뷔지에
② 월터 그로피우스
③ 미스 반 데어 로에
④ 프랭크 로이드 라이트

09 다음 보기에서 설명하는 가구는?

보기
가구와 인간의 관계, 가구와 건축 구체의 관계, 가구와 가구의 관계들을 종합적으로 고려하여 적합한 치수를 산출한 후, 이를 모듈화시킨 각 유닛이 모여 전체 가구를 형성한 것이다.

① 인체계 가구
② 수납용 가구
③ 시스템 가구
④ 빌트 인 가구

정답 5② 6① 7④ 8① 9③

10 주심포식과 다포식으로 나뉘어지며, 목구조 건축물에서 처마 끝의 하중을 받치기 위해 설치하는 것은?

① 공포
② 부연
③ 너새
④ 서까래

11 주거 공간의 동선에 관한 설명으로 옳지 않은 것은?

① 동선은 일상생활의 움직임을 표시하는 선이다.
② 동선은 길고, 가능한 한 직선으로 계획하는 것이 바람직하다.
③ 하중이 큰 가사노동의 동선은 되도록 남쪽에 오도록 하는 것이 좋다.
④ 개인, 사회, 가사노동권의 3개 동선은 서로 분리되어 간섭이 없도록 한다.

[해설]
공간계획 시 가능한 한 동선은 짧게 구성하는 것이 좋다.

12 다음 보기의 설명에 알맞은 거실의 가구 배치형식은?

┤보기├
- 가구를 두 벽면에 연결시켜 배치하는 형식으로, 시선이 마주치지 않아 안정감이 있으며 부드럽고 단란한 분위기를 준다.
- 비교적 적은 면적을 차지하기 때문에 공간 활용이 높고, 동선이 자연스럽게 이루어지는 장점이 있다.

① 직선형
② ㄱ자형
③ ㄷ자형
④ 자유형

13 다음 보기의 설명에 알맞은 부엌 가구의 배치 유형은?

┤보기├
- 부엌의 폭이 길이에 비해 넓은 부엌 형태에 적합하다.
- 작업 동선은 줄일 수 있지만 몸을 앞뒤로 바꾸기는 불편하다.

① L자형
② 일자형
③ 병렬형
④ 아일랜드형

14 상점에서 쇼윈도, 출입구 및 홀의 입구 부분을 포함한 평면적인 구성요소와 아케이드, 광고판, 사인, 외부장치를 포함한 입체적인 구성요소의 총체를 의미하는 것은?

① 파사드
② 스크린
③ AIDMA
④ 디스플레이

[해설]
파사드(facade) : 쇼윈도, 출입구 및 홀의 입구 부분을 포함한 평면적인 구성요소와 아케이드, 광고판, 사인, 외부장치를 포함한 입체적인 구성요소의 총체를 의미한다. 전체 외부요소들은 상점의 특성과 상점의 내용을 표현하도록 디자인되어야 하며, 무엇보다도 주변환경과 조화를 이루어야 한다.

15 측면 판매형식을 적용하기 가장 곤란한 상품은?

① 서적　　② 침구
③ 양복　　④ 부엌

해설
측면 판매는 주로 전기용품, 서적, 침구, 양복, 문방구류 등의 판매에 사용된다.

16 열에 대한 설명으로 틀린 것은?

① 열은 온도가 낮은 곳에서 높은 곳으로 이동한다.
② 열이 이동하는 형식에는 복사, 대류, 전도가 있다.
③ 대류는 유체의 흐름에 의해서 열이 이동되는 것을 총칭한다.
④ 벽과 같은 고체를 통하여 유체(공기)에서 유체로 열이 전해지는 현상을 열관류라고 한다.

해설
열은 항상 온도가 높은 곳에서 온도가 낮은 곳으로 이동한다.

17 결로 방지대책으로 옳지 않은 것은?

① 환기　　② 난방
③ 단열　　④ 방수

해설
결로 방지대책 : 단열 보강, 환기, 방습층, 난방, 단열재

18 자연환기량에 관한 설명으로 옳지 않은 것은?

① 개구부 면적이 클수록 많아진다.
② 실내외의 온도차가 클수록 많아진다.
③ 공기 유입구와 유출구의 높이의 차이가 클수록 많아진다.
④ 중성대에서 공기 유출구까지의 높이가 작을수록 많아진다.

해설
자연환기량은 중성대에서 공기 유입구 또는 공기 유출구까지의 높이가 클수록 많아진다.

19 직접조명방식에 관한 설명으로 옳지 않은 것은?

① 조명률이 낮다.
② 실내 반사율의 영향이 작다.
③ 국부적으로 고조도를 얻기 편리하다.
④ 천장이 어두워지기 쉬우며 진한 그림자가 형성되기 쉽다.

해설
직접조명방식
- 광원의 90~100%를 어떤 물체에 직접 비추어 투사시키는 방식이다.
- 조명률이 좋고, 경제적이다.
- 실내 반사율의 영향이 작다.
- 국부적으로 고조도를 얻기 편리하다.
- 천장이 어두워지기 쉬우며 진한 그림자가 쉽게 형성된다.
- 눈에 대한 피로가 크다.

정답 15 ④　16 ①　17 ④　18 ④　19 ①

20 세기와 높이가 일정한 음으로, 확성기나 마이크로폰의 성능실험 등의 음원으로 사용되는 것은?

① 소음 ② 진음
③ 간헐음 ④ 잔향음

21 건축재료의 요구성능 중 감각적 성능이 특히 요구되는 것은?

① 구조재료
② 마감재료
③ 차단재료
④ 내화재료

해설
건축재료의 요구성능

구분	역학적 성능	물리적 성능	내구성능	화학적 성능	방화·내화성능	감각적 성능	생산성능
구조재료	강도, 강성, 내피로성	비수축성	냉해, 변질, 부식, 내후성	발청, 부식, 중성화	불연성, 내열성	–	
마감재료	–	열, 음, 빛의 투과, 반사			비발열성, 비유독가스	색채, 촉감	가공성, 시공성
차단재료	–	열, 음, 빛, 수분의 차단	–	–		–	
내화재료	고온강도, 고온변형	고융점	–	화학적 안정	불연성	–	

22 현대 건축재료의 발달사항으로 옳지 않은 것은?

① 고성능 ② 생산성
③ 중량화 ④ 공업화

해설
건축재료는 저품질에서 고품질로, 재래식 방법에서 생산성을 고려한 합리화·절약화로, 수작업 현장시공에서 점차 공업화를 지향하는 기계화, prefab(선조립)화가 가능한 방향으로 개발되고 있다.

23 목재제품 중 합판에 관한 설명으로 옳지 않은 것은?

① 균일한 강도의 재료를 얻을 수 있다.
② 함수율 변화에 따른 팽창·수축의 방향성이 없다.
③ 단판을 섬유 방향이 서로 평행하도록 홀수로 적층하여 만든 것이다.
④ 뒤틀림이나 변형이 작은 비교적 큰 면적의 평면 재료를 얻을 수 있다.

해설
합판 : 목재를 얇은 판으로 만들어 이들을 섬유 방향이 서로 직교되도록 홀수로 적층하여 접착시킨 판이다.

24 극장이나 강당, 집회장 등의 음향조절용으로 사용하거나 일반 건물의 벽 수장재로 이용되는 목재제품은?

① 플로링 보드
② 파키트 패널
③ 코펜하겐 리브
④ 펄라이트

해설
코펜하겐 리브판
- 두께 50mm, 너비 100mm 정도의 긴 판에 표면을 리브로 가공한 것이다.
- 음향조절효과가 있어 집회장, 강당, 영화관, 극장 등의 천장 또는 내벽에 사용한다.
- 일반 건물의 벽 수장재로 사용된다.

25 다음 중 일반적으로 내화성이 가장 약한 석재는?

① 사암
② 안산암
③ 화강암
④ 응회암

해설
내화도의 크기 순서 : 응회암, 부석 > 안산암, 점판암 > 사암 > 대리석 > 화강암

26 한국산업표준(KS L 5201)에 따른 포틀랜드 시멘트의 종류에 해당되지 않는 것은?

① 백색 포틀랜드 시멘트
② 조강 포틀랜드 시멘트
③ 저열 포틀랜드 시멘트
④ 중용열 포틀랜드 시멘트

해설
포틀랜드 시멘트(KS L 5201)
• 1종 : 보통 포틀랜드 시멘트
• 2종 : 중용열 포틀랜드 시멘트
• 3종 : 조강 포틀랜드 시멘트
• 4종 : 저열 포틀랜드 시멘트
• 5종 : 내황산염 포틀랜드 시멘트

27 콘크리트에 사용되는 골재에 요구되는 성질에 관한 설명으로 옳지 않은 것은?

① 골재의 크기는 동일하여야 한다.
② 골재에는 불순물이 포함되어 있지 않아야 한다.
③ 골재의 모양은 둥글고 구형에 가까운 것이 좋다.
④ 골재의 강도는 콘크리트 중의 경화 시멘트 페이스트의 강도 이상이어야 한다.

해설
콘크리트 입도(골재의 크고 작은 입자가 혼합된 정도)는 조립에서 세립까지 연속적으로 균등하게 혼합되어 있어야 한다.

28 다음 중 콘크리트 성질을 개선하거나 경제성 향상의 목적으로 사용되는 혼화제가 아닌 것은?

① AE제
② 기포제
③ 유동화제
④ 플라이애시

해설
혼화재인 플라이애시는 콘크리트의 수밀성을 향상시킨다.

29 콘크리트의 슬럼프시험을 하는 가장 주된 목적은?

① 공기량 측정
② 시공연도 측정
③ 골재의 입도 측정
④ 콘크리트의 강도 측정

해설
슬럼프
• 굳지 않은 콘크리트의 반죽질기를 나타내는 지표
• 슬럼프시험 : 굳지 않은 콘크리트의 컨시스턴시를 측정하는 방법
• 콘크리트의 슬럼프시험을 하는 가장 주된 목적 : 시공연도 측정을 위해

정답 25 ③ 26 ① 27 ① 28 ④ 29 ②

30 속 빈 콘크리트 블록의 기본 블록 치수로 옳지 않은 것은?(단위 : mm)

① 390×190×190
② 390×190×150
③ 390×190×130
④ 390×190×100

해설
속 빈 콘크리트 블록 치수

(단위 : mm)

모양	치수			허용값
	길이	높이	두께	
기본 블록	390	190	190	±2
			150	
			100	

31 다음 중 점토제품이 아닌 것은?

① 테라코타
② 내화벽돌
③ 도기질 타일
④ 코펜하겐 리브

해설
코펜하겐 리브는 목재제품이다.

32 탄소량에 따른 탄소강의 성질 변화에 대한 설명으로 옳지 않은 것은?

① 탄소량이 증가할수록 탄소강의 열전도도는 커진다.
② 탄소량이 증가할수록 탄소강의 열팽창계수는 감소한다.
③ 탄소량이 증가할수록 탄소강의 비열은 커진다.
④ 탄소량이 증가할수록 탄소강의 전기저항은 커진다.

해설
탄소량이 증가할수록 탄소강의 열전도도, 열팽창계수, 비중 등은 작아지고, 탄소강의 비열, 전기저항, 항자력은 증가한다.

33 얇은 철판에 절목을 많이 넣어 이를 옆으로 늘여서 만든 것으로 도벽 바탕에 쓰이는 금속제품은?

① 메탈 실링
② 펀칭 메탈
③ 프린트 철판
④ 메탈 라스

34 단열유리라고도 하며 Fe, Ni, Cr 등이 들어 있는 유리로 서향일광을 받는 창 등에 사용되는 것은?

① 내열유리
② 열선흡수유리
③ 열선반사유리
④ 자외선차단유리

해설
열선흡수유리
- 단열유리라고도 하며 Fe, Ni, Cr 등이 함유되어 있다.
- 태양광선 중 장파 부분을 흡수한다.
- 서향일광을 받는 창 등에 사용된다.

35 미장재료 중 석고 플라스터에 관한 설명으로 옳지 않은 것은?

① 원칙적으로 해초 또는 풀즙을 사용하지 않는다.
② 경화·건조 시 치수 안정성이 뛰어나 균열이 없는 마감을 실현할 수 있다.
③ 석고 플라스터 중에서 가장 많이 사용하는 것은 크림용 석고 플라스터이다.
④ 경석고 플라스터는 고온소성의 무수석고를 특별한 화학처리를 한 것으로 경화 후 아주 단단하다.

해설
크림용 석고 플라스터(순석고 플라스터)는 현장에서 배합관리가 어려워 특수한 경우 외에는 사용하지 않는다. 일반적으로 석고 플라스터는 혼합 석고 플라스터를 의미한다.

36 합성수지의 일반적인 성질에 관한 설명으로 옳지 않은 것은?

① 열에 강하여 고온에서 연화·연질되지 않는다.
② 내산, 내알칼리 등의 내화학성 및 전기절연성이 우수한 것이 많다.
③ 가소성, 가공성이 크다.
④ 전성, 연성이 크고 광택이 있다.

해설
합성수지는 열에 의한 팽창수축이 크다.

37 내열성과 내한성이 우수한 수지로, −60~260℃의 범위에서 안정하고 탄성을 가지며 내후성 및 내화학성이 우수한 것은?

① 요소수지
② 실리콘수지
③ 아크릴수지
④ 염화비닐수지

해설
실리콘수지
- 내열성·내한성이 우수하며, −60~260℃의 범위에서 안정하다.
- 물을 튀기는 발수성을 가지고 있어서 방수재료는 물론 개스킷, 패킹, 전기절연재, 기타 성형품의 원료로 이용되는 합성수지이다.
- 탄력성·내수성이 좋아 도료, 접착제 등으로 사용한다.
- 탄성을 가지며 내후성 및 내화학성이 우수한 열경화성 수지이다.

38 도료의 구성요소 중 도막 주요소를 용해시키고 적당한 점도로 조절 또는 쉽게 도장하기 위해 사용하는 것은?

① 안료
② 용제
③ 수지
④ 전색제

해설
용제
- 도막 주요소를 용해시키고 적당한 점도로 조절 또는 쉽게 도장하기 위해 사용한다.
- 건성유(아마인유, 동유, 임유, 마실유 등)와 반건성유(대두유, 채종유, 어유 등)가 있다.

정답 35 ③ 36 ① 37 ② 38 ②

39 다음 중 내알칼리성이 가장 우수한 도료는?

① 에폭시 도료
② 유성 페인트
③ 유성 바니시
④ 프탈산수지 에나멜

해설
에폭시수지 도료
- 도막이 충격에 비교적 강하고 내마모성도 좋다.
- 내후성, 내수성, 내산성, 내알칼리성이 특히 우수하다.
- 습기에 대한 변질의 염려가 작다.
- 용제와 혼합성이 좋다.
- 콘크리트 및 모르타르 바탕면 등에 사용된다.

40 아스팔트 루핑을 절단하여 만든 것으로, 주로 지붕재료로 사용되는 아스팔트 제품은?

① 아스팔트 펠트
② 아스팔트 유제
③ 아스팔트 타일
④ 아스팔트 싱글

해설
④ 아스팔트 싱글 : 아스팔트 루핑을 절단하여 만든 것으로, 주로 지붕재료로 사용되는 역청제품이다.
① 아스팔트 펠트 : 천연 유기섬유를 원료로 한 원지에 스트레이트 아스팔트를 함침시켜 만든 아스팔트 방수시트재이다.
③ 아스팔트 타일 : 아스팔트에 석면·탄산칼슘·안료를 가하고, 가열혼련하여 시트상으로 압연한 것으로, 내수성·내습성이 우수한 바닥재료이다.

41 일반적으로 반지름 50mm 이하의 작은 원을 그리는 데 사용되는 제도용구는?

① 빔 컴퍼스
② 스프링 컴퍼스
③ 디바이더
④ 자유삼각자

해설
① 빔 컴퍼스 : 대형 컴퍼스로 그릴 수 없는 큰 원을 그릴 때 삼각자나 긴 막대에 끼워서 사용한다.
③ 디바이더 : 치수를 자 또는 삼각자의 눈금으로 잰 후 제도지에 같은 길이로 분할할 때, 치수를 옮기거나 선과 원주를 같은 길이로 나눌 때 사용한다.
④ 자유삼각자 : 하나의 자로 각도를 조절하여 지붕의 물매나 30°, 45°, 60° 이외에 각을 그리는 데 사용한다.

42 척도에 대한 설명으로 옳은 것은?

① 척도는 배척, 실척, 축척 3종류가 있다.
② 배척은 실물과 같은 크기로 그리는 것이다.
③ 축척은 일정한 비율로 확대하는 것이다.
④ 축척은 1/1, 1/15, 1/100, 1/250, 1/350이 주로 사용된다.

해설
척도의 종류
- 실척 : 실물과 같은 비율로 그리는 것(1/1)
- 배척 : 실물을 일정한 비율로 확대하는 것(1/2, 1/5)
- 축척
  - 실물을 일정한 비율로 축소하는 것
  - 1/2, 1/3, 1/4, 1/5, 1/10, 1/20, 1/25, 1/30, 1/40, 1/50, 1/100, 1/200, 1/250, 1/300, 1/500, 1/600, 1/1000, 1/1200, 1/2000, 1/2500, 1/3000, 1/5000, 1/6000

43 1점쇄선으로 표기할 수 없는 선은?

① 가상선
② 중심선
③ 기준선
④ 경계선

해설
가상선은 2점쇄선으로 표기한다.

44 건축제도의 치수 기입에 대한 설명 중 옳지 않은 것은?

① 인출선은 사용하지 않는다.
② 치수선 중앙 윗부분에 기입하는 것이 원칙이다.
③ 치수는 특별히 명시하지 않는 한 마무리 치수로 표시한다.
④ 치수 기입은 치수선에 평행하게 도면의 왼쪽에서 오른쪽으로, 아래로부터 위로 읽을 수 있도록 기입한다.

해설
협소한 간격이 연속될 때에는 인출선을 사용하여 치수를 기입한다.

45 건축제도에서 접이문의 평면 표시기호는?

① ┣─┫----┼----┣─┫
② ┣━〰〰 ┏━
③ ┣━⊗━ ━⊗━
④ ┣━〈〈━ ┏━

해설
① 망사문
② 주름문
③ 회전문

46 설계도에 나타내기 어려운 시공내용을 문장으로 표현한 것은?

① 시방서
② 견적서
③ 설명서
④ 계획서

해설
시방서 : 건물을 설계하거나 제품을 제조할 시 도면상에서 나타낼 수 없는 세부사항을 명시한 문서

47 건축물의 설계도면 중 사람이나 차, 물건 등이 움직이는 흐름을 도식화한 도면은?

① 구상도
② 조직도
③ 평면도
④ 동선도

해설
④ 동선도 : 조직도, 기능도 등을 바탕으로 사람, 차, 가구 등의 이동 흐름을 도식화한 도면으로, 이 도면을 토대로 문의 위치, 가구의 배치, 창문의 배치 등을 설정한다.
① 구상도 : 기초설계에 대한 기본개념으로 배치도, 입면도, 평면도가 포함되며 모눈종이 등에 프리핸드로 손쉽게 그린다.
② 조직도 : 초기 평면계획 시 구상하기 전 각 실내의 용도 등의 관련성을 조사·정리·조직화한 것이다.
③ 평면도 : 일반적으로 바닥면으로부터 1.2m 높이에서 절단한 수평 투상도로서, 실의 배치 및 크기를 나타내는 도면이다.

48 건축설계 도면 중 창호도에 관한 설명으로 옳지 않은 것은?

① 축척은 보통 1/50~1/100으로 한다.
② 창호기호는 한국산업표준의 KS F 1502를 따른다.
③ 창호기호에서 W는 창, D는 문을 의미한다.
④ 창호 재질의 종류와 모양, 크기 등은 기입할 필요가 없다.

> **해설**
> 창호 재질의 종류와 모양, 크기 등은 건축설계 도면에 기입해야 한다.

49 다음 중 습식구조가 아닌 것은?

① 벽돌구조
② 콘크리트 충전강관구조
③ 철근콘크리트구조
④ 철골구조

> **해설**
> 철골구조는 건식구조이다.

50 셸구조가 성립하기 위한 제한조건으로 옳지 않은 것은?

① 건축기술상 셸은 건축할 수 있는 형태를 가져야 한다.
② 공장, 건축현장에서 용이하게 만들어지는 것이어야 한다.
③ 역학적인 면에서 재하방법이 지지능력과 어긋나지 않아야 한다.
④ 지지점에서는 힘의 집중이 발생하지 않으므로 셸의 모양을 결정할 때 지지점과의 관계를 고려하지 않는다.

> **해설**
> 셸구조의 성립조건
> • 건축기술상 셸은 건축할 수 있는 형태이어야 한다.
> • 공장, 건축현장에서 제작이 용이해야 한다.
> • 역학적인 면에서 재하방법이 지지능력과 일치해야 한다.
> • 지지점의 힘의 집중을 고려해야 한다.

51 반자틀의 구성과 관계없는 것은?

① 징두리
② 달대
③ 달대받이
④ 반자돌림대

> **해설**
> 반자틀의 구성 순서 : 위에서부터 달대받이 → 달대 → 반자틀받이 → 반자틀 → 반자돌림대

48 ④ 49 ④ 50 ④ 51 ①

52 목재 접합 중 2개 이상의 목재를 길이 방향으로 붙여 1개의 부재로 만드는 것은?

① 이음
② 쪽매
③ 맞춤
④ 장부

53 연속기초라고도 하며, 조적조의 벽기초 또는 철근콘크리트조 연결기초로 사용되는 것은?

① 독립기초
② 복합기초
③ 온통기초
④ 줄기초

해설
줄기초
- 연속기초라고도 하며, 조적조의 벽기초 또는 철근콘크리트조 연결기초로 사용한다.
- 일렬의 기둥을 받치는 기초이다.
- 조적식 구조인 내력벽의 기초(최하층의 바닥면 이하에 해당하는 부분)는 연속기초로 해야 한다.

54 표준형 점토벽돌 2.0B의 두께는?

① 190mm
② 290mm
③ 390mm
④ 490mm

해설
벽 두께

(단위 : mm)

구분	0.5B	1B	1.5B	2B	2.5B
일반형	90	190	290	390	490
재래형	100	210	320	420	540

55 철골구조와 비교한 철근콘크리트구조의 단점이 아닌 것은?

① 내화성이 떨어진다.
② 구조물 완성 후 내부 결함의 유무를 검사하기 어렵다.
③ 중량이 크다.
④ 균열이 쉽게 발생한다.

해설
철근콘크리트구조는 내화·내구·내진적이다(횡력과 진동에 강하다).

56 철근콘크리트구조에서 사용되는 이형철근이 원형철근보다 우수한 부분은?

① 인장강도
② 압축강도
③ 공사비용
④ 부착강도

해설
이형철근이 원형철근보다 부착력이 크다.

정답 52 ① 53 ④ 54 ③ 55 ① 56 ④

57 I형강의 웨브를 절단하여 6각형 구멍이 줄지어 생기도록 용접하여 춤을 높인 것은?

① 허니 콤보
② 플레이트 보
③ 트러스 보
④ 래티스 보

해설
① 허니 콤보 : I형강의 웨브를 톱니 모양으로 절단한 후 구멍이 생기도록 맞추고 용접하여 구멍을 각 층의 배관에 이용하도록 한 보
② 플레이트 보(판보) : 웨브에 철판을 쓰고 상하부 플랜지에 ㄱ형강을 리벳 접합한 보
③ 트러스 보 : 부재(部材)를 삼각형으로 짜 맞추어 지붕이나 교량 따위에 사용하는 보
④ 래티스 보 : 상하 플랜지에 ㄱ형강을 쓰고 웨브재로 대철을 45°, 60° 또는 90° 등의 일정한 각도로 접합한 조립 보

58 철근콘크리트 강도 측정을 위한 비파괴시험에 해당하는 것은?

① 슈미트해머법
② 언더컷
③ 라멜라 테어링
④ 슬럼프검사

해설
슈미트해머법 : 철근콘크리트의 강도를 측정하는 비파괴검사의 일종으로, 콘크리트 표면의 반발경도를 측정하여 압축강도를 측정한다.

59 조립식 구조의 특성으로 옳지 않은 것은?

① 공기가 단축된다.
② 공사비가 증가된다.
③ 품질 향상과 감독·관리가 용이하다.
④ 대량 생산이 가능하다.

해설
조립식 구조는 재료가 절약되어 공사비가 적게 든다.

60 프리캐스트(PC) 콘크리트의 공사과정으로 옳은 것은?

① PC 설계→조립→운송→접합→배근 및 콘크리트 타설
② PC 설계→운송→조립→접합→배근 및 콘크리트 타설
③ PC 설계→접합→조립→운송→배근 및 콘크리트 타설
④ PC 설계→운송→접합→조립→배근 및 콘크리트 타설

해설
프리캐스트 콘크리트의 공사과정 순서
1. PC 설계 : PC의 구조 계산, 접합부 설계
2. 제작 : 몰드, PC 부재 제작
3. 운송 : 운송계획, 현장 반입검사
4. 조립 : 부재 현장 조립
5. 접합 : 부재 접합 및 검사
6. 철근 배근 및 콘크리트 타설

2020년 제2회 과년도 기출복원문제

01 실내디자인 등 다양한 디자인 활동에서 디자인의 적응상황 등을 연구하여 색채를 선정하는 과정은?

① 색감계획
② 색채관리
③ 색채계획
④ 색채조합

해설
색채계획 : 일상생활이나 생산활동 분야에서 색채를 생활이나 작업에 효과적으로 활용하기 위하여 색채 사용에 대한 계획을 세운다.

02 디자인 요소 중 선에 관한 설명으로 옳지 않은 것은?

① 곡선은 우아하며 풍부한 분위기를 연출한다.
② 수평선은 안정감, 차분함, 편안한 느낌을 준다.
③ 수직선은 심리적 엄숙함과 상승감의 효과를 준다.
④ 사선은 경직된 분위기를 부드럽고 유연하게 한다.

해설
사선은 역동적인 이미지를 갖고 있어 동적인 실내 분위기를 연출한다. ④는 곡선에 대한 설명이다.

03 좁은 공간을 시각적으로 넓어 보이게 하려면 어떤 질감(texture)의 재료를 선택해야 하는가?

① 털이 긴 카펫
② 굴곡이 많은 석재
③ 거친 표면의 목재
④ 매끈한 질감의 유리

04 디자인의 원리 중 시각적으로 초점이나 흥미의 중심이 되는 것을 의미하며, 실내디자인에서 충분한 필요성과 한정된 목적을 가질 때 적용하는 것은?

① 리듬
② 조화
③ 강조
④ 통일

해설
① 리듬 : 실내에 있어서 공간이나 형태의 구성을 조직하고 반영하여 시각적으로 디자인에 질서를 부여한다.
② 조화 : 성질이 다른 두 가지 이상의 요소(선, 면, 형태, 공간, 재질, 색채 등)가 한 공간 내에서 결합될 때 발생하는 상호관계에 대한 미적 현상으로, 전체적인 조립방법이 모순 없이 질서를 잡는다.
④ 통일 : 이질적인 각 구성요소들을 전체적으로 동일한 이미지를 갖게 하며, 디자인 대상의 전체에 미적 질서를 주는 기본원리로 모든 형식의 출발점이다.

05 다음 보기의 설명에 가장 알맞은 디자인 원리는?

┤보기├
질적, 양적으로 전혀 다른 둘 이상이 요소가 동시적 또는 계속적으로 배열될 때 상호의 특질이 한층 강하게 느껴지는 현상

① 리듬
② 대비
③ 대칭
④ 균형

정답 1 ③ 2 ④ 3 ④ 4 ③ 5 ②

06 다음 보기와 같은 특징을 갖는 창은?

┌보기├
- 열리는 범위를 조절할 수 있다.
- 안이나 밖으로 열리는데 특히 안으로 열릴 때는 열릴 수 있는 면적이 필요하므로 가구 배치 시 이를 고려해야 한다.

① 미닫이창
② 여닫이창
③ 미서기창
④ 오르내리창

07 다음 중 창호와 창호철물에 관한 설명으로 옳지 않은 것은?

① 철제 뼈대에 천을 붙이고 상부는 홈 대형의 행거레일에 달바퀴로 매달아 접어 여닫게 만든 문을 아코디언 도어라 한다.
② 일반적으로 환기를 목적으로 하고 채광은 필요로 하지 않은 경우에 붙박이창을 사용한다.
③ 오르내리창에는 크레센트를 사용한다.
④ 여닫음 조정기 중 열린 문을 받아 벽을 보호하고 문을 고정하는 것을 도어 스톱이라 한다.

해설
고정창 : 개폐가 불가능한 창으로, 붙박이창이라고도 한다. 채광이나 조망은 가능하지만 환기나 온도 조절이 어렵다. 크기와 형태에 제약이 없어 자유롭게 디자인할 수 있지만, 유리와 같이 투명한 재료일 경우 창이 있는 것을 알지 못해 부딪힐 위험이 있다.

08 다음 보기의 설명에 알맞은 조명방식은?

┌보기├
- 천장에 매달려 조명하는 조명방식이다.
- 조명기구 자체가 빛을 발하는 액세서리 역할을 한다.

① 코브조명
② 브래킷 조명
③ 펜던트 조명
④ 캐노피 조명

09 마르셀 브로이어가 디자인한 작품으로, 강철 파이프를 휘어 기본 골조를 만들고 가죽을 접합하여 좌판, 등받이, 팔걸이를 만든 의자는?

① 바실리 의자
② 파이미오 의자
③ 바르셀로나 의자
④ 힐 하우스 래더백 의자

해설
바실리 의자(wassily chair)
- 마르셀 브로이어가 바우하우스의 칸딘스키 연구실을 위해 디자인한 것으로, 스틸파이프로 된 의자이다.
- 강철 파이프를 휘어 기본 골조를 만들고, 가죽을 접합하여 좌판, 등받이, 팔걸이를 만든 의자이다.

10 주거 공간 중 개인의 공간에 해당하는 것은?

① 거실
② 식당
③ 응접실
④ 서재

해설
공간에 따른 분류

공간 분류	종류
사회적 공간	거실, 식당, 응접실, 회의실 등
개인적 공간	침실, 서재, 작업실, 욕실 등
작업 공간	세탁실, 다용도실, 부엌
부수적 공간	계단, 현관, 복도, 통로 등

11 부엌의 크기를 결정하는 요소가 아닌 것은?

① 가족 수
② 대지면적
③ 주택 연면적
④ 작업대의 면적

해설
주택 부엌의 크기를 결정하는 요소 : 가족 수, 주택의 연면적, 작업대의 크기·면적, 수납, 주부의 가사노동 동선 등

12 거실에 식사 공간을 부속시킨 형태, 식사 도중 거실의 고유 기능과 분리가 어려운 형식은?

① 리빙 키친(living kitchen)
② 다이닝 포치(dining porch)
③ 리빙 다이닝(living dining)
④ 다이닝 키친(dining kitchen)

해설
리빙 다이닝(LD ; Living Dining)형 : 거실 + 식당 겸용
• 거실의 한 부분에 식탁을 설치하여 부엌과 분리한 형식이다.
• 작은 공간을 잘 활용할 수 있으며 식사실의 분위기 조성에 유리하다.
• 거실의 가구들을 공동으로 이용할 수 있으나 부엌과의 연결로 작업 동선이 길어질 우려가 있다.
• 식사 중에는 거실의 고유기능과 분리하기 어렵다.

13 다음 보기의 설명에 알맞은 부엌 가구의 배치유형은?

┌보기┐
• 작업대를 중앙에 놓거나 벽면에 직각이 되도록 배치한 형태이다.
• 주로 개방된 공간의 오픈시스템에서 사용된다.

① ㄱ자형
② ㄷ자형
③ 병렬형
④ 아일랜드형

해설
아일랜드형(island kitchen)
• 별장 주택에서 볼 수 있는 유형으로, 취사용 작업대가 하나의 섬처럼 실내에 설치되어 독특한 분위기를 형성하는 부엌이다.
• 작업대를 중앙에 놓거나 벽면에 직각이 되도록 배치한 형태이다.
• 주로 개방된 공간의 오픈시스템에서 사용된다.
• 가족 구성원이 모두 부엌일에 참여하는 것을 유도할 수 있다.
• 부엌 공간이 넓은 단독주택이나 아파트에 제한적으로 도입된다.

14 백화점의 외벽에 창을 설치하지 않는 이유 및 효과로 옳지 않은 것은?

① 정전, 화재 시 유리하다.
② 조도를 균일하게 할 수 있다.
③ 실내 면적 이용도가 높아진다.
④ 외측에 광고물의 부착효과가 있다.

해설
외벽에 창을 설치하지 않으면 정전, 화재 시 자연광이 유입되지 않아 불리하다.

15 상점의 진열계획에서 고객의 시선이 자연스럽게 머물고, 손으로 잡기 편한 높이인 골든 스페이스의 범위는?

① 650~1,050mm
② 750~1,150mm
③ 850~1,250mm
④ 950~1,350mm

16 건축물의 단열을 위한 조치사항으로 옳지 않은 것은?

① 외벽 부위는 외단열로 시공한다.
② 건물의 창호는 가능한 한 크게 설계한다.
③ 건물 옥상에는 조경을 하여 최상층 지붕의 열저항을 높인다.
④ 외피의 모서리 부분은 열교가 발생하지 않도록 단열재를 연속적으로 설치한다.

해설
건축물의 단열을 위해 건물의 창호는 가능한 한 작게 설계한다.

17 실내 공기오염물질인 폼알데하이드를 발생시키는 발생원이 아닌 것은?

① 벽지　　② 석면
③ 건자재　④ 접착제

해설
폼알데하이드는 단열재와 벽, 섬유, 옷감, 접착제에 다량 함유되어 있다.

18 일조 조절의 목적으로 옳지 않은 것은?

① 하계의 적극적인 수열
② 작업면의 과대 조도 방지
③ 실내 조도의 현저한 불균일 방지
④ 실내 휘도의 현저한 불균일 방지

해설
일조 조절의 목적
• 작업면의 과대 조도를 방지하기 위해
• 실내 조도의 현저한 불균일을 방지하기 위해
• 실내 휘도의 현저한 불균일을 방지하기 위해
• 동계의 적극적인 수열을 위해

19 눈부심(glare)의 방지대책으로 옳지 않은 것은?

① 광원 주위를 밝게 한다.
② 발광체의 휘도를 높인다.
③ 광원을 시선에서 멀리 처리한다.
④ 시선을 중심으로 30° 범위 내의 글레어 존에는 광원을 설치하지 않는다.

해설
눈부심을 방지하기 위해 광원의 휘도를 줄이고, 광원의 수를 늘린다.

20 실내 음향계획에 관한 설명으로 옳지 않은 것은?

① 음이 실내에 골고루 분산되도록 한다.
② 반사음이 한곳으로 집중되지 않도록 한다.
③ 실내 잔향시간은 실용적이 크면 클수록 짧다.
④ 음악을 연주할 때는 강연때보다 잔향시간이 다소 긴 편이 좋다.

해설
잔향시간은 실내 용적이 클수록 길어진다.

21 건축재료의 물리적 성질 중 열전도율의 단위는?

① W/m·K
② W/m²·K
③ kJ/m·K
④ kJ/m²·K

22 목재가 통상 대기의 온도, 습도와 평형된 수분을 함유한 상태를 의미하는 것은?

① 전건 상태
② 기건 상태
③ 생재 상태
④ 섬유포화 상태

23 목재의 건조방법 중 인공건조법에 해당하지 않는 것은?

① 증기건조법
② 열기건조법
③ 진공건조법
④ 대기건조법

해설
목재의 건조
• 자연건조법 : 대기건조법, 침수건조법
• 인공건조법 : 증기, 훈연, 가스 등 다양한 장치를 이용해서 건조시키는 방법

24 다음 중 내화성이 가장 작은 석재는?

① 사암
② 안산암
③ 응회암
④ 대리석

해설
내화도의 크기 순서 : 응회암, 부석 > 안산암, 점판암 > 사암 > 대리석 > 화강암

25 석재의 일반적인 성질에 관한 설명으로 옳지 않은 것은?

① 불연성이며, 내화학성이 우수하다.
② 대체로 석재의 강도가 크면 경도도 크다.
③ 석재는 압축강도에 비해 인장강도가 크다.
④ 일반적으로 흡수율이 클수록 풍화나 동해를 받기 쉽다.

해설
석재는 인장강도에 비해 압축강도가 크다.

정답 21 ① 22 ② 23 ④ 24 ④ 25 ③

26 석재가공 순서 중 가장 나중에 하는 것은?

① 혹두기
② 정다듬
③ 잔다듬
④ 물갈기

해설
석재의 표면가공 순서(표면이 가장 거친 것에서 고운 순)
혹두기(쇠메나 망치) → 정다듬(정) → 도드락다듬(도드락 망치) → 잔다듬(날망치) → 물갈기

27 시멘트의 경화 중 체적팽창으로 팽창균열이 생기는 정도를 나타낸 것은?

① 풍화
② 조립률
③ 안정성
④ 침입도

해설
안정성
- 시멘트의 경화 중 체적팽창으로 팽창균열이 생기는 정도를 나타낸 것이다.
- 시멘트의 안정성 측정에 사용되는 시험법은 오토클레이브 팽창도시험이다.

28 경화 콘크리트의 성질에 대한 설명으로 옳지 않은 것은?

① 내화적·내수적이다.
② 강재와의 접착이 잘되고 방청력이 크다.
③ 인장강도가 가장 크고, 콘크리트의 역학적 기능을 대표한다.
④ 물-시멘트비는 경화한 콘크리트의 강도에 영향을 주는 요인이다.

해설
경화 콘크리트는 압축강도가 가장 크고, 콘크리트의 역학적 기능을 대표한다.

29 ALC(Autoclaved Lightweight Concrete)제품에 관한 설명으로 옳지 않은 것은?

① 중성화의 우려가 높다.
② 단열성능이 우수하다.
③ 습기가 많은 곳에서 사용하기 곤란하다.
④ 압축강도에 비해 휨강도, 인장강도가 크다.

해설
ALC제품은 압축강도에 비해 휨강도나 인장강도는 매우 약하다.

30 점토에 대한 설명으로 옳지 않은 것은?

① 점토의 비중은 일반적으로 2.5~2.6 정도이다.
② 점토의 입자가 미세할수록 가소성은 나빠진다.
③ 압축강도는 인장강도의 약 5배 정도이다.
④ 점토의 주성분은 실리카와 알루미나이다.

해설
점토의 입자가 미세할수록 가소성은 좋아진다.

정답: 26 ④ 27 ③ 28 ③ 29 ④ 30 ②

31 테라코타에 관한 설명으로 옳지 않은 것은?

① 색조나 모양을 임의로 만들 수 있다.
② 소성제품이므로 변형이 생기기 쉽다.
③ 주로 장식용으로 사용되는 점토제품이다.
④ 일반 석재보다 무겁기 때문에 부착이 어렵다.

해설
테라코타는 일반 석재보다 가볍고, 화강암보다 압축강도가 작다.

32 강재의 열처리에 관한 설명으로 옳지 않은 것은?

① 풀림은 강을 연화하거나 내부응력을 제거할 목적으로 실시한다.
② 뜨임질은 경도를 감소시키고 내부응력을 제거하며 연성과 인성을 크게 하기 위해 실시한다.
③ 불림은 500~600℃로 가열하여 소정의 시간까지 유지한 후에 노 내부에서 서서히 냉각하는 처리이다.
④ 담금질은 고온으로 가열하여 소정의 시간 동안 유지한 후에 물 또는 기름에 담가 냉각하는 처리이다.

해설
불림
• 강을 800~1,000℃로 가열하여 소정의 시간까지 유지한 후에 대기 중에서 냉각하는 것이다.
• 조직을 개선하고, 결정을 미세화한다.

33 다음 보기의 특징을 가진 유리는?

┌보기─────────────────┐
• 2~3장을 일정 간격으로 내부에 공기를 봉입한 유리이다.
• 단열, 방음, 결로 방지용으로 우수하다.
• 차음에 대한 성능은 보통 판유리와 비슷하다.
└─────────────────────┘

① 복층유리   ② 강화유리
③ 자외선차단유리 ④ 망입유리

34 기경성 미장재료에 해당하지 않는 것은?

① 회반죽
② 회사벽
③ 시멘트 모르타르
④ 돌로마이트 플라스터

해설
미장재료의 분류
• 기경성 : 진흙, 회반죽, 회사벽(석회죽 + 모래), 돌로마이트 플라스터(마그네시아석회)
• 수경성 : 석고 플라스터, 킨즈 시멘트(경석고 플라스터), 시멘트 모르타르, 테라초바름, 인조석바름
• 특수재료 : 리신바름, 라프코트, 모조석, 섬유벽, 아스팔트 모르타르, 마그네시아 시멘트

35 미장재료 중 회반죽의 재료에 해당되지 않는 것은?

① 풀   ② 종석
③ 여물   ④ 소석회

해설
회반죽
• 소석회에 모래, 해초풀, 여물 등을 혼합하여 바르는 미장재료이다.
• 기경성 미장재료이며, 경화속도가 느리고 점성이 작다.
• 공기 중의 탄산가스와 반응하여 화학 변화를 일으켜 경화한다.
• 경화건조에 의한 수축률이 크기 때문에 여물로 균열을 분산·경감시킨다.
• 목조 바탕, 콘크리트 블록 및 벽돌 바탕 등에 바른다.

36 다음 중 열가소성 수지에 해당하지 않는 것은?

① 아크릴수지
② 염화비닐수지
③ 폴리에틸렌수지
④ 폴리에스테르수지

해설
합성수지의 종류
- 열경화성 수지 : 페놀수지, 멜라민수지, 폴리우레탄수지, 폴리에스테르수지, 에폭시수지, 요소수지, 실리콘수지, 폴리카보네이트 등
- 열가소성 수지 : 폴리에틸렌수지, 폴리프로필렌수지, 폴리스티렌수지, 염화비닐수지, 아크릴수지, 불소수지, 폴리아미드수지(나일론, 아라미드), 아세틸수지 등

37 합성수지 재료 중 우수한 투명성, 내후성을 활용하여 톱 라이트, 온수 풀의 옥상, 아케이드 통에 유리의 대용품으로 사용되는 것은?

① 실리콘수지
② 폴리에틸렌수지
③ 폴리스티렌수지
④ 폴리카보네이트

38 도장공사에 사용되는 클리어 래커(clear lacquer)에 관한 설명으로 옳은 것은?

① 내수성이 없으며 내충격성이 작다.
② 바니시에 안료를 첨가한 래커이다.
③ 목재 전용은 부착성이 크지만 도막의 가소성이 떨어진다.
④ 주로 내부용으로 사용되며 외부용으로는 사용하기 곤란하다.

해설
클리어 래커(clear lacquer)
- 안료를 배합하지 않은 것이다.
- 주로 목재면의 투명 도장에 쓰인다.
- 주로 내부용으로 사용되며, 외부용으로는 사용하기 곤란하다.
- 목재의 무늬를 가장 잘 나타내는 투명 도료이다.

39 알칼리성 바탕에 가장 적합한 도장재료는?

① 유성 바니시
② 유성 페인트
③ 유성 에나멜 페인트
④ 염화비닐수지 도료

해설
염화비닐수지 도료는 내산, 내알칼리 도료에 적합하다.

40 아스팔트의 양부 판별에 중요한 아스팔트의 경도를 나타내는 것은?

① 신도
② 감온성
③ 침입도
④ 유동성

해설
아스팔트의 품질을 나타내는 척도로 침입도, 신도(연신율), 연화점을 사용한다.
- 침입도 : 아스팔트의 양부 판별에 중요한 아스팔트의 경도를 나타낸다.
- 신도(연신율) : 아스팔트의 연성을 나타내는 수치로, 온도 변화와 함께 변한다.
- 연화점 : 가열하면 녹는 온도이다.

36 ④ 37 ④ 38 ④ 39 ④ 40 ③

41 삼각자 1조로 만들 수 없는 각도는?

① 15° ② 25°
③ 105° ④ 150°

해설
삼각자
- 삼각자는 45° 등변삼각형과 30°, 60° 직각삼각형 2가지가 한 쌍이며, 45° 자의 빗변의 길이와 60° 자의 밑변의 길이가 같다.
- 두 개의 삼각자를 한 조로 사용하여 그을 수 있는 빗금의 각도는 15°, 30°, 45°, 60°, 75°, 90°, 105°, 120°, 135°, 150°, 165° 등이 있다.

42 A2 제도용지의 규격은?(단, 단위는 mm임)

① 841×1,189 ② 594×941
③ 420×594 ④ 297×420

해설
제도용지의 치수

(단위 : mm)

제도지의 치수		A0	A1	A2	A3	A4	A5	A6
$a \times b$		841×1,189	594×841	420×594	297×420	210×297	148×210	105×148
c(최소)		10	10	10	5	5	5	5
d (최소)	묶지 않을 때	10	10	10	5	5	5	5
	묶을 때	25	25	25	25	25	25	25

43 다음 중 선의 표시가 옳지 않은 것은?

① 숨은선 - 실선
② 중심선 - 1점쇄선
③ 치수선 - 가는 실선
④ 상상선 - 2점쇄선

해설
숨은선 - 파선 또는 점선

44 건축 도면제도 시 치수기입법에 대한 설명 중 옳지 않은 것은?

① 전체 치수는 바깥쪽에, 부분 치수는 안쪽에 기입한다.
② 치수는 치수선의 중앙에 기입한다.
③ 치수는 cm 단위를 원칙으로 한다.
④ 치수는 특별히 명시하지 않는 한 마무리 치수로 표시한다.

해설
건축 도면제도 시 치수는 mm 단위를 원칙으로 한다.

45 다음 표시기호의 명칭은?

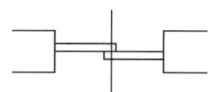

① 미서기문
② 두짝창
③ 접이문
④ 회전창

해설
평면 표시기호

미서기문	두 짝 미서기문 / 네 짝 미서기문
두짝창	두 짝 미서기창 / 네 짝 미서기창
접이문	
회전창	

46 건축물 표현 시 사람을 함께 표현할 때 옳은 내용을 모두 고르면?

> A. 건축물의 크기를 인식하는 데 사람의 크기를 기준으로 하게 한다.
> B. 사람의 위치로 공간의 깊이와 높이를 알 수 있다.
> C. 사람의 수, 위치 및 복장 등으로 공간의 용도를 나타낼 수 있다.

① A
② B, C
③ A, C
④ A, B, C

47 실내 투시도 또는 기념 건축물과 같은 정적인 건물의 표현에 효과적인 투시도는?

① 평행 투시도
② 유각 투시도
③ 경사 투시도
④ 조감도

해설
소점에 의한 분류
- 1소점 투시도(평행 투시도)
  - 지면에 물체가 평행하도록 작도하여 1개의 소점이 생긴다.
  - 실내 투시도 또는 기념 건축물과 같은 정적인 건축물의 표현에 가장 효과적이다.
- 2소점 투시도(유각, 성각 투시도)
  - 밑면이 기면과 평행하고 측면이 화면과 경사진 각을 이룬다.
  - 보는 사람의 눈높이에 두 방향으로 소점이 생겨 양쪽으로 원근감이 나타난다.
- 3소점 투시도(경사, 사각 투시도)
  - 기면과 화면에 평행한 면 없이 가로, 세로, 수직의 선들이 경사를 이룬다.
  - 3개의 소점이 생겨 외관을 입체적으로 표현할 때 주로 사용한다.

48 실시설계 도면에 포함되지 않는 도면은?

① 배치도
② 동선도
③ 단면도
④ 창호도

해설
실시설계 도면은 시공을 위한 공사용 도면이다. 동선도는 계획설계도에 해당한다.

49 건축구조에서의 시공과정에 의한 분류 중 하나로, 현장에서 물을 거의 쓰지 않으며 규격화된 기성재를 짜 맞추어 구성하는 구조는?

① 습식구조
② 건식구조
③ 조립구조
④ 일체식 구조

해설
건식구조
- 현장에서 물을 거의 쓰지 않으며, 규격화된 기성재를 짜 맞추어 구성하는 구조이다.
- 목구조, 철골구조처럼 규격화된 부재를 조립 시공하는 것으로, 물과 부재의 건조를 위한 시간이 필요 없어 공기 단축이 가능하다.

50 고층 건물의 구조형식에서 층고를 최소로 할 수 있고, 외부 보를 제외하고 내부는 보 없이 바닥판만으로 구성되는 구조는?

① 내력벽구조
② 전단코어구조
③ 강성골조구조
④ 무량판구조

해설
무량판구조(플랫 슬래브)
- 보를 없애고 바닥판을 두껍게 해서 보의 역할을 겸한 구조이다.
- 고층 건물의 구조형식에서 층고를 최소로 할 수 있다.
- 외부의 보를 제외하고 내부는 보 없이 바닥판만으로 구성된다.
- 내부는 보 없이 바닥판을 기둥이 직접 지지하는 슬래브이다.
- 천장의 공간 확보와 실내 공간의 이용도가 좋다.
- 층고를 낮게 할 수 있다.
- 바닥판이 두꺼워서 고정하중이 커지며, 뼈대의 강성을 기대하기 어렵다.
- 거푸집과 철근공사가 용이해서 주로 창고, 공장, 주상 복합이나 지하 주차장에 등에 쓰인다.

정답 46 ④ 47 ① 48 ② 49 ② 50 ④

51 목구조에 대한 설명으로 옳지 않은 것은?

① 비교적 소규모 건축물에 적합하다.
② 연소하기 쉽다.
③ 목재는 비중에 비해 강도가 작다.
④ 친화감이 있고, 미려하다.

해설
목재는 비중에 비해 강도가 우수하다.

52 목구조에 사용하는 철물 중 보기와 같은 기능을 하는 것은?

┌ 보기 ┐
목재 접합부에서 볼트의 파고들기를 막기 위해 사용하는 보강철물로, 전단 보강으로 목재 상호 간의 변위를 방지한다.

① 꺾쇠
② 주걱볼트
③ 안장쇠
④ 듀벨

53 습식구조로서, 지진과 바람과 같은 횡력에 약하고 균열이 생기기 쉬운 구조는?

① 목구조
② 철근콘크리트구조
③ 벽돌구조
④ 철골구조

해설
벽돌구조는 습식구조로서 지진, 바람과 같은 횡력에 약하고, 균열이 생기기 쉬운 구조이다.

54 벽돌구조에서 배관 설치를 위한 벽의 홈파기에 대한 설명으로 옳은 것은?

① 홈은 벽 두께의 1/6을 넘을 수 없다.
② 홈은 벽 두께의 1/5을 넘을 수 없다.
③ 홈은 벽 두께의 1/4을 넘을 수 없다.
④ 홈은 벽 두께의 1/3을 넘을 수 없다.

해설
벽돌구조에서 배관 등 설비를 묻기 위한 홈은 길이 3m, 깊이는 벽두께의 1/3을 넘을 수 없다.

55 철근콘크리트구조에 관한 설명 중 옳지 않은 것은?

① 각 구조부를 일체로 구성한 구조이다.
② 자중이 무겁고 기후의 영향을 많이 받는다.
③ 내구성·내화성이 뛰어나다.
④ 철근과 콘크리트 간 선팽창계수가 크게 다른 점을 이용한 구조이다.

해설
철근콘크리트구조에서 콘크리트와 철근의 선팽창계수는 거의 같다.

56 다음 중 슬래브구조와 가장 거리가 먼 철근은?

① 주근
② 배력근
③ 수축온도철근
④ 나선철근

> [해설]
> 주철근의 위치 고정을 목적으로 띠철근이나 나선철근을 사용한다.

57 건축구조물에서 지점 중 지지대의 평행으로 이동이 가능하고, 회전이 자유로운 상태이며 수직반력만 발생하는 것은?

① 회전단
② 고정단
③ 이동단
④ 자유단

> [해설]
> 건축구조물의 지점
>
> | 종류 | 수평으로 이동 가능 | 수직으로 이동 불가능 | 회전 자유 |
> |---|---|---|---|
> | 이동단 | ○ | × | ○ |
> | 회전단 | × | × | ○ |
> | 고정단 | × | × | × |

58 철골구조의 용접 접합에 대한 설명으로 옳은 것은?

① 철골의 용접은 주로 금속아크용접이 많이 쓰인다.
② 강재의 재질에 대한 영향이 작다.
③ 용접부 내부의 결함을 육안으로 관찰할 수 있다.
④ 용접공의 기능에 따른 품질 의존도가 작다.

> [해설]
> ② 강재의 재질에 대한 영향이 크다.
> ③ 용접부 내부의 결함을 육안으로 관찰할 수 없다.
> ④ 용접공의 기능에 따른 품질 의존도가 크다.

59 철골구조의 접합방법 중 아치의 지점이나 트러스의 단부, 주각 또는 인장재의 접합부에 사용되며, 회전 자유의 절점으로 구성되는 것은?

① 리벳 접합
② 핀 접합
③ 용접
④ 고력 볼트 접합

60 보를 없애고 바닥판을 두껍게 해서 보의 역할을 겸하도록 한 구조로, 기둥이 바닥 슬래브를 지지해 주상 복합이나 지하 주차장에 주로 사용되는 구조는?

① 플랫 슬래브구조
② 절판구조
③ 벽식구조
④ 셸구조

2021년 제1회 과년도 기출복원문제

01 실내디자인의 개념으로 옳지 않은 것은?

① 실내 공간을 아름답고 능률적이며 쾌적한 환경으로 창조하는 것이다.
② 내부 공간을 사용하고자 하는 목적과 요구기능을 충족시키는 것이다.
③ 개성 있고 아름다운 공간을 연출하는 디자인 행위이다.
④ 공간과 형태는 고려하지 않고 조명, 텍스처(texture), 색채 등과 같은 요소를 의식적으로 조정하는 것이다.

해설
실내디자인은 공간, 형태, 텍스처는 물론 조명, 색채 등과 같은 요소들을 의식적으로 조정함으로써, 고무적이고 쾌적한 인간환경을 창조해 내는 것이다.

02 공간의 레이아웃 작업에 해당하지 않는 것은?

① 동선계획
② 가구 배치계획
③ 공간의 배분계획
④ 공간별 재료 마감계획

해설
레이아웃 작업 : 보다 효율적인 매장 구성이나 상품 진열, 고객 동선, 작업 동작 등을 위한 일련의 배치작업이다.

03 다음 보기에서 설명하는 착시는?

┌보기├─
• 같은 길이의 수직선이 수평선보다 길어 보인다.
• 사선이 2개 이상의 평행선으로 중단되면 서로 어긋나 보인다.
└──

① 운동의 착시
② 다의 도형의 착시
③ 역리 도형의 착시
④ 기하학적 착시

04 실내 공간에 침착함과 평형감을 주기 위해 일반적으로 사용되는 디자인 원리는?

① 균형   ② 리듬
③ 점이   ④ 변화

05 동일한 층에서 바닥에 높이차를 둘 경우 옳지 않은 것은?

① 안전에 유념해야 한다.
② 심리적인 구분감과 변화감을 준다.
③ 칸막이 없이 공간 구분을 할 수 있다.
④ 연속성을 주어 실내를 더 넓어 보이게 한다.

해설
동일한 층의 바닥은 높이차를 두어도 실내가 더 넓어 보이지 않는다.

[정답] 1 ④ 2 ④ 3 ④ 4 ① 5 ④

06 여닫이문과 기능은 비슷하지만, 자유 경첩의 스프링에 의해 내·외부로 모두 개폐되는 문은?

① 자재문
② 플러시문
③ 미닫이문
④ 미서기문

해설
② 플러시문 : 울거미를 짜고 합판으로 양면을 덮은 목재문이다.
③ 미닫이문 : 서로 겹치지 않고 문이 벽체의 내부로 들어가도록 처리하거나 좌우 옆벽으로 밀어서 개폐되도록 처리한 문이다.
④ 미서기문 : 문틀의 홈으로 2~4개의 문이 미끄러져 닫히는 문으로, 슬라이딩 도어라고 한다.

07 조명의 4요소가 아닌 것은?

① 명도
② 대비
③ 노출시간
④ 조명기구

해설
조명의 4요소 : 명도, 대비, 움직임(노출시간), 크기

08 황금비례의 비율로 옳은 것은?

① 1 : 1.414
② 1 : 1.532
③ 1 : 1.618
④ 1 : 3.141

09 작업용 가구(준인체계 가구)에 해당하는 것은?

① 의자
② 침대
③ 테이블
④ 수납장

해설
인체 공학적 입장에 따른 가구의 분류
• 인체 지지용 가구(인체계 가구, 휴식용 가구) : 의자, 침대, 소파, 스툴
• 작업용 가구(준인체계 가구) : 작업대, 책상, 테이블
• 수납용 가구(건물계 가구) : 서랍장, 선반, 벽장, 붙박이장

10 조선시대의 주택구조에 관한 설명으로 옳지 않은 것은?

① 주택 공간은 성(性)에 의해 구분되었다.
② 안채는 가정 살림의 중추적인 역할을 하던 장소이다.
③ 사랑채는 남자 손님들의 응접 공간으로 사용되었다.
④ 주택은 크게 사랑채, 안채, 바깥채의 3개의 공간으로 구분되었다.

해설
조선시대 주택은 크게 사랑채, 안채, 행랑채의 3개의 공간으로 구분되었다.

11 주택의 평면계획에 관한 설명으로 옳지 않은 것은?

① 부엌, 욕실, 화장실은 각각 분산 배치하고, 외부와 연결한다.
② 침실은 독립성을 확보하고, 다른 실의 통로가 되지 않게 한다.
③ 각 실의 방향은 일조, 통풍, 소음, 조망 등을 고려하여 결정한다.
④ 각 실의 관계가 깊은 것은 인접시키고, 상반되는 것은 격리시킨다.

해설
부엌, 욕실, 화장실은 물을 공급하는 길이를 절약하기 위해 인접 배치한다.

12 주택의 거실에 대한 설명으로 옳지 않은 것은?

① 다목적 기능을 가진 공간이다.
② 가족의 휴식, 대화, 단란한 공동생활의 중심이 되는 곳이다.
③ 전체 평면의 중앙에 배치하여 각 실로 통하는 통로로서의 기능을 부여한다.
④ 거실의 면적은 가족 수와 가족의 구성 형태 및 거주자의 사회적 지위나 손님의 방문 빈도와 수 등을 고려하여 계획한다.

해설
거실은 실내의 다른 공간과 유기적으로 연결될 수 있도록 하되 거실이 통로화되지 않도록 주의해야 한다.

13 부엌의 가구 배치 유형 중 부엌 내의 벽면을 이용하여 작업대를 배치한 형식으로, 작업면이 넓어 작업 효율이 가장 좋은 것은?

① 一자형
② L자형
③ ㄷ자형
④ 아일랜드형

해설
ㄷ자형
• 인접한 세 벽면에 작업대를 배치한 형태이다.
• 비교적 규모가 큰 공간에 적합하다.
• 작업대의 통로 폭은 1,200~1,500mm가 적당하다.
• 작업면이 넓어 작업효율이 가장 좋다.
• 벽면을 이용하기 때문에 대규모 수납 공간 확보가 가능하다.
• 평면계획상 부엌에서 외부로 통하는 출입구를 설치하기 곤란하다.

14 상업 공간의 동선계획으로 옳지 않은 것은?

① 종업원의 동선 길이는 짧게 한다.
② 고객 동선은 행동의 흐름에 막힘이 없도록 한다.
③ 종업원 동선은 고객 동선과 교차되지 않도록 한다.
④ 고객 동선은 길이를 될 수 있는 대로 짧게 한다.

해설
고객 동선은 가능한 한 길게 배치하여 상점 내에 오래 머물도록 하고, 종업원의 동선은 짧고 간단하게 한다.

15 긴 축을 가지고 있으며 강한 방향성을 갖는 평면 형태는?

① 원형
② 정육각형
③ 직사각형
④ 정삼각형

해설
직사각형 : 심리적으로 간단함, 균형 잡힌, 단단함, 안전함을 느낀다.

16 겨울철 연료의 소모량을 예측할 수 있는 지표로 사용되며, 한기에 노출되어 추운 정도를 나타내는 것은?

① 건구온도
② 노점온도
③ 체감온도
④ 실제온도

17 어떤 물체에 발생하는 열에너지가 전달 매개체 없이 직접 다른 물체에 도달하는 전열현상은?

① 전도
② 대류
③ 복사
④ 완류

해설
열의 이동방법
- 전도 : 물질이 직접 이동하지 않고 물체에서 이웃한 분자들의 연속적인 충돌에 의해 열이 전달되는 현상으로, 주로 고체에서 열이 이동하는 방법이다.
- 대류 : 액체나 기체 상태의 분자가 직접 이동하면서 열을 전달하는 현상이다.
- 복사 : 열이 물질의 도움 없이 직접 전달되는 현상이다.

18 급기와 배기측에 송풍기를 설치하여 정확한 환기량과 급기량 변화에 의해 실내압을 정압 또는 부압으로 유지할 수 있는 환기법은?

① 압입식
② 흡출식
③ 병용식
④ 중력식

해설
제1종 환기방식(급기팬과 배기팬의 조합, 압입흡출병용방식)
- 급기측과 배기측에 송풍기를 설치하여 환기시킨다.
- 정확한 환기량과 급기량 변화에 의해 실내압을 정압 또는 부압으로 유지할 수 있다.
- 필요에 따라 실내압력을 인위적으로 조절할 수 있다.

19 실내 조명 설계과정에서 가장 우선적으로 이루어져야 하는 사항은?

① 광원 선정
② 조명방식 결정
③ 소요 조도 결정
④ 조명기구 결정

해설
조명설계의 순서 : 소요 조도의 결정 → 광원의 선택 → 조명기구 선택 → 기구의 배치 → 검토

20 흡음재료의 특성에 대한 설명으로 옳은 것은?

① 유공판재료에는 연질 섬유판, 흡음텍스가 있다.
② 판상재료는 뒷면의 공기층에 강제 진동으로 흡음효과를 발휘한다.
③ 유공판재료는 재료 내부의 공기 진동으로 고음역의 흡음효과를 발휘한다.
④ 다공질재료는 적당한 크기나 모양의 관통 구멍을 일정 간격으로 설치하여 흡음효과를 발휘한다.

해설
흡음재료의 특성
- 다공질재료에는 연질 섬유판, 흡음텍스가 있다.
- 판상재료는 뒷면의 공기층에 강제 진동으로 흡음효과를 발휘한다.
- 다공질재료는 재료 내부의 공기 진동으로 고음역의 흡음효과를 발휘한다.
- 유공판재료는 적당한 크기나 모양의 관통 구멍을 일정 간격으로 설치하여 흡음효과를 발휘한다.

21 건축재료 중 구조재료에 가장 요구되는 성능은?

① 외관이 좋아야 한다.
② 열전도율이 커야 한다.
③ 재질이 균일하고 강도가 커야 한다.
④ 탄력성이 있고 마멸이나 미끄럼이 작아야 한다.

22 다음 중 취성이 가장 큰 재료는?

① 유리   ② 플라스틱
③ 납   ④ 압연강

해설
취성 : 재료에 외력을 가할 때 작은 변형만 나타나도 파괴되는 성질

23 보통 합판의 제조방법에 따른 구분에 해당되지 않는 것은?

① 일반   ② 내수
③ 난연   ④ 무취

해설
합판은 제조방법에 따라 일반 합판·무취 합판·방충 합판·난연 합판 등으로 구분하며, 접착성에 따라 내수·준내수·비내수 등으로 구분한다.

24 기호는 MDF이며, 밀도는 0.35g/cm³ 이상 0.85 g/cm³ 미만인 섬유판은?

① 파티클 보드
② 경질 섬유판
③ 연질 섬유판
④ 중밀도 섬유판

해설
섬유판 밀도에 따른 구분(KS F 3200)

종류	기호	밀도
저밀도 섬유판*	LDF	0.35g/cm³ 미만
중밀도 섬유판	MDF	0.35g/cm³ 이상 0.85g/cm³ 미만
고밀도 섬유판	HDF	0.85g/cm³ 이상

* 저밀도 섬유판의 내부, 제조과정 또는 제조 후에 아스팔트 등으로 처리한 내수 저밀도 섬유판에 대해서는 밀도 0.40g/cm³ 미만으로 한다.

25 화강암에 대한 설명으로 옳지 않은 것은?

① 내화성이 크다.
② 내구성이 우수하다.
③ 구조재 및 내·외장재로 사용이 가능하다.
④ 절리의 거리가 비교적 커서 대재(大才)를 얻을 수 있다.

해설
화강암은 화열에 닿으면 균열이 생기며 파괴된다.

정답 21 ③ 22 ① 23 ② 24 ④ 25 ①

26 보통 포틀랜드 시멘트보다 C_2S나 석고가 많고, 분말도를 크게 하여 초기에 고강도가 발생하는 시멘트는?

① 저열 포틀랜드 시멘트
② 조강 포틀랜드 시멘트
③ 백색 포틀랜드 시멘트
④ 중용열 포틀랜드 시멘트

해설
포틀랜드 시멘트
- 보통 포틀랜드시멘트(1종) : 일반적으로 가장 많이 사용되며, 일반 건축토목공사에 사용한다.
- 중용열 포틀랜드시멘트(2종) : 수화열이 낮고, 장기강도가 우수하여 댐, 터널, 교량공사에 사용한다.
- 조강 포틀랜드시멘트(3종) : 수화열이 높아 초기강도와 저온에서 강도 발현이 우수하여 급속공사에 사용한다.
- 저열 포틀랜드시멘트(4종) : 수화열이 가장 낮고, 내구성이 우수하여 특수공사에 사용한다.
- 내황산염 포틀랜드시멘트(5종) : 황산염에 대한 저항성 크다. 수화열이 낮고, 장기강도의 발현에 우수하여 댐, 터널, 도로포장 및 교량공사에 사용한다.

27 골재의 체가름시험에서 체가름작업은 언제까지 해야 하는가?

① 1분간 각 체를 통과하는 것이 전 시료 질량의 0.1% 이하로 될 때까지 작업한다.
② 1분간 각 체를 통과하는 것이 전 시료 질량의 0.2% 미만으로 될 때까지 작업한다.
③ 2분간 각 체를 통과하는 것이 전 시료 질량의 1% 이하로 될 때까지 작업한다.
④ 2분간 각 체를 통과하는 것이 전 시료 질량의 2% 미만으로 될 때까지 작업한다.

28 콘크리트의 혼화제 중 AE제의 사용효과에 대한 설명으로 옳지 않은 것은?

① 콘크리트의 작업성을 향상시킨다.
② 블리딩 등의 재료분리를 감소시킨다.
③ 콘크리트의 동결융해 저항성능을 향상시킨다.
④ 플레인 콘크리트와 동일한 물-시멘트비인 경우 압축강도를 증가시킨다.

해설
플레인 콘크리트와 동일한 물-시멘트비인 경우 4~6% 정도 압축강도가 저하한다.

29 콘크리트의 신축이음(expansion joint) 재료에 요구되는 성능조건으로 옳지 않은 것은?

① 콘크리트의 수축에 순응할 수 있는 탄성
② 콘크리트의 팽창에 저항할 수 있는 압축강도
③ 콘크리트에 잘 밀착하는 밀착성
④ 콘크리트 이음 사이의 충분한 수밀성

해설
신축이음은 건물이 장스팬이거나 지반의 유동이 심할 때 건물의 크랙(갈라짐 틈새)을 방지하기 위해 설치한다. 따라서 팽창에 저항할 수 있는 압축강도와는 상관없다.

30 거푸집 중에 미리 굵은 골재를 투입하고, 이 간극에 모르타르를 주입하여 완성시키는 콘크리트는?

① 프리팩트 콘크리트
② 수밀 콘크리트
③ 유동화 콘크리트
④ 서중 콘크리트

31 점토의 성질에 관한 설명으로 옳지 않은 것은?

① 주성분은 실리카와 알루미나이다.
② 인장강도는 압축강도의 약 5배이다.
③ 비중은 일반적으로 2.5~2.6 정도이다.
④ 양질의 점토는 습윤 상태에서 현저한 가소성을 나타낸다.

해설
점토의 압축강도는 인장강도의 약 5배 정도이다.

32 구리와 아연의 합금으로 가공성, 내식성 등이 우수하며 계단 논슬립, 코너비드 등의 부속 철물로 사용되는 것은?

① 청동
② 황동
③ 포금
④ 주석

해설
황동
- 구리와 아연(Zn)의 합금으로 놋쇠라고도 한다.
- 구리보다 단단하고 주조가 잘되며 외관이 아름답다.
- 산·알칼리 및 암모니아에 침식되기 쉽다.
- 가공성, 내식성 등이 우수하며 계단 논슬립, 코너비드 등의 부속 철물로 사용된다.

33 금속재료의 방식방법으로 옳지 않은 것은?

① 건조한 상태로 유지한다.
② 부분적인 녹은 즉시 제거한다.
③ 상이한 금속은 맞대어 사용한다.
④ 도료를 이용하여 수밀성 보호피막처리를 한다.

해설
금속재료는 가능한 한 이종금속과 인접하거나 접촉하여 사용하지 않는다.

34 건축용 일반 창호유리로 많이 사용되는 유리는?

① 소다석회유리
② 고규산유리
③ 칼륨석회유리
④ 붕사석회유리

해설
소다석회유리
- 주로 건축공사의 일반 창호유리, 병유리에 사용한다.
- 산에는 강하지만 알칼리에 약하다.
- 열팽창계수가 크고, 강도가 높다.
- 풍화·용융되기 쉽다.
- 불연성 재료이지만, 단열용이나 방화용으로는 적합하지 않다.
- 자외선 투과율이 낮다.

35 석고 플라스터 미장재료에 관한 설명으로 옳지 않은 것은?

① 내화성이 우수하다.
② 수경성 미장재료이다.
③ 회반죽보다 건조수축이 크다.
④ 원칙적으로 해초 또는 풀즙을 사용하지 않는다.

해설
수축성 크기 : 회반죽 > 돌로마이트 플라스터 > 석고 플라스터

36 플라스틱 재료의 일반적인 성질로 옳지 않은 것은?

① 내열성, 내화성이 작다.
② 전기절연성이 우수하다.
③ 흡수성이 작고 투수성이 거의 없다.
④ 가공이 불리하고 공업화 재료로는 불합리하다.

해설
플라스틱 재료는 가공성이 좋고, 공업화 재료로 많이 쓰인다.

37 다음 보기와 같은 특징을 갖는 합성수지는?

┌─ 보기 ─────────────────────────┐
• 요소수지와 유사한 성질을 갖고 있지만, 성능이 더 향상된 합성수지이다.
• 무색투명하고 착색이 자유롭다.
• 마감재, 가구재 등에 사용된다.
└──────────────────────────────┘

① 멜라민수지
② 아크릴수지
③ 실리콘수지
④ 염화비닐수지

38 금속, 석재, 도자기, 글라스, 콘크리트, 플라스틱재 등의 접합에 모두 사용할 수 있는 접착제는?

① 요소수지 접착제
② 페놀수지 접착제
③ 멜라민수지 접착제
④ 에폭시수지 접착제

해설
에폭시수지 접착제
• 기본 점성이 크며 내수성, 내약품성, 전기절연성이 우수한 만능형 접착제이다.
• 급경성으로 내알칼리성 등의 내화학성이나 접착력이 크고, 내수성이 우수하다.
• 가열하면 접착 시 효과가 좋다.
• 금속, 석재, 도자기, 글라스, 콘크리트, 플라스틱재 등의 접착에 사용한다.

39 래커(lacquer)에 관한 설명으로 옳지 않은 것은?

① 도막 형성은 주로 용제의 증발에 따른 건조에 의한다.
② 섬유소에 합성수지, 가소제와 안료를 첨가한 도료이다.
③ 내마모성, 내수성이 우수하지만 건조가 느리다.
④ 스프레이 건(spray gun)을 사용해서 표면 마감을 할 때 가장 유리하다.

해설
래커는 건조가 빨라 건조시간을 지연시킬 목적으로 시너(thinner)를 첨가한다.

40 아스팔트에 석면·탄산칼슘·안료를 가하고, 가열 혼련하여 시트상으로 압연한 것으로, 내수·내습성이 우수한 바닥재료는?

① 아스팔트 타일
② 아스팔트 싱글
③ 아스팔트 루핑
④ 아스팔트 펠트

해설
② 아스팔트 싱글 : 아스팔트 루핑을 절단하여 만든 것으로, 주로 지붕재료로 사용되는 역청제품이다.
③ 아스팔트 루핑 : 아스팔트 제품 중 펠트의 양면에 블론 아스팔트를 피복하고 활석분말 등을 부착하여 만든 제품이다.
④ 아스팔트 펠트 : 천연 유기섬유를 원료로 한 원지에 스트레이트 아스팔트를 함침시켜 만든 아스팔트 방수시트재이다.

41 건축제도에 사용되는 삼각자에 대한 설명으로 옳지 않은 것은?

① 일반적으로 45° 등변삼각형과 30°, 60°의 직각삼각형 두 가지가 한 쌍으로 이루어져 있다.
② 재질은 플라스틱 제품이 많이 사용된다.
③ 제도에서는 주로 눈금이 있는 자를 이용한다.
④ 삼각자의 조합에 따라 여러 가지 각도를 표현할 수 있다.

해설
제도에서는 눈금이 없는 자를 이용한다.

42 제도용지의 크기로 옳지 않은 것은?

① A6 : 105×148
② A4 : 210×297
③ A3 : 297×420
④ A0 : 831×1,159

해설
제도용지
(단위 : mm)

제도지의 치수		A0	A1	A2	A3	A4	A5	A6
$a \times b$		841×1,189	594×841	420×594	297×420	210×297	148×210	105×148
c(최소)		10	10	10	5	5	5	5
d(최소)	묶지 않을 때	10	10	10	5	5	5	5
	묶을 때	25	25	25	25	25	25	25

43 건축제도 시 선 긋기에 관한 설명으로 옳지 않은 것은?

① 선 긋기를 할 때에는 시작부터 끝까지 일정한 힘과 각도를 유지해야 한다.
② 삼각자의 오른쪽 옆면을 이용할 경우에는 아래에서 위로 선을 긋는다.
③ T자와 삼각자 등이 사용된다.
④ 삼각자의 왼쪽 옆면을 이용할 경우에는 아래에서 위로 선을 긋는다.

해설
삼각자의 오른쪽 옆면을 이용할 경우에는 위에서 아래로 선을 긋는다.

44 건축제도에서 기호 '□'가 위치하는 곳은?

① 치수 숫자 앞에 사용한다.
② 치수 숫자 뒤에 사용한다.
③ 치수 숫자 중간에 사용한다.
④ 치수 숫자 어느 곳에 사용해도 관계없다.

해설
지름 기호 ∅, 반지름 기호 R, 정사각형 기호 □는 치수 앞에 쓴다.

정답 41 ③ 42 ④ 43 ② 44 ①

45 도면 표시기호 중 두께를 표시하는 기호는?

① THK　　② A
③ V　　　④ H

해설
② A : 면적
③ V : 용적
④ H : 높이

46 건축설계 도면에서 배경을 표현하는 목적으로 옳지 않은 것은?

① 건축물의 스케일감을 나타내기 위해서
② 건축물의 용도를 나타내기 위해서
③ 건축물 내부 평면상의 동선을 나타내기 위해서
④ 주변 대지의 성격을 표시하기 위해서

해설
건축설계 도면에서 각종 배경을 표현하는 이유는 건물의 주변 환경(대지의 성격 등), 스케일, 용도를 나타내기 위해서이다.

47 평행 투시도법이라고도 하며, 일반적으로 실내 투시도 작성 시 사용되는 것은?

① 1소점 투시도법
② 2소점 투시도법
③ 3소점 투시도법
④ 유각 투시도법

해설
1소점 투시도(평행 투시도)
• 지면에 물체가 평행하도록 작도하여 1개의 소점이 생긴다.
• 실내 투시도 또는 기념 건축물과 같은 정적인 건축물의 표현에 가장 효과적이다.

48 주택의 평면도에 표시해야 할 사항이 아닌 것은?

① 가구의 높이
② 기준선
③ 벽, 기둥, 창호
④ 실외 배치와 넓이

해설
가구의 높이는 전개도에 표시한다.

49 구조형식은 평면적인 구조와 입체적인 구조로 구분하는데, 다음 중 성격이 다른 구조는?

① 돔구조
② 막구조
③ 셸구조
④ 벽식구조

해설
①, ②, ③은 입체적인 구조이다.

50 벽돌구조의 아치(arch) 중 특별히 주문 제작한 아치벽돌을 사용해서 만든 것은?

① 본아치
② 층두리아치
③ 거친아치
④ 막만든아치

51 목구조에 대한 설명 중 옳지 않은 것은?

① 자재의 수급 및 시공이 간편하다.
② 저층의 주택과 같이 비교적 소규모 건축물에 적합하다.
③ 목재는 가볍고 가공성이 좋으며 친화감이 있다.
④ 목재는 열전도율이 커서 연소되기 쉽다.

해설
목구조는 나무라는 물성상 열전도율이 일반 건축재료보다 열전도율이 낮아 열의 전달이 빠르지 않고 느려 더운 공기와 찬 공기의 흐름을 저지하여 에너지 효율성이 좋다.

52 목구조의 이음 및 맞춤 부분에 쓰이는 보강철물이 아닌 것은?

① 안장쇠   ② 감잡이쇠
③ 리벳   ④ 듀벨

해설
① 안장쇠 : 안장 모양으로 한 부재에 걸쳐놓고 다른 부재를 받게 하는 이음으로, 맞춤의 보강철물이다.
② 감잡이쇠 : 목구조의 맞춤에 사용하는 ㄷ자 모양의 보강철물로, 왕대공과 평보의 연결부에 사용한다.
④ 듀벨 : 볼트와 같이 사용하여 접합재 상호 간의 변위를 방지하는 강한 이음을 얻는 데 사용한다.

정답 49 ④ 50 ① 51 ④ 52 ③

53 조적구조의 특징으로 옳지 않은 것은?

① 내구적·내화적이다.
② 건식구조이다.
③ 각종 횡력에 약하다.
④ 고층 건물에 적용하기 어렵다.

해설
조적구조는 습식구조이다.

54 벽돌쌓기 방법 중 프랑스식 쌓기에 대한 설명으로 옳지 않은 것은?

① 외관이 아름답다.
② 부분적으로 통줄눈이 생긴다.
③ 남는 토막이 적어 경제적이다.
④ 힘을 많이 받지 않는 벽돌담 등에 사용된다.

해설
프랑스식 쌓기
- 한 켜 안에 길이쌓기와 마구리쌓기를 병행하며 쌓는다.
- 아름답지만 내부에 통줄눈이 생겨 담장 등 장식용에 적절하다.
- 부분적으로 통줄눈이 생겨 내력벽으로 부적합하다.
- 남는 부분에 이오토막을 사용한다.

55 대형 건축물에 널리 쓰이는 SRC조가 의미하는 것은?

① 철골철근콘크리트조
② 철근콘크리트조
③ 철골조
④ 절판구조

해설
- 철근콘크리트 : RC조
- 철골조 : S조

56 기둥의 띠철근 수직 간격 기준으로 옳은 것은?

① 철선지름의 25배 이하
② 띠철근 지름의 16배 이하
③ 축 방향 철근지름의 36배 이하
④ 기둥 단면의 최소 치수 이하

해설
띠철근의 수직 간격은 축 방향 철근지름의 16배 이하, 띠철근이나 철선지름의 48배 이하, 또한 기둥 단면의 최소 치수 이하로 하여야 한다(KDS 14 20 50).

57 철근콘크리트구조 형식 중 라멘구조에 대한 설명으로 옳은 것은?

① 다른 형식의 구조보다 층고를 줄일 수 있어 주상복합 건물이나 지하 주차장 등에 주로 사용한다.
② 기둥, 보, 바닥 슬래브 등이 강접합으로 이루어져 하중에 저항하는 구조이다.
③ 보를 없애고 바닥판을 두껍게 해서 보의 역할을 겸하도록 한 구조이다.
④ 보와 기둥 대신 슬래브와 벽이 일체가 되도록 구성한 구조이다.

해설
라멘구조는 구조물에서 부재를 고정하거나 이은 부분이 강접합으로 되어 있는 구조(휨모멘트 및 전단력으로써 외력에 저항하는 구조)이다.

58 철골의 접합방법 중 다른 접합보다 단면 결손이 거의 없는 접합방식은?

① 용접
② 리벳 접합
③ 일반 볼트 접합
④ 고력 볼트 접합

해설
용접 접합의 특징
• 건물의 경량화가 가능하다.
• 강재의 절약(8~15%) : 볼트 구멍에 의한 단면 결손이 작다.
• 경제성 : 가공공사가 비교적 적당하다.
• 기둥에 브래킷이 없어 이음 부재 수가 감소하고, 수송에 유리하다.
• 단면 선택의 자유도가 많다. : 고력 볼트에 비교해서 큰 부재의 접합이 가능하다.

59 고력 볼트 접합에 대한 설명으로 옳지 않은 것은?

① 피로강도가 높다.
② 볼트는 고탄소강, 합금강으로 만든다.
③ 조임 순서는 단부에서 중앙으로 한다.
④ 임팩트렌치 및 토크렌치로 조인다.

해설
고력 볼트 접합의 조임 순서는 중앙에서 단부로 한다.

60 건물의 외부 보를 제외하고, 내부는 보 없이 바닥판으로 구성하여 그 하중을 직접 기둥에 전달하는 슬래브의 종류는?

① 2방향 슬래브
② 1방향 슬래브
③ 플랫 슬래브
④ 워플 슬래브

해설
플랫 슬래브
• 보를 없애고 바닥판을 두껍게 해서 보의 역할을 겸한 구조이다.
• 고층 건물의 구조형식에서 층고를 최소로 할 수 있다.
• 외부 보를 제외하고 내부는 보 없이 바닥판만으로 구성된다.
• 내부는 보 없이 바닥판을 기둥이 직접 지지하는 슬래브이다.
• 천장의 공간 확보와 실내 공간의 이용도가 좋다.
• 층고를 낮게 할 수 있다.
• 바닥판이 두꺼워서 고정하중이 커지며, 뼈대의 강성을 기대하기 어렵다.
• 거푸집과 철근공사가 용이해서 주로 창고, 공장, 주상 복합이나 지하 주차장에 등에 쓰인다.

2021년 제2회 과년도 기출복원문제

01 공간 배치 및 동선의 편리성과 가장 관련 있는 실내디자인의 기본조건은?

① 경제적 조건
② 환경적 조건
③ 기능적 조건
④ 정서적 조건

해설
실내디자인의 기본조건 중 기능적 조건은 공간의 사용목적에 적합해야 하므로 가장 먼저 고려한다.

02 선의 종류별 조형효과로서 옳지 않은 것은?

① 곡선 : 명료함, 평등
② 수평선 : 안정, 평화
③ 사선 : 약동감, 생동감
④ 수직선 : 존엄성, 위엄

해설
선의 종류별 조형효과
• 수직선 : 존엄성, 위엄, 권위
• 수평선 : 안정, 평화
• 사선 : 약동감, 생동감
• 곡선 : 유연함, 우아함, 풍요로움, 여성스러움

03 형태의 의미구조에 의한 분류에서 인간의 지각, 즉 시각과 촉각 등으로 직접 느낄 수 없고 개념적으로만 제시될 수 있는 형태는?

① 현실적 형태
② 인위적 형태
③ 상징적 형태
④ 자연적 형태

해설
형태
• 이념적 형태(순수 형태, 상징적 형태) : 인간의 지각, 즉 시각과 촉각 등으로 직접 느낄 수 없고, 개념적으로만 제시될 수 있는 형태로 순수 형태, 상징적 형태라고도 한다. 점, 선, 면, 입체 등 추상적 기하학적 형태가 이에 해당한다.
• 현실적 형태 : 우리가 직접 지각하여 얻는 형태이다.
 – 자연적 형태 : 자연의 법칙에 생성된 유기적 형태이다.
 – 인위적 형태 : 인간의 필요에 의해 만들어진 기능적 형태이다.

04 규칙적인 요소의 반복으로 디자인에 시각적인 질서를 부여하는 통제된 운동감각을 의미하는 디자인 원리는?

① 리듬
② 균형
③ 조화
④ 비례

해설
리듬은 규칙적인 반복, 점진적인 변화에 의해 의도적인 연계성을 느끼게 한다.

05 천장과 함께 실내 공간을 구성하는 수평적 요소로서 생활을 지탱하는 역할을 하는 것은?

① 벽
② 바닥
③ 기둥
④ 개구부

해설
실내 공간의 구성
• 공간의 수평적 요소 : 천장, 바닥
• 공간의 수직적 요소 : 기둥, 벽

06 개구부에 관한 설명으로 옳지 않은 것은?

① 건축물의 표정과 실내 공간의 성격을 규정하는 중요한 요소이다.
② 창은 개폐의 용이 및 단열을 위해 가능한 한 크게 만드는 것이 좋다.
③ 창의 높낮이는 가구의 높이와 사람이 앉거나 섰을 때의 시선 높이에 영향을 받는다.
④ 문은 사람과 물건이 실내, 실외로 통행 및 출입하기 위한 개구부로 실내디자인에 있어 평면적인 요소로 취급된다.

해설
건물의 창 및 문은 단열을 위해 가능한 한 작게 설계한다.

07 창호철물과 사용되는 창호의 연결이 옳지 않은 것은?

① 레일 – 미닫이문
② 크레센트 – 오르내리창
③ 플로어 힌지 – 여닫이문
④ 래버터리 힌지 – 쌍여닫이창

해설
래버터리 힌지는 자유경첩(경첩)의 일종으로 저절로 닫히지만 10~15mm 정도 열려 있도록 만든 철물이다.

08 황금분할과 가장 관계가 깊은 디자인 요소는?

① 비례
② 강조
③ 리듬
④ 질감

09 등받이와 팔걸이가 없는 형태의 보조의자로, 가벼운 작업이나 잠시 걸터앉아 휴식을 취하는 데 사용하는 것은?

① 스툴
② 카우치
③ 이지 체어
④ 라운지 체어

해설
② 카우치 : 한쪽 끝이 기댈 수 있도록 세워져 있는 긴 형태의 소파로, 몸을 기대거나 침대로도 사용할 수 있도록 좌판 한쪽을 올린 형태이다.
③ 이지 체어 : 가볍게 휴식을 취할 수 있도록 크기는 라운지 체어보다 작고, 심플한 형태의 안락의자이다.
④ 라운지 체어 : 비교적 큰 크기의 안락의자로, 누워서 쉴 수 있는 긴 의자이다.

정답 5② 6② 7④ 8① 9①

10 주택의 설계 방향으로 옳지 않은 것은?

① 가족 본위의 주거
② 가사노동의 절감
③ 넓은 주거 공간의 지향
④ 생활의 쾌적함 증대

해설
주택의 설계 방향
- 가족 본위의 주거
- 가사노동의 절감
- 생활의 쾌적함 증대
- 개인 생활의 프라이버시 확립
- 활동성의 증대를 위한 의자식 생활 도입

11 공간의 동선에 관한 설명으로 옳지 않은 것은?

① 동선의 유형 중 직선형은 최단 거리의 연결로 통과시간이 가장 짧다.
② 실내에 2개 이상의 출입구가 있으면 그 개수에 비례하여 동선이 원활해지므로 통로 면적이 감소된다.
③ 동선이 교차하는 지점은 잠시 멈추어 방향을 결정할 수 있도록 어느 정도 충분한 공간을 마련해 준다.
④ 동선은 짧으면 짧을수록 효율적이지만, 공간의 성격에 따라 길게 하여 더 많은 시간 동안 머무르도록 유도한다.

해설
실내에 2개 이상의 출입구가 있으면 그 개수에 비례하여 동선이 원활해지므로 통로 면적이 증가한다.

12 거실의 가구 배치방식 중 중앙의 테이블을 중심으로 좌석이 마주 보도록 배치하는 방식은?

① 코너형
② 직선형
③ 대면형
④ 자유형

해설
대면형
- 중앙의 테이블을 중심으로 좌석이 마주 보도록 배치하는 방식이다.
- 시선이 마주치므로 딱딱한 분위기가 되기 쉽다.
- 일자형에 비해 가구 자체가 차지하는 면적이 작다.

13 부엌 가구의 배치 유형 중 양쪽 벽면에 작업대가 마주 보도록 배치한 것으로, 부엌의 폭이 길이에 비해 넓은 형태에 적합한 것은?

① 일자형
② L자형
③ 병립형
④ 아일랜드형

해설
병렬형(병립형)
- 양쪽 벽면에 작업대를 마주 보도록 배치한 유형이다.
- 부엌의 폭이 길이에 비해 넓은 형태에 적합하다.
- 작업 동선은 줄일 수 있지만 몸을 앞뒤로 바꾸기는 불편하다.
- 식당과 부엌이 개방되지 않고 외부로 통하는 출입구가 필요한 경우에 사용한다.
- 동선이 짧아 가사노동 경감에 효과적이다.

14 상점 쇼윈도 전면의 눈부심 방지방법으로 옳지 않은 것은?

① 차양을 쇼윈도에 설치하여 햇빛을 차단한다.
② 쇼윈도 내부를 도로면보다 약간 어둡게 한다.
③ 유리를 경사지게 처리하거나 곡면유리를 사용한다.
④ 쇼윈도 앞에 가로수를 심어 도로 건너편 건물의 반사를 막는다.

해설
쇼윈도 전면의 눈부심을 방지하려면 진열장 내의 밝기를 인공적으로 외부보다 밝게 한다.

15 상점의 판매형식 중 대면 판매에 관한 설명으로 옳지 않은 것은?

① 상품 설명이 용이하다.
② 포장대나 계산대를 별도로 둘 필요가 없다.
③ 고객과 종업원이 진열장을 사이에 두고 상담 및 판매하는 형식이다.
④ 상품에 직접 접촉하므로 선택이 용이하며, 측면 판매에 비해 진열 면적이 커진다.

해설
대면 판매는 측면 판매에 비해 진열 면적이 감소된다.

16 고체 양쪽의 유체온도가 다를 때 고체를 통하여 유체에서 다른 쪽 유체로 열이 전해지는 현상은?

① 대류　　② 복사
③ 증발　　④ 열관류

17 표면 결로 방지방법으로 옳지 않은 것은?

① 벽체의 열관류저항을 낮춘다.
② 실내에서 발생하는 수증기를 억제한다.
③ 한기에 의해 실내 절대습도를 저하한다.
④ 직접 가열이나 기류 촉진에 의해 표면온도를 상승시킨다.

해설
표면 결로를 방지하려면 벽체의 열관류저항을 크게 한다.

18 공동 주택의 거실에서 환기를 위하여 설치하는 창문의 면적은 최소 얼마 이상이어야 하는가?(단, 창문으로만 환기를 하는 경우)

① 거실 바닥 면적의 1/5 이상
② 거실 바닥 면적의 1/10 이상
③ 거실 바닥 면적의 1/20 이상
④ 거실 바닥 면적의 1/40 이상

해설
단독 주택 및 공동 주택의 거실, 교육연구시설 중 학교의 교실, 의료시설의 병실 및 숙박시설의 객실에는 환기를 위하여 거실에 설치하는 창문 등의 면적은 그 거실의 바닥 면적의 1/20 이상이어야 한다. 다만, 기계환기장치 및 중앙관리방식의 공기조화설비를 설치하는 경우에는 그러하지 아니하다(건축법 시행령 제51조, 건축물의 피난·방화구조 등의 기준에 관한 규칙 제17조).

정답 14 ② 15 ④ 16 ④ 17 ① 18 ③

19 간접조명에 관한 설명으로 옳지 않은 것은?

① 조명률이 낮다.
② 실내 반사율의 영향이 크다.
③ 국부적으로 고조도를 얻기 편리하다.
④ 경제성보다 분위기를 목표로 하는 장소에 적합하다.

해설
③은 직접조명방식에 관한 설명이다.

20 다음 보기의 설명에 알맞은 소음은?

| 보기 |
| 음압 레벨의 변동 폭이 좁고, 측정자가 귀로 들었을 때 음의 크기가 변동하고 있다고 생각되지 않는 종류의 음 |

① 변동소음
② 간헐소음
③ 정상소음
④ 충격소음

해설
① 변동소음 : 소음 레벨이 불규칙하며 연속적으로 넓은 범위에 걸쳐 변화하는 소음
② 간헐소음 : 간헐적으로 발생하고 연속시간이 수 초 이상인 소음
④ 충격소음 : 다이너마이트 폭발, 단조해머작업 등 일시에 나타나는 충격적인 음

21 바닥재료에 요구되는 성능 중 물체의 이동 등에 따른 자극에 견디는 성능은?

① 내후성
② 내긁힘성
③ 내마모성
④ 내국압성

해설
① 내후성 : 일광, 공기에 의해 변형, 변질되지 않는 성능
③ 내마모성 : 사람의 보행에 의한 마모작용에 견디는 성능
④ 내국압성 : 국부의 압력, 예를 들면 의자나 테이블 등의 다리에 의해 흠집이 생기지 않는 성능

22 목재에 관한 설명으로 옳지 않은 것은?

① 섬유포화점 이하에서는 함수율이 감소할수록 목재강도는 증가한다.
② 섬유포화점 이하에서는 함수율이 증가해도 목재강도는 변화가 없다.
③ 가력 방향이 섬유에 평행할 경우 압축강도가 인장강도보다 크다.
④ 심재는 일반적으로 변재보다 강도가 크다.

해설
목재의 강도

응력의 종류 \ 가력 방향	섬유 방향에 평행	섬유 방향에 직각
압축강도	100	10~20
인장강도	190~260	7~20
휨강도	150~230	10~20
전단강도	침엽수 16, 활엽수 19	-

23 합판에 관한 설명으로 옳지 않은 것은?

① 함수율 변화에 따른 팽창·수축의 방향성이 없다.
② 뒤틀림이나 변형이 작은 비교적 큰 면적의 평면 재료를 얻을 수 있다.
③ 표면가공법으로 흡음효과를 낼 수 있으며 외장적 효과도 높일 수 있다.
④ 목재를 얇은 판으로 만들어 이들을 섬유 방향이 서로 직교되도록 짝수로 적층하여 접착시킨 판이다.

해설
합판은 목재를 얇은 판으로 만들어 이들을 섬유 방향이 서로 직교되도록 홀수로 적층하여 접착시킨 판이다.

24 목재의 접합철물로, 주로 전단력에 저항하는 철물은?

① 듀벨　② 볼트
③ 인서트　④ 클램프

해설
듀벨
- 목재의 접합철물로, 주로 전단력에 저항하는 철물이다.
- 목재 접합에서 전단사항을 증가시키기 위해 두 부재 사이에 끼워 넣는 것으로 처넣는 방식과 파넣는 방식이 있다.

25 내화도가 낮아 고열을 받는 곳에는 적당하지 않지만, 견고하고 대형재의 생산이 가능하며 바탕색과 반점이 미려하여 구조재, 내·외장재로 많이 사용되는 것은?

① 화강암　② 응회암
③ 석회암　④ 안산암

해설
화강암(granite)
- 화성암의 일종으로, 마그마가 냉각되면서 굳은 것이다.
- 내구성 및 강도가 크고, 외관이 수려하다.
- 단단하고 내산성이 우수하다.
- 함유 광물의 열팽창계수가 달라 내화성이 약하다.
- 절리의 거리가 비교적 커서 대재(大材)를 얻을 수 있다.
- 비중은 응회암, 사암보다 크다.
- 구조재 및 내·외장재, 도로 포장재, 콘크리트 골재 등에 사용된다.

26 고로 시멘트에 대한 설명으로 옳지 않은 것은?

① 포틀랜드 시멘트에 고로 슬래그분말을 혼합하여 만든 것이다.
② 해수에 대한 내식성이 크다.
③ 초기강도는 작지만, 장기강도는 크다.
④ 응결시간이 빠르고, 콘크리트 블리딩량이 많다.

해설
고로 시멘트는 응결시간이 약간 느리고, 블리딩량이 적어진다.

27 콘크리트용 골재로서 요구되는 일반적인 성질로 옳은 것은?

① 모양이 편평하고 세장한 것이 좋다.
② 모양이 구형에 가까운 것으로, 표면이 매끄러운 것이 좋다.
③ 입도는 조립에서 세립까지 연속적으로 균등하게 혼합되어 있어야 한다.
④ 골재의 강도는 콘크리트 중의 경화 시멘트 페이스트의 강도보다 작아야 한다.

해설
① 골재의 입형은 가능한 한 편평하고, 세장하지 않은 것이 좋다.
② 골재의 입형은 구형이 가장 좋으며, 표면이 약간 거친 것이 좋다.
④ 골재의 강도는 콘크리트 중의 경화 시멘트 페이스트의 강도 이상이어야 한다.

28 다음 중 혼화재는?

① 플라이애시
② AE제
③ 감수제
④ 기포제

해설
혼화재료의 종류
- 혼화제 : 감수제, AE제, 유동화제, 방수제, 기포제, 촉진제, 지연제, 급결제, 증점제
- 혼화재 : 플라이애시, 고로 슬래그, 실리카 퓸, 규산백토 미분말, 팽창재

29 슬럼프 테스트에 관한 설명으로 옳은 것은?

① 콘크리트의 강도를 측정하는 시험이다.
② 콘크리트의 공기량을 측정하는 시험이다.
③ 콘크리트의 재료분리를 측정하는 시험이다.
④ 콘크리트의 컨시스턴시를 측정하는 시험이다.

해설
슬럼프시험 : 굳지 않은 콘크리트의 반죽질기(consistency)를 측정하는 방법
※ 컨시스턴시 : 수량에 의해서 변화하는 유동성의 정도

31 다음은 한국산업표준에 따른 점토벽돌 중 미장벽돌에 관한 용어의 정의이다. ( ) 안에 들어갈 알맞은 내용은?

> 점토 등을 주원료로 하여 소성한 벽돌로서 유공형 벽돌은 하중 지지면의 유효 단면적이 전체 단면적의 ( ) 이상이 되도록 제작한 벽돌

① 30%   ② 40%
③ 50%   ④ 60%

32 강의 열처리 방법이 아닌 것은?

① 압출   ② 불림
③ 풀림   ④ 담금질

해설
• 강의 열처리 방법 : 풀림, 불림, 담금질, 뜨임질 등
• 강의 성형(가공)방법 : 압출, 단조, 압연, 인발 등

30 속 빈 콘크리트 기본 블록의 두께 치수가 아닌 것은?

① 220mm   ② 190mm
③ 150mm   ④ 100mm

해설
속 빈 콘크리트 블록 치수

(단위 : mm)

모양	치수			허용값
	길이	높이	두께	
기본 블록	390	190	190	±2
			150	
			100	

33 미장공사에 사용하며, 기둥이나 벽의 모서리 부분을 보호하고 정밀한 시공을 위해 사용하는 철물은?

① 논슬립
② 코너비드
③ 메탈 라스
④ 메탈 폼

해설
① 논슬립 : 계단에서 미끄럼을 방지하기 위해서 사용한다.
③ 메탈 라스 : 얇은 철판에 절목을 많이 넣어 이를 옆으로 늘여서 만든 것으로, 도벽 바탕에 쓰인다.
④ 메탈 폼 : 금속재의 콘크리트용 거푸집으로서 치장 콘크리트 등에 사용한다.

34. 다음 보기의 설명에 알맞은 유리는?

┌─ 보기 ─────────────────────────┐
- 단열성이 뛰어난 고기능성 유리의 일종이다.
- 동절기에는 실내의 난방기구에서 발생되는 열을 반사하여 실내로 되돌려 보내고, 하절기에는 실외의 태양열이 실내로 들어오는 것을 차단한다.
└────────────────────────────┘

① 배강도 유리
② 스팬드럴 유리
③ 스테인드글라스
④ 저방사(low-e) 유리

해설
저방사(low-e) 유리
- 단열성이 뛰어난 고기능성 유리이다.
- 동절기에는 실내의 난방기구에서 발생되는 열을 반사하여 실내로 되돌려 보내고, 하절기에는 실외의 태양열이 실내로 들어오는 것을 차단한다.
- 발코니를 확장한 공동 주택이나 창호 면적이 큰 건물에서 단열을 통한 에너지 절약을 위해 권장되는 유리이다.
- 대부분 복층유리 또는 삼중유리로 제작한다.

35. 미장재료에 관한 설명으로 옳지 않은 것은?

① 석고 플라스터는 내화성이 우수하다.
② 돌로마이트 플라스터는 건조수축이 크기 때문에 수축균열이 발생한다.
③ 킨즈 시멘트는 고온소성의 무수석고를 특별한 화학처리를 한 것으로 경화 후 매우 단단하다.
④ 회반죽은 소석고에 모래, 해초물, 여물 등을 혼합하여 바르는 미장재료로서 건조수축이 거의 없다.

해설
회반죽
- 소석회에 모래, 해초풀, 여물 등을 혼합하여 바르는 미장재료이다.
- 기경성 미장재료이며, 경화속도가 느리고 점성이 작다.
- 공기 중의 탄산가스와 반응하여 화학 변화를 일으켜 경화한다.
- 경화건조에 의한 수축률이 크기 때문에 여물로 균열을 분산·경감시킨다.
- 목조 바탕, 콘크리트 블록 및 벽돌 바탕 등에 바른다.

36. 합성수지의 일반적인 성질에 관한 설명으로 옳지 않은 것은?

① 전성, 연성이 크다.
② 가소성, 가공성이 크다.
③ 흡수성이 적고, 투수성이 거의 없다.
④ 탄력성이 없어 구조재료로 사용이 용이하다.

해설
합성수지는 강성 및 탄성계수가 작아 구조재로는 사용하기 곤란하다.

37. 폴리스티렌수지의 일반적인 용도는?

① 단열재
② 대용유리
③ 섬유제품
④ 방수시트

해설
폴리스티렌(PS)수지
- 무색투명한 액체로서 내화학성, 전기절연성, 내수성이 크다.
- 창유리, 벽용 타일 등에 사용된다.
- 발포제품으로 만들어 단열재에 많이 사용된다.

38. 유성페인트의 성분 구성으로 옳은 것은?

① 안료 + 물
② 합성수지 + 용제 + 안료
③ 수지 + 건성유 + 희석제
④ 안료 + 보일유 + 희석제

해설
유성페인트
- 보일유(건성유, 건조제)와 안료를 혼합한 것이다(안료 + 건성유 + 건조제 + 희석제).
- 붓바름 작업성 및 내후성이 뛰어나다.
- 저온다습할 경우 특히 건조시간이 길다.
- 내알칼리성이 떨어진다.
- 목재, 석고판류, 철재류 도장에 사용된다.

정답 34 ④ 35 ④ 36 ④ 37 ① 38 ④

39 다음 중 내알칼리성이 가장 우수한 도료는?

① 유성 페인트
② 유성 바니시
③ 알루미늄 페인트
④ 염화비닐수지 도료

해설
염화비닐수지 도료는 내산, 내알칼리 도료에 적당하다.

40 아스팔트 제품 중 펠트의 양면에 블론 아스팔트를 피복하고, 활석분말 등을 부착하여 만든 제품은?

① 아스팔트 콤파운드
② 아스팔트 타일
③ 아스팔트 프라이머
④ 아스팔트 루핑

해설
① 아스팔트 콤파운드 : 블론 아스팔트의 성능을 개량하기 위해 동식물성 유지와 광물질분말을 혼입한 것으로, 일반 지붕 방수 공사에 이용된다.
② 아스팔트 타일 : 아스팔트에 석면·탄산칼슘·안료를 가하고, 가열혼련하여 시트상으로 압연한 것으로서 내수성·내습성이 우수한 바닥재료이다.
③ 아스팔트 프라이머 : 블론 아스팔트를 휘발성 용제에 녹인 저점도의 흑갈색 액체로, 아스팔트 방수의 바탕처리재로 사용된다.

41 제도용구에 대한 설명으로 옳은 것은?

① 자유곡선자 : 투시도 작도 시 긴 선이나 직각선을 그릴 때 많이 사용된다.
② 삼각자 : 주로 75°, 35° 자를 사용하며 재질은 플라스틱 제품이 많이 사용된다.
③ 자유삼각자 : 하나의 자로 각도를 조절하여 지붕의 물매 등을 그릴 때 사용한다.
④ 운형자 : 원호로 된 곡선을 자유자재로 그릴 때 사용하여 고무제품이 많이 사용된다.

해설
① 자유곡선자 : 원호 이외의 곡선을 자유자재로 그릴 때 사용한다.
② 삼각자 : 주로 45°, 60° 자를 사용하며 재질은 플라스틱 제품이 많이 사용된다.
④ 운형자 : 컴퍼스로 그리기 어려운 원호나 곡선을 그릴 때 사용하며 셀룰로이드판으로 만든다.

42 건축제도통칙(KS F 1501)에서 규정한 척도가 아닌 것은?

① 1/2
② 1/50
③ 1/150
④ 1/250

해설
건축제도의 척도(KS F 1501)
• 실척 : 1/1
• 축척 : 1/2, 1/3, 1/4, 1/5, 1/10, 1/20, 1/25, 1/30, 1/40, 1/50, 1/100, 1/200, 1/250, 1/300, 1/500, 1/600, 1/1000, 1/1200, 1/2000, 1/2500, 1/3000, 1/5000, 1/6000
• 배척 : 2/1, 5/1

43 인출선, 치수보조선 등으로 사용하는 선은?

① 실선
② 파선
③ 1점쇄선
④ 2점쇄선

해설
② 파선 : 보이지 않는 부분이나 절단면보다 앞면 또는 윗면에 있는 부분을 표시한다.
③ 1점쇄선 : 중심선, 절단선, 기준선, 경계선, 참고선 등을 표시한다.
④ 2점쇄선 : 상상선 또는 1점쇄선과 구별할 필요가 있을 때 사용한다.

44 건축제도의 치수 기입에 관한 설명으로 옳은 것은?

① 협소한 간격이 연속될 때에는 치수 간격을 줄여 치수를 기입한다.
② 치수는 특별히 명시하지 않는 한 마무리 치수로 표시한다.
③ 치수는 치수선에 평행하게 도면의 오른쪽에서 왼쪽으로, 아래로부터 위로 읽을 수 있도록 기입한다.
④ 치수는 항상 치수선 중앙 아랫부분에 기입하는 것이 원칙이다.

해설
① 협소한 간격이 연속될 때에는 인출선을 사용하여 치수를 기입한다.
③ 치수는 치수선에 평행하게 도면의 왼쪽에서 오른쪽으로, 아래로부터 위로 읽을 수 있도록 기입한다.
④ 치수는 치수선 중앙 윗부분에 기입하는 것이 원칙이다.

45 다음 표시기호의 명칭은?

① 붙박이문
② 쌍미닫이문
③ 쌍여닫이문
④ 두 짝 미서기문

해설
평면 표시기호

붙박이문	⊐ㅏㅏㄷ
쌍여닫이문	(그림)
두 짝 미서기문	⊐ㅡㅏㅡㄷ

46 사람을 그릴 때는 각 부분의 비례관계를 알아야 한다. 사람을 8등분으로 나누었을 때 비례관계가 가장 적절하게 표현한 것은?

번호	신체 부위	비례
A	머리	1
B	목	1
C	다리	3.5
D	몸통	2.5

① A
② B
③ C
④ D

해설
사람을 표현할 때는 8등분으로 나누어 머리는 1 정도의 비율로 표현하는 것이 알맞다.

정답 43 ① 44 ② 45 ② 46 ①

47 단면도에 대한 설명으로 옳은 것은?

① 건축물을 수평으로 절단하였을 때의 수평 투상도이다.
② 건축물의 외형을 각 면에 대해 직각으로 투사한 도면이다.
③ 건축물을 수직으로 절단하여 수평 방향에서 본 도면이다.
④ 실의 넓이, 기초판의 크기, 벽체의 하부 구조를 표현한 도면이다.

해설
단면도에서는 지붕의 형태와 구조, 벽체와 창호의 크기, 기둥 간격, 벽체와의 중심거리, 바닥의 구조, 각 실의 천장 높이, 기초의 형태, 건축물의 최고 높이, 처마 높이를 알 수 있다.

48 건축 도면 중 배치도에 명시해야 하는 것은?

① 대지 내 건물의 위치와 방위
② 기둥, 벽, 창문 등의 위치
③ 건물의 높이
④ 승강기의 위치

해설
배치도
- 부대시설의 배치(위치, 간격, 방위, 경계선 등)를 나타내는 도면이다.
- 위쪽을 북쪽으로 하여 도로와 대지의 고저 등고선 또는 대지의 단면도를 그려서 대지의 상황을 이해하기 쉽게 한다.

49 다음 중 건식구조에 해당하는 것은?

① 벽돌구조
② 철근콘크리트구조
③ 목구조
④ 블록구조

해설
건식구조
- 현장에서 물을 거의 쓰지 않으며, 규격화된 기성재를 짜 맞추어 구성하는 구조이다.
- 목구조, 철골구조처럼 규격화된 부재를 조립·시공하는 것으로, 물과 부재의 건조를 위한 시간이 필요 없어 공기 단축이 가능하다.

50 건물의 외부 보를 제외하고 내부는 보 없이 바닥판만으로 구성하여 천장의 공간을 확보하고 층고를 낮게 할 수 있는 구조는?

① 내력벽구조
② 무량판구조
③ 강성골조구조
④ 전단코어구조

해설
무량판구조(플랫 슬래브)
- 보를 없애고 바닥판을 두껍게 해서 보의 역할을 겸한 구조이다.
- 고층 건물의 구조형식에서 층고를 최소로 할 수 있다.
- 외부의 보를 제외하고 내부는 보 없이 바닥판만으로 구성된다.
- 내부는 보 없이 바닥판을 기둥이 직접 지지하는 슬래브이다.
- 천장의 공간 확보와 실내 공간의 이용도가 좋다.
- 층고를 낮게 할 수 있다.
- 바닥판이 두꺼워서 고정하중이 커지며, 뼈대의 강성을 기대하기 어렵다.
- 거푸집과 철근공사가 용이해서 주로 창고, 공장, 주상 복합이나 지하 주차장에 등에 쓰인다.

51 목구조에서 주요 구조부의 하부 순서로 옳은 것은?

① 기둥 → 평보 → 깔도리 → 처마도리 → 서까래
② 기둥 → 깔도리 → 평보 → 처마도리 → 서까래
③ 기둥 → 처마도리 → 평보 → 깔도리 → 서까래
④ 기둥 → 깔도리 → 처마도리 → 평보 → 서까래

해설
도리
- 층도리 : 2층 마룻바닥이 있는 부분에 수평으로 대는 가로 방향의 부재
- 깔도리 : 기둥 또는 벽 위에 놓아 평보를 받는 도리
- 처마도리 : 테두리 벽 위에 건너 대어 서까래를 받는 도리

52 목구조의 맞춤에 사용하는 보강철물로, 왕대공과 평보의 연결부에 사용하는 것은?

① 감잡이쇠　② 띠쇠
③ 듀벨　　　④ 꺾쇠

해설
② 띠쇠 : 띠형으로 된 철판에 가시못이나 볼트 구멍을 뚫은 철물로, 2개의 부재 이음쇠 맞춤쇠에 대어 2개의 부재가 벌어지지 않도록 보강하는 보강철물이다.
③ 듀벨 : 볼트와 같이 사용하며 접합제 상호 간의 변위를 방지하는 강한 이음을 얻는 데 사용한다.
④ 꺾쇠 : 몸통 모양이 정방형(각꺾쇠), 원형(원형꺾쇠), 평판형(평꺾쇠)이다.

53 각종 구조에 대한 설명 중 옳지 않은 것은?

① 목구조는 시공이 용이하며, 공사기간이 짧다.
② 벽돌구조는 횡력에는 강하지만, 대규모 건물에는 부적합하다.
③ 철근콘크리트구조는 내구적, 내화적, 내진적이다.
④ 철골구조는 고층이나 간 사이가 큰 대규모 건축물에 적합하다.

해설
벽돌구조는 지진, 바람과 같은 횡력에 약해 고층, 대규모 건물에 부적합하다.

54 도로포장용 벽돌로, 주로 인도에 많이 쓰이는 것은?

① 이형벽돌
② 포도용 벽돌
③ 오지벽돌
④ 내화벽돌

해설
포도벽돌 : 도로나 마룻바닥에 까는 두꺼운 벽돌로 아연토, 도토 등을 제조원료로 사용하고 식염유를 시유소성하여 만든다. 도로포장용 벽돌로 주로 인도에 많이 쓰인다.

55 철근콘크리트구조의 장점이 아닌 것은?

① 내화적, 내구적, 내진적이다.
② 철골구조보다 장스팬이 가능하다.
③ 설계가 자유롭다.
④ 고층 건물에 가능하다.

해설
철근콘크리트구조의 장점
- 철근과 콘크리트 간 선팽창계수가 거의 동일한 구조이다.
- 콘크리트는 압축력에 강하지만 휨, 인장력에 취약해 인장력에 강한 철근을 배근하여 철근이 인장력에 저항하도록 한다.
- 알칼리성 콘크리트는 철근의 부식을 방지한다.
- 내화적·내구적·내진적이며, 설계가 자유롭다(횡력과 진동에 강하다).
- 두 재료 간 부착강도가 우수하다.
- 거푸집을 이용하여 자유로운 형태를 얻는다.
- 재료가 풍부하여 쉽게 구입하고, 유지·관리비가 적게 든다.
- 작은 단면으로 큰 힘을 발휘할 수 있다.
- 화재 시 고열을 받으면 철골구조와 비교하여 강도가 크다.
- 고층 건물에 사용 가능하고, 초고층 구조물 하층부의 복합구조로 많이 쓰인다.

56 슬래브 배근에서 가장 하단에 위치하는 철근은?

① 장변 단부 하부 배력근
② 단변 하부 주근
③ 장변 중앙 하부 배력근
④ 장변 중앙 굽힘철근

해설
철근을 배근하면 단변 방향 철근과 장변 방향 철근이 교차하는데 단변 방향 하부 철근을 맨 먼저 배치해야 구조적 성능이 좋아진다.

57 1889년 프랑스 파리에 만든 에펠탑의 건축구조는?

① 벽돌구조
② 블록구조
③ 철골구조
④ 철근콘크리트구조

해설
철골구조
- 철로 된 부재(형강, 강판)를 짜 맞추어 만든 구조이다.
- 부재 접합에는 용접, 리벳, 볼트를 사용한다.
- 공사비가 고가이고, 내구성과 내화성이 약해 정밀 시공이 요구된다.

58 철골구조에서 단면 결손이 작고 소음이 발생하지 않으며, 구조물 자체의 경량화가 가능한 접합방법은?

① 용접 접합
② RPC 접합
③ 볼트 접합
④ 고력 볼트 접합

해설
용접 접합의 장점
- 철골의 접합방법 중 다른 접합보다 단면 결손이 거의 없다.
- 소음이 발생하지 않으며 구조물 자체의 경량화가 가능하다.
- 이음구조가 간단하고 작업공정을 단축시킬 수 있다.
- 이음효율이 좋고, 완전한 기밀성과 수밀성 확보가 가능하다.

59 구조 기둥에서 발생하는 보기와 같은 현상은?

| 보기 |
| 단면에 비해 길이가 긴 장주에서 중심축 하중을 받는데도 부재의 불균일성에 기인하여 하중이 집중되는 부분에 편심모멘트가 발생함에 따라 압축응력이 허용강도에 도달하기 전에 휘어져 버리는 현상 |

① 처짐
② 좌굴
③ 인장
④ 전단

60 구조체 자체의 무게가 적어 넓은 공간의 지붕 등에 쓰이는 것으로 상암 월드컵 경기장, 제주 월드컵 경기장에서 볼 수 있는 구조는?

① 절판구조
② 막구조
③ 셸구조
④ 현수구조

해설
막구조
- 텐트와 같은 원리로 된 구조물이다.
- 구조체 자체의 무게가 적어 넓은 공간의 지붕 등에 쓰인다.
- 상암 월드컵 경기장, 제주 월드컵 경기장 등에 쓰인 구조이다.

2022년 제1회 과년도 기출복원문제

01 실내디자인의 개념에 관한 설명으로 옳지 않은 것은?

① 형태와 기능의 통합작업이다.
② 목적물에 관한 이미지의 실체화이다.
③ 어떤 사물에 대해 행해지는 스타일링(styling)의 총칭이다.
④ 인간생활에 유용한 공간을 만들거나 환경을 조성하는 과정이다.

해설
실내디자인이란 인간이 거주하는 실내 공간을 보다 편리하게 구성하여 쾌적성, 안락성, 기능성을 창조하는 계획·설계를 의미한다. 즉, 실내 공간에 대한 인간의 예술적·서정적·환경적 욕구 등을 해결하기 위하여 내부 공간을 생활양식에 따라 기능적이고 합리적인 방법으로 계획하는 것이다.

02 다음 보기의 설명에 알맞은 선은?

> **보기**
> 약동감, 생동감이 넘치는 에너지와 운동감, 속도감을 주며 위험, 긴장, 변화 등의 느낌을 받기 때문에 너무 많으면 불안정한 느낌을 줄 수 있다.

① 사선
② 수평선
③ 수직선
④ 기하곡선

해설
선의 종류별 조형효과
• 수직선 : 존엄성, 위엄, 권위
• 수평선 : 안정, 평화
• 사선 : 약동감, 생동감
• 곡선 : 유연함, 우아함, 풍요로움, 여성스러운 느낌

03 질감(texture)을 선택할 때 고려해야 할 사항이 아닌 것은?

① 촉감
② 색조
③ 스케일
④ 빛의 반사와 흡수

해설
질감 선택 시 고려해야 할 사항 : 스케일, 빛의 반사와 흡수, 촉감 등

04 디자인 원리 중 유사조화에 대한 설명으로 옳지 않은 것은?

① 통일보다 대비의 효과가 더 크게 나타난다.
② 질적, 양적으로 전혀 상반된 두 개의 요소의 조합으로 성립된다.
③ 개개의 요소 중에서 공통성이 존재해 뚜렷하고 선명한 이미지를 준다.
④ 각각의 요소가 하나의 객체로 존재하며, 주로 다양한 주제와 이미지들이 요구될 때 사용된다.

해설
유사조화
• 형식적·외형적으로 시각적인 동일한 요소의 조합을 통하여 성립한다.
• 동일감, 친근감, 부드러움을 줄 수 있으나 단조로워질 수 있으므로, 적절한 통일과 변화를 주고 반복에 의한 리듬감을 이끌어 낸다.
• 동일하지 않더라도 서로 닮은 형태의 모양, 종류, 의미, 기능끼리 연합하여 한 조를 만들 수 있다.
• 대비보다 통일에 조금 가깝다.

정답 1③ 2① 3② 4③

05 물체의 크기와 인간의 관계 및 물체 상호 간의 관계를 표시하는 디자인 원리는?

① 척도
② 비례
③ 균형
④ 조화

해설
척도(스케일)
• 물체의 크기와 인간의 관계 및 물체 상호 간의 관계를 표시하는 디자인 원리이다.
• 디자인이 적용되는 공간에서 인간 및 공간 내에 사물과의 종합적인 연관을 고려하는 공간관계 형성의 측정기준이다.

06 실내 공간의 분할 시 차단적 구획에 사용되는 것은?

① 커튼
② 조각
③ 기둥
④ 가구

해설
공간의 분할
• 차단적 구획(칸막이) : 고정벽, 이동벽, 커튼, 블라인드, 유리창, 열주 등
• 상징적(심리·도덕적) 구획 : 이동 가구, 기둥, 벽난로, 식물, 물, 조각, 바닥의 변화 등
• 지각적 분할(심리적 분할) : 조명, 색채, 패턴, 마감재의 변화 등

07 창의 옆벽에 밀어 넣어 열고 닫을 때 실내의 유효면적을 감소시키지 않는 창호는?

① 미닫이 창호
② 회전 창호
③ 여닫이 창호
④ 붙박이 창호

08 건축화 조명방식에 해당되지 않는 것은?

① 코니스 조명
② 코브조명
③ 캐노피 조명
④ 펜던트 조명

해설
펜던트 조명 : 천장에 매달려 조명하는 방식으로, 조명기구 자체가 빛을 발하는 액세서리 역할을 한다.

09 마르셀 브로이어가 디자인한 의자로, 강철 파이프를 구부려서 지지대 없이 만든 캔틸레버식 의자는?

① 세스카 의자
② 파이미오 의자
③ 레드 블루 의자
④ 바르셀로나 의자

10 주거 공간을 주행동에 의해 구분할 경우, 개인공간에 해당하지 않는 것은?

① 서재　　② 부엌
③ 침실　　④ 자녀 방

해설
공간에 따른 분류

공간 분류	종류
사회적 공간	거실, 식당, 응접실, 회의실 등
개인적 공간	침실, 서재, 작업실, 욕실 등
작업 공간	세탁실, 다용도실, 부엌
부수적 공간	계단, 현관, 복도, 통로 등

11 주택의 부엌에 대한 설명으로 옳은 것은?

① 방위는 서쪽이나 북서쪽이 좋다.
② 개수대의 높이는 주부의 키와 무관하다.
③ 소규모 주택일 경우 거실과 한 공간에 배치할 수 있다.
④ 가구 배치는 가열대, 개수대, 냉장고, 조리대 순서로 한다.

해설
① 방위는 서쪽은 피하는 것이 좋다.
② 개수대의 높이는 주부의 키에 따라 달라진다.
④ 가구 배치는 준비대 - 개수대 - 조리대 - 가열대 - 배선대 순서로 한다.

12 거실에 식사 공간을 부속시키고, 부엌을 분리한 형식은?

① D형　　② LD형
③ DK형　　④ LDK형

해설
리빙 다이닝(LD ; Living Dining)형 : 거실+식당 겸용
• 거실의 한 부분에 식탁을 설치하여 부엌과 분리한 형식이다.
• 작은 공간을 잘 활용할 수 있으며 식사실의 분위기 조성에 유리하다.
• 거실의 가구들을 공동으로 이용할 수 있으나, 부엌과의 연결로 작업 동선이 길어질 우려가 있다.
• 식사 도중 거실의 고유기능과 분리하기 어렵다.

13 침실 공간에 대한 설명으로 옳은 것은?

① 자녀의 침실은 어두운 공간에 배치한다.
② 노인이 거주하는 실은 출입구에서 먼 쪽에 배치한다.
③ 부부의 침실은 조용하고 아늑한 느낌을 가지도록 한다.
④ 거실, 식당, 부엌 등의 동적인 공간과 가깝게 배치한다.

해설
① 자녀의 침실은 밝은 공간에 배치한다.
② 노인이 거주하는 실은 소외감을 갖지 않도록 가족 공동 공간과의 연결성에 주의한다.
④ 침실은 정적인 공간으로 거실, 식당, 부엌 등의 동적인 공간과 분리해야 한다.

14 상점의 쇼윈도 평면형식에 해당하지 않는 것은?

① 홀형　　② 만입형
③ 다층형　　④ 돌출형

해설
쇼윈도의 평면형식
• 평형
• 돌출형
• 만입형(灣入型)
• 홀형

15 상점의 상품 진열계획에서 골든 스페이스의 범위는?(단, 바닥에서의 높이)

① 650~1,050mm
② 750~1,150mm
③ 850~1,250mm
④ 950~1,350mm

해설
고객에게 가장 편한 진열 높이인 골든 스페이스의 범위는 850~1,250mm이다.

16 벽체의 전열에 관한 설명으로 옳지 않은 것은?

① 벽체의 열관류율이 클수록 단열성능이 낮아진다.
② 벽체의 열전도저항이 클수록 단열성능이 우수하다.
③ 벽체 내 공기층의 단열효과는 기밀성에 큰 영향을 받는다.
④ 벽체의 열전도저항은 그 구성재료가 습기를 함유할 경우 커진다.

해설
벽체의 열전달저항은 벽체에 닿는 풍속이 클수록 작아진다.

17 실내 공기오염을 나타내는 종합적 지표로서의 오염물질은?

① O_2
② O_3
③ CO
④ CO_2

해설
공기의 오염 정도는 주로 CO_2 농도에 비례하기 때문에 실내 공기환경오염의 척도로 가장 많이 사용된다.

18 도시, 교외 또는 건물이 위치한 곳의 기후는?

① 국지기후
② 도시기후
③ 대륙성기후
④ 이상기후

해설
국지기후 : 지형이나 지물의 영향을 받아 매우 좁은 지역 내에 나타나는 특정한 대기 상태

19 음의 세기 레벨을 나타낼 때 사용하는 단위는?

① ppm
② cycle
③ dB
④ lm

해설
음의 물리적 양을 표현할 때는 dB을 사용하고, 음의 감각적인 크기를 표현할 때는 phon을 사용한다.

20 다음의 실내 음향계획에 대한 설명 중 옳지 않은 것은?

① 유해한 소음 및 진동이 없도록 한다.
② 실내 전체에 음압이 고르게 분포되도록 한다.
③ 반향, 음의 집중, 공명 등의 음향 장애가 없도록 한다.
④ 실내 벽면은 음의 초점이 생기기 쉽도록 원형, 타원형, 오목면 등을 많이 만들도록 한다.

해설
실내 음향계획 시 초점이 생기지 않도록 해야 한다. 즉, 뒷벽이 둥글 경우 확산체를 사용해서 음을 확산시켜야 하는데, 여러 개의 작은 볼록 부분을 만들거나 돌출 형태를 여러 개 조합하여 음을 확산시킨다.

21 다음은 재료의 역학적 성질에 관한 설명이다. ( ) 안에 들어갈 알맞은 용어는?

> 압연강, 고무와 같은 재료는 파괴에 이르기까지 고강도의 응력에 견딜 수 있고, 도시에 큰 변형을 나타내는 성질을 갖는데, 이를 ( )이라고 한다.

① 강성　　② 취성
③ 인성　　④ 탄성

해설
① 강성 : 외력을 받아도 변형을 작게 일으키는 성질
② 취성 : 재료에 외력을 가할 때 작은 변형만 나타나도 파괴되는 성질
④ 탄성 : 외력을 받아 변형되어도 다시 복원되는 성질

22 목재의 부패조건이 아닌 것은?

① 강도　　② 온도
③ 습도　　④ 공기

해설
목재의 부패조건 : 부패균, 습도, 온도, 공기 등

23 목재의 자연건조법에 해당하는 것은?

① 침수건조
② 열기건조
③ 진공건조
④ 약품건조

해설
목재건조의 방법
• 자연건조법 : 공기건조법, 침수법
• 인공건조법 : 증기(훈연)건조, 열기건조, 진공건조, 약품건조, 고주파건조 등

24 각종 석재의 용도로 옳지 않은 것은?

① 응회암 : 구조재
② 점판암 : 지붕재
③ 대리석 : 실내장식재
④ 트래버틴 : 실내장식재

해설
응회암은 특수 장식재, 경량 골재 및 내화재 등으로 사용된다.

정답　20 ④　21 ③　22 ①　23 ①　24 ①

25 석재 사용상의 주의점에 대한 설명으로 옳지 않은 것은?

① 산출량을 조사하여 동일한 건축물에는 동일한 석재로 시공한다.
② 압축강도가 인장강도에 비해 작으므로 석재를 구조용으로 사용할 경우 압축력을 받는 부분은 피한다.
③ 내화구조물은 내화석재를 선택한다.
④ 외벽, 특히 콘크리트 표면 첨부용 석재는 연석을 피해야 한다.

해설
석재의 인장강도 및 휨강도는 압축강도에 비해 매우 작다.

26 석재를 가장 곱게 다듬질하는 방법은?

① 혹두기
② 정다듬
③ 잔다듬
④ 도드락다듬

해설
잔다듬 : 날망치로 일정 방향으로 다듬기를 하는 석재가공법으로, 가장 곱게 다듬질한다.

27 시멘트의 응결시간에 관한 설명으로 옳은 것은?

① 온도가 높으면 응결시간이 늦다.
② 수량이 많을수록 응결시간이 빠르다.
③ 첨가된 석고량이 많으면 응결시간이 빠르다.
④ 일반적으로 분말도가 높으면 응결시간이 빠르다.

해설
① 온도가 높을수록 응결이 빨라진다.
② 수량이 많을수록 응결시간이 느려진다.
③ 첨가된 석고량이 많거나 물-시멘트비가 클수록 응결시간이 느려진다.

28 경화 콘크리트의 역학적 기능을 대표하는 것으로, 경화 콘크리트의 강도 중 가장 큰 것은?

① 휨강도
② 압축강도
③ 인장강도
④ 전단강도

해설
콘크리트의 강도 : 압축강도 > 휨강도 > 인장강도(압축강도의 1/14~1/10)

29 폴리머를 결합제로 사용한 콘크리트로, 경화제를 가한 액상수지를 골재와 배합하여 제조한 것은?

① 수밀 콘크리트
② 프리팩트 콘크리트
③ 레진 콘크리트
④ 서중 콘크리트

해설
레진 콘크리트 : 충분히 건조된 골재에 불포화 폴리에스테르수지, 에폭시수지, 폴리우레탄 등의 열경화성 수지를 혼합하여 만든 콘크리트이다. 일반 콘크리트에 비해 압축강도, 인장강도, 내구성, 내약품성이 높다.

정답 25 ② 26 ③ 27 ④ 28 ② 29 ③

30 점토의 일반적인 성질에 관한 설명으로 옳지 않은 것은?

① 압축강도는 인장강도의 약 5배 정도이다.
② 점토입자가 미세할수록 가소성은 좋아진다.
③ 알루미나가 많은 점토는 가소성이 좋지 않다.
④ 색상은 철산화물 또는 석회물질에 의해 나타난다.

해설
알루미나가 많은 점토는 가소성이 좋다.

31 타일에 관한 설명을 옳지 않은 것은?

① 일반적으로 모자이크 타일 및 내장 타일은 건식법, 외장 타일은 습식법에 의해 제조한다.
② 바닥 타일, 외부 타일로는 주로 도기질 타일이 사용된다.
③ 내부 벽용 타일은 흡수성과 마모저항성이 조금 떨어지더라도 미려하고 위생적인 것을 선택한다.
④ 타일은 일반적으로 내화적이며, 형상과 색조의 표현이 자유로운 특성이 있다.

해설
호칭 및 소지의 질에 의한 구분

호칭	소지의 질
내장 타일	자기질, 석기질, 도기질
외장 타일	자기질, 석기질
바닥 타일	자기질, 석기질
모자이크 타일	자기질
클링커 타일	석기질

32 강의 응력도-변형률 곡선에서 탄성한도의 지점은?

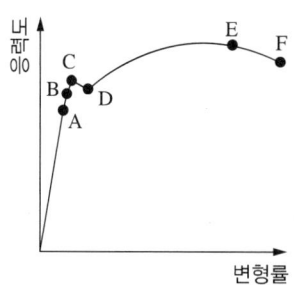

① B
② C
③ D
④ E

해설
강의 응력도-변형률 곡선
- A : 비례한도점
- B : 탄성한도지점
- C : 상위항복점
- D : 하위항복점
- E : 최대강도점
- F : 파괴강도점

33 2장 또는 3장의 판유리를 일정한 간격으로 겹치고 그 주변을 금속테로 감싸 붙여 만든 것으로, 단열성, 차음성이 좋고 결로 방지용으로 우수한 유리제품은?

① 강화유리
② 망입유리
③ 복층유리
④ 에칭유리

해설
복층유리
- 2장 또는 3장의 판유리를 일정한 간격으로 겹치고 그 주변을 금속테로 감싸 붙여 만든 유리이다.
- 내부에 공기를 봉입한 유리이다.
- 단열, 방음, 결로 방지용으로 우수하다.
- 차음에 대한 성능은 보통 판유리와 비슷하다.
- 페어글라스(pair glass)라고도 한다.

34 수경성 미장재료에 해당하는 것은?

① 회사벽
② 회반죽
③ 시멘트 모르타르
④ 돌로마이트 플라스터

해설
- 기경성 미장재료 : 진흙질, 회반죽, 돌로마이트 플라스터, 아스팔트 모르타르
- 수경성 미장재료 : 순석고 플라스터, 킨즈 시멘트, 시멘트 모르타르

35 미장재료 중 회반죽에 소요되는 재료가 아닌 것은?

① 소석회
② 모래
③ 여물
④ 시멘트

해설
회반죽의 주요 배합재료 : 소석회, 모래, 해초풀, 여물

36 다음 보기의 설명에 알맞은 합성수지는?

┌ 보기 ─────────────────────
• 평판이 형성되어 글라스와 같이 이용되는 경우가 많다.
• 유기글라스라고도 한다.
└─────────────────────────

① 요소수지
② 멜라민수지
③ 아크릴수지
④ 염화비닐수지

해설
아크릴수지
- 평판이 형성되어 글라스와 같이 이용되는 경우가 많다.
- 유기글라스라고도 한다.
- 투광성이 크고 내후성, 내화학약품성이 우수하다.
- 채광판, 유리 대용품으로 사용된다.

37 건축용 접착제로서 요구되는 성능으로 옳지 않은 것은?

① 진동, 충격의 반복에 잘 견뎌야 한다.
② 충분한 접착성과 유동성을 가져야 한다.
③ 내수성, 내열성, 내산성이 있어야 한다.
④ 고화(固化) 시 체적수축 등의 변형이 있어야 한다.

해설
건축용 접착제는 고화(固化) 시 체적수축이 작아야 한다.

38 래커의 특성에 관한 설명 중 틀린 것은?

① 건조가 매우 빠르다.
② 내후성, 내수성, 내유성이 우수하다.
③ 도막이 두껍고, 부착력이 좋다.
④ 백화현상이 일어날 수 있다.

해설
래커는 도막이 얇고, 부착력이 다소 떨어진다.

34 ③ 35 ④ 36 ③ 37 ④ 38 ③

39 도료의 저장 중에 발생하는 결함에 해당하지 않는 것은?

① 피막
② 증점
③ 겔화
④ 실 끌림

해설
실 끌림 : 분무 도장작업을 할 때 도료가 분무기에서 실 모양으로 나오는 현상으로, 도장 중에 발생하는 결함이다.

40 아스팔트 방수공사에서 방수층 1층에 사용되는 것은?

① 아스팔트 펠트
② 스트레치 루핑
③ 아스팔트 루핑
④ 아스팔트 프라이머

해설
아스팔트 프라이머
- 블론 아스팔트를 휘발성 용제에 녹인 저점도의 액체이다.
- 흑갈색 액체로 아스팔트 방수의 바탕처리재로 사용된다.
- 아스팔트 방수공사에서 방수층 1층에 사용한다.

41 디바이더의 용도로 옳지 않은 것은?

① 용지에 원호를 직접 그릴 때 사용한다.
② 직선이나 원주를 등분할 때 사용한다.
③ 축척의 눈금을 제도용지에 옮길 때 사용한다.
④ 선을 분할할 때 사용한다.

해설
원이나 호를 그릴 때 사용하는 제도용구는 컴퍼스이다.

42 T자를 사용하여 그을 수 있는 선은?

① 포물선
② 수평선
③ 사선
④ 곡선

해설
T자 : 수평선을 긋거나 삼각자와 함께 빗금을 그을 때 사용한다.

43 기초 평면도에 표기하는 사항이 아닌 것은?

① 기초의 종류
② 앵커볼트의 위치
③ 마루 밑 환기구 위치 및 형상
④ 기와의 치수 및 잇기방법

해설
기초 평면도
- 기초 위에서 자른 평면도를 그린 것으로, 건축 시공에서 가장 중요한 도면이다.
- 기초 평면도에 기입할 사항
  - 기초의 배치 상황
  - 기초의 형식과 위치
  - 기초의 종류와 크기
  - 바닥 콘크리트의 위치 및 크기
  - 파이프 피트 및 트렌치

정답 39 ④ 40 ④ 41 ① 42 ② 43 ④

44 건축 도면에 쓰이는 글자에 관한 설명 중 옳지 않은 것은?

① 글자의 크기는 각 도면의 상황에 맞추어 알아보기 쉬운 크기로 한다.
② 문장은 왼쪽부터 세로쓰기를 원칙으로 한다.
③ 글자체는 수직 또는 15° 경사의 고딕체로 쓰는 것을 원칙으로 한다.
④ 숫자는 아라비아숫자를 원칙으로 한다.

해설
문장은 왼쪽에서부터 가로쓰기를 원칙으로 한다. 다만, 가로쓰기가 곤란할 때에는 세로쓰기도 할 수 있다. 여러 줄일 때는 가로쓰기로 한다.

45 다음 중 목재의 구조재 표시기호는?

① 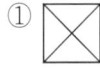 ②
③   ④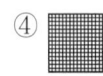

해설
- 목재의 구조재 :
- 목재의 치장재 :
- 목재의 보조 구조재 :

46 다음 기호가 나타내는 것은?

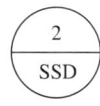

① 강철 문, 창호번호 2번
② 스테인리스 문, 창호번호 2번
③ 스테인리스 창, 창호 모듈 호칭 치수 20×20
④ 강철 창, 창호 모듈 호칭 치수 20×20

해설
창호 표시기호
　　　　　일련번호
재료 │ 창호 구별

창호틀 재료 및 종류	창호의 구별
• A : Aluminum • P : Plastic • S : Steel • SS : Stainless • W : Wood	• D : Door • W : Window • S : Shutter

47 건축물의 투시도법에 쓰이는 용어에 대한 설명으로 옳지 않은 것은?

① 화면(PP ; Picture Plane)은 물체와 시점 사이에 기면과 수직한 직립 평면이다.
② 수평면(HP ; Horizontal Plane)은 기선에 수평한 면이다.
③ 수평선(HL ; Horizontal Line)은 수평면과 화면의 교차선이다.
④ 시점(EP ; Eye Point)은 보는 사람의 눈 위치이다.

해설
수평면(HP ; Horizontal Plane) : 눈의 높이와 수평한 면

정답 44 ② 45 ① 46 ② 47 ②

48 건축 도면 중 입면도에 표기해야 할 사항으로 적합한 것은?

① 창호의 형상
② 실의 배치와 넓이
③ 기초판의 두께와 너비
④ 건축물과 기초의 관계

해설
입면도 표시사항
- 건축물의 높이 및 처마 높이, 지붕의 경사 및 형상
- 창호의 형상, 마감재료명, 주요 구조부의 높이
- 축척 : 1/50, 1/100, 1/200

49 건축에 대한 일반적인 내용으로 옳지 않은 것은?

① 건축은 구조, 기능, 미를 적절히 조화시켜 필요한 공간을 만드는 것이다.
② 건축구조는 동굴 주거 - 움집 주거 - 지상 주거 순으로 발달하였다.
③ 건축물을 구성하는 구조재에는 기둥, 벽, 바닥, 천장 등이 있다.
④ 건축물은 거주성, 내구성, 경제성, 안전성, 친환경성 등의 조건을 갖추어야 한다.

해설
건축물의 주요 구성 부분이 기초·기둥·벽·바닥·지붕·천장·창호·수장 등이고, 건축구조의 재료로 쓰이는 것은 나무·벽돌·블록·돌·철근·콘크리트·철골 등이다.

50 강관구조에 대한 설명 중 옳지 않은 것은?

① 강관은 형강과는 달리 단면이 폐쇄되어 있다.
② 방향에 관계없이 같은 내력을 발휘할 수 있다.
③ 콘크리트 타설 시 거푸집이 불필요하다.
④ 밀폐된 중공 단면의 내부는 부식될 우려가 많다.

해설
강관구조는 속이 비었으므로 경량이고, 강하며 내구성도 풍부하다.

51 목구조에 대한 설명으로 옳지 않은 것은?

① 건물의 무게가 가볍고, 가공이 비교적 용이하다.
② 내화성이 부족하다.
③ 함수율에 따른 변형이 거의 없다.
④ 나무 고유의 색깔과 무늬가 있어 아름답다.

해설
목구조는 함수율에 따른 변형이 크다.

52 나무구조에서 홈대에 대한 설명으로 옳은 것은?

① 기둥 맨 위 처마 부분에 수평으로 거는 가로재이다.
② 기둥과 기둥 사이에 가로로 꿰뚫어 넣는 수평재이다.
③ 한식 또는 절충식 구조에서 인방 자체가 수장을 겸하는 창문틀이다.
④ 토대에서 수평 변형을 방지하기 위하여 쓰이는 부재이다.

해설
① 깔도리
② 꿸대
④ 장선

53 목구조의 2층 마루에 해당하지 않는 것은?

① 홑마루
② 보마루
③ 동바리마루
④ 짠마루

해설
동바리마루는 1층 마루이다.

54 벽돌 벽면의 치장줄눈 중 평줄눈은?

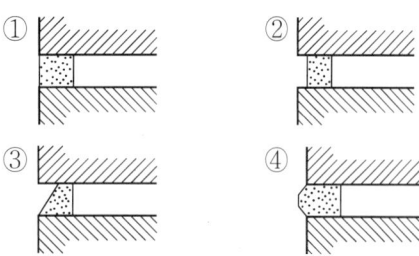

해설
① 민줄눈
③ 빗줄눈
④ 볼록줄눈

55 블록쌓기의 원칙으로 옳지 않은 것은?

① 블록은 살 두께가 두꺼운 쪽이 위로 향하게 한다.
② 인방 보는 좌우 지지벽에 20cm 이상 물리게 한다.
③ 블록의 하루쌓기의 높이는 1.2~1.5m로 한다.
④ 통줄눈을 원칙으로 한다.

해설
블록쌓기는 막힌줄눈을 원칙으로 한다(통줄눈 안 됨).

56 철근콘크리트 보에 늑근을 사용하는 이유로 옳은 것은?

① 보의 좌굴을 방지하기 위해서
② 보의 휨저항을 증가시키기 위해서
③ 보의 전단저항력을 증가시키기 위해서
④ 철근과 콘크리트의 부착력을 증가시키기 위해서

해설
늑근
- 철근콘크리트 보에서 전단력을 보강하기 위해 보의 주근 주위에 둘러 배치한 철근이다.
- 철근콘크리트 보에 늑근을 사용하는 이유
  - 보의 전단저항력을 증가시키기 위해서(전단력에 대한 저항)
  - 주근 상호 간의 위치 유지 및 적정한 피복 두께를 유지하기 위해서

57 철골구조의 일반적인 특성에 관한 설명으로 옳지 않은 것은?

① 내구적, 내진적이다.
② 내화피복을 필요로 한다.
③ 연성능력이 타 구조에 비해 떨어진다.
④ 조립과 해체가 가능하다.

해설
철골부재가 콘크리트 부재보다 부재의 연성능력이 크다.

58 철골구조의 판보에서 웨브의 두께가 층에 비해서 얇을 때 웨브의 국부좌굴을 방지하기 위해서 사용되는 것은?

① 스티프너
② 커버 플레이트
③ 거싯 플레이트
④ 베이스 플레이트

59 철골구조 접합방법 중 부재 간의 마찰력에 의하여 응력을 전달하는 접합방법은?

① 듀벨 접합
② 핀 접합
③ 고력 볼트 접합
④ 용접

해설
고력 볼트 접합
• 부재 간의 마찰력에 의하여 응력을 전달하는 접합방법이다.
• 접합된 판 사이에 강한 압력이 작용하여 이에 의한 접합재 간의 마찰저항에 의하여 힘을 전달하는 접합방식이다.
• 마찰 접합, 지압 접합, 인장 접합 등이 있다.

60 아스팔트 루핑을 절단하여 만든 것으로, 주로 지붕재료에 사용되는 아스팔트 제품은?

① 아스팔트 펠트
② 아스팔트 유제
③ 아스팔트 타일
④ 아스팔트 싱글

해설
④ 아스팔트 싱글 : 아스팔트 루핑을 절단하여 만든 것으로, 주로 지붕재료로 사용되는 역청제품이다.
① 아스팔트 펠트 : 천연 유기섬유를 원료로 한 원지에 스트레이트 아스팔트를 함침시켜 만든 아스팔트 방수시트재이다.
③ 아스팔트 타일 : 아스팔트에 석면·탄산칼슘·안료를 가하고, 가열혼련하여 시트상으로 압연한 것으로, 내수성·내습성이 우수한 바닥재료이다.

정답 57 ③ 58 ① 59 ③ 60 ②

2022년 제2회 과년도 기출복원문제

01 실내디자인에 관한 설명으로 옳지 않은 것은?
① 미적인 문제가 중요시되는 순수예술이다.
② 인간생활의 쾌적성을 추구하는 디자인 활동이다.
③ 가장 우선시되어야 하는 것은 기능적인 면의 해결이다.
④ 실내디자인의 평가기준은 누구나 공감할 수 있는 객관성이 있어야 한다.

해설
실내디자인은 회화, 조각 등의 순수미술과는 달리 건축과 더불어 인간이 생활하는 공간을 아름답고, 기능적으로 구성하는 예술 분야이다.

02 실내디자인의 과정 중 보기와 같은 내용이 이루어지는 단계는?

보기
• 디자인의 의도 확인 • 기본설계도 제시 • 실시설계도 완성

① 기획단계
② 시공단계
③ 설계단계
④ 사용 후 평가단계

해설
실내디자인의 과정 : 기획 – 계획 – 설계(기본설계 – 실시설계) – 설계감리 – 평가

03 루빈의 항아리와 관련된 형태의 지각심리는?
① 그룹핑 법칙
② 폐쇄성의 법칙
③ 형과 배경의 법칙
④ 프래그난츠의 법칙

해설
형과 배경의 법칙
• 형과 배경이 교체하는 것을 모호한 형(ambiguous figure) 또는 반전 도형이라고 한다.
• 형과 배경이 순간적으로 번갈아 보이면서 다른 형태로 지각되는 심리의 대표적인 예로 '루빈의 항아리'가 있다.
• 형은 가깝게 느껴지고 배경은 멀게 느껴진다.
• 명도가 높은 것보다는 낮은 것이 배경으로 쉽게 인식된다.
• 일반적으로 면적이 작은 부분은 형이 되고, 큰 부분은 배경이 된다.

04 비슷한 형태, 규모, 색채, 질감, 명암, 패턴의 그룹을 하나의 그룹으로 지각하려는 경향과 관련된 형태의 지각심리는?
① 근접성
② 연속성
③ 폐쇄성
④ 유사성

해설
게슈탈트(gestalt) 법칙
• 근접성(접근성) : 두 개 또는 그 이상의 유사한 시각요소들이 서로 가까이 있으면 하나의 그룹으로 보이는 경향이다.
• 연속성 : 유사한 배열로 구성된 형들이 방향성을 지니고 연속되어 보이는 하나의 그룹으로 지각되는 법칙으로, 공동 운명의 법칙이라고도 한다.
• 유사성 : 비슷한 형태, 규모, 색채, 질감, 명암, 패턴의 그룹을 하나의 그룹으로 지각하는 경향이다.
• 폐쇄성 : 시각요소들이 어떤 형성을 지각하는 데 있어서 폐쇄된 느낌을 주는 법칙으로, 사람들에게 불완전한 형을 순간적으로 보여줄 때 이를 완전한 형으로 지각하는 경향이다.

05 다음 보기의 설명에 알맞은 실내 기본요소는?

보기
- 시각적 흐름이 최종적으로 멈추는 곳이며 지각의 느낌에 영향을 미친다.
- 다른 실내 기본요소보다도 조형적으로 가장 자유롭다.

① 벽 ② 천장
③ 바닥 ④ 개구부

해설
실내 공간을 형성하는 주요 기본 구성요소
- 바닥은 촉각적으로 만족할 수 있는 조건을 요구한다.
- 벽은 가구, 조명 등 실내에 놓인 설치물에 대한 배경적 요소이다.
- 천장은 시각적 흐름이 최종적으로 멈추는 곳이기 때문에 지각의 느낌에 영향을 끼친다.

06 목재문 중에서 울거미를 짜고 합판으로 양면을 덮은 문은?

① 널문
② 플러시문
③ 비늘살문
④ 시스템 도어

해설
② 플러시문(flush door) : 가로살대, 울거미 등의 골조 양면에서 합판을 접착하고, 표면에 살나 짜임이 나타나지 않는 창호로 현대 건축의 내·외부에 가장 많이 사용한다.
① 널문 : 울거미를 짜고 널을 그 한 면에 숨은 못을 박거나 문 울거미 한 면에 턱을 파 넣은 문이다.
③ 비늘살문(갤러리 도어, louver door) : 채광 조절과 환기를 위해 각도를 조절하는 살을 개구부 앞에 사선으로 여러 군데 넣어 준 문이다.
④ 시스템 도어 : 창틀과 문틀 사이의 틈을 최대한 없애 기밀성·수밀성·단열성·방음성·내풍압성 등을 기존의 도어보다 특수하게 개선시킨 문이다.

07 간접조명방식에 관한 설명으로 옳지 않은 것은?

① 조명률이 높다.
② 실내 반사율의 영향이 크다.
③ 그림자가 거의 형성되지 않는다.
④ 경제성보다 분위기를 목표로 하는 장소에 적합하다.

해설
간접조명방식은 조명률이 낮다.

08 다음은 피보나치 수열의 일부분이다. '21' 다음에 나오는 숫자는?

1, 2, 3, 5, 8, 13, 21, …

① 30 ② 34
③ 40 ④ 44

해설
피보나치 기하급수 : 앞의 두 항의 합이 다음 항과 같도록 배열되는 것

09 인체 지지용 가구가 아닌 것은?

① 의자 ② 침대
③ 소파 ④ 테이블

해설
인체 공학적 입장에 따른 가구의 분류
- 인체 지지용 가구(인체계 가구, 휴식용 가구) : 소파, 의자, 스툴, 침대 등
- 작업용 가구(준인체계 가구) : 테이블, 받침대, 주방 작업대, 식탁, 책상, 화장대 등
- 정리 수납용 가구(건축계 가구) : 벽장, 옷장, 선반, 서랍장, 붙박이장 등

10 기념비적인 스케일에서 일반적으로 느끼는 감정은?

① 엄숙함
② 친밀감
③ 생동감
④ 안도감

해설
기념비적인 스케일은 심리적으로 상승감, 엄숙함, 위엄, 절대, 신앙 등의 느낌을 준다.

11 주거 공간을 주행동에 의해 구분할 경우, 사회적 공간에 해당하지 않는 것은?

① 식당
② 현관
③ 응접실
④ 거실

해설
공간에 따른 분류

공간 분류	종류
사회적 공간	거실, 식당, 응접실, 회의실 등
개인적 공간	침실, 서재, 작업실, 욕실 등
작업 공간	세탁실, 다용도실, 부엌
부수적 공간	계단, 현관, 복도, 통로 등

12 다음 중 부엌에서 작업삼각형(work triangle)의 각 변의 길이의 합계는?

① 1.5m   ② 2.5m
③ 5m   ④ 7m

해설
냉장고, 개수대, 가열대를 연결하는 작업삼각형의 각 변의 합은 3.6~6.6m 범위를 넘지 않도록 한다.

13 부엌 가구의 배치 유형 중 좁은 면적 이용에 가장 효과적이며, 주로 소규모 부엌에 사용되는 것은?

① 일자형
② L자형
③ 병렬형
④ U자형

14 상점계획에서 중점을 두어야 하는 내용이 아닌 것은?

① 조명설계
② 간판 디자인
③ 상품 배치방식
④ 상점 주인의 동선

해설
고객의 동선과 종업원의 동선은 계획하지만, 상점 주인의 동선은 계획하지 않는다.

15 다음 보기의 설명에 알맞는 상점의 진열 및 판매대 배치 유형은?

┌─보기─────────────────────────┐
• 판매대가 입구에서 내부 방향으로 향하여 직선적인 형태로 배치되는 형식이다.
• 통로가 직선적이어서 고객의 흐름이 빠르다.
└──────────────────────────────┘

① 굴절배치형
② 직렬배치형
③ 환상배치형
④ 복합배치형

해설
직렬형은 상품의 전달 및 고객의 동선상 흐름이 가장 빠른 형식으로, 협소한 매장에 적합한 상점 진열장의 배치 유형이다.

16 실내 온열환경의 물리적 4대 요소는?

① 기온, 기류, 습도, 복사열
② 기온, 기류, 복사열, 착의량
③ 기온, 복사열, 습도, 활동량
④ 기온, 기류, 습도, 활동량

17 건축물에서 열이 이동하는 방법이 아닌 것은?

① 호흡
② 복사
③ 전도
④ 대류

해설
열이 이동하는 방법 : 복사, 대류, 전도

18 건물의 환기방법 중 일반적으로 효과가 가장 큰 것은?

① 온도차에 의한 환기
② 극간풍에 의한 환기
③ 풍압차에 의한 환기
④ 기계력에 의한 강제 환기

해설
기계환기방식
• 기계환기는 송풍기와 배풍기를 이용하여 환기하는 방식이다.
• 제1종 환기법, 제2종 환기법, 제3종 환기법으로 나눈다.
• 건물의 환기방법 중 일반적으로 효과가 가장 크다.

19 건축적 채광방식 중 측창 채광에 관한 설명으로 옳지 않은 것은?

① 비막이에 유리하다.
② 시공, 보수가 용이하다.
③ 편측 채광의 경우 조도분포가 불균일하다.
④ 근린의 상황에 따라 채광을 방해받는 경우가 없다.

해설
측창 채광
• 개폐 등 기타의 조작이 용이하다.
• 천창 채광에 비해 구조·시공이 용이하며, 비막이에 유리하다.
• 천창 채광에 비해 개방감이 좋고 통풍·차열에 유리하다.
• 투명 부분을 설치하면 해방감이 있다.
• 측창 채광 중 벽의 한 면에만 채광하는 것을 편측창 채광이라고 한다.
• 편측창 채광은 조명도가 균일하지 못하다.
• 근린의 상황에 의한 채광 방해의 우려가 있다.

20 차음성이 높은 재료의 특징이 아닌 것은?

① 무겁다.
② 단단하다.
③ 치밀하다.
④ 다공질이다.

해설
흡음재가 다공질(多孔質), 섬유질인 데 비해 차음재는 재질이 단단하고 무거운 것이 특징이다.

21 건축재료의 사용목적에 따른 분류에 해당하지 않는 것은?

① 구조재료
② 마감재료
③ 유기재료
④ 차단재료

해설
• 건축재료의 사용목적에 의한 분류
  - 구조재료
  - 마감재료
  - 차단재료
  - 방화 및 내화재료
• 건축재료의 화학 조성에 따른 분류
  - 무기재료
  - 유기재료

22 건축재료의 성질 중 재료에 외력을 가했을 경우 작은 변형만 일어나도 파괴되는 성질은?

① 취성   ② 연성
③ 인성   ④ 전성

해설
② 연성 : 인장력에 재료가 길게 늘어나는 성질
③ 인성 : 외력을 받아 변형을 나타내면서도 파괴되지 않고 견딜 수 있는 성질
④ 전성 : 얇고 넓게 퍼지는(평면으로) 성질

23 석고보드(gypsum board)에 대한 설명 중 틀린 것은?

① 부식이 안되고 충해를 받지 않는다.
② 습기에 강해 물을 사용하는 공간에 사용하면 좋다.
③ 벽과 천장 등의 마감재로 사용한다.
④ 시공이 용이하고, 표면가공이 다양하다.

해설
석고보드는 습기에 손상되기 쉬우므로 물을 사용하는 공간에는 사용하지 않는다.

24 연질 섬유판과 경질 섬유판을 구분하는 기준은?

① 밀도   ② 두께
③ 강도   ④ 접착제

해설
섬유판 밀도에 따른 구분 : 저밀도 섬유판, 중밀도 섬유판, 고밀도 섬유판

정답 20 ④ 21 ③ 22 ① 23 ② 24 ①

25 변성암의 일종으로, 석질이 불균일하고 다공질이며 주로 특수 실내장식재로 사용되는 석재는?

① 현무암
② 화강암
③ 응회암
④ 트래버틴

해설
트래버틴(travertine)
- 탄산석회가 함유된 물에서 침전·생성된 것이다.
- 변성암의 일종으로 석질이 불균일하고 다공질이다.
- 암갈색 무늬이며, 주로 특수 실내장식재로 사용된다.
- 석판으로 만들어 물갈기를 하면 광택이 난다.

26 시멘트의 분말도에 대한 설명으로 옳지 않은 것은?

① 시멘트의 분말도가 클수록 수화반응이 촉진된다.
② 시멘트의 분말도가 클수록 강도의 발현속도가 빠르다.
③ 시멘트의 분말도는 블레인법 또는 표준체법에 의해 측정한다.
④ 시멘트의 분말도가 과도하게 미세하면 시멘트를 장기간 저장하더라도 풍화가 발생하지 않는다.

해설
시멘트의 분말이 과도하게 미세하면 풍화되기 쉽거나 사용 후 균열이 발생하기 쉽다.

27 천연골재가 아닌 것은?

① 깬 자갈
② 강자갈
③ 산모래
④ 바닷자갈

해설
골재의 성인에 의한 분류
- 천연골재 : 강모래, 강자갈, 바닷모래, 바닷자갈, 육상모래, 육상자갈, 산모래, 산자갈
- 인공골재 : 부순 돌, 부순 모래, 인공경량골재

28 콘크리트 혼화제 중 작업성능이나 동결융해 저항성능의 향상을 목적으로 사용하는 것은?

① AE제
② 증점제
③ 기포제
④ 유동화제

해설
AE제(공기연행제)
- 콘크리트 내부에 미세한 독립된 기포를 발생시킨다.
- 콘크리트의 작업성을 향상시킨다.
- 콘크리트의 동결융해 저항성능을 향상시킨다.
- 블리딩과 단위 수량이 감소된다.
- 굳지 않은 콘크리트의 워커빌리티를 개선시킨다.
- 플레인 콘크리트와 동일 물-시멘트비인 경우 압축강도가 저하된다.

29 콘크리트의 크리프에 관한 설명으로 옳지 않은 것은?

① 작용응력이 클수록 크리프는 크다.
② 물-시멘트비가 클수록 크리프는 크다.
③ 재하재령이 빠를수록 크리프는 크다.
④ 시멘트 페이스트가 적을수록 크리프는 크다.

해설
콘크리트 크리프는 시멘트 페이스트가 많을수록 크다.

정답 25 ④ 26 ④ 27 ① 28 ① 29 ④

30 고강도 강선을 사용하여 인장응력을 미리 부여하여 단면을 작게 하면서 큰 응력을 받을 수 있는 콘크리트는?

① 매스 콘크리트
② 프리팩트 콘크리트
③ 프리스트레스트 콘크리트
④ AE 콘크리트

해설
프리스트레스트 콘크리트구조
- 인장재에 대한 저항력이 작은 콘크리트에 미리 긴장재에 의한 압축력을 가하여 만든 구조이다.
- 스팬을 길게 할 수 있어서 넓은 공간을 설계할 수 있다.
- 공기를 단축하고, 시공과정을 기계화할 수 있다.
- 고강도재료를 사용하여 강도와 내구성이 크다.
- 부재 단면의 크기를 작게 할 수 있으나 쉽게 진동한다.
- 복원성이 크고, 구조물 자중을 경감할 수 있다.
- 공정이 복잡하고, 고도의 품질관리가 요구된다.
- 열에 약해 내화피복(5cm 이상)이 필요하다.

31 점토의 비중에 관한 설명으로 옳은 것은?

① 보통은 2.5~2.6 정도이다.
② 알루미나분이 많을수록 작다.
③ 불순물이 많은 점토일수록 크다.
④ 고알루미나질 점토는 비중이 1.0 내외이다.

해설
② 알루미나(반토)분이 많을수록 크다.
③ 불순물이 많은 점토일수록 작다.
④ 고알루미나질 점토는 비중이 3.0 내외이다.

32 알루미늄의 일반적인 성질에 대한 설명 중 옳지 않은 것은?

① 가공성이 양호하다.
② 열, 전기전도성이 크다.
③ 비중이 철의 1/3 정도로 경량이다.
④ 내화성이 좋아 별도의 내화처리가 필요하지 않다.

해설
알루미늄의 성질
- 비중이 철의 1/3 정도로 경량이다.
- 열, 전기전도성이 크고, 열반사율이 높다.
- 전성과 연성이 풍부하고, 내식성이 우수하다.
- 압연, 인발 등의 가공성이 좋다.
- 내화성이 작고, 연질이기 때문에 손상되기 쉽다.
- 산, 알칼리 및 해수에 약하다.

33 금속의 방식법에 관한 설명으로 옳지 않은 것은?

① 가능한 한 건조한 상태로 유지할 것
② 큰 변형을 주지 않도록 주의할 것
③ 상이한 금속은 인접, 접촉시켜 사용하지 말 것
④ 부분적으로 녹이 생기면 나중에 함께 제거할 것

해설
금속에 부분적으로 녹이 생기면 즉시 제거한다.

34 복층유리에 대한 설명으로 옳지 않은 것은?

① 단열성이 좋다.
② 방음성이 좋다.
③ 현장에서 절단이 용이하다.
④ 결로 방지용으로 우수하다.

해설
복층유리는 현장에서 절단가공을 할 수 없다.

35 미장재료 중 돌로마이트 플라스터에 관한 설명으로 옳지 않은 것은?

① 소석회에 비해 작업성이 좋다.
② 보수성이 크고 응결시간이 길다.
③ 건조수축이 발생하지 않는다.
④ 회반죽에 비하여 조기강도 및 최종강도가 크다.

해설
돌로마이트 플라스터는 건조수축이 크기 때문에 수축균열이 발생한다.

36 플라스틱 재료의 일반적인 성질에 관한 설명으로 옳지 않은 것은?

① 내약품성이 우수하다.
② 착색이 자유롭고 가공성이 좋다.
③ 압축강도가 인장강도보다 매우 작다.
④ 내수성 및 내투습성은 일부를 제외하고 극히 양호하다.

해설
플라스틱의 압축강도는 인장강도보다 크다.

37 다음 중 열경화성 수지에 해당하지 않는 합성수지는?

① 페놀수지
② 요소수지
③ 멜라민수지
④ 폴리에틸렌수지

해설
합성수지의 종류
- 열경화성 수지 : 페놀수지, 멜라민수지, 폴리우레탄수지, 폴리에스테르수지, 에폭시수지, 요소수지, 실리콘수지, 폴리카보네이트 등
- 열가소성 수지 : 폴리에틸렌수지, 폴리프로필렌수지, 폴리스티렌수지, 염화비닐수지, 아크릴수지, 불소수지, 폴리아마이드수지(나일론, 아라미드), 아세틸수지 등

38 기본 점성이 크며 내수성, 내약품성, 전기절연성이 모두 우수한 만능형 접착제로 금속, 플라스틱, 도자기, 유리, 콘크리트 등의 접합에 사용되는 것은?

① 요소수지 접착제
② 비닐수지 접착제
③ 멜라민수지 접착제
④ 에폭시수지 접착제

해설
에폭시수지 접착제
- 기본 점성이 크며 내수성, 내약품성, 전기절연성이 우수한 만능형 접착제이다.
- 급경성으로 내알칼리성 등의 내화학성이나 접착력이 크고 내수성이 우수하다.
- 가열하면 접착 시 효과가 좋다.
- 금속, 석재, 도자기, 글라스, 콘크리트, 플라스틱재 등의 접착에 사용한다.

39 다음 중 목(木)부에 사용하기 가장 곤란한 도료는?

① 유성 바니시
② 유성 페인트
③ 페놀수지 도료
④ 멜라민수지 도료

해설
멜라민수지 도료는 철재 등의 고급 마무리용 도장에 사용한다.

정답 35 ③ 36 ③ 37 ④ 38 ④ 39 ④

40 천연 유기섬유를 원료로 한 원지에 스트레이트 아스팔트를 함침시켜 만든 아스팔트 방수시트재는?

① 아스팔트 펠트
② 블론 아스팔트
③ 아스팔트 프라이머
④ 아스팔트 콤파운드

해설
아스팔트 펠트
- 천연 유기섬유를 원료로 한 원지에 스트레이트 아스팔트를 함침시켜 만든 아스팔트 방수시트재이다.
- 주로 아스팔트 방수의 중간층 재료로 이용된다.

41 건축 제도용구의 설명으로 옳지 않은 것은?

① 일반적으로 삼각자는 15°, 45° 등변삼각형 자 2개와 60° 직각삼각형 자 1개, 총 3가지가 한 쌍이다.
② 컴퍼스는 원호를 그릴 때 사용한다.
③ 스케일자는 1/100, 1/200, 1/300, 1/400, 1/500, 1/600의 축척이 매겨져 있다.
④ 제도 샤프는 0.3mm, 0.5mm, 0.7mm, 0.9mm 등을 사용한다.

해설
일반적으로 삼각자는 45° 등변삼각형과 30°, 60° 직각삼각형 2가지가 한 쌍이다.

42 트레이싱지에 대한 설명 중 옳은 것은?

① 주로 계획 도면의 스케치에 사용한다.
② 연질이어서 쉽게 찢어진다.
③ 습기에 약하다.
④ 오래 보관되어야 할 도면의 제도에 쓰인다.

해설
트레이싱지
- 실시 도면을 작성할 때 사용되는 원도지로, 연필을 이용하여 그린다.
- 청사진 작업이 가능하고 오래 보존할 수 있다.
- 수정이 용이한 종이로 건축제도에 많이 쓰인다.
- 경질의 반투명한 제도용지로, 습기에 약하다.

43 건축제도 시 선 긋기에 관한 설명 중 옳지 않은 것은?

① 수평선을 왼쪽에서 오른쪽으로 긋는다.
② 시작부터 끝까지 굵기가 일정하게 한다.
③ 연필은 진행되는 방향으로 약간 기울여서 그린다.
④ 삼각자의 왼쪽 옆면을 이용하여 수직선을 그을 때는 위쪽에서 아래 방향으로 긋는다.

해설
삼각자의 왼쪽 옆면을 이용할 경우에는 아래에서 위로 선을 긋는다.

44 다음 도면에서 치수기입방법이 틀린 것은?

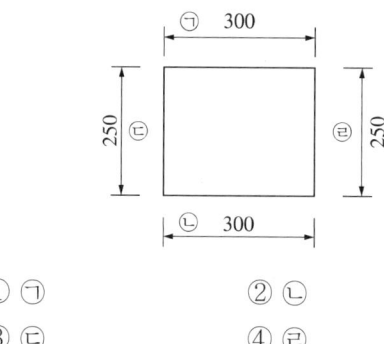

① ㉠   ② ㉡
③ ㉢   ④ ㉣

[해설]
치수는 치수선 중앙 윗부분에 기입하는 것이 원칙이다.

45 도면에 쓰이는 기호와 그 표시사항이 잘못 연결된 것은?

① THK – 두께
② L – 길이
③ R – 반지름
④ V – 너비

[해설]
• V – 용적
• W – 너비

46 투시도를 그릴 때 건축물의 크기를 느끼기 위해 사람, 차, 수목, 가구 등을 표현한다. 이에 대한 설명으로 옳지 않은 것은?

① 차를 투시도에 그릴 때는 도로와 주차 공간을 함께 나타내는 것이 좋다.
② 수목이 지나치게 강조되면 본 건물이 위축될 염려가 있으므로 주의한다.
③ 계획단계부터 실내 공간에 사용할 가구의 종류, 크기, 모양 등을 예측하여야 한다.
④ 사람을 표현할 때는 사람을 8등분하여 나누어 볼 때 머리는 1.5 정도의 비율로 표현하는 것이 알맞다.

[해설]
투시도에 사람을 표현할 때는 사람을 8등분하여 머리는 1 정도의 비율로 표현하는 것이 알맞다.

47 실내 투시도 또는 기념 건축물과 같은 정적인 건축물의 표현에 가장 효과적인 투시도는?

① 1소점 투시도
② 2소점 투시도
③ 3소점 투시도
④ 전개도

[해설]
① 1소점 투시도 : 지면에 물체가 평행하도록 작도하여 1개의 소점이 생기는 투시도로, 실내 투시도 또는 기념 건축물과 같은 정적인 건축물의 표현에 가장 효과적이다.
② 2소점 투시도 : 밑면이 기면과 평행하고 측면이 화면과 경사진 각을 이루는 투시도로, 보는 사람의 눈높이에 두 방향으로 소점이 생겨 양쪽으로 원근감이 나타난다.
③ 3소점 투시도 : 기면과 화면에 평행한 면 없이 가로·세로·수직의 선들이 경사를 이루는 투시도로, 3개의 소점이 생겨 외관을 입체적으로 표현할 때 주로 사용한다.
④ 전개도 : 건물 내부의 입면을 정면에서 바라보고 그리는 내부 입면도로, 각 실 내부의 의장을 명시하기 위해 작성한다.

48 건축물을 각 층마다 창틀 위에서 수평으로 자른 수평 투상도로서 실의 배치 및 크기를 나타내는 도면은?

① 평면도　　② 입면도
③ 단면도　　④ 전개도

해설
② 입면도 : 건축물의 외형을 각 면에 대하여 직각으로 투사한 도면으로, 건축물의 외형을 한눈에 알아볼 수 있다.
③ 단면도 : 건축물을 수직으로 절단하여 수평 방향에서 본 도면으로, 평면도에 절단선을 그려 절단 부분의 위치를 표시한다.
④ 전개도 : 건축물의 각 실내의 입면을 전개하여 그린 도면으로, 각 실내의 입면을 그린 다음 벽면의 형상·치수·마감 등을 나타낸다.

49 건축물의 주요 구성요소 중 건축물의 상부와 하부를 구획하는 수평 구조로, 자체의 하중과 적재된 하중을 받아 보나 기둥에 전달하는 역할을 하는 것은?

① 기초　　② 바닥
③ 계단　　④ 수장

해설
바닥
• 천장과 함께 실내 공간을 구성하는 수평적 요소로서, 생활을 지탱하는 역할을 한다.
• 인간의 감각 중 시각적·촉각적 요소와 밀접한 관계가 있다.
• 외부로부터 추위와 습기를 차단하고, 사람과 물건을 지지한다.
• 신체와 직접 접촉되는 요소로서 촉각적인 만족감을 중요시해야 한다.
• 실내 공간을 형성하는 기본 구성요소 중 다른 요소들에 비해 시대와 양식에 의한 변화가 거의 없다.
• 바닥의 고저차가 없는 경우에는 바닥의 색, 질감, 마감재료로 변화를 주거나 다른 면보다 강조하여 공간의 영역을 조정한다.
• 단차를 통한 공간 분할은 주로 바닥면이 넓을 때 사용한다.
• 하강된 바닥면은 내향적이며 주변 공간에 대해 아늑한 은신처로 인식된다.
• 상승된 바닥면은 공간의 흐름이나 동선을 차단하지만, 주변 공간과는 다른 중요한 공간으로 인식된다.

50 횡력과 진동에 가장 약한 구조는?

① 벽돌구조
② 보강블록조
③ 철근콘크리트구조
④ 철골구조

해설
벽돌구조 : 습식구조로서 지진, 바람과 같은 횡력에 약하고 균열이 생기기 쉬운 구조이다.

51 다음 중 목구조의 단점은?

① 큰 부재를 얻기 어렵다.
② 공기가 길다.
③ 강도가 작다.
④ 시공이 어렵고, 시공 시 기후의 영향을 많이 받는다.

해설
목구조
• 건물의 주요 구조부가 목재로 구성되며, 철물 등으로 접합 보강하는 구조이다.
• 가볍고, 가공성이 우수하다.
• 시공이 용이하며, 공사기간이 짧다.
• 나무 고유의 색깔과 무늬가 있어 외관이 아름답다.
• 열전도율 및 열팽창률이 작다(방한, 방서).
• 비중에 비해 강도가 우수하다.
• 저층 주택과 같이 비교적 소규모 건축물에 적합하다.
• 강도가 작고 내구력이 약해 부패, 화재 위험 등이 높다.
• 고층 및 대규모 건축에 불리하다.
• 함수율에 따른 변형이 크다.
• 큰 부재를 얻기 어렵다.

52. 목구조에 사용되는 철물에 대한 설명으로 옳지 않은 것은?

① 듀벨은 볼트와 같이 사용하여 접합재 상호 간의 변위를 방지하는 강한 이음을 얻는 데 사용한다.
② 꺾쇠는 몸통이 정방형, 원형, 평판형인 것을 각각 각꺾쇠, 원형꺾쇠, 평꺾쇠라 한다.
③ 감잡이쇠는 강봉 토막의 양 끝을 뾰족하게 하고 ㄴ자형으로 구부린 것으로, 두 부재의 접합에 사용된다.
④ 안장쇠는 안장 모양으로 한 부재에 걸쳐놓고 다른 부재를 받게 하는 이음, 맞춤의 보강철물이다.

해설
감잡이쇠는 목구조의 맞춤에 사용하는 ㄷ자 모양의 보강철물로, 왕대공과 평보의 연결부에 사용한다.

53. 목재 이음의 종류에 대한 설명으로 옳지 않은 것은?

① 맞댄이음 : 한재의 끝을 주먹 모양으로 만들어 딴재에 파들어가게 한 것
② 겹친이음 : 2개의 부재를 단순 겹쳐대고 큰 못, 볼트 등으로 보강한 것
③ 덧판이음 : 두 재의 이음새의 양옆에 덧판을 대고 못질 또는 볼트 조임한 것
④ 엇걸이이음 : 이음 위치에 산지 등을 박아 더욱 튼튼하게 한 것

해설
맞댄이음 : 두 부재가 단순히 맞대어 있는 이음이다.

54. 벽돌쌓기법 중 아름답지만 내부에 통줄눈이 생겨 담장 등 장식용에 적절한 방법은?

① 영국식 쌓기
② 네덜란드식 쌓기
③ 프랑스식 쌓기
④ 미국식 쌓기

해설
프랑스식 쌓기
• 한 켜 안에 길이쌓기와 마구리쌓기를 병행하며 쌓는다.
• 아름답지만 내부에 통줄눈이 생겨 담장 등 장식용에 적절하다.
• 부분적으로 통줄눈이 생겨 내력벽으로 부적합하다.
• 남는 부분에 이오토막을 사용한다.

55. 내구성, 내화성, 내진성이 우수하고 거주성이 뛰어나지만, 자중이 무겁고 시공과정이 복잡하며, 공사기간이 긴 구조는?

① 철근콘크리트구조
② 강구조
③ 석구조
④ 블록구조

해설
철근콘크리트구조의 장점
• 알칼리성 콘크리트는 철근의 부식을 방지한다.
• 철골구조에 비해 내화성이 우수하다.
• 내화적·내구적·내진적이며, 설계가 자유롭다(횡력과 진동에 강하다).
• 두 재료 간 부착강도가 우수하다.
• 거푸집을 이용하여 자유로운 형태를 얻는다.
• 재료가 풍부하여 쉽게 구입하고, 유지·관리비가 적게 든다.
• 작은 단면으로 큰 힘을 발휘할 수 있다.
• 화재 시 고열을 받으면 철골구조와 비교하여 강도가 크다.
• 고층 건물에 사용 가능하고, 초고층 구조물 하층부의 복합구조로 많이 쓰인다.

철근콘크리트구조의 단점
• 자중이 무겁고, 기후의 영향을 많이 받는다.
• 습식구조로 공사기간이 길며, 겨울철에 공사하기 어렵다.
• 구조물 완성 후 내부 결함의 유무를 검사하기 어렵다.
• 형태를 변경하거나 파괴·철거가 곤란하다.
• 균열이 쉽게 발생하고, 국부적으로 파손되기 쉽다.
• 거푸집 등의 가설비용이 많이 든다.
• 시공상 기후의 영향이 크고, 재료를 재사용하기 곤란하다.

정답 52 ③ 53 ① 54 ③ 55 ①

56 철근콘크리트구조 기둥에서 주근의 좌굴과 콘크리트가 수평으로 터져 나가는 것을 구속하는 철근은?

① 주근
② 띠철근
③ 온도철근
④ 배력근

해설
띠철근
- 철근콘크리트구조 기둥에서 주근의 좌굴과 콘크리트가 수평으로 터져 나가는 것을 구속하는 철근이다.
- 기둥에 사용하는 띠철근의 직경은 최소 D6 이상을 사용한다.
- 기둥에 사용하는 띠철근의 직경
  - 주근 지름이 D32 이하일 때 : D10 이상
  - 주근 지름이 D35 이상일 때 : D13 이상
- 띠철근의 배근 간격은 축 방향 철근 직경의 16배, 띠철근 직경의 48배, 기둥의 최소폭 −3cm 이하 혹은 30cm 이하 중 작은 값으로 한다.

57 다음 중 철골구조의 장점이 아닌 것은?

① 철근콘크리트구조에 비해 중량이 가볍다.
② 철근콘크리트구조보다 공기가 짧다.
③ 장스팬 구조가 가능하다.
④ 화재에 강하다.

해설
철골구조는 고열에 약해 내화피복이 필요하다.

58 철근이음에 대한 설명으로 옳지 않은 것은?

① 응력이 큰 곳은 피하고 한곳에 집중하지 않도록 한다.
② 겹침이음, 용접이음, 기계적이음 등이 있다.
③ D35를 초과하는 철근은 겹침이음으로 하여야 한다.
④ 인장력을 받는 이형철근의 겹침이음 길이는 300mm 이상이어야 한다.

해설
D35를 초과하는 철근은 용접이음을 해야 한다.

59 철골구조에서 사용되는 고력 볼트 접합의 특성으로 옳지 않은 것은?

① 현장 시공설비가 복잡하다.
② 접합부의 강성이 크다.
③ 피로강도가 크다.
④ 노동력절약과 공기 단축효과가 있다.

해설
고력 볼트 접합은 시공이 간편하다.

60 한 변이 300mm 정도인 네모뿔형의 돌로, 석축에 사용되는 것은?

① 사괴석
② 잡석
③ 견칫돌
④ 장대석

해설
② 잡석(호박돌) : 200mm 정도로 깨진 돌로, 지정과 잡석 다짐에 사용된다. 150~250mm 정도의 둥근 돌이다.
④ 장대석 : 단면 30~60cm, 각 길이 60~150cm의 구조용으로 사용되는 돌이다.

정답 56 ② 57 ④ 58 ③ 59 ① 60 ③

2023년 제1회 과년도 기출복원문제

01 다음 중 실내디자인의 목적과 가장 거리가 먼 것은?

① 생산성을 최대화한다.
② 미적인 공간을 구성한다.
③ 쾌적한 환경을 조성한다.
④ 기능적인 조건을 최적화한다.

해설
실내디자인은 우리가 살고, 일하고, 즐기는 공간을 더욱 매력 있고 유용하게 해 준다.

02 실내디자인 프로세스 중 조건 설정과정에서 고려하지 않아도 되는 사항은?

① 유지관리계획
② 도로와의 관계
③ 사용자의 요구사항
④ 방위 등의 자연적 조건

해설
실내디자인 프로세스 중 조건 설정 단계는 실제 프로젝트에서 요구되는 조건사항들을 정하고, 이들의 실행 가능성 여부를 파악하는 것이다.

03 실내디자인 요소 중 점에 관한 설명으로 옳지 않은 것은?

① 점이 많은 경우에는 선이나 면으로 지각된다.
② 공간에 하나의 점이 놓이면 주의력이 집중되는 효과가 있다.
③ 점의 연속이 점진적으로 축소 또는 팽창 나열되면 원근감이 생긴다.
④ 동일한 크기의 점인 경우 밝은 점은 작고 좁게, 어두운 점은 크고 넓게 지각된다.

해설
같은 크기의 점이라도 밝은 점은 크고 넓게 보이며, 어두운 점은 작고 좁게 보인다.

04 루빈의 항아리와 관련된 형태의 지각심리는?

① 그룹핑 법칙
② 폐쇄성의 법칙
③ 형과 배경의 법칙
④ 프래그난츠의 법칙

해설
형과 배경의 법칙
- 형과 배경이 교체하는 것을 모호한 형(ambiguous figure) 또는 반전 도형이라고 한다.
- 형과 배경이 순간적으로 번갈아 보이면서 다른 형태로 지각되는 심리의 대표적인 예로 '루빈의 항아리'가 있다.
- 형은 가깝게 느껴지고 배경은 멀게 느껴진다.
- 명도가 높은 것보다는 낮은 것이 배경으로 쉽게 인식된다.
- 일반적으로 면적이 작은 부분은 형이 되고, 큰 부분은 배경이 된다.

정답 1 ① 2 ① 3 ④ 4 ③

05 형태의 지각에 관한 설명으로 옳지 않은 것은?

① 폐쇄성 : 폐쇄된 형태는 빈틈이 있는 형태들보다 우선적으로 지각된다.
② 근접성 : 거리적, 공간적으로 가까이 있는 시각적 요소들은 함께 지각된다.
③ 유사성 : 비슷한 형태, 규모, 색채, 질감, 명암, 패턴의 그룹은 하나의 그룹으로 지각된다.
④ 프래그난츠 원리 : 어떠한 형태도 그것을 될 수 있는 한 단순하고 명료하게 볼 수 있는 상태로 지각하게 된다.

해설
폐쇄성 : 시각요소들이 어떤 형성을 지각하는 데 있어서 폐쇄된 느낌을 주는 법칙이다.

06 다음 보기의 설명에 알맞은 디자인 원리는?

┌보기┐
디자인의 모든 요소가 중심점으로부터 중심 주변으로 퍼져 나가는 양상을 구성하여 리듬을 이루는 것
└───┘

① 강조   ② 조화
③ 방사   ④ 통일

해설
③ 방사 : 디자인의 모든 요소가 중심점으로부터 중심 주변으로 퍼져 나가는 양상을 구성하며 리듬을 이루는 것이다(예 잔잔한 물에 돌을 던지면 생기는 물결현상).
① 강조 : 주위를 환기시키거나 규칙성이 갖는 단조로움을 극복하기 위해, 관심의 초점을 조성하거나 흥분을 유도할 때 사용한다.
② 조화 : 성질이 다른 두 가지 이상의 요소(선, 면, 형태, 공간, 재질, 색채 등)가 한 공간 내에서 결합될 때 발생하는 상호관계에 대한 미적 현상으로, 전체적인 조립방법이 모순 없이 질서를 잡는다.
④ 통일 : 이질적인 각 구성요소들을 전체적으로 동일한 이미지를 갖게 하며, 디자인 대상의 전체에 미적 질서를 주는 기본원리로 모든 형식의 출발점이다.

07 평범하고 단순한 실내에 흥미를 부여하는 경우 가장 적합한 디자인 원리는?

① 조화   ② 통일
③ 강조   ④ 균형

해설
강조 : 시각적인 힘에 강약의 단계를 주고, 각 부분의 구성에 악센트를 주어 변화를 주는 디자인 원리이다.

08 디자인 원리 중 통일에 관한 설명으로 가장 알맞은 것은?

① 대립, 변이, 점층 등의 방법이 사용된다.
② 상반된 성격의 결합으로 극적인 분위기를 조성한다.
③ 규칙적인 요소들의 반복으로 시각적인 질서를 이루게 한다.
④ 각각 다른 구성요소들이 전체로서 동일한 이미지를 이루게 한다.

해설
통일 : 이질적인 각 구성요소들을 전체적으로 동일한 이미지를 갖게 하며, 디자인 대상의 전체에 미적 질서를 주는 기본원리로 모든 형식의 출발점이다.

09 실내 공간을 형성하는 주요 기본요소 중 바닥에 대한 설명으로 옳지 않은 것은?

① 고저차로 공간의 영역을 조정할 수 있다.
② 촉각적으로 만족할 수 있는 조건이 요구된다.
③ 다른 요소에 비해 시대와 양식에 의한 변화가 뚜렷하다.
④ 공간을 구성하는 수평적 요소로서 생활을 지탱하는 가장 기본적인 요소이다.

해설
바닥은 실내 공간을 형성하는 기본 구성요소 중 다른 요소들에 비해 시대와 양식에 의한 변화가 거의 없다.

정답 5 ① 6 ③ 7 ③ 8 ④ 9 ③

10 실내 공간의 분할에 있어 차단적 구획에 사용되는 것은?

① 커튼 ② 조각
③ 기둥 ④ 가구

해설
공간의 분할
- 차단적 구획(칸막이) : 고정벽, 이동벽, 커튼, 블라인드, 유리창, 열주 등
- 상징적(심리·도덕적) 구획 : 이동 가구, 기둥, 벽난로, 식물, 물, 조각, 바닥의 변화 등
- 지각적 분할(심리적 분할) : 조명, 색채, 패턴, 마감재의 변화 등

11 다음 보기의 설명에 알맞은 문은?

┌보기┐
- 호텔이나 은행 등 사람의 출입이 많은 장소에 설치한다.
- 출입하는 사람이 충돌할 위험이 없으며 방풍실을 겸할 수 있는 장점이 있다.

① 주름문 ② 회전문
③ 여닫이문 ④ 미서기문

해설
회전문
- 방풍 및 열손실을 최소로 줄여 주고, 동선의 흐름을 원활하게 한다.
- 실내외의 공기 유출 방지효과와 아울러 출입 인원을 조절할 목적으로 설치한다.

12 채광을 조절하는 일광조절장치와 관련이 없는 것은?

① 루버(louver)
② 커튼(curtain)
③ 디퓨져(diffuser)
④ 베니션 블라인드(venetian blind)

해설
디퓨저(diffuser) : 화학적 원리를 이용해 확대관에 향수와 같은 액체를 담아서 향기를 퍼지게 하는 인테리어 소품

13 조명의 4요소가 아닌 것은?

① 명도 ② 대비
③ 노출시간 ④ 조명기구

해설
조명의 4요소 : 명도, 대비, 움직임(노출시간), 크기

14 실내 공간계획에서 가장 중요하게 고려해야 하는 것은?

① 조명 스케일
② 가구 스케일
③ 공간 스케일
④ 휴먼 스케일

해설
휴먼 스케일이 잘 적용된 실내 공간은 심리적·시각적으로 안정되고 편안한 느낌을 준다.

정답 10 ① 11 ② 12 ③ 13 ④ 14 ④

15 가구를 인체 공학적 입장에서 분류하였을 경우에 관한 설명으로 옳지 않은 것은?

① 침대는 인체계 가구이다.
② 책상은 준인체계 가구이다.
③ 수납장은 준인체계 가구이다.
④ 작업용 의자는 인체계 가구이다.

> **해설**
> 인체 공학적 입장에 따른 가구의 분류
> • 인체 지지용 가구(인체계 가구, 휴식용 가구) : 의자, 침대, 소파, 스툴
> • 작업용 가구(준인체계 가구) : 작업대, 책상, 테이블
> • 수납용 가구(건물계 가구) : 서랍장, 선반, 벽장, 붙박이장

16 다음 중 열전도율이 가장 낮은 것은?

① 공기　　② 체지방
③ 콘크리트　　④ 단열재

> **해설**
> 기체나 액체는 고체보다 열전도율이 작다. 공기의 열전도율은 0.025W/m·K이다.

17 다음 중 열 전달방식이 아닌 것은?

① 복사　　② 대류
③ 관류　　④ 전도

> **해설**
> 열의 이동방법
> • 전도 : 물질이 직접 이동하지 않고 물체에서 이웃한 분자들의 연속적인 충돌에 의해 열이 전달되는 현상으로, 주로 고체에서 열이 이동하는 방법이다.
> • 대류 : 액체나 기체 상태의 분자가 직접 이동하면서 열을 전달하는 현상이다.
> • 복사 : 열이 물질의 도움 없이 직접 전달되는 현상이다.

18 실내외의 온도차에 의한 공기밀도의 차이가 원동력이 되는 환기방식은?

① 중력환기
② 풍력환기
③ 기계환기
④ 국소환기

> **해설**
> • 중력환기 : 실내외의 온도차에 의한 공기밀도의 차이가 원동력이 되는 환기방식이다.
> • 풍력환기 : 건물의 외벽면에 가해지는 풍압이 원동력이 되는 환기방식이다.

19 일조의 직접적인 효과가 아닌 것은?

① 광효과
② 열효과
③ 환기효과
④ 보건·위생적 효과

> **해설**
> 일조의 직접적 효과
> • 광효과 : 가시광선, 채광효과, 밝음을 유지시켜 주는 효과
> • 열효과 : 적외선, 열환경효과
> • 보건·위생적 효과 : 자외선, 광합성효과

20 차음재료의 요구성능에 관한 설명으로 옳은 것은?

① 비중이 작을 것
② 음의 투과손실이 클 것
③ 밀도가 작을 것
④ 다공질 또는 섬유질이어야 할 것

해설
음향투과손실이 높은 것이 좋은 차음재이다. 밀도(무게)가 높을수록, 두께가 클수록 차음효과가 높다.

21 다음 중 유기재료에 해당하는 것은?

① 목재
② 알루미늄
③ 석재
④ 콘크리트

해설
화학적 조성에 의한 건축재료의 분류

무기재료	금속재료	철강, 알루미늄, 구리, 아연, 합금류 등
	비금속재료	석재, 콘크리트, 시멘트, 유리, 벽돌 등
유기재료	천연재료	목재, 아스팔트, 섬유류 등
	합성수지	플라스틱, 도료, 접착제, 실링제 등

22 목재의 강도에 관한 설명으로 옳지 않은 것은?

① 심재의 강도가 변재보다 크다.
② 함수율이 높을수록 강도가 크다.
③ 추재의 강도가 춘재보다 크다.
④ 절건비중이 클수록 강도가 크다.

해설
목재는 함수율이 낮을수록 강도가 크다.

23 목재 건조의 목적 및 효과가 아닌 것은?

① 중량의 경감
② 강도의 증진
③ 가공성 증진
④ 균류 발생의 방지

해설
목재건조의 목적
• 균류에 의한 부식과 벌레의 피해를 예방한다.
• 사용 후의 수축 및 균열을 방지한다.
• 강도 및 내구성을 증진시킨다.
• 중량 경감과 그로 인한 취급 및 운반비를 절약한다.
• 방부제 등의 약제 주입을 용이하게 한다.
• 도장이 용이하고, 접착제의 효과가 증대된다.
• 전기절연성이 증가한다.

24 목재의 작은 조각을 합성수지 접착제와 같은 유기질의 접착제를 사용하여 가열압축해 만든 목재제품은?

① 집성목재
② 파티클 보드
③ 섬유판
④ 합판

해설
파티클 보드(particle board) : 목재 또는 식물질을 절삭, 파쇄 등을 거쳐 작은 조각으로 만들어 건조시킨 후 합성수지 접착제를 섞어 고온, 고압으로 성형한 가공재이다.

정답 20 ② 21 ① 22 ② 23 ③ 24 ②

25 각종 석재의 용도로 옳지 않은 것은?

① 응회암 : 구조재
② 점판암 : 지붕재
③ 대리석 : 실내장식재
④ 트래버틴 : 실내장식재

해설
응회암은 특수 장식재, 경량골재 및 내화재 등으로 사용된다.

26 석재를 가장 곱게 다듬질하는 방법은?

① 혹두기
② 정다듬
③ 잔다듬
④ 도드락다듬

해설
잔다듬 : 날망치로 일정 방향으로 다듬기를 하는 석재가공법으로, 가장 곱게 다듬질한다.

27 시멘트에 관한 설명으로 옳지 않은 것은?

① 시멘트의 밀도는 $3.15g/cm^3$ 정도이다.
② 시멘트의 분말도는 비표면적으로 표시한다.
③ 강열감량은 시멘트 소성반응의 완전 여부를 알아내는 척도가 된다.
④ 시멘트의 수화열은 균열 발생의 원인이 된다.

해설
풍화의 정도를 나타내는 척도는 풍화된 시멘트의 강열감량(ignition loss)으로 측정한다.

28 다음 중 경량골재에 해당하는 것은?

① 자철광
② 팽창혈암
③ 중정석
④ 산자갈

해설
경량골재
- 천연 경량골재 : 경석, 화산자갈, 응회암, 용암 등
- 인공 경량골재 : 팽창성 혈암, 팽창성 점토, 플라이애시 등을 주원료로 하여 인공적으로 소성한 인공 경량골재와 팽창 슬래그, 석탄 찌꺼기 등과 같은 산업 부산물인 경량골재 및 그 가공품이다.

29 주로 수량에 의해 좌우되는 굳지 않은 콘크리트의 변형 또는 유동에 대한 저항성은?

① 컨시스턴시
② 피니셔빌리티
③ 워커빌리티
④ 펌퍼빌리티

해설
① 컨시스턴시(반죽질기) : 굳지 않은 콘크리트의 유동성 정도, 반죽질기를 나타낸다. 주로 수량에 의해서 변화되는 유동성의 정도이다.
② 피니셔빌리티(마감성) : 굵은 골재의 최대 치수, 잔골재율, 잔골재의 입도, 반죽질기 등에 따르는 마무리하기 쉬운 정도를 나타낸다.
③ 워커빌리티(시공연도) : 부어 넣기의 난이도 정도 및 재료분리에 저항하는 정도를 나타낸다. 일반적으로 부배합이 빈배합보다 워커빌리티가 좋다.
④ 펌퍼빌리티(펌프압송성) : 펌프압송작업의 용이한 정도이다.

30 콘크리트의 일반적인 배합설계 순서에서 가장 먼저 이루어져야 하는 사항은?

① 시멘트의 선정
② 요구성능의 설정
③ 시험배합의 실시
④ 현장배합의 결정

해설
콘크리트 배합설계의 순서
1. 우선 목표로 하는 품질항목 및 목푯값을 설정한다.
2. 계획배합의 조건과 재료를 선정한다.
3. 자료 또는 시험에 의해 내구성, 수밀성 등의 요구성능을 고려하여 물-시멘트비를 결정한다.
4. 단위 수량, 잔골재율과 슬럼프의 관계 등에 의해 단위 수량, 단위 시멘트량, 단위 잔골재량, 단위 굵은 골재량, 혼화재료량 등을 순차적으로 산정한다.
5. 구한 배합을 사용해서 시험비비기를 실시하고, 그 결과를 참고로 하여 각 재료의 단위량을 보정하여 최종적인 배합을 결정한다.

31 다음 중 흡수성이 가장 작은 점토제품은?

① 토기   ② 도기
③ 석기   ④ 자기

해설
점토제품의 흡수율이 큰 순서 : 토기 > 도기 > 석기 > 자기

32 표준형 점토벽돌의 치수로 옳은 것은?

① 210×90×57mm
② 210×110×60mm
③ 190×100×60mm
④ 190×90×57mm

해설
벽돌의 크기(길이×너비×두께, 단위 : mm)
• 표준형 : 190×90×57
• 재래형 : 210×100×60
• 내화벽돌 : 230×114×65

33 금속재료에 관한 설명으로 옳지 않은 것은?

① 스테인리스강은 내화성과 내열성이 크며, 녹이 잘 슬지 않는다.
② 구리는 화장실 주위와 같이 암모니아가 있는 장소에서는 빨리 부식하기 때문에 주의해야 한다.
③ 알루미늄은 콘크리트에 접할 경우 부식되기 쉬우므로 주의해야 한다.
④ 청동은 구리와 아연을 주체로 한 합금으로 건축장식 철물 또는 미술공예 재료에 사용된다.

해설
청동
• 구리와 주석을 주성분으로 한 합금이다.
• 내식성이 크고, 주조성이 우수하다.
• 건축장식 철물 및 미술공예 재료로 사용된다.

34 강의 열처리 방법 중 조직을 개선하고 결정을 미세화하기 위해 800~1,000℃로 가열하여 소정의 시간까지 유지한 후에 대기 중에서 냉각하는 것은?

① 불림   ② 풀림
③ 담금질 ④ 뜨임질

해설
강의 열처리 방법
• 풀림 : 강의 연화 및 내부응력 제거
• 불림 : 취성 저하, 조직 개선
• 담금질 : 강도 증가, 경도 증가
• 뜨임 : 인성 증대

정답 30 ② 31 ④ 32 ④ 33 ④ 34 ①

35 용융하기 쉽고, 산에는 강하지만 알칼리에 약하며 창유리, 유리블록 등에 사용하는 유리는?

① 물유리
② 유리섬유
③ 소다석회유리
④ 칼륨납유리

해설
소다석회유리
• 주로 건축공사의 일반 창호유리, 병유리에 사용한다.
• 산에는 강하지만 알칼리에 약하다.
• 열팽창계수가 크고, 강도가 높다.
• 풍화·용융되기 쉽다.
• 불연성 재료이지만, 단열용이나 방화용으로는 적합하지 않다.
• 자외선 투과율이 낮다.

36 다음 중 수경성 미장재료가 아닌 것은?

① 보드용 석고 플라스터
② 돌로마이트 플라스터
③ 인조석 바름
④ 시멘트 모르타르

해설
미장재료의 분류
• 기경성 : 진흙, 회반죽, 회사벽(석회죽 + 모래), 돌로마이트 플라스터(마그네시아석회)
• 수경성 : 석고 플라스터, 킨즈 시멘트(경석고 플라스터), 시멘트 모르타르, 테라초바름, 인조석바름
• 특수재료 : 리신바름, 라프코트, 모조석, 섬유벽, 아스팔트 모르타르, 마그네시아 시멘트

37 열가소성 수지에 대한 설명으로 옳지 않은 것은?

① 축합중합반응으로부터 얻어진다.
② 유기용제로 녹일 수 있다.
③ 1차원적인 선상구조를 갖는다.
④ 가열하면 분자결합이 감소하여 부드러워지고, 냉각하면 단단해진다.

해설
첨가중합반응은 열가소성 수지를 만들고, 축합중합반응은 열경화성 수지를 만든다.

38 발포제로서 보드상으로 성형하여 단열재로 널리 사용되며 천장재, 전기용품 등에도 쓰이는 열가소성 수지는?

① 불포화 폴리에스테르수지
② 실리콘수지
③ 아크릴수지
④ 폴리스티렌수지

해설
폴리스티렌(PS)수지
• 무색투명한 액체로 내화학성, 전기절연성, 내수성이 크다.
• 창유리, 벽용 타일 등에 사용된다.
• 발포제품으로 만들어 단열재에 많이 사용된다.

39 안료가 들어가지 않으며 주로 목재면의 투명도장에 쓰이는 도료로, 내후성이 좋지 않아 외부에 사용하기에 적당하지 않은 도료는?

① 에나멜 페인트
② 클리어래커
③ 유성페인트
④ 수성페인트

해설
클리어래커(clear lacquer)
• 안료를 배합하지 않은 것이다.
• 주로 목재면의 투명 도장에 쓰인다.
• 주로 내부용으로 사용되며, 외부용으로는 사용하기 곤란하다.
• 목재의 무늬를 가장 잘 나타내는 투명 도료이다.

40 방수공사에서 아스팔트 품질 결정요소가 아닌 것은?

① 침입도
② 신도
③ 연화점
④ 마모도

해설
아스팔트의 품질을 나타내는 척도로 침입도, 신도(연신율), 연화점을 사용한다.
• 침입도 : 아스팔트의 양부 판별에 중요한 아스팔트의 경도를 나타낸다.
• 신도(연신율) : 아스팔트의 연성을 나타내는 수치로, 온도 변화와 함께 변화한다.
• 연화점 : 가열하면 녹는 온도이다.

41 디바이더의 용도가 아닌 것은?

① 원호를 용지에 직접 그릴 때 사용한다.
② 직선이나 원주를 등분할 때 사용한다.
③ 축척의 눈금을 제도용지에 옮길 때 사용한다.
④ 선을 분할할 때 사용한다.

해설
원이나 호를 그릴 때는 컴퍼스를 사용한다.

42 건축제도통칙(KS F 1501)에서 규정한 척도가 아닌 것은?

① 1/2
② 1/50
③ 1/150
④ 1/250

해설
건축제도의 척도(KS F 1501)
• 실척 : 1/1
• 축척 : 1/2, 1/3, 1/4, 1/5, 1/10, 1/20, 1/25, 1/30, 1/40, 1/50, 1/100, 1/200, 1/250, 1/300, 1/500, 1/600, 1/1,000, 1/1200, 1/2000, 1/2500, 1/3000, 1/5000, 1/6000
• 배척 : 2/1, 5/1

43 도면의 표제란에 기입할 사항이 아닌 것은?

① 기관 정보
② 프로젝트 정보
③ 도면번호
④ 도면 크기

해설
표제란
• 도면의 아래 끝에 표제란을 설정하고 기관 정보, 계정관리 정보, 프로젝트 정보, 도면 정보, 도면번호 등을 기입하는 것을 원칙으로 한다.
• 보기, 그 밖의 주의사항은 표제란 부근에 기입하는 것을 원칙으로 한다.

정답 39 ② 40 ④ 41 ① 42 ③ 43 ④

44 주택의 평면도에 표시되어야 할 사항이 아닌 것은?

① 가구의 높이
② 기준선
③ 벽, 기둥, 창호
④ 실외 배치와 넓이

해설
가구의 높이는 전개도에 표시된다.

45 제도 글자에 대한 설명으로 옳지 않은 것은?

① 숫자는 아라비아숫자를 원칙으로 한다.
② 문장은 가로쓰기가 곤란할 때에는 세로쓰기도 할 수 있다.
③ 글자체는 수직 또는 45° 경사의 고딕체로 쓰는 것을 원칙으로 한다.
④ 글자의 크기는 각 도면의 상황에 맞추어 알아보기 쉬운 크기로 한다.

해설
제도 시 글자체는 수직 또는 15° 경사의 고딕체로 쓰는 것을 원칙으로 한다.

46 도면 표시기호 중 두께를 표시하는 기호는?

① THK ② A
③ V   ④ H

해설
② A : 면적
③ V : 용적
④ H : 높이

47 단면용 재료구조 표시기호로 옳지 않은 것은?

① ⊠ : 구조재(목재)
② ◩ : 보조 구조재(목재)
③ ▨ : 치장재(목재)
④ ▨ : 지반선

해설
• 지반 : ▨
• 잡석 : ▨

정답 44 ① 45 ③ 46 ① 47 ④

48 다음 표시기호의 명칭은?

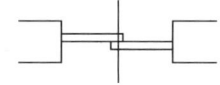

① 미서기문
② 두짝창
③ 접이문
④ 회전창

해설
평면 표시기호

미서기문	두 짝 미서기문
	네 짝 미서기문
두짝창	두 짝 미서기창
	네 짝 미서기창
접이문	
회전창	

49 공사 완료 후 디자인 책임자가 설계에 따라 시공이 성공적으로 진행되었는지의 여부를 확인할 수 있는 것은?

① 계약서
② 시방서
③ 공정표
④ 감리보고서

해설
감리보고서 : 감리전문회사에서 파견된 감리자가 공사에 대한 감리업무를 수행하고 그 결과를 보고하기 위해 작성하는 문서

50 실시설계도에서 일반도에 해당하지 않는 것은?

① 기초 평면도
② 전개도
③ 부분 상세도
④ 배치도

해설
실시설계도 : 기본설계도가 작성된 후 더욱 상세하게 그린 도면
• 일반도 : 배치도, 평면도, 입면도, 단면도, 전개도, 단면 상세도, 각부 상세도, 지붕 평면도, 투시도 등
• 구조도 : 기초 평면도, 바닥틀 평면도, 지붕틀 평면도, 골조도 등
• 설비도 : 전기설비도, 기계설비도, 급배수위생설비도 등

51 건축물의 주요 구조부가 갖추어야 할 기본조건이 아닌 것은?

① 안전성
② 내구성
③ 경제성
④ 기능성

해설
건축물은 거주성, 내구성, 경제성, 안전성, 친환경성 등의 조건을 갖추어야 한다.

52 횡력과 진동에 가장 약한 구조는?

① 벽돌구조
② 보강블록조
③ 철근콘크리트구조
④ 철골구조

해설
벽돌구조 : 습식구조로서 지진, 바람과 같은 횡력에 약하고 균열이 생기기 쉬운 구조이다.

53 목구조에서 각 부재의 접합부 및 벽체를 튼튼하게 하기 위하여 사용하는 부재가 아닌 것은?

① 귀잡이 ② 버팀대
③ 가새   ④ 장선

해설
장선은 상부의 수직하중을 받치면서 벽체에 전달하는 구조재이다.

54 다음 그림과 같은 목재이음은?

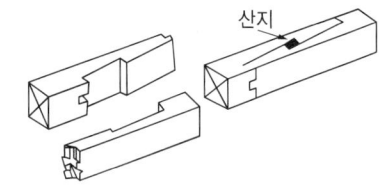

① 엇빗이음
② 엇걸이음
③ 겹침이음
④ 긴촉이음

해설
엇걸이음 : 중요한 가로재나 휨(구부림)에 효과적인 이음이다.

55 철골철근콘크리트 보(SRC 보)에 관한 설명으로 옳지 않은 것은?

① 철골 보의 둘레에 철근을 배열시켜 콘크리트를 채워 넣은 것이다.
② 내화성능이 우수한 편이다.
③ 콘크리트 타설 시 밀실하게 충전되어야 한다.
④ 철골의 인성이 감소되어 좌굴현상이 생기는 단점이 있다.

해설
철골의 좌굴은 콘크리트에 의해 방지할 수 있다.

56 철근콘크리트구조에서 원형철근 대신 이형철근을 사용하는 주된 목적은?

① 압축응력 증대
② 부착응력 증대
③ 전단응력 증대
④ 인장응력 증대

해설
이형철근이 원형철근보다 부착력이 크다.

53 ④ 54 ② 55 ④ 56 ②

57 철골구조의 용접 접합에 대한 설명으로 옳은 것은?

① 철골의 용접은 주로 금속아크용접이 많이 쓰인다.
② 강재의 재질에 대한 영향이 작다.
③ 용접부 내부의 결함을 육안으로 관찰할 수 있다.
④ 용접공의 기능에 따른 품질 의존도가 작다.

해설
② 강재의 재질에 대한 영향이 크다.
③ 용접부 내부의 결함을 육안으로 관찰할 수 없다.
④ 용접공의 기능에 따른 품질 의존도가 크다.

58 철골공사 용접결함 중에서 용접 상부에 따라 모재가 녹아 용착금속이 채워지지 않고 홈으로 남게 된 부분은?

① 블로홀
② 언더컷
③ 오버랩
④ 피트

해설
언더컷
- 철골공사 용접결함 중에서 용접 상부에 따라 모재가 녹아 용착금속이 채워지지 않고 홈으로 남게 된 부분
- 용착금속이 홈에 차지 않고 홈 가장자리가 남아 있는 불완전 용접

59 셸구조가 성립하기 위한 제한조건으로 옳지 않은 것은?

① 건축기술상 셸은 건축할 수 있는 형태를 가져야 한다.
② 공장, 건축현장에서 용이하게 만들어지는 것이어야 한다.
③ 역학적인 면에서 재하방법이 지지능력과 어긋나지 않아야 한다.
④ 지지점에서는 힘의 집중이 발생하지 않으므로 셸의 모양을 결정할 때 지지점과의 관계를 고려하지 않는다.

해설
셸구조의 성립조건
- 건축기술상 셸은 건축할 수 있는 형태이어야 한다.
- 공장, 건축현장에서 제작이 용이해야 한다.
- 역학적인 면에서 재하방법이 지지능력과 일치해야 한다.
- 지지점의 힘의 집중을 고려해야 한다.

60 강재나 목재를 삼각형을 기본으로 짜서 하중을 지지하는 것으로, 절점이 핀으로 구성되어 있으며 부재는 인장과 압축력만 받도록 한 구조는?

① 트러스구조
② 내력벽구조
③ 라멘구조
④ 아치구조

해설
트러스(truss)구조
- 강재나 목재를 삼각형을 기본으로 짜서 하중을 지지한다.
- 절점이 핀으로 구성되어 있으며, 부재는 인장과 압축력만 받도록 한 구조이다.
- 외력을 절점(핀절점)에 모인 부재의 축 방향으로 분해하여 지지한다.
- 주로 체육관 등 큰 공간의 천장구조방식으로 사용한다.

2023년 제2회 과년도 기출복원문제

01 실내디자인에서 추구하는 목표가 아닌 것은?
① 기능성 ② 경제성
③ 주관성 ④ 심미성

해설
좋은 디자인은 기능성을 최우선으로 하며 합목적성, 심미성, 경제성, 독창성의 4대 조건을 만족해야 한다.

02 실내디자인의 범위에 관한 설명으로 옳지 않은 것은?
① 인간에 의해 점유되는 공간을 대상으로 한다.
② 휴게소나 이벤트 공간 등의 임시적 공간도 포함된다.
③ 항공기나 선박 등의 교통수단의 실내디자인도 포함된다.
④ 바닥, 벽, 천장 중 2개 이상의 구성요소가 존재하는 공간이어야 한다.

해설
실내디자인은 순수한 내부 공간뿐만 아니라 외부로의 통로 공간 그리고 내부 공간의 연장으로서의 외부 공간 및 건물 전면까지도 포함한다.

03 디자인 요소 중 선에 관한 설명으로 옳지 않은 것은?
① 선은 면이 이동한 궤적이다.
② 선을 포개면 패턴을 얻을 수 있다.
③ 많은 선을 나란히 놓으면 면을 느낀다.
④ 선은 어떤 형상을 규정하거나 한정한다.

해설
선은 점이 이동한 궤적이며 면의 한계, 교차에서 나타난다.

04 형태의 의미구조에 의한 분류에서 인간의 지각, 즉 시각과 촉각 등으로 직접 느낄 수 없고, 개념적으로만 제시될 수 있는 형태는?
① 현실적 형태
② 인위적 형태
③ 상징적 형태
④ 자연적 형태

해설
이념적(상징적) 형태
- 인간의 지각, 즉 시각과 촉각 등으로 직접 느낄 수 없고, 개념적으로만 제시될 수 있는 형태로 순수 형태, 상징적 형태라고도 한다.
- 점, 선, 면, 입체 등 추상적 기하학적 형태가 이에 해당한다.
※ 추상적 형태
  - 구체적 형태를 생략 또는 과장의 과정을 거쳐 재구성된 형태이다.
  - 대부분의 경우 재구성된 원래의 형태를 알아보기 어렵다.

05 시각적인 무게나 시선을 끄는 정도는 같지만, 그 형태나 구성이 다른 경우의 균형은?
① 정형 균형
② 좌우 불균형
③ 대칭적 균형
④ 비대칭형 균형

해설
비대칭적 균형(비정형 균형)
- 물리적으로는 불균형이지만 시각적으로는 균형을 이룬다.
- 자유분방하고 율동감 등의 생명감을 느끼는 효과가 크고, 풍부한 개성을 표현할 수 있다.
- 진취적이고 긴장된 생명 감각을 느끼게 한다.
- 능동적이며 비형식인 느낌을 준다.

1 ③ 2 ④ 3 ① 4 ③ 5 ④ [정답]

06 리듬의 효과를 위해 사용하는 요소가 아닌 것은?

① 반복 ② 점이
③ 균형 ④ 방사

해설
리듬의 요소(원리) : 반복, 점층(점이), 대립(대조), 변이, 방사 등

07 디자인의 원리 중 시각적으로 초점이나 흥미의 중심이 되는 것을 의미하며, 실내디자인에서 충분한 필요성과 한정된 목적을 가질 때 적용하는 것은?

① 리듬 ② 조화
③ 강조 ④ 통일

해설
① 리듬 : 실내에 있어서 공간이나 형태의 구성을 조직하고 반영하여 시각적으로 디자인에 질서를 부여한다.
② 조화 : 성질이 다른 두 가지 이상의 요소(선, 면, 형태, 공간, 재질, 색채 등)가 한 공간 내에서 결합될 때 발생하는 상호관계에 대한 미적현상으로, 전체적인 조립방법이 모순 없이 질서를 잡는다.
④ 통일 : 이질적인 각 구성요소들을 전체적으로 동일한 이미지를 갖게 하며, 디자인 대상의 전체에 미적 질서를 주는 기본원리로 모든 형식의 출발점이다.

08 디자인의 원리 중 대비에 관한 설명으로 옳은 것은?

① 제반요소를 단순화하여 실내를 조화롭게 하는 것이다.
② 저울의 원리와 같이 중심에서 양측에 물리적 법칙으로 힘의 안정을 구하는 현상이다.
③ 모든 시각적 요소에 대하여 극적 분위기를 주는 상반된 성격의 결합에서 이루어진다.
④ 디자인 대상의 전체에 미적 질서를 부여하는 것으로 모든 형식의 출발점이며 구심점이다.

해설
① 조화
② 균형
④ 통일

09 실내 공간 구성요소 중 촉각적 요소보다 시각적 요소가 상대적으로 가장 많은 부분을 차지하는 것은?

① 벽   ② 바닥
③ 천장 ④ 기둥

해설
천장은 시각적 흐름이 최종적으로 멈추는 곳으로, 내부 공간 요소 중 조형적으로 가장 자유롭다.

10 총 층수가 1층인 목구조 건축물에서 일반적으로 사용되지 않는 부재는?

① 토대
② 통재기둥
③ 멍에
④ 중도리

해설
통재기둥 : 2층 이상의 기둥 전체를 하나의 단일재료를 사용하는 기둥으로, 상하를 일체화시켜 수평력을 견디게 한다.

11 문과 창에 관한 설명으로 옳지 않은 것은?

① 문은 공간과 인접 공간을 연결시켜 준다.
② 문의 위치는 가구 배치와 동선에 영향을 준다.
③ 이동창은 크기와 형태에 제약 없이 자유롭게 디자인할 수 있다.
④ 창은 시야, 조망을 위해서 크게 하는 것이 좋지만, 보온과 개폐의 문제를 고려하여야 한다.

해설
크기와 형태에 제약 없이 자유롭게 디자인할 수 있는 창은 고정창이다.

12 다음 보기에서 설명하는 커튼은?

┌─보기─────────────────────────┐
│ • 유리 바로 앞에 치는 커튼으로 일반적으로 투시성이 있는 얇은 직물을 사용한다. │
│ • 실내로 들어오는 빛을 부드럽게 하며 약간의 프라이버시를 제공한다. │
└──────────────────────────────┘

① 새시 커튼
② 글라스 커튼
③ 드로우 커튼
④ 드레이퍼리 커튼

해설
② 글라스 커튼 : 투시성이 있는 얇은 커튼의 총칭으로, 창문의 유리면 바로 앞에 얇은 직물로 설치하기 때문에 실내에 유입되는 빛을 부드럽게 한다.
① 새시 커튼 : 창문 전체를 커튼으로 처리하지 않고 반 정도만 친 형태를 갖춘 커튼이다.
③ 드로우 커튼 : 창문 위의 수평 가로대에 설치하는 커튼으로, 글라스 커튼보다 무거운 재질의 직물로 만든다.
④ 드레이퍼리 커튼 : 레이온, 스판 레이온, 견사, 면사 등을 교직한 두꺼운 커튼으로, 느슨하게 걸어두며 단열 및 방음효과가 있다.

13 광원을 넓은 면적의 벽면에 배치하여 비스타(vista)적인 효과를 낼 수 있으며 시선에 안락한 배경으로 작용하는 건축화 조명방식은?

① 광창조명
② 광천장조명
③ 코니스 조명
④ 캐노피 조명

해설
② 광천장조명 : 천장의 전체 또는 일부에 조명기구를 설치하고 그 밑에 아크릴, 플라스틱, 유리, 창호지, 스테인드글라스, 루버 등과 같은 확산용 스크린판을 대고 마감하는 가장 일반적인 건축화 조명방식이다.
③ 코니스 조명 : 벽면의 상부에 설치하여 모든 빛이 아래로 향하며, 벽면에 부착한 그림, 커튼, 벽지 등에 입체감을 준다.
④ 캐노피 조명 : 사용자의 얼굴에 적당한 조도를 분배하기 위해 벽면이나 천장면의 일부를 돌출시켜 조명을 설치한다.

14 황금비례에 관한 설명으로 옳지 않은 것은?

① 1 : 1.618의 비례이다.
② 기하학적인 분할방식이다.
③ 고대 이집트인들이 창안하였다.
④ 몬드리안의 작품을 예로 들 수 있다.

해설
황금비례는 고대 그리스인들이 창안한 기하학적 분할방식이다.

15 건축계획 시 함께 계획하여 건축물과 일체화시켜 설치하는 가구는?

① 유닛 가구
② 붙박이 가구
③ 인체계 가구
④ 시스템 가구

해설
붙박이 가구
- 특정한 사용목적이나 많은 물품을 수납하기 위해 건축화된 가구로 빌트 인 가구(built in furniture)라고도 한다.
- 건축물과 일체화하여 설치한다.
- 가구 배치의 혼란을 없애고 공간을 최대한 활용할 수 있다.
- 실내 마감재와의 조화 등을 고려해야 한다.
- 필요에 따라 설치 장소를 자유롭게 움직일 수 없다.

16 건축물의 에너지절약설계기준에 따라 권장되는 외벽 부위의 단열 시공방법은?

① 외단열
② 내단열
③ 중단열
④ 양측 단열

해설
외단열이란 건축물 각 부위의 단열 시 단열재를 구조체의 외기측에 설치하는 단열방법으로, 모서리 부위를 포함하여 시공하는 등의 열교를 차단하는 것이다. 외벽 부위 단열 시공 시 내단열로 하면 내부 결로의 발생 위험이 크므로 외단열로 해야 한다.

17 열의 이동(전열)에 관한 설명으로 옳지 않은 것은?

① 열은 온도가 높은 곳에서 낮은 곳으로 이동한다.
② 유체와 고체 사이의 열의 이동을 열전도라고 한다.
③ 일반적으로 액체는 고체보다 열전도율이 작다.
④ 열전도율은 물체의 고유성질로서 전도에 의한 열의 이동 정도를 표시한다.

해설
유체와 고체 사이의 열의 이동은 대류이다.

18 자연환기에 관한 설명으로 옳지 않은 것은?

① 풍력환기량은 풍속에 비례한다.
② 중력환기량은 개구부 면적에 비례하여 증가한다.
③ 중력환기량은 실내외의 온도차가 클수록 많아진다.
④ 중력환기량은 일반적으로 공기 유입구와 유출구 높이의 차이가 작을수록 많아진다.

해설
중력환기량은 공기 유입구와 공기 유출구의 높이의 차이가 클수록 많아진다.

19 수조면의 단위면적에 입사하는 광속은?

① 조도
② 광도
③ 휘도
④ 광속발산도

해설
① 조도 : 면에 도달하는 광속의 밀도로, 단위는 럭스(lx)이다.
② 광도 : 발광체의 표면 밝기를 나타내는 것으로, 광원에서 발하는 광속이 단위 입체각당 1lm일 때의 광도를 candle이라 한다. 단위는 칸델라(cd)이다.
③ 휘도 : 어떤 물체의 표면 밝기의 정도, 즉 광원이 빛나는 정도이다. 단위는 cd/m^2이다.

정답 15 ② 16 ① 17 ② 18 ④ 19 ①

20 다음 보기의 설명에 알맞은 음과 관련된 현상은?

―보기―
- 서로 다른 음원에서의 음이 중첩되면 합성되어 음은 쌍방의 상황에 따라 강해지거나 약해진다.
- 2개의 스피커에서 같은 음이 발생하면 음이 크게 들리는 곳과 작게 들리는 곳이 생긴다.

① 음의 간섭
② 음의 굴절
③ 음의 반사
④ 음의 회절

해설
② 음의 굴절 : 음파가 한 매질에서 타 매질로 통과할 때 전파속도가 달라져 진행 방향이 변화된다. 예를 들면, 주간에 들리지 않던 소리가 야간에는 잘 들린다.
④ 음의 회절 : 음파는 파동의 하나이기 때문에 물체가 진행 방향을 가로막아도 방향을 바꾸어 그 물체의 후면으로 전달되는 현상이다.

21 재료가 외력을 받으면서 발생하는 변형에 저항하는 정도를 나타내는 것은?

① 가소성
② 강성
③ 크리프
④ 좌굴

해설
① 가소성 : 외력을 제거해도 재료가 원상으로 되돌아가지 않고 변형된 상태 그대로 남아 있는 성질
③ 크리프 : 콘크리트에 일정한 하중이 지속적으로 작용하면 하중의 증가가 없어도 시간에 따라 콘크리트의 변형이 증가하는 현상
④ 좌굴 : 기둥의 길이가 그 횡단면의 치수에 비해 클 때, 기둥의 양단에 압축하중이 가해졌을 경우 하중이 어느 크기에 이르면 기둥이 갑자기 휘는 현상

22 목재의 부패에 관한 설명으로 옳지 않은 것은?

① 부패균(腐敗菌)은 섬유질을 분해・감소시킨다.
② 부패균이 번식하기 위한 적당한 온도는 20~35℃ 정도이다.
③ 부패균은 산소가 없어도 번식할 수 있다.
④ 부패균은 습기가 없으면 번식할 수 없다.

해설
목재 부패균이 생물활동을 하기 위해서는 양분, 수분, 산소, 온도가 적절하게 충족되어야 한다.

23 원목을 적당한 각재로 만들어 칼로 얇게 절단하여 만든 베니어는?

① 로터리 베니어(rotary veneer)
② 슬라이스트 베니어(sliced veneer)
③ 하프 라운드 베니어(half round veneer)
④ 소드 베니어(sawed veneer)

해설
합판의 제조방법
- 로터리 베니어 : 원목을 회전시켜 넓은 대팻날로 두루마리처럼 연속적으로 벗기는 방법으로, 가장 널리 사용된다.
- 슬라이스트 베니어 : 상하, 수평으로 이동하면서 얇게 절단하는 방식이다.
- 소드 베니어 : 띠톱으로 얇게 쪼개어 단면을 만드는 방식이다.

24 박판으로 채취할 수 있어 슬레이트 등에 사용되는 석재는?

① 응회암
② 점판암
③ 사문암
④ 트래버틴

해설
점판암(clay slate)
- 수성암의 일종으로, 석질이 치밀하고 박판(얇은 판)으로 채취할 수 있다.
- 청회색 또는 흑색이며, 흡수율이 작고 대기 중에서 변색・변질되지 않는다.
- 천연 슬레이트라고 하며 치밀한 방수성이 있어 지붕, 외벽, 마루 등에 사용된다.

25 석재의 특징에 관한 설명으로 옳지 않은 것은?

① 압축강도가 큰 편이다.
② 불연성이다.
③ 비중이 작은 편이다.
④ 가공성이 불량하다.

해설
석재는 비중이 커서 운반 및 시공이 불편하다.

26 석재가공 순서 중 가장 마지막에 하는 작업은?

① 혹두기
② 정다듬
③ 잔다듬
④ 물갈기

해설
석재의 표면가공 순서 : 혹두기 → 정다듬 → 도드락다듬 → 잔다듬 → 물갈기

27 시멘트 종류에 따른 사용용도를 나타낸 것으로 옳지 않은 것은?

① 조강 포틀랜드 시멘트 – 한중 콘크리트 공사
② 중용열 포틀랜드 시멘트 – 매스 콘크리트 및 댐 공사
③ 고로 시멘트 – 타일 줄눈공사
④ 내황산염 포틀랜드 시멘트 – 온천지대나 하수도 공사

해설
고로 시멘트는 수화열이 낮고 조기강도는 작지만, 장기강도가 우수하고 내열성이므로 항만, 댐, 도로 등의 공사에 사용한다.

28 콘크리트용 골재의 품질조건으로 옳지 않은 것은?

① 유해량의 먼지, 유기 불순물 등을 포함하지 않은 것
② 표면이 매끈한 것
③ 구형에 가까운 것
④ 청정한 것

해설
콘크리트용 골재의 품질조건
- 골재에는 먼지, 흙, 유기 불순물 등이 포함되지 않을 것
- 입도는 조립에서 세립까지 연속적으로 균등하게 혼합되어 있을 것
- 골재의 모양은 둥글고 구형에 가까울 것
- 골재의 강도는 콘크리트 중의 경화 시멘트 페이스트의 강도 이상일 것(양질 골재 2,000kg/cm^2, 일반 골재 800kg/cm^2)
- 내구성과 내화성이 있을 것
- 콘크리트 강도를 확보하는 강성을 지닐 것
- 공극률이 작아 시멘트를 절약할 수 있는 것
- 잔골재는 씻기시험 손실량이 3.0% 이하일 것
- 잔골재의 염분 허용한도는 0.04%(NaCl) 이하일 것

29 굳지 않은 콘크리트의 워커빌리티 측정방법에 해당하지 않는 것은?

① 비비시험
② 슬럼프시험
③ 비카트시험
④ 다짐계수시험

해설
굳지 않은 콘크리트의 워커빌리티 측정방법 : 플로시험, 비비시험, 슬럼프시험, 다짐계수시험
※ 비카트 침 시험장치는 시멘트의 표준 주도의 결정과 시멘트의 응결시간을 측정하는 데 사용한다.

30 거푸집 중에 미리 굵은 골재를 투입하고, 이 간극에 모르타르를 주입하여 완성시키는 콘크리트는?

① 프리팩트 콘크리트
② 수밀 콘크리트
③ 유동화 콘크리트
④ 서중 콘크리트

31 한국산업표준에 따라 흡수시험을 하였을 경우 흡수율이 최대 3% 이하가 되어야 하는 것은?

① 토기질
② 도기질
③ 석기질
④ 자기질

해설
흡수율
- 자기질 : 3.0% 이하
- 석기질 : 5.0% 이하
- 도기질 : 18.0% 이하

32 1종 점토벽돌의 압축강도는 최소 얼마 이상인가?

① 8.87MPa
② 10.78MPa
③ 20.59MPa
④ 24.50MPa

해설
벽돌의 품질(KS L 4201)

품질	종류	
	1종	2종
흡수율(%)	10.0 이하	15.0 이하
압축강도(MPa)	24.50 이상	14.70 이상

33 알루미늄에 관한 설명으로 옳지 않은 것은?

① 250~300℃에서 풀림한 것은 콘크리트 등의 알칼리에 침식되지 않는다.
② 비중은 철의 1/3 정도이다.
③ 전연성이 좋고 내식성이 우수하다.
④ 온도가 상승함에 따라 인장강도가 급격히 감소하고 600℃에서 거의 0이 된다.

해설
알루미늄은 알칼리에 약해 콘크리트에 접하는 면에는 방식도장이 필요하다.

34 금속의 부식 방지를 위한 관리대책으로 옳지 않은 것은?

① 가능한 한 이종금속을 인접 또는 접촉시켜 사용할 것
② 큰 변형을 준 것은 가능한 한 풀림하여 사용할 것
③ 표면을 평활하고 깨끗이 하며, 가능한 한 건조상태를 유지할 것
④ 부분적으로 녹이 발생하면 즉시 제거할 것

해설
금속의 부식을 방지하려면 가능한 한 이종금속을 인접 또는 접촉시켜 사용하지 않는다.

35 색을 칠하여 무늬나 그림을 나타낸 판유리로, 교회의 창, 천장 등에 많이 쓰이는 것은?

① 스테인드글라스(stained glass)
② 강화유리(tempered glass)
③ 유리블록(glass block)
④ 복층유리(pair glass)

36 석고계 플라스터 중 가장 경질이며 벽바름 재료뿐만 아니라 바닥바름 재료로도 사용되는 것은?

① 킨즈 시멘트
② 혼합 석고 플라스터
③ 회반죽
④ 돌로마이트 플라스터

해설
킨즈 시멘트(경석고 플라스터)는 고온소성의 무수석고를 특별한 화학처리한 것으로 경화 후 매우 단단하다.

37 다음 중 열경화성 합성수지에 해당하지 않는 것은?

① 페놀수지
② 요소수지
③ 초산비닐수지
④ 멜라민수지

해설
합성수지의 종류
- 열경화성 수지 : 페놀수지, 멜라민수지, 폴리우레탄수지, 폴리에스테르수지, 에폭시수지, 요소수지, 실리콘수지, 폴리카보네이트 등
- 열가소성 수지 : 폴리에틸렌수지, 폴리프로필렌수지, 폴리스티렌수지, 염화비닐수지, 아크릴수지, 불소수지, 폴리아마이드수지(나일론, 아라미드), 아세틸수지 등

38 우유로부터 젖산법, 산응고법 등에 의해 응고 단백질을 만든 건조분말로 내수성 및 접착력이 양호한 동물질 접착제는?

① 비닐수지 접착제
② 카세인 아교
③ 페놀수지 접착제
④ 알부민 아교

해설
우유에서 추출하여 건조된 카세인은 물이나 알코올에는 녹지 않지만 탄산염이나 알칼리성 용액에는 용해된다.

정답 35 ① 36 ① 37 ③ 38 ②

39 다음 도장재료 중 도포한 후 도막으로 남는 도막 형성 요소가 아닌 것은?

① 안료
② 유지
③ 희석제
④ 수지

해설
도료
- 도막 형성요소 : 도막 형성 주요소(유지·수지), 도막 형성 부요소(건조제·가소제), 안료, 전색제
- 도막 형성 조요소 : 용제, 희석제

40 휘발유 등의 용제에 아스팔트를 희석시켜 만든 유액으로서 방수층에 이용되는 아스팔트 제품은?

① 아스팔트 루핑
② 아스팔트 프라이머
③ 아스팔트 싱글
④ 아스팔트 펠트

해설
② 아스팔트 프라이머 : 블론 아스팔트를 휘발성 용제에 녹인 저점도의 흑갈색 액체로, 아스팔트 방수의 바탕처리재로 사용된다.
① 아스팔트 루핑 : 아스팔트 제품 중 펠트의 양면에 블론 아스팔트를 피복하고 활석분말 등을 부착하여 만든 제품이다.
③ 아스팔트 싱글 : 아스팔트 루핑을 절단하여 만든 것으로, 주로 지붕재료로 사용되는 역청제품이다.
④ 아스팔트 펠트 : 천연 유기섬유를 원료로 한 원지에 스트레이트 아스팔트를 함침시켜 만든 아스팔트 방수시트재이다.

41 종이에 일정한 크기의 격자형 무늬가 인쇄되어 있어서 계획 도면을 작성하거나 평면을 계획할 때 사용하기 편리한 제도지는?

① 켄트지
② 방안지
③ 트레이싱지
④ 트레팔지

해설
방안지
- 종이에 일정한 크기의 격자형 무늬가 인쇄되어 있어서 계획 도면을 작성하거나 평면을 계획할 때 사용하기 편리한 제도지이다.
- 건물 구상 시에 사용한다.

42 A2 제도용지의 규격으로 옳은 것은?(단, 단위는 mm이다)

① 841×1,189
② 594×941
③ 420×594
④ 297×420

해설
제도용지

(단위 : mm)

제도지의 치수		A0	A1	A2	A3	A4	A5	A6
$a \times b$		841×1,189	594×841	420×594	297×420	210×297	148×210	105×148
c(최소)		10	10	10	5	5	5	5
d(최소)	묶지 않을 때	10	10	10	5	5	5	5
	묶을 때	25	25	25	25	25	25	25

43 척도에 대한 설명으로 옳은 것은?

① 척도는 배척, 실척, 축척 3종류가 있다.
② 배척은 실물과 같은 크기로 그리는 것이다.
③ 축척은 일정한 비율로 확대하는 것이다.
④ 축척은 1/1, 1/15, 1/100, 1/250, 1/350이 주로 사용된다.

해설
척도의 종류
- 실척 : 실물과 같은 비율로 그리는 것(1/1)
- 배척 : 실물을 일정한 비율로 확대하는 것(1/2, 1/5)
- 축척
  - 실물을 일정한 비율로 축소하는 것
  - 1/2, 1/3, 1/4, 1/5, 1/10, 1/20, 1/25, 1/30, 1/40, 1/50, 1/100, 1/200, 1/250, 1/300, 1/500, 1/600, 1/1000, 1/1200, 1/2000, 1/2500, 1/3000, 1/5000, 1/6000

44 다음 중 선의 굵기가 가장 굵어야 하는 것은?

① 절단선   ② 지시선
③ 외형선   ④ 경계선

해설
선의 굵기

단면선 / 외형선 | 숨은선 / 절단선 / 경계선 / 기준선 / 가상선 | 치수선 / 치수보조선 / 지시선 / 해칭선 / 중심선

굵음 ⇐   ⇒ 가늠

45 도면의 치수 표현에 있어 치수 단위의 원칙은?

① mm   ② cm
③ m   ④ inch

해설
치수의 단위는 mm를 원칙으로 하고, 이때 단위기호는 쓰지 않는다. 치수 단위가 밀리미터가 아닌 경우에는 단위기호를 쓰거나 그 밖의 방법으로 그 단위를 명시한다.

46 다음 치장줄눈의 명칭은?

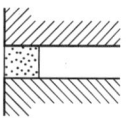

① 민줄눈
② 평줄눈
③ 오늬줄눈
④ 맞댄줄눈

해설
민줄눈 : 벽돌을 차례대로 쌓아 올릴 때 일렬로 나타나는 가장 단순한 줄눈으로, 일반적으로 사용하는 형태이다.

47 다음 평면 표시기호가 의미하는 것은?

① 미닫이문
② 주름문
③ 접이문
④ 연속문

해설
평면 표시기호

미닫이문	외미닫이문 / 쌍미닫이문
주름문	
연속문	

48 투시도를 그릴 때 건축물의 크기를 느끼기 위해 사람, 차, 수목, 가구 등을 표현한다. 이에 대한 설명으로 옳지 않은 것은?

① 차를 투시도에 그릴 때는 도로와 주차 공간을 함께 나타내는 것이 좋다.
② 수목이 지나치게 강조되면 본 건물이 위축될 염려가 있으므로 주의한다.
③ 계획단계부터 실내 공간에 사용할 가구의 종류, 크기, 모양 등을 예측하여야 한다.
④ 사람을 표현할 때는 사람을 8등분하여 나누어 볼 때 머리는 1.5 정도의 비율로 표현하는 것이 알맞다.

해설
투시도에 사람을 표현할 때는 사람을 8등분하여 머리는 1 정도의 비율로 표현하는 것이 알맞다.

49 설계도에 나타내기 어려운 시공내용을 문장으로 표현한 것은?

① 시방서
② 견적서
③ 설명서
④ 계획서

해설
시방서는 건물을 설계하거나 제품을 제조할 때 도면상에서 나타낼 수 없는 세부사항을 명시한 문서이다.

50 각종 설계 도면에 대한 설명으로 옳지 않은 것은?

① 계획설계도에는 구상도, 조직도, 동선도 등이 있다.
② 기초 평면도의 축척은 평면도와 같게 한다.
③ 단면도는 건축물을 각 층마다 창틀 위에서 수평으로 자른 수평 투상도로서, 실외 배치 및 크기를 나타낸다.
④ 전개도는 건물 내부의 입면을 정면에서 바라보고 그리는 내부 입면도이다.

해설
단면도는 건축물을 수직으로 절단하여 수평 방향에서 본 도면으로 각 실의 천장 높이, 기초의 형태 등을 나타낸다.

51 다음 중 습식구조에 해당하지 않는 것은?

① 철근콘크리트구조
② 돌구조
③ 목구조
④ 블록구조

해설
시공상에 의한 분류
- 습식구조 : 조적식 구조(벽돌구조, 돌구조, 블록구조), 철근콘크리트구조, 철골철근콘크리트 구조
- 건식구조 : 목구조, 철골구조

52 층고를 최소화할 수 있으나 바닥판이 두꺼워서 고정하중이 커지며, 뼈대의 강성을 기대하기가 어려운 구조는?

① 튜브구조
② 전단벽구조
③ 박판구조
④ 무량판구조

해설
플랫 슬래브(무량판구조)
• 보를 없애고 바닥판을 두껍게 해서 보의 역할을 겸한 구조이다.
• 고층 건물의 구조형식에서 층고를 최소로 할 수 있다.
• 외부 보를 제외하고 내부는 보 없이 바닥판만으로 구성된다.
• 내부는 보가 없이 바닥판을 기둥이 직접 지지하는 슬래브이다.
• 천장의 공간 확보와 실내 공간의 이용도가 좋다.
• 층고를 낮게 할 수 있다.
• 바닥판이 두꺼워서 고정하중이 커지며, 뼈대의 강성을 기대하기 어렵다.
• 거푸집과 철근공사가 용이해서 주로 창고, 공장, 주상 복합이나 지하 주차장에 등에 쓰인다.

53 목재의 이음에 사용되는 듀벨(dubel)이 저항하는 힘은?

① 인장력
② 전단력
③ 압축력
④ 수평력

해설
듀벨
• 목재의 접합 철물로 주로 전단력에 저항하는 철물이다.
• 목재 접합에서 전단저항을 증가시키기 위해 두 부재 사이에 끼워 넣는 것으로 처넣는 방식과 파넣는 방식이 있다.

54 이오토막으로 마름질한 벽돌의 크기는?

① 온장의 1/4
② 온장의 1/3
③ 온장의 1/2
④ 온장의 3/4

해설
자른벽돌의 명칭

온장	자르지 않은 벽돌
칠오토막	길이 방향으로 3/4 남김
반오토막	길이 방향으로 1/2 남김
이오토막	길이 방향으로 1/4 남김
반절	마구리 방향으로 1/2 남김
반반절	길이 방향으로 1/2, 마구리 방향으로 1/2 남김

55 철근콘크리트구조에서 철근과 콘크리트가 일체성이 될 수 있는 원리가 아닌 것은?

① 철근과 콘크리트는 온도에 의한 선팽창계수의 차가 크다.
② 콘크리트에 매립되어 있는 철근은 잘 녹슬지 않는다.
③ 철근과 콘크리트의 부착강도가 비교적 크다.
④ 콘크리트는 인장력에 약하므로 철근으로 보강한다.

해설
철근과 콘크리트는 선팽창계수가 거의 같다.

정답 52 ④ 53 ② 54 ① 55 ①

56 철근콘크리트구조의 1방향 슬래브의 최소 두께는 얼마인가?

① 80mm
② 100mm
③ 120mm
④ 150mm

57 플레이트 보에서 웨브의 좌굴을 방지하기 위해 설치하는 보강재는?

① 커버 플레이트
② 플랜지 앵글
③ 스티프너
④ 웨브 플레이트

58 철골구조 접합방법 중 부재 간의 마찰력에 의하여 응력을 전달하는 접합방법은?

① 듀벨 접합
② 핀 접합
③ 고력 볼트 접합
④ 용접

해설
고력 볼트 접합
- 부재 간의 마찰력에 의하여 응력을 전달하는 접합방법이다.
- 접합된 판 사이에 강한 압력이 작용하여 이에 의한 접합재 간의 마찰저항에 의하여 힘을 전달하는 접합방식이다.
- 마찰 접합, 지압 접합, 인장 접합 등이 있다.

59 조립식 구조에 대한 설명 중 옳지 않은 것은?

① 대량 생산이 가능하다.
② 공사기간을 단축할 수 있다.
③ 변화 있고 다양한 외형을 구성하는 데 적합하다.
④ 현장작업이 간편해 나쁜 기후조건을 극복할 수 있다.

해설
조립식 구조는 공장 생산으로 획일적이어서 다양한 외형을 추구하기 어렵다.

60 셸(shell)구조에 대한 설명으로 틀린 것은?

① 큰 공간을 덮는 지붕에 사용되고 된다.
② 가볍고 강성이 우수한 구조시스템이다.
③ 상부는 주로 직선형 디자인이 많이 사용되는 구조물이다.
④ 면에 분포되는 하중을 인장력, 압축력과 같은 면 내력으로 전달시키는 역학적 특성을 가지고 있다.

해설
셸(shell)구조
- 곡면판이 지니는 역학적 특성을 응용한 구조이다.
- 외력은 주로 판의 면내력으로 전달되기 때문에 경량이면서 내력이 큰 구조물을 구성할 수 있다.

56 ② 57 ③ 58 ③ 59 ③ 60 ③

2024년 제1회 과년도 기출복원문제

01 시멘트의 분말도에 관한 설명으로 옳지 않은 것은?

① 시멘트의 분말도가 클수록 수화반응이 촉진된다.
② 시멘트의 분말도가 클수록 강도의 발현속도가 빠르다.
③ 시멘트의 분말도는 블레인법 또는 표준체법에 의해 측정한다.
④ 시멘트의 분말이 과도하게 미세하면 시멘트를 장기간 저장하더라도 풍화가 발생하지 않는다.

해설
시멘트의 분말이 과도하게 미세하면 쉽게 풍화되거나, 사용 후 균열이 발생하기 쉽다.

02 다음 보기와 같은 특징을 갖는 성분별 유리의 종류는?

─ 보기 ─
• 용융되기 쉽다.
• 내산성이 높다.
• 건축 일반용 창호유리 등에 사용된다.

① 고규산유리
② 칼륨석회유리
③ 소다석회유리
④ 붕사석회유리

해설
소다석회유리
• 주로 건축공사의 일반 창호유리, 병유리에 사용한다.
• 산에 강하지만 알칼리에는 약하다.
• 열팽창계수가 크고, 강도가 높다.
• 풍화・용융되기 쉽다.
• 불연성 재료이지만, 단열용이나 방화용으로는 적합하지 않다.
• 자외선 투과율이 낮다.

03 내열성이 우수하고, -60~260℃의 범위에서 안정하며 탄력성과 내수성이 좋아 도료, 접착제 등으로 사용되는 합성수지는?

① 페놀수지
② 요소수지
③ 실리콘수지
④ 멜라민수지

해설
실리콘수지
• 내열성・내한성이 우수하며, -60~260℃의 범위에서 안정하다.
• 물을 튀기는 발수성을 가지고 있어서 방수재료는 물론 개스킷, 패킹, 전기절연재, 기타 성형품의 원료로 이용되는 합성수지이다.
• 탄력성과 내수성이 좋아 도료, 접착제 등으로 사용한다.
• 탄성을 가지며 내후성 및 내화학성이 우수한 열경화성 수지이다.

04 일반적으로 반지름 50mm 이하의 작은 원을 그리는 데 사용되는 제도용구는?

① 자유 삼각자
② 빔 컴퍼스
③ 디바이더
④ 스프링 컴퍼스

해설
① 자유 삼각자 : 하나의 자로 각도를 조절하여 지붕의 물매나 30°, 45°, 60° 이외에 각을 그리는 데 사용한다.
② 빔 컴퍼스 : 대형 컴퍼스로 그릴 수 없는 큰 원을 그릴 때 삼각자나 긴 막대에 끼워서 사용한다.
③ 디바이더 : 치수를 자 또는 삼각자의 눈금으로 잰 후 제도지에 같은 길이로 분할할 때 사용한다.

정답 1 ④ 2 ③ 3 ③ 4 ④

05 제3각법으로 그린 투상도이다. 투상면의 명칭에 대한 설명으로 옳은 것은?(단, A 방향에서 정면으로 바라본 경우이다)

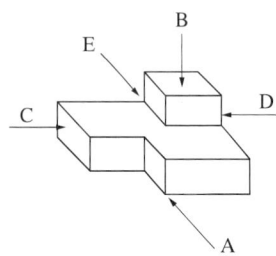

① E 방향의 투상면은 조감도이다.
② B 방향의 투상면은 평면도이다.
③ C 방향의 투상면은 우측면도이다.
④ D 방향의 투상면은 좌측면도이다.

해설
- A 방향의 투상면 : 정면도
- C 방향의 투상면 : 좌측면도
- D 방향의 투상면 : 우측면도
- E 방향의 투상면 : 배면도

06 주거 공간은 주행동에 의해 개인 공간, 사회 공간, 가사노동 공간 등으로 구분할 수 있다. 다음 중 개인 공간에 속하는 것은?

① 식당　　② 현관
③ 서재　　④ 부엌

해설
공간에 따른 분류

공간 분류	종류
사회적 공간	거실, 식당, 응접실, 회의실 등
개인적 공간	침실, 서재, 작업실, 욕실 등
작업 공간	세탁실, 다용도실, 부엌
부수적 공간	계단, 현관, 복도, 통로 등

07 건축물의 단열계획에 대한 설명으로 옳지 않은 것은?

① 외벽 부위는 외단열로 시공한다.
② 건물의 창호는 가능한 한 크게 설계한다.
③ 건물 옥상에는 조경을 하여 최상층 지붕의 열저항을 높인다.
④ 외피의 모서리 부분은 열교가 발생하지 않도록 단열재를 연속적으로 설치한다.

해설
건물의 창호는 가능한 한 작게 설계한다.

08 다음 중 1점쇄선으로 표기할 수 없는 선은?

① 중심선
② 기준선
③ 경계선
④ 치수선

해설
치수선은 가는 실선으로 표시한다.

09 건축물 도면 작성 시 사용하는 제도용지 중 투시용지가 아닌 것은?

① 트레이싱 페이퍼
② 트레이싱 클로오드
③ 켄트지
④ 미농지

해설
③ 켄트지는 원고용지에 해당한다.
제도용지의 종류
- 원고용지 : 연필제도나 먹물제도용, 켄트지, 모조지 등
- 투시용지 : 청사진용, 미농지, 트레이싱 페이퍼, 트레이싱 클로오드, 트레이싱 필름 등
- 채색용지 : MO지, 백아지, 목탄지, 와트먼지(채색용) 등

10 다음 중 건축제도통칙에서 사용하는 척도는?

① 1/2
② 1/60
③ 2/1
④ 5/1

해설
축척
- 실물을 일정한 비율로 축소하는 것을 말한다.
- 1/2, 1/3, 1/4, 1/5, 1/10, 1/20, 1/25, 1/30, 1/40, 1/50, 1/100, 1/200, 1/250, 1/300, 1/500, 1/600, 1/1000, 1/1200, 1/2000, 1/2500, 1/3000, 1/5000, 1/6000

11 건축물의 주요 구조부가 갖추어야 할 기본조건이 아닌 것은?

① 안전성   ② 내구성
③ 경제성   ④ 기능성

해설
건축물은 거주성, 내구성, 경제성, 안전성, 친환경성 등의 조건을 갖추어야 한다.

12 다음 중 강재의 열처리 방법에 해당하지 않는 것은?

① 풀림
② 불림
③ 담금질
④ 인발

해설
- 강의 열처리 방법 : 풀림, 불림, 담금질, 뜨임질 등
- 강의 성형(가공)방법 : 압출, 단조, 압연, 인발 등

13 상점의 진열계획에서 고객의 시선이 자연스럽게 머물고, 손으로 잡기 편한 높이인 골든 스페이스의 범위는?

① 650~1,050mm
② 750~1,150mm
③ 850~1,250mm
④ 950~1,350mm

14 석재의 일반적인 성질에 관한 설명으로 옳지 않은 것은?

① 불연성이며, 내화학성이 우수하다.
② 대체로 석재의 강도가 크면 경도도 크다.
③ 석재는 압축강도에 비해 인장강도가 크다.
④ 일반적으로 흡수율이 클수록 풍화나 동해를 받기 쉽다.

해설
석재는 인장강도에 비해 압축강도가 크다.

15 다음 중 열가소성 수지에 해당하지 않는 것은?

① 아크릴수지
② 염화비닐수지
③ 폴리에틸렌수지
④ 폴리에스테르수지

해설
합성수지의 종류
- 열경화성 수지 : 페놀수지, 멜라민수지, 폴리우레탄수지, 폴리에스테르수지, 에폭시수지, 요소수지, 실리콘수지, 폴리카보네이트 등
- 열가소성 수지 : 폴리에틸렌수지, 폴리프로필렌수지, 폴리스티렌수지, 염화비닐수지, 아크릴수지, 불소수지, 폴리아마이드수지(나일론, 아라미드), 아세틸수지 등

정답 10 ① 11 ④ 12 ④ 13 ③ 14 ③ 15 ④

16 건축물의 단열을 위한 조치사항으로 옳지 않은 것은?

① 건물 옥상에는 조경을 하여 최상층 지붕의 열저항을 높인다.
② 외피의 모서리 부분은 열교가 발생하지 않도록 단열재를 연속적으로 설치한다.
③ 외벽 부위는 외단열로 시공한다.
④ 건물의 창호는 가능한 한 크게 설계한다.

> **해설**
> 건축물의 단열을 위해 건물의 창호는 가능한 한 작게 설계한다.

17 다음 중 수납용 가구에 해당하지 않는 것은?

① 붙박이장   ② 서랍
③ 선반   ④ 스툴

> **해설**
> 인체 공학적 입장에 따른 가구의 분류
> • 인체 지지용 가구(인체계 가구, 휴식용 가구) : 소파, 의자, 스툴, 침대 등
> • 작업용 가구(준인체계 가구) : 테이블, 받침대, 주방 작업대, 식탁, 책상, 화장대 등
> • 정리 수납용 가구(건축계 가구) : 벽장, 옷장, 선반, 서랍장, 붙박이장 등

18 보강블록구조에서 테두리 보를 설치하는 목적과 가장 관계가 먼 것은?

① 하중을 직접 받는 블록을 보강한다.
② 분산된 내력벽을 일체로 연결하여 하중을 균등하게 분포시킨다.
③ 가로철근의 끝을 정착시킨다.
④ 횡력에 대한 벽면의 직각 방향 이동으로 인해 발생하는 수직균열을 막는다.

> **해설**
> 보강블록구조에서 테두리 보를 설치하는 이유는 세로철근을 테두리 보에 정착하기 위함이다.

19 수성암의 일종으로 석질이 치밀하고 박판으로 채취할 수 있으며, 슬레이트로서 지붕 등에 사용되는 것은?

① 트래버틴
② 점판암
③ 화강암
④ 안산암

> **해설**
> 점판암(clay slate)
> • 수성암의 일종으로, 석질이 치밀하고 박판(얇은 판)으로 채취할 수 있다.
> • 청회색 또는 흑색이며, 흡수율이 작고 대기 중에서 변색·변질되지 않는다.
> • 천연 슬레이트라고 하며, 치밀한 방수성이 있어 지붕·외벽·마루 등에 사용된다.

20 재료의 역학적 성질 중 압력이나 타격에 의해 박편으로 펴지는 성질은?

① 강송
② 연성
③ 취성
④ 전성

> **해설**
> ① 강성 : 외력을 받아도 변형을 작게 일으키는 성질
> ② 연성 : 금속재료가 길게 늘어나는 성질
> ③ 취성 : 재료가 외력을 받았을 때 극히 작은 변형을 수반하고 파괴되는 성질

정답 16 ④ 17 ④ 18 ③ 19 ② 20 ④

21 건축제도의 치수 기입에 대한 설명으로 틀린 것은?

① 협소한 간격이 연속될 때에는 인출선을 사용하여 치수를 쓴다.
② 치수는 특별히 명시하지 않는 한 마무리 치수를 표시한다.
③ 치수 기입은 치수선에 평행하게 도면의 왼쪽에서 오른쪽으로, 위에서 아래로 읽을 수 있도록 기입한다.
④ 치수 기입은 항상 치수선 중앙 윗부분에 기입하는 것이 원칙이다.

해설
치수 기입은 치수선에 평행하게 도면의 왼쪽에서 오른쪽으로, 아래로부터 위로 읽을 수 있도록 기입한다.

22 동바리 마루를 구성하는 부분이 아닌 것은?

① 멍에
② 장선
③ 걸레받이
④ 동바리

해설
동바리 마루 : 마루 밑 땅바닥에 동바리 돌을 놓고 그 위에 짧은 기둥인 동바리를 세워 멍에를 건너지르고 장선을 걸친 뒤 마룻널을 깐다.

23 다음 보기의 설명에 알맞은 건축화 조명방식은?

┤보기├
- 벽면의 전체 또는 일부분을 광원화하는 조명방식이다.
- 광원을 넓은 면적의 벽면에 매입하여 비스타(vista)적인 효과를 낼 수 있는 건축화 조명방식이다.

① 코브조명
② 코니스 조명
③ 광창조명
④ 광천장조명

해설
③ 광창조명 : 광원을 넓은 면적의 벽면에 매입하여 비스타(vista)적인 효과를 낼 수 있으며, 시선에 안락한 배경으로 작용한다.
① 코브조명 : 천장, 벽의 구조체에 의해 광원은 천장 또는 벽면으로 가려지게 하여 반사광으로 간접조명하는 방식으로, 천장고가 높거나 천장 높이가 변화하는 실내에 적합하다.
② 코니스 조명 : 벽면의 상부에 설치하여 모든 빛이 아래로 향하며, 벽면에 부착한 그림, 커튼, 벽지 등에 입체감을 준다.
④ 광천장조명 : 천장의 전체 또는 일부에 조명기구를 설치하고 그 밑에 아크릴, 플라스틱, 유리, 창호지, 스테인드글라스, 루버 등과 같은 확산용 스크린판을 대고 마감하는 가장 일반적인 건축화 조명방식이다.

24 상점계획에서 요구되는 5가지 광고요소(AIDMA법칙)에 해당하지 않는 것은?

① Attraction
② Interest
③ Desire
④ Action

해설
상점계획에 요구되는 5가지 광고요소(AIDCA, AIDMA 법칙)
- Attention(주의)
- Interest(흥미)
- Desire(욕망)
- Confidence(확신) · Memory(기억)
- Action(행동)

25 회반죽에 여물을 사용하는 주된 이유는?

① 균열 방지
② 경화 촉진
③ 크리프 증가
④ 내화성 증가

> **해설**
> 회반죽은 경화건조에 의한 수축률이 크기 때문에 여물로 균열을 분산·경감시킨다.

26 다음 중 방청 도료가 아닌 것은?

① 투명 래커
② 에칭 프라이머
③ 아연분말 프라이머
④ 광명단 조합 페인트

> **해설**
> 투명 래커(클리어 래커)는 목재 바탕의 무늬를 돋보이게 하는 도료이다.

27 다음과 같은 평면을 가진 지붕의 명칭은?

① 모임지붕
② 합각지붕
③ 박공지붕
④ 반박공지붕

> **해설**
> **박공지붕** : 건물의 모서리에 추녀가 없이 용마루까지 측면 벽이 삼각형으로 된 지붕 형식이다.

28 제도 글자에 대한 설명으로 옳은 것은?

① 4자리 이상의 수는 2자리마다 휴지부를 찍거나 간격을 둠을 원칙으로 한다.
② 글자체는 수직 또는 45° 경사의 고딕체로 쓰는 것을 원칙으로 한다.
③ 문장은 세로쓰기를 원칙으로 한다. 다만, 세로쓰기가 곤란한 경우에는 가로쓰기도 할 수 있다.
④ 문장은 오른쪽에서 왼쪽으로 쓴다.

> **해설**
> ① 4자리 이상의 수는 3자리마다 휴지부를 찍거나 간격을 둠을 원칙으로 한다.
> ③, ④ 문장은 왼쪽에서부터 가로쓰기를 원칙으로 한다. 다만, 가로쓰기가 곤란한 경우에는 세로쓰기도 할 수 있다.

29 A4 제도용지의 최소 여백은?

① 7mm
② 10mm
③ 5mm
④ 3mm

> **해설**
> 제도 용지의 크기
> (단위 : mm)
>
> | 제도지의 치수 | A0 | A1 | A2 | A3 | A4 | A5 | A6 |
> | --- | --- | --- | --- | --- | --- | --- | --- |
> | 크기 | 841×1,189 | 594×841 | 420×594 | 297×420 | 210×297 | 148×210 | 105×148 |
> | 최소 여백 | 10 | 10 | 10 | 5 | 5 | 5 | 5 |

30 삼각자 1조로 만들 수 없는 각도는?

① 15°
② 105°
③ 150°
④ 25°

> **해설**
> 삼각형의 세 각의 합은 180°이므로, 각 A와 각 B가 25° 이하일 때, 각 C는 130° 이상이 되어 삼각자 1조를 만들 수 없다.
> **삼각자 1조** : 한 변의 길이가 다른 두 변의 길이의 합보다 작은 삼각형을 말한다.

31
축척 1/300인 도면에서 실제 길이 3m는 얼마로 나타내는가?

① 30cm
② 3cm
③ 10cm
④ 1cm

해설
실제 길이 3m는 축척 길이 10mm로 표현한다.
$3 \times 1 \div 300 = 0.01m$
$0.01m = 0.01 \times 1,000$
$= 10mm(1cm)$

32
건축구조의 분류 중 시공상에 의한 분류가 아닌 것은?

① 철근콘크리트구조
② 습식구조
③ 조립구조
④ 건식구조

해설
콘크리트는 시공상에 의한 분류가 아닌 구조체의 재료에 따른 분류에 해당한다.

33
금속의 방식법에 대한 설명으로 옳지 않은 것은?

① 다른 종류의 금속을 서로 잇대어 쓴다.
② 표면을 평활하고 깨끗이 하며, 가능한 한 건조 상태를 유지할 것
③ 큰 변형을 주지 않도록 주의할 것
④ 금속에 부분적으로 녹이 생기면 즉시 제거한다.

해설
상이한 금속은 인접·접촉시켜 사용하지 않는다.

34
I형강의 웨브를 절단하여 6각형 구멍이 줄지어 생기도록 용접하여 춤을 높인 것으로 고층 건축물에 널리 쓰이는 것은?

① 허니 콤보
② 플레이트 보
③ 트러스 보
④ 래티스 보

해설
① 허니 콤보 : I형강의 웨브를 톱니 모양으로 절단한 후 구멍이 생기도록 맞추고 용접하여 구멍을 각 층의 배관에 이용하도록 한 보
② 플레이트 보(판보) : 웨브에 철판을 쓰고 상하부 플랜지에 ㄱ형강을 리벳 접합한 보
③ 트러스 보 : 부재(部材)를 삼각형으로 짜 맞추어 지붕이나 교량 따위에 사용하는 보
④ 래티스 보 : 상하 플랜지에 ㄱ형강을 쓰고 웨브재로 대철을 45°, 60° 또는 90° 등의 일정한 각도로 접합한 조립 보

35
측창 채광에 대한 설명으로 틀린 것은?

① 편측창 채광은 조명도가 균일하지 못하다.
② 천창 채광에 비해 시공, 관리가 어렵고 빗물이 새기 쉽다.
③ 측창 채광은 천창 채광에 비해 개방감이 좋고, 통풍에 유리하다.
④ 측창 채광 중 벽의 한 면에만 채광하는 것을 편측창 채광이라 한다.

해설
측창 채광은 천창 채광에 비해 구조·시공이 용이하며, 비막이에 유리하다.

36 다음 중 습식구조에 해당하지 않는 것은?

① 철근콘크리트구조
② 돌구조
③ 철골구조
④ 블록구조

해설
시공상에 의한 분류
- 습식구조 : 조적식 구조(벽돌구조, 돌구조, 블록구조), 철근콘크리트구조, 철골철근콘크리트 구조
- 건식구조 : 목구조, 철골구조

37 다음과 같은 특징을 갖는 조명의 연출기법은?

> 물체의 형상만을 강조하는 기법으로 시각적인 눈부심은 없으나 물체면의 세밀한 묘사는 할 수 없다.

① 스파클 기법
② 실루엣 기법
③ 월 워싱 기법
④ 글레이징 기법

해설
② 실루엣 기법 : 거주자와 광원 사이에 피조물을 두어 빛의 강한 대비로 물체의 윤곽만을 강조하는 기법이다.
① 스파클 기법 : 피사체 대신에 광원 그 자체의 반짝임을 어두운 배경에서 이용하는 기법이다.
③ 월 워싱 기법 : 수직 벽면을 빛으로 쓸어내리는 듯한 효과를 주기 위해 비대칭 배광방식의 조명기구를 사용하여 수직 벽면에 균일한 조도의 빛을 비추는 기법이다.
④ 글레이징 기법 : 빛의 각도를 이용하는 방법으로 수직면과 평행한 조명을 벽에 조사시킴으로써 마감재의 질감을 효과적으로 강조하는 기법이다.

38 비교적 굵은 철선을 격자형으로 용접한 것으로, 콘크리트 보강용으로 사용되는 금속제품은?

① 메탈 폼(metal form)
② 와이어 로프(wire rope)
③ 와이어 메시(wire mesh)
④ 펀칭 메탈(punching metal)

해설
① 메탈 폼(metal form) : 금속재의 콘크리트용 거푸집으로서 치장콘크리트 등에 사용한다.
④ 펀칭 메탈(punching metal) : 금속판에 무늬 구멍을 낸 것으로 환기구, 방열기 덮개, 각종 커버 등에 쓰인다.

39 건축구조 재료에 요구되는 성질이 아닌 것은?

① 외관이 좋아야 한다.
② 가공이 용이해야 한다.
③ 내화성과 내구성이 커야 한다.
④ 재질이 균일하고 강도가 커야 한다.

해설
외관이 좋아야 하는 건 마감재(벽 및 천장)에 요구되는 성질이다.

40 표면결로의 방지대책으로 옳지 않은 것은?

① 단열 강화에 의해 실내측 표면온도를 상승시킨다.
② 실내온도를 노점온도 이상으로 유지시킨다.
③ 직접가열이나 기류 촉진에 의해 표면온도를 상승시킨다.
④ 가습을 통해 실내 절대습도를 높인다.

해설
표면결로를 방지하려면 환기에 의해 실내 절대습도를 낮춘다.

정답 36 ③ 37 ② 38 ③ 39 ① 40 ④

41 천창에 관한 설명으로 옳지 않은 것은?

① 벽면의 다양한 활용이 가능하다.
② 같은 면적의 측창보다 광량이 많다.
③ 차열, 통풍에 유리하고 개방감이 크다.
④ 밀집된 건물에 둘러싸여 있어도 일정량의 채광이 가능하다.

해설
천창은 차열과 통풍에 불리하고, 개방감도 작다.

42 석재의 일반적인 성질에 대한 설명으로 틀린 것은?

① 길고 큰 부재를 얻기 쉽다.
② 불연성이고, 압축강도가 크다.
③ 내구성, 내화학성, 내마모성이 우수하다.
④ 외관이 장중하고 치밀하며, 갈면 아름다운 광택이 난다.

해설
목재, 석재와 같은 천연재료는 길고 큰 부재를 얻기 어렵다.

43 다음 보기에서 설명하는 리듬의 요소는?

┌보기┐
삼각형에서 사각형으로, 검은색이 빨간색 등으로 변화하는 현상으로, 상반된 분위기를 배치하는 것이다.

① 반복
② 점이
③ 변이
④ 방사

44 비슷한 형태, 규모, 색채, 질감, 명암, 패턴의 그룹을 하나의 그룹으로 지각하려는 경향과 관련된 형태의 지각심리는?

① 근접성   ② 연속성
③ 폐쇄성   ④ 유사성

해설
게슈탈트(gestalt) 법칙
- 근접성(접근성) : 두 개 또는 그 이상의 유사한 시각요소들이 서로 가까이 있으면 하나의 그룹으로 보이는 경향이다.
- 연속성 : 유사한 배열로 구성된 형들이 방향성을 지니고 연속되어 보이는 하나의 그룹으로 지각되는 법칙으로, 공동 운명의 법칙이라고도 한다.
- 유사성 : 비슷한 형태, 규모, 색채, 질감, 명암, 패턴의 그룹을 하나의 그룹으로 지각하는 경향이다.
- 폐쇄성 : 시각요소들이 어떤 형성을 지각하는 데 있어서 폐쇄된 느낌을 주는 법칙으로, 사람들에게 불완전한 형을 순간적으로 보여줄 때 이를 완전한 형으로 지각하는 경향이다.

45 기본 점성이 크며 내수성, 내약품성, 전기절연성이 모두 우수한 만능형 접착제로 금속, 플라스틱, 도자기, 유리, 콘크리트 등의 접합에 사용되는 것은?

① 요소수지 접착제
② 비닐수지 접착제
③ 멜라민수지 접착제
④ 에폭시수지 접착제

해설
에폭시수지 접착제
- 기본 점성이 크며 내수성, 내약품성, 전기절연성이 우수한 만능형 접착제이다.
- 급경성으로 내알칼리성 등의 내화학성이나 접착력이 크고, 내수성이 우수하다.
- 가열하면 접착 시 효과가 좋다.
- 금속, 석재, 도자기, 글라스, 콘크리트, 플라스틱재 등의 접착에 사용한다.

정답 41 ③ 42 ① 43 ③ 44 ④ 45 ④

46 타일의 주체를 이루는 부분으로, 시유 타일에서 표면의 유약을 제거한 부분은?

① 첨지
② 소지
③ 지첩판
④ 뒷붙임

해설
① 첨지 : 시공하기 쉽도록 타일에 붙이는 시트 모양, 그물 모양 또는 그와 유사한 것이다.
③ 지첩판 : 타일의 줄눈에 맞추어 첨지를 고르게 붙이기 위한 판이다.
④ 뒷붙임 : 타일의 뒷면에 첨지를 붙인 것이다.

47 금속의 부식 방지방법에 관한 설명으로 옳지 않은 것은?

① 다른 종류의 금속은 잇대어 사용하지 않는다.
② 표면을 깨끗하게 하고 물기나 습기가 없도록 한다.
③ 알루미늄의 경우, 모르타르나 콘크리트로 피복한다.
④ 균질한 것을 선택하고 사용할 때 큰 변형을 주지 않도록 한다.

해설
알루미늄이 콘크리트나 모르타르에 접하면 부식된다.

48 콘크리트가 시일이 경과함에 따라 공기 중의 탄산가스 작용을 받아 알칼리성을 잃어가는 현상은?

① 중성화
② 크리프
③ 건조수축
④ 동결융해

해설
콘크리트의 중성화
- 시일이 경과함에 따라 공기 중의 탄산가스 작용을 받아 콘크리트가 알칼리성을 잃어가는 현상이다.
- 콘크리트의 중성화는 주로 공기 중의 이산화탄소 침투에 기인한다.
- 중성화가 진행되어도 콘크리트 강도의 변화는 거의 없으나 철근이 쉽게 부식된다.
- 콘크리트의 중성화에 미치는 요인으로 물-시멘트비, 시멘트와 골재의 종류, 혼화재료의 유무 등이 있다.

49 작업구역에는 전용의 국부조명방식으로 조명하고, 기타 주변 환경에 대하여는 간접조명과 같은 낮은 조도 레벨로 조명하는 조명방식은?

① TAL 조명방식
② 반직접 조명방식
③ 반간접 조명방식
④ 전반 확산 조명방식

해설
TAL 조명방식(Task & Ambient Lighting) : 작업구역(task)에는 전용의 국부조명방식으로 조명하고, 기타 주변(ambient) 환경에 대해서는 간접조명과 같은 낮은 조도레벨로 조명하는 방식이다.

50 시멘트의 응결에 대한 설명으로 옳은 것은?

① 온도가 높을수록 응결이 낮아진다.
② 석고는 시멘트의 응결촉진제로 사용된다.
③ 시멘트에 가하는 수량이 많아지면 응결이 늦어진다.
④ 신선한 시멘트로서 분말도가 미세한 것일수록 응결이 늦어진다.

해설
① 온도가 높을수록 응결이 빨라진다.
② 석고는 시멘트가 천천히 응결하도록 한다.
④ 신선한 시멘트로서 분말도가 미세한 것일수록 응결이 빨라진다.

51 유리제품에 관한 설명으로 옳지 않은 것은?

① 복층유리는 방음, 단열효과가 크며 결로 방지용으로도 우수하다.
② 망입유리는 유리성분에 착색제를 넣어 색깔을 띠게 한 유리이다.
③ 열선흡수유리는 단열유리라고도 하며 태양광선 중 장파 부분을 흡수한다.
④ 강화유리는 열처리한 판유리로, 강도가 크고 파괴 시 작은 파편이 되어 분쇄된다.

해설
망입유리는 도난 및 화재 방지 등에 사용된다.

52 합판에 관한 설명으로 옳지 않은 것은?

① 함수율 변화에 따른 팽창·수축의 방향성이 없다.
② 뒤틀림이나 변형이 작은 비교적 큰 면적의 평면재료를 얻을 수 있다.
③ 표면가공법으로 흡음효과를 낼 수 있으며 외장적 효과도 높일 수 있다.
④ 목재를 얇은 판으로 만들어 이들을 섬유 방향이 서로 직교되도록 짝수로 적층하여 접착시킨 판을 말한다.

해설
합판은 목재를 얇은 판으로 만들어 이들을 섬유 방향이 서로 직교되도록 홀수로 적층하여 접착시킨 판이다.

53 목구조의 맞춤에 사용하는 보강철물로, 왕대공과 평보의 연결부에 사용하는 것은?

① 감잡이쇠   ② 띠쇠
③ 듀벨   ④ 꺽쇠

해설
② 띠쇠 : 띠형으로 된 철판에 가시못이나 볼트 구멍을 뚫은 철물로, 2개의 부재 이음쇠 맞춤쇠에 대어 2개의 부재가 벌어지지 않도록 보강하는 보강철물이다.
③ 듀벨 : 볼트와 같이 사용하며 접합제 상호 간의 변위를 방지하는 강한 이음을 얻는 데 사용한다.
④ 꺽쇠 : 몸통 모양이 정방형(각꺽쇠), 원형(원형꺽쇠), 평판형(평꺽쇠)이다.

54 다음 보기에 알맞은 환기방식은?

┤보기├
- 실내는 항상 부압이 걸려 있다.
- 화장실, 욕실, 주방 등에 설치한다.

① 자연배기 + 자연배기
② 급기팬 + 배기팬
③ 급기팬 + 자연배기
④ 자연급기 + 배기팬

해설
기계환기의 종류
- 제1종 환기방식(급기팬 + 배기팬, 압입흡출병용방식) : 급기 측과 배기 측에 송풍기를 설치하여 환기시킨다.
- 제2종 환기방식(급기팬 + 자연배기, 압입식)
  - 송풍기로 실내에 급기를 실시하고, 배기구를 통하여 자연적으로 유출시키는 방식이다.
  - 병원의 수술실과 같이 외부의 오염된 공기의 침입을 피해야 하는 실에 이용된다.
- 제3종 환기방식(자연급기 + 배기팬, 흡출식)
  - 급기는 자연급기가 되도록 하고, 배기는 배풍기로 한다.
  - 화장실, 욕실, 주방 등에 설치하여 냄새가 다른 실로 전달되는 것을 방지한다.

정답 51 ② 52 ④ 53 ① 54 ④

55 다음 중 실내 공간을 실제 크기보다 넓게 보이게 하는 방법으로 가장 알맞은 것은?

① 큰 가구를 중앙에 배치한다.
② 질감이 거칠고 무늬가 큰 마감재를 사용한다.
③ 창이나 문 등의 개구부를 크게 하여 시선이 연결되도록 한다.
④ 크기가 큰 가구를 사용하고 벽이나 바닥면에 빈 공간을 남겨 두지 않는다.

해설
① 크기가 작은 가구를 이용하며, 큰 가구는 벽에 부착시켜 배치한다.
② 마감은 질감이 거친 것보다 고운 것을 사용한다.
④ 벽이나 바닥면에 빈 공간을 남겨 둔다.

56 미장공사에 사용되는 결합재에 해당되지 않는 것은?

① 소석회
② 시멘트
③ 플라스터
④ 플라이애시

해설
플라이애시(fly-ash)는 콘크리트의 워커빌리티(시공연도)를 좋게 하고 사용 수량을 감소시킨다.

57 철골구조에서 주각부에 사용하는 부재는?

① 커버 플레이트
② 웨브 플레이트
③ 스티프너
④ 베이스 플레이트

해설
철골구조에서 주각을 구성하는 부재
- 베이스 플레이트(base plate)
- 리브 플레이트(rib plate)
- 윙 플레이트(wing plate)
- 사이드 앵글(side angle)
- 클립 앵글(clip angle)
- 앵커볼트(anchor bolt)
※ 주각 : 기둥이 받는 힘을 기초에 전달하는 부분

58 블론 아스팔트의 성능을 개량하기 위해 동식물성 유지와 광물질분말을 혼입한 것으로, 일반 지붕 방수공사에 이용되는 것은?

① 아스팔트 펠트
② 아스팔트 프라이머
③ 아스팔트 콤파운드
④ 스트레이트 아스팔트

해설
① 아스팔트 펠트 : 천연 유기섬유를 원료로 한 원지에 스트레이트 아스팔트를 함침시켜 만든 아스팔트 방수시트재이다.
② 아스팔트 프라이머 : 블론 아스팔트를 휘발성 용제에 녹인 흑갈색의 저점도 액체로, 아스팔트 방수의 바탕처리재로 사용된다.

59 콘크리트의 중성화를 억제하기 위한 방법으로 옳지 않은 것은?

① 혼합 시멘트를 사용한다.
② 물-시멘트비를 작게 한다.
③ 단위 수량을 최소화한다.
④ 환경적으로 오염되지 않게 한다.

해설
혼합 시멘트(고로 시멘트, 플라이애시 시멘트 등)는 중성화가 빠르다.

60 다음 중 조립식 구조에 대한 설명으로 옳지 않은 것은?

① 현장작업이 극대화됨으로써 공사 기일이 증가한다.
② 공장에서 대량 생산이 가능하다.
③ 획일적이어서 다양성의 문제가 제기된다.
④ 대부분의 작업을 공업력에 의존하므로 노동력을 절감할 수 있다.

해설
조립식 구조는 기계화 시공으로 대량 생산을 할 수 있고 공사 기일이 단축된다.

정답 55 ③ 56 ④ 57 ④ 58 ③ 59 ① 60 ①

2025년 제1회 최근 기출복원문제

01 다음 중 실내디자인의 목적과 가장 거리가 먼 것은?

① 생산성을 최대화한다.
② 미적인 공간을 구성한다.
③ 쾌적한 환경을 조성한다.
④ 기능적인 조건을 최적화한다.

해설
실내디자인은 우리가 살고, 일하고, 즐기는 공간을 더욱 매력있고 유용하게 한다.

02 다음 중 실내 공간의 설계 시 인체공학적 근거와 가장 거리가 먼 것은?

① 난간의 높이
② 계단의 높이
③ 테이블의 높이
④ 일반창의 크기

해설
일반창의 크기는 인체공학적 근거보다 실의 넓이나 건물의 디자인에 따라 결정된다.

03 디자인 요소 중 점에 관한 설명으로 옳지 않은 것은?

① 화면상에 있는 두 점의 크기가 같을 때 주의력은 균등하게 작용한다.
② 선과 마찬가지로 형태의 외곽을 시각적으로 설명하는 데 사용될 수 있다.
③ 화면상에 있는 하나의 점은 관찰자의 시선을 화면 안에 특정한 위치로 이끈다.
④ 다수의 점은 2차원에서 면이나 형태로 지각될 수 있으나, 운동을 표현하는 시각적 조형 효과는 만들 수 없다.

해설
다수의 점은 면으로 지각되고 점의 크기가 다를 때에는 동적인 면이, 같을 때에는 정적인 면이 지각된다.

04 평화, 평등, 침착, 고요 등 주로 정적인 느낌을 주는 선의 종류는?

① 수직선
② 수평선
③ 기하곡선
④ 자유곡선

해설
선의 종류별 조형효과
• 수직선 : 존엄성, 위엄, 권위
• 수평선 : 안정, 평화
• 사선 : 약동감, 생동감
• 곡선 : 유연함, 우아, 풍요, 여성스러움

정답 1 ① 2 ④ 3 ④ 4 ②

05 다음 설명에 알맞은 형태의 종류는?

- 구체적 형태를 생략 또는 과장의 과정을 거쳐 재구성한 형태이다.
- 대부분의 경우 원래의 형태를 알아보기 어렵다.

① 자연적 형태
② 인위적 형태
③ 이념적 형태
④ 추상적 형태

해설
형태
- 이념적 형태(순수 형태, 상징적 형태) : 인간의 지각, 즉 시각과 촉각 등으로 직접 느낄 수 없고, 개념적으로만 제시될 수 있는 형태로 순수 형태, 상징적 형태라고도 한다. 점, 선, 면, 입체 등 추상적 기하학적 형태가 이에 해당한다.
  ※ 추상적 형태 : 구체적 형태를 생략 또는 과장의 과정을 거쳐 재구성된 형태이다.
- 현실적 형태 : 우리가 직접 지각하여 얻는 형태이다.
  – 자연적 형태 : 자연의 법칙에 생성된 유기적 형태이다.
  – 인위적 형태 : 인간의 필요에 의해 만들어진 기능적 형태이다.
  ※ 유기적 형태는 우아하고 아늑한 느낌을 주는 시각적 특징이 있다.

06 형태의 의미구조에 의한 분류 중 자연 형태에 관한 설명으로 옳지 않은 것은?

① 자연계에 존재하는 모든 것으로부터 보이는 형태를 말한다.
② 기하학적 형태는 불규칙한 형태보다 비교적 무겁게 느껴진다.
③ 조형의 원형으로서도 작용하며 기능과 구조의 모델이 되기도 한다.
④ 단순한 부정형의 형태를 취하기도 하지만 경우에 따라 체계적인 기하학적인 특징을 갖는다.

해설
기하학적 형태는 단순 명쾌한 느낌을 준다.

07 황금비례로 가장 알맞은 것은?

① 1 : 1.414
② 1 : 1.618
③ 1 : 1.732
④ 1 : 3.141

해설
황금비례
- 황금비례는 1 : 1.618이다.
- 한 선분을 길이가 다른 두 선분으로 분할했을 때, 긴 선분에 대한 짧은 선분의 길이의 비가 전체 선분에 대한 긴 선분의 길이의 비와 같을 때 이루어지는 비례이다.

08 리듬의 요소에 해당하지 않는 것은?

① 반복
② 점이
③ 균형
④ 방사

해설
리듬의 요소 : 반복, 점층(점이), 대립(대조), 변이, 방사 등

09 평범하고 단순한 실내에 흥미를 부여하는 경우 가장 적합한 디자인 원리는?

① 조화
② 통일
③ 강조
④ 균형

해설
강조 : 시각적인 힘에 강약의 단계를 주고, 각 부분의 구성에 악센트를 주어 변화를 주는 디자인 원리이다.

10 디자인의 원리 중 대비에 관한 설명으로 가장 알맞은 것은?

① 제반요소를 단순화하여 실내를 조화롭게 하는 것이다.
② 저울의 원리와 같이 중심에서 양측에 물리적 법칙으로 힘의 안정을 구하는 현상이다.
③ 모든 시각적 요소에 대하여 극적 분위기를 주는 상반된 성격의 결합에서 이루어진다.
④ 디자인 대상의 전체에 미적 질서를 부여하는 것으로 모든 형식의 출발점이며 구심점이다.

해설
① 조화에 관한 설명이다.
② 균형에 관한 설명이다.
④ 통일에 관한 설명이다.

11 실내디자인의 구성원리 중 이질의 각 구성요소들이 전체로서 동일한 이미지를 갖게 하는 것은?

① 통일　　② 변화
③ 율동　　④ 균제

12 실내 기본요소 중 바닥에 관한 설명으로 옳지 않은 것은?

① 촉각적으로 만족할 수 있는 조건을 요구한다.
② 천장과 함께 공간을 구성하는 수평적 요소이다.
③ 고저차에 의해서만 공간의 영역을 조정할 수 있다.
④ 외부로부터 추위와 습기를 차단하고 사람과 물건을 지지한다.

해설
바닥의 고저차가 없는 경우에는 바닥의 색, 질감, 마감재료로 변화를 주거나 다른 면보다 강조하여 공간의 영역을 조정할 수 있다.

13 실내디자인 요소 중 기둥에 관한 설명으로 옳지 않은 것은?

① 선형인 수직요소이다.
② 공간을 분할하거나 동선을 유도하기도 한다.
③ 소리, 빛, 열 및 습기환경의 중요한 조절 매체가 된다.
④ 기둥의 위치와 수는 공간의 성격을 다르게 만들 수 있다.

해설
기둥의 하중을 지지하는 구조재로서의 역할을 한다. 또한 공간을 분할하거나, 조형적 요소로 작용할 수는 있지만 환경 조절 기능을 하지는 않는다.
주요 기둥의 특징
• 샛기둥 : 목구조에서 본기둥 사이에 벽을 이루는 것으로, 가새의 옆휨을 막는 데 유효하다.
• 통재기둥 : 2층 이상의 기둥 전체를 하나의 단일재료를 사용하는 기둥으로, 상하를 일체화시켜 수평력을 견디게 한다.
• 열주(줄지어 늘어선 기둥)
 – 한 개의 단일 공간을 시각적·공간적으로 연속성이 유지되도록 공간을 분할하거나 연결한다.
 – 공간의 차단적 구획에 사용되는 것으로, 시각적 연결감을 주면서 프라이버시를 확보할 수 있다.

14 소규모 주거 공간계획 시 고려하지 않아도 되는 것은?

① 접객 공간
② 식사와 취침 분리
③ 평면 형태의 단순화
④ 주부의 가사 작업량

해설
소규모 주거 공간계획 시 활동 공간과 취침 공간을 구분하고, 접객 공간은 구분하지 않는다.

15 조명기구의 설치방법에 따른 분류 중 조명기구를 벽체에 부착하는 것은?

① 펜던트
② 매입형
③ 브래킷
④ 직부형

해설
브래킷(bracket) : 조명기구의 설치방법에 따른 분류 중 조명기구를 벽체에 부착하는 구조재로, 실내 벽면에 부착하는 조명의 총칭이다.

16 유닛 가구(unit furniture)에 관한 설명으로 옳지 않은 것은?

① 필요에 따라 가구의 형태를 변화시킬 수 있다.
② 특정한 사용 목적이나 많은 물품을 수납하기 위해 건축된 가구이다.
③ 공간의 조건에 맞도록 조합시킬 수 있으므로 공간의 효율을 높여 준다.
④ 단일 가구를 원하는 형태로 조합하여 사용할 수 있으며 다목적으로 사용 가능하다.

해설
②는 붙박이 가구(built in furniture)를 말한다.
유닛 가구 : 디자인, 치수 등이 통일된 한 세트의 가구를 말하며, 책꽂이, 책상, 서랍장, 양복장, 선반 등이 일정한 규격으로 만들어져 있어 필요에 따라 여러 가지 형태로 조합하여 사용할 수 있다. 방의 크기나 사용 목적에 따라 적당히 선택할 수 있으며, 쉽게 구성방법을 바꿀 수 있는 것이 특징이다.

17 부엌의 기능적인 수납을 위해서는 기본적으로 네 가지 원칙이 만족되어야 하는데, 다음 중 "수납장 속에 무엇이 들었는지 쉽게 찾을 수 있게 수납한다."와 관련된 원칙은?

① 접근성
② 조절성
③ 보관성
④ 가시성

해설
수납의 원칙
• 접근성 : 쉽게 접근해서 수납할 수 있어야 한다.
• 조절성 : 다양한 물건을 수납하기 위함이다.
• 보관성 : 물건의 파손 방지를 위함이다.
• 가시성 : 물건이 어디에 있는지 쉽게 찾을 수 있어야 한다.

18 백화점의 외벽에 창을 설치하지 않는 이유 및 효과와 가장 거리가 먼 것은?

① 정전, 화재 시 유리하다.
② 조도를 균일하게 할 수 있다.
③ 실내 면적 이용도가 높아진다.
④ 외측에 광고물의 부착 효과가 있다.

해설
외벽에 창을 설치하지 않으면 정전, 화재 시 자연광이 유입되지 않으므로 불리하다.

19 유효온도와 관련이 없는 온열요소는?

① 기온
② 습도
③ 기류
④ 복사열

해설
유효온도 : 환경측 요소 중에서 기온, 습도, 기류 등의 감각과 동일한 감각을 주는 포화공기의 온도이다.

20 다음 중 크기와 형태에 제약 없이 가장 자유롭게 디자인할 수 있는 창의 종류는?

① 고정창
② 미닫이창
③ 여닫이창
④ 미서기창

해설
고정창 : 개폐가 불가능한 창으로, 붙박이창이라고도 한다. 채광이나 조망은 가능하지만 환기나 온도 조절이 어렵다. 크기와 형태에 제약이 없어 자유롭게 디자인할 수 있지만, 유리와 같이 투명한 재료일 경우 창이 있는 것을 알지 못해 부딪힐 위험이 있다.

21 일반적으로 실내 공기오염의 지표로 사용되는 것은?

① 황의 농도
② 질소의 농도
③ 산소의 농도
④ 이산화탄소의 농도

해설
공기의 오염정도가 CO_2 농도에 주로 비례하기 때문에 실내 공기환경 오염의 척도로 가장 많이 사용된다.

22 측창 채광에 관한 설명으로 옳지 않은 것은?

① 개폐 등 기타의 조작이 용이하다.
② 시공이 용이하며 비막이에 유리하다.
③ 편측창 채광의 경우 실내의 조도분포가 균일하다.
④ 근린의 상황에 의한 채광 방해의 우려가 있다.

해설
편측창 채광은 조명도가 균일하지 못하다.

23 다음 중 집회 공간에서 음의 명료도에 끼치는 영향이 가장 작은 것은?

① 음의 세기
② 실내의 온도
③ 실내의 소음량
④ 실내의 잔향시간

해설
음의 명료도에 직접적인 영향을 주는 요인 : 소음, 잔향시간, 음의 세기

24 건축구조 재료에 요구되는 성질로 옳지 않은 것은?

① 가공이 용이한 것이어야 한다.
② 내화성·내구성이 큰 것이어야 한다.
③ 외관이 좋고 열전도율이 커야 한다.
④ 가볍고 큰 재료를 용이하게 얻을 수 있어야 한다.

해설
건축재료는 열전도율이 작아야 한다.

정답 20 ① 21 ④ 22 ③ 23 ② 24 ③

25 다음 중 현장 발포가 가능한 발포 제품은?

① 페놀 폼
② 염화비닐 폼
③ 폴리에틸렌 폼
④ 폴리우레탄 폼

해설
폴리우레탄 폼 : 내열성은 높지 않으나 우수한 단열성 때문에 냉동기기에 많이 사용되는 단열재이다.

26 목재가 통상 대기의 온도, 습도와 평형된 수분을 함유한 상태를 의미하는 것은?

① 전건 상태
② 기건 상태
③ 생재 상태
④ 섬유포화 상태

해설
① 전건 상태 : 목재를 100~105℃의 건조기에서 완전히 건조시켜 수분이 전혀 없는 상태
③ 생재 상태 : 나무가 살아있거나, 벌목 직후의 상태
④ 섬유포화 상태 : 목재 세포벽이 최대한 수분을 흡수하여 포화된 상태

27 집성목재에 관한 설명으로 옳지 않은 것은?

① 톱밥, 대패밥, 나무 부스러기를 이용하므로 경제적이다.
② 요구된 치수, 형태의 재료를 비교적 용이하게 제조할 수 있다.
③ 강도상 요구에 따라 단면과 치수를 변화시킨 구조재료를 설계·제작할 수 있다.
④ 제재품이 갖는 옹이, 할열 등의 결함을 제거·분산시킬 수 있으므로 강도의 편차가 작다.

해설
집성목재는 제재 판재 또는 소각재 등의 부재를 섬유 방향이 평행하게 집성·접착시킨 것이다.

28 건축용 석재에 관한 설명으로 옳지 않은 것은?

① 압축강도에 비해 인장강도가 크다.
② 불연성이며 내수성·내화학성이 우수하다.
③ 화강암은 화열에 닿으면 균열이 생기며 파괴된다.
④ 거의 모든 석재가 비중이 크고 가공성이 불량하다.

해설
석재의 인장 및 휨강도는 압축강도에 비해 매우 작다.

29 테라코타에 관한 설명으로 옳지 않은 것은?

① 일반 석재보다 가볍고 화강암보다 압축강도가 크다.
② 거의 흡수성이 없으며 색조가 자유로운 장점이 있다.
③ 구조용과 장식용이 있으나, 주로 장식용으로 사용된다.
④ 재질은 도기·건축용 벽돌과 유사하나, 1차 소성한 후 시유하여 재소성하는 점이 다르다.

해설
테라코타는 일반 석재보다 가볍고 화강암보다 압축강도가 작다.

30 시멘트의 분말도에 관한 설명으로 옳지 않은 것은?

① 시멘트의 분말도가 클수록 수화반응이 촉진된다.
② 시멘트의 분말도가 클수록 강도의 발현속도가 빠르다.
③ 시멘트의 분말도는 블레인법 또는 표준체법에 의해 측정한다.
④ 시멘트의 분말이 과도하게 미세하면 시멘트를 장기간 저장하더라도 풍화가 발생하지 않는다.

해설
시멘트의 분말이 과도하게 미세하면 풍화되거나 사용 후 균열이 발생하기 쉽다.

31 콘크리트에 사용되는 골재에 요구되는 성질에 관한 설명으로 옳지 않은 것은?

① 골재의 크기는 동일하여야 한다.
② 골재에는 불순물이 포함되어 있지 않아야 한다.
③ 골재의 모양은 둥글고 구형에 가까운 것이 좋다.
④ 골재의 강도는 콘크리트 중의 경화 시멘트 페이스트의 강도 이상이어야 한다.

해설
콘크리트 입도(골재의 크고 작은 입자가 혼합된 정도)는 조립에서 세립까지 연속적으로 균등히 혼합되어 있어야 한다.

32 콘크리트는 타설된 후 일정 시간이 지나면 목표강도에 도달하게 된다. 이를 설계기준 강도라 하는데, 대략 몇 주 정도 지나야 콘크리트 강도는 목표강도에 도달하는가?

① 1주   ② 2주
③ 3주   ④ 4주

해설
콘크리트의 설계기준 강도는 타설 후 28일(4주) 압축강도로 한다.

33 레디믹스트 콘크리트에 관한 설명으로 옳은 것은?

① 주문에 의해 공장 생산 또는 믹싱카로 제조하여 사용현장에 공급하는 콘크리트이다.
② 기건단위 용적 중량이 보통 콘크리트에 비하여 크고, 주로 방사선 차폐용에 사용되므로 차폐용 콘크리트라고도 한다.
③ 기건단위 용적 중량이 2.0 이하의 것을 말하며, 주로 경량 골재를 사용하여 경량화하거나 기포를 혼입한 콘크리트이다.
④ 결합재로서 시멘트를 사용하지 않고 폴리에스테르수지 등을 액상으로 하여 굵은 골재 및 분말상 충전제를 혼합하여 만든 것이다.

해설
② 중량 콘크리트에 대한 설명이다.
③ 경량 콘크리트에 대한 설명이다.
④ 레진 콘크리트에 대한 설명이다.

34 다음 점토제품 중 흡수성이 가장 작은 것은?

① 토기   ② 도기
③ 석기   ④ 자기

해설
점토제품의 흡수율이 큰 순서 : 토기 > 도기 > 석기 > 자기

정답 30 ④ 31 ① 32 ④ 33 ① 34 ④

35 점토의 일반적인 성질에 관한 설명으로 옳은 것은?

① 비중은 일반적으로 3.5~3.6의 범위이다.
② 점토 입자가 클수록 가소성은 좋아진다.
③ 압축강도는 인장강도의 약 5배 정도이다.
④ 알루미나가 많은 점토는 가소성이 나쁘다.

해설
① 점토의 비중은 일반적으로 2.5~2.6 정도이다.
② 점토 입자가 미세할수록 가소성은 좋아진다.
④ 알루미나가 많은 점토는 가소성이 좋다.

36 비철금속 중 동(copper)에 관한 설명으로 옳지 않은 것은?

① 가공성이 풍부하다.
② 열과 전기의 양도체이다.
③ 건조한 공기 중에서는 산화되지 않는다.
④ 염수 및 해수에는 침식되지 않으나 맑은 물에는 빨리 침식된다.

해설
동은 맑은 물에서는 녹이 생기지 않지만, 염수에서는 부식된다.

37 다음 중 여닫이용 창호철물에 속하지 않는 것은?

① 도어 스톱
② 크레센트
③ 도어 클로저
④ 플로어 힌지

해설
크레센트(crescent)는 오르내리창 또는 미서기창에 사용된다.
여닫이용 창호철물: 래버터리 힌지, 플로어 힌지, 피봇 힌지, 도어 클로저, 도어 스톱, 도어 체크

38 다음과 같은 특징을 갖는 성분별 유리의 종류는?

- 용융되기 쉽다.
- 내산성이 높다.
- 건축 일반용 창호유리 등에 사용된다.

① 고규산유리
② 칼륨석회유리
③ 소다석회유리
④ 붕사석회유리

해설
소다석회유리
- 주로 건축공사의 일반 창호유리, 병유리에 사용한다.
- 산에는 강하지만 알칼리에 약하다.
- 열팽창계수가 크고, 강도가 높다.
- 풍화·용융되기 쉽다.
- 불연성 재료이지만, 단열용이나 방화용으로는 적합하지 않다.
- 자외선 투과율이 낮다.

39 미장재료 중 돌로마이트 플라스터에 관한 설명으로 옳지 않은 것은?

① 기경성 미장재료이다.
② 소석회에 비해 점성이 높다.
③ 석고 플라스터에 비해 응결시간이 짧다.
④ 건조수축이 커서 수축균열이 발생하는 결점이 있다.

해설
돌로마이트 플라스터
- 기경성 미장재료이며, 보수성이 크다.
- 소석회에 비해 점성이 높고, 작업성이 좋다.
- 응결시간이 길어 바르기가 용이하다.
- 대기 중의 이산화탄소와 화합하여 경화한다.
- 건조수축이 커서 수축균열이 발생한다.
- 회반죽에 비하여 조기강도 및 최종강도가 크다.

정답 35 ③ 36 ④ 37 ② 38 ③ 39 ③

40 합성수지의 일반적인 성질에 관한 설명으로 옳지 않은 것은?

① 가소성, 가공성이 크다.
② 전성, 연성이 크고 광택이 있다.
③ 열에 강하여 고온에서 연화·연질되지 않는다.
④ 내산, 내알칼리 등의 내화학성 및 전기절연성이 우수한 것이 많다.

해설
합성수지는 내화성이 적고 연소 시 유독가스가 발생한다.

41 다음 중 열가소성 수지에 해당되지 않는 것은?

① 아크릴수지
② 염화비닐수지
③ 폴리에틸렌수지
④ 폴리에스테르수지

해설
합성수지의 종류
- 열경화성 수지 : 페놀수지, 멜라민수지, 폴리우레탄수지, 폴리에스테르수지, 에폭시수지, 요소수지, 실리콘수지, 폴리카보네이트 등
- 열가소성 수지 : 폴리에틸렌수지, 폴리프로필렌수지, 폴리스티렌수지, 염화비닐수지, 아크릴수지, 불소수지, 폴리아마이드수지(나일론, 아라미드), 아세틸수지 등

42 아스팔트 루핑을 절단하여 만든 것으로 지붕재료로 주로 사용되는 아스팔트 제품은?

① 아스팔트 펠트
② 아스팔트 유제
③ 아스팔트 타일
④ 아스팔트 싱글

해설
④ 아스팔트 싱글 : 아스팔트 루핑을 절단하여 만든 것으로, 주로 지붕재료로 사용되는 역청제품이다.
① 아스팔트 펠트 : 천연 유기섬유를 원료로 한 원지에 스트레이트 아스팔트를 함침시켜 만든 아스팔트 방수시트재이다.
③ 아스팔트 타일 : 아스팔트에 석면·탄산칼슘·안료를 가하고, 가열혼련하여 시트상으로 압연한 것으로, 내수성·내습성이 우수한 바닥재료이다.

43 방수공사에 이용되는 것은?

① 아스팔트 펠트
② 아스팔트 프라이머
③ 아스팔트 콤파운드
④ 스트레이트 아스팔트

해설
③ 아스팔트 콤파운드 : 블론 아스팔트의 성능을 개량하기 위해 동식물성 유지와 광물질분말을 혼입한 것으로, 신축이 크며 매우 우수한 방수재료이며 일반 지붕의 방수공사에 사용된다.
① 아스팔트 펠트 : 천연 유기섬유를 원료로 한 원지에 스트레이트 아스팔트를 함침시켜 만든 아스팔트 방수시트재이다.
② 아스팔트 프라이머 : 블론 아스팔트를 휘발성 용제에 녹인 흑갈색의 저점도 액체로, 아스팔트 방수의 바탕처리재로 사용된다.
④ 스트레이트 아스팔트 : 석유계 아스팔트로 점착성, 방수성은 우수하지만 연화점이 비교적 낮고 내후성 및 온도에 의한 변화 정도가 커 지하실 방수공사 이외에 사용하지 않는다.

정답 40 ③ 41 ④ 42 ④ 43 ③

44 쇄석을 종석으로 하여 시멘트에 안료를 섞어 진동기로 다진 후 판상으로 성형한 것으로, 자연석과 유사하게 만든 수장재료는?

① 대리석판
② 인조석판
③ 석면 시멘트판
④ 목모 시멘트판

45 투시도를 그릴 때 건축물의 크기를 느끼기 위해 사람, 차, 수목, 가구 등을 표현한다. 이에 대한 설명으로 틀린 것은?

① 차를 투시도에 그릴 때는 도로와 주차 공간을 함께 나타내는 것이 좋다.
② 수목이 지나치게 강조되면 본 건물이 위축될 염려가 있으므로 주의한다.
③ 계획단계부터 실내 공간에 사용할 가구의 종류, 크기, 모양 등을 예측하여야 한다.
④ 사람을 표현할 때는 사람을 8등분하여 나누어 볼 때 머리는 1.5 정도의 비율로 표현하는 것이 알맞다.

[해설]
투시도에 사람을 표현할 때는 사람을 8등분하여 머리는 1 정도의 비율로 표현하는 것이 알맞다.

46 종이에 일정한 크기의 격자형 무늬가 인쇄되어 있어서 계획 도면을 작성하거나 평면을 계획할 때 사용하기가 편리한 제도지는?

① 켄트지
② 방안지
③ 트레이싱지
④ 트레팔지

[해설]
① 켄트지 : 그림이나 제도 따위에 쓰는 빳빳한 흰 종이다.
③ 트레이싱지 : 실시도면 작성 시 사용하는 경질의 반투명한 제도 용지로, 청사진 작업이 가능하고 오래 보존할 수 있지만 습기에 약한 단점이 있다.
④ 트레팔지 : 트레이싱지에 비해 내구성이 좋으며 상대적으로 습기의 영향을 적게 받는다.

47 건축제도통칙에 정의된 제도용지의 크기 중 틀린 것은?(단, 단위는 mm)

① A0 : 1,189 × 1,680
② A2 : 420 × 594
③ A4 : 210 × 297
④ A6 : 105 × 148

[해설]
제도용지의 치수

(단위 : mm)

제도지의 치수		A0	A1	A2	A3	A4	A5	A6
$a \times b$		841 × 1,189	594 × 841	420 × 594	297 × 420	210 × 297	148 × 210	105 × 148
c(최소)		10	10	10	5	5	5	5
d (최소)	묶지 않을 때	10	10	10	5	5	5	5
	묶을 때	25	25	25	25	25	25	25

정답 44 ② 45 ④ 46 ② 47 ①

48 제도에 사용되는 삼각스케일의 용도로 적합한 것은?

① 원이나 호를 그릴 때 주로 쓰인다.
② 축척을 사용할 때 주로 쓰인다.
③ 제도판 옆면에 대고 수평선을 그릴 때 주로 쓰인다.
④ 원호 이외의 곡선을 그을 때 주로 쓰인다.

해설
삼각스케일(triangle scale)의 축척 사양 : 1/100, 1/200, 1/300, 1/400, 1/500, 1/600

49 건축물을 각 층마다 창틀 위에서 수평으로 자른 수평 투상도로서 실의 배치 및 크기를 나타내는 도면은?

① 평면도
② 입면도
③ 단면도
④ 전개도

해설
② 입면도 : 건축물의 외형을 한눈에 알아볼 수 있도록 한 도면이다.
③ 단면도 : 건축물을 수직으로 절단하여 수평 방향에서 본 도면이다.
④ 전개도 : 건물 내부의 입면을 정면에서 바라보고 그리는 내부 입면도이다

50 건축제도 시 치수기입법에 대한 설명으로 틀린 것은?

① 치수기입은 치수선에 평행하고 치수선의 중앙 부분에 기입한다.
② 치수는 원칙적으로 그림 밖으로 인출하여 기입한다.
③ 치수의 단위는 mm를 원칙으로 하고 단위기호도 같이 기입한다.
④ 숫자나 치수선은 다른 치수선 또는 외형선 등과 마주치지 않도록 한다.

해설
치수의 단위는 mm를 원칙으로 하고, 단위기호는 기입하지 않는다. 치수 단위가 mm가 아닌 경우에는 단위기호를 쓰거나 그 밖의 방법으로 그 단위를 명시한다.

51 도면 표시기호 중 지름을 나타내는 기호는?

① ∅
② R
③ T
④ S

해설
① D, ∅ : 지름
② R : 반지름

52 실내 투시도 또는 기념 건축물과 같은 정적인 건축물의 표현에 효과적인 투시도는?

① 1소점 투시도
② 2소점 투시도
③ 3소점 투시도
④ 전개도

해설
소점에 의한 분류
• 1소점 투시도(평행 투시도)
 - 지면에 물체가 평행하도록 작도하여 1개의 소점이 생긴다.
 - 실내 투시도 또는 기념 건축물과 같은 정적인 건축물의 표현에 가장 효과적이다.
• 2소점 투시도(유각, 성각 투시도)
 - 밑면이 기면과 평행하고 측면이 화면과 경사진 각을 이룬다.
 - 보는 사람의 눈높이에 두 방향으로 소점이 생겨 양쪽으로 원근감이 나타난다.
• 3소점 투시도(경사, 사각 투시도)
 - 기면과 화면에 평행한 면 없이 가로, 세로, 수직의 선들이 경사를 이룬다.
 - 3개의 소점이 생겨 외관을 입체적으로 표현할 때 주로 사용한다.

정답 48 ② 49 ① 50 ③ 51 ① 52 ①

53 연필 프리핸드에 대한 설명으로 옳은 것은?

① 번지거나 더러워지는 단점이 있다.
② 연필은 폭넓게 명암을 나타내기 어렵다.
③ 간단히 수정할 수 없어 사용상 불편한 점이 많다.
④ 연필의 종류가 적어서 효과적으로 사용하는 것이 불가능하다.

해설
② 연필은 폭넓게 명암을 나타낼 수 있다.
③ 간단히 수정할 수 있는 장점이 있다.
④ 연필의 종류가 다양해서 효과적으로 사용할 수 있다.

54 건축도면 중 배치도에 명시되어야 하는 것은?

① 대지 내 건물의 위치와 방위
② 기둥, 벽, 창문 등의 위치
③ 건물의 높이
④ 승강기의 위치

해설
배치도 표시사항(명시)
• 도로와 대지의 경계, 고저차, 등고선 등을 기입한다.
• 축척 : 1/100~1/600 정도
• 대지 내 건물과 방위, 주변의 담장, 대문 등의 위치를 표시한다.
• 정화조, 맨홀, 배수구 등의 설치 위치나 크기를 그린다.

55 건축제도 시 선 긋기의 유의사항으로 옳지 않은 것은?

① 시작부터 끝까지 일정한 힘을 주어 일정한 속도를 긋는다.
② 축척과 도면의 크기에 관계없이 선의 굵기를 같게 한다.
③ 한번 그은 선은 중복해서 긋지 않는다.
④ 파선의 끊어진 부분은 길이와 간격을 일정하게 한다.

해설
축척과 도면의 크기에 따라서 선의 굵기를 다르게 한다.

56 건축제도에서 사용하는 선에 관한 설명 중 틀린 것은?

① 2점쇄선은 물체의 절단한 위치를 표시하거나 경계선으로 사용한다.
② 가는 실선은 치수선, 치수보조선, 격자선 등을 표시할 때 사용한다.
③ 1점쇄선은 중심선, 참고선 등을 표시할 때 사용한다.
④ 굵은 실선은 단면의 윤곽 표시에 사용한다.

해설
2점쇄선은 상상선 또는 1점쇄선과 구별할 필요가 있을 때 사용한다.

정답 53 ① 54 ① 55 ② 56 ①

57 다음 보기에서 설명하는 부재명은?

┌보기─────────────────────────┐
- 횡력에 잘 견디기 위한 구조물이다.
- 경사는 45°에 가까운 것이 좋다.
- 압축력 또는 인장력에 대한 보강재이다.
- 주요 건물의 경우 한 방향으로만 만들지 않고, X자형으로 만들어 압축과 인장을 겸하도록 한다.
└─────────────────────────────┘

① 층도리 ② 샛기둥
③ 가새   ④ 꿸대

해설
가새는 기둥이나 보의 중간에 가새의 끝을 대지 않고 기둥이나 보에 대칭되게 한다.

58 벽돌쌓기법 중 벽의 모서리나 끝에 반절 또는 이오토막을 사용하는 가장 튼튼한 쌓기법은?

① 영국식 쌓기
② 미국식 쌓기
③ 네덜란드식 쌓기
④ 영롱쌓기

해설
영국식 쌓기
- 한 켜는 마구리쌓기, 다음 켜는 길이쌓기로 하고, 벽의 모서리나 끝에 반절이나 이오토막을 사용한다.
- 내력벽을 만들 때 많이 사용한다.
- 벽돌쌓기법 중 가장 튼튼한 쌓기법이다.

59 철근콘크리트에서 스팬이 긴 경우에 보의 단부에 발생하는 휨모멘트와 전단력에 대한 보강으로 보 단부의 춤을 크게 한 것을 무엇이라 하는가?

① 드롭패널
② 플랫 슬래브
③ 헌치
④ 주두

해설
③ 헌치 : 철근콘크리트보에서 장스팬일 경우, 양 끝단의 휨모멘트와 전단응력의 증가에 대한 보강차원에서 설치한다.
② 플랫 슬래브 : 보 없이 하중을 바닥판이 부담하는 구조로, 큰 내부 공간에 조성 가능하다.

60 강구조의 용접 부위에 대한 비파괴검사 방법이 아닌 것은?

① 방사선투과법
② 초음파탐상법
③ 자기탐상법
④ 슈미트해머법

해설
슈미트해머법은 철근콘크리트 강도 측정을 위한 비파괴시험에 해당한다.

정답 57 ③ 58 ① 59 ③ 60 ④

2025년 제2회 최근 기출복원문제

01 실내디자인 과정에서 일반적으로 건축주의 의사가 가장 많이 반영되는 단계는?

① 기획단계
② 시공단계
③ 기본설계단계
④ 실시설계단계

해설
기획단계는 현장의 종류와 면적에 대한 사항 파악 및 경제적인 부분과 고객의 생활양식, 취향, 가치관 등을 조사, 분석하는 단계이다.

02 두 개 또는 그 이상의 유사한 시각요소들이 서로 가까이 있으면 하나의 그룹으로 보려는 경향과 관련된 형태의 지각심리는?

① 유사성
② 연속성
③ 폐쇄성
④ 근접성

해설
게슈탈트(gestalt) 법칙
- 근접성(접근성) : 두 개 또는 그 이상의 유사한 시각요소들이 서로 가까이 있으면 하나의 그룹으로 보이는 경향이다.
- 연속성 : 유사한 배열로 구성된 형들이 방향성을 지니고 연속되어 보이는 하나의 그룹으로 지각되는 법칙으로, 공동 운명의 법칙이라고도 한다.
- 유사성 : 비슷한 형태, 규모, 색채, 질감, 명암, 패턴의 그룹을 하나의 그룹으로 지각하는 경향이다.
- 폐쇄성 : 시각요소들이 어떤 형성을 지각하는 데 있어서 폐쇄된 느낌을 주는 법칙으로, 사람들에게 불완전한 형을 순간적으로 보여줄 때 이를 완전한 형으로 지각하는 경향이다.

03 기하학적인 정의로 크기가 없고 위치만 존재하는 디자인 요소는?

① 점
② 선
③ 면
④ 입체

해설
점은 구심점으로 면 또는 공간에 하나의 점이 주어지면 주의력이 집중된다.

04 공간을 실제보다 더 높아 보이게 하며, 엄숙함과 위엄 등의 효과를 주기 위해 일반적으로 사용되는 디자인 요소는?

① 사선
② 곡선
③ 수직선
④ 수평선

해설
선의 종류별 조형효과
- 수직선 : 존엄성, 위엄, 권위
- 수평선 : 안정, 평화
- 사선 : 약동감, 생동감
- 곡선 : 유연함, 우아함, 풍요로움, 여성스러움

05 다음 중 공간의 차단적 분할을 위해 사용되는 재료가 아닌 것은?

① 커튼
② 조명
③ 이동벽
④ 고정벽

해설
공간의 분할
- 차단적 구획(칸막이) : 고정벽, 이동벽, 커튼, 블라인드, 유리창, 열주 등
- 상징적(심리·도덕적) 구획 : 이동 가구, 기둥, 벽난로, 식물, 물, 조각, 바닥의 변화 등
- 지각적 분할(심리적 분할) : 조명, 색채, 패턴, 마감재의 변화 등

06 면의 형태적 특징 중 자연적으로 생긴 형태로, 우아하고 아늑한 느낌을 주는 시각적 특징이 있는 형태는?

① 기하학적 형태
② 우연적 형태
③ 유기적 형태
④ 불규칙 형태

해설
유기적 형태
- 면의 형태적 특징 중 자연적으로 생긴 형태로, 우아하고 아늑한 느낌을 주는 시각적 특징이 있다.
- 자연현상이나 생물의 성장에 따라 형성된 형태이다.
- 자연계에서 찾아볼 수 있는 매끄러운 곡선이나 곡면의 형태이며, 기하학적 형태와 다른 특징을 보인다.

07 촉각 또는 시각으로 지각할 수 있는 어떤 물체 표면상의 특징을 의미하는 것은?

① 명암
② 착시
③ 질감
④ 패턴

해설
질감이란 어떤 물체가 갖고 있는 독특한 표면상의 특징으로서, 만져 보거나 눈으로만 보아도 알 수 있는 촉각적·시각적으로 지각되는 재질감이다.

08 고대 로마시대 음식물을 먹거나 잠을 자기 위해 사용했던 긴 의자로 몸을 기댈 수 있도록 좌판의 한쪽 끝이 올라간 형태를 가진 것은?

① 세티
② 카우치
③ 체스터필드
④ 라운지 소파

해설
① 세티 : 동일한 2개의 의자를 나란히 합해 2인이 앉을 수 있는 의자이다.
③ 체스터필드 : 솜, 스펀지 등을 채워서 사용상 안락성이 매우 좋고, 비교적 크기가 크다.
④ 라운지 소파 : 길게 늘어져 있는 형태로, 발을 받치고 편안하게 쉴 수 있는 긴 소파이다.

09 평범하고 단순한 실내를 흥미롭게 만드는 데 가장 적합한 디자인 원리는?

① 조화
② 강조
③ 통일
④ 균형

해설
① 조화 : 서로 성질이 다른 두 가지 이상의 요소(선, 면, 형태, 공간, 재질, 색채 등)가 한 공간 내에서 결합될 때 발생하는 상호관계에 대한 미적 현상이다.
③ 통일 : 이질적인 각 구성요소들을 전체적으로 동일한 이미지를 갖게 하며, 디자인 대상의 전체에 미적 질서를 주는 기본원리로 모든 형식의 출발점이다.
④ 균형 : 인간의 주의력에 의해 감지되는 시각적 무게의 평형 상태를 의미하는 디자인 원리이다.

정답 5 ② 6 ③ 7 ③ 8 ② 9 ②

10 유사조화에 관한 설명으로 옳은 것은?

① 강력, 화려, 남성적인 이미지를 준다.
② 다양한 주제와 이미지들이 요구될 때 주로 사용된다.
③ 대비보다 통일에 조금 더 치우쳐 있다고 볼 수 있다.
④ 질적·양적으로 전혀 상반된 두 개의 요소가 조화를 이루는 경우에 주로 나타난다.

해설
유사조화
- 형식적·외형적·시각적으로 동일한 요소의 조합을 통하여 성립한다.
- 동일감, 친근감, 부드러움을 줄 수 있으나 단조로워질 수 있으므로, 적절한 통일과 변화를 주고 반복에 의한 리듬감을 이끌어낸다.
- 동일하지 않더라도 서로 닮은 형태의 모양, 종류, 의미, 기능끼리 연합하여 한 조를 만들 수 있다.
- 대비보다 통일에 조금 가깝다.
- 서로 공통성을 가진 요소들의 조화로 친근감과 부드러움에 포인트를 주고 싶을 때 사용한다.

11 착시에 관한 설명으로 틀린 것은?

① 눈이 받는 자극에 대한 지각의 착각 현상을 말한다.
② 루빈의 항아리의 예에서 보듯이 보는 관점에 따라 형태가 다르게 지각된다.
③ 동일한 길이의 선이라도 조건을 어떻게 부여하는가에 따라 길이가 다르게 지각된다.
④ 랜돌트(Landholt)의 C형 고리는 착시현상을 설명하는 데 가장 널리 사용되고 있다.

해설
랜돌트의 C형 고리는 시력검사를 할 때 사용하는 한쪽이 뚫린 고리를 말한다.

12 실내 기본요소 중 시각적 흐름이 최종적으로 멈추는 곳으로, 내부 공간의 어느 요소보다 조형적으로 자유로운 것은?

① 벽
② 바닥
③ 기둥
④ 천장

해설
천장은 벽 및 바닥 요소와 비교 시 조형적으로 가장 자유롭다.

13 루빈의 항아리와 관련된 형태의 지각심리는?

① 그룹핑 법칙
② 폐쇄성의 법칙
③ 형과 배경의 법칙
④ 프래그난츠의 법칙

해설
형과 배경의 법칙
- 형과 배경이 교체하는 것을 모호한 형(ambiguous figure) 또는 반전 도형이라고 한다.
- 형과 배경이 순간적으로 번갈아 보이면서 다른 형태로 지각되는 심리의 대표적인 예로 '루빈의 항아리'가 있다.
- 형은 가깝게 느껴지고 배경은 멀게 느껴진다.
- 명도가 높은 것보다는 낮은 것이 배경으로 쉽게 인식된다.
- 일반적으로 면적이 작은 부분은 형이 되고, 큰 부분은 배경이 된다.

10 ③   11 ④   12 ④   13 ③   **정답**

14 개구부에 관한 설명으로 옳지 않은 것은?

① 건축물의 표정과 실내 공간의 성격을 규정하는 중요한 요소이다.
② 창은 개폐의 용이 및 단열을 위해 가능한 한 크게 만드는 것이 좋다.
③ 창의 높낮이는 가구의 높이와 사람이 앉거나 섰을 때의 시선 높이에 영향을 받는다.
④ 문은 사람과 물건이 실내외로 통행, 출입하기 위한 개구부로 실내디자인에 있어 평면적인 요소로 취급된다.

해설
창은 시야, 조망을 위해서 크게 만드는 것이 좋지만, 개폐의 용이 및 단열을 위해서는 가능한 한 작게 만들어야 한다.

15 주택계획에 관한 설명으로 옳지 않은 것은?

① 침실의 위치는 소음원이 있는 쪽은 피하고, 정원 등의 공지에 면하도록 하는 것이 좋다.
② 부엌의 위치는 항상 쾌적하고, 일광에 의한 건조 소독을 할 수 있는 남쪽 또는 동쪽이 좋다.
③ 거실의 형태는 일반적으로 직사각형의 형태가 정사각형의 형태보다 가구의 배치나 실의 활용에 유리하다.
④ 리빙 다이닝 키친(LDK)의 형태는 대규모 주택에서 많이 나타나는 형태로 작업 동선이 길어지는 단점이 있다.

해설
리빙 다이닝 키친형(LDK)은 거실과 식사실, 부엌을 한 공간에 집중시켜 배치한 형태로, 공간을 최대한 절약할 수 있으므로 소규모 주택에 적합하다.

16 상점의 판매방식 중 대면 판매에 관한 설명으로 옳지 않은 것은?

① 측면방식에 비해 진열 면적이 감소된다.
② 판매원의 고정 위치를 정하기가 용이하다.
③ 상품의 포장대나 계산대를 별도로 둘 필요가 없다.
④ 고객이 직접 진열된 상품을 접촉할 수 있어 충동 구매와 선택이 용이하다.

해설
고객이 진열된 상품을 직접 접촉할 수 있어 충동구매와 선택이 용이한 것은 측면 판매이다.

17 다음 설명에 알맞은 거실의 가구 배치 유형은?

- 가구를 두 벽면에 연결시켜 배치하는 형식이다.
- 시선이 마주치지 않아 안정감이 있다.

① 대면형   ② 코너형
③ 직선형   ④ U자형

해설
ㄱ자형(코너형)
- 가구를 두 벽면에 연결시켜 배치하는 형식으로, 시선이 마주치지 않아 안정감이 있다.
- 비교적 작은 면적을 차지하기 때문에 공간 활용이 높고 동선이 자연스럽게 이루어지는 장점이 있다.

18 백화점 진열대의 평면 배치 유형 중 많은 고객이 매장 공간의 코너까지 접근하기 용이하지만, 이형의 진열대가 필요한 것은?

① 직렬배치형   ② 사행배치형
③ 환상배열형   ④ 굴절배치형

해설
사행배치형
- 주통로를 직각으로 배치하고, 부통로를 45° 경사지게 배치한다.
- 수직 동선으로 많은 고객이 매장 공간의 코너까지 접근하기 용이하다.
- 이형(모양이 다른)의 진열대가 많이 필요하다.

19 기온과 습도만에 의한 온열감을 나타낸 온열지표는?

① 유효온도 ② 불쾌지수
③ 등온지수 ④ 작용온도

해설
불쾌지수(DI ; Discomfort Index) : 기온과 습도에 의한 온열감을 나타낸 온열지표이다.

20 표면결로의 방지대책으로 옳지 않은 것은?

① 가습을 통해 실내 절대습도를 높인다.
② 실내온도를 노점온도 이상으로 유지시킨다.
③ 단열 강화에 의해 실내측 표면온도를 상승시킨다.
④ 직접가열이나 기류 촉진에 의해 표면온도를 상승시킨다.

해설
환기에 의해 실내 절대습도를 낮춘다.

21 자연환기에 관한 설명으로 옳지 않은 것은?

① 풍력환기량은 풍속에 비례한다.
② 중력환기량은 개구부 면적에 비례하여 증가한다.
③ 중력환기량은 실내외의 온도차가 클수록 많아진다.
④ 외부와 면한 창이 1개만 있는 경우에는 중력환기와 풍력환기는 발생하지 않는다.

해설
외부와 면한 창이 1개만 있는 경우에는 풍력환기는 발생하지 않는다.

22 조도분포의 정도를 표시하며 최고 조도에 대한 최저 조도의 비율로 나타내는 것은?

① 휘도 ② 광도
③ 균제도 ④ 조명도

해설
① 휘도 : 어떤 물체의 표면 밝기의 정도, 즉 광원이 빛나는 정도이다.
② 광도 : 발광체의 표면 밝기를 나타내는 것이다.

23 음파는 파동의 하나이기 때문에 물체가 진행 방향을 가로막아도 그 물체의 후면에 전달된다. 이러한 현상을 무엇이라 하는가?

① 반사 ② 회절
③ 간섭 ④ 굴절

해설
③ 간섭 : 서로 다른 음원에서 음이 중첩되면 합성되어 음은 쌍방의 상황에 따라 강해지거나 약해진다.
④ 굴절 : 음파가 한 매질에서 타 매질로 통과할 때 전파속도가 달라져 진행 방향이 변화된다. 예를 들면, 주간에 들리지 않던 소리가 야간에는 잘 들린다.

24 다음 중 건축재료의 사용목적에 의한 분류에 속하지 않는 것은?

① 무기재료   ② 구조재료
③ 마감재료   ④ 차단재료

해설
- 건축재료의 사용목적에 의한 분류
  - 구조재료
  - 마감재료
  - 차단재료
  - 방화 및 내화재료
- 건축재료의 화학 조성에 따른 분류
  - 무기재료
  - 유기재료

25 다음은 재료의 역학적 성질에 관한 설명이다. ( ) 안에 알맞은 용어는?

> 압연강, 고무와 같은 재료는 파괴에 이르기까지 고강도의 응력에 견딜 수 있고 도시에 큰 변형을 나타내는 성질을 갖는데, 이를 ( )이라고 한다.

① 강성   ② 취성
③ 인성   ④ 탄성

해설
① 강성 : 외력을 받아도 변형을 작게 일으키는 성질
② 취성 : 재료에 외력을 가할 때 작은 변형만 나타나도 파괴되는 성질
④ 탄성 : 외력을 받아 변형되어도 다시 복원되는 성질

26 목재의 부패에 관한 설명으로 옳지 않은 것은?

① 수중에 완전 침수시킨 목재는 쉽게 부패된다.
② 균류는 습도가 20% 이하에서는 일반적으로 사멸한다.
③ 크레오소트 오일은 유성 방부제의 일종으로 토대, 기둥, 도리 등에 사용된다.
④ 적부와 백부는 목재의 강도에 영향을 크게 미치나, 청부는 목재의 강도에 거의 영향을 미치지 않는다.

해설
완전히 수중에 잠긴 목재는 공기와 차단되기 때문에 부패되지 않는다.

27 목재제품 중 목재를 얇은 판, 즉 단판으로 만들어 이들을 섬유 방향이 서로 직교되도록 홀수로 적층하면서 접착제로 접착시켜 만든 것은?

① 합판
② 섬유판
③ 파티클 보드
④ 목재 집성재

해설
합판은 단판(veneer)으로 만들어 이들을 섬유 방향이 서로 직교되도록 홀수로 적층하면서 접착제로 접착시켜 합친 판을 말한다.

28 다음 중 압축강도가 가장 큰 석재는?

① 사암   ② 화강암
③ 응회암   ④ 사문암

해설
석재의 압축강도 크기 : 화강암 > 대리석 > 안산암 > 사문암 > 점판암 > 사암 > 응회암

정답 24 ① 25 ③ 26 ① 27 ① 28 ②

29 대리석의 일종으로 다공질이며 갈면 광택이 나서 실내장식재로 사용되는 것은?

① 사암 ② 점판암
③ 응회암 ④ 트래버틴

해설
트래버틴(travertine)
- 탄산석회가 함유된 물에서 침전·생성된 것이다.
- 변성암의 일종으로 석질이 불균일하고 다공질이다.
- 암갈색 무늬이며, 주로 특수 실내장식재로 사용된다.
- 석판으로 만들어 물갈기를 하면 광택이 난다.

30 트레이싱지에 대한 설명 중 옳은 것은?

① 계획 도면의 스케치에 주로 사용한다.
② 연질이어서 쉽게 찢어진다.
③ 습기에 약하다.
④ 오래 보관되어야 할 도면의 제도에 쓰인다.

해설
트레이싱지
- 실시 도면을 작성할 때 사용되는 원도지로, 연필을 이용하여 그린다.
- 청사진 작업이 가능하고 오래 보존할 수 있다.
- 수정이 용이한 종이로 건축제도에 많이 쓰인다.
- 경질의 반투명한 제도용지로, 습기에 약하다.

31 다음 중 AE제의 사용 목적과 가장 관계가 먼 것은?

① 강도를 증가시킨다.
② 블리딩을 감소시킨다.
③ 동결융해작용에 대하여 내구성을 지닌다.
④ 굳지 않은 콘크리트의 워커빌리티를 개선시킨다.

해설
AE제(공기연행제)
- 콘크리트 내부에 미세한 독립된 기포를 발생시킨다.
- 콘크리트의 작업성을 향상시킨다.
- 콘크리트의 동결융해 저항성능을 향상시킨다.
- 블리딩과 단위 수량이 감소된다.
- 굳지 않은 콘크리트의 워커빌리티를 개선시킨다.
- 플레인 콘크리트와 동일 물-시멘트비인 경우 압축강도가 저하된다.

32 굳지 않은 콘크리트의 성질을 표시하는 용어 중 워커빌리티에 관한 설명으로 옳은 것은?

① 단위 수량이 많으면 많을수록 워커빌리티는 좋아진다.
② 워커빌리티는 일반적으로 정량적인 수치로 표시된다.
③ 일반적으로 빈배합의 경우가 부배합의 경우보다 워커빌리티가 좋다.
④ 과도하게 비빔시간이 길면 시멘트의 수화를 촉진시켜 워커빌리티가 나빠진다.

해설
① 단위 수량을 증가시키면 재료 분리가 생기기 쉽기 때문에 워커빌리티가 좋아진다고는 말할 수 없다.
② 워커빌리티는 혼합, 타설, 마감 등의 일련의 작업에 대한 용이한 정도를 표시하기 때문에 워커빌리티를 정량적·직접적으로 측정하는 것은 곤란하다.
③ 일반적으로 부배합의 경우가 빈배합의 경우보다 워커빌리티가 좋다.

29 ④ 30 ③ 31 ① 32 ④ 정답

33 공장에서 생산하여 트럭이나 혼합기로 현장에 공급하는 콘크리트를 의미하는 것은?

① 경량 콘크리트
② 한중 콘크리트
③ 레디믹스트 콘크리트
④ 서중 콘크리트

> [해설]
> 레디믹스트 콘크리트 : 주문에 의해 공장 생산 또는 믹싱카로 제조하여 사용현장에 공급하는 콘크리트이다.

34 대리석에 관한 설명으로 옳지 않은 것은?

① 산과 알칼리에 강하다.
② 석질이 치밀, 견고하고 색채, 무늬가 다양하다.
③ 석회석이 변화되어 결정화한 것으로 탄산석회가 주성분이다.
④ 강도는 매우 높지만 쉽게 풍화되어 실외용으로는 적합하지 않다.

> [해설]
> 대리석은 강도는 높지만, 내산성 및 내알칼리성과 내화성이 낮고 풍화되기 쉽다.

35 점토에 톱밥, 겨, 탄가루 등을 혼합·소성한 것으로 가볍고, 절단, 못치기 등의 가공이 우수하나 강도가 약해 구조용으로 사용이 곤란한 벽돌은?

① 이형벽돌
② 내화벽돌
③ 포도벽돌
④ 다공벽돌

> [해설]
> 다공벽돌은 보온·흡음성이 있어 보온벽이나 방음벽으로 이용되지만 강도부족으로 인하여 구조재용으로는 부적합하다.

36 금속제품에 관한 설명으로 옳지 않은 것은?

① 와이어 라스는 금속제 거푸집의 일종이다.
② 논슬립은 계단에서 미끄럼을 방지하기 위하여 사용된다.
③ 조이너는 천장·벽 등에 보드류를 붙이고, 그 이음새를 감추고 누르는 데 사용된다.
④ 코너비드는 기둥 모서리 및 벽 모서리 면에 미장을 쉽게 하고, 모서리를 보호할 목적으로 설치한다.

> [해설]
> 와이어 라스는 보통 철선 또는 아연 도금한 연강선을 마름모형, 갑옷형으로 만들며 시멘트 모르타르바름 바탕에 사용되는 금속제품이다.

37 금속의 방식방법으로 옳지 않은 것은?

① 큰 변형을 준 것은 가능한 한 풀림하여 사용한다.
② 가능한 한 상이한 금속은 인접, 접촉시켜 사용한다.
③ 균질한 것을 선택하고 사용할 때 큰 변형을 주지 않는다.
④ 표면을 평활, 청결하게 하고 가능한 한 건조 상태로 유지한다.

> [해설]
> 상이한 금속은 인접, 접촉시켜 사용하지 않는다.

38 강화유리에 관한 설명으로 옳지 않은 것은?

① 형틀 없는 문 등에 사용된다.
② 제품의 현장 가공 및 절단이 쉽다.
③ 파손 시 작은 알갱이가 되어 부상의 위험이 적다.
④ 유리를 가열 후 급랭하여 강도를 증가시킨 유리이다.

해설
강화유리는 현장에서 절단, 가공할 수 없는 유리이다.

39 미장재료 중 석고 플라스터에 관한 설명으로 옳지 않은 것은?

① 내화성이 우수하다.
② 수경성 미장재료이다.
③ 경화·건조 시 치수 안정성이 우수하다.
④ 경화속도가 느리므로 급결제를 혼합하여 사용한다.

해설
석고 플라스터는 석고를 주원료로 하는 혼화재(돌로마이트 플라스터, 점토 등), 접착제(풀 등), 응결시간 조절재(아교질재 등) 등을 혼합한 플라스터로 경화속도가 빠르며 중성이다.

40 건축용으로는 글라스 섬유로, 강화된 평판 또는 판상제품으로 주로 사용되는 열경화성 수지는?

① 페놀수지
② 실리콘수지
③ 염화비닐수지
④ 폴리에스테르수지

해설
④ 폴리에스테르수지 : 열경화성 수지로 분류되며, 유리섬유로 강화된 평판 또는 판상제품, 욕조 등에 사용한다.
① 페놀수지 : 덕트, 파이프, 도료, 접착제 등에 주로 사용한다.
② 실리콘수지 : 탄력성, 내수성이 좋아 도료, 접착제 등으로 사용한다.
③ 염화비닐수지 : 강도가 높고, 절연, 내약품성능이 우수하지만 고·저온에 취약하여 필름, 바닥용 타일, PVC 파이프 도료 등에 주로 사용한다.

41 다음 중 금속, 석재, 도자기, 글라스, 콘크리트, 플라스틱재 등의 접합에 모두 사용할 수 있는 접착제는?

① 요소수지 접착제
② 페놀수지 접착제
③ 멜라민수지 접착제
④ 에폭시수지 접착제

해설
에폭시수지 접착제
- 기본 점성이 크며 내수성, 내약품성, 전기절연성이 우수한 만능형 접착제이다.
- 급경성으로 내알칼리성 등의 내화학성이나 접착력이 크고, 내수성이 우수하다.
- 가열하면 접착 시 효과가 좋다.
- 금속, 석재, 도자기, 글라스, 콘크리트, 플라스틱재 등의 접착에 사용한다.

42 다음 중 목재면의 투명 도장에 사용되는 도료는?

① 수성 페인트
② 유성 페인트
③ 래커 에나멜
④ 클리어 래커

해설
클리어 래커
- 안료를 배합하지 않은 것이다.
- 주로 목재면의 투명 도장에 쓰인다.
- 주로 내부용으로 사용되며, 외부용으로는 사용하기 곤란하다.
- 목재의 무늬를 가장 잘 나타내는 투명 도료이다.

43 아스팔트를 휘발성 용제로 녹인 흑갈색 액체로 아스팔트 방수의 바탕처리재로 사용되는 것은?

① 아스팔트 펠트
② 아스팔트 프라이머
③ 아스팔트 콤파운드
④ 스트레이트 아스팔트

해설
아스팔트 프라이머
- 블론 아스팔트를 휘발성 용제에 녹인 저점도의 액체이다.
- 흑갈색 액체로 아스팔트 방수의 바탕처리재로 사용된다.
- 아스팔트 방수공사에서 방수층 1층에 사용한다.

44 쇄석을 종석으로 하여 시멘트에 안료를 섞어 진동기로 다진 후 판상으로 성형한 것으로서 자연석과 유사하게 만든 수장재료는?

① 대리석판
② 인조석판
③ 석면 시멘트판
④ 목모 시멘트판

45 일반적으로 반지름 50mm 이하의 작은 원을 그리는 데 사용되는 제도용구는?

① 빔 컴퍼스
② 스프링 컴퍼스
③ 디바이더
④ 자유 삼각자

해설
① 빔 컴퍼스 : 대형 컴퍼스로 그릴 수 없는 큰 원을 그릴 때 삼각자나 긴 막대에 끼워서 사용한다.
③ 디바이더 : 치수를 자 또는 삼각자의 눈금으로 잰 후 제도지에 같은 길이로 분할할 때 사용한다.
④ 자유 삼각자 : 하나의 자로 각도를 조절하여 지붕의 물매나 30°, 45°, 60° 이외에 각을 그리는 데 사용한다.

46 조명의 4요소에 해당되지 않는 것은?

① 명도 ② 대비
③ 노출시간 ④ 조명기구

해설
조명의 4요소 : 명도, 대비, 움직임(노출시간), 크기

정답 42 ④ 43 ② 44 ② 45 ② 46 ④

47 건축제도 통칙(KS F 1501)에 제시되지 않은 축척은?

① 1/5   ② 1/15
③ 1/20 ④ 1/25

해설
건축제도의 척도(KS F 1501)
- 실척 : 1/1
- 축척 : 1/2, 1/3, 1/4, 1/5. 1/10, 1/20, 1/25, 1/30, 1/40, 1/50, 1/100, 1/200, 1/250, 1/300, 1/500, 1/600, 1/1000, 1/1200, 1/2000, 1/2500, 1/3000, 1/5000, 1/6000
- 배척 : 2/1, 5/1

48 건축제도 시 선 긋기에 대한 설명 중 옳지 않은 것은?

① 용도에 따라 선의 굵기를 구분하여 사용한다.
② 시작부터 끝까지 일정한 힘을 주어 일정한 속도로 긋는다.
③ 축척과 도면의 크기에 상관없이 선의 굵기는 동일하게 한다.
④ 한 번 그은 선은 중복해서 긋지 않도록 한다.

해설
축척과 도면의 크기에 따라서 선의 굵기를 다르게 한다.

49 도면에 쓰이는 기호와 그 표시사항이 잘못 연결된 것은?

① THK – 두께
② L – 길이
③ R – 반지름
④ V – 너비

해설
- V : 부피, 용적
- W : 너비(폭)

50 치수선을 표시하는 방법 중 옳지 않은 것은?

① 치수는 필요한 것은 충분하게 기입하고 중복을 피한다.
② 치수는 도면의 우측에서 좌측으로, 위에서 아래로 읽을 수 있도록 한다.
③ 치수는 가능한 한 치수선의 윗부분에 기입한다.
④ 도면에 기입하는 치수는 mm이며 단위는 생략한다.

해설
치수 기입은 치수선에 평행하게 도면의 왼쪽에서 오른쪽으로, 아래로부터 위로 읽을 수 있도록 기입한다.

51 건축에서 사용되는 척도에 대한 설명으로 옳지 않은 것은?

① 도면에는 척도를 기입하여야 한다.
② 그림의 형태가 치수에 비례하지 않을 때는 NS(No Scale)로 표시한다.
③ 사진 및 복사에 의해 축소 또는 확대되는 도면에는 그 척도에 따라 자의 눈금 일부를 기입한다.
④ 한 도면에 서로 다른 척도를 사용하였을 경우 척도를 표시하지 않는다.

해설
한 도면에 서로 다른 척도를 사용하였을 때는 각 도면마다 또는 표제란의 일부에 척도를 기입하여야 한다.

52 건축설계 도면에서 배경을 표현하는 목적과 가장 관계가 먼 것은?

① 건축물의 스케일감을 나타내기 위해서
② 건축물의 용도를 나타내기 위해서
③ 주변 대지의 성격을 표시하기 위해서
④ 건축물 내부 평면상의 동선을 나타내기 위해서

해설
건축설계 도면에서 각종 배경을 표현하는 이유는 건물의 주변 환경(대지의 성격 등), 스케일, 용도를 나타내기 위해서이다.

53 건축물을 구성하는 요소 중 튼튼하고 합리적인 짜임새와 가장 관계 깊은 것은?

① 건축물의 기능
② 건축물의 구조
③ 건축물의 미
④ 건축물의 용도

해설
건축물의 구조
각종 건축재료를 사용하여 각 건축이 지니는 목적에 적합한 건축물을 형성하는 일, 또는 그 구조물을 말한다.

54 단면도에 대한 설명으로 옳은 것은?

① 건축물을 수평으로 절단하였을 때의 수평 투상도이다.
② 건축물의 외형을 각 면에 대해 직각으로 투사한 도면이다.
③ 건축물을 수직으로 절단하여 수평 방향에서 본 도면이다.
④ 실의 넓이, 기초판의 크기, 벽체의 하부 구조를 표현한 도면이다.

해설
① : 평면도에 대한 설명이다.
② : 입면도에 대한 설명이다.
④ : 구조 평면도에 대한 설명이다.

55 건축설계 도면에서 중심선, 절단선, 경계선 등으로 사용되는 선은?

① 실선
② 1점쇄선
③ 2점쇄선
④ 파선

해설
선의 종류 및 사용방법

선의 종류		사용방법
굵은 실선		• 단면의 윤곽을 표시한다.
가는 실선		• 보이는 부분의 윤곽 또는 좁거나 작은 면의 단면 부분의 윤곽을 표시한다. • 치수선, 치수보조선, 인출선, 격자선 등을 표시한다.
파선 또는 점선	– – – – –	• 보이지 않는 부분이나 절단면보다 앞면 또는 윗면에 있는 부분을 표시한다.
1점 쇄선	—–—–—	• 중심선, 절단선, 기준선, 경계선, 참고선 등을 표시한다.
2점 쇄선	—‥—‥—	• 상상선 또는 1점쇄선과 구별할 필요가 있을 때 사용한다.

정답 52 ④ 53 ② 54 ③ 55 ②

56 다음 표시기호의 명칭은?

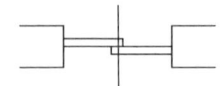

① 미서기문 ② 두짝창
③ 접이문 ④ 회전창

해설
평면 표시기호

미서기문	두 짝 미서기문
	네 짝 미서기문
두짝창	두 짝 미서기창
	네 짝 미서기창
접이문	
회전창	

57 건축물의 기본조건 중 내구성과 관련이 있는 것은?

① 최저의 공사비로 만족할 수 있는 공간을 만드는 것
② 건물 자체의 아름다움뿐만 아니라 주위의 배경과도 조화를 이루게 만드는 것
③ 안전과 역학적 및 물리적 성능이 잘 유지되도록 만드는 것
④ 건물 안에는 항상 사람이 생활한다는 생각을 두고 아름답고 기능적으로 만드는 것

해설
건축물의 기본조건
• 거주성 : 피난처(shelter)로서의 기능인 방수, 단열, 채광, 통풍 등의 물리적 성능을 확보하는 것
• 내구성 : 안전과 역학적 및 물리적 성능이 잘 유지되도록 만드는 것
• 경제성 : 최소의 공사비로 만족할 수 있는 공간을 만드는 것
• 안전성 : 건축물은 인간생활의 용기라는 측면에서 우선 인간을 안전하게 수용토록 만드는 것

58 균열이 발생되기 쉬우며 횡력과 진동에 가장 약한 구조는?

① 목구조
② 조적구조
③ 철근콘크리트구조
④ 철골구조

해설
조적구조 : 점토, 벽돌, 시멘트벽돌 등을 접착하여 내력벽을 구성하는 구조이다. 외관이 장중하고, 미려하며 시공방법이 용이하고, 구조가 튼튼하지만 균열이 발생되기 쉬우며, 횡력과 진동에 약하다.

59 일반적으로 이형철근이 원형철근보다 우수한 것은?

① 인장강도
② 압축강도
③ 전단강도
④ 부착강도

해설
이형철근이 원형철근보다 부착력이 크다.

60 스틸하우스에 대한 설명으로 옳지 않은 것은?

① 공사기간이 짧고, 경제적이다.
② 결로현상이 생기지 않으며 차음에 좋다.
③ 내부 변경이 용이하고 공간 활용이 효율적이다.
④ 폐자재의 재활용이 가능하여 환경오염이 적다.

해설
스틸하우스의 단점은 단열, 소음, 결로이다. 자재의 특성상 열전도율이 높으므로 결로 방지를 위한 단열보강을 해야 한다.

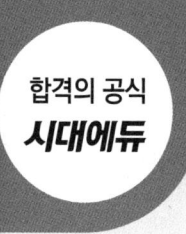

교육은 우리 자신의 무지를 점차 발견해 가는 과정이다.

- 윌 듀란트 -

교육이란 사람이 학교에서 배운 것을 잊어버린 후에 남은 것을 말한다.

- 알버트 아인슈타인 -

Win-Q 실내건축기능사 필기

개정2판1쇄	2026년 01월 05일 (인쇄 2025년 07월 18일)
초 판 발 행	2024년 01월 05일 (인쇄 2023년 09월 22일)
발 행 인	박영일
책 임 편 집	이해욱
편 저	최광희
편 집 진 행	윤진영 · 김달해 · 권기윤
표지디자인	권은경 · 길전홍선
편집디자인	정경일
발 행 처	(주)시대고시기획
출 판 등 록	제10-1521호
주 소	서울시 마포구 큰우물로 75 [도화동 538 성지 B/D] 9F
전 화	1600-3600
팩 스	02-701-8823
홈 페 이 지	www.sdedu.co.kr
I S B N	979-11-383-9718-6(13540)
정 가	26,000원

※ 저자와의 협의에 의해 인지를 생략합니다.
※ 이 책은 저작권법의 보호를 받는 저작물이므로 동영상 제작 및 무단전재와 배포를 금합니다.
※ 잘못된 책은 구입하신 서점에서 바꾸어 드립니다.

대치고시대 (기출문제 하나사전) 수능 지원 아지트 http://cafe.naver.com/sidaestudy NAVER 카페

No.1
★★★★★

시대에듀

기출의 / 개기·심화기 / 기능형 / 기출분석

1위

- 국수물!
- 만족도!
- 판매율!

대치동 최강 단기완성 기출동형모의고사